Horst Hoffmann

Die Deutschen im Weltraum

Zur Geschichte der
Kosmosforschung in der DDR.
Mit einem Vorwort von Sigmund Jähn
und unter Mitarbeit von
Matthias Gründer und Andreas Schütz

edition ost

ISBN 3-932180-49-6

© edition ost, Berlin 1998
Alle Nachdrucke sowie
Verwertung in Film, Funk und
Fernsehen und auf jeder Art
von Bild-, Wort- und
Tonträgern honorar- und
genehmigungspflichtig.
Alle Rechte vorbehalten.
Reihenentwurf: TRIALON
Satz: edition ost
Druck: Nørhaven, Denmark

Die Deutsche Bibliothek –
CIP-Einheitsaufnahme
Hoffmann, Horst:
Die Deutschen im Weltraum :
Zur Geschichte der Weltraum-
forschung der DDR /
Horst Hoffmann. –
Berlin : edition ost, 1998
(Rote Reihe)
ISBN 3-932180-49-6

Titelfoto: Sigmund Jähn (vorn)
und Waleri Bykowski
vor dem Start von SOJUS 31,
26. August 1978.
Rücktitel: Ulf Merbold mit
Alexander Wiktorenko (r.) und
Elena Kondakowa (M.) im
Sternenstädchen bei Moskau
am 15. September 1994.
(Ullstein Bilderdienst)
Bildnachweis: Archiv Horst
Hoffmann, Archiv Jähn,
Archiv Hecht, Archiv Glöde,
Archiv Gründer, Archiv DLR,
Archiv DASA, Archiv Fischer,
Archiv Marek, Archiv Henze,
Archiv Kowalski, Archiv Rietz,
Archiv Römisch, Archiv RID,
Archiv ESA

Das Buch

Die Raumfahrt und -forschung der DDR hatte eine Vor- und hat eine Nachgeschichte. Die vorliegende Arbeit bietet erstmals einen detaillierten Überblick von Vergangenheit, Gegenwart und Zukunft. Alles Wissenswerte, Wichtige, aber auch Anekdotisches von diesem Feld ist hier versammelt; bekannte und weniger bekannte Persönlichkeiten erinnern sich, Zeitzeugen – von Sigmund Jähn bis Manfred von Ardenne – geben zu Protokoll. Hoffmann hat eine lesbare Chronik zusammengetragen, wie es kaum ein anderer könnte. Als unmittelbar Beteiligter und zugleich als distanzierter Beobachter hat er vor und in den Kulissen Material gesammelt, er hat festhalten und dokumentiert, was aufgeschrieben werden muß, damit es nicht – wie leider so vieles – dem Vergessen anheimfällt.

Der Autor

*Horst Hoffmann, Jahrgang 1927, lebt als freier Autor in Berlin und Sarmstorf (Mecklenburg/Vorpommern). Im Zweiten Weltkrieg war er Luftwaffenhelfer, Panzersoldat und danach Kriegsgefangener. Später studierte er in Berlin Rechtsphilosophie bei Arthur Baumgarten und Zeitungswissenschaften bei Emil Dovifat. Er gehörte 1960 zu den Gründern und Präsidiumsmitgliedern der Deutschen Astronautischen Gesellschaft, später Gesellschaft für Weltraumforschung und Raumfahrt der DDR. Weltraum-Konferenzen und Studienreisen führten ihn in 40 Länder auf vier Kontinenten.
Horst Hoffmann schrieb mehr als 3.000 Kommentare, Artikel, Reportagen und Features für in- und ausländische Medien. Aus seiner Feder stammen sieben Bücher und drei Filme über Probleme der Raumfahrt.*

Inhalt

Vorwort .... Seite 9

Vorbemerkung .... Seite 12

Unter Reichsadler und Hakenkreuz. Die Vorgeschichte der Raumfahrt in Deutschland (1405 bis 1945)
    Keplers Traumfahrt zum Mond .... Seite 15

Das »Weltenfahrzeug«
des »Edison von Schöneberg« .... Seite 21

Die Photorakete von Königsbrück .... Seite 27

Der »Vater der Raumfahrt« und
die »Frau im Mond« .... Seite 35

Raketenauto auf der Avus .... Seite 62

Auf einem Hinterhof in Dessau .... Seite 75

Flügelraketen als Postboten .... Seite 85

Die Narren von Tegel .... Seite 91

Peenemünde – Himmel und Hölle .... Seite 104

Die »Sänger-Knaben« .... Seite 128

Zeittafel (1405 bis 1945) .... Seite 140

Mit Hammer und Zirkel ins All. Aktivitäten zur Raketentechnik und Raumfahrt in der SBZ und der DDR (1945 bis 1990)

    Moskaus Raketenzentrum im Südharz ············ Seite 159

    Friedensgefangene des Kreml ················· Seite 170

    Forschungszentrum Akademie ················ Seite 178

    Der Sputnikschock und die Sputniksucher ········ Seite 191

    Ulbrichts Freundschaftssputniks ··············· Seite 207

    Satellitenstaaten starten Satelliten ·············· Seite 233

    High-Tech made in GDR ···················· Seite 252

    Der erste Deutsche im All ··················· Seite 288

    Das Karussell der Triebe ···················· Seite 308

    Abenteuer in den Tiefen des Alls ·············· Seite 323

    Die vier Musketiere ························ Seite 340

    DDR-Kosmonaut auf MIR 2? ················· Seite 352

    Zeittafel (1945 bis 1990) ···················· Seite 362

Via ESA zu ALPHA.
Raumfahrtaktivitäten in den Neuen Bundesländern nach 1990

    Retten, was zu retten ist ···················· Seite 374

    Vier Raumfahrtzentren ····················· Seite 385

    Nur einer kann CHAMP sein ················· Seite 401

    Zeittafel (1990 bis 1998) ···················· Seite 414

Zeitzeugen geben zu Protokoll
Manfred von Ardenne:
Die Menschheit braucht Visionen .... Seite 423

Arno Fellenberg:
Verwirklichte Träume .... Seite 429

Peter Glöde:
Polarbären nutzen Sputniks .... Seite 443

Claus Grote:
Zwischen Geheimniskrämerei und Weltniveau ..... Seite 454

Karl Hecht:
»Beschaffen Sie mir eine russische Rakete...« ...... Seite 461

Bernd Henze:
Vieles war dennoch möglich .... Seite 481

Gerhard Kowalski:
Wie ich Raumfahrt-Journalist wurde .... Seite 497

Tassillo Römisch:
Mittweida – eine Brücke ins All .... Seite 509

Hans-Dieter Naumann:
Ionentriebwerk »made in Ilmenau« .... Seite 518

Peter Stache:
Detektivarbeit und Stasiverdacht .... Seite 522

Quellennachweis .... Seite 529

Personenregister .... Seite 534

Für meine Enkel Yvonne, Paul und Max
und meinen Urenkel Johann

Vorwort

Von alters her schaut der Mensch zum Himmel und träumt davon, zu den Sternen zu fliegen. Doch erst in der zweiten Hälfte des 20. Jahrhunderts wurde dieser uralte Traum erfüllt. Heute, nach 40 Jahren aktiver Raumfahrt, können wir Bilanz über 5.000 unbemannte Raumflugkörper und etwa 200 bemannte Missionen ziehen. Menschen betraten den Mond, Automaten erkundeten alle Planeten unseres Sonnensystems und fliegen fernen Welten entgegen.

Auch das andere Deutschland, die Deutsche Demokratische Republik, leistete dazu einen Beitrag. Ihre offizielle Geschichtsschreibung datierte den Beginn dieser Raumfahrtaktivitäten auf den 4. Oktober 1957, jenen Tag, an dem der erste künstliche Erdsatellit startete, der sowjetische SPUTNIK 1. In der Tat setzten zu diesem Zeitpunkt die optischen und funktechnischen Beobachtungen der Satelliten durch Observatorien der Akademie der Wissenschaften, der Universitäten und Hochschulen sowie durch Schulsternwarten und Laienastronomen zwischen Kühlungsborn und Rodewisch ein. Auf eine zwölfjährige Periode der Unterstützung von Weltraumunternehmen mit bodengebundenen Mitteln und Methoden folgte 1969 im Rahmen der trikontinentalen Zehnergemeinschaft INTERKOSMOS die Beteiligung der DDR mit Bordgeräten auf Raumflugkörpern.

In den 20 Jahren bis zum Ende der DDR nahm sie an 80 Weltraummissionen mit 169 Geräten teil. Das Spektrum reicht von Höhen- und Wetterforschungsraketen über Forschungs- und Anwendungssatelliten bis zu interplanetaren Sonden sowie bemannten Raumschiffen und Orbitalstationen.

Das Zeichen »made in GDR« trugen Sender und Empfänger, Speicher und Sensoren, Kamera-, Datensammel- und Telemetriesysteme. Diese Leistungen sind international beachtlich, gehörte doch die DDR mit ihren 17 Millionen Einwohnern und einem

Territorium von etwas mehr als 100 Millionen Quadratkilometern zu den kleinen unter den 160 Mitgliedstaaten der UNO. Sie gab jährlich nur etwa zwei Mark pro Kopf der Bevölkerung für ihr Raumfahrtprogramm aus.

Das vorliegende Buch gibt erstmals eine vollständige und detaillierte Übersicht über alle Aktivitäten der DDR auf dem Gebiet der Kosmosforschung. Aber auch die Probleme werden ausführlich behandelt: die enge Bindung an den Hauptpartner Sowjetunion, die vielfältige Verpflichtungen und Rücksichtnahmen nach sich zog; das vom Westen verhängte Embargo für Hochtechnologie, das zu eigenen Lösungen zwang; das Fehlen einer eigenen Luft- und Raumfahrtindustrie, das die Selbständigkeit beschränkte. Dennoch behauptete die DDR ihren Platz unter den zwei Dutzend Staaten, die kooperativ Raumfahrt betrieben.

Das Buch beschränkt sich nicht auf das abgeschlossene Kapitel DDR, es erkennt keine »Stunde Null« und keinen »Schlußstrich« in der Geschichte an. Vielmehr beginnt es mit der Vorgeschichte der Raumfahrt in Deutschland, in der auch die Wissenschaft und Technik der DDR ihre Wurzeln hatte. Der letzte Teil analysiert die Raumfahrt im vereinten Deutschland, insbesondere in den neuen Bundesländern, macht die genutzten und vertanen Chancen deutlich.

Horst Hoffmann, den ich seit zwei Jahrzehnten persönlich kenne, war von der ersten Stunde an dabei, begleitete alle Raumfahrtmissionen vom ersten SPUTNIK bis zur internationalen Raumstation ALPHA publizistisch, gehörte zu den Gründungsmitgliedern der Gesellschaft für Weltraumforschung und Raumfahrt der DDR – die Kosmosforscher und Raumfahrer sehen in ihm einen Partner, seine Kollegen nennen ihn »Raketen-Hoffmann«.

Auch seine beiden Mitarbeiter sind vom Fach: Diplom-Journalist Matthias Gründer war viele Jahre lang Redakteur und nach der Wende Chefredakteur der Luft- und Raumfahrtzeitschrift »Fliegerrevue«. Gegenwärtig arbeitet er gemeinsam mit Horst Hoffmann an einem »Raumfahrt-Lexikon« und betreut die Internet-Seite der Raumfahrt-Initiative Deutschland. Der Luft- und Raumfahrt-Ingenieur Andreas Schütz ist Journalist, war Berater der Deutschen Agentur für Raumfahrt-Angelegenheiten (DARA), übt heute die gleiche Funktion für das Deutsche Zentrum für Luft- und Raumfahrt (DLR) aus und ist Mitbegründer der Raumfahrt-Initiative Deutschland.

Dr. rer. nat. Sigmund Jähn
Forschungskosmonaut

Vorbemerkung

Daß dieses Buch zustande kam, habe ich meinen Freunden und Kollegen zu verdanken, die mich bestärkten und mir selbstlos halfen. Sie forderten mich heraus: Du warst von Anfang an überall dabei, du hast alle Ereignisse von SPUTNIK I *bis* ALPHA *kommentiert, du kennst die Leute und die Hintergründe. Mein Dank gilt den Weltraumwissenschaftlern, Raketentechnikern und Raumfahrern, die mir geduldig Rede und Antwort standen. Vor allem aber danke ich meiner Frau, die für eine Arbeitsatmosphäre sorgte, in der dieses Manuskript entstehen konnte.*

Zuerst wollte ich nur die eigentliche Geschichte der Raumfahrtaktivitäten in der Deutschen Demokratischen Republik dokumentieren – jenes abgeschlossene Kapitel, das die 33 Jahre zwischen dem Start des ersten Sputniks am 4. Oktober 1957 und dem Beitritt der DDR zur Bundesrepublik Deutschland am 3. Oktober 1990 umfaßt. Doch während des Schreibens stellte sich heraus, daß auch die zwölf Jahre von 1945 bis 1957 einbezogen werden mußten. Immerhin gab es in der Sowjetischen Besatzungszone Deutschlands, im Südharz, ein großes Raketenzentrum Moskaus, und an der Akademie der Wissenschaften zu Berlin wurde wertvolle Grundlagenforschung in den Geo- und Kosmoswissenschaften geleistet. Deshalb heißt der Hauptteil des Buches »Gestern: Mit Hammer und Zirkel ins All – Aktivitäten zur Raketentechnik und Raumfahrt in der SBZ und in der DDR von 1945 bis 1990«.

Die historischen Wurzeln für viele Nachkriegsentwicklungen in beiden deutschen Staaten liegen in der gemeinsamen wissenschaftlich-technischen Vergangenheit.

Aus diesem Grund setzte ich an den Anfang des Buches einen Teil, der von den Raumfahrtträumen Johannes Keplers bis zu der Flüssigkeitsgroßrakete Wernher von Brauns reicht: »Damals: Unter Reichsadler und Hakenkreuz – Die Vorgeschichte der Raumfahrt in Deutschland von 1405 bis 1945«. Da es bei der Wertung dieser Traditionen diametral entgegengesetzte Auffassungen gibt, habe ich den Versuch einer objektiven Betrachtung unternommen.

Schließlich wurde im Verlauf der Arbeit klar, daß zwar mit der DDR auch ihre Raumfahrt unterging, sich jedoch einige ihrer Traditionen in gesamtdeutschen und internationalen Projekten und Programmen fortsetzen. Folglich entschieden wir uns für einen dritten Teil »Heute: Via ESA zu ALPHA – Raumfahrtaktivitäten in den Neuen Bundesländern von 1990 bis 1998«. Hier wird nach Antworten auf Fragen gesucht, wie: Welche Chancen der Vereinigung wurden genutzt und welche vertan? Was konnte von dem Forschungs- und Industriepotential der DDR in die völlig anders strukturierte Wissenschaftslandschaft der BRD überführt werden? Dieser Bogen spannt sich bis zu den Möglichkeiten einer Teilnahme an der Internationalen Raumstation im nächsten Jahrhundert.
Frühzeitig zeigte sich aber auch, daß nicht alle Erfahrungen der Akteure – Wissenschaftler, Techniker und Publizisten der DDR – in der begrenzten Gliederung des Buches Platz finden konnten. Da viele jedoch sehr wertvoll sind, fügten wir einen Anhang unter dem Motto »Zeitzeugen geben zu Protokoll« an. Darin kommen Persönlichkeiten wie der wohl letzte deutsche Universalgelehrte Manfred von Ardenne, der ehemalige Vorsitzende des Koordinierungskomitees INTERKOSMOS Claus Grote und der Weltraummediziner Karl Hecht zu Wort.
Es gelang, so hoffe ich, wohl eine objektive Darstellung der Chancen und Risiken der »anderen« deutschen Raumfahrt, die trotz aller Schwierigkeiten einen kleinen aber wichtigen Beitrag zur internationalen Kosmosforschung der letzten Jahrzehnte leistete. Mein letzter Dank richtet sich an meine beiden jungen Mitstreiter Andreas Schütz, der als Mitarbeiter des DLR wertvolle Hinweise besonders zum dritten Teil des Buches gab, und Matthias Gründer, der sich nicht nur der schwierigen Aufgabe des Lektorats unterzog, sondern auch das komplette Manuskript des Buches für den Computersatz aufbereitete.

Horst Hoffmann

Unter Reichsadler und Hakenkreuz.

Die Vorgeschichte der Raumfahrt in Deutschland von 1405 bis 1945

Keplers Traumfahrt zum Mond

Die erste Begegnung mit der Raumfahrt hatte ich Ende der dreißiger Jahre. Damals gehörte ich zu jenen Berliner Schülern, die an der Archenhold-Sternwarte in Treptow eine Astronomische Arbeitsgemeinschaft bildeten. Unter der Leitung von Studienrat Dr. Richard Sommer saßen wir an den Fernrohren und zeichneten die Wolkenbedeckung von Planeten, verfolgten beispielsweise die Veränderungen des Roten Flecks in der Atmosphäre des Jupiter. Aus Tausenden solcher Zeichnungen, die mit präzisen Zeitangaben versehen waren, konnten die Wissenschaftler Rückschlüsse auf den Zustand der Himmelskörper ziehen, und so lernten wir den Wert exakter und systematischer Beobachtungen kennen. Doch viel wichtiger in dieser düsteren Zeit waren Erkenntnisse über die räumliche und zeitliche Unendlichkeit des Weltalls. Dr. Sommer erklärte die Relativität unseres astrophysikalischen Seins etwa so: Die Erde ist unter den neun Planeten unseres Sonnensystems einer der kleinen; die Sonne ist in unserem Milchstraßensystem, das aus mehr als 100 Millionen Sternen, darunter Doppel- und Mehrfachsystemen, besteht, eher unbedeutend und befindet sich zudem weit außerhalb ihres Kerns in einem der Spiralarme; die Galaxis, der wir angehören, ist nur eine von unzähligen, die zusammen eine gigantische Metagalaxis bilden.

Studenten der Friedrich-Wilhelm-Universität Unter den Linden betreuten die Arbeit unseres Zirkels. So Heinz Mielke, der Mitglied der Gesellschaft für Weltraumforschung war, später zum Flugmeteorologen ausgebildet wurde, in sowjetische Gefangenschaft geriet und sich nach dem Krieg zu einem der namhaftesten deutschen Fachautoren entwickelte. Ein anderer war Herbert Pfaffe, ein freundlicher und geduldiger junger Mann, der immer Zeit für uns hatte. Im zweiten Weltkrieg wurde er zu den »Nebeltruppen« eingezogen, die mit artilleristischen Feststoffraketenwerfern des Ingenieurs Rudolf Nebel ausgerüstet waren. Dort brachte er es bis zum Oberschirrmeister »Ch«, was soviel wie Oberfeldwebel war. Die Bezeichnung geht noch auf das Anschirren der Pferde in der

Frühzeit der Artillerie zurück, und das »Ch« wiederum kennzeichnete die Zugehörigkeit zu den Chemischen Truppen. Damals in Treptow konnten wir noch nicht ahnen, daß wir zwei Jahrzehnte später in Berlin gemeinsam die Astronautische Gesellschaft der DDR gründen, zu deren Vizepräsident Heinz Mielke und zu deren wissenschaftlichem Sekretär Herbert Pfaffe gewählt werden würden. Das gilt auch für andere, die sich dem »Treptower Kosmoskreis« angeschlossen hatten: Werner Büdeler, der damals noch so klein war, daß man ihn zum Okular hochheben mußte, und der später zu einem international bekannten Raumfahrtautoren wurde, den Astronomen Karl-Heinz Neumann und den Chemiker Wilhelm Hempel, die sich große Verdienste um die Publizierung der Raumfahrt in den Massenmedien erwarben.

Natürlich lasen wir Schüler die Zukunftsromane des Ingenieurs Hans Dominik, die sich, von den Nazis geduldet, auch mit Raumreisen und dem Kampf der Welten beschäftigten. Andererseits hatte Reichspropagandaminister Dr. Joseph Goebbels schon 1934 Veröffentlichungen über die Raketentechnik wegen ihrer militärischen Relevanz verboten. Während wir in Berlin von der Raumfahrt träumten, hatte in Peenemünde längst die Entwicklung von Raketenwaffen begonnen.

Kosmoskameraden aus Treptow

Heinz Mielke und Herbert Pfaffe waren nicht nur begeisterte Astronomen, sondern auch begeisternde Vertreter der Idee von der Weltraumfahrt. Ihr Wahlspruch lautete »Per aspera ad astra« (Durch das Dunkle zu den Sternen). Wir können von Glück sagen, daß alle Planeten unseres Sonnensystems in der gleichen Richtung und mit sehr ähnlichen Bahnneigungen um die Sonne kreisen, meinten sie. Ansonsten wäre eine Reise zu unseren kosmischen Nachbarn kaum möglich, denn ein Raumflugkörper kann nicht wie ein Flugzeug auf dem kürzesten und direkten Wege von einem Ort zum anderen verkehren. Und sie bleuten uns die von Johannes Kepler (1571 bis 1630) entdeckten Gesetze der Himmelsmechanik ein, nach denen einzig und allein ein Flug im interplanetaren Raum möglich ist.

Diese drei Keplerschen Gesetze, die es gestatten, die Bahnen von Raumflugkörpern in einer erstern Annäherung zu berechnen, lauten:
1. Planeten bewegen sich auf elliptischen Bahnen, in deren einem Brennpunkt sich der Mittelpunkt der Sonne befindet.
2. Planeten bewegen sich in Sonnennähe schneller als in Sonnenferne.
3. Für verschiedene Planeten verhalten sich die Quadrate der Umlaufzeiten wie die Kuben ihrer mittleren Entfernungen von der Sonne.

Die gleichen Gesetzmäßigkeiten wie zwischen Sonne und Planeten sowie zwischen Erde und Mond treffen auch auf die Sonne und interplanetare Sonden, die Erde und künstliche Satelliten zu. Kepler, den Engels den »eigentlichen Begründer der modernen Mechanik der Weltkörper« nannte, schuf damit eine der wichtigsten theoretischen Grundlagen der praktischen Raumfahrt.

Wenig bekannt ist jedoch bis heute, daß der Wegbereiter unseres naturwissenschaftlichen Weltbildes bereits 1609 eine utopische Erzählung verfaßte, die allerdings erst nach seinem Tode 1634 von seinem Sohn in lateinischer Sprache veröffentlicht wurde. Dieses Buch trägt den Titel »Somnium«, was soviel wie Traum bedeutet, und schildert einen bemannten Flug zum Mond – geschrieben 360 Jahre, bevor Neil Armstrong und Edwin Aldrin als erste Menschen unseren natürlichen Trabanten betraten.

Kepler stellte hohe Anforderungen an seine Mondreisenden: »In unsere Gemeinschaft nehmen wir keine seßhaften Personen auf, keine fetten und keine schwächlichen; wir nehmen nur solche, die ihr Leben im Sattel verbrachten oder häufig nach Indien segelten und deshalb Schiffszwieback, Dörrfisch und Knoblauch sowie ungenießbare Nahrung gewöhnt sind.« Den Start des Mondschiffes bewerkstelligt ein sehr kluger Dämon, worunter Kepler einen »Geist des Wissens« versteht, der von einer alten Frau beschworen wird, um ihren Sohn zum Ziel zu führen. Er überwindet mit »einem einzigen kurzen und starken Stoß die Erdanziehungskraft.« In der ersten Flugphase werden die Raumfahrer »arg gerüttelt und geschüttelt.« Deshalb versetzt sie Kepler durch starke Schlafmittel in Bewußtlosigkeit und bettet sie in der Kabine derart, daß sich der Beschleunigungsandruck einigermaßen gut ertragen läßt. Überhaupt betrachtete der große »Himmelsmechaniker« den Flug von der Erde zum Mond als äußerst schwierig und glaubte, daß dieser nur unter Lebensgefahr für die Raumfahrer möglich sei. Für ein besonderes Hindernis hielt er die Sonnenstrahlung im Weltraum und schlug deshalb vor, die Reise bei beginnender Mondfinsternis im Schutz des Erdschattens anzutreten.

Auch die Schwerelosigkeit machte Kepler Sorgen: »In einer gewissen Zone zwischen Erde und Mond heben sich die Anziehungskräfte beider Himmelskörper auf, und die Reisenden schweben in ihrem Schiff, ohne oben und unten auseinanderhalten zu können.« Auf dem Mond angelangt, finden sie dort »vernunftbegabte Lebewesen von schlangenähnlicher Gestalt« vor. Diese »Mondmenschen« wohnen in »Wallstädten«, die uns auf der Erde als Krater erscheinen.

Die kühne und geistreiche Utopie, in der Form einer Allegorie geschrieben, brachte Kepler viel Ärger und Verdruß. Seine Feinde, die von den unerhörten Ideen bereits vor ihrer Veröffentlichung Kenntnis hatten, identifizierten die alte Frau mit seiner leiblichen Mutter und sahen in dem Dämon den bösen Geist, mit dem sie angeblich im Bunde stand. Sie wurde in Ketten gelegt und als Hexe angeklagt. Jahrelang kämpfte Kepler, damals Kaiserlicher Mathematiker in Prag, um ihre Befreiung. Als ihm das endlich gelungen war, starb die greise Mutter an den Folgen der unmenschlichen Kerkerhaft. Der große deutsche Astronom litt selbst an ständiger Geldnot, weil ihn seine Brotgeber nach Strich und Faden betrogen. Weder Kaiser Ferdinand II. noch Wallenstein zahlten ihm jemals sein Gehalt voll aus. Das zwang Kepler zu »nichtswürdigen Kalendern und Prognostica«.

Auf dem Ritt von Sagan nach Regensburg, wo er vor dem Reichstag seine Rechte geltend machen wollte, starb er an Erschöpfung.

Sein Raumfahrttraum »Somnium« geriet in Vergessenheit, und erst in den sechziger Jahren unseres Jahrhunderts, als das Apollo-Programm anlief, wurde das Werk von John Lear, Wissenschaftsredakteur der »Saturday Review«, im Verlag der University of California neu herausgegeben.

Etappen der Entwicklung in Raketentechnik und Raumfahrt

Ein Blick zurück zeigt, daß die Geschichte der Raumfahrt in verschiedenen Perioden verlief, die zum Teil nebeneinander existierten oder ineinander verschachtelt waren.

Das ergibt sich schon daraus, daß bis ins vorige Jahrhundert kein wissenschaftlicher Zusammenhang zwischen der Raumfahrt und der Raketentechnik hergestellt wurde. Im einzelnen handelt es sich um folgende Etappen:

– Die Vorgeschichte der Idee von der Weltraumfahrt, die sich in Mythen und Märchen manifestierte, und die Entwicklung der Rakete, deren Anfänge sich im Nebel der ungeschriebenen Geschichte verlieren. Es ist ein Paradox, daß die Rakete als Motor der modernsten Raumfahrttechnik zu den ältesten Erfindungen der Menschheit gehört – das ihr zugrundeliegende Antriebsprinzip wurde durch einen Zufall bereits im dritten Jahrtausend vor unserer Zeitrechnung entdeckt.

– Die Frühgeschichte der Raketentechnik, die mit der historisch verbürgten Verwendung als Feuerwerkskörper und Flugwaffe im 13. Jahrhundert begann, führte vom alten »Reich der Mitte«, China, über Indien und Nordafrika nach Europa.

– Die Ausarbeitung der naturwissenschaftlichen Grundlagen unseres modernen Weltbildes umfaßt den relativ großen Zeitraum vom 16. bis zum 20. Jahrhundert und wurde begründet durch Nikolaus Kopernikus, der die Sonne in den Mittelpunkt unseres Planetensystems rückte, Galileo Galilei, der das astronomische Fernrohr erfand und die Marsmonde entdeckte, Johannes Kepler, der die Gesetze der Himmelsmechanik fand, Isaac Newton, der die Prinzipien der mechanischen Bewegung und der Gravitation formulierte, und schließlich Albert Einstein, der die allgemeine und spezielle Relativitätstheorie aufstellte.

– Die Schaffung der theoretischen Grundlagen der Raumfahrt erfolgte zwischen Ende des 19. und Anfang des 20. Jahrhunderts vor allem durch die »Väter der Raumfahrt«, Konstantin Ziolkowski und Hermann Oberth.

– Die praktische Erprobung leistungsfähiger Flüssigkeitsraketen begann in den zwanziger und dreißiger Jahren kongenial durch

Robert Goddard in den USA, Johannes Winkler in Deutschland und Sergej Koroljow in Rußland.
– Schließlich begann am 4. Oktober 1957 das Zeitalter der aktiven Raumfahrt, ein historisches Datum, das durch einen Beschluß der Internationalen Astronautischen Föderation (IAF), 1967 auf ihrem Kongreß in Belgrad, als »Internationaler Tag der Raumfahrt« für alle Zeiten verewigt wurde.

Bereits im Sommer 1957 hatten sich in der »Gesellschaft mit dem langen Namen«, wie wir damals ironisch die »Gesellschaft zur Verbreitung wissenschaftlicher Kenntnisse der Deutschen Demokratischen Republik« wegen ihrer umständlichen Bezeichnung nannten, die alten Kameraden aus Treptow wieder zusammengefunden. Prof. Dr. Ludwig Bewilogua, Pfarrerssohn aus dem Erzgebirge und Schüler des Chemie-Nobelpreisträgers Peter Debye, ein aus der Sowjetunion zurückgekehrter Spezialist für tiefe Temperaturen, war der Vorsitzende, Herbert Pfaffe der Erste Sekretär des Bezirksvorstandes Berlin der Ost-URANIA, die in der Stahlheimer Straße am Humannplatz in Prenzlauer Berg residierte; Karl-Heinz Neumann und ich standen ihnen als wissenschaftliche Mitarbeiter zur Seite, Wilhelm Hempel und Heinz Mielke wirkten aktiv als Referenten in Sachen Astronomie und Raumfahrt. Wissenschaftler verschiedener Disziplinen stießen dazu, standen doch im Internationalen Geophysikalischen Jahr die Starts von Forschungsraketen und Erdsatelliten auf der Tagesordnung.

Das »Weltenfahrzeug« des »Edison von Schöneberg«

Die Geschichte der Raumfahrt ist reich an Außenseitern und Querköpfen, Sonderlingen und Besessenen. Nur solche Menschen sind wohl in der Lage, in Pionierzeiten, in denen für Neues kaum mehr als Hohn zu ernten ist, Entwicklungen voranzutreiben. Es gehören schon große Phantasie und Beharrlichkeit dazu, angesichts fehlender theoretischer und technischer Voraussetzungen am fernen Ziel der Raumfahrt festzuhalten. Das gilt auch für die späteren »Raketennarren«, die sich über die Hüpfer ihrer kleinen Raketen von einigen Metern freuten, obwohl sie wußten, welche gewaltigen Aggregate für das Erreichen kosmischer Bahnen notwendig sein würden.

Einer dieser frühen »Verrückten« in Deutschland war Hermann Ganswindt (1856 bis 1934), populär geworden als der »Edison von Schöneberg«. Diesen Namen soll ihm der berühmte amerikanische Schriftsteller Mark Twain – der eigentlich Samuel Longborne Clemens hieß – gegeben haben, der als Gast des Hotels »Adlon« auch das »Etablissement Ganswindt« am Mariendorfer Weg mit seinen erstaunlichen Erfindungen besuchte.

Wie viele Bewohner der Reichshauptstadt war auch Hermann Ganswindt ein »Rucksack-Berliner«, geboren im ostpreußischen Voigtshof bei Seeburg, als Sohn eines Mühlen- und Sägewerksbesitzers. Sein Erfinderdrang war durch den Besuch der Pariser Weltausstellung von 1878 geweckt worden, auf der ein riesiger Fesselballon die Hauptattraktion war. Statt zum Ruhme der Familie in Zürich, Leipzig und Berlin die Rechte zu studieren und den begehrten Dr. jur. zu erwerben, wandte er sich technischen Problemen der Luft- und Raumfahrt zu.

»Am 27. Mai 1891, acht Uhr abends, spricht der Erfinder Hermann Ganswindt in der Berliner Philharmonie über sein Weltenfahrzeug, mit dem er zu den Gestirnen fliegen will.« Das verkündeten Plakate an den Litfaßsäulen, benannt nach jenem

Drucker, der sie 1855 erstmalig in Berlin aufgestellt hatte. Der große Saal war bis auf den letzten Platz besetzt. Die Spree-Athener kannten den Vortragenden als kauziges Original, dessen Persönlichkeit man sich schwer verschließen konnte. Mit dem Blick eines Eiferers hinter dem Kneifer, der Denkerstirn und dem Zickenbart wirkte er fast finster.

Hermann Ganswindt war fünfunddreißig Jahre alt. Jahrelang hatte er über den Weltraumflug nachgedacht und war zu dem Ergebnis gekommen, daß dieser nur mit Hilfe eines Rückstoßantriebes erfolgen könne. Sein Raumschiff, »konstruiert auf Grund der Reaktionsgesetze explodierender Stoffe«, stellte er sich folgendermaßen vor: »Das Fahrzeug besteht aus einem Stahlzylinder von möglichst kleinem Durchmesser, der aber so groß ist, daß er etwa zwei Reisende und die nötigen Vorräte aufnehmen kann. Dieser Hauptzylinder ist umgeben von schlanken Stahlrohren von der gleichen Länge, welche unter hohem Druck den nötigen Luftvorrat für die Expedition enthalten. Über dem Zylinder ist der Explosionsraum angebracht, der mit den beiden seitlichen Patronengehäusen fest verbunden ist.«

Saturnringe sind Vorratsmüll

Das Publikum faßte das Ganze als Jux auf. Es konnte sich einen Raumflug einfach nicht vorstellen, da es zu dieser Zeit weder lenkbare Luftschiffe, geschweige denn Flugzeuge gab – Otto Lilienthal hatte im selben Jahr erst mit seinen Gleitflügen begonnen. Doch Ganswindt ließ sich nicht beirren:

»Genaue Berechnungen ergaben«, betonte er, »daß ein solcher Apparat mit Explosionsstoffen nur dann sparsam hinsichtlich des Kraftstoffverbrauchs betrieben werden kann, wenn er eine ganz außerordentlich große Fahrtgeschwindigkeit annimmt, so daß er sich für den Verkehr hier auf der Erde wenig eignen würde, weil der Widerstand der Luft einer so enormen Fahrtgeschwindigkeit zu hindern entgegensteht. Anders verhält es sich aber im luftleeren Weltenraum, wo selbst der Geschwindigkeit eines Meteors oder gar eines Kometen nichts entgegensteht. Und eine solche

Geschwindigkeit ist's ja eben, was wir für eine Expedition durch das Weltall brauchen, denn bei der großen Entfernung der Weltenkörper voneinander würde ein Schneckengang nicht zum Ziele führen.«

Auf die immer wiederkehrende Frage, wie Raumreisende einen solchen Flug durchstehen sollen, antwortete Ganswindt:

»Ganz ebenso wie wir unausgesetzt jährlich 125 Millionen Meilen durch den luftleeren Weltraum um die Sonne zurücklegen, ohne es auch nur, mit Ausnahme der Jahreszeiten, zu merken, indem wir nämlich die nötige Luft und alles was wir brauchen, mit unserer Mutter Erde mitnehmen; denn dieselbe bewegt sich mit uns unausgesetzt, mit einer Geschwindigkeit von vier Meilen pro Sekunde durch den Weltraum. Für eine Expedition in einem kleinen Fahrzeug muß natürlich ... alles Notwendige mitgenommen werden, wie wir es hier auf der Erde haben, so daß wir während der Fahrt ebenfalls gar nichts von derselben merken, wenn wir nicht zum Fenster hinausschauen.«

Auch über die Reisedauer im Kosmos machte sich Ganswindt Gedanken:

»Da die Fahrtgeschwindigkeit dadurch erzielt wird, daß vom schon bewegten Fahrzeug immer neue Explosionsmassen weggesprengt werden und vorn ein Hindernis im luftleeren Raum nicht existiert, die Maschine vielmehr um so sparsamer arbeitet, je schneller man fährt, läßt sich sogar die Fahrtgeschwindigkeit nach Verlassen der atmosphärischen Luft so sehr steigern, daß man den Mars oder die Venus in etwa 22 Stunden erreichen könnte.«

Mit seinem »Weltenfahrzeug« war der »Edison von Schöneberg« der erste Vertreter der Raumfahrtidee in Deutschland. Sein Entwurf ist in vielen grundsätzlichen Gedanken richtig, aber er enthält einen entscheidenden Trugschluß: Der Erfinder wollte nicht begreifen, daß der Brennkammer entströmende Gase eine Rakete antreiben können. Er beharrte auf »etwas Solidem«, nämlich Stahlkapseln, die das »Weltenfahrzeug« ausstoßen sollte. Durch kein Beispiel und durch keine Tatsache war er davon abzubringen. Noch in den dreißiger Jahren unseres Jahrhunderts versuchte er Professor Oberth klarzumachen, daß Gase für den Rückstoß nicht ausreichten.

Selbst in der Ausgabe des »Großen Brockhaus« am Ende des vorigen Jahrhunderts konnte man unter Rakete noch folgendes lesen:

»Raketen sind Feuerwerkskörper, welche nicht bloß auf dem Gebiet der Lustfeuerwerkerei eine Rolle spielen, sondern auch für andere Zwecke, insbesondere als Kriegsmittel Bedeutung haben und als solche zeitweise für hervorragend galten. Zum Ernstgebrauch dienen die den Raketen der Lustfeuerwerkerei ziemlich ähnlichen Signalraketen, und besonders die Kriegsraketen, welche Träger eines Geschosses sind und damit eine dem Geschütz ähnliche Wirkung auszuüben vermögen.«

Aber Raketen als Transportmittel für die Weltraumfahrt – das konnte sich am Ende des vorigen Jahrhunderts kaum jemand vorstellen. Hermann Ganswindt stand mit seinen Ideen in Deutschland allein. Er wußte nichts von dem russischen »Vater der Raumfahrt«, Konstantin Ziolkowski, der etwa zur gleichen Zeit mit theoretischen Überlegungen zur Aeronautik und Kosmonautik begann.

Als Ganswindt sein »Weltenfahrzeug« in der Berliner Philharmonie präsentierte, gab es weder Kraftfahrzeuge noch Motorflugzeuge. Dennoch erklärte er: »Erst kommt der Flug in unserer Lufthülle. Dann kommt der Vorstoß ins All. Die Rückstoßkraft wird das Weltenfahrzeug vorwärts treiben.« Achtzig Jahre, bevor mit SALUT 1 die erste Raumstation ihre Bahn um die Erde erreichte, formulierte er seine Vision: »... und es wird Vorratsstationen im All geben, vom Menschen geschaffen, von denen aus er weiter vordringen kann zu den fernen Planeten. Ich glaube, daß die Ringe des Saturn solche Vorratsstationen sind, mit durch in Jahrtausenden angesammelten Abfällen von Weltraumfahrzeugen, die von eben diesem Planeten aus gestartet sind. Denn warum sollen auf dem Saturn nicht intelligente Wesen leben, die uns um Jahrtausende voraus sind? Nach vielen Jahrhunderten Weltraumfahrt wird es vielleicht auch um die Erde solche Ringe geben.«

Heute, nur vierzig Jahre nach dem Beginn der aktiven Raumfahrt, haben wir es bereits mit einem »Müllgürtel« aus Zehntausenden von Trümmern ehemaliger Raketenendstufen und Erdsatelliten zu tun...

Selbstmord des Sponsors

Die Tragik des Schicksals von Hermann Ganswindt wurde durch das Unverständnis seiner Zeitgenossen ebenso bewirkt, wie durch das eigene Unvermögen, den Weg von der Idee über die exakte wissenschaftliche Untersuchung bis zum technisch fundierten Experiment zu gehen. In der Entwicklung der Raketentechnik und Raumfahrt war bereits der Zeitpunkt erreicht, wo nur die Mathematik, die Physik und die Chemie weiterhelfen konnten.

Dennoch machte Ganswindt weiterhin die erstaunlichsten Erfindungen. Auf dem Zeichenpapier und in seiner Schöneberger Werkstatt entstanden die wunderlichsten Vehikel, so unter vielen auch ein »Wagen ohne Pferde«, der durch einen Tretmechanismus betrieben wurde und in Berlins Straßen Aufmerksamkeit erregte, oder ein »Motorboot«, das er auf dem künstlichen See seiner ständigen Ausstellung vorführte. Der Meister selbst wirkte als Schlosser und Mechaniker, Konstrukteur und Ingenieur, »Luftschiff-, Flugzeug-, Auto-Explosionsmotor-, Freilauf- usw. Urerfinder.«

In seinen Reklameschriften stellte er sich dem Publikum vor als: »Fabrikbesitzer, Schöneberg bei Berlin, studierte an den Universitäten Berlin, Leipzig, Zürich. Der Schule bester Mathematiker, Physiker, Sänger und Turner, wurde beim zweiten Garderegiment zu Fuß als tüchtiger Soldat belobigt und von seinen Kameraden zum Vorsitzenden gewählt, aber wegen seiner epochemachenden Erfindungen von allen möglichen Lumpen beschimpft.«

Bereits 1883 hatte er unter der Nummer 29014 ein Deutsches Reichspatent für ein »Lenkbares Groß-Luftschiff mit Passagiergondeln« angemeldet: Länge 150 m, Antriebsleistung der Dampfmaschine 100 PS, Geschwindigkeit 50 km/h. Doch die einzige in Deutschland dafür zuständige Stelle lehnte ab: »Luftschiffe von 150 m Länge gehen über militärische Bedürfnisse hinaus. ... Das Kriegsministerium gibt Ihnen anheim, weitere Eingaben künftig zu unterlassen...«

Sechzehn Jahre später startete Graf Zeppelin mit seinem Luftschiff zur Jungfernfahrt. Es war 128 m lang und entwickelte eine Geschwindigkeit von 32 km/h. Verzweifelt und erfolglos kämpfte Ganswindt um seine Prioritätsrechte. Der Kriegsminister,

Freiherr von Stein, schrieb mit Rotstift an den Rand einer Eingabe: »Ja, lebt denn dieser Unglücksrabe immer noch?«

1901, zwei Jahre bevor den Gebrüdern Wright der erste Motorflug gelang, kreierte der »Edison von Schöneberg« eine neue Erfindung – den Hubschrauber, der bei einer öffentlichen Vorführung auch tatsächlich durch eigene Rotorkraft flog. Da Ganswindt jedoch die komplizierten Probleme des Antriebs und der Stabilisierung nicht zu lösen vermochte, fand er einen für ihn typischen Ausweg: Er benutzte ein Führungsrohr, an dem der Flugapparat aufstieg. Dieser Kunstgriff wurde ihm zum Verhängnis, denn er brachte Ganswindt eine Anklage wegen Betruges ein. Zwar endete der Prozeß mit einem Freispruch, aber allein die Tatsache, vor Gericht gestanden zu haben, genügte damals, um einen Menschen für immer zu kompromittieren. Ganswindt mußte Bankrott anmelden. Sein Teilhaber, Baron von Gerssdorf, ein Freund Friedrich Nietzsches, verlor rund 100.000 Goldmark, den Rest seines gesamten Vermögens, und beging Selbstmord. Er stürzte sich aus dem Fenster der Brotbaude im Riesengebirge; seine Gattin erschoß sich im Gutshaus zu Ostrichen.

Auch der Familie Ganswindt brachten die Mißerfolge des Erfinders nur Unglück. Seine erste Frau Anna, die zehn Kinder gebar, starb 1912 an Lungenentzündung, damals eine Krankheit der Armut. Ganswindt heiratete wieder und wurde Vater von insgesamt 23 Kindern. Der erste Weltkrieg und die Inflation nahmen ihm auch das Letzte, was noch geblieben war. Fortan lebte er in Schöneberg von Unterstützung und Wohlfahrt. Zu Silvester verschickte er eine Karte, auf der es hieß: »Viel Glück zum Neuen Jahr wünscht die verachtetste Familie unter der Sonne.« Völlig verarmt, vergessen und verbittert starb Hermann Ganswindt am 25. Oktober 1934 im Alter von 78 Jahren. Sechs Wochen später ließen die neuen Herren Deutschlands Wernher von Brauns Rakete A2 erstmals starten.

Die Photorakete von Königsbrück

Immer, wenn von der Fernerkundung der Erde aus dem Weltraum die Rede ist, muß ich an die Plenartagung der Internationalen Astronautischen Föderation (IAF) im September 1972 in Wien zurückdenken, an der ich als Delegierter der Deutschen Astronautischen Gesellschaft der DDR teilnahm. Im Kongreßsaal der Hofburg sprach damals Wernher von Braun, der im selben Jahr aus der NASA ausschied und als Vizepräsident zur Fairchild Hiller Industries in Germantown/Maryland ging, vor Raketentechnikern und Kosmosforschern von fünf Kontinenten. Sein Thema war die Perspektive der Erdfernerkundung als der jüngsten und modernsten Disziplin der Raumfahrt. Er berichtete über die ersten Erfahrungen, die mit dem wenige Monate zuvor, am 23. Juli 1972, gestarteten USA-Raumflugkörper ERTS 1 (Earth Ressources Technology Satellite – Satellit zur Erkundung der Rohstoffvorräte der Erde; die populäre Bezeichnung LANDSAT wurde zwei Jahre später auch die offizielle), an dem auch seine neue Firma Anteil hatte, gesammelt worden waren. Ausgerüstet mit Fernsehkameras, Multispektralscanner und Strahlungssensoren lieferte der Satellit in den ersten zweieinhalb Jahren mehr als 100.000 Aufnahmen, die zu vielen neuen Erkenntnissen führten.

Drei Beispiele der Nutzung, die Dr. von Braun schon damals nannte, blieben mir über ein Vierteljahrhundert fest im Gedächtnis:

Deutlich ließen die Aufnahmen Umweltschäden, insbesondere die Wasserverschmutzung an den Mündungen der großen Flüsse in die Meere, erkennen; anhand von Vergleichen zwischen den Weltraumfotos und den Flurkarten der Katasterämter konnten eindeutig illegale Landbesitznahme und -bebauung nachgewiesen werden; schließlich war das Aufspüren krimineller Aktivitäten, wie der Anbau und die Verarbeitung von Rauschgiften, aus dem Orbit möglich.

Seitdem wird von der »dritten Entdeckung der Erde« gesprochen, die der Menschheit völlig neue Perspektiven eröffnet. Zuerst entschleierten die Entdeckungsreisen auf der Erdoberfläche – zu Lande und zu Wasser – aus der Froschperspektive die Geheimnisse der letzten »weißen Flecken«; dann wurde unser Planet durch die Luftfahrt aus der Vogelperspektive überblickt und erkundet. Nunmehr kommt die kosmische Sicht hinzu, die drei große Vorteile hat: Je höher sich ein Raumflugkörper über der Erde befindet, desto größer und umfassender wird der Überblick. Ein Weltraumfoto aus niedriger Umlaufbahn ersetzt mehrere tausend Flugzeugaufnahmen und kommt, pro Quadratmeter gerechnet, drei- bis fünfmal billiger als ein Luftbild. Außerdem ermöglicht die moderne Übertragungstechnik die sofortige Verfügbarkeit – in »real time«.

Bis zum Start des ersten LANDSAT waren nur elf Jahre vergangen, seit ein Mensch erstmals im Kosmos eine Kamera auf die Erde gerichtet hatte. Das war der russische Kosmonaut Nr. 2, German Titow, heute dienstältester Raumfahrer der Welt, der am 6. August 1961 mit seinem Raumschiff WOSTOK 2 einen ganzen Tag lang unseren blauen Planeten umrundete und dessen Oberfläche mit einer Handkamera fotografierte. Die Geburtsstunde der kosmischen Fotografie hatte geschlagen, die zu immer komplizierteren und komplexeren Aufnahmesystemen führte. Beschränkte sie sich anfangs vor allem auf wissenschaftliche und militärische Aufgaben, so wurde sie im Laufe von mehr als drei Jahrzehnten immer mehr zu einer auch kommerziell attraktiven Technologie.

Mit Pickelhaube und Säbel

Ihre Wurzeln gehen jedoch noch viel weiter zurück und führen uns nach Königsbrück am Rande von Dresden, zu DDR-Zeiten bekannt als Sitz des Instituts für Luft- und Raumfahrtmedizin der Nationalen Volksarmee, wo die ersten Kosmoskandidaten auf Herz und Nieren geprüft und getestet wurden und sich oft die Mitglieder der Ständigen INTERKOSMOS-Arbeitsgruppe »Kosmische Biologie und Medizin« berieten. Ein halbes Jahrhundert vor Beginn des Zeitalters der aktiven Raumfahrt berichtete die

»Westlausitzer Zeitung«, die auch als »Amtsblatt des Kgl. Amtsgerichts und der Städt. Behörden von Königsbrück« fungierte, in ihrer Nr. 100 vom Dienstag, dem 28. August 1906:

»Königsbrück, 27. August. Folgendes ist in auswärtigen Blättern zu lesen: ›Eine aufsehenerregende Erfindung, die besonders für militär-strategische Zwecke wichtig zu sein scheint und daher sehr geheim gehalten wird, ist in den letzten Tagen wieder versucht und durchaus brauchbar befunden worden. Diese neue Erfindung wurde am 22. August in Königsbrück auf dem Schießplatze von den Militärbehörden erprobt. Ein Dresdner Ingenieur hat den Apparat erfunden, an dem er sechs Jahre gearbeitet hat; derselbe ist bereits in allen Ländern patentiert und vom Deutschen Reiche sofort erworben worden. Es ist ein Apparat, der auf einem beweglichen Gestell überallhin gefahren und schnell aufgestellt werden kann. Er wird senkrecht postiert, und durch ihn wird ein photographischer Apparat bis zu 600 Meter Höhe in die Luft geschossen, der, wenn er dann den höchsten Punkt erreicht hat, die ganze Gegend unter ihm im Umkreis von 2 Meilen photographiert. Der Apparat kommt dann mittels Fallschirm langsam auf die Erde nieder und wird von der Bedienungsmannschaft aufgefangen. Vorher wird eine Fahne neben den Apparat gesteckt, damit

27. August 1906: Vor dem Start der Dresdner Photorakete in der Nähe von Königsbrück in Sachsen

*Dresdner Photorakete bei der
Landung über Weinböhla*

man die Windrichtung hat, weil durch sie das Photogramm von der senkrechten Linie etwas fortgetragen wird. Das alles geschieht in einigen Minuten; die Bilder werden blitzschnell hergestellt, und man hat sofort ein Bild von der ganzen Umgebung. Es erledigt sich damit beinahe die umständliche und teure Beschaffung des Fesselballons. Ein solches Geschoß, von dem sechs Stück mitgeführt werden können, kostet 70 Mark und braucht nur 2 Mann Bedienung. Es sind bereits Vorkehrungen zur Fabrikation des Apparats getroffen worden. Der Erfinder bekommt zunächst 400.000 Mark zur Überlassung seiner Arbeit und soll Direktor der neu zu errichtenden Geschoß-Photogrammfabrik werden.‹ Zu vorstehendem ist hinzuzufügen, daß die Sache keineswegs mehr neu ist. Bereits vor Jahresfrist sind Versuche mit dem Apparat auf hiesigem Schießplatz angestellt worden. Damals hieß es, die Sache sei unbedingt geheim zu halten. Wenn die Sache, wie es in obiger Notiz heißt, in allen Ländern patentiert worden ist, so ist die Geheimhaltung dadurch hinfällig geworden.« Mit dem »Dresdner Ingenieur« in diesem Artikel ist Alfred Hermann Carl Maul (1860 bis 1942) gemeint, der aus der thüringischen Stadt Pößneck stammte und an der Ingenieurschule in Reichenberg (Liberec) Maschinenbau studierte. Den größten Teil seines Lebens wirkte er jedoch in »Elbflorenz«, wo er ein Technisches Büro für Spezialmaschinen betrieb und Dosier-, Abfüll- und Verpackungsautomaten für die Pharmazie-, Chemie- und Tabakwarenindustrie baute. Für 22 seiner Erfindungen erhielt der ideenreiche Ingenieur Patente, darunter sieben in den Jahren 1903 bis 1908, die »Raketenapparate« sowie »Vorrichtungen und Verfahren zum Photographieren bestimmter Geländeabschnitte« während der Aufstiege betrafen.

Seine Vorstellungen von der Raketenfotografie begann Alfred Maul bereits gegen Ende des vorigen Jahrhunderts zielstrebig zu verwirklichen, wobei er sich besonders großen Nutzen für das Militär beim Auskundschaften feindlicher Stellungen versprach. Erste erfolgversprechende Versuche fanden im Jahre 1900 auf freiem Feld bei Dresden statt. Im Verlauf von sieben Jahren entwarf der vielseitige Ingenieur neun verschiedene Raketen, von denen er mindestens sechs baute und erprobte. Die Treibsätze bezog er von der Großfeuerwerkerei Fischer in Weinböhla, die Feuerwerksraketen produzierte, und später nutzte er Schiffsrettungsraketen des Pyrotechnischen Laboratoriums in Berlin-Spandau, die er für seine Zwecke modifizierte.

Die Gesamtmassen der Maulschen Raketen lagen zwischen 25 und 42 Kilogramm, die Gipfelhöhen betrugen 200 bis 800 Meter. Für die Aufnahmen wurden ausschließlich Plattenkameras verwendet, die nur einen »Schuß« gestatteten. Die Platten hatten ein Format von 180 × 180 beziehungsweise von 200 × 250 Millimetern, und die Objektive Brennweiten von 21 beziehungsweise von 28 Zentimetern.

Die Schärfe und die Verwendbarkeit der Raketenfotos hingen von verschiedenen Faktoren ab: vom richtigen Blickwinkel, von der ruhigen Lage der Kamera, vom rechtzeitigen Öffnen des Verschlusses und von der sicheren Rückkehr der Apparatur. Der Beharrlichkeit des Experimentators gelang es, diese Probleme mit verschiedenen Varianten zu lösen. An der Startlafette für die

Raketen befand sich eine Zieleinrichtung, mit der unter Berücksichtigung der Windrichtung und -stärke der optische Winkel zum senkrechten Aufstieg verändert werden konnte. Die Windrichtung wurde mit einer Fahne ermittelt, und die Zündung der Rakete erfolgte elektrisch aus einer Entfernung von 200 Metern. Die Lafette, die nur eine Eigenmasse von 400 Kilogramm besaß, verfügte über zwei Räder und ließ sich zusammenklappen.

Um Drehmomente auszuschalten, verwendete Maul Stabilisierungsflossen aus stoffbespanntem Stahlrohr, Holz und Metall, die er »Führungsflächen« nannte. Sie waren entweder direkt am Raketenkörper oder an einem sechs Meter langen Stab angebracht. Bei seinen letzten Versuchen setzte er dafür auch Kreiselsysteme ein. Für das Auslösen des Kameraverschlusses wendete er ein Zeitschaltverfahren an, das den fehlenden Andruck im Scheitelpunkt der Flugbahn nutzte.

Die überlieferten Aufnahmen, die aus einem Winkel von 75 Grad zur Bewegungsrichtung der Rakete gewonnen wurden, weisen eine ausgezeichnete Qualität auf und zeigen aus einer Höhe von 600 bis 800 Metern in einer Entfernung von 2,2 bis 3,4 Kilometern vom Abschußort Details wie Wälder und Felder, Flüsse und Straßen, Häuser und Scheunen. Für die Rückführung der Kapsel mit der Kamera wurde ein Fallschirm an einem sechs Meter langen Gurt verwendet. Innerhalb von sechs Minuten lag das Geländefoto zur Auswertung vor.

120 Infanteristen trafen nicht

Wie alle Raketenpioniere mußte auch Alfred Maul Fehl- und Rückschläge einstecken: Die Pulverraketen explodierten beim Start, die Kameraverschlüsse funktionierten nicht richtig oder die Landefallschirme blieben geschlossen. Nach vorsichtigen Schätzungen verschlangen die Experimente etwa 100.000 Reichsmark, ein Vermögen in der angeblich »guten alten Zeit«. Einen Teil der Finanzierung bestritt der Erfinder selbst; Unterstützung erhielt er durch die Dresdener Industriellendynastie Hultzsch und nicht zuletzt durch das Sächsische Kriegsministerium.

Von 1900 bis 1903 führte Maul seine Versuche an der Bahnlinie Dresden-Riesa-Leipzig, bei Weinböhla und in Dresden-Trachau durch – mehrmals vor hochrangigen Militärs. Das zahlte sich aus, stellten ihm diese doch ab Sommer 1903 den Truppenübungsplatz in der Nähe von Königsbrück sowie Bedienungspersonal zur Verfügung.

Auf den Fotos aus dieser Zeit sind deshalb neben den Startlafetten für die Raketen Soldaten mit Pickelhauben und Säbeln sowie Offiziere zu Pferde zu sehen.

Der Vorteil der »Photoraketen« zur Geländeaufklärung gegenüber den damals gebräuchlichen Fesselballons bestand darin, daß sie schwer auszumachen und kaum zu bekämpfen waren. Zum Beweis ihrer Unverwundbarkeit sollen einmal 120 Infanteristen auf einen niedergehenden Raketenkopf geschossen haben, ohne ihn zu treffen.

Außerdem lag der Preis für eine Rakete mit 70 Reichsmark sehr niedrig, war doch die Kamera wiederverwendbar. Mit dem Aufkommen der Rollfilmkamera und der Luftaufklärung durch Flugzeuge ging das Interesse an Fotoraketen zurück, die nie zum praktischen Einsatz kamen.

Anfang der dreißiger Jahre wurde er zur Raketenversuchsstelle des Heereswaffenamtes nach Kummersdorf eingeladen, wo er seine Projekte erläutern konnte. Unterstützung jedoch erhielt er nicht.

Das weitere Schicksal von Alfred Maul verlief tragisch. Der Vater von drei Töchtern litt an schwerer Diabetes, was zur Amputation beider Beine führte. Ein halbes Jahr vor dem anglo-amerikanischen Terrorangriff am 13./14. Februar 1945, der Dresden verwüstete, starb er in seiner geliebten Heimatstadt.

Frank E. Rietz, einst Wissenschafts-Redakteur der Tageszeitung »Junge Welt« in Berlin und heute PR-Chef der DASA in München, der sich um die Erforschung von Leben und Werk Alfred Mauls verdient gemacht hat, spricht ihm drei Prioritäten zu:
– Erster praktischer Einsatz von Raketen zur Erderkundung,
– Rückführung der Nutzlast zur Erde und mehrmalige Verwendung des Raketenkörpers und
– Anwendung von Kreiselsystemen zur Stabilisierung von Raketen.

»Die Erfindungen und Versuche des Ingenieurs Maul hatten keinen Einfluß auf den Entwicklungsprozeß der Raketentechnik und ihre Anwendung. Erst mit der Herausbildung der Erdfernerkundung durch die moderne Satellitentechnik läßt sich der Wert der damaligen Leistung des Pioniers der Raketenfotografie ermessen. Die Raketenfotografie muß in die Reihe der Erfindungen gestellt werden, die weit vor ihrer eigentlichen praktischen Nutzung gemacht wurden.«

Der »Vater der Raumfahrt« und die »Frau im Mond«

Der ehrende Beiname »Vater der Raumfahrt« wurde im Laufe des 20. Jahrhunderts von verschiedenen Nationen unterschiedlichen Persönlichkeiten verliehen:
- Von den Russen an den Mathematiklehrer Konstantin Ziolkowski in Kaluga (1857 bis 1935), der in seinem 1898 geschriebenen, aber erst fünf Jahre später veröffentlichten Werk »Erforschung des Weltraums mit Reaktionsapparaten« erstmals das Projekt einer mit Wasserstoff und Sauerstoff angetriebenen Rakete vorstellte und der die mathematisch-physikalischen Grundlagen der Kosmonautik begründete. Da er als erster wirkte, wurde er auch als »Großvater der Raumfahrt« bezeichnet.
- Von den Franzosen an den Pariser Ingenieurwissenschaftler Robert Esnault-Pélterie (1881 bis 1957), der 1912 Untersuchungen über Flüssigkeitstriebwerke vorlegte, 1928 sein Hauptwerk »Die Erforschung der Hochatmosphäre mit Raketen und die Möglichkeit interplanetarer Reisen« publizierte und ab 1930 das zweibändige Standardwerk »L'Astronautique« herausgab.
- Von den Deutschen an den Siebenbürger Gymnasialprofessor Hermann Oberth (1894 bis 1989), der 1923 mit seinem Buch »Die Rakete zu den Planetenräumen« das theoretische Fundament für die Raumfahrt schuf. Die dritte erweiterte Fassung erschien 1929 unter dem Titel »Wege zur Raumschiffahrt« und wurde zur Bibel der Raketengläubigen.
- Von den Amerikanern an den Universitätsprofessor Robert Goddard (1882 bis 1945) aus Massachusetts, dem es nach umfangreichen theoretischen Studien und praktischen Versuchen 1926 gelang, die erste Flüssigkeitsrakete der Welt zu starten.

Keiner dieser Pioniere wußte zunächst etwas von den anderen; jeder vollbrachte unabhängig seine Leistung als Einzelgänger. Erst später entwickelten sich Beziehungen zwischen diesen Pionieren.

Das Leben von Hermann Oberth währte am längsten – fast ein volles Jahrhundert – von den ersten Ideen für eine Weltraumrakete bis zur Verwirklichung des Raumfluges. Der bekannte russische Weltraumwissenschaftler Boris Rauschenbach nannte ihn deshalb den »Patriarchen der Astronautik«.

Er erlebte den Start des ersten Sputniks und den Flug Juri Gagarins ebenso wie die Missionen von Automaten zu den Planeten unseres Sonnensystems und die bemannten Flüge mit Raumfähren und auf Orbitalstationen.

Er war am 3. Oktober 1942 Augenzeuge des ersten erfolgreichen Fluges der Flüssigkeits-Großrakete A4 in Peenemünde, saß am 16. Juli 1969 beim Start von APOLLO II zur ersten Mondlandung auf der Ehrentribüne von Cape Kennedy und weilte am 30. Oktober 1985 als Ehrengast auf Cape Canaveral, wo die deutsche SPACELAB-D-I-Mission begann.

Mir war es vergönnt, dem »Raketenpapst«, wie Hermann Oberth auch humorvoll genannt wurde, mehrmals persönlich zu begegnen und seine Vorstellungen über die Zukunft der Raumfahrt und ihre Bedeutung für die Menschheit kennenzulernen – auf Weltraumkongressen, vor allem in Deutschland, Österreich und Ungarn. Unvergessen blieben mir seine Worte von 1972 über seine ein halbes Jahrhundert zurückliegenden Arbeiten: »Was meine damaligen Konstruktionsvorschläge betrifft, so kann es lehrreich sein zu sehen, was später aus ihnen geworden ist, und mancher mag daraus lernen, daß sich dort, wo ein Wille ist, schließlich auch ein Weg findet, und daß man nicht zu früh die Flinte ins Korn werfen soll.«

Sigmund Jähn, der erste Deutsche im All, lernte Hermann Oberth 1982 anläßlich des 25. Jahrestages des Starts von SPUTNIK I in der Sowjetunion kennen – fünf Jahre nach seinem Raumflug. Über seine Moskauer Eindrücke sagte er: »Hermann Oberth hatte seinerzeit mit dem russischen Vater der Raumfahrt, Konstantin Ziolkowski, im Briefwechsel gestanden; ein Fakt, der mir bei einem früheren Besuch des Raumfahrtmuseums in Kaluga, der einstigen Wirkungsstätte Ziolkowskis, ins Auge gefallen war. Nun machte sich der greise, aber geistig immer noch sehr rege Oberth auf den Weg nach Kaluga, um den Mann zu ehren, der,

Hermann Oberth, der »Vater der Raumfahrt«, mit dem ersten deutschen Kosmonauten Sigmund Jähn in Moskau

noch früher als er selbst, die Zukunft der Raumfahrt vorausgesehen und dafür mathematische Grundlagen geschaffen hatte.«

Professor Oberth, in der Sowjetunion als Ehrengast behandelt, flog damals von Moskau über Berlin-Schönefeld in die Bundesrepublik zurück. Die damit verbundenen Möglichkeiten kommentierte Dr. Jähn so: »Leider scheiterte der Versuch einer Begegnung mit interessierten Mitgliedern der ›Gesellschaft für Weltraumforschung und Raumfahrt der DDR‹ an einer Kleinigkeit – der Nichtzustimmung durch eine ›entscheidungsbefugte‹ Persönlichkeit. Oberth, mit Ziolkowski und dem Amerikaner Goddard unbestritten einer der ganz Großen in der internationalen Raumfahrtgeschichte, haftete nämlich ein Makel an: Er ging im Juli 1941 nach Peenemünde an die Heeresversuchsanstalt, wo er Patente auf ihre Brauchbarkeit prüfte und eine dreistufige Fernrakete entwarf. Tatsächlich spielte er dort eine untergeordnete Rolle. Seine Stärke waren wohl Ideen und theoretische Berechnungen, nicht aber praktische Konstruktionen und die Führung großer Kollektive.«

Wer die Fehlentscheidung persönlich zu verantworten hatte, ließ sich nie genau feststellen. Zurückblickend erinnert sich Dr. Jähn: »Meine Moskauer Begegnung war die Voraussetzung dafür, daß ich Professor Oberth an seinem 90. und dann auch an seinem letzten, dem 95. Geburtstag am 25. Juni 1989, persönlich gratulieren konnte. Es war die Idee des Präsidenten der »Hermann-Oberth-Gesellschaft« (HOG), Dr. Staats, die Raumfahrer Ungarns, Rumäniens, der Bundesrepublik und der DDR zu den in fünfjährigem Abstand stattfindenden größeren Kongressen und zu Vorträgen einzuladen. Dadurch sollte eine gewisse Symbolik im Leben des Raumfahrtpioniers zum Ausdruck kommen.«

Diese bezog sich darauf, daß Oberth im siebenbürgischen Hermannstadt in der damaligen k.u.k.-Monarchie Österreich-Ungarn als Sohn eines deutschen Arztes geboren wurde und nach dem ersten Weltkrieg infolge der Grenzveränderungen rumänischer Staatsbürger wurde. Seine hauptsächlichen Wirkungsstätten hingegen lagen im »Altreich« – in München, Heidelberg, Göttingen, Berlin, Dresden und Peenemünde. Offensichtlich waren die Generale der Nationalen Volksarmee der DDR nicht so pingelig wie die Professoren der Akademie, oder Sigmund Jähn hatte etwas mehr Spielraum als andere. Seine Eindrücke faßte er folgendermaßen zusammen:

»Mir hat Professor Oberth in jeder Begegnung Achtung abgenötigt. Er hat ja nicht nur Bücher geschrieben, im reifen Alter übrigens auch über Parapsychologie und mit Vorschlägen für ein Weltparlament. Als er 90 Jahre alt wurde, beobachtete ich ihn, wie er den Lift des Hotels mißachtete und die drei Treppen zu Fuß ging. ›Es hat keinen Zweck mit ihm zu streiten‹, sagte mir seine Tochter, Frau Dr. Erna Roth-Oberth, die ihn begleiten mußte. Und mit einem Lächeln fügte sie hinzu: ›Er war schon immer ein Querkopf, der sich durchsetzte‹.«

Das fing schon in der Schule auf dem Schäßburger Gymnasium an, wo der von Raketen und Raumschiffen besessene Junge, außer in Physik und Mathematik, nicht den Erwartungen entsprach und als Sonderling und Sorgenkind der Familie galt.

Nachdem Oberth als Zwölfjähriger die Bücher Jules Vernes »Von der Erde zum Mond« und »Reise um den Mond« verschlungen hatte, kam er ein Jahr später zu der Erkenntnis: »Bei der Jules-Verne-Kanone wäre der Andruck 27.500mal so groß gewesen wie das Gewicht – da hätten sich die Insassen in flache Scheiben verwandelt, die mit Knochenstücken gespickt gewesen wären. Also mit dem Kanonenschuß ging es nicht.«

Als sich der Vierzehnjährige für den Rückstoßantrieb entschieden hatte, schloß er scharfsinnig: »Der Grund, warum die bis damals gebauten Raketen nicht mehr leisteten, war der, daß sie zu klein und zu leicht waren. Wenn man einen Stein wirft, so fliegt er auch weiter, als würde man ein Stück Papier oder eine Flaumfeder werfen.«

Gleichzeitig begann er mit raumfahrtmedizinschen Selbstversuchen, über die er rückblickend schrieb: »Die Befürchtungen mancher Leute, die Speisen würden nicht im Magen bleiben, hatte ich dadurch widerlegt, daß ich auf dem Kopf stehend einen Apfel aß. Man kann also gut von unten nach oben schlucken.« Ein Schwerelosigkeitsexperiment erläuterte er so: »Ich füllte eine Sektflasche ein Drittel bis halbvoll mit verschiedenen Flüssigkeiten und sprang damit vom Turm (8m) ins Wasser, die Flasche mit dem Hals nach unten. Wenn ich die Spitze am Ende des freien Falls etwas nach unten bewegte, um die Verzögerung durch den Luftwiderstand zu kompensieren, so sah ich, daß die Flüssigkeit tatsächlich darinnen schwebte.«

Bei einem Erlebnis, das Oberth fast das Leben gekostet hätte, machte er auch mit einem psychologischen Aspekt der Schwerelosigkeit Bekanntschaft:

»Im Herbst 1911 badete ich an einem kalten Morgen allein im Becken unserer Schwimmschule. Ich wollte es in der Diagonale unter Wasser durchschwimmen und stieß dabei an eine Wand, die mir nahezu senkrecht erschien. Ich hatte das Gefühl, ich sei zu weit nach rechts abgekommen und schwamm daran nach links entlang, bis ich auftauchen wollte und auf einmal nicht mehr an die Oberfläche fand. Aus verschiedenen Anzeichen erkannte ich endlich, daß diese Wand in Wirklichkeit der Boden war. Ich stemmte mich dagegen und kam doch noch rechtzeitig nach oben.« Auf dem Heimweg gelangte er zu der Erkenntnis, daß er im Bassin in einen schwerelosigkeitsähnlichen Zustand geraten war: »Infolge des kalten Wassers und des Kohlensäureüberschusses im Blut war das Gleichgewichtsorgan empfindungslos geworden. Aus dem gleichen Grund war auch der Muskelsinn nicht mehr voll wirksam, und Auflagestellen gab es ja überhaupt nicht, denn der Körper wurde durch das Wasser in der Schwebe gehalten. Es konnte daher zwar nicht die Kantsche Denkkategorie ›oben‹ und ›unten‹, wohl aber das Gefühl für die Richtung von oben nach unten verlorengehen. Doch dies bedeutete nicht mehr und nicht weniger, als daß ich das seelische Erlebnis der Andruckfreiheit gehabt hatte!«

Ein halbes Jahrhundert nach diesem Erlebnis begann das Training von Kosmonauten und Astronauten in Wasserbassins, um sie an die Schwerelosigkeit im Weltraum mit all ihren Folgen zu gewöhnen.

Als Oberth 1913 sein Abitur machte, hatte er bereits den Treibstoff für Flüssigkeitsraketen gefunden (Alkohol oder Flüssigwasserstoff und flüssige Luft oder Flüssigsauerstoff) die Grundgleichung des Raketenfluges abgeleitet und eine Zentrifuge mit eine Armlänge von 35 Metern entworfen, wie sie heute noch in den Trainingszentren für Raumfahrer zum Einsatz kommt.

Im Jahr darauf ließ er sich, dem Wunsch seines Vaters folgend, an der medizinischen Fakultät der Universität München immatrikulieren, besuchte aber immer häufiger die Vorlesungen für Physik und Aerodynamik an der Technischen Hochschule.

Doch der erste Weltkrieg unterbrach seine Studien und führte ihn an die Ostfront. Nach einer Verwundung in der Karpatenschlacht wurde der Sanitätsfeldwebel Oberth dem Notreservespital in Schäßburg zugeteilt, wo sein Vater Dr. Julius Oberth Direktor des Komitats-Krankenhauses war. Hier hatte der junge Forscher drei Jahre lang Zugang zu allen Medikamenten und Drogen der Militärapotheke. Rückblickend erzählte er:

»Ich wußte, daß Skopolamin hauptsächlich die Gleichgewichtsorgane des menschlichen Körpers betäubt. Alkohol dagegen betäubt die Muskel- und Gelenkfunktionen. Wenn also diese Organe ausgeschaltet sind, fühlt man sich wie ein Raumfahrer im schwerelosen Zustand. Um auch die Hautempfindungen auszuschalten, die uns ebenfalls eine Orientierung über unsere Lage im Raum geben könnten, legte ich mich in eine große Badewanne und hielt auch den Kopf unter Wasser. Die Atemluft saugte ich aus einem Schlauch. Ein Freund beobachtete den Versuch. Als die Wirkung der Gifte einsetzte, drehte ich mich mit geschlossenen Augen ein paarmal um die eigene Achse. Ich hatte jede Orientierung verloren und schob den Stab, den ich in die Senkrechte bringen sollte, völlig planlos hin und her. Ich hatte zwar ein Gefühl für oben und unten, weil wir uns ohne die Denkkategorien ›oben‹ und ›unten‹ nichts vorstellen können, doch die Gefühle entsprachen (ähnlich wie beim Träumen) nicht mehr der Wirklichkeit. Es war den Sinnen Andruckfreiheit vorgetäuscht worden. Dieser Versuch hatte eine halbe bis dreiviertel Stunde gedauert. Dann mußte er abgebrochen werden, weil ich unter dem Einfluß des Skopolamins sehr schläfrig wurde…Damit war nun die Möglichkeit der Weltraumfahrt im Grunde erwiesen, denn länger als eine halbe Stunde brauchte man den Menschen der Schwerefreiheit ja nicht auszusetzen, man konnte später Schwere, d.h. Andruck, künstlich erzeugen, indem man zwei Kapseln mit einem langen Drahtseil verband und sie um den Mittelpunkt kreisen ließ.« Ein solches Experiment führten übrigens 1966 die Astronauten Charles Conrad und Richard Gordon mit den durch ein Stahlseil verbundenen Raumflugkörpern GEMINI 11 und AGENA 11 in rund 1.370 Kilometern Höhe über der Erde aus.

Bleibt noch anzumerken, daß der Prager Professor Starkenstein vier Jahre nach dem Oberthschen Experiment die Vasano-Tabletten gegen die Seekrankheit entwickelte, die neben Skopolamin auch Atropin enthalten, welches das Gleichgewichtsorgan ebenfalls betäubt, aber im Gegensatz zu Skopolamin nicht einschläfernd sondern anregend wirkt. Skopolamin geht übrigens auf die Skopolie zurück, auch »Krainer Tollkraut« genannt, eine staudige Gattung der Nachtschattengewächse mit glockigen Blüten, die in südosteuropäischen Laubwäldern wächst und in ihrem Wurzelstock giftige Alkaloide (Hyoscyamin, Scopolamin und Atropin) enthält. Früher wurde dieses Kraut für Liebestränke und als Rausch-, Fieber- und Schlafmittel verwendet.

Im vorletzten Kriegsjahr, 1917 – am Horizont der Geschichte zogen bereits die Revolutionsgewitter herauf – entwarf Oberth eine Fernrakete, die wasserhaltigen Alkohol und flüssige Luft als Treibstoff nutzen sollte. Seine Zeichnung zeigte ein Aggregat von 25 Metern Höhe und fünf Metern Durchmesser und war mit einem Kreiselsystem für die Stabilisierung, einer Umlaufkühlung und einer automatischen elektrischen Steuerung versehen. Die Gefechtsladung im Raketenkopf sollte zehn Tonnen schwer sein und die Reichweite 300 Kilometer betragen, weshalb er sie auch als »Englandrakete« bezeichnete.

Der k.u.k. Sanitätsfeldwebel Oberth fuhr im März 1918 nach Kronstadt, um dort Stuhlproben auf Infektionsgefahr untersuchen zu lassen. Sein eigentliches Anliegen war jedoch der Besuch des deutschen Konsulats, wo er sein Projekt einer großen Raketenwaffe abgab.

Nach sieben Wochen erhielt er seine Pläne mit einem Begleitschreiben vom Kriegsministerium in Berlin zurück, in dem es hieß: »Wie die Erfahrung lehrt, können Raketen nicht weiter fliegen als sieben Kilometer. Und bei der sprichwörtlichen preußischen Gründlichkeit, mit der auch unsere Stelle arbeitet, ist nicht zu erwarten, daß diese Zahl wesentlich übertroffen werden könnte.«

Die Gutachter hatten offensichtlich die detaillierte Begründung Oberths überhaupt nicht gelesen und in Berlin den Eifer des jungen Feldwebels, die Niederlage Deutschlands abzuwenden, nicht ernst genommen.

Der Weltraumspiegel und eine abgelehnte Doktorarbeit

Nach Kriegsende nahm Oberth sein Medizinstudium in Budapest wieder auf, wandte sich jedoch 1919 endgültig den Naturwissenschaften zu. Er hörte bei dem Atomtheoretiker Arnold Sommerfeld in München Physik, beim Zahlentheoretiker David Hilbert in Göttingen Mathematik und am selben Ort bei dem Strömungsforscher Ludwig Prandtl Aerodynamik. In seiner Schrift »Mein Beitrag zur Raumfahrt« erinnerte er sich an diese Zeit: »Bis zum Ersten Weltkrieg hatte ich die Raumfahrt eigentlich als ein Steckenpferd betrieben. Der eine sammelt Briefmarken, der andere züchtet seltene Pflanzen, und ich sammelte eben Formeln und Daten, die sich auf den Raumflug bezogen. Nach dem Ersten Weltkrieg sattelte ich von der Medizin zur Physik um und wandte mich mit meinen Ideen an verschiedene deutsche Physiker und Ingenieure. Leider ohne Erfolg. Ich hatte das Ergebnis meiner Untersuchungen in einer Schrift zusammengefaßt. Darin wollte ich eigentlich nur die Möglichkeit der Weltraumfahrt beweisen. Doch man hätte mir darauf antworten können: ›Ja, lieber Freund, das ist alles ganz schön berechnet, aber die heutige Technik kann so etwas nicht bauen!‹ Um mir das nicht sagen zu lassen, brachte ich für Probleme, deren Lösbarkeit nicht jeder Ingenieur ohne weiteres einsieht, beispielsweise Lösungen.«

Dazu gehörte das Mehrstufenprinzip für Raumfahrt-Trägerraketen. In einem ersten, zweistufigen Entwurf schlug Oberth für die untere Stufe Alkohol/Sauerstoff und für die obere Wasserstoff/Sauerstoff vor. Als Ausströmgeschwindigkeiten errechnete er 1.400 m/s beziehungsweise 3.400 m/s; Werte, die sich später bei praktischen Versuchen als richtig erwiesen. Auch die Notwendigkeit von Brennstoffpumpen, Treibstoffvorwärmung und Brennkammerkühlung erkannte er und löste sie durch die Regenerativkühlung, bei der der Treibstoff um die Brennkammer herumgeleitet wird. Weitere Vorschläge betrafen den Raketenstart am Äquator in Rotationsrichtung der Erde, die Kreiselstabilisierung, die elektrische Fernsteuerung, die Kabinenluftreinigung, die Fallschirmlandung und nicht zuletzt den Weltraumspiegel zur Nutzung der Sonnenenergie, »um den Lesern auch etwas Sensationelles zu bieten«, wie Oberth selbst sagte.

Und so stellte er sich das Ganze vor: »Man könnte ein kreisförmiges Drahtnetz durch Drehung um seinen Mittelpunkt ausbreiten. In den Lücken zwischen den einzelnen Drähten würden bewegliche Spiegel aus leichtem Metallblech eingesetzt…Der ganze Spiegel würde in einer Ebene senkrecht zur Ebene der Erdbahn um die Erde gravitieren, und das Netz wäre gegen die Sonnenstrahlen um 45 Grad geneigt. Durch geeignete Stellung der einzelnen Facetten könnte man die ganze vom Spiegel zurückgestrahlte Sonnenenergie nach Bedarf auf einzelne Punkte der Erde konzentrieren oder auch auf weite Länderstrecken ausdehnen…Es könnte zum Beispiel der Weg nach Spitzbergen oder nach den nordsibirischen Häfen durch solche konzentrierte Sonnenstrahlen eisfrei gehalten werden. Hätte der Spiegel auch nur 100 Kilometer Durchmesser, so könnte er außerdem durch zerstreutes Licht weite Länderstrecken im Norden bewohnbar machen, in unseren Breiten könnte er im Frühjahr Nachtfröste verhindern und damit die Obst- und Gemüseernte ganzer Länder retten. Als Material würde ich Natrium vorschlagen…Die Aneinanderfügung der einzelnen Stücke kann von Leuten im Taucheranzug besorgt werden, desgleichen das Polieren…«.

Oberth war sich durchaus des militärischen Mißbrauchs dieses Projekts bewußt und kalkulierte ihn ein: »Da nun ein solcher Spiegel auch hohen strategischen Wert haben könnte (man kann damit Munitionsfabriken sprengen, Wirbelstürme und Gewitter erzeugen, marschierende Truppen und ihre Nachschübe vernichten, ganze Städte verbrennen und überhaupt den größten Schaden anrichten), wäre es sogar nicht einmal ausgeschlossen, daß einer der Kulturstaaten bereits in absehbarer Zeit an die Ausführung dieser Erfindung geht…«

Zunächst wurde er mit seiner Schrift von einem Professor zum anderen geschickt, da die Arbeit angeblich in keines der Fachgebiete passe. Schließlich geriet er an den großen Luftfahrtwissenschaftler Ludwig Prandtl, der ihn auf einige Fehler aufmerksam machte und zusätzliche Fachliteratur empfahl. Zum Abschied sagte der Professor seinem Studenten: »In Ihnen steckt etwas. Lassen Sie sich durch nichts entmutigen!« Das waren die ersten ermutigenden Worte, die Oberth nach mehr als zehnjähriger intensiver Beschäftigung mit der Raumfahrt zu hören bekam.

Danach arbeitete er wie im Fieber, vertiefte seine theoretischen Abhandlungen über Raketen und Raumfahrt und ergänzte sie durch konstruktionstechnische Berechnungen und Entwürfe. Das Manuskript reichte er im Herbst 1921 als Dissertation an der Universität Heidelberg ein. Der Raumfahrtpublizist Heinz Gartmann, Oberths erster Biograph, nannte sie später zutreffend die »erste Doktorarbeit der Welt über die Weltraumfahrt«. Doch wieder wurde der Autor von Pontius zu Pilatus geschickt; keine der vielen beteiligten Disziplinen fühlte sich zuständig. Immerhin lobte der berühmte Geheimrat Max Wolf: »Eine geistreiche und wissenschaftlich einwandfreie Arbeit. Doch leider keine eigentliche Astronomie.« Physik-Nobelpreisträger Philip Lenard befand: »Eine fabelhafte Leistung, aber leider keine klassische Physik.« Ein halbes Jahrhundert später erklärte Oberths Tochter, Dr. Erna Roth, die Arbeit ihres Vaters »war für die Astronomen zu technisch, für die Physiker und Maschinenbauer zu phantastisch und für die Medizin abseits jeder Realität.« Es kam, wie es für zu frühe Entdeckungen und Erfindungen kommen mußte: Die Dissertation wurde als »zu phantastisch« abgelehnt.

Geheimrat Wolf riet Oberth, das Manuskript als Buch zu veröffentlichen und schrieb ihm ein wohlwollendes Gutachten. Trotzdem wurde es von vier wissenschaftlichen Verlagen abgelehnt. Den Lektoren war es zu gewagt und möglicherweise rufschädigend.

Ein Studienfreund schlug den Verlag Oldenbourg in München vor. Dort war man zur Veröffentlichung bereit, wenn der Autor die Druckkosten trüge. Doch wer sollte das bezahlen? Oberth war alles andere als ein Krösus, ein Student ohne Einkommen, aber mit Frau und Kind. Seine glückliche Ehe mit Mathilde Hummel, der vier Kinder – zwei Söhne und zwei Töchter – entstammen, wurde bereits 1918 geschlossen.

Die Bibel der Raketengläubigen

Verbittert kehrte Oberth nach Rumänien zurück und erwarb mit der zurückgewiesenen Dissertation in Klausenburg das Diplom eines »Professor Secundar« für Physik und Mathematik. Er begann seine Lehrtätigkeit am Mädchenseminar und wechselte später zum »Bischof-Teutsch«-Gymnasium in Schäßburg.

Sein Buch »Die Rakete zu den Planetenräumen« erschien im Juni 1923 doch noch im Verlag Oldenbourg in München. Dieses Werk, das Oberth berühmt machte, wäre wohl nie zu diesem Zeitpunkt gedruckt worden, wenn nicht seine Frau Tilla ihre gesamten Ersparnisse geopfert hätte. Sie erwiesen sich als gut angelegtes Geld, wurde doch bereits zwei Jahre später eine Neuauflage erforderlich, die sofort wieder vergriffen war.

Schließlich erschien 1929 eine erweiterte und vertiefte Fassung unter dem Titel »Wege zur Raumschiffahrt«, die »Bibel der wissenschaftlichen Astronautik«, wie Robert Esnault-Pélterie das Standardwerk nannte. Es wurde in fast alle großen Kultursprachen übersetzt, und Oberth erhielt dafür als erster den Prix International d'Astronautique (Internationaler Preis für Raumfahrtwissenschaften, auch REP-Hirsch-Preis genannt, nach Robert Esnault-Pélterie und dem Bankier André Hirsch), gestiftet von der Societé Astronomique de France (Französische Gesellschaft für Astronomie). Noch in seiner Heidelberger Studentenbude hatte Hermann Oberth die vier berühmten Thesen verfaßt, die er seinem Hauptwerk voranstellte:

»1. Beim heutigen Stand der Wissenschaft und Technik ist der Bau von Maschinen möglich, die höher fliegen können, als die Atmosphäre reicht.
2. Bei weiterer Vervollkommnung vermögen diese Maschinen derartige Geschwindigkeiten zu erreichen, daß sie – im Ätherraum sich selbst überlassen – nicht auf die Erdoberfläche zurückfallen müssen und sogar imstande sind, den Anziehungsbereich der Erde zu verlassen.
3. Derartige Maschinen können so gebaut werden, daß Menschen (wahrscheinlich ohne gesundheitlichen Nachteil) mit emporfahren können.
4. Unter gewissen wirtschaftlichen Bedingungen kann sicher der Bau solcher Maschinen lohnen. Solche Bedingungen können in einigen Jahrzehnten eintreten. In der vorliegenden Schrift möchte ich diese vier Sätze beweisen.«

Das Für und Wider nahm teilweise groteske Formen an. So schrieb der Berliner Straßenbahnfahrer Stefan Krajewski an Oberth, er habe das Buch gelesen und bitte darum, unbedingt in der ersten Mondrakete mitfliegen zu dürfen. Sportler, Studenten und Schüler äußerten ähnliche Wünsche. In der angesehenen Zeitschrift »Die Umschau« hingegen verstieg sich ein Prof. Dr. Riem zu folgendem, dem Gesetz von Aktion und Reaktion mißachtenden Schluß: »Schon in 10 bis 20 Kilometern Höhe ist die Luft so dünn, daß sie den Auspuffgasen keinen irgendwie nennenswerten Widerstand leisten kann. Die Gase müssen also ganz wirkungslos verpuffen.« In Wirklichkeit entfaltet jedoch der Rückstoß erst im leeren Raum seine volle Wirkung.

Die wohl umfassendste und anschaulichste Wertung des Werkes stammt von dem Raumfahrtpublizisten Willy Ley, einem Zeitzeugen, der von Anfang an dabei war und 1969, im Jahr der ersten Mondlandung, schrieb: »In diesem Buch beschreibt Oberth beinahe alle Raumfahrtkonzepte, die wir heute verwenden:
– Die mathematischen Grundlagen der Raketentheorie.
– Die Verwendung von Äthylalkohol sowie Kohlenwasserstoffen mit LOX2 (flüssiger Sauerstoff) als Treibstoff.
– Das Prinzip der Stufenrakete.
– Die Raketenflugbahn von Westen nach Osten, um die Erdrotation verwenden zu können, was einem Geschwindigkeitszuwachs von 1.000 mph entspricht.
– Die Verwendung der synergetischen Kurven oder der Neigung von der Senkrechten zur Waagerechten, um die günstigste Flugbahn zu erreichen.
– Das Nachtanken in orbitalen Raumstationen (ein Begriff, der hier zum ersten Mal verwendet wurde, H. H.) vor interplanetaren Flügen.
– Die Entwicklung einer Raumstation mit künstlicher Gravitation durch Zentrifugalkraft für die Besatzung.
– Vorschläge für Zentrifugen für das Training der Astronauten und Schutzvorrichtungen gegen kosmische Strahlung.
– Grundsätzliche aerodynamische und himmelsmechanische Untersuchungen darüber, wie sich Raketenfluggeräte in der Luft und im Weltraum verhalten.
– Die Anwendungsmöglichkeiten von Satelliten und Raumstationen.«

Professor Harry Ruppe, ein aus Leipzig stammender und in München lehrender ehemaliger Mitarbeiter Wernher von Brauns, meinte voller Erstaunen zu Oberths Ausführungen: »Gibt es Raumfahrtgedanken, die er nicht gedacht hat?«

Nach der Veröffentlichung des Buches »Die Rakete zu den Planetenräumen« setzte »die Schlacht der vielen Formeln« ein, wie Willy Ley es nannte. Oberth sah sich vielen Angriffen ausgesetzt.

Einer seiner erbittertsten Gegner war der Geheimrat Professor Hans Lorenz aus Danzig. In einer Artikelserie der Zeitschrift des Vereins Deutscher Ingenieure (VDI) polemisierte er gegen den halb so alten »Mondprofessor«. Dessen Gegendarstellung, die er gemeinsam mit dem VDI-Mitglied und Essener Stadtingenieur Walter Hohmann verfaßte, wurde »aus Platzmangel« nicht abgedruckt. Das geschah erst 22 Jahre später! Auf einer Tagung der Wissenschaftlichen Gesellschaft für Luftfahrt (WGL) kam es im Juni 1928 in Danzig zur offenen Auseinandersetzung zwischen den beiden Kontrahenten. Der weltbekannte ungarische Physiker und Aerodynamiker Theodore von Karman erinnerte sich in seiner Autobiographie »Die Wirbelstraße« an diese Konferenz:

»Professor Hermann Oberth, einer der deutschen Raketenpioniere, hielt einen enthusiastischen Vortrag über die Möglichkeit, die Erde zu verlassen. Nach dieser futuristischen Rede hielt ein angesehener deutscher Professor namens Lorenz einen langen Vortrag, in dem er ›bewies‹, warum es dem Menschen nicht gelingen könne, dem Schwerefeld der Erde zu entrinnen. Er sagte, daß Oberths Raumschiff die Erdfluchtgeschwindigkeit von 11.200 Metern pro Sekunde nicht erreichen könne, weil eine Rakete zur Erzielung einer so hohen Geschwindigkeit eine enorme Energiemenge benötigen würde – ja, sagte er, wenn sie den besten zur Zeit bekannten Treibstoff verwendete, würde die Rakete so viel Brennstoff enthalten, daß sie betankt 34mal so viel wiegen würde wie im leeren Zustand. Lorenz schloß daraus, daß das technisch unmöglich sei und daher vergessen werden sollte. Ich hielt das im Prinzip für falsch. Ich stand auf und verteidigte Oberth. ›Wenn wir die Energie in einem Kilogramm Petroleum oder einem anderen Kohlenwasserstoff berechnen und sie in mechanische Arbeit umrechnen,‹ sagte ich, ›werden wir feststellen, daß mehr als ausreichend Energie vorhanden ist, um eine Rakete in den Weltraum zu befördern.‹ Theoretisch war es also möglich, der Erde zu entrinnen, und ich hielt es nicht für richtig, die ganze Idee zu verwerfen, weil sie mit den zur Zeit vorhandenen Mitteln nicht zu verwirklichen war.«

Knapp drei Jahrzehnte später erreichte SPUTNIK 1 als erster künstliche Erdsatellit die erste kosmische Geschwindigkeit (Kreisbahngeschwindigkeit) von 7,9 km/s, und seit 1959 überwanden weit mehr als einhundert interplanetare automatische Sonden sowie neun bemannte Mondschiffe mit der zweiten kosmischen Geschwindigkeit (Fluchtgeschwindigkeit) von 11,2 km/s die Schwerkraft der Erde.

Die UFA-Rakete

An einem schönen Maientag des Jahres 1928 brachte das Hausmädchen Kathi dem verehrten Herrn Professor Oberth, der seit drei Jahren am »Stephan-Ludwig-Roth«-Gymnasium in Mediasch als Physik- und Mathematiklehrer wirkte, einen Brief ins Arbeitszimmer. Verwundert las der Hausherr den Absender: Fritz Lang, Berlin, Hohenzollerndamm 52. Was hatte der in Wien geborene, weltbekannte Regisseur ihm mitzuteilen? Die Meisterwerke des studierten Malers und Architekten, der den cineastischen Expressionismus mitbegründet hatte, waren auch im abgelegenen Siebenbürgen bewundert worden: »Der müde Tod«, »Dr. Mabuse«, »Der Spieler«, »Siegfrieds Tod« und »Kriemhilds Rache« aus dem Nibelungen-Opus, und schließlich »Metropolis« – allesamt Stummfilme. Nun teilte Lang dem »verehrten und bewunderten Professor« mit, daß seine Partnerin und ehemalige Gattin Thea von Harbou einen »utopisch-phantastischen« Erfolgsroman mit dem Titel »Die Frau im Mond« geschrieben habe, aus dem die UFA (Universum Film Aktiengesellschaft) einen Spielfilm machen wolle, in dem seine jetzige Frau Gerda Maurus die Hauptrolle spiele. Dazu aber benötigten die »armseligen Laien« in Babelsberg einen Wissenschaftler als Berater, der auch fähig wäre, die »Mondrakete« zu entwerfen und entsprechende Attrappen zu bauen. Das aber könne nur der Autor des Werkes »Die Rakete zu den Planetenräumen« sein, das man mit großem Interesse gelesen habe. Oberth war interessiert, bot sich ihm doch erstmals die Chance, von einem großen Unternehmen Geld für Experimente zu erhalten. Außerdem hatte sich der Film als ideales Medium für Massenpropaganda erwiesen, das auch der Raumfahrtidee zugute kommen könnte. Nachdem er von seinem Rektor Urlaub auf unbegrenzte Zeit erhalten hatte, fuhr Oberth im Juli nach Berlin, wo er in Charlottenburg, Kantstraße 56a/II wohnte und für ein Monatsfixum von 700 RM arbeitete.

Zunächst ging es nur um eine 42 Meter hohe »Mondrakete«, eine Attrappe für den Film, mit der ein schönes Mädchen, vier rivalisierende Männer und ein Schuljunge als blinder Passagier zu ihrer abenteuerlichen Reise starteten. Die Hauptdarsteller waren Gerda Maurus, die sogar Mitglied des Vereins für Raumschiffahrt wurde, Willy Fritsch, Gustav von Wangenheim, Fritz Rasp, Klaus Pohl und Gustl Stark-Gestettenbauer. Doch bald wurde aus dem Filmspaß Raketenernst. Dem Raumfahrtpublizisten Willy Ley gelang es, die UFA-Größen dafür zu gewinnen, anläßlich der Uraufführung des Films eine richtige Rakete zu starten. Obwohl Hermann Oberth und seine Mitarbeiter Alexander Scherschewsky, der sich als ein Schüler Ziolkowskis bezeichnete, Rudolf Nebel, ein Diplomingenieur und Kriegspilot, und Klaus Riedel, Maschinenbauer und Feinmechaniker, für ein kleines Aggregat plädierten, das zwei Meter lang sein, 16 Liter Benzin und Flüssigsauerstoff verbrennen sowie maximal 40 Kilometer Höhe erreichen sollte, gab die Werbeabteilung der UFA immer größere Dimensionen und Gipfelhöhen bis zu 70 Kilometer an. Der Start der Rakete, die dem späteren A4 (V2) sehr ähnlich war, sollte von der Greifswalder Oie, einer kleinen Insel in der Ostsee, erfolgen. Das erlaubten jedoch die Behörden nicht, die um den Leuchtturm bangten, weshalb der kleine Küstenort Horst gewählt wurde.

Am 9. Juli 1929 wurde folgender Vertrag über 90 Jahre Dauer zwischen Hermann Oberth, Fritz Lang und der UFA unterzeichnet: »Herr Professor Oberth hat eine Rakete für flüssige Brennstoffe erfunden, die dazu dienen soll, der Rakete ganz neue Verwendungsmöglichkeiten, namentlich auf dem Gebiet der Meteorologie, der Geographie, des Post- und Verkehrswesens zu erschließen. Die Versuche und die Vorarbeiten zur praktischen Verwirklichung der Ideen des Erfinders sind bereits soweit fortgeschritten, daß voraussichtlich schon in zwei Monaten mit der ersten praktisch verwendbaren Rakete begonnen werden kann. Es werden aber bis zum Bau der ersten Rakete noch eine Anzahl von Vorversuchen notwendig sein...

Fritz Lang und die UFA stellen Hermann Oberth für die Beendigung seiner Vorversuche und als Beitrag zu den Herstellungskosten der ersten Rakete je RM 5.000, zusammen also RM 10.000, zur Verfügung. Diese Beiträge sind je nach dem Fortgang der Versuche und Vorarbeiten zu zahlen. Auf gemeinsamen Wunsch des Fritz Lang und der UFA sind die technischen Arbeiten in den Werkstätten der UFA gegen das übliche Entgelt auszuführen. An den Erträgnissen, die Hermann Oberth aus der gewerblichen Verwendung seiner auf die Rakete bezogenen Erfindungen erzielt, sind Fritz Lang und die UFA mit 50 Prozent beteiligt, und zwar so lange, bis diese Beteiligung den Betrag von RM 20.000 erreicht hat. Nach diesem Zeitpunkt werden die weiteren von Hermann Oberth erzielten Erträgnisse im Verhältnis von 70 Prozent für Hermann Oberth, zu 30 Prozent für Fritz Lang und die UFA geteilt. Nimmt Hermann Oberth neues Kapital zwecks Verwertung seiner Raketenerfindungen auf oder beteiligt sich an einem neu zu gründenden Unternehmen, das seine Erfindungen auswertet, so sind Fritz Lang und die UFA auch an den dadurch erzielten Erträgnissen, soweit sie Hermann Oberth zufallen, mit zusammen 30 Prozent beteiligt…Der Vertrag läuft bis zum 31. Dezember des Jahres 2020. Er verlängert sich jeweils um 10 Jahre, falls er nicht sechs Monate vor seinem Ablauf mittels eingeschriebenen Briefes gekündigt wird…«

Die UFA-Direktoren belächelten den naiven »Mondprofessor«, dem die äußerst bescheidenen Mittel großartig erschienen, und der letzten Endes das Risiko allein trug, während sie an allen Gewinnen bis zum Sanktnimmerleinstag beteiligt waren.

Obwohl der »Weltraumprofessor«, wie Oberth in Neu-Babelsberg genannt wurde, bis zur Erschöpfung arbeitete, reichten die drei Monate bis zur Uraufführung nicht aus, um selbst eine kleine Flüssigkeitsrakete zu entwickeln und zu erproben. Dafür waren in diesem Stadium Jahre notwendig und Rückschläge unvermeidlich. Bei einem der Versuche entstand aus dem Benzinstrahl und dem Flüssigsauerstoff eine »Flüssigkeitsbombe«, deren Explosion Oberth durch die Werkstatt schleuderte, wobei ein Trommelfell platzte, die Augen verletzt wurden und ein Nervenschock folgte. Dennoch arbeitete er wie besessen weiter, hatte er doch durch das

Unglück das Phänomen der Selbstzerreißung flüssiger Treibstoffe entdeckt, was ihn zu neuen Konstruktionslösungen anregte. In der UFA-Schlosserei bauten die Mechaniker die von Oberth entworfene Brennkammer, deren Ausströmdüse er wegen ihrer merkwürdigen Form Kegeldüse nannte. Da er über keinen Windkanal verfügte, ließ er sein Raketenmodell von einem Fabrikschornstein herunterfallen, um die Flugeigenschaften zu studieren. Ein Foto dieses Sturzes stellte die Werbeabteilung der UFA einfach auf den Kopf, und die Zeitungen berichteten über den »ersten Probestart mit der Oberth-Rakete«. Zu einem wirklichen Start konnte es jedoch aus Zeitmangel nicht kommen.

Dafür fand am 15. Oktober 1929 die Uraufführung des Films »Die Frau im Mond« im UFA-Palast am Zoo in Berlin statt, zu der sogar Albert Einstein erschien. Die Außenfront des Gebäudes war in einen Sternenhimmel verwandelt worden, und eine silberne Rakete raste mit Donnergetöse zwischen Erde und Mond hin und her. Die brisante Geisteshaltung des Streifens faßte Thomas Mann in der Formel »hochtechnisierter Romantizismus«, eine Mischung aus »leistungsfähiger Fortgeschrittenheit und Vergangenheitstraum« zusammen. Und der amerikanische Soziologe Jeffrey Herf charakterisierte sie treffend als »reaktionäre Modernität«. Als einer der letzten großen Stummfilme wurde er zum Kassenschlager der Saison und spielte einen Reingewinn von acht Millionen Reichsmark ein. Zugleich war er der erste Raumfahrtfilm der Kinogeschichte. Noch heute frappieren die Ähnlichkeiten dieses Traumfabrikats mit den Raumfahrtrealitäten der Mission von APOLLO 11, bei der 40 Jahre später die ersten Menschen auf dem Mond landeten. Interessant ist in diesem Zusammenhang die kleine Ansprache, die Oberth anläßlich der Premiere hielt: »Bei diesem Film habe ich als wissenschaftlicher Mitarbeiter gewirkt. Der Film ist mehr als bloßes Phantasiegebilde. Wir waren bestrebt, alles möglichst so darzustellen, wie es nach den Lehren der Wissenschaft in Wirklichkeit aussehen wird. Die Rakete, die Sie hier sehen werden, habe ich so durchkonstruiert, als ob man sie wirklich bauen und fliegen lassen sollte. Auch die Fahrtrouten sind genau durchgerechnet worden, die Mondlandschaften haben wir aufgrund der besten Mondkarten gebaut, und auch bei den Erlebnissen der Raumfahrer haben wir peinlichst auf wissenschaftliche Richtigkeit geachtet.« (Das Agieren der Helden wie auf der Erde konnte er allerdings nicht verhindern. H. H.)

Während die Raumfahrteuphorie im Jahre 1929 einen Höhepunkt erreichte, steuerte die Weltwirtschaftskrise ihrem Tiefpunkt entgegen. Sie begann neun Tage nach der Uraufführung des Films »Die Frau im Mond« in Berlin, am 24. Oktober 1929 mit dem Schwarzen Freitag, einem Kurssturz an der New Yorker Börse. Der Politologe Rainer Eisfeld gelangte in seinem Buch »Mondsüchtig – Wernher von Braun und die Geburt der Raumfahrt aus dem Geist der Barbarei« zu folgender Einschätzung: »Während nach dem Ausbruch der Weltwirtschaftskrise die Arbeitslosigkeit rapide hochschnellte; während große Teile des Mittelstandes, von Proletarisierungsfurcht getrieben, sich der NSDAP in die Arme warfen; während Reichspräsident Paul von Hindenburg und seine Umgebung den autoritären Staat ansteuerten; während auf diese Weise Deutschland dem Abgrund der Barbarei ein Stück näher rückte, strömten Zehntausende in die Kinos, um sich einfangen zu lassen von der atemberaubenden Illusion eines deutschen Raumschiffes, das erstmals zum Mond flog.«

Oberth arbeitete zunächst mit Zustimmung der UFA an seiner »wirklichen Rakete« weiter. Doch als sein Schuldenkonto auf 30.000 Reichsmark angestiegen war, ließ ihn die Filmgesellschaft, die sich an dem »Weltraumprofessor« gesundgestoßen hatte, kaltschnäuzig fallen.

Oberth befriedigte einen Teil der Gläubiger, indem er eigene Mittel zuschoß und seinen Preis aus Paris in Höhe von 10.000 Franc beisteuerte. Von dem letzten Geld kaufte er sich eine Fahrkarte für die Heimfahrt. Verbittert kommentierte er: »Mein Glück war, daß es zu der Zeit unmöglich war, von zu Hause nach Deutschland Geld zu überweisen, sonst hätte ich bezahlen müssen. So eine Gemeinheit! Man verdient Millionen und will einen armen Mittelschullehrer, der in Rumänien keine 200 Mark verdient, zum Zahlen zwingen.«

Der Mondprofessor und seine Kegeldüse

Das ihm angetane Unrecht hat Oberth sein Leben lang nicht vergessen. Doch die Arbeit des deutschen »Vaters der Raumfahrt« an der »Frau im Mond« war nicht umsonst gewesen. Der während seines Berlin-Aufenthaltes entwickelte Raketenmotor, die Kegeldüse, fand wissenschaftliche Anerkennung. Professor Oberth setzte sich in den Orient-Expreß, um bei den Vorführungen seiner Erfindung in der Reichshauptstadt dabei zu sein. An den vorbereitenden Arbeiten waren die Raumfahrt-Pioniere Rudolf Nebel und Klaus Riedel sowie die Studenten der Technischen Hochschule Charlottenburg und zukünftigen Raketenkonstrukteure Wernher von Braun und Rudolf Engel beteiligt.

Auf dem Gelände der Chemisch-Technischen Reichsanstalt am Tegeler Weg in Berlin-Plötzensee versammelte sich eine illustre Gesellschaft, deren maßgebender Mann Dr. Franz Ritter war, Leiter der Physikalischen Abteilung der Chemisch-Technischen Reichsanstalt, Sachverständiger und Gutachter. Wernher von Braun schrieb später über dieses historische Ereignis:

»Am 23. Juli 1930 kam der große Tag. Die Kegeldüse arbeitete einwandfrei. Über eineinhalb Minuten lang entströmte der Düse ein feuriger, drei Fuß langer Strahl. Das Rautenmuster der sich überlagernden Stoßwellen bewies eindeutig, daß das Gas die Düse mit Überschallgeschwindigkeit verließ. Dr. Ritter bestätigte folgende Werte, die die Kegeldüse erreicht hatte: Schub: 7 kg in den ersten 50,8 Sekunden, dann 6 kg in den nächsten 45,6 Sekunden, Benzinverbrauch: 6,6 kg, Austrittsgeschwindigkeit: 756,0 m/s.«

Dr. Ritter übergab dem überglücklichen Professor auch eine Empfehlung für die Notgemeinschaft der Deutschen Wissenschaft, in der es hieß: »Da ein möglichst weites Vordringen in die Stratosphäre mit dem Ziel ihrer weiteren Erforschung von wissenschaftlichem Interesse ist und nach vorliegenden Versuchen Aussicht besteht, dieses Ziel mit einer Rakete, die flüssigen Brennstoff und flüssigen Sauerstoff als Treibmittel enthält, zu erreichen, so kann die Aufgabe derartige Raketen durchzubilden, als der Unterstützung der Notgemeinschaft würdig empfohlen werden.«

Hermann Oberth selbst war zufrieden wie noch nie. Er erinnerte sich später: »Es war die erste Nacht, die ich nach Monaten wieder durchschlief. Ich wußte nun, daß es geht!« Wernher von Braun wiederum wertete drei Jahrzehnte später, als schon die ersten künstlichen Erdsatelliten und automatischen Mondsonden gestartet waren, die frühen Experimente: »Nie werde ich jene tastenden Versuche im Sommer 1930 vergessen, als es darum ging, eine mit Benzin und flüssigem Sauerstoff gespeiste Raketenbrennkammer mit Hilfe eines an einer langen Stange befestigten Dolches in Betrieb zu setzen. So rudimentär jene Versuche uns heute erscheinen mögen: Sie waren ebenso wesentlich für den Erfolg der Großraketentechnik wie die Versuche Otto Lilienthals oder der Gebrüder Wright für die moderne Luftfahrt.«

Hermann Oberth, inzwischen auch zum Vorsitzenden des von Breslau nach Berlin umgezogenen Vereins für Raumschiffahrt gewählt, kehrte nach Mediasch zurück, während seine Schüler in Berlin weiterarbeiteten. In dieser Zeit erhielt er zwei lukrative Angebote für eine Mitarbeit an der Entwicklung von Raketen – 1932 aus der Sowjetunion und 1933 aus Japan – die er beide ablehnte. Am 22. April 1932 wurde der nun auch in Rumänien berühmte »Raketenpapst« von König Carol II. in seinem Bukarester Schloß zur Audienz empfangen. Das hatte auch einen praktischen Nutzen:

Er durfte von nun an die Werkstätten der militärischen Fliegerschule in Mediasch für Experimente nutzen. »Um das Praktische, was mir fehlte, nachzuholen, begann ich damit das Schlosserhandwerk gründlich zu erlernen.« Er legte sogar die Gesellen- und die Meisterprüfung in diesem Beruf ab. Nach Vorversuchen mit kleinen Aggregaten gelang es ihm 1935, seine erste Flüssigkeitsrakete zu starten.

Nach der Machtergreifung Adolf Hitlers im Jahre 1933 versuchte Oberth mehrmals, die Wege für eine Übersiedlung aus Rumänien nach Deutschland zu ebnen. Dort, das konnte ihm nicht verborgen bleiben, waren Wissenschafter und Techniker am Werk, eine große militärische Rakete zu entwickeln, wie er sie schon im Ersten Weltkrieg vorgeschlagen hatte. Der deutschen Gesandtschaft in Bukarest lieferte Oberth ständig Informationen über den Fortgang seiner Arbeiten. Am 2. April 1937 wurde er zu einer Anhörung in das Reichsluftfahrtministerium (RLM) in der Leipziger Straße (zu DDR-Zeiten das Haus der Ministerien) in Berlin bestellt. Acht Monate später, am 1. Dezember desselben Jahres, schloß die Deutsche Versuchsanstalt für Luftfahrt (DVL) in Berlin-Adlershof eine Vereinbarung mit Oberth. Diese sah für die Dauer von zwei Jahren ein Forschungsstipendium in Höhe von 36.000 Reichsmark vor, zahlbar in 14 Raten zu je 1.500 RM. Nach Ansicht Oberths war »dies nicht geschehen, um mich in positiver Arbeit einzusetzen, sondern um von den Deutschen regelrecht kaltgestellt zu werden, damit ich nicht für das Ausland arbeiten könne…«. Das ist sicher richtig, aber wohl nur die halbe Wahrheit. Auch der schwierige Charakter des »Raketenpapstes«, seine Eigenwilligkeit und Querköpfigkeit spielten dabei eine Rolle.

Auf alle Fälle erhielt Professor Oberth im Sommer 1938 die Berufung für eine Forschungsprofessur an der Technischen Hochschule Wien. Als Einzelkämpfer führte er dort auf eigene Initiative Versuche durch und richtete 1939 auf dem Steinfeld bei Felixdorf einen kleineren Raketenflugplatz ein.

Im April 1940 erhielt er Besuch aus Peenemünde: Oberst Gerhard Zanssen, militärischer Kommandeur der Heeresversuchsanstalt (HVP), Dr. Wernher von Braun, Technischer Direktor der HVP, und Dr. Walter Thiel, Leiter der dortigen Triebwerks-Abteilung. Sie interessierten sich für alles, sprachen aber nicht die ersehnte Aufforderung zur Mitarbeit aus.

Doch kurz darauf erfolgte die Berufung an die Technische Hochschule in Dresden, was er selbst so kommentierte: »Ich wurde deshalb nach Dresden versetzt, damit mich die Herren vom RLM besser beaufsichtigen konnten, erhielt ein glänzendes Gehalt (ein besseres Schweigegeld) und den Auftrag, eine Flüssigkeitspumpe für die V2 zu entwickeln. Das heißt, vorerst wurde gar nichts entwickelt, sondern endlos gerechnet und gezeichnet. Im Mai 1941 war es mir aber klar, daß auf diese Weise niemals etwas Gescheites zustande kommen würde.« Später erfuhr er, daß die Treibstoffpumpen der Bremer Firma Walther für das A4 längst in Peenemünde im Einsatz waren. Als der frustrierte Oberth seine Absicht äußerte, nach Mediasch zurückzukehren, mußte er feststellen, in welchen Teufelskreis er geraten war: Nach Siebenbürgen zurück ließ man ihn nicht, weil das im Ausland lag, und er schon zuviel wußte. Nach Peenemünde konnte er nicht, weil er die rumänische Staatsbürgerschaft besaß. Die Verleihung der deutschen Staatsbürgerschaft aber sei unmöglich, weil die Gestapo angeblich dagegen wäre. Hans Hartl schilderte in der autorisierten Biographie »Hermann Oberth – Vorkämpfer der Weltraumfahrt« die damalige Situation:

»Oberth gab nicht nach. Er wollte sich Klarheit verschaffen. Er ging zur Geheimen Staatspolizei. ›Wir haben nichts gegen Sie, Herr Professor‹, versicherte man ihm dort. ›Wenn Sie die deutsche Staatsbürgerschaft beantragen, werden Sie von unserer Seite keine Schwierigkeiten zu erwarten haben‹.«

Gestapo reagierte wohlwollend

Auch auf andere Anfragen reagierte die Gestapo wohlwollend: »Der Mann Oberth ist uns ein Begriff. Gegen Oberths Einbürgerung hätten wir nichts einzuwenden, es müßte nur von zuständiger Seite ein entsprechender Antrag gestellt werden. Was die Hinzuziehung Oberths zu geheimen Arbeiten betrifft, müßte es Sache des Abwehrdienstes sein, zu verhindern, daß dadurch die Geheimhaltung gefährdet wird – man könnte Oberth z.B. unter einem Decknamen einbauen.«

Jedenfalls beantragte Hermann Oberth die deutsche Staatsbürgerschaft und erhielt sie umgehend. Im Juli 1941 ging er als Kriegsdienstverpflichteter freiwillig nach Peenemünde. Für die Anforderung hatte sein Schüler Wernher von Braun gesorgt, der seit 1937 Mitglied der NSDAP und seit 1940 Angehöriger der SS war. Mit dem Leiter des Abwehrdienstes von Peenemünde einigte sich Oberth auf den Tarnnamen Fritz Hann – Fritz galt als ein Allerwelts-Vorname und zugleich als Synonym für Deutscher; Hann wiederum war der Mädchenname seiner Schwiegermutter.

In den zweieinhalb Jahren seiner Peenemünder Zeit arbeitete Hermann Oberth im wesentlichen an drei Aufgaben, für die ihm ein Büro, ein Zeichner und eine Sekretärin zur Verfügung standen.

Mit der Entwicklung, Erprobung und Fertigung des Aggregats 4, auch als Vergeltungswaffe V2 bezeichnet, hatte er direkt nichts zu tun. Vielmehr sollte Oberth:
1. alle in Deutschland und vor allem im Ausland greifbaren Patente auf ihre Verwendbarkeit für die Entwicklung von Raketenwaffen untersuchen;
2. eine Fernrakete, auch Atlantikrakete oder Amerikarakete genannt, konzipieren, mit der New York bombardiert werden konnte;
3. eine Feststoff-Fliegerabwehrrakete entwickeln, weil sich im dritten Kriegsjahr die Treibstoffknappheit empfindlich bemerkbar machte.

Oberth ging mit Feuereifer an die Arbeit. Schon drei Monate später, im Oktober 1941, legte er seine erste Studie mit dem Titel »Über die beste Teilung von Stufenaggregaten« vor. Das Wort »Rakete«, dessen öffentliche Verwendung Reichspropagandaminister Joseph Goebbels bereits 1934 verboten hatte, war nun sogar aus den technischen Rechenschaftsberichten verbannt. Oberths Vorschlag sah zunächst eine zweistufige und später auch dreistufige Fernrakete mit einer Kampfladung von 1.000 Kilogramm und einer Reichweite von 11.000 Kilometern vor. Damit nahm er vorweg, was seit den fünfziger Jahren als ICBM (Intercontinental Ballistic Missile – Interkontinentale Ballistische Rakete) schreckliche Wirklichkeit ist.

Im vorletzten Kriegsjahr hatte Oberth seine Fla-Rakete HB-l 59, so weit entwickelt, daß er an ihren Serienbau denken konnte. Er entschied sich für das Reinsdorfer Werk der Westfälisch-Anhaltinischen Sprengstoff Aktiengesellschaft WASAG bei Wittenberg, wohin er im Dezember 1944 von Peenemünde aus abkommandiert wurde. Im Sommer desselben Jahres hatte er die günstigste Verbrennungsmethode für den Raketentreibstoff auf Ammoniumnitrat-Basis gefunden. Da wurden jedoch die Leuna-Werke bombardiert, und die Produktion von Ammoniumsalpeter fiel aus. Die verbliebenen Reserven reichten nicht für die Serienproduktion. Oberth versuchte zwar einen Ersatz zu finden, doch die Uhr des Tausendjährigen Reiches war abgelaufen. Noch in den letzten beiden Kriegsjahren hatte die Familie den ältesten Sohn Julius an der Ostfront verloren, und die Tochter Ilse kam bei einer Explosion im Flüssigsauerstoffwerk Redl-Zipf in Österreich ums Leben.

Auf seiner Flucht vor den Russen geriet Oberth 1945 in die Hände der Amerikaner. Diese sperrten ihn zunächst in den »dustbin«, den Abfalleimer, wie die GI's das Lager bei Regensburg nannten, in dem siebzig führende Rüstungsindustrielle und Waffenkonstrukteure interniert waren. Dazu gehörten Hitlers Intimus und Reichsrüstungsminister Albert Speer, Nazi-Finanzier und Reichsbankpräsident Hjalmar Schacht, Flugzeugfabrikant Ernst Heinkel, Volkswagenkonstrukteur Ferdinand Porsche und Stahlkönig Röchling. Später wurde das Lager nach Grand-Chesney bei Paris und dann auf die Burg Cronsberg im Taunus verlegt. Oberth durfte nach einigen Verhören nach Hause gehen. In Feucht bei Nürnberg lebte er in den ersten Nachkriegsjahren im Kreise seiner Familie zurückgezogen als »Gärtner« in seinem »Schloß«, das er sich während des Krieges gekauft hatte.

1948 ging Hermann Oberth in die Schweiz, wo er unter seinem Peenemünder Pseudonym Fritz Hann als Berater eines Rüstungsunternehmens am Brienzer See mit Raketen experimentierte. Auftraggeber im Hintergrund war die Kriegstechnische Abteilung des Eidgenössischen Militärdepartements.

Mr. und Mrs. Smith aus Großbritannien

Im Oktober 1950 übersiedelte Fritz Hann mit seiner Gattin nach La Spezia am Ligurischen Meer, wo sie als Mr. und Mrs. Smith aus Großbritannien in der »Albergo delle Palme« von Lerici als Feriengäste wohnten. In Wirklichkeit arbeitete der Raketenprofessor incognito an einer Feststoffrakete für die Commissione permanente per essaminare arme e munizione (Ständige Kommission zur Prüfung von Waffen und Munition) in einem Forschungszentrum der italienischen Kriegsmarine. Ihm zur Seite standen ein Ingenieur der ehemaligen Messerschmitt-Flugzeugwerke, ein Chemiker der einstigen WASAG sowie drei einheimische Experten. Im

August 1951 begannen die praktischen Versuche auf dem Schießplatz Cotrau, und nach Abschluß der Entwicklung von Raketentriebwerken auf der Basis von Ammoniumnitrat kehrte Oberth im Februar 1953 nach Deutschland zurück, wo die Wiederaufrüstung in vollem Gange war. Schon im August 1950, noch bevor Oberth außer Landes ging, hatte er Willy List, einen Enkel des bekannten deutschen Volkswirtes Friedrich List, bevollmächtigt, für ihn mit den Amerikanern zu verhandeln. In einem Brief an den Kommandeur der US-Streitkräfte in Deutschland hieß es: »Getragen von dem Bestreben, den USA alle Vorteile aus den Arbeitsergebnissen des Wissenschaftlers zukommen zu lassen, hat Professor Oberth mich ermächtigt, seine neuen Erfindungen zu nutzen. Informieren Sie sich darüber bitte in den beiliegenden Papieren! Sie werden feststellen, daß er Entdeckungen von höchster Bedeutung für die Verteidigung der USA und den allgemeinen Fortschritt gemacht hat. Professor Oberth ist bereit, in die USA umzusiedeln, und hat mich ermächtigt, Ihnen das mitzuteilen...«

Doch erst fünf Jahre später erfolgte der Ruf an das Redstone-Arsenal in Huntsville/Alabama, und wieder steckte sein alter Schüler und Bewunderer Wernher von Braun dahinter. Für die US Army Ballistic Missile Agency berechnete Oberth stabile Umlaufbahnen für Erdsatelliten und arbeitete an der Weiterentwicklung seines Weltraumspiegels. 1958 legte er den amerikanischen Militärs eine Studie vor, die den Titel »Probleme beim und Vorschläge zum Abfangen von Satelliten durch bemannte Flugkörper« trug. Darin erläuterte er detailliert die Möglichkeiten, einen beliebigen Raumflugkörper durch von einem bemannten Kriegsraumschiff abgefeuerte Geschosse zu zerstören, eine Technologie, die sich ein Vierteljahrhundert später in Ronald Reagans Szenario von »Star Wars« wiederfand.

1958 nach Feucht zurückgekehrt, widmete sich Oberth zunehmend philosophischen Problemen der Wechselbeziehungen zwischen Mensch und Natur und dem Widerspruch zwischen Illusion und Wirklichkeit, wobei sein Credo lautete: »Benutze den glücklichen Zufall, daß du Mensch bist, um die Welt besser, gerechter und schöner für den Menschen zu machen, nicht nur für den Menschen, sondern für die gesamte Natur.«

Professor Hans Barth, ein Siebenbürger Landsmann von Oberth und sein tiefgründiger Biograph, der in den siebziger Jahren mein Gast in Berlin war und dem ich die meisten hier verwendeten Fakten verdanke, schrieb in seinem Buch »Hermann Oberth – Leben – Werk – Wirkung«: »Hermann Oberth gilt für uns nicht nur als derjenige Raumfahrtpionier, dem eine unvergleichlich solide, breitgefächerte und zuverlässige wissenschaftlich-technische Analyse des Problems gelang, sondern der darüber hinaus von vornherein auch erkannte, was Raumfahrttechnik für die Zukunft der Menschheit zu bedeuten vermag: eine Antwort auf ihre Herausforderungen, eine Antwort auf alle Kardinalfragen der Weiterentwicklung von Leben auf dem Planeten Erde und darüber hinaus!«

Raketenauto auf der Avus

Wie die meisten Großstadtjungen der dreißiger Jahre veranstaltete auch ich gemeinsam mit meinen Freunden Autorennen auf dem Berliner Asphalt. Unsere Modellautos der Marken Mercedes, Autounion, Alfa Romeo und wie sie sonst noch hießen, waren nicht größer als Zigarettenschachteln. Wir frisierten unsere »Silberpfeile« mit Füllungen aus Knete und Blei sowie durch Manipulationen an den Karosserien so um, daß sie, per Hand angetrieben, immer eleganter und rasanter über die Straßen von Weißensee jagten. Unsere Idole, die Rennfahrer Manfred von Brauchitsch, Rudolf Carraciola, Hermann Lang, Hans Stuck und andere verehrten wir nicht minder, als die heutigen Fans ihren »Schumi«. Mit ihnen fieberten wir jedem Sieg auf der Berliner Avus, dem Nürburgring, in Monte Carlo oder Tripolis entgegen und erlitten auch zutiefst jede Niederlage. Allerdings – und Gott sei Dank! – nannte man uns nicht »Kids« und unsere Helden nicht »Piloten«, wir kannten auch keinen »Kick«, sondern es machte uns einfach nur Spaß. Mein Lieblingsonkel Auti, eine Koseform von August, der dem Alter nach mein älterer Bruder hätte sein können, erzählte mir damals vom Raketenrummel der zwanziger Jahre. Andächtig hörte ich ihm zu, wenn er anschaulich von seinen Erlebnissen als Zaungast an der Avus berichtete.

»Heute startet Opel Rak 2 … das Wunderauto … Fritz von Opel am Steuer … eine deutsche Erfindung von Weltbedeutung … ein Auto, das Epoche macht…« So oder ähnlich lauteten die Schlagzeilen der Berliner Zeitungen, die das Datum Mittwoch, 23. Mai 1928 trugen. Die Avus kannte alle Autos der Welt, die Rang und Namen hatten. Nun sollte sie eine neue Sensation erleben. Fritz von Opel, Juniorchef des Hauses, das ein Drittel aller Kraftfahrzeuge baute, die auf Deutschlands Straßen fuhren, war nicht nur Mäzen dieser Erfindung, sondern auch der Fahrer des neuen Rennwagens. Wenn das keine Reklame war! Auf den Zuschauertribünen saßen etwa 2.000 Gäste, die »Hautewolaute«, wie die Berliner ironisch die Hautevolee, die »oberen Zehntausend«, nannten – in diesem Fall die Auto-, Film- und Modewelt, die Presse und der Rundfunk sowie die »Halbwelt«, die überall dabei war. Die Bäume und Zäune entlang der Rennstrecke, die an diesem von Sonne und Frühling gesättigten Tag einem langsam dahinströmenden Fluß ähnelte, hatte jedoch das Volk von Berlin erobert. Deutlich war der leuchtend silbergraue Leib des »Wunderautos« zu sehen. »Opel Rak 2« stand in fetten Buchstaben an seinen Seiten, darunter etwas kleiner »Sander«. Am Heck ragten die Düsenöffnungen der kreisförmig gebündelten Feststoffraketen hervor. Jede dieser 24 handelsüblichen Schwarzpulverraketen der Firma Sander – so waren die Geladenen informiert worden – hatte einen Durchmesser von 90 Millimetern und enthielt fünf Kilogramm Treibstoff – zusammen ein »Pulverfaß« von 120 Kilogramm. An den Seiten des Vehikels waren deutlich Flügel zu erkennen; nach vorn und unten geneigt, sollten sie verhindern, daß sich das Vorderteil des Wagens infolge des Raketenantriebs vom Boden hebt. Das Donnern der Raketenzündung übertönte alles. »Opel Rak 2« setzte sich langsam in Bewegung. Die zweite ... die dritte ... die vierte Zündung. Das Raketenauto wurde immer schneller. Fritz von Opel zündete durch Druck auf ein Pedal elektrisch eine Rakete nach der anderen. Ein Glück – kein einziger Versager, keine Explosion. Der Sitz war zwar gegen eine Detonation der Raketen gepanzert, aber man konnte ja nie wissen... Zufrieden stellte Opel durch einen Blick auf das Tachometer fest, daß die 200-Stundenkilometer-Marke überschritten war. Doch plötzlich schleuderte der Wagen. Nur mit Mühe konnte ihn der Fahrer auf der Bahn halten. Dann hoben sich die Vorderräder vom Boden. Das Fahrzeug ließ sich nicht mehr lenken. Doch glücklicherweise war die Fahrt auch schon zu Ende.

Am nächsten Tag berichteten die Zeitungen über den erfolgreichen Avus-Versuch und gaben genaue Meßergebnisse bekannt: Durchschnittsgeschwindigkeit auf gerader Strecke: 180 Stundenkilometer, Höchstgeschwindigkeit: 230 Stundenkilometer, zurückgelegte Strecke: Zwei Kilometer. Die Zahlen hörten sich für den Anfang ganz gut an. Der Geschwindigkeitsrekord für Landfahrzeuge allerdings war längst nicht gebrochen, aber der Name Opel war in aller Munde.

Valiers Vision

Max Valier (1895 bis 1930) ließ die Zeitung sinken. Seine ungewöhnlich hellen Augen blickten nachdenklich und sorgenvoll. Seit mehr als zehn Jahren hatte sich der in München lebende Südtiroler der Raketentechnik und Raumfahrt verschrieben. Der studierte Astronom und populärwissenschaftliche Autor erlebte den Ersten Weltkrieg als österreichischer Fliegerleutnant. Während eines Höhenversuchs kam ihm klar zu Bewußtsein, wie ungeeignet propellergetriebene Flugzeuge für solche Versuche sind. Nur die Rakete konnte weiterhelfen. Diese Idee führte Valier frühzeitig in die Reihen der Raketenpioniere. Nachdem er Oberths Buch »Die Rakete zu den Planetenräumen« verschlungen hatte, wurde er zum leidenschaftlichsten Verfechter der darin enthaltenen Erkenntnisse, wobei seine Vereinfachungen auch zu Fehlern führten. Wernher von Braun sagte später einmal zu Ernst Heinkel: »Valier spannte sich vor Oberths Pläne, führte für ihn eine Pressekampagne durch und versuchte, als er damit nicht recht weiterkam, in Abwandlung des Oberthschen Gedankens den Weg zur Raumfahrt zu beschreiben,« – ein Irrweg, wie sich zeigen sollte.

Bis heute gibt es Meinungsverschiedenheiten über die Aussprache des Namens Valier, dessen Urgroßvater aus dem Allgäu sich noch mit »F« schrieb. Falier oder Waljé, das war hier die Frage. Als der Vetter von Max Valier diesbezüglich von einem Reporter befragt wurde, nahm er lächelnd ein Stück Papier in die Hand und fragte, ob er hierzu etwa auch »Papjé« sagen würde.

1924 veröffentlichte Max Valier das erste populärwissenschaftliche Buch über die Raumfahrt: »Der Vorstoß in den Weltraum – eine technische Möglichkeit«, das ab seiner fünften Auflage 1928 den Titel »Raketenfahrt« trug. Den Plan, den er damals ausarbeitete, schickte er an alle Institutionen und Persönlichkeiten, von denen auch nur im entferntesten anzunehmen war, daß sie sich für die Raumfahrt interessierten oder interessieren müßten.

Die Antworten: Ablehnungen – mehr oder weniger höflich; die Begründungen: von »unwirtschaftlich« über »utopisch« bis zu »unsinnig«. Vier Etappen hatte er in seinem Memorandum vorgeschlagen:

1. »Wissenschaftliche Erforschung der motorischen Leistung der bisher bekannten Raketentypen und ihre Anwendung zu Modellstartversuchen.« Diese Arbeiten führte Valier gemeinsam mit Friedrich Wilhelm Sander, dem Eigentümer der Pyrotechnischen Fabrik Cordes bei Wesermünde durch, die Metallhülsenraketen herstellte. Dabei konnten sie 1927 das Brennverhalten, die Schubstärke und andere Faktoren von Feststoffraketen ermitteln.
2. »Anwendung des Raketenantriebs zur Bewegung von Menschen in entsprechend gebauten Bodenfahrzeugen.« Das erfolgte in den Jahren 1928 und 1929 mit Raketenfahrrädern, Raketenmotorrädern, Raketenautos, Raketenbooten, Raketendraisinen und Raketenschlitten.
3. »Einbau von Raketenmotoren in entsprechende konstruierte Flugzeuge. Nebenbei Forschung an Raketenmotoren mit flüssigem Treibstoff.« Diese Aufgabe wurde zwischen 1928 und 1930 mit Raketenseglern und Raketenflugzeugen in Angriff genommen.
4. »Die Steigerung der raketenmotorischen Leistung durch Flüssigtreibstoff, um ein Stratosphärenflugzeug zur Erreichung der Grenze des leeren Raumes zu schaffen.« Die 1929 begonnenen Arbeiten an einer mit Kerosin und flüssigem Sauerstoff angetriebenen Rakete erfolgten mit Unterstützung von Dr. Paul Heylandt, dem größten Hersteller von Flüssigsauerstoff in Deutschland.

Valiers Denkschrift landete auch auf dem Schreibtisch von Fritz von Opel. Daß auch er nicht viel von der Weltraumfahrt wissen wollte, ja sie für ein Hirngespinst hielt, wußte Valier. Aber Raketenautos, die interessierten den Kraftfahrzeugproduzenten. Wenn sie Zukunft haben sollten, wäre man den Konkurrenten voraus; wenn nicht, dann hatte man auf alle Fälle von sich reden gemacht. So erhielt Max Valier das lang ersehnte »Ja«. Opel stellte seine Fahrgestelle und in bescheidenem Umfang Mittel für Versuche zur Verfügung. Natürlich hätte der 33jährige, sportliche Valier, der übrigens mit einer 20 Jahre älteren Frau glücklich verheiratet war, gern selbst seinen »Opel Rak 2« gesteuert. Aber er machte gute Miene zum bösen Spiel, als Fritz von Opel hinter dem Steuer des Raketenautos, der Filmstar Lilian Harvey und er selbst sich den Fotografen und Kameraleuten zum Gruppenbild mit Dame stellten. Auch der Rennfahrer Kurt Volkhart fühlte sich um seinen Triumph auf der Avus betrogen. Er trennte sich kurze Zeit später von Opel, führte zunächst Schaufahrten mit seinem Raketenauto »Volkhart Rak 1« im In- und Ausland durch und schlug sich dann als Todeswandfahrer auf Rummelplätzen durch.

Raketen-Draisinen auf der Harzbahn

Doch das erste Versuchsfahrzeug »Opel Rak 1« durfte Volkhart noch testen. Das 600 Kilogramm schwere Gefährt bestand aus einem Vier-PS-Opel, der mit einer starken Holzpritsche ausgerüstet war, und auf dem zwei Sander-Raketen montiert waren, eine 50-Millimeter-Seelen-Rakete, die 1,5 Sekunden lang einen Schub von 80 Kilopond lieferte, und eine 90-Millimeter-Brandler-Rakete, die 40 Sekunden lang 18 Kilopond leistete. Damit wurden auf der Opel-Versuchsstrecke in Rüsselsheim am 11. April 1928 in 35 Sekunden 150 Meter zurückgelegt. Während der ersten öffentlichen Vorführung am 12. April 1928 schaffte das Raketenauto in acht Sekunden sogar mit 1.500 Metern fast eine volle Runde und erreichte eine Spitzengeschwindigkeit von 100 Stundenkilometern. Nun ließ Fritz von Opel für seinen großen Auftritt auf der Avus »Opel Rak 2« bauen, natürlich mit gepanzertem Sitz und höherer Leistung.

Durch den Schock, den Opel auf der Avus erlitten hatte, wurde Valiers Idee gefördert, Versuche mit raketengetriebenen Schienenfahrzeugen durchzuführen. »Opel Rak 3« startete im Juni 1928 auf der Eisenbahnstrecke Burgwedel-Celle. Zehn Raketen jagten die unbemannte Draisine vier Kilometer weit über die Schienen und beschleunigten sie bis auf 281 Stundenkilometer – 50 mehr als auf der Avus. Aber Opel Junior war das nicht genug. Der schnellste Autofahrer der Welt, der Brite Sir Campbell, hatte mit seinem »Blue Bird« (Blauer Vogel) vier Monate zuvor in Dayota einen neuen Geschwindigkeitsrekord für Landfahrzeuge aufgestellt.

Bei 206,9 englischen Meilen beziehungsweise 315,3 Kilometern in der Stunde lag dieser mit einem 940-PS-Motor erzielte Erfolg.

Also statt zehn – dreißig Raketen! »Opel Rak 4«, der im Juli diese Ladung trug, hatte ein Gewicht von 400 Kilopond. Als die ersten acht Raketen gleichzeitig gezündet wurden, war die Schubkraft von 2.600 Kilopond zu groß. Das schwache Gefährt wurde zerstört, die Raketenbatterie flog auseinander, und ein Teil der Raketen explodierte. Der »Testfahrer«, eine kleine Katze, war das Opfer des Unglücks. Der nächste Gleiskraftwagen wurde massiver gebaut. Er wog das Doppelte: 800 Kilopond. Auch die Reihenfolge der einzelnen Zündungen wurde verändert. Nur jeweils zwei der 30 Sander-Raketen wurden gleichzeitig elektrisch gezündet. Aber auch dieser zweite Versuch ging schief. Gleich nach dem Start explodierte eine Rakete, und der Kurzschluß, den das verursachte, brachte die gesamte Treibstoffladung zur Entzündung.

Dieser Versuch vom 4. August 1928 sollte jedoch der letzte sein, den die Firma Opel mit Bodenfahrzeugen durchführte, die von Pulverraketen angetrieben wurden. »Opel Rak 5«, der alle bisherigen Fehlerquellen berücksichtigte, durfte nicht mehr fahren. Die örtlichen Behörden der Eisenbahn hatten die Experimente verboten.

Am 30. September 1929 war Fritz von Opel noch einmal der Held des Tages in den Schlagzeilen. Vom Flugplatz Rebstock bei Frankfurt am Main startete er mit einem Flugzeug, das sich durch Raketenschub vom Boden hob: »Opel-Sander Rak 1«. Das von Hatry konstruierte Raketenflugzeug bestand aus einem Dreiecksgitterträger mit doppeltem Seitenleitwerk. Aber bei dem wissenschaftlich und technisch völlig unausgereiften Versuch kam Opel gerade noch mit heiler Haut davon. Das reichte ihm, er hatte genug von dem »Raketenrummel«. Die Trennung von Valier war schon vorher erfolgt. In dem Auflösungsvertrag hieß es, daß dieser sich entschlossen habe, »...wegen wissenschaftlicher Differenzen in Angelegenheit der Fortführung und Leitung des Projektes von seiner Verbindung mit Opel und Sander zurückzutreten.«

Valier wollte nicht, daß ihm ein Krach die Türen und Scheckbücher anderer Unternehmen verschließt. Er wollte weiter experimentieren.

Und er fand neue Sponsoren, so die Pulver- und Pyrotechnische Fabrikation J. F. Eisfeld, die Halberstädter-Blankenburger Eisenbahn und die Harzbahn. Allein in den drei Monaten von Juli bis Oktober 1928 fanden unter Leitung von Max Valier zwanzig Einzelversuche mit schienengebundenen Raketenfahrzeugen statt – auf dem Fabrikgelände der Firma Eisfeld sowie auf Bahnstrecken nach Friedrichshöhe, Stiege und Blankenburg. Die Masse der Draisinen betrug 22 bis 275 Kilogramm, die Antriebsdauer 1,5 bis zwölf Sekunden und die maximale Geschwindigkeit 45 bis 300 Stundenkilometer. Die Gleiskraftwagen trugen Bezeichnungen wie »Eisfeld-Valier Rak I, II...«.

Am 11. Juni 1928 konnte auch ein Erfolg in der Luft erzielt werden. In der Rhön flog der Pilot Fritz Stamer den ersten Raketensegler »Valier-Opel-Sander«. Er startete das Entenflugzeug, bei dem das Höhenleitwerk an der Rumpfspitze angebracht war, und das einen größeren Einstellwinkel hatte als der Tragflügel, mit einem Gummiseil von der Wasserkuppe, zündete dann die Raketen und legte mit ihrem Antrieb 1.500 Meter zurück, bevor er landete. Bei einem zweiten Flug geriet allerdings das Segelflugzeug in Brand.

Viele der Versuche auf den Schienen mißglückten: Die Raketen explodierten, die Räder zerrissen, die Wagen sprangen aus der Spur. Bei dem großen Wintersportfest des Bayerischen Automobilklubs auf dem Eibsee versuchte es Valier auch mit Raketenschlitten. Am Steuerknüppel des »Valier Rak Bob 1« saß seine Frau Hedwig Valier. Am 9. Februar 1929 erzielte der unbemannte Raketenschlitten »Valier Rak Bob 2« sogar eine Geschwindigkeit von 380 Stundenkilometern, zerschellte aber infolge einer Unebenheit auf dem Eis an einem Bootssteg.

Weltrekord in Betriebskosten

Seit den Sensationen mit den Raketenautos sind sieben Jahrzehnte vergangen, und dennoch fahren die modernen Kraftfahrzeuge nach wie vor mit Kolbenmotoren, obwohl es keine andere Antriebsart gibt, bei der das Gewicht des Motors so niedrig ist wie bei einer Rakete. Um einen Schub von 1.000 Kilopond zu erreichen, braucht man ein Propellerkolbentriebwerk von 2.000 Kilogramm, ein Turbinenstrahltriebwerk von 300 Kilogramm oder ein Raketentriebwerk von 40 Kilogramm. Trotzdem werden auch in Zukunft keine Raketenautos über unsere Straßen donnern – Gott sei Dank – schon allein wegen des Höllenlärms, den sie verursachen würden.

Aber die Rakete ist für den Kraftfahrzeugbetrieb aus einem anderen, sehr sonderbaren Grund ungeeignet. Ein Raketenauto wird ja bekanntlich wie jede Rakete nach dem Rückstoßprinzip angetrieben. Durch die Masse und die Geschwindigkeit der aus der Raketendüse ausströmenden Gase wird der Schub in die entgegengesetzte Richtung bestimmt. Die maximale Energieausnutzung einer Rakete ist nur dann gegeben, wenn Eigengeschwindigkeit des Fahrzeuges und die Ausströmgeschwindigkeit der Gase gleich sind. Die Ausströmgeschwindigkeit bei der von Valier verwendeten Sander-Rakete lag bei etwa 1.200 Metern in der Sekunde; die Höchstgeschwindigkeit, die »Opel Rak 2« auf der Avus erreichte, betrug aber nur 65 Meter pro Sekunde. Also erhielten selbst bei dieser Spitze die Gasteilchen 89 Prozent der Treibstoffenergie, das Raketenauto jedoch nur elf Prozent. Selbst bei einer Geschwindigkeit von 700 Stundenkilometern würde die Ausnutzung der Treibstoffenergie erst bei 28 Prozent liegen. Während ein Kolbenmotor den Sauerstoff, den er für den Verbrennungsvorgang benötigt, der ihn umgebenden Luft entnimmt, schleppt ihn die Rakete immer mit. Das ist für Flüge im Weltraum eine unbedingte Voraussetzung, weil dann die Rakete unabhängig und außerhalb der Atmosphäre fliegen kann. Allerdings steigt dadurch die Masse des Treibstoffs bis auf das Achtfache. Bei einer Geschwindigkeit von 700 Stundenkilometern zum Beispiel verbraucht ein Raketentriebwerk zwanzigmal soviel Treibstoff wie ein entsprechendes Propellerkolbentriebwerk. Übrigens: Einen Weltrekord stellte »Opel Rak 2« auf der Avus doch auf – den für die Betriebskosten. Die Raketen für den Antrieb des Autos waren dreitausendmal so teuer wie das Benzin für einen Kolbenmotor gleicher Leistung!

Die Modezeit des Raketenautos blieb also auf die zwanziger Jahre beschränkt und war nur von kurzer Dauer. Bald schon schrieben die Zeitungen vom »Sensationstod einer technischen

Erfindung«. Der Mißbrauch der Raketen für gewinnsüchtige Veranstalter fügte den Ideen der Raumfahrt Schaden zu, und die ungenügenden Leistungen der raketengetriebenen Bodenfahrzeuge führten zu der falschen Auffassung, daß Raketen für den Antrieb von Raumschiffen viel zu schwach seien. Das war auch einer der Gründe, warum Valier beinahe vom Verein für Raumschiffahrt (VfR), dessen Mitbegründer und Vorstandsmitglied er war, ausgeschlossen worden wäre. Der VfR betrachtete es als einen »billigen Reklametrick«, mit Feststoffraketen aus gewerblicher Fertigung zu experimentieren, wo doch längst klar war, daß den Flüssigkeitsraketen die Zukunft der Raumfahrt gehörte. Auch Oberth hatte wohl vor allem deswegen Valier einen Scharlatan genannt und die Beziehungen zu ihm abgebrochen. Das war ungerecht, denn trotz all seiner Schwächen war Max Valier ein ehrlicher Enthusiast der Raumfahrt.

Das Raketenauto der zwanziger Jahre ist heute nur noch von historischem Interesse. Doch schon zeichnen sich die Konturen des »Raumfahrtautos« der Zukunft ab, das die für die Bordenergieversorgung von Raumflugkörpern in den vergangenen vier Jahrzehnten entwickelten Brennstoffzellen (BSZ) mit hochleistungsfähigen Elektromotoren kombiniert; ein Antrieb, der für Land- und Seefahrzeuge verschiedener Art geeignet ist.

In den BSZ wird bei einer katalytischen, sogenannten kalten Verbrennung von Wasserstoffgas mit Sauerstoff elektrischer Strom erzeugt, der motorisch nutzbar ist. Statt des Wasserstoffs kann auch Methanol als Energieträger dienen, das als chemischer Rohstoff in großen Mengen verfügbar und auch aus Biomasse herstellbar ist und wie Benzin an Tankstellen gezapft werden kann. Die BSZ-Technologie bietet drei große Vorteile:

Erstens ist sie umweltfreundlich, kommen doch keine Schadstoffe mehr aus dem Auspuff – nur noch Wasserdampf. Zweitens ist sie lärmarm, arbeiten die Brennstoffzellen doch weitgehend geräuschlos. Und drittens beträgt ihr Wirkungsgrad, das heißt, die Ausschöpfung der Energie des Wasserstoffs, gegenwärtig 50 Prozent und läßt sich noch weiter erhöhen. Demgegenüber liegt dieser Wert beim Otto-Motor nur bei etwa 30 Prozent. Die Brennstoffzellen und ihre Tanks, die ständig verkleinert werden, können auf dem Dach oder im Innern des Fahrzeugs montiert werden.

Daimler-Benz und das kanadische Unternehmen Ballard Power System betreiben gemeinsam das »Projekthaus Brennstoffzelle« zur Verbesserung der Wirtschaftlichkeit der BSZ-Technologie in Stuttgart und wollen gemeinsam entsprechend ausgerüstete Fahrzeuge auf den Markt bringen. 1996 wurde die Großraumlimousine NECAR II (New Electric Car – Neuer Elektrowagen) vorgestellt, deren BSZ bereits so klein sind, daß sie unter die Rückbank des Transporters passen. Hatte NECAR noch viel von einer Projektstudie, so ist das jüngste Modell NEBUS (New Electric Bus – Neuer Elektrobus) schon liniendiensttauglich. Er entspricht einem herkömmlichen Mercedes-Stadtlinienbus, ist zwölf Meter lang, 2,5 Meter breit und 3,5 Meter hoch, hat 34 Sitz- und 24 Stehplätze und rollt im Stuttgarter Stadtverkehr als Erprobungsfahrzeug. Sein Wasserstofftank besteht aus sieben 150-Literflaschen auf dem Dach des Fahrzeugs. Das reicht für eine Fahrtstrecke von bis zu 250 Kilometern, wobei das Tagespensum eines Linienbusses zwischen 140 und 170 Kilometern liegt.

Etwa ab 2005 will Daimler-Benz ein Serienfahrzeug mit Brennstoffzellen auf dem Markt anbieten – vermutlich auf der Basis der neuen Mercedes-A-Klasse. Auch VW arbeitet inzwischen an einem Pkw mit BSZ. Der Prototyp soll im Jahr 2000 fertig sein. Siemens, MAN und Linde wollen bereits ein Jahr zuvor einen BSZ-Bus vorstellen.

Der Tod auf der Kartoffelwaage

In seinem letzten Lebensjahr konzentrierte sich Max Valier auf die Entwicklung einer Flüssigkeitsrakete. In Dr. Paul Heylandt von der Gesellschaft für Apparatebau Heylandt mbH gewann er einen geschäftlich Interessierten, der ihm eine kleine Werkstatt, zwei Ingenieure – Walter Riedel und Arthur Rudolph, die später zum Braun-Team in Peenemünde und Huntsville gehörten – sowie bescheidene Mittel für Experimente zur Verfügung stellte. In Konversationslexika der damaligen Zeit war über ihn zu lesen:

»Erfinder des Heylandtschen Gasverflüssigungsverfahrens, wonach es möglich ist, hochverdichtete Luft in Expansionsmaschinen unter Arbeitsleistung zu entspannen, bis sie so weit abkühlt, daß sie flüssig wird.«

Heylandt war durch dieses Verfahren Millionär geworden und verdiente zehn Jahre später Riesensummen an Hitlers Raketenwaffen. Als er Valier begegnete, war dieser dabei, die dritte Etappe seines Planes zu verwirklichen: die Rakete mit flüssigem Treibstoff. Aber wie das Amen zur Kirche gehörte zum flüssigen Treibstoff der flüssige Sauerstoff, den Heylandt produzierte.

Weil die Mittel mehr als bescheiden waren, stellte Valier die Schubstärke seiner Raketentriebwerke mit einer einfachen Kartoffelwaage fest. Auf einem Hebelarm wurde das Triebwerk mit der Düse nach oben befestigt. Nach der Zündung wirkte der Schub auf den Hebel und damit auf die Waage. An ihrem Zeiger konnte der Experimentator ablesen, wieviel Kilopond Schub sein Raketenmotor leistete. Mit einer Lötlampe zündete er die Triebwerke. Über jedes »Kilo«, das er mehr auflegen konnte, freute sich Valier wie ein kleiner Junge. Schließlich erreichte seine Brennkammer einen Schub von 30 Kilopond. Jedesmal, wenn der Raketenbastler zur Lötlampe griff, war das eine neue Versuchung des Todes. In seinem Buch »Raketenfahrt« hatte der Österreicher erklärt: »Es kann nicht genug gewarnt werden, Raketen selbst herzustellen…denn tatsächlich ist schon infolge von Raketenbasteln ein tödlicher Unfall eingetreten.« Doch bisher war alles gut gegangen.

Zunächst baute Valier eine Brennkammer, die mit Spiritus und flüssigem Sauerstoff arbeitete. Die ersten Brennversuche verliefen erfolgreich. Er glaubte sich am Ziel und war überzeugt, der erste zu sein, der eine Flüssigkeitsrakete entwickelt hatte. Von den Versuchen Zanders in Sowjetrußland und von den Experimenten Goddards in den USA wußte er nichts. Die »Neue Zürcher Zeitung« berichtete über einen Vortrag Valiers im »Orient-Kino«: »Seine jüngsten Versuche scheinen dem Erfinder so weit gelungen zu sein, daß er zu prophezeien wagt, im Verlaufe des Sommers mit dem Raketenflugzeug den Ärmelkanal zu überfliegen.«

Von Zürich fuhr Valier nach St. Moritz, um dort Sir Henry Deterding, dem Gründer der Royal Dutch Shell Company, seine

Absicht vorzutragen. Deterding machte die Finanzierung des Raketenflugzeuges davon abhängig, daß neben Heylandts Flüssigsauerstoff auch Shell-Öl und -Paraffin verwendet würden. So begann Max Valier mit Paraffin zu experimentieren. Gleichzeitig baute er jedoch die erprobte Spiritus-Sauerstoff-Rakete in einen Wagen ein. Am 17. April 1930 führte er »Valier-Heylandt Rak 7« auf dem Werksgelände in Berlin-Britz vor. Zum ersten Mal in Deutschland wurde damit ein Raketentriebwerk mit flüssigem Sauerstoff gezeigt.

Einen Monat später, am 17. Mai 1930, stand Max Valier wie immer in seiner Versuchswerkstatt an der Waage. Das neue Triebwerk verbrannte Shell-Öl und Heylandt-Sauerstoff. Das erste Experiment glückte. Der zweite Versuch verlief ohne Zwischenfall. Beim dritten Test traten Stöße auf. Der Waagebalken wurde verbogen. 21 Uhr der vierte Versuch. Valier zündete wie immer mit der Lötlampe. Die Zündung funktionierte. Der Druck der Treibstoffe wurde auf sieben Atmosphären erhöht. Da zerriß eine Detonation die Stille der kleinen Werkstatt. Als Walter Riedel hinzusprang, konnte er Max Valier nur noch auffangen. Ein Stahlsplitter hatte seine Hauptschlagader zerfetzt. Nach zehn Minuten starb er in den Armen des Mitarbeiters als erstes Todesopfer einer Flüssigkeitsrakete.

Die technische Ursache? Wahrscheinlich hatte sich ein Teil der Öl-Wassermischung mit flüssigem Sauerstoff vermengt, ohne sofort zu verbrennen. Dieses hochexplosive Gemisch entzündete sich an der schon brennenden Flamme und explodierte.

Als Max Valier starb, wußte er noch nicht, daß er schon bestohlen und betrogen worden war. Unter der Nr. 608242 erfolgte am 13. April 1930 die Anmeldung für ein »Verfahren zur Erzeugung von Treibgasen zum Fortbewegen von Fahrzeugen mittels Reaktionswirkung« als Reichspatent, dessen Erteilung jedoch erst fünf Jahre später bekanntgegeben wurde. Es waren Valiers Erkenntnisse zur besseren Gemischaufbereitung in Brennkammern. Als Erfinder aber wurde eingetragen: Dr.-Ing.h.c. C. W. Paul Heylandt.

Max Valier wurde in Berlin eingeäschert und seine Asche nach München überführt. Am Tage seiner Beisetzung schrieb die

»Münchner Zeitung«: »Ganz still und unbeachtet ist Max Valier heimgekehrt. Nur Mutter, Gattin und wenige Freunde waren es, die ihm zum Grabe folgten. Für sie hätte es kaum der großen Absperrung und des Aufwandes an Personal bedurft. Man rechnete anscheinend mit einer allseitigen großen Beteiligung, die ausblieb...«

Die eigentlichen »Raketenjahre« waren im Bewußtsein der Öffentlichkeit bereits passé. Max Valier war einer ihrer schillerndsten Persönlichkeiten, seine »Artikel, Bücher und Reden trugen wesentlich dazu bei, daß der Gedanke des Raumfluges populär wurde«, konstatierte der amerikanische Wissenschaftshistoriker Dr. Michael Neufeld. »Oberths intellektueller Mut und Valiers Gespür für Publicity ließen den Raumfahrtgedanken in Deutschland sichtbarer und mit seriöserem Anstrich hervortreten als in den meisten anderen Ländern.« Die Schwächen, die Max Valier ohne Zweifel hatte, wurden von den Stärken seiner Persönlichkeit weit übertroffen. Er war mitunter sprunghaft, launisch und oberflächlich, eine Folge ungenügender wissenschaftlich-technischer Kenntnisse. Aber da er aufopferungsvoll und besessen arbeitete, konnte er andere für seine Arbeit begeistern.

Die Experimente bei Heyland wurden auch nach seinem Tode fortgesetzt, wobei weitere Aufträge nunmehr vom Heereswaffenamt der Reichswehr kamen. Eine folgenschwere Explosion im März 1934 beendete jedoch diese Versuchsreihe. Arthur Rudolph hatte sich für das »Dritte Reich« bereits am 1. Juni 1931 durch seinen Eintritt in die NSDAP unter der Mitgliedsnummer 562 007 entschieden. Vier Monate nach Valiers Tod zogen die Nazis als zweitstärkste Fraktion nach der SPD in den Reichstag ein. Sie hatten sich rechtzeitig des »Raketenrummels« bemächtigt und ihre Zeitung »Angriff« schwärmte von den Produkten »deutscher Wissenschaft und deutschen Geistes«, konstruiert durch »ewige Sucher aus faustischem Geschlecht«. Und nicht zuletzt: »Aus der heutigen Jugend wird der Mann erstehen, der die Opel-Valier-Rakete hinaussteuert in den unermeßlichen Weltraum.« Hitler selbst brüstete sich, Valier in München persönlich kennengelernt zu haben...

Auf einem Hinterhof in Dessau

In den sechziger Jahren lernte ich in Dessau, der aus Ruinen auferstandenen Industriestadt mit 100.000 Einwohnern, einen interessanten Mann kennen. Reinhard Schröder, ein vielseitiger Techniker, hatte in den dreißiger Jahren mit Johannes Winkler (1897 bis 1947) zusammengearbeitet, der die erste europäische Flüssigkeitsrakete konstruierte und hier erfolgreich startete. Anschaulich erzählte der alte Hase von dem Schicksal des Raketenpioniers und dessen Erfindungen sowie von der Geschichte seiner Heimatstadt.

Dessau liegt am linken Ufer der Mulde, oberhalb ihrer Mündung in die Elbe und verfügt über einen eigenen Hafen – Wallwitzhafen – und ist sowohl Eisenbahnknotenpunkt als auch Flußübergang. Der Flugzeugkonstrukteur Hugo Junkers gründete 1913 in Dessau die Junkers Motorenbau GmbH und 1919 die Junkers Flugzeugwerke AG, die sich 1936 zur Junkers Flugzeug- und Motorenwerke AG vereinigten, die hauptsächlich Kriegsflugzeuge produzierten. Zuvor hatten die Nazis das gesamte Unternehmen verstaatlicht. Dem Gründer verboten sie, die Werke zu betreten, doch seinen Namen, der Weltruf besaß, behielten sie bei.

Von 1925 bis 1933 wirkte in Dessau auch das weltberühmte Staatliche Bauhaus. Während des Zweiten Weltkrieges wurde die Stadt zu 84 Prozent zerstört.

Johannes Winkler war 32 Jahre alt, als er im September 1929 eine Anstellung als Ingenieur bei den Junkers Flugzeugwerken erhielt. In Deutschland gab es bereits drei Millionen Arbeitslose, da bedeutete Junkers relative Sicherheit. Hinzu kam, daß er auf einem Gebiet arbeiten konnte, das seinen Interessen nahekam – an der Entwicklung von Raketen.

Junkers hatte im August desselben Jahres mit Versuchen auf der Elbe begonnen, Raketen als Starthilfen für Flugzeuge einzusetzen. Dem Unternehmen ging es um Flüssigkeitsraketen, die billiger als Feststoffraketen waren. Damit konnte es zwei Fliegen mit einer Klappe schlagen: Die Konkurrenz wurde ausgestochen und gleichzeitig den Militärs etwas angeboten. Winkler wußte, daß die von ihm geforderten Starthilfsraketen für schwere Flugzeuge letzten Endes für Militärtransporter und Bomber gedacht waren, lief doch die illegale Aufrüstung der Reichswehr längst auf vollen Touren. Das aber war, was Winkler eigentlich nicht wollte.

Der Sohn eines Tischlers aus Carlsruhe in Schlesien interessierte sich schon als Junge für Himmelskunde und Fahrzeugtechnik. Er studierte Mathematik und Physik, aber auch Theologie und Kirchengeschichte. Im Ersten Weltkrieg verwundet, fand er eine Beschäftigung bei der Kirchenverwaltung in Breslau, wo er in der Hohenzollernstraße 63-65 wohnte. Durch seine theoretischen und praktischen Aktivitäten in der Raketentechnik und Raumfahrt machte er sich national und international einen Namen. Für ihn war der Weltraumflug eine der großartigsten Kulturideen. Aber er konnte nicht, wie er das gern wollte, ausschließlich für dieses Ziel arbeiten. Johannes Winkler wirkte sein Leben lang jünger, als er tatsächlich war. Noch mit Vierzig glich der ruhige und bescheidene Mann eher einem Studenten älteren Semesters. Dennoch faszinierte er die Menschen durch seine große Sach- und Fachkenntnis. In Breslau war der dreißigjährige Spiritus Rector für das Entstehen der ersten deutschen Raumfahrtvereinigung verantwortlich. Am 5. Juli 1927 versammelte sich im Hinterzimmer des »Wirtshauses zum Goldenen Zepter« eine Handvoll Enthusiasten, um den Verein für Raumschiffahrt (VfR) zu gründen. Johannes Winkler wurde zum Vorsitzenden, Max Valier zu seinem Stellvertreter gewählt. International namhafte Wissenschaftler gehörten zum Vorstand, so zum Beispiel Professor Hermann Oberth (Rumänien), Dr. Franz Oscar Leo Edler von Hoefft (Wien), der im Jahr zuvor die Gesellschaft für Raumforschung in Österreich gegründet hatte, und Dr.-Ing. Walter Hohmann, Stadtingenieur von Essen, nach dem die Raumflugbahnen zu den Planeten benannt sind.

»Helft das Raumschiff schaffen!«

Ein ordentlicher Verein in Deutschland mußte über den Zusatz »e.V.«, das heißt »eingetragener Verein«, verfügen, um amtlich zu existieren. Doch das für die Eintragung zuständige Amtsgericht machte Schwierigkeiten. Die Männer, die den Weltraum erobern wollten, bekamen von den Beamten zu hören, daß es das Wort »Raumschiffahrt« in der deutschen Sprache amtlicherseits gar nicht gäbe, so daß das Publikum den Zweck des Vereins nicht erkennen könne. Deshalb forderte das Gericht die Gründerväter auf, die Aufgaben im § 1 der Satzung zum Ausdruck zu bringen. Das geschah wie folgt:

»Der Verein hat den Zweck, den Raumfahrtgedanken zu verwirklichen. Er will die für den Flug im leeren Raum erforderlichen Vorarbeiten leisten und gegebenenfalls so weit fördern, daß Fahrten zu benachbarten Himmelskörpern unternommen werden können.« Weiter hieß es im Statut, daß es das Bestreben des Vereins sei, »so viele Leute wie möglich zu interessieren, Mitgliedsbeiträge zu kassieren, außerordentliche Zuwendungen einzuholen und einen Fonds für Experimente anzulegen.« Für die Mobilisierung der Öffentlichkeit wurde eine einprägsame Losung herausgegeben: »Helft das Raumschiff schaffen!«

Als Organ des Vereins gab Johannes Winkler die erste Zeitschrift für Raumfahrt in Deutschland, »Die Rakete«, monatlich heraus. Die Redaktionsanschrift war mit seiner privaten identisch: Breslau, Hohenzollernstraße 63-65. Ein Blick auf die Veröffentlichungen beweist die Seriosität seiner Bemühungen.

Bedeutende theoretische Arbeiten erschienen in Fortsetzungen: »Astronautik und Relativität« von Robert Esnault-Peltérie (Paris), »Flugbahnen zu den Planeten des Sonnensystems« von Guido von Pirquet (Wien) und »Eine Einführung in den Raumflug« von Johannes Winkler selbst. Berichte über Experimente mit Triebwerken und Raketen fanden regelmäßig Platz, aber auch Gedichte, Anekdoten und sogar Witze. Rezensionen spielten damals eine besonders große Rolle, waren doch in den »Raketenjahren« allein zwischen 1925 und 1928 mehr als 80 Bücher über Raumfahrt in deutscher Sprache erschienen. Die Palette reichte vom exaktwissenschaftlichen über das populärwissenschaftliche bis zum utopischen Genre. Dafür je ein Beispiel: 1925 das Standardwerk »Die Erreichbarkeit der Himmelskörper« von Walter Hohmann, 1926 »Die Fahrt ins Weltall« von Willy Ley und 1925 »Der Schuß ins All – Ein Roman von Morgen« von Otto Willi Gail.

Anfangs schien alles gut zu gehen. 1929 zählte der Verein für Raumschiffahrt bereits rund 700 Mitglieder. Das waren vor allem Wissenschaftler und Techniker, Publizisten und Enthusiasten, aber auch einige Schaumschläger und Scharlatane, Besserwisser und Betrüger. Kein Wunder, daß es viel Vereinsmeierei, Durcheinander und Gegeneinander gab. Nachdem Johannes Winkler seine Arbeit bei Junkers aufgenommen hatte, zog der VfR Ende 1929 nach Berlin, und Hermann Oberth übernahm den Vorsitz. Die Weltwirtschaftskrise wurde auch zur Krise des Vereins. Die Kasse leerte sich. »Die Rakete« konnte nur noch als hektographiertes Bulletin herausgegeben werden und ging schließlich ein.

Starkes Interesse in der Öffentlichkeit erregten zwei Vorträge und eine Ausstellung, von denen sich der Verein Unterstützung erwartete. Im Oktober 1929 hielt Johannes Winkler einen brillanten Rundfunkvortrag über »Die Rakete als Motor«, und am 11. April 1930 sprach er im voll besetzten Hörsaal des Berliner Hauptpostamtes, in der Hoffnung, die Reichspost anregen zu können, Raketen für die Postbeförderung einzusetzen. In einer Ecke war eine Oberth-Rakete ausgestellt, von der Decke hing eine am Fallschirm landende Postrakete. Schließlich führte der VfR eine gut besuchte »Luftfahrtwoche« im Erdgeschoß des Berliner Kaufhauses Wertheim in der Leipziger Straße durch. Dort wurden Originale und Modelle von Triebwerken, Raketen und Bremsschirmen sowie Schautafeln gezeigt und Bücher verkauft. Einer der Helfer war der Student Wernher von Braun.

Grammophonmotor mißt Triebwerksleistung

»Einige der frühen Pioniere erhielten Unterstützung der Wirtschaft«, schrieb der amerikanische Wissenschaftshistoriker Michael Neufeld. »Johannes Winkler war der erste, der mit ernsthafter Arbeit begann und nach vorbereitenden Versuchen in Breslau 1928/29 in den folgenden beiden Jahren bei den Junkers Flugzeugwerken in Dessau arbeitete. Der Leiter dieses Unternehmens, Professor Hugo Junkers, hoffte, Raketentriebwerke als Starthilfen für schwere Flugzeuge sowie zum Antrieb von

Hochgeschwindigkeitsflugzeugen einsetzen zu können.« Winkler experimentierte mit verschiedenen flüssigen und gasförmigen Treibstoffen. Zunächst verwendete er Äthan, einen farb- und geruchlosen gasförmigen Kohlenwasserstoff, und Stickstoffmonoxid. Doch dann entschied er sich für Methan, auch als Sumpfgas oder Grubengas bekannt, und flüssigen Sauerstoff als idealer Oxydator, wenn er das Gemisch auch hochexplosiv machte.

Im Zwiespalt zwischen seiner militärisch orientierten Berufstätigkeit bei Junkers und seiner als Berufung empfundenen Forschungsarbeit für eine Weltraumrakete entschied sich Winkler zugunsten der letzteren. Nach nur einjähriger Anstellung verließ er Ende 1930 das Werk. Auf einem Hinterhof in der Kochstedter Straße hatte er eine kleine Werkstatt gemietet, wo er mit seinem Mechaniker Richard Baumann arbeitete – zuerst nur nach Feierabend, dann vom frühen Morgen bis in die späte Nacht. Im dahinterliegenden Garten bauten die beiden einen Prüfstand auf. Mit einigen einfachen Maschinen fertigten sie alle Einzelteile der Rakete. Jedes Teil war ein kleines Meisterstück, mußte es doch leicht und zuverlässig zugleich sein. Die Herstellung der Brennkammer nahm die meiste Zeit in Anspruch.

Der Prüfstand war denkbar einfach. Brennkammer und Treibstoffbehälter hingen an einer Schwinge. Elektrisch wurden die Ventile der beiden Treibstoffbehälter geöffnet, elektrisch wurde auch gezündet. Ein Grammophonmotor drehte eine Trommel, auf der ein Schreibstift den Schubverlauf festhielt. Von diesem Diagramm war abzulesen, was das Triebwerk geleistet hatte. Die Experimentatoren standen bei den Versuchen hinter einer 1,5 Millimeter starken Schutzwand aus Eisenblech.

Das Gehalt, das Winkler bei Junkers verdiente, und auch seine geringen Ersparnisse wurden durch die Versuche aufgefressen.

Erst als er den Hutfabrikanten Hückel als Sponsor gewann, konnte er sich ganz seiner Rakete widmen. Doch auch das hatte seinen Preis, mußte er sein Werk doch »Hückel-Winkler«-Rakete (HW) nennen. Über die entbehrungsreiche Zeit schrieb er später: »Die wenigsten haben eine Ahnung davon, welche fast ans Unsinnige grenzenden persönlichen Opfer diese Forschungen immer wieder fordern.«

Die HW 1 war 70 Zentimeter lang und hatte eine Masse von 4,7 Kilogramm, wovon drei Kilogramm auf den Raketenkörper und 1,7 Kilogramm auf den Treibstoff entfielen. Sie sollte einen Schub von fünf Kilopond leisten. Ihre Basis bildete ein gleichschenkliges Dreieck, an dessen Ecken sich drei 60 Zentimeter lange Rohre aus Messingblech erhoben, die den Flüssigsauerstoff enthielten. Die drei Sauerstoffbehälter waren oben und unten durch Rohrleitungen miteinander verbunden. Der flüssige Sauerstoff wurde nach dem Öffnen des Ventils durch den Verdampfungsdruck über ein Steigrohr in die Brennkammer gepreßt. Sowohl die Brennkammer als auch der Behälter für das Methan befanden sich im oberen Teil der Rakete, nahe ihrer Spitze. Der Brennstoff Methan gelangte ähnlich in die Brennkammer wie der Oxydator.

Am 21. Februar 1931 war die HW 1 soweit, daß Winkler den ersten Start wagte, und zwar auf dem Exerzierplatz, einer Ödfläche am Elbufer bei Groß-Kühnau. Aber die Treibstoffzuführung funktionierte nicht richtig. Die Rakete erhob sich nur drei Meter vom Boden und stürzte dann zurück.

Die erste Flüssigkeitsrakete Europas

Am 14. März 1931 fand der zweite, diesmal erfolgreiche Start der HW 1 statt, der ersten europäischen Flüssigkeitsrakete. Diesmal war ein Team der Paramount Filmgesellschaft dabei, um das historische Ereignis festzuhalten.

Allerdings zeigten sich die Kameraleute enttäuscht. Sie erwarteten eine Riesenrakete und bekamen nur ein kleines Gerät zu sehen, nicht größer als ein Feuerlöscher, auf einem dreibeinigen metallenen Starttisch. Winkler tröstete: »Sie müssen das Ding nur aus der richtigen Perspektive drehen!«

Die Zündung erfolgte aus einer Entfernung von 50 Metern. Beim ersten Mal versagte die Zündkerze, und der Treibstoff verdampfte. Was nach erneuter Betankung geschah, schilderte Johannes Winkler so: »Um 16 Uhr 45 war alles soweit vorbereitet, daß ich die Schalter für die Zündung und für die Betriebsstoffe umlegen konnte. Es war ein erhebender und beglückender Anblick, als der Apparat sich von dem Abschußtisch erhob und mit metallenem, dröhnendem Zischen emporstieg. Die Bewegung war sehr sicher. In einer gewissen Höhe drehte sich der Apparat mehr und mehr in die Horizontale, er behielt dann diese Richtung einige Zeit bei und landete schließlich in einer Entfernung von fast 200 Metern vom Aufstiegsort.« Die Gipfelhöhe wurde mit 100 Metern angegeben. Das war einer der wenigen glücklichen Tage im Leben des unermüdlichen Forschers. Stolz kommentierte er: »Das ist die Geburtsstunde der Flüssigkeitsrakete!« Johannes Winkler war guten Glaubens, daß ihm der erste Start gelungen sei. Erst 1936 erfuhr er, daß Robert Goddard fast auf den Tag genau fünf Jahre vor ihm, am 16. März 1926, die erste Flüssigkeitsrakete der Welt gestartet hatte. Stolz berichtete Winkler an den Verein für Raumschiffahrt in Berlin über die Experimente und wies darauf hin, daß der erste einwandfrei verlaufene Versuch »im Beisein öffentlicher Zeugen« stattgefunden hatte und die sich »nach dem Diagramm ergebende Höhe von 500 Metern« deshalb nicht erreicht wurde, weil die Rakete während des Aufstiegs aus der Vertikalen auslenkte. Am 18. April erfolgte der nächste Start der HW 1. Fieberhaft hatten Winkler und seine Mannen Verbesserungen vorgenommen. Der Raketenkörper wurde etwas länger und schlanker, und der Flug verlief rasanter und eleganter. Höhe und Weite konnten jedoch nicht wesentlich gesteigert werden.

Also machte sich der Erfinder an die HW 2. Ihre Gestalt war stromlinienförmig, und ihre Abmessungen übertrafen diejenigen der HW 1 um ein Vielfaches: die Höhe mit zwei Metern und die Leermasse mit neun Kilogramm um das Dreifache, die Startmasse mit 43 Kilogramm um das Neunfache und die Treibstoffmenge mit 34 Kilogramm sogar um das Zwanzigfache!

Dementsprechend sollte die Endgeschwindigkeit 2.260 Meter in der Sekunde oder 1.356 Kilometer in der Stunde betragen, also über der Schallgeschwindigkeit liegen. Für dieses Triebwerk, das mit einem Gemisch von Methan und Flüssigsauerstoff arbeitete, prägte Winkler erstmals den Begriff »Strahlmotor«. Die Rakete besaß einen Barographen, der die Steighöhe genau registrieren konnte. Im Gipfelpunkt der Flugbahn sollte automatisch ein

Fallschirm ausgeworfen werden, um eine sichere Landung zu gewährleisten.

Für die Triebwerkstests der HW 2 reichte jedoch der Prüfstand im Garten nicht mehr aus. Sponsor Hückel, der an einer Reklame in der Reichshauptstadt interessiert war, schlug vor, die Erprobung auf dem 1930 vom VfR erworbenen Raketenflugplatz in Berlin-Reinickendorf durchzuführen. Winkler war das gar nicht recht, kannte er doch den Leiter dieser Einrichtung, Rudolf Nebel, als eigensüchtigen und rücksichtslosen Mann.

Anfang 1932 begannen die Prüfstandsversuche dann doch in Berlin. Die Brennkammern der HW 2-Triebwerke arbeiteten zehn bis fünfzehn Sekunden ohne Zwischenfälle. Das machte Winkler zuversichtlich. Aber für einen Start erwies sich auch dieses Versuchsfeld als zu klein. Wie zuvor schon Hermann Oberth mit seiner UFA-Rakete wollte auch Johannes Winkler seine HW 2 von der Greifswalder Oie aus in den Himmel steigen lassen. Doch auch er bekam eine Absage von den Behörden – der Leuchtturm könnte Schaden nehmen. Fünf Jahre später gab es diese Bedenken nicht mehr. Die viel größeren und gefährlicheren Vorläufer der Raketenwaffen erhielten ohne Zögern die Starterlaubnis auf der Insel.

ABM für Raketen-Ingenieure

Doch Winkler gab nicht auf. Der nächste Antrag ging an das Kriegsministerium. Der Konstrukteur fragte an, ob die HW 2 auf dem Truppenübungsplatz Döberitz bei Potsdam gestartet werden dürfe. Er holte sich erneut eine Absage – wenn es sich um eine Waffenerprobung handeln würde, dann ja. Endlich kam eine Zusage für die Frische Nehrung bei Pillau in der Danziger Bucht.

Dort fand Ende September 1932 der erste Startversuch statt. Er mißlang, weil die Treibstoffzuführungen einfroren. Der zweite Test am 6. Oktober 1932 brachte die Katastrophe. Noch bevor die HW 2 startete, gab es eine Explosion. Die Rakete wurde 15 Meter hochgeschleudert und schwer beschädigt. In einem Hohlraum zwischen der Außenhülle und dem Treibstoffbehälter hatte sich ein Gasgemisch angesammelt, das heftig detonierte.

Die Zeitungen kommentierten: »Wunderkind gestorben – Raketenvater geknickt.« Winkler war verzweifelt; er ahnte, daß dies das Ende seines Traumes vom Raumflug bedeutete. Dennoch machte er weiter. »Astris« – »zu den Sternen« lautete seine Losung, die ihn unermüdlich antrieb.

Einer seiner Mitarbeiter in Dessau, Rolf Engel, organisierte dort ein Arbeitsbeschaffungsprogramm für arbeitslose Ingenieure, von denen viele vorher bei Junkers gearbeitet hatten. Dafür wurden sogar die Räume des Bauhauses zur Verfügung gestellt, das 1932 nach Berlin umgezogen war. Doch auch diese Episode fand ein jähes Ende, als am 4. April 1933 zwei Mitarbeiter von der Politischen Polizei wegen »leichtfertigen Landesverrats« vorübergehend verhaftet wurden. Man warf ihnen die Korrespondenz mit ausländischen Raumfahrtpionieren vor. Wahrscheinlich zog das Heereswaffenamt im Hintergrund die Fäden, um alle freien Gruppen von Raumfahrtingenieuren zu zerschlagen und die Entwicklung militärischer Raketen in seinen Händen zu konzentrieren.

Der hochbegabte und grundanständige Johannes Winkler konnte seinen erfolgversprechenden und zukunftssicheren Weg zur friedlichen Eroberung des Weltraums nicht weitergehen. 1933 stellte er seine Versuch ein und war gezwungen, zu Junkers zurückzukehren. In seinem Garten standen noch lange die Reste der HW 2 und erinnerten den enttäuschten und verbitterten Forscher an seine Träume. Die Ära der friedlichen Raketentechnik und Raumfahrt war in Deutschland vorerst zu Ende.

1935 enthüllte eine schwere Explosion in den Junkers Flugzeugwerken, daß dort an Flüssigkeitstriebwerken für Raketenwaffen gearbeitet wurde. Sofort erschien Besuch aus Berlin: Hauptmann Leo Zanssen vom Heereswaffenamt und sein Mitarbeiter Dr. Wernher von Braun. Sie waren daran interessiert, daß Winkler an alternativen Möglichkeiten militärischer Raketen weiter forsche und veranlaßten ihn zu einem ausführlichen Bericht über seine Arbeit.

Doch in einer späteren Vereinbarung zwischen Heereswaffenamt, Reichsluftfahrtministerium, Junkers und Heinkel fehlte bemerkenswerterweise der Name Winkler.

Johannes Winkler wartete auf seine große Stunde nach dem Krieg. Er hoffte, seine weitergeführten theoretischen Arbeiten zur öffentlichen Diskussion stellen zu können. Doch er starb vergessen und verraten am 27. Dezember 1947, im Alter von nur 50 Jahren, als mit Hilfe deutscher Spezialisten längst wieder Beuteraketen des Typs A4/V2 von White Sands in den USA und Kapustin Jar in der UdSSR aufstiegen.

Eine späte Ehrung erfuhr Johannes Winkler, als aus Anlaß des 50. Jahrestages des Starts seiner ersten europäischen Flüssigkeitsrakete, am 14. März 1981, an seinem ehemaligen Wohnhaus Brunnenstraße 70 in Dessau-Ziebigk feierlich eine Gedenktafel enthüllt wurde, die an den Raumfahrtpionier und seine bahnbrechende Leistung erinnert. Als erster erarbeitete Winkler auch ein mathematisches Modell zur optimalen Kombination des Bündelungs- und Stufenprinzips für Raketen, das heute allgemeine Anwendung findet.

Flügelraketen als Postboten

Mein lieber alter Freund Walter Hopferwieser in Salzburg, ein kluger und charmanter Diplomingenieur und Raumfahrtenthusiast, hat ein Steckenpferd besonderer Art: die Astronautik-Philatelie. Diesem Hobby widmete er sogar sein Buch »Kosmische Post«, das 1993 im Eigenverlag erschien.

Die einmalige Arbeit zeichnet die Entwicklung von den ersten Postraketen der zwanziger Jahre bis zur heutigen kosmischen Post über einen Zeitraum von 70 Jahren nach. Mit bewunderungswürdiger Akribie wurden alle Dokumente zusammengetragen und in einer einzigartigen Sammlung faksimiliert wiedergegeben: Briefmarken und Poststempel, Briefumschläge und Postkarten, Brieftexte und die Unterschriften von 300 Raumfahrern. Hopferwieser konzentriert sich dabei auf den Teilbereich des Postverkehrs zwischen der Erde und Raumschiffen sowie Raumstationen von WOSTOK über APOLLO und SKYLAB bis zu MIR.

Als Vorläufer der kosmischen Post von heute betrachtet der Autor die »Pionier-Raketenpost« zwischen den beiden Weltkriegen. Sie begann in der Umgebung von Graz auf einer Wiese in den Murauen, wo der Student Friedrich Schmiedl (1902 bis 1994) Ende Mai 1928 seinen selbstgebauten Stratosphärenballon FS 1 bis zu einer Höhe von 18.800 Metern aufsteigen ließ. An Bord befanden sich nicht nur Meßgeräte, sondern auch 200 Briefumschläge, die mit selbstgefertigten Dreiecks-Marken frankiert waren. In 16.000 Metern Höhe zündete ein Barometer eine fünf Zentimeter lange Rakete, an der ein Miniatur-Brief mit den ersten Raketen-Vignetten befestigt war. Der Ballon mit den Kuverts landete in Ungarn und wurde zwei Wochen später zurückgegeben. Die »Raketen-Postille« tauchte nie wieder auf.

Friedrich Schmiedl, den Hopferwieser persönlich befragte, widmete den Raketen den größten Teil seiner Zeit und opferte ihnen sein ganzes Vermögen. Der Bauingenieur und begeisterte Bergsteiger entschied sich, für ein Leben als freier Erfinder und kaufte ein großes Grundstück am Rande von Graz als zukünftiges Startgelände. Sein Nahziel: die Raketenpostverbindung mit entlegenen Berggehöften und Schutzhütten; sein Fernziel: der postalische Verkehr mit Raketen zwischen Europa und Amerika – Flugzeit unter zwei Stunden. Am 3. Juli 1928 startete Friedrich Schmiedl zwei Versuchsraketen, V1 und V2 – nicht zu verwechseln mit den »Vergeltungswaffen« Hitlers – mit denen Schmiedl, soweit bekannt, erstmals in Europa Botschaften mit Raketen beförderte. In einem noch unfrankierten Erinnerungsbrief an Bord der V2 hieß es: »Endziel dieser meiner Raketenflugversuche sind Raketenpost und Weltraumflug.«

Am 2. Februar 1931 schoß der Österreicher mit seiner V7 erstmals 102 frankierte und adressierte Umschläge, aber auch Meßgeräte und ein Messing-Kruzifix, vom Schöckl, dem Hausberg der Grazer, nach Radegund. Hopferwieser kommentiert liebevoll ironisch: »Es war Lichtmeß, ein Feiertag, an dem das Postamt geschlossen hatte. Daher unterließ der Raketenpionier eine postalische Weiterleitung.«

In der Kalten Rille am Schöckl startete Schmiedl am 21. April 1931 eine Rakete mit 79 Poststücken. Nach Brennschluß wurde der mit kleinen Kameras und Spektrographen für Ultraviolett-Messungen ausgerüstete Spitzenteil abgesprengt, um aus dem störenden Rauchschweif der Rakete zu gelangen. Längsrillen am Mantel verhinderten ein Verdrehen der Rakete. So konnte die Sonne beobachtet werden, ehe der Raketenkopf mit den Meßgeräten am Fallschirm niederging. Die am 28. Mai 1932 gestartete V10 verfügte bereits über eine Kurzwellensteuerung und eine Kreiselstabilisierung. Schließlich folgte am 9. September 1933 mit der R1 der erste allgemein zugängliche Raketenpostflug mit 333 Poststücken aus dem In- und Ausland von Hochtrötsch nach Semriach, wo sie der Österreichischen Post zur Weiterleitung übergeben wurden. Den amtlichen Briefmarken fügte Schmiedl die selbst hergestellten ersten Raketenpost-Briefmarken der Welt bei, die er für zehn Groschen das Stück verkaufte. Als Gag schickte er in einer gepolsterten Dose Insekten mit auf die Reise. »Während die Käfer nach der Bergung aus ihrer Kapsel sofort abschwirrten«, so Hopferwieser, »brauchten die Schmetterlinge eine längere Erholungspause.«

Friedrich Schmiedl führte Hunderte von Raketenstarts durch, darunter solche mit originellen Methoden. So 1931 den ersten Nachtflug mit Selbststeuerung und 1933 die ersten Unterwasserabschüsse mit den zweistufigen Raketen UK 1 und UK 2 im Murtalstausee.

Seit 1932 plante er eine dreistufige »Registrier-Rakete« für Forschungszwecke. 1938, kurz nach der deutschen Annektion Österreichs, zerstörte Schmiedl sein Raketenforschungslabor, um einen Kriegseinsatz seiner Erfindung zu verhindern.

Ostfriesen als Raketenpost-Kunden

Etwa zur gleichen Zeit wirkte in Deutschland der Raketenpost-Pionier Reinhold Tiling (1893 bis 1934), ein Bayer baltischer Abstammung. Der Fliegerleutnant des Ersten Weltkrieges war Maschinenbau-Ingenieur und hatte eine Zeitlang in den Berliner Akkumulatorenwerken gearbeitet.

Begeistert von Hermann Oberths Buch »Die Rakete zu den Planetenräumen« begann er mit Pulverraketen zu experimentieren und erhielt schon 1924 sein erstes Patent, das DRP Nr. 509 115 für eine »Flügelrakete«, die aerodynamisch landen kann.

In Gisbert Freiherr von Ledeburg, dem Sproß einer alten Adelsfamilie, fand Tiling einen Freund und Förderer, der ihm auf Schloß Arenshorst eine Versuchswerkstatt und ein Startgelände bereitstellte. Hier wurden ab 1929 diverse Raketen entwickelt und erprobt, so die FTL (Flugrakete Tiling-Ledeburg) für Gleitflugbergung und die KTL (Kreiselbergungsrakete Tiling-Ledeburg). Allein in den Jahren 1930 und 1931 stiegen 24 Tiling-Ledeburg-Raketen auf, klappten bei Erreichen der Gipfelhöhe Gleitflügel aus und landeten wieder auf der Erde.

Am 15. April 1931 startete Tiling zwei Raketen – ein Gleit- und ein Kreiselmodell – auf dem Ochsenmoor am Dümmersee nahe Osnabrück und erreichte Höhen von 1.800 Metern. An Bord führten sie 190 Raketen-Postkarten mit. Fünf Minuten später landeten die geflügelten Raketen sanft und sicher in der Nähe des Aufstiegsortes. Danach wurden die Ansichtskarten mit Fotos der startenden Raketen dem Postamt Dielingen zur Weiterbeförderung übergeben.

Mit Unterstützung der Landesregierung und dank guter Verbindungen zur Kriegsmarine konnte Tiling seine Versuche auf die ostfriesischen Inseln ausdehnen, für die er reguläre Postverbindungen per Raketen mit dem Festland anstrebte. Von der Insel Wangerooge aus startete er 21 Raketen mit verschiedenen Treibstoffmischungen und Nutzlasten. Die größtenteils aus Aluminium gefertigten Flügelraketen waren bis zu vier Meter lang und wiesen Spannweiten bis 3,5 Meter auf. Mit 6,5 Kilogramm Pulverladung erreichten Nutzlasten von fünf Kilogramm Höhen bis zu 7.500 Meter und Weiten von 8.000 Metern.

»Raketenflugtage« in Osnabrück, Oldenburg und Berlin, zu denen Tausende Besucher kamen, machten Tiling und seine Raketen populär. Als nächstes Ziel visierte er Wetter- und Postraketen an, die Gipfelhöhen von 15.000 Metern und Reichweiten von 50 Kilometern erreichen sollten. Auch einen »Tragschrauber« entwickelte er, eine Rakete mit ausklappbaren Leitflächen, die um die Querachse rotierten.

Furore machte der Postraketen-Pionier noch einmal im April 1933, als er mit einem Motor-Sportflugzeug Kl 25 von Hans Klemm aufstieg und während des Fluges in einer Höhe von 800 Metern mehrere seiner feststoffgetriebenen Flügelraketen abschoß, die bis zu 7.000 Meter weit flogen. Ein halbes Jahr darauf ereilte ihn sein Schicksal. Am 10. Oktober 1933 bereitete Reinhold Tiling in Arenshorst gemeinsam mit seinen beiden engsten Mitarbeitern, der Laborgehilfin Angela Buddenböhmer und dem Flugmechaniker Friedrich Kuhr weitere Raketen für Starts vor. Beim Pressen des Pulvers für die Treibsätze kam es zu einer schweren Explosion, durch die alle drei so starke Verbrennungen erlitten, daß sie daran am nächsten Tag im Krankenhaus von Osnabrück verstarben. So gut sie konnten, versuchten der Bruder Richard Tiling und der Freund Gisbert von Ledeburg die Arbeiten fortzusetzen. Doch am 30. Dezember 1935 wurde auch diese private Raketen-Versuchsstelle vom Heereswaffenamt geschlossen und die »Gruppe Tiling« in die Donar GmbH für Apparatebau in Wesermünde überführt.

MIR *via Baikonur*

Kulanterweise erwähnt Walter Hopferwieser in seinem Buch, daß der Engländer Stephen Smith im September 1934 die ersten seiner zahlreichen Raketen in Indien startete. Ihm lag vor allem die Versorgung schwer zugänglicher Dörfer mit Nahrungsmitteln und Medikamenten, insbesondere nach Überschwemmungen, am Herzen. Am 22. September 1935 ließ er in Behala bei Kalkutta sogar einen »Raketenzug« starten. »Carried by the World's First Rocket Train« hieß es auf dem runden Poststempel des »Raketograms«. Im »Schlafwagen« rekelten sich zwei Mäuse, im »Speisewagen« gab es Tee, Zucker und Kekse, und der »Gepäckwagen« hatte eine Flasche Whisky geladen. Übrigens wurde bereits um die Jahrhundertwende Post von einem Schiff mit Raketen auf die Pazifikinsel Niuafoou geschossen, die heute noch ohne Hubschrauber schwer zu erreichen ist.

Die Postraketen der zwanziger und dreißiger Jahre stellten ebenso wie die anderen Raketenvehikel dieser Zeit nur Intermezzi dar, die heute nur noch von historischem Interesse sind. Längst hat die Luftpost viele der damals verfolgten Ziele übernommen. Doch schon deutet sich an, daß ebenso folgerichtig der Weltraumpost die Zukunft gehört, denn ein Mischwesen von Rakete, Flugzeug und Raumschiff, wie es in den USA mit der »Venture Star« Gestalt annimmt, wird ohne Zweifel nicht nur Passagiere, sondern weltweit auch Post befördern.

Die erste wirkliche Weltraumpost ging am 12. November 1960 ab, als 28 Flugpostbriefe mit dem Militärsatelliten DISCOVERY 17 von der Vandenberg Air Force Base in Kalifornien starteten. Nach 31 Erdumkreisungen wurde ein Postbehälter ausgestoßen, der in 17 Kilometern Höhe einen Fallschirm auslöste. 3.000 Meter über der Meeresoberfläche fing ein Transportflugzeug des Typs Fairchild C-119 diesen »Postsack« auf und lieferte ihn an das Postamt Sunnyvale, von wo die Briefe an die Adressaten – alles hohe Militärs – weitergingen.

Walter Hopferwieser teilt in seinem Buch viele weitgehend unbekannte Tatsachen mit: Auch Juri Gagarin hatte einen geschlossenen Briefumschlag bei sich, als er am 12. April 1961 die Erde umrundete. Er enthielt die Code-Nummer 125 für das sogenannte »logische Schloß« für den Zugang zur Handsteuerung. Die erste kosmische Post wechselten im Januar 1969 die beiden bemannten Raumschiffe SOJUS 4 und SOJUS 5. Den ersten für den außerirdischen Einsatz hergestellten Poststempel verwendeten die Astronauten von APOLLO 11, Neil Armstrong und Edwin Aldrin im Juli 1969 auf dem Mond. Das erste Weltraum-Postamt wurde im März 1978 auf der Orbitalstation SALUT 6 eröffnet. Erste kommerzielle Bordpost gab es im September 1983, als wegen des Ausfalls des ursprünglich zum Aussetzen in der Umlaufbahn vorgesehenen Nachrichtensatelliten TDRS 2 die NASA gemeinsam mit der US-Post den freigewordenen Platz an Bord der Raumfähre Challenger zum Transport von rund 260.000 mit einer speziellen Briefmarke im Nennwert von 9,35 Dollar freigemachten Kuverts nutzte – jeder dieser Umschläge wurde später zum Preis von 15,35 Dollar verkauft. 1987 flogen die ersten offiziellen Sammlerbriefe zur MIR, wo seit März 1988 ein regulärer Datumsstempel der sowjetischen und später der russischen Post im Einsatz ist.

Eine schöne Würdigung des österreichischen Pioniers Friedrich Schmiedl erfolgte 1993. Im Gepäck der russischen Kosmonauten Gennadi Manakow und Alexander Poljeschtschuk, die am 24. Januar mit dem Raumschiff SOJUS TM-16 zum Orbitalkomplex MIR flogen, befanden sich auch drei Briefe, die Schmiedl bereits in den dreißiger Jahren mit Raketen beförderte: Der mit der zweistufigen V17 transportierte Brief Nr. 111, der mit der Katapultrakete K 1 gestartete Brief Nr. 279 und die mit der Notverordnungsrakete N 4 aufgestiegene Postkarte Nr. 022. Dazu gehörte auch ein Brief mit dem Sonderstempel »100 Jahre Stubenberghaus am Schöckl«, adressiert »An die Kosmonauten im Raumschiff MIR via Baikonur, UdSSR«, den der Absender »Techn. Rat Ing. Friedrich Schmiedl, Am Josefgrund 29, A-8043 Graz-Kroisbach« schon am 15. September 1990 aufgeben wollte. Fehlt nur noch ein Generalpostmeister für den Weltraum, ein Posten, für den Walter Hopferwieser geradezu prädestiniert wäre.

Die Narren von Tegel

So nannte der deutsche Raumfahrtpionier Rudolf Nebel (1894 bis 1978) sein 1972 veröffentlichtes Buch über die Raketenenthusiasten der späten zwanziger und frühen dreißiger Jahre in Berlin. In einem Abstand von 40 Jahren schilderte er sehr anschaulich die Abenteuer von damals. Von allen Pionieren war Nebel wohl die schillerndste und umstrittenste Persönlichkeit. Der bayerische Diplomingenieur, der nie vergaß, sich als »Jagdflieger des Ersten Weltkrieges mit elf Abschüssen« vorzustellen, hatte schon als Leutnant die Idee, Raketen von einem Flugzeug aus abzuschießen. Im Zweiten Weltkrieg baute er für die Wehrmacht die nach ihm benannten »Nebelwerfer« für den Abschuß artilleristischer Feststoffraketen.

Ich lernte den interessanten Zeitzeugen der frühen Raketenentwicklung in Deutschland erst im letzten Jahrzehnt seines Lebens kennen. Der robuste Bajuware wirkte trotz seines Alters noch immer erstaunlich vital und agil. Er konnte, wenn er wollte, sehr charmant sein; in manchen Situationen war er aber auch äußerst arrogant. Als begnadeter Rhetoriker wirkte er sein Leben lang überzeugend für die Idee des Weltraumfluges; konnte aber auch ganz einfach jemanden überreden. Er tat das nach dem Wahlspruch: »Kühn behauptet ist halb gewonnen!« Sein Naturtalent als Schnorrer war geradezu sprichwörtlich. Von seinen »Beschaffungstouren« brachte er immer etwas mit – Geldspenden, Lebensmittel, Maschinen und Materialien. »Niemals für etwas bezahlen!« lautete sein Motto. Hermann Oberth, dessen Assistent Nebel während der UFA-Zeit war, bezeichnete ihn als »Akquisiteur«.

Die Skrupellosigkeit, Selbstdarstellungssucht und Sensationslust, die er an den Tag legte, schufen ihm viele Widersacher und auch Todfeinde, selbst in den eigenen Reihen des Vereins für Raumschiffahrt, dessen Vorsitzender er 1930 wurde. So bangte beispielsweise Johannes Winkler, daß Nebel ihm seinen Mäzen, den Hutfabrikanten Hückel, ausspannte, was ja auch teilweise zutraf. Typisch für seine Reaktionen war, was der amerikanische

Technikhistoriker Michael Neufeld über die Oberthsche UFA-Rakete berichtete: »Frustriert von den zahlreichen Fehlschlägen plazierte Nebel heimlich Sprengstoff in die Rakete, damit diese beim Start explodierte, was sie dann auch tat. Nebel wußte, daß die Rakete niemals funktionieren würde, wollte aber den Vertrag mit der UFA über den Raketenstart erfüllen.«

Politisch stand Rudolf Nebel, der eine jüdische Verlobte hatte, rechts. Er war Anhänger der konservativen Deutsch-Nationalen Volkspartei (DNVP) des Zeitungszaren Alfred Hugenberg, der mit Adolf Hitler die Harzburger Front gebildet hatte. Er war Mitglied im Bund der Frontkämpfer »Stahlhelm« und kokettierte mit der NSDAP. So ging er Hitler, Göring und Goebbels, wenn auch vergeblich, um finanzielle Unterstützung an. Er ließ sich von der SA protegieren und intrigierte gegen die Reichswehr, was ihm das Heereswaffenamt nie vergaß. Doch abgesehen vom zeitweiligen Ärger bis hin zum Betrugsvorwurf und zur Verhaftung nahm er keinen ernsthaften Schaden. Nach dem Zweiten Weltkrieg ließ sich Nebel in Immekeppel bei Bernsburg in Hessen nieder und setzte seine Arbeit als Konstrukteur fort.

Nach dem Erfolg der Oberthschen Kegeldüse im Jahre 1930 bildeten sich im Verein für Raumschiffahrt zwei Gruppen. Die eine scharte sich um Hermann Oberth, der eine große Flüssigkeitsrakete wollte, die mit Methan und Flüssigsauerstoff arbeiten sollte. Die andere Gruppe wurde durch Rudolf Nebel und Klaus Riedel repräsentiert. Sie erkannten, daß die Oberthsche Mutterrakete für die UFA mit 16 Litern Treibstoffvolumen vorerst nicht flugfähig sein würde. Deshalb wollten sie lieber ein kleines, handliches und funktionierendes Aggregat mit nur einem Liter Volumen, das sie »Minimumrakete« oder abgekürzt MIRAK nannten.

Nebel hatte Klaus Riedel (1907 bis 1944) bei einem seiner Vorträge 1929 im Pschorrbräu an der Berliner Gedächtniskirche kennengelernt. Er fühlte instinktiv, daß der junge Mann der ideale Mitarbeiter war. Riedel, Sohn eines Marineoffiziers aus Wilhelmshaven, begeisterte sich für die Raumfahrtidee und besaß das, was der Volksmund als »goldene Hände« bezeichnet. Er arbeitete als gelernter Maschinenbauer bei der renommierten Werkzeugmaschinenfabrik Ludwig Löwe & Co. in Berlin.

Herrnhuter Minimumrakete explodiert

»Wir wollten den Beweis dafür erbringen, daß flüssiger Sauerstoff zusammen mit Benzin explosionsfrei verbrannt werden kann«, erinnerte sich Rudolf Nebel. »Riedel und ich hatten dafür bereits die Oberthsche UFA-Kegeldüse vorbereitet.« Auf der Suche nach einem abgelegenen Gelände für Brennversuche erinnerte sich Riedel an Bernstadt in Sachsen, wo seine Großmutter ein geräumiges Anwesen besaß. Die weiten Felder und Wälder der Oberlausitz nahe Herrnhut boten ein ideales Versuchsfeld. Auf dem Acker eines benachbarten Bauern fanden im Sommer 1930 innerhalb von vier Wochen 140 Brennversuche statt, bei denen ein Schub von bis zu 3,5 Kilopond erreicht wurde. Doch das Ende der MIRAK I kam, bevor sie überhaupt geflogen war: Am 7. September 1930 explodierte sie unmittelbar nach dem Zünden.

»Die Versuche in Bernstadt hatten übrigens gezeigt,« so Nebel, »daß wir einen Flugplatz mit eigenen Werkstätten und Wohnungen haben mußten. Mein Traum vom Raketenflugplatz mußte Wirklichkeit werden.« Und er wurde Realität. Nach fieberhafter Suche fanden die Enthusiasten in der Nähe der Chemisch-Technischen Reichsanstalt, wo die Kegeldüse erfolgreich getestet worden war, ein geeignetes Gelände von vier Quadratkilometern mit Gebäuden, ehemaligen Munitionsdepots, Erdschutzwällen und einem Drahtzaun. Es gehörte der Stadt Berlin, stand aber einst dem Preußischen Kriegsministerium und nunmehr dessen Rechtsnachfolger, dem Reichswehrministerium, zur Verfügung. Nebel erhielt den Zuschlag für eine symbolische Jahrespacht von zehn Reichsmark, offiziell als »Anerkennungsgebühr« bezeichnet. Bevor man ihm jedoch die Schlüssel aushändigte, mußte er einiges versprechen, wie Willy Ley berichtete. So, »daß nur der eine Eingang, der der Polizeikaserne an der von der Müllerstraße abzweigenden Landstraße gegenüber lag, benutzt würde. Der andere Eingang war zwar nicht nur schöner, sondern auch bequemer, aber eben unbeobachtet.«

Wie erst 60 Jahre später durch Forschungen von Dr. Neufeld bekannt wurde, zog Oberst Karl Becker dabei die Fäden: »Was außer Nebel keiner der Gruppe wußte: Die Abteilung für Ballistik und Munition hatte eine Schlüsselrolle dabei gespielt, ihm diese Einrichtung für drei Jahre zu überlassen.« Bereits 1929 befahl der damalige Reichswehrminister, General Wilhelm Groener, dem Heereswaffenamt, mit der Entwicklung von Raketenwaffen zu beginnen. Da die Herren der karmesinfarbenen Zunft sehr schnell eine »leichte, billige, mit geringen Mitteln herzustellende Waffe mit möglichst großer Kampfladung auf nicht zu große Flächenziele bis zur Entfernung von sieben bis acht Kilometer« haben wollten, konzentrierte sich das HWA jedoch zunächst auf Pulverraketen.

Auf jeden Fall erfolgte die Übergabe des Geländes an den Verein für Raumschiffahrt am 27. September 1930. Dieses Datum gilt auch als Gründungstag für den »Raketenflugplatz Berlin«, als dessen Leiter Dipl.-Ing. Rudolf Nebel fungierte. Die Adresse lautete: Berlin-Reinickendorf-West, Tegeler Weg, Telefonnummer D 9 Reinickendorf 4617. Räumlich gehörte das zu Tegel, postalisch zu Reinickendorf.

An das, was damals geschah, erinnerte sich später der jüngste Helfer, Wernher von Braun, Student an der Technischen Hochschule in Berlin-Charlottenburg: »Wir begannen sofort mit unserer Arbeit. An einem der Blockhäuser brachten wir ein Schild an, auf dem hochtrabend zu lesen war ›Raketenflugplatz Berlin‹. Wir hatten kein Geld, aber unser Selbstvertrauen war grenzenlos. Nebel vollbrachte wahre Wunder. Er schwatzte beispielsweise einem Direktor von Siemens viel mehr Schweißdraht ab, als wir je hätten gebrauchen können. Aber mit diesen Drähten hatten wir die Möglichkeit, anderes dringend benötigtes Material einzutauschen. Das Wort ›Raketenflugplatz‹, das nun in allen Zeitungen stand, war ein großer Erfolg, Kritiker aber sagten: ›Noch haben sie keine Rakete, aber schon einen Raketenflugplatz.‹«

Henry Ford schickte eine Lady

Nebel und Riedel, die beide noch Junggesellen waren, wohnten sogar in einem der Häuschen auf dem Gelände. Nebel nassauerte, wo er nur konnte. Den Strom zahlte die Polizeikaserne mit, die auch Führerscheine ohne Gebühren ermöglichte. Das Wohlfahrtsamt Charlottenburg stellte kostenlos Möbel zur Verfügung, und die Lehrküche von Siemens gab gute Verpflegung für 15 Pfennige pro Portion ab. Kein Wunder, daß sich angesichts der großen Arbeitslosigkeit viele Helfer einfanden. »Als Fahrer bewährte sich besonders Wernher von Braun«, so Nebel, »der mit einem silbergrauen Buick unzählige Male von Reinickendorf nach Siemensstadt fuhr, um dort einen Kübel mit dampfenden Eintopfgerichten füllen zu lassen.« Für einen Teller Suppe arbeiteten hochqualifizierte Facharbeiter, zumal wenn sie von den »Narren von Tegel« für Raketen begeistert wurden.

Am 1. Oktober 1930 wurde die Geschäftsstelle des Vereins für Raumschiffahrt auf das Gelände des Raketenflugplatzes Berlin verlegt. Nachdem Professor Oberth seinen Vorsitz niedergelegt hatte und nach Rumänien zurückgekehrt war, wurde Rudolf Nebel zum neuen Vorsitzenden des VfR gewählt, der Patentanwalt Rohn zum Vize und Willy Ley zum Kassierer. Als der amerikanische Auto-König Henry Ford 1930 Deutschland besuchte, bemühte sich der erfolgsbesessene Nebel, ihn für Tegel zu interessieren. In seinem Telegramm hieß es: »Anbiete erste Flüssigkeitsrakete für Fordmuseum – stop – Einlade zur Besichtigung des Raketenflugplatzes in Berlin-Reinickendorf – stop – ...« Ford antwortete zwar nie, machte aber die bekannte britische Journalistin Lady Drummond-Hay, die für große Zeitungen in den USA berichtete, auf das Objekt aufmerksam. Nach ihrem Besuch berichtete sie:

»Die jungen Männer auf diesem Raketenflugplatz arbeiteten wie eine eingeübte Mannschaft. Zuerst wurde eine Art Zündpatrone in Betrieb gesetzt. Jemand, der die Rakete aus sicherer Entfernung beobachten konnte, gab dann den Befehl: Benzin! Und irgendwer hinter der hohen Schutzwehr drehte an einer Kurbel. Die Ventile knirschten, und ein Strom leuchtenden Feuers fiel plötzlich aus der Rakete. Sehr schnell kam dann der nächste Befehl: Sauerstoff! Wir hielten alle für einen Augenblick den Atem an. Es gab einen lauten Knall, und die gelbe Flamme wurde unversehens bläulichweiß. Sie donnerte nun wie ein großer Wasserfall und mit einem nervenzerrüttenden Getöse, vor dem ich mich aus unerfindlichen Gründen entsetzlich fürchtete. Als ich diesen Raketenflugplatz Berlin wieder verließ, da wußte ich, daß diese jungen Enthusiasten die Waffen vorbereiteten, mit denen sie uns eines Tages über den Atlantik hinweg treffen würden...«

Auf die nachhaltige Wirkung dieser Berichterstattung in den USA ist es wohl zurückzuführen, daß amerikanische Zeitungen noch fünfzehn Jahre später, gegen Ende des Zweiten Weltkrieges, Rudolf Nebel und Klaus Riedel für die Väter der V2 hielten. Wobei letzterer tatsächlich zur Heeresversuchsanstalt Peenemünde ging und dort als Leiter der Versuchsabteilung einer der entscheidenden Männer war, bis er am 4. August 1944 unter mysteriösen Umständen bei einem Autounfall ums Leben kam.

Aber auch Willy Ley, der 1934 in die Vereinigten Staaten übersiedelte und nicht wußte, was in Peenemünde vor sich ging, leistete Propagandaarbeit für den Raketenflugplatz Berlin:

»Zwischen August 1929 und Juni 1933 fanden 490 Bodentests für Raketenmotore statt, wobei vier Stände gebraucht wurden; dazu kamen ungefähr 95 Raketenflüge.«

Auf Initiative von Klaus Riedel wurde für MIRAK II ein neuer Raketenmotor entwickelt, dessen Brennkammer ein Zylinder mit kugelförmiger Kuppe bildete. Die Zufuhr von Treibstoff und Verbrennungsträger erfolgte durch Einspritzdüsen. Über den Start des »geheimen Kindchens«, das nach der Rakete in einem utopischen Roman auch »Repulsor« genannt wurde, berichtete Willy Ley:

»Trotz allen Improvisierens stieg der fliegende Prüfstands mit dem üblichen Getöse auf. Ich konnte es selbst nicht genau sehen, aber die anderen behaupteten, daß er beim Aufstieg an das überhängende Dach des Abschußgebäudes gestoßen sei. Dadurch fand der Aufstieg unter einem Winkel von etwa siebzig Grad statt, und nach einigen Sekunden begann die Rakete sich in der Luft zu überschlagen. Wasser floß aus dem offenen Kühltopf aus, und der Motor brannte schnell auf einer Seite durch. Nunmehr wurde das Ding, mit zwei im rechten Winkel zueinander stehenden Auspufföffnungen arbeitend, ganz verrückt und ging im Sturzflug nieder, besann sich aber plötzlich anders und stieg schräg auf. Das wie-derholte sich dreimal. Zufällig war der Treibstoffvorrat gerade in dem Augenblick erschöpft, als abermals beim Abfangen aus dem Sturzflug nahe dem Boden eine Stabilisierung des Fluges stattzufinden schien. Es sah zuletzt beinah wie eine Landung aus, und alles war außer dem durchgebrannten Motor in schönster Ordnung. Bei diesem Versuch waren alle außer Atem und begriffen erst langsam, daß sie jetzt eine fliegende Flüssigkeitsrakete hatten.«

Auf der Liebesinsel

Keiner der »Narren von Tegel« wußte damals, am 10./14. Mai 1931, als die MIRAK zwanzig beziehungsweise fünfzig Meter Höhe erreichte, daß Johannes Winkler zwei Monate vor ihnen als erster Europäer seine Flüssigkeitsrakete HWR 1 in Dessau gestartet hatte. Am 13. Juli 1931 erhielten der Diplomingenieur Rudolf Nebel in Berlin-Wilmersdorf und Klaus Riedel in Berlin-Halensee vom Reichspatentamt die Patentschrift Nr. 633667, Klasse 46 g, Gruppe 1, wobei der Patentanspruch wie folgt formuliert wurde:

»Rückstoßmotor für flüssige Treibstoffe, Brennstoff und Sauerstoff, die getrennt der Brennkammer zugeführt und in dieser miteinander vereinigt zur Verbrennung gebracht werden, dadurch gekennzeichnet, daß in die aus einem Metall hoher Wärmeleitfähigkeit bestehende Brennkammer, auf deren dünn bemessener Wandung in bekannter Weise zu ihrer Entlastung gegen den Druck der Verbrennungsgase im Innern von außen eine Kühlflüssigkeit unter hohem Druck wirkt, Spritzdüsen mit Einzelregulierung für jeden Treibstoff derart hineinragen, daß die entgegengesetzt der Ausströmrichtung der Verbrennungsgase gerichteten Treibstoffgase noch im freien Raum der Brennkammer zusammenkommen.«

Als Tag der Bekanntmachung über die Erteilung des Patents war der 16. Juli 1936 festgelegt worden. Das sollte den beiden Ingenieuren zugutekommen, als ihre Erfindung zum Staatsgeheimnis erklärt wurde.

Das Heereswaffenamt zahlte laut Geheimvertrag für das »uneingeschränkte Mitbenutzungsrecht am Patent« eine einmalige Abfindung in Höhe von 75.000 Reichsmark.

Doch zunächst ging es mit den Minimumraketen weiter. Am 23. Mai 1931 erreichte eine MIRAK II, auch Zweistaber genannt, eine Höhe von 60 und eine Weite von 600 Metern. Dieser Typ war eine Art fliegender Prüfstand, der bis zu 500 Meter aufstieg. Der Motor befand sich oben, die Tanks rechts und links. Nach dem Einbau eines Fallschirmtopfes waren sie wiederverwendbar.

Die MIRAK III, oder Einstaber genannt, verfügte über hintereinander liegende Tanks, von denen Leitungen zum ebenfalls oben angeordneten Motor führten. Die erste Rakete dieses Typs erreichte bei einem senkrechten Aufstieg im August 1931 fast 1.000 Meter Höhe; eine zweite, schräg gestartete, flog sieben Kilometer weit in den Tegeler Forst. Schließlich entwickelten Riedel und Nebel eine Vierstab-Rakete mit 50 Litern Treibstoff und 100 Kilogramm Masse, für deren Start jedoch der Raketenflugplatz zu klein war. Deswegen wichen sie auf die Insel Lindwerder aus, die wegen der dort zeltenden Paare im Volksmund »Liebesinsel« hieß. Wegen einer Anzeige bei der Wasserschutzpolizei und dem damit verbundenen Ärger zog jedoch der Eigentümer, Landwirt Pieper, bald seine Genehmigung zurück.

Zu einer folgenreichen Vorführung der MIRAK III kam es am 22. Juni 1932 auf dem Artillerieschießplatz in Kummersdorf. Sie erfolgte auf Anordnung des Reichswehrministers. Doch weil statt der vereinbarten Höhe von 3.000 nur 1.100 Meter erreicht wurden, erklärte Oberst Becker vom Heereswaffenamt den Start für mißlungen. Da zudem die automatische Fallschirmauslösung nicht funktionierte, zerschellte die Rakete in einem Wäldchen.

»Auch zehn Jahre später, als Dornberger Leiter der Heeresversuchsanstalt Peenemünde war,« so schrieb Nebel, »war ein ganzes Heer von Technikern und Helfern mit ungeheurem Geldaufwand eingesetzt, aber es passierten solche Pannen wie in Kummersdorf wiederholt. Die Fehleinschätzungen unserer Leistungen vom Heereswaffenamt warf die Entwicklung der Rakete um entscheidende Jahre zurück. Wenn wir 1932 technisch und finanziell unterstützt worden wären, wäre die Entwicklung von leistungsfähigen Raketen schneller vor sich gegangen.«

Das Interesse der Militärs an der Flüssigkeitsrakete hatte schon früher begonnen. So erhielt die Aktiengesellschaft für Industriegasverdichtung von Dr. Paul Heylandt 1932 der Auftrag, eine Forschungsbrennkammer für flüssige Treibstoffe zu entwickeln und führte entsprechende Experimente in Kummersdorf durch, allerdings ohne nennenswerte Erfolge. Ohne Zweifel waren die »Narren von Tegel« weiter, aber sie erschienen den Herren des Heeres wegen ihrer aktiven Öffentlichkeitsarbeit seit längerem suspekt.

Dem Heereswaffenamt war aus zwei Gründen an strengster Geheimhaltung gelegen: Ihnen war bewußt, daß die angestrebten Raketenwaffen die Bestimmungen des Versailler Vertrages verletzten, und sie wollten beim Einsatz dieses neuen Waffentyps das Überraschungsmoment nutzen.

Der Eindruck, den der zwanzigjährige Student Wernher Freiherr von Braun, Sohn eines Reichsministers im »Kabinett der Barone« des Reichskanzlers Franz von Papen, bei der Vorführung der MIRAK III von den Möglichkeiten der Militärforschung gewann, hat ohne Zweifel zu seinem, am 1. Oktober 1932 erfolgten Übertritt zum Heereswaffenamt geführt:

»Was wir auf dem einsamen Platz fanden, erregte unseren Neid und unsere Bewunderung zugleich.«, schrieb er 30 Jahre später. »Wir fanden einen vollendeten Prüfstand für die Brennkammern von Flüssigkeitsraketen vor, mit Betonmauern umgeben und mit einem Schiebedach versehen. Wir staunten über den Beobachtungsraum und zeigten uns beeindruckt von dem Meßraum, in dem sich ein Wirrwarr von allen möglichen Prüfleitungen befand, eine Menge Registrierapparate, Meßgeräte und viele technische Installationen befanden sich dort. Auf der Schießbahn standen neuartige Kino-Theodoliten zur Verfügung, die den gesamten Flug der Rakete auf den Film bannen und zugleich ihren Flug vermessen konnten. Wenn wir an unseren Laden in Reinickendorf dachten, hätten wir eigentlich Minderwertigkeitskomplexe haben müssen.«

Die Magdeburger Piloten-Rakete

Daß dazu kein Grund bestand, bewiesen nicht zuletzt die internationalen Kontakte. So zählten zu den Gästen in Tegel der bekannte Bankier André Hirsch aus Paris, Stifter des begehrten Prix d'Astronautique, und Edward Bendrell, Vizepräsident der American Interplanetary Society (AIS), aus der später die American Rocket

*1933: Startvorbereitung
für die Magdeburger Pilotenrakete
auf dem Gut Mose*

Society (ARS) hervorging. Im Mittelpunkt der Beratungen stand die Gründung eines Internationalen Zentralbüros für Raumfahrt. Bereits 1930 hatte Albert Einstein mit Rudolf Nebel über eine weltweite Forschungsgesellschaft für Raumfahrt gesprochen, die ausschließlich der friedlichen Nutzung des Weltraums dienen sollte.

Am 5. Mai 1932 fand die Gründungsversammlung der Panterra-Gesellschaft im Konferenzsaal des Hotels »Excelsior« in Berlin statt. Zu ihrem weltumfassenden Programm gehörten auch der »Raketenflug mit dem Ziel, fremde Himmelskörper aufzusuchen« sowie »künstliche Trabanten mit Sonnenspiegeln, um das Wetter zu beeinflussen«. Im Beisein Einsteins wurde Professor Kapp zum ersten Vorsitzenden, Diplomingenieur Nebel zu seinem Stellvertreter und Professor Friedrich Archenhold zum Geschäftsführer gewählt. Doch schon ein knappes Jahr später wurde die Panterra-Gesellschaft als »jüdisches Unternehmen« verboten.

Drei Tage vor der Machtergreifung Hitlers kam es am 27. Januar 1933 zum Abschluß eines Vertrages zwischen der Stadt Magdeburg und Rudolf Nebel als Veranstalter. Er beinhaltete, daß an einem Sonntag im Frühjahr die erste bemannte Rakete vom örtlichen Flugplatz aufsteigt und eine Höhe von 1.000 Metern erreicht. Bei einer Länge von acht Metern sollte sie einen Rückstoß von 750 Kilogramm liefern, wobei Passagierkabine und Brennstofftanks ähnlich dem Geschoß von Jules Verne eine Einheit bildeten. Die zweite Sektion enthielt den Motor und den Fallschirm. Am Gipfelpunkt der Flugbahn war der Absprung des Piloten Kurt Heinisch mit dem Schirm vorgesehen. Die Enthusiasten betrachteten das Unternehmen als einen ersten Schritt zur »Kosmospilotie«, wie der utopische Schriftsteller Otto Willi Gail die bemannte Raumfahrt getauft hatte. Das Heereswaffenamt jedoch versuchte, die Veranstaltung zu verhindern, und auch der Verein für Raumschiffahrt distanzierte sich davon. Der damalige Oberbürgermeister von Magdeburg, Ernst Reuter (SPD), späterer Regierender Bürgermeister von Westberlin, wandte sich allerdings nicht – wie aufgefordert – dagegen. Vielmehr rief er persönlich alle kreditbereiten Stellen an und teilte ihnen mit, daß er Wert darauf lege, den Vertrag sofort abzuschließen. Dadurch hatte er großen

Anteil daran, daß der Magistrat, die Stadtbank, die Industrie- und Handelskammer sowie große Firmen und Gesellschaften unterschrieben.

Wenige Tage später wurde Reuter verhaftet und ins Konzentrationslager geworfen. Das Unglück verfolgte auch die Magdeburger Piloten-Rakete: Der Schub reichte nicht aus, die Starts mißlangen und der Flugkörper verbrannte. 1934 wurde der Raketenflugplatz Berlin besetzt und aufgelöst, alle Unterlagen beschlagnahmt und Nebel kurzfristig wegen »Landesverrats« von der Gestapo verhaftet und in der Prinz-Albrecht-Straße verhört.

Die Ära der Raumfahrt-Enthusiasten war vorbei, es begann die Zeit der Raketenwaffen-Erbauer. Walter Dornberger vom Heereswaffenamt hatte schon 1932 erklärt: »Der Traum vom Vorstoß in den Weltraum trübt den meisten ›Erfindern‹ den Sinn für das Praktische, für das Nächstliegende, für das Grundlegende...« – und das waren, angesichts der bevorstehenden militärischen »Neuordnung Europas«, nun einmal Waffen. Die Gleichschaltung auf dem Gebiet der Raketenentwicklung aber bedeutete ihre totale Militarisierung. Der ersehnte Führerbefehl, mit dem endlich das Prinzip »Alles in einer Hand« verwirklicht werden konnte, lautete: »Für das gesamte Gebiet der Raketenforschung ist ausschließlich das Heereswaffenamt zuständig.« Schließlich verbot das Reichspropagandaministerium am 6. April 1934 sogar die »Veröffentlichung jeglicher Beiträge über Raketentechnik, die entweder ihren militärischen Nutzen oder technische Einzelheiten betreffen.«

Anfang 1934 löste sich auch der Verein für Raumschiffahrt auf, und die verbliebenen Mitglieder wurden in den Verein für fortschrittliche Verkehrstechnik überführt, dessen Vereinsschrift noch bis 1937 einige Artikel über Raumfahrt brachte. Dann herrschte absolute Stille. Nebel ging 1935 als Konstrukteur zu Siemens. Von ihm entwickelte Arbeitsautomaten sollten im Sommer 1944 im Mittelbau bei Nordhausen installiert werden, wo Zehntausende von Häftlingen die Vergeltungswaffe V2 produzierten.

Nach Kriegsende waren andere Raketenexperten für die Amerikaner und die Russen interessanter. Nebel blieb als technischer Berater in der Bundesrepublik. 1950 nahm er am I. Internationalen Astronautischen Kongreß in Paris teil. Bis zu seinem Tode hielt er noch mehr als 4.000 Vorträge über Raketentechnik und Raumfahrt.

Das historische Verdienst der »Narren von Tegel« bleibt, erstmals gezeigt zu haben, daß es möglich ist, Leichtmetalle für Brennkammern zu verwenden, wenn für die Wärmeabführung durch eine Kühlflüssigkeit gesorgt wird; daß die Kühlung auch durch Brennstoff-Umlauf erfolgen kann; daß der spezifische Verbrauch eines Flüssigkeitstriebwerks durch Verbesserung der Zerstäubungs- und Verbrennungsvorgänge herabsetzbar ist; daß der Treibstoff mit Preßgas gefördert werden kann und daß Flüssigkeitsraketen betriebssicher arbeiten.

Peenemünde – Himmel und Hölle

Für die Weltausstellung EXPO 2000, die am 1. Juni des Jahres 2000 in Hannover eröffnet wird, sollte das Historisch-Technische Informationszentrum und das Museum auf dem ehemaligen Gelände der Heeresversuchsanstalt Peenemünde eine der Außenstellen sein, die den Besuchern angeboten werden. So jedenfalls lautete der Wunsch der Landesregierung von Mecklenburg-Vorpommern, dem auch die Landesjury in Schwerin zustimmte. Doch die Bundesjury für die EXPO entschied sich dagegen. Das ist wohl als Indiz dafür zu werten, daß die Vergangenheit dieses Ortes, an dem die erste Flüssigkeitsgroßrakete entstand und von dem aus sie als Terrorwaffe zum Einsatz kam, bis heute nicht bewältigt wurde. Dabei wirkt das Leitthema der Weltausstellung »Mensch – Natur – Technik« geradezu als eine Aufforderung, sich mit der Multivalenz wissenschaftlicher und technischer Entdeckungen und Erfindungen kritisch auseinanderzusetzen. Schon einmal im Jahr 1992, nach dem Beitritt der Deutschen Demokratischen Republik zur Bundesrepublik Deutschland, war es wegen Peenemünde zum internationalen Eklat gekommen. Meinen damaligen Kommentar in der Berliner Luft- und Raumfahrtzeitschrift »Fliegerrevue« begann ich mit folgenden Worten:

»Man mag es drehen und wenden wie man will, am Ende läuft es immer auf einen Skandal hinaus, läßt Jaroslav Hasek seinen Braven Soldaten Schwejk sinnieren. Mit dieser Sentenz ist treffend die Situation gekennzeichnet, in die sich Bonn mit den geplanten Feierlichkeiten zum 50. Jahrestag des Starts der ersten Flüssigkeitsgroßrakete am 3. Oktober 1942 in Peenemünde hineinmanövrierte. In der Welt ist diese Rakete unter der technischen Bezeichnung A4 (Aggregat) und dem faschistischen Propagandanamen V2 (Vergeltungswaffe) bekannt und berüchtigt.« Als Veranstalter des Jubiläums zeichnete der Präsident des Bundesverbandes der deutschen Luftfahrt-, Raumfahrt- und Ausrüstungsindustrie (BDLI),

Karl Dersch, verantwortlich, der zugleich Vorstandsmitglied der Daimler-Benz Aerospace AG (DASA) war; die Schirmherrschaft hatte Dr. Erich Riedel (CSU) übernommen, Parlamentarischer Staatssekretär im Bundeswirtschaftsministerium und Koordinator der Regierung für Luft- und Raumfahrt, der inzwischen seinen Hut nehmen mußte.

Massiver Protest im In- und Ausland, der in der Forderung nach dem Rücktritt des Bonner Politikers gipfelte, führte zunächst zur offiziellen Absage der Feier und zur Aufgabe der Schirmherrschaft. Die Empörung der Weltöffentlichkeit richtete sich dagegen, die Erprobung einer Terrorwaffe zu feiern, deren Herstellung und Kriegseinsatz mehr als 33.000 Menschen das Leben kostete – 20.000 ausländische und deutsche KZ-Häftlinge, Kriegsgefangene und Zwangsarbeiter, die bei der Sklavenarbeit in den unterirdischen Fabrikstollen des Kohnsteins elend verreckten, und 13.000 Bürger von London, Brüssel, Antwerpen und Lüttich – darunter Frauen und Kinder – die bei den Angriffen den Tod fanden.

»Deutschland feiert Hitlers Rakete« – titelte die römische »Repubblica«, und »Gipfel der Geschmacklosigkeit« schrieb die Londoner »Times«. Rudolf Augstein, Herausgeber des Hamburger Nachrichtenmagazins »Der Spiegel«, gab zu bedenken, was geschehen wäre, wenn Hitler mehr von Raketen gehalten hätte und ein Masseneinsatz früher möglich gewesen wäre: »Wer die V2 feiert, der ist nicht bei Trost. Er muß sich fragen, ob er lieber Hitler und Wernher von Braun als Sieger des Zweiten Weltkrieges gesehen hätte. Wenn ja, dann soll er Peenemünde feiern – als Countdown bis zum Zeitpunkt Null.«

Die alten Peenemünder kamen

Dennoch kamen die »alten Peenemünder« von diesseits und jenseits des Großen Teiches auf die »Insel ohne Leuchtfeuer« Usedom und führten ihr »Kameradschaftstreffen« durch. Unter ihnen auch Arthur Rudolph, der die Verantwortung für die Produktion der V2 im Mittelbau Dora bei Nordhausen trug und dafür aus den

USA ausgewiesen wurde. Organisator war das Historisch-Technische Informationszentrum, das am 9. Mai 1991 in Peenemünde eröffnet worden war und sich zu dieser Zeit als Keimzelle eines Weltraumparks verstand, der Enthusiasten und Experten aus aller Welt anzieht. Was mir Dr. Riedel, den ich damals in Bonn interviewte, entschuldigend erklärte, empfand ich als scheinheilig:

»Ich verstehe die ganze Aufregung nicht. Mir ging es doch vor allem darum, diesem darniederliegenden Ort im Osten zu helfen, sich zu einer touristischen und musealen Attraktion sowie zu einer nationalen und internationalen Bildungs- und Begegnungsstätte zu entwickeln. Ich bin erstaunt und betrübt zugleich, daß sich die deutsche Öffentlichkeit eine Diskussion von außen aufdrängen ließ. Der eigentliche Verlierer des ›Fehlstarts‹ ist Peenemünde.«

Inzwischen zählten Zentrum und Museum über eine Million Besucher. Die Polemik ist vorbei, doch das Problem blieb. Wie soll dieses düstere Kapitel der deutschen Geschichte behandelt werden? Der britische Journalist Ian Murry nannte das Museum für die Rakete A4/V2, die den Himmel erreichte und die Hölle auf Erden auslöste, ein »schizophrenes Symbol deutschen Stolzes und deutscher Schande.« Das muß es keineswegs sein, wenn es die Lehren der Vergangenheit beherzigt.

Die Geschichte, »diese Alte, die klüger ist, als wir alle« wie Albert Einstein sie einmal nannte, kennt genügend Beweise dafür, daß es keine zweck- und wertfreie Forschung und Technik gibt. Das Schießpulver des Berthold Schwarz, das Dynamit des Alfred Nobel und die Atomkernspaltung von Otto Hahn sind gleichermaßen »dual use«, wie man heute sagt. Sie lassen sich gleichermaßen für zivile wie für militärische Zwecke verwenden. Das trifft auch für die Rakete zu. Wer A4 sagt, muß deshalb auch V2 sagen. Das Signet, das die alten Peenemünder ihrem Aggregat beim Erststart gaben, ist ein Psychogramm: Es zeigt eine Frau auf einer Mondsichel und daneben die Kennzeichnung V4!

Professor Günter Gottmann, Direktor des Museums für Verkehr und Technik in Berlin, sagte mir damals: »Ich komme mir vor wie ein Wetterfrosch, der beschimpft wird, weil es regnet.«

Er sah den Eklat von Peenemünde voraus und schrieb am 17. August 1992 einen Brief an die für die geplante Festveranstaltung zuständigen Politiker und Industriellen, der leider ohne Antwort blieb.

Darin unterbreitete das Museum Vorschläge, wie dieses typische Ereignis der zwiespältigen deutschen Geschichte würdig zu begehen wäre. Sie sind bis heute von höchster Aktualität:
1. Die Landesregierung Mecklenburg-Vorpommern verwandelt das Raketenversuchsgelände Peenemünde zu einer Gedenkstätte, die so bleibt, wie sie ist: ein eindrucksvolles, zerbombtes Denkmal einer Waffenentwicklung.
2. Die Landesregierung von Thüringen baut die Gedenkstätte Dora aus, als Denkmal einer teuflisch gut organisierten und höchst effektiven Produktionsorgansation des Nazistaates und als Gedenken an über 20.000 tote und 40.000 überlebende KZ-Häftlinge aus aller Welt.
3. Die deutsche Raumfahrtindustrie übernimmt in wirksamer Unterstützung ohne Beeinflussung das Patronat über beide Gedenkstätten.
4. Die Produkte dieses Systems, die V1, V2 und die Flugmotoren aus der Peenemünder Folgeproduktion im Kohnstein stellt das Berliner Technikmuseum in dem entsprechenden politischen und sozialen Kontext so aus, daß niemand mehr Peenemünde ohne Dora ›feiern‹ kann. In Berlin, weil hier der ›unschuldige‹ Beginn der Raketenversuche stattfand – aber auch die schuldhaften Entscheidungen für Peenemünde und Dora fielen: Ambivalenz der Technik.«

Das Museum für Verkehr und Technik trug dieser Selbstauflage mit einer Sonderausstellung zum 50. Jahrestag des Erststarts der V2 vorbildlich Rechnung. Anschließend bemerkte Professor Gottmann:

»A4 ist identisch mit V2. Bereits vor jedem ›geglückten‹ oder mißlungenen Start hatten drei Menschen ihre Leben gelassen. Und die großen Pioniere der Raumfahrt haben das alles gewußt, gesehen, mitgedacht und mitgemacht. Stolzer Triumph der Technik oder zerknirschtes Verschweigen der Leistung? Nichts von beidem, vielmehr nüchterne Darstellung der prinzipiellen Ambivalenz der Technik und des Technikers.«

200.000 Menschen im Einsatz

Zwischen der Vorführung der MIRAK auf dem Artillerieschießplatz in Kummersdorf bei Berlin und dem erfolgreichen Erststart des Aggregats 4 von der Heeresversuchsanstalt Peenemünde verging ein Jahrzehnt.

Von der Idee für eine Flüssigkeitsgroßrakete und ihrer Verwirklichung sind es sechs Jahre, und vom Beginn bis zum Abschluß der Entwicklung dieser Einstufenrakete sogar nur knapp drei Jahre. Ein Vergleich der Abmessungen und Leistungen zwischen A1, A2, A3 und A4 macht den gewaltigen Qualitätssprung deutlich:

Die Länge der Rakete wuchs von 1,4 auf 14,3 Meter um mehr als das Zehnfache, die Masse erhöhte sich von 150 auf 12.900 Kilogramm um das 86-fache, der Schub von 0,3 auf 26 Tonnen ebenfalls um das 86-fache, die Gipfelhöhe bei vertikalem Aufstieg von 2,3 auf 206 Kilometer um das 90-fache und die maximale Flugweite auf ballistischer Bahn von vier auf 385 Kilometer um das 96-fache.

Das war jedoch nur durch einen bis dahin einmaligen personellen und materiellen Kraftaufwand möglich. Gegenüber dem Dutzend »Narren von Tegel« wurden etwa 60.000 Menschen für die Entwicklung, Erprobung und Herstellung des A4 mobilisiert, davon allein in Peenemünde 18.000, wovon etwa 5.000 hochqualifizierte Wissenschaftler, Ingenieure und Techniker waren. Schätzungen belaufen sich, unter Einbeziehung der militärischen Kräfte für den Kriegseinsatz, sogar auf insgesamt 200.000 Menschen. Ähnlich wie für das »Manhattan Project« zur Herstellung der ersten Atombomben in den USA entstand in Deutschland ein spezieller wissenschaftlich-industrieller Komplex für den Bau von Raketenwaffen. Das geschah nach dem Motto des Kommandeurs der Heeresversuchsanstalt, General Walter Dornberger: »Alles unter ein Dach«.

Schon das allein macht die Verantwortung der Akteure in Peenemünde auch für die Fertigung deutlich.

Dr. Irene Sänger-Bredt, die Ehefrau und Mitarbeiterin des deutschen Raumfahrtpioniers Eugen Sänger, sagte mir einmal:

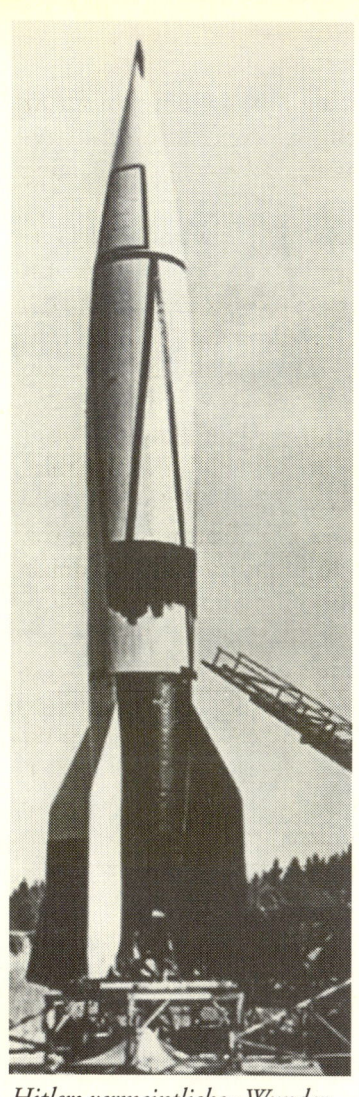 

Hitlers vermeintliche »Wunderwaffen«: Die V2 (Aggregat 4) unmittelbar vor dem Start in Peenemünde während des Zweiten Weltkrieges.

Start einer rekonstruierten A4 in White Sands im US-Bundesstaat New Mexico

»Die beim A4 mit hohem Können und großer Eleganz gestalteten technischen Neuerungen waren im Prinzip von den Pionieren vorgegeben: Die Treibstoffkomponenten Alkohol und Sauerstoff, Einspritzdüsen, Umlaufkühlung, Strahlruder, Steuerkreisel und Programmlenkung. Doch es bedurfte erst der Diktatur und eines Weltkrieges, um Wernher von Braun die Mittel zur endgültigen Realisierung einer technisch einwandfreien und betriebssicheren Rakete zu ermöglichen, die der ganzen Welt als Grundlage späterer Trägerraketen dienen konnte.«

Wie der Wissenschaftshistoriker Michael Neufeld feststellte, »gelang es den Fachleuten in Peenemünde schließlich, die drei Technologien zu beherrschen, die für den Erfolg des A4-Programms erforderlich waren: Flüssigkeitsraketentriebwerke, Überschallflugtechnik sowie Lenk- und Steuersysteme.« Ausführlich schilderte er, wer wann und wie dazu beitrug.

Der Chemiker Dr. Walter Thiel schuf 1937/38 mit vier technischen Neuerungen die Voraussetzungen für ein Flüssigkeitstriebwerk mit 18 Einspritztöpfen und 25 Tonnen Schub: Kleine Zentrifugaleinspritzdüsen sorgten für eine feinere Zerstäubung der Treibstoffe, ein System von Vorkammern für ihre bessere Vermischung, eine kugelförmige Brennkammer und eine Düse mit größerem Öffnungswinkel erhöhten den Schub. Den Aerodynamikern Dr. Rudolf Hermann und Dr. Hermann Kurzweg gelang es 1939/40 durch Versuche im Windkanal und bei Freiflügen, verlängerte, stark pfeilförmige, Heckflossen als beste Stabilisierung für den Überschallflug zu ermitteln. Schließlich erreichten Dr. Ernst Steinhoff, der Leiter der Abteilung für die Entwicklung des Steuer- und Lenksystems, und vor allem sein Mitarbeiter, der Elektroingenieur Helmut Hoelzer, 1940/41 den Durchbruch mit dem sogenannten Mischgerät, das auf brillante Weise Analogrechner, Beschleunigungsmesser, Funkwellengerät, Stabilisierungskreisel und Strahlruder zu einem System vereinigte. Das Endprodukt A4 wies folgende technische Daten auf:
– Gesamtlänge, einstufig: 14,3 m
– Rumpfdurchmesser, maximal: 1,65 m
– Spannweite über vier Heckflossen: 3,65 m
– Startmasse: 12.800 kg

- Leermasse: 4.000 kg
- Treibstoffmasse (Alkohol/Flüssigsauerstoff): 8.800 kg
- Masse des Gefechtskopfes: 1.000 kg
- Sprengstoffladung (Amatol): 750 kg
- Startschub: 255 kN
- Massenverhältnis: 3,19
- Brenndauer: 63 s
- Triebwerksleistung: 650.000 PS
- Pumpenleistung: 680 PS (5.000 U/min)
- Treibstoffdurchsatz: 125 kg/s
- Brennkammervolumen: 0,8 m3
- Mündungsdurchmesser: 0,74 m
- Brennkammerdruck: 15.45 bar:
- Ausströmgeschwindigkeit: 2.050 m/s (7.380 km/h)
- Brennschlußgeschwindigkeit: 1.600 m/s (5.760 km/h)
- Brennschlußhöhe: 40 km
- Gipfelhöhe bei vertikalem Aufstieg: 206 km
- Flugweite auf ballistischer Bahn (maximal): 385 km

Unbestrittene Leistungen

Die Kernphysiker waren von der faustischen Sehnsucht erfüllt, zu erkennen, was die Welt im Innersten zusammenhält. Otto Hahn dachte 1938 weder an Kernkraftwerke noch an Atombomben. Albert Einstein, der den Bau der Bombe in den USA befürwortete, weil er Angst davor hatte, Hitler könnte sie eher in die Hände bekommen, stellte sich nach dem Krieg seiner Verantwortung.

Die Raketentechniker hingegen wußten vom ersten Tag an, was sie in der Waffenschmiede Peenemünde taten. Der Kommandeur der Heeresversuchsanstalt, General Walter Dornberger, sprach klipp und klar von einer »rein militärischen Forschungs- und Entwicklungsstelle«. Dennoch sind folgende wissenschaftliche und technische Leistungen, die in Peenemünde vollbracht wurden, unbestritten:
- Das A4 war die erste betriebssichere Flüssigkeitsgroßrakete der Welt, auf deren Erkenntnissen und Erfahrungen spätere Träger-

systeme für das Militärwesen – Inter-Continental Ballistic Missiles (ICBM) – und für die Raumfahrt – Satellite Launcher (SL) – aufbauten.
- Das A4 erreichte als erste Rakete Höhen außerhalb der Erdatmosphäre und gelangte damit kurzfristig in den Weltraum. Während ihrer ballistischen Fernflüge lag der Gipfelpunkt ihrer Bahn unterhalb von einhundert Kilometern, bei ihren Senkrechtstarts dagegen über 200 Kilometer.
- Die V2 wurde als erste Großrakete in Serie und in Massen produziert. Nach den Unterlagen des Mittelwerkes zahlte das Dritte Reich allein an dieses Unternehmen für knapp 6.000 Raketen etwa 450 Millionen Reichsmark. In diesem Preis waren die Kosten für die Sprengköpfe, die Lenksysteme, die Abschußlafetten, die Bunkeranlagen, die Flüssigsauerstoffwerke und die Ausbildung der Startmannschaften nicht einbezogen. Nach vorsichtigen Schätzungen betrugen die Gesamtkosten des Raketenprogramms etwa zwei Milliarden Reichsmark, was damals etwa einer halben Milliarde Dollar entsprach. Im Verhältnis dazu wurden für das amerikanische Atomwaffenprogramm zwei Milliarden Dollar – also das Vierfache – aufgewendet.

Unbestritten ist auch der Nutzen, den die Siegermächte des Zweiten Weltkrieges aus der deutschen Raketenentwicklung zogen. Amerikanische Experten errechneten, daß die USA fünf Jahre Zeitverlust aufholen und etwa eine Milliarde Dollar Entwicklungskosten einsparen konnten. Immerhin holten sie sich rund 500 der besten deutschen Raketenspezialisten, 100 funktionstüchtige Beute-V2 und 50 Tonnen Peenemünder Forschungsmaterial ins Land.

Die entsprechenden Zahlen für die UdSSR liegen etwas darunter, weil die sowjetische Raketenentwicklung bei Kriegsende weiter vorangeschritten war als die amerikanische, die 200 zwangsverpflichteten Peenemünder nicht zur ersten Garnitur gehörten und keine einsatzfähigen V2 erbeutet wurden.

Bestritten werden müssen hingegen Behauptungen, wie sie in der Absichtserklärung über die Gründung eines Raumfahrtparkes in Peenemünde vom 8. Februar 1992 enthalten sind.

Darin heißt es, daß dieser Ort die »Wiege der Raumfahrt« sei, und der Tag des Erststarts der V2, der am 3. Oktober 1942, als »Geburtsstunde der Raumfahrt« zu gelten habe. Auch heute noch preist der Prospekt des historisch-technischen Informationszentrums Peenemünde als »Geburtsort der Raumfahrt«. Dem stehen harte Tatsachen entgegen.

1967 erlebte ich auf dem 18. Kongreß der Internationalen Astronautischen Föderation (IAF) in Belgrad, wie die Delegierten von 60.000 Weltraumwissenschaftlern und Raumfahrttechnikern aus 40 Ländern einstimmig beschlossen, des 4. Oktobers 1957, an dem der erste künstliche Erdsatellit SPUTNIK 1 startete, für alle Zeiten als »des Beginns des Raumfahrtzeitalters« zu gedenken. 1985 legte die Internationale Raumfahrervereinigung ASE (Association of Space Explorers) auf ihrer Gründungsversammlung in Cernay bei Paris fest, daß Mitglied nur derjenige werden kann, der mindestens einmal in einem Raumfahrzeug die Erde umrundete. Ballistische Parabelflüge zählen nicht. Analog bedeutet das für unbemannte Unternehmen, daß nur das Erreichen der ersten kosmischen Geschwindigkeit von 7,9 Kilometern in der Sekunde als Raumflug gilt. Das A4 erreichte aber mit 1,6 Kilometern pro Sekunde nur ein Fünftel davon.

Übrigens käme kein ernsthafter Wissenschaftshistoriker auf den Gedanken, den Beginn des Atomzeitalters auf den 16. Juli 1945 zu fixieren, als in der Wüste von New Mexico die erste Atombombe explodierte; geschweige denn auf den 6. August 1945, als die Massenvernichtungswaffe Hiroshima zerstörte. Vielmehr sind jene Tage Ende 1938 in die Geschichte eingegangen, an denen Otto Hahn und Fritz Straßmann in Berlin-Dahlem die Spaltung des Urankerns gelang.

Gegen »Engelland«

»Ich begleitete einen Besucher hinaus, und als ich an die Haustür kam, fragten der Polizist und die Posten: ›War das Donner?‹ Ein anderer sagte: ›Es klang wie Bomben.‹ Als ich zurückkam, stellte ich fest, daß Raum 59 (die Überwachungszentrale, H. H.) zwei

Explosionen dicht hintereinander registriert hatte, eine etwas schwächer als die andere, doch beide laut, und sie fragten sich, was es gewesen sei. Der Bischof von London erzählte mir, als er die Detonation hörte, habe er geglaubt, die Flugbomben (V1, H. H.) hätten wieder angefangen; aber man sagte ihm, es sei eine Gashauptleitung gewesen.«

Diesen vertraulichen Bericht aus der Downing Street 10, dem Amtssitz des britischen Premierministers, erhielt Lord Cherwell, Berater Winston Churchills, der mit seinem Chef in Quebec weilte. Der britische Publizist David Irving schilderte in seinem Buch »Die Geheimwaffen des Dritten Reiches« den Beginn der deutschen Terrorangriffe mit V2 so: »Ein Schlag wie Donnergrollen ging dem Eintreffen des ersten A4 in London voraus. Am 8. September um 18.43 Uhr fiel die erste Rakete in Cheswick, tötete drei Menschen und verletzte siebzehn weitere schwer. Der typische Doppelknall bei Überschallgeschwindigkeiten – der erste in London überhaupt – war in der ganzen Hauptstadt sehr laut zu hören. Sechzehn Sekunden später fiel eine zweite Rakete harmlos in der Nähe von Epping. Eine Weile nach beiden Einschlägen war der Himmel von dem Klang schwerer, durch die Luft rasender Körper erfüllt.«

Der Angriff kam für die Engländer im wahrsten Sinne des Wortes aus heiterem Himmel. Es herrschte völlige Unklarheit darüber, was den zehn Meter großen Trichter in die Betonstraße gerissen und sechs Häuser total zerstört hatte. Die beiden Raketen waren von zwei Batterien der Motorisierten Artillerie-Abteilung 485 abgeschossen worden, die nördlich von Den Haag, etwa 320 Kilometer von London entfernt, Stellung bezogen hatten.

Diese Division z.b.V. (zur besonderen Verwendung) stand unter dem Kommando des SS-Gruppenführers und Generals der Waffen-SS, Dr.-Ing. Hans Kammler.

Nach dem mißglückten Attentat auf Hitler am 20. Juli 1944 in der Wolfsschanze war der Reichsführer SS, Heinrich Himmler, zum Befehlshaber des Ersatzheeres ernannt worden, dem auch das Heereswaffenamt unterstand. Damit übernahm die SS das lange angestrebte Kommando über die Raketenwaffen. Innerhalb von vier Tagen erreichten neun V2 England. Vor allem im Chrysler-

Werk in Kew wurde schwerer Schaden angerichtet. In den folgenden Monaten schlugen weitere 1.091 V2 in Großbritannien ein.

Damit konnte General Kammler eine Scharte auswetzen, denn die ersten beiden scharfen Schüsse in Richtung auf das kurz zuvor befreite Paris, die seine Artillerie-Einheit von Euskirchen an der holländischen Grenze aus abgefeuert hatten, versagten – die Raketen stürzten ungefährlich zu Boden. Die massierten Angriffe mit der V2 begannen zu einem Zeitpunkt, da die vernichtende militärische Niederlage Deutschlands nicht mehr aufzuhalten war. Die Rote Armee kesselte im Baltikum 30 Divisionen der Wehrmacht ein und näherte sich der Reichsgrenze.

Am 6. Juni 1944 landeten mit dem Unternehmen »Overlord« Truppen der westlichen Alliierten in der Normandie, errichteten endlich die Zweite Front und erreichten vier Tage vor Abschuß der ersten V2 auf »Ziel 42« (London) die belgische Hauptstadt Brüssel. Die englische Luftverteidigung schließlich bekam die Abwehr der langsam fliegenden Flügelbomben V1 – Vorläufer der heutigen Marschflugkörper oder Cruise Missiles – in den Griff.

In diesem Zusammenhang wird oft eine Bemerkung von Fünf-Sterne-General Dwight Eisenhower zitiert, des Oberbefehlshabers der alliierten Streitkräfte der Invasionen in Nordafrika, Sizilien und der Normandie, sowie ersten Oberbefehlshabers der NATO und späteren Präsidenten der USA: »Hätten die Deutschen ihre neuen V-Waffen früher fertiggestellt und die Gegend von Portsmouth-Southampton zu einem ihrer Hauptziele gemacht, wäre die Invasion vielleicht unmöglich gewesen.« Daraus Schlüsse auf eine kriegsentscheidende Bedeutung der V2 zu ziehen, ist jedoch wissenschaftlich völlig unbegründet. Erstens sprach »Ike«, wie alle ihn nannten, im Konjunktiv, und zweitens reduzierte er die Möglichkeit einer Niederlage auf die Zweite Front. Unvorstellbar allerdings wären die Folgen gewesen, wenn Hitler eine Atombombe zur Verfügung gestanden hätte. Mit einer konventionellen Sprengladung von nur 750 Kilogramm lag die V2 jedoch im Bereich normaler, schwerer Fliegerbomben.

Insgesamt kamen zwischen dem 8. September 1944 und dem 5. April 1945 mehr als 4.000 V2 zum Einsatz, von denen jedoch weniger als 3.000 ihr Ziel erreichten – 1.115 in England und

1.675 in Frankreich, Belgien, Holland und Deutschland. Viele endeten als »Luftzerleger«, die sich im Flug selbst zerstörten, oder als »Irrläufer«, die ihr Ziel völlig verfehlten. Die Zielgenauigkeit der V2 war, verglichen mit der von Artilleriegeschossen, gering. Nur gegen Flächenziele wie Städte war sie als Terrorwaffe geeignet. Das zeigte sich im März 1945 besonders deutlich bei dem strategisch wichtigen Versuch, mit elf V2-Raketen die Rheinbrücke bei Remagen zu zerstören, um den Übergang der Alliierten zu stoppen. Nicht eine einzige traf. Obwohl die militärische Bedeutung und Wirkung der V2 relativ gering war, kostete ihr Einsatz mehr als 13.000 Zivilpersonen – Kinder, Frauen und Greise in London, Antwerpen, Norwich, Lüttich, Lille, Paris, Tourcoing, Maastricht, Hasselt, Tournai, Arras, Cambrai, Mons, Diest und Ipswich das Leben, wobei die genannte Reihenfolge der Häufigkeit der Angriffe entspricht. Soldaten befanden sich kaum unter den Opfern. Für die beteiligten deutschen Rüstungskonzerne hingegen gestaltete sich der Raketenbau zu einem Bombengeschäft, berechneten sie doch für jede der 5.789 gelieferten V2 dem Oberkommando des Heeres (OKH) einen Stückpreis von 75.840 Reichsmark plus 4.200 Reichsmark für den Sprengkopf.

Der Macher der V2

Vielfach wurde Wernher von Braun als »Vater des A4« gefeiert, was insofern berechtigt ist, als er den größten Anteil am Zustandekommen dieses zwiespältigen Aggregats hatte und von Anfang an das Team hochqualifizierter Wissenschaftler und Ingenieure leitete. Mir scheint es jedoch treffender, in ihm den »Macher der V2« zu sehen, wäre doch ohne seinen Einsatz das Projekt niemals in so kurzer Zeit durchgezogen worden. Die theoretisch fundierten Vorgaben stammten von seinem Lehrer Hermann Oberth, und von Braun setzte sie ingenieurtechnisch auf brillante Weise um. In der Spitze der Leistungspyramide von Peenemünde war er primus inter pares. Der größte Teil der revolutionierenden wissenschaftlich-technischen Leistungen kam von seinen Mitarbeitern. Das mindert keinesfalls seine Leistungen, sondern wertet vielmehr seine großartigen Talente, die vor allem auf dem Gebiet der Menschenführung und Wissenschaftsorganisation, also dem Management, wie man heute sagt, lagen. Manfred von Ardenne, einer der wohl letzten deutschen Universalgelehrten, nannte Wernher von Braun einen »realistischen Phantasten« und »Manager der Astronautik«.

Der russische Raumfahrtpionier Boris Rauschenbach, Stellvertreter von Sergej Koroljow, dem »Vater des Sputniks« und Pendant Wernher von Brauns in der UdSSR, verglich in seinem jüngsten Buch »Über die Erde hinaus« die Fähigkeiten der beiden mit denen von Feldherren: strategisches Denken und taktisches Manövrieren, Organisationstalent und Durchsetzungsvermögen, Selbstdisziplin und Ausstrahlungskraft und nicht zuletzt die Fähigkeit, trotz ungenügender Informationen richtige Entscheidungen zu fällen.

Ihre Lehrer Konstantin Ziolkowski und Hermann Oberth wären zu solchen Leistungen nicht in der Lage gewesen, obwohl sie ohne Zweifel die größeren schöpferischen Charaktere waren. Die beiden kongenialen Macher Koroljow und von Braun waren Gegenspieler im Raketenpoker zwischen Ost und West im Kalten Krieg. Sie begegneten sich nie im Leben und doch machte jeder von ihnen seinen nächsten Schritt davon abhängig, was vermutlich der andere tun würde.

Professor Rauschenbach wies auch auf die »fast mythische Entsprechung ihrer Biographien« hin. Tatsächlich sind die Ähnlichkeiten in ihren Schicksalen verblüffend: Sergej Koroljow (1907 bis 1966) und Wernher von Braun (1912 bis 1977): Beide waren Schüler großer Raumfahrtpioniere – Konstantin Ziolkowski und Friedrich Zander sowie Hermann Oberth; beide ließen sich vom Segel- und Motorsport begeistern; beide studierten an den führenden Lehranstalten ihrer Länder – Moskauer Technische Hochschule und Technische Hochschule in Berlin-Charlottenburg; beide begannen in kleinen Gruppen von Enthusiasten – der Moskauer Gruppe zum Studium der Rückstoßbewegung MOSGIRD und im Verein für Raumschiffahrt sowie auf dem Raketenflugplatz Berlin; beide wurden frühzeitig Mitarbeiter der Militärs – im Wissenschaftlichen Institut zur Erforschung des Rückstoßes (1933) und beim Heereswaffenamt (1932). »Beide zeichneten sich durch hervorragende organisatorische Fähigkeiten aus«, so Akademiemitglied Rauschenbach, »und standen an den Ursprüngen dessen, was man heute die kosmische Raketenindustrie nennt. Beide führten ihre Arbeiten in der Anfangsetappe in totalitären Staaten durch: Koroljow im stalinschen und von Braun im hitlerschen. Beide wurden im Alter von 32 Jahren auf der Grundlage erfundener Beschuldigungen verfolgt – Koroljow durch das NKWD, von Braun durch die Gestapo. Gegen beide wurden die gleichen Anklagen erhoben – Koroljow beschuldigte man der ›Schädlingstätigkeit‹, von Braun der Sabotage. Beiden gelang es, zu den aktiven Arbeiten an der Raketentechnik zurückzukehren. Koroljow ließ den ersten künstlichen Erdsatelliten der UdSSR und der Welt (SPUTNIK I – 1957) starten, von Braun den ersten künstlichen Satelliten in den USA (EXPLORER I – 1958). Beide waren anerkannte Leiter der kosmischen Programme ihrer Länder, beide starben an der gleichen Krankheit, dem Fluch unserer Zeit, an Krebs.« Allerdings gab es, was ihre Verfolgung betrifft, einen Unterschied: Koroljow, wie übrigens auch Rauschenbach, verbrachte sechs Jahre im Gulag, von Braun, der in den Interessenkonflikt zwischen Wehrmacht und SS geraten war, wurde nur drei Wochen in Stettin in Schutzhaft genommen.

Streng geheime Doktorarbeit

Wernher Freiherr von Braun war als Sproß eines alten ostelbischen Adelsgeschlechts von Hause aus nationalistisch eingestellt. Sein Vater Magnus von Braun hatte es 1932 im »Kabinett der Barone« des Reichskanzlers Franz von Papen zum Reichsminister für Landwirtschaft gebracht. Außerdem war er Reichskommissar für die Osthilfe und Mitglied des Zentralausschusses der Reichsbank. Natürlich schmeichelte es dem Vorstand des Vereins für Raumschiffahrt, einen Ministersohn in seinen Reihen zu haben.

Die Leidenschaft des jungen Barons galt dem Motor, insbesondere der Rakete. So zeigen Fotos schon den Oberschüler neben Rudolf Nebel mit geschulterter Rakete, und den Studenten mit

Hermann Oberth und Klaus Riedel vor der Kegeldüse. Da er keinerlei Berührungsängste mit der Reichswehr besaß, lief er auch als einer der ersten zu ihr über. In der unveröffentlichten Version seines Erinnerungsberichtes schrieb er: »Unsere Haltung gegenüber der Reichswehr ähnelte der der frühen Flugpioniere, die in den meisten Ländern versuchten, den militärischen Geldbeutel für ihre eigenen Zwecke anzuzapfen, und die angesichts des potentiellen zukünftigen Nutzens ihrer Erfindungen wenig moralische Skrupel hatten. Die Frage war in diesen Diskussionen lediglich, wie die goldene Kuh am erfolgreichsten gemolken werden kann.«

Von Brauns schneller Wechsel vom zivilen Raketenflugplatz Berlin zum Schießplatz des Heereswaffenamtes in Kummersdorf, Ende 1932, zahlte sich sofort aus. Obwohl er erst die Hälfte seines Studiums für Maschinenbau an der Technischen Hochschule in Charlottenburg hinter sich hatte, wurde er als Doktorand am II. Physikalischen Institut der Friedrich-Wilhelm-Universität in Berlin zugelassen. Dafür sorgte Generalmajor Professor Erich Schumann, der gleichzeitig Forschungschef im Heereswaffenamt und Universitätsprofessor war. Am gleichen Tag nahm cand. phil. Wernher von Braun seine Arbeit auf dem Truppenübungsplatz und an der Dissertation zum Thema Flüssigkeitsraketentechnik auf.

Früh lernte er die Größen des »Tausendjährigen Reiches« persönlich kennen, denn schon am 21. September 1933 besuchten der »Führer« Adolf Hitler, der Reichskommissar für Luftfahrt und Ministerpräsident Preußens Hermann Göring und der Reichsinnenminister Wilhelm Frick Vorführungen der Raketentechnik in Kummersdorf. Am 8. Februar 1934 folgten der »Stellvertreter des Führers« Rudolf Heß mit hohen SA-Offizieren.

Am 16. April 1934 legte der 22-jährige Wernher Freiherr von Braun seine Dissertation zur Erlangung der Würde eines Dr. phil. vor. Sie trug den Titel »Konstruktive, theoretische und experimentelle Beiträge zu den Problemen der Flüssigkeitsrakete«. Die Arbeit erhielt das höchste Prädikat »eximum«, doch selbst ihr Titel blieb streng geheim. In den Unterlagen heißt sie nur »Über Brennversuche«.

In dieser relativ kurzen, aber inhaltsreichen Untersuchung wurden die Ergebnisse der bisherigen Versuche, an denen der Autor

Anteil hatte, analysiert. Wie kompliziert und komplex das Thema war, beweisen die Ableitungen der 87 mathematischen Formeln. Daß nur zehn Literaturnachweise erfolgten, zeugt davon, daß es sich um wissenschaftliches Neuland handelte. Schon die ersten Sätze der Doktorarbeit machen deutlich, als Diener welcher Herren sich der frischgebackene Dr. von Braun verstand: «Die Verwendung des Raketenprinzips in der Artillerie geht auf erheblich frühere Zeiten zurück, als die Benutzung des Geschützes. Wenn die Raketen im vorigen Jahrhundert dennoch durch die Geschützartillerie fast völlig verdrängt wurden, so hat dies zwei Gründe:
1. Durch die Verwendung rauchloser Pulver konnte die Schußweite der mit Schwarzpulver gefüllten Rakete erheblich überboten werden.
2. Die neuen mit Zügen versehenen Geschützrohre ergaben infolge des Geschoßdralles weitaus bessere Trefferbilder, als sich mit gewöhnlichen Raketen jemals hätte erreichen lassen.

Demgegenüber hat aber die Rakete auch große Vorteile gegenüber dem Geschütz. Das völlige Fehlen der hohen Rohrdrücke sowie des Rückschlages gestatten es, auch große Raketen aus ganz kleinen Gestellen abzuschießen. Dazu kommt die Möglichkeit, mit Raketen, theoretisch wenigstens, beliebig hohe Endgeschwindigkeiten zu erreichen. Will man diese Vorteile der Rakete sich zunutze machen, so ist es erforderlich, hinsichtlich der Schußweite und Flugstabilität den Vorsprung der Geschützartillerie zurückzugewinnen und nach Möglichkeit zu überholen.»

In der interessanten Arbeit wurden viele neue Begriffe verwendet, die inzwischen zum allgemeinen Sprachgebrauch der Raketentechnik gehören. So »Ofen« für die Brennkammer, »Tanks« für die Treibstoffbehälter und »Aggregat« als incognito für Rakete. Von Raumfahrt jedoch ist mit keinem Wort die Rede.

Dreimal zur Audienz bei Hitler

Bücher über Peenemünde, Wernher von Braun und die V2 sind Legion, wobei der Mythos dominiert, die »alten Peenemünder« hätten zwar nicht umhin gekonnt, für Hitler Raketenwaffen zu bauen, doch das eigentliche Ziel ihrer »verschworenen Gemeinschaft« sei immer der Weltraum gewesen. Die zur Massenproduktion der Vergeltungswaffe errichteten Konzentrationslager und unterirdischen Fabrikstollen, in denen doppelt so viele Menschen umkamen wie bei den Terrorangriffen auf Städte, gingen einzig und allein auf das Konto der SS. Zwei neue Bücher, eines aus den USA und eines aus Deutschland, führen hingegen den Beweis dafür an, daß dies Legenden und Lügen sind, die der Verdrängung und Vertuschung großer Mitschuld der Raketenspezialisten dienen. Beide Dokumentationen, die bisher unbekannte Archivalien erschlossen, zeichnen sich durch große Sachlichkeit, wissenschaftliche Akribie und humanistisches Engagement aus.

Der amerikanische Autor Dr. Michael Neufeld ist Kurator für Geschichte des Zweiten Weltkrieges am Nationalen Luft- und Raumfahrtmuseum in Washington D. C. und gilt als einer der führenden Experten in der Bewertung der Technikgeschichte des »Dritten Reiches«. Sein Buch »Die Rakete und das Reich – Wernher von Braun, Peenemünde und der Beginn des Raumfahrtzeitalters« bietet eine brillante Analyse der wissenschaftlich-technischen Entwicklung der Raketenwaffen und des inneren Machtmechanismus im dafür geschaffenen, ersten militärisch-industriellen Komplex Deutschlands – im Sprachgebrauch des Peenemünder Informationszentrums: »Errichtung des größten Forschungszentrums der Welt«.

Der deutsche Autor Rainer Eisfeld ist Professor für Politologie an der Universität Osnabrück und konnte durch seine aktive Mitarbeit im Kuratorium für die Gedenkstätten Buchenwald und Mittelbau Dora tiefe Einblicke in die furchtbare Vergangenheit gewinnen. In den Mittelpunkt seiner Studie »Mondsüchtig – Wernher von Braun und die Geburt der Raumfahrt aus dem Geist der Barbarei« stellte er die individuelle Verantwortung der »alten Peenemünder«. Er eröffnet das Buch mit einem Foto vom 29. Juni 1943 und dazu die schriftliche Erklärung von Werner Grothmanns, ehemaliger Obersturmbannführer und Adjutant des Reichsführers SS: »Der Mann hinter Heinrich Himmler ist meiner Erinnerung nach Wernher von Braun – er trug bei unserem Besuch schwarze Uniform.«

Der »Raketenbaron« Wernher von Braun machte damals eine Blitzkarriere bei Reichswehr und Wehrmacht. Er war im wahrsten Sinne des Wortes ein »shooting star«, stieg er doch innerhalb von nur vier Jahren vom kleinen Zivilangestellten, genauer gesagt Stipendiaten des Heereswaffenamtes in Kummersdorf, zum Technischen Direktor der Heeresversuchsanstalt Peenemünde, dem größten militärischen Forschungszentrum in Deutschland, auf.

Schon im November 1933, als er noch an der TH Berlin studierte, aber bereits für das HWA arbeitete, trat er einer Berliner SS-Einheit bei, in deren Ausbildungsprogramm unter anderem Reiten angeboten wurde. »Möglicherweise ist von Braun dieser Einheit lediglich aus sportlichen Gründen beigetreten«, kommentiert Dr. Neufeld, »oder aber auch, um seine politische Loyalität gegenüber den neuen Machthabern zu beweisen, die zu dieser Zeit ihre Machtstellungen ausbauten. Man gab ihm den niedrigsten Rang ›SS-Anwärter‹, und nach einem halben Jahr schied er aus der SS bereits wieder aus.« Dokumente beweisen, daß Dr. Wernher von Braun am 12. November 1937 seine Aufnahme in die NSDAP (Mitglieds-Nummer 5.738.692) beantragte – eine Woche, nachdem Hitler der Generalität seine Aggressionspläne erläutert hatte.

Am 1. Mai 1940 trat Pg (Parteigenosse) von Braun wiederum der SS bei (Mitglieds-Nummer 185.068) – unmittelbar nach dem Überfall auf Dänemark und Norwegen. Er selbst begründete diese Entscheidung damit, daß er von Himmler ständig gedrängt worden sei. Jedenfalls avancierte er innerhalb von nur drei Jahren vom Untersturmführer (Leutnant) zum Hauptsturmführer (Major), wobei letztere Beförderung – aus Freude darüber, daß von Braun anläßlich seines Besuches in Peenemünde Schwarz trug – der Reichsführer persönlich vornahm. Im März 1943 bat von Braun das SS-Rasse- und Siedlungshauptamt um eine Heiratsgenehmigung. Doch die Ehe mit einer Berliner Sportlehrerin kam aus bis heute unbekannten Gründen nicht zustande. Von den 28 führenden Wissenschaftlern und Ingenieuren in Peenemünde gehörten 14 der NSDAP und vier der SS an...

Dreimal wurde Wernher von Braun als Technischer Direktor der Heeresversuchsanstalt gemeinsam mit Walter Dornberger als Chef des Raketenprogramms von Hitler in persönlicher Audienz empfangen: Anfang 1939, als die Kriegsvorbereitungen auf Hochtouren liefen; Mitte Mai 1941, als das Unternehmen »Barbarossa« zum vertragsbrüchigen Überfall auf die Sowjetunion in Gang gesetzt wurde; am 8. Juli 1943, drei Tage nach Beginn der deutschen Offensive im Kursker Bogen. Der »Führer«, der sich in seinem ostpreußischen Hauptquartier »Wolfsschanze« verkrochen hatte, ernannte Dr. von Braun spontan zum Professor. Unmittelbar nach Beginn der Terrorangriffe mit der V2 im Jahre 1944 hängte er ihm das Ritterkreuz zum Kriegsverdienstkreuz mit Schwertern um den Hals.

Das Verhältnis Hitlers zu Raketen, deren Charakteristika er nie richtig begriff, schwankte, wie auch in vielen anderen Fällen, zwischen Depression und Euphorie, was sich jeweils auf die zuerkannte Dringlichkeitsstufe für Peenemünde auswirkte. Dagegen war Albert Speer, der Reichsminister für Beschaffung und Munition, ein aktiver Befürworter des Raketenprogramms.

Anfang Januar 1943 forderte Hitler Speer auf zu prüfen, ob das A4 nicht aus dem Rohr der »Dicken Dora«, eines 80-Zentimeter-Mörsers, abgeschossen werden könne. Er hielt also die Rakete für ein riesiges Artilleriegeschoß! Die anderen Größen des »Dritten Reiches« verhielten sich zur V2 entsprechend ihrer unterschiedlichen Interessen: Hermann Göring, Oberbefehlshaber der Luftwaffe, war neidisch und mißtrauisch, weil das Raketenprogramm dem Heer unterstand; Joseph Goebbels, Reichsminister für Volksaufklärung und Propaganda, nutzte die »Vergeltungswaffe« für den »Totalen Krieg«; Heinrich Himmler, Reichsführer SS, gierte danach, das gesamte Raketenprogramm in die Hände zu bekommen, was ihm ja schließlich auch gelang.

Der »Oslo-Bericht« und die »Rote Kapelle«

»Das Kapitel ›Mittelwerk‹ ist eines der düstersten in der ganzen Geschichte des A4«, schrieb Werner Büdeler in seiner »Geschichte der Raumfahrt«. »Unter unsagbaren schlechten Bedingungen mußten die Häftlinge hier ohne ausreichende Ernährung arbeiten und vegetieren (von leben kann man hier nicht sprechen). Viele starben an Unterernährung. Wernher von Braun und General Dornberger sind oftmals Vorhaltungen gemacht worden, jedoch ist zu sagen, daß beide Männer weder mit dem Mittelwerk noch dessen Betreibern unmittelbar zu tun hatten; im Mittelwerk ging es nicht um die Entwicklung, sondern um die unabhängige Serienfertigung. Zwar kannten Dornberger und von Braun die Zustände dort, aber es fehlte ihnen jede Möglichkeit, sich ohne Gefahr für das eigene Leben dagegen aufzulehnen.«

Daß es deutsche Wissenschaftler gab, die dieses Risiko auf sich nahmen, beweist das tragische Schicksal des Dr. Heinrich Kummerow. Der in Magdeburg geborene Antifaschist war einer der besten Ingenieure bei Loewe-Opta, jener Berliner Firma, die bewußt falsch eingestellte Peilgeräte geliefert hatte. Dr. Kummerow und seine Frau Ingeborg, die als Kurier arbeitete, waren Mitglieder der Schulze-Boysen-Harnack-Widerstandsgruppe, die zum Berliner Kreis der »Roten Kapelle« gehörte. Die Eltern von zwei Söhnen starben 1943 in Plötzensee unter dem Fallbeil. In einem Abschiedsbrief an einen Freund schrieb Dr. Kummerow: »Hätte meiner Freunde Tun Erfolg gehabt, so wären auch all die vielen Opfer erspart geblieben, die noch bis zum Kriegsende fallen mußten.« Seine Richter hatten jedoch keine Ahnung von einer Tat, die er vier Jahre zuvor beging, denn erst nach dem Zweiten Weltkrieg wurde bekannt, daß Dr. Kummerow der Verfasser des aufsehenerregenden »Oslo-Berichts« war.

Am Morgen des 4. November 1939, einen Monat nach Kriegsbeginn, fanden britische Diplomaten im Briefkasten ihrer Botschaft in Norwegen einen anonymen Brief, unterzeichnet von »einem wohlwollenden deutschen Wissenschaftler«. Er enthielt einen umfangreichen Bericht über den Stand der faschistischen Rüstungsentwicklung, einschließlich Fakten, Daten und Chiffren der Projekte von Peenemünde. Diesen »Oslo-Bericht« sandte der Marineattaché Konteradmiral Boyes an den MI 5 in London, den militärischen Geheimdienst, doch die Spezialisten legten ihn dort leider als unglaubwürdig zu den Akten – zu phantastisch klangen die darin erwähnten Tatsachen. Erst 1943, als Agentenberichte und Luftaufnahmen von der Insel Usedom eintrafen, erinnerte man sich des »Oslo-Berichts«.

Das Schicksal des Leutnants Kennedy

Wenig bekannt ist, daß Leutnant Joseph Patrick Kennedy, der ältere Bruder des späteren USA-Präsidenten John Fitzgerald Kennedy, bei einem Angriff auf vermutete V2-Abschußrampen auf Helgoland am 12. August 1944 den Tod fand. Er war Pilot eines Bombers B-24 »Liberator« (Befreier). In Wirklichkeit befanden sich die Startrampen jedoch an der Kanalküste, bei Den Haag, Staven und Walcheren.

Während der Operation »Hydra«, einem Großangriff von 600 britischen Bombern auf Peenemünde in der Nacht vom 17. zum 18. August 1943 fanden 753 Menschen den Tod, darunter 612 russische und polnische Zwangsarbeiter, die in ungeschützten Barackenlagern kampierten. Außerdem starben viele Stabshelferinnen in den Ledigenheimen. Andere, die Rettung am Strand und im Wasser suchten, wurden später tot aufgefunden. Der V2-Produktion schadete der Angriff jedoch nicht sonderlich. General Dornberger erinnerte sich: »Bei der uns sofort und von allen Seiten gewährten Hilfe war die Weiterarbeit mit einer Verzögerung von vier bis sechs Wochen gesichert.« Auf Befehl von Reichsminister Speer wurden bei Nordhausen in Thüringen mehr als 50 Stollen in den Kohnstein getrieben und über 25.000 Werkzeugmaschinen montiert, um dort die V2 in Massen zu produzieren. Die Serienproduktion in diesem »Mittelwerk« begann bereits vier Monate nach dem Angriff auf Peenemünde. Zu denen, die das Werk und das dazugehörige KZ Dora projektierten und errichteten, gehörte auch der spätere Bundespräsident Heinrich Lübke.

Inzwischen schlossen die Historiker auch die »Erinnerungslücken« der Peenemünder Akteure hinsichtlich ihres eigenen Konzentrationslagers, das zunächst geleugnet, dann ausschließlich der SS angelastet wurde. General Dornberger, inzwischen Vizepräsident der Bell Aircraft Corporation in Buffalo, hatte 1969 in der bundesdeutschen Botschaft in Mexico City unter Eid erklärt: »In Peenemünde sind keine KZ-Häftlinge eingesetzt worden.« Das war ein glatter Meineid, denn aus einer Aktennotiz vom 16. April 1943 geht eindeutig hervor, daß Arthur Rudolph als Vertrauter von Brauns »vorerst 1.400 KZ-Häftlinge für die Heeresversuchsanstalt Peenemünde« anforderte, wo ein eigenes Konzentrationslager errichtet wurde. Professor von Braun war nach eigener Aussage »etwa fünfzehn- bis zwanzigmal« im Mittelbau, um »irgendwelche technischen Fragen« zu beraten.

Doch in einem Brief an Albin Sawatzki, den Direktor für Planung, vom 15. August 1944 schrieb er: »Ich bin auf Ihren Vorschlag eingegangen und habe mir in Buchenwald weitere geeignete Häftlinge ausgesucht.« Schließlich gab er 1947 gegenüber den US-Behörden zu, daß er Transportpapiere als SS-Sturmbannführer (Oberst) unterschrieben habe.

Die »alten Peenemünder« mußten also keineswegs gebeten, gelockt und schon gar nicht gezwungen werden, vielmehr waren sie eindeutig Mittäter. Doch in seinen Erinnerungen sprach Wernher von Braun davon, daß er als »unpolitischer Fachmann« in »kummervollen Kriegsjahren« stets »der wissenschaftlichen Erforschung der Welt ein unerschöpfliches, faszinierendes Betätigungsfeld« erschlossen habe.

Das Braun-Team, angeblich nur von der »Mondsucht« getrieben, diente drei Jahrzehnte lang ununterbrochen und unverdrossen den Militärs – von 1932 bis 1945 der Reichswehr und Wehrmacht, von 1945 bis 1960 der US Army. Schon 1953 schlug Dr. von Braun als einer der ersten »Raumstationen als Atombombenträger« und andere Weltraumwaffen vor – 30 Jahre, bevor Ronald Reagan SDI kreierte. In der Armeezeitung »Ordnance« plädierte er als ultima ratio für einen nuklearen Erstschlag. Die Mondrakete Saturn war für ihn der »Schlüssel zur militärischen Beherrschung des Weltraums«. Der Amerikaner Dr. Neufeld gelangte zu der Erkenntnis: »Wernher von Braun schloß einen Pakt mit dem Teufel. Er war ein Opportunist, der keine großen moralischen Skrupel hatte, wenn KZ-Häftlinge eingesetzt wurden.« Und sein deutscher Kollege Dr. Eisfeld konstatierte: »Die deutschen Anfänge der Fahrt zum Mond sind untrennbar verknüpft mit den schmutzigsten und blutigsten Seiten der Geschichte des ›Dritten Reiches‹.«

Ich lernte Wernher von Braun erst 30 Jahre nach dem Erststart des A4 und fünf Jahre vor seinem Tod kennen – 1972 auf dem Jahreskongreß der Internationalen Astronautischen Föderation

(IAF) in der Wiener Hofburg. Er machte auf mich einen zurückhaltenden und bescheidenen, aber auch humorvollen und ironischen Eindruck. Als ich ihn fragte: »Wieviele Tage kann Ihrer Meinung nach ein Mensch im Weltraum weilen?«, entgegnete er lächelnd: »Wieviel Bier können Sie vertragen?« Damals lag der Weltraum-Rekord bei knapp 18 Tagen, aufgestellt von den beiden Russen Andrijan Nikolajew und Witali Sewastjanow. Dann erläuterte mir Professor von Braun geduldig, daß die biologischen und medizinischen Erfahrungen darauf schließen lassen, daß eine Aufenthaltsdauer im All von mehreren Monaten möglich ist. Das trat dann auch ein. Die Besatzungen der US-Raumstation SKYLAB hielten sich 1973/74 zwischen vier Wochen und drei Monaten im Orbit auf, und die Russen steigerten Arbeitsschichten in den Orbitalstationen des Typs SALUT auf über ein Jahr. Während einer Fahrt der IAF-Delegierten zum Neusiedler See, einem beliebten Ausflugsort für Gäste der Donau-Metropole, saßen wir gemeinsam in einem Bus. Mein Nachbar, ein ehemaliger österreichischer General mit k.u.k.-Tradition, der mich für einen »cordon sanitaire« gegen den Bolschewismus gewinnen wollte, bat Wernher von Braun um Autogramme für seine Enkelkinder – auf Blöcken von Raumfahrtbriefmarken. »Mr. Moon«, wie er in den USA genannt wurde, kam diesem Wusch geduldig nach. Als ihm der General dabei erzählte, auch er sei von der US Navy 1945 in die USA deportiert, aber schon bald wieder entlassen worden, meinte Professor von Braun trocken: »Ja, das ist das Tolle an den Amerikanern. Sie halten einen Mann so lange für gut, bis er das Gegenteil bewiesen hat.«

Die »Sänger-Knaben«

Der österreichische Raumfahrtpionier Eugen Sänger und seine Mitarbeiterin und spätere Ehefrau Irene Bredt sind als legendäres und ideales Forscherpaar in die Geschichte der Raketentechnik eingegangen. Sie bildeten eine harmonische Zweisamkeit – der ruhige wuchtige Mann mit der Löwenmähne, den buschigen Brauen und den träumerischen Augen, und die temperamentvolle kleine Frau mit ihrem unwiderstehlichen Charme. Der Doktor der Ingenieurwissenschaften und die Doktorin der Naturwissenschaften hatten sich Mitte der dreißiger Jahre bei der Arbeit im Raketenforschungszentrum Trauen kennengelernt und 1946 in Paris geheiratet, wo sie für die französische Luftfahrt tätig waren. Nach ihrer Rückkehr in die Bundesrepublik schufen sie sich am Rande von Stuttgart mit dem »Eulenhof« ein wunderschönes Heim. Obwohl ich dort nur einmal, 1970, zu Besuch war, blieben mir viele Dinge in Erinnerung: die weiträumige und hohe Halle des Hauses, die fast wie ein Eingang zum Himmel wirkte, die Sammlung von Raketenmotoren, angefangen mit winzigen Triebwerken, die beide entwickelt hatten, und die vollständige 64-bändige Ausgabe von Karl May, ein Wunschtraum meiner Kindheit. Hier trafen sich Weltraumwissenschaftler aus Ost und West, Nord und Süd; hier observierten aber auch Geheimdienste aller Himmelsrichtungen.

Frau Dr. Irene Sänger-Bredt erzählte mir vom wechselvollen Schicksal ihres Mannes, das drei Jahrzehnte lang auch das ihre war. Der am 22. September 1905 in der an der sächsischen Grenze liegenden, ehemals Freien Bergstadt Pressnitz auf dem Boden der k.u.k. Monarchie Österreich-Ungarn geborene Eugen Sänger, der zuerst Bauingenieur werden wollte, sich jedoch der Raumfahrt zuwandte. Leider erlag er viel zu früh, am 10. Februar 1964, im Alter von nur 58 Jahren, in Berlin einem Herzinfarkt – während eines Vortrages über Zukunftsprojekte der Menschheit im Weltraum.

Das deutsche Projekt eines zweistufigen, vollständig wiederverwendbaren Raumgleiters für das nächste Jahrhundert, das die Vorzüge des Flugzeugs mit denen des Raumschiffs vereint, trägt ihm zu Ehren seinen Namen, und die jungen Projektanten sind stolz auf die Bezeichnung »Sänger-Knaben«. Leider wurde das Projekt inzwischen aus Kostengründen eingestellt. Die Vorarbeiten, die der Meister gemeinsam mit seiner Gattin auf diesem Gebiet leistete, trugen ihm die Bewertung eines Mittlers zwischen Luft- und Raumfahrt ein. Frau Dr. Sänger-Bredt machte mir deutlich, daß alle Raumfahrtpioniere durch Werke der reinen Phantasie angeregt wurden, so auch ihr Mann, und zwar durch den utopischen Roman »Auf zwei Planeten« von Kurd Laßwitz. Eugen Sänger promovierte nach Abschluß seiner Studien an den Technischen Hochschulen in Graz und Wien 1929 mit einer Arbeit aus der Flugzeugtechnik.

Im selben Jahr startete Robert Goddard in den USA die erste Flüssigkeitsrakete. Sänger baute sich in Wien ein eigenes kleines Labor mit Prüfstand und Werkstatt auf, in dem er mit verschiedenen Raketenbrennkammern und Treibstoffen experimentierte. Er setzte Untersuchungen fort, die er schon während des Studiums begonnen hatte, über die Verwendung von Flüssigsauerstoff, Wasserstoffperoxid, Salpetersäure und Kohlenwasserstoffen als Raketentreibstoffe; über Düsenströmungen mit chemischen Reaktionen; über die Anwendung gasdynamischer und gaskinetischer Rechenverfahren auf die Raketenflugtechnik; über plankonvexe Flügelprofile für hohe Überschallgeschwindigkeiten; über Flugleistungen von Raketenflugzeugen mit kurzer Antriebsperiode. Die Ergebnisse der jahrelangen intensiven theoretischen und experimentellen Arbeiten faßte er in dem ersten Lehrbuch über »Raketenflugtechnik« zusammen, das im April 1933 erschien.

Von Braun witterte Rivalen

Im Januar desselben Jahres hatte er erste Prüfstandsversuche mit einer zwangsumlaufgekühlten Modell-Brennkammer durchgeführt, in der als Kühlmittel der Brennstoff vor seiner Einspritzung in die Brennkammer diente. Am 14. Oktober 1934 erreichte er während eines Versuchs bei einem Brennkammerdruck von 50 Atmosphären eine Auspuffgeschwindigkeit – heute spricht man von

Ausströmgeschwindigkeit – von 2.980 Metern in der Sekunde, was 10.778 Kilometern in der Stunde entspricht. Im Vergleich dazu betrug die Ausströmgeschwindigkeit beim A4 2.050 Meter pro Sekunde.

Im Dezember 1934 veröffentlichte Dr. Sänger in einem Sonderheft von »Flug« den Beitrag »Neuere Ergebnisse der Raketenflugtechnik«, in dem er erstmalig den Begriff »wirksame Auspuffgeschwindigkeit« einer Rakete und seine Bedeutung für die astronautische Flugleistung erläuterte. Die Krönung seines fruchtbaren Wiener Jahrzehnts war am 15. März 1935 die Erteilung des Patents DRP Nr. 716175 auf einen »Raketenofen mit zwangsläufiger Kühlmittelführung«.

Wie weit Sänger seiner Zeit voraus war, geht aus einem mit vielen Amtssiegeln versehenen Gutachten hervor, das der Generalbaurat Dr.-Ing. Leitner am 3. Februar 1934 offiziell an den jungen Privatdozenten schrieb. Darin wurde Sänger bedeutet, daß sich das Österreichische Bundesministerium für Landesverteidigung nicht in der Lage sähe, auf sein Raketenprojekt mit Kohlenwasserstoff-/Flüssigsauerstoff-Verbrennung näher einzugehen, »da das Grundprinzip der Konstruktion wegen des unvermeidlich detonationsartigen Charakters des Verbrennungsvorganges nicht verwirklichbar scheint.« Fünf Jahre später lief auf Dr. Sängers Prüfstand in der Lüneburger Heide das erste Gasöl-Flüssigsauerstoff-Raketentriebwerk mit einer Tonne Schub über eine Dauer von fünf Minuten. 1936 ging Sänger, der 1933 kurze Zeit NSDAP-Mitglied war, nach Deutschland, wo er zunächst am Deutschen Institut für Luftfahrtforschung in Berlin-Adlershof und später an anderen Instituten in Braunschweig-Völkerode, Trauen-Fassberg und Ainring wirkte. Das Heereswaffenamt (HWA) zeigte kein Interesse an dem exzellenten Fachmann, dafür aber das Reichsluftfahrtministerium (RLM). Diesem jedoch empfahl Wernher von Braun, den Österreicher nicht einzustellen, weil dessen Aktivitäten lediglich Parallelarbeit bedeuten würden.

Aus Dokumenten des HWA und des RLM, die erst in jüngster Zeit bekannt wurden, geht hervor, daß Dr. von Braun in Dr. Sänger einen ernsthaften Rivalen witterte – was durchaus berechtigt war. Dennoch griff das RLM zu, und im April 1937 begann Eugen Sänger nach seinen Plänen im hintersten Winkel der Lüneburger Heide ein Institut für raketentechnische Grundlagenforschung aufzubauen. Dort arbeitete auch seine spätere Frau Dr. Irene Bredt als Leiterin der Physikalischen Abteilung. Die Tarnbezeichnung für dieses Raketenforschungszentrum lautete »Flugzeugprüfstelle Trauen«, und auch Sänger sollte sich einen Decknamen zulegen, was er jedoch ablehnte.

Nach seinen Entwürfen entstand ein Horizontalprüfstand für Raketen mit bis zu 100 Tonnen Schub sowie die bis dahin größte Anlage zur Erzeugung von Flüssigsauerstoff mit einem Tank für 56 Tonnen. Insgesamt kostete der Aufbau des Zentrums die damals stolze Summe von acht Millionen Reichsmark. In den fünf Trauener Jahren führten Sänger und Bredt eine Reihe bedeutender Entwicklungsarbeiten aus, so an Hochdruckbrennkammern mit bis zu 100 bar Brennkammerdruck und 100 Tonnen Schub; an Verfahren und Anlagen zur Pumpenförderung bis zu 150 bar Förderdruck; an der Prüfung von Aluminium-Gasöl-Dispersionen als Raketenbrennstoffe und von Flüssigozon-Flüssigsauerstoff-Gemischen als Oxydator; an diversen Werkstoffen auf ihre Eignung zum Bau von Raketenbrennkammern.

Doch trotz der erfolgreichen Forschungstätigkeit stoppte das RLM 1942 die zweigleisigen Versuche, parallel zum HWA ein eigenes Fernraketenprogramm zu verfolgen. Insgesamt gesehen bekam Trauen nie so viele Finanzmittel, um für Peenemünde eine ernsthafte Konkurrenz zu werden.

Bemannte Globalbomben

In den letzten drei Kriegsjahren war Dr. Sänger Leiter des Instituts für Sondertriebwerke der Deutschen Forschungsanstalt für Segelflug im bayrischen Ainring, einem kleinen Ort am Westrand des Salzburger Kessels, mit Dr. Irene Bredt als seiner Ersten Assistentin, verantwortlich für die Auswertung von Schleppversuchen für den Staustrahlflug. In diese Periode fiel auch der Geheimbericht des Forscherpaares über ein seit längerer Zeit verfolgtes Raketengleiter-Projekt für die bemannte Erdumkreisung. Diese umfangreiche Studie wurde auf 376 Seiten komprimiert und mit dem Titel »Über einen Raketenantrieb für Fernbomber« in nur 100 Kopien gefertigt. Im August 1944 erfolgte durch Geheimkuriere die persönliche Zustellung an die Entscheidungsträger der deutschen Luftkriegsführung. Das Etikett lautete »Deutsche Luftfahrtforschung UM 3538«.

Die Triebwerksleistung des Raketengleiters war mit 600.000 PS projektiert, um innerhalb von zwei Stunden eine Bombenlast von 30 Tonnen zu jedem beliebigen Ort der Erde zu transportieren. Mit seiner flachen Unterseite erinnerte das Gleitflugzeug an ein Bügeleisen. Der Pilot sollte diese glatte Unterfläche der Maschine auf der Oberfläche des irdischen Luftmeeres so aufprallen lassen, daß sie nach denselben physikalischen Gesetzen, die einen flach über das Wasser geworfenen Stein nicht sofort untertauchen, sondern zunächst mehrmals hochhüpfen lassen, wieder in den luftleeren Raum hinausgeschleudert worden wäre. Dr. Sänger rechnete mit einer acht- bis zehnmaligen Wiederholung dieses Vorgangs und schätzte, daß sich die Geschwindigkeit dann soweit reduziert haben würde, daß der Gleiter mit annähernd 4.000 Kilometern in der Stunde in die unteren Schichten der Erdatmosphäre eintauchen und zur Landung ansetzen könnte. Über die militärischen Einsatzmöglichkeiten hieß es in dem Geheimpapier:

»Mit dem einzelnen Raketenbomber können im Punktangriff, zum Beispiel von Mitteleuropa aus, sehr fern liegende Punktziele, etwa ein Schlachtschiff auf hoher See, eine Kanalschleuse, ja sogar ein einzelner Mensch auf der anderen Erdhälfte beschossen werden. Mit der weiterhin untersuchten Einheit von hundert Raketenbombern können im Verlauf von wenigen Tagen Flächen bis zur Ausdehnung von Großstädten an beliebigen Orten der Erdoberfläche völlig zerstört werden.«

Also auch Moskau, London, Washington und New York – Musik in den Ohren der Aggressoren, deren Gegner nun die eigenen Landesgrenzen bedrohten. Doch zu spät, denn ihre Niederlage war bereits besiegelt. Das Sängersche Projekt jedoch wurde zur Grundlage für ähnliche Entwicklungen wie die X-15 von North American Aviation in den USA und die T-4A von Mjasischtschew in der UdSSR.

Stalins Sohn sucht den »Vater der Photonenrakete«

Als Kriegsbeute fielen den Alliierten auch Kopien der »Geheimsache UM 3538« in die Hände. Die Amerikaner und Engländer versahen sie mit dem Stempel »top secret«; die Russen, die erst später darauf aufmerksam wurden, setzten den Geheimdienstoffizier Oberstleutnant Sergej Tokajew auf die Sache an. Der Befehl soll von Stalin persönlich gekommen sein, keinen Aufwand zu scheuen, um Sänger aufzuspüren und – freiwillig oder mit Gewalt – in die Sowjetunion zu bringen. Sollte er die Unterschrift unter einen Vertrag mit den besten Bedingungen verweigern, dann war Entführung vorgesehen. Tokajew reiste mit dem Titel eines Rückführungskommissars drei Monate durch Westdeutschland und durchkämmte alle drei Besatzungszonen. Doch vergeblich, Sänger war unauffindbar, denn er arbeitete längst in Paris für die Franzosen. Tokajew setzte sich nach England ab und schrieb das Buch »Stalin Means War« (Stalin bedeutet Krieg). Er hatte wohl noch die Worte seines Chefs, Generaloberst Serow, im Ohr: »Niemand wird Ihnen dazwischenfunken, aber denken Sie daran: Genosse Stalin verläßt sich darauf, daß Sie Ergebnisse bringen!«

Hartmut Sänger, der Sohn des Forscherpaares, wiederum berichtete, daß Stalin sogar seinen Sohn entsandte, um Eugen Sänger und Irene Bredt nach Moskau zu bringen. Gemeint ist Wassili Jossifowitsch Dshugaschwili, der als Zwanzigjähriger in den Krieg gezogen war und es dank Protektion bis zum Generalleutnant der sowjetischen Luftstreitkräfte gebracht hatte, für die er bis 1947 in Deutschland stationiert war.

Neun Jahre lang, von 1945 bis 1954, leisteten die Sängers Forschungsarbeit und Beratertätigkeit für die französische Luftfahrt- und Raketentechnik. Er vor allem für die Direction Technique et Industrielle des Ministères de l'Armament (Technische und Industrielle Verwaltung des Rüstungsministeriums), die Societé MTR und Nord Aviation in Paris, für das Arsenal de l'Aeronautique (Luftfahrtarsenal) in Paris-Châtillon und für Matra in Paris-Billencourt. Sänger war unter anderem Berater für Panzerabwehrraketen und Zielflugzeuge sowie Mitarbeiter am Entwurf des bekannten Staustrahlversuchsflugzeuges »Griffon«.

Dr. Irene Sänger-Bredt wirkte außerdem als External Examiner für die Aerodynamische Fakultät des Madras Institute of Technology in Südindien.

In die französischen Jahre fielen eine Reihe interessanter wissenschaftlicher Arbeiten und Ehrungen. Im Juli 1949 veröffentlichte Eugen Sänger eine Abhandlung »Die Bewegungsgesetze der Raumfahrt«, in der er die Probleme des Transports in die Erdumlaufbahn, der natürlichen Lebensdauer künstlicher Satelliten und ihrer Verbindungen mit den Bodenstationen behandelte. Zwei Jahre später folgte ein »Atlas konkreter Bahnen von Raketenflugzeugen bis zu den Außenstationen«. Auf dem Internationalen Astronautischen Kongreß 1951 in London wurde Dr. Sänger, der nun schon ein Vierteljahrhundert auf diesem Gebiet tätig war, zum ersten Präsidenten der gerade gegründeten Internationalen Astronautischen Föderation gewählt.

1953 hielten die beiden Sängers an der Eidgenössischen Technischen Hochschule (ETH) in Zürich Vorträge über Zukunftsprojekte, die seitdem die Enthusiasten beschäftigen. »Zur Theorie der Photonenrakete« hieß sein Beitrag, in dem erstmals eine Systematik der hypothetischen Triebwerke sowie eine Übersicht über ihre mögliche technische Bedeutung vorgelegt wurde. Bei diesem Antriebssystem für Raumflugkörper soll ein gerichtetes Bündel elektromagnetischer Wellen, zum Beispiel Licht, ausgestoßen werden, dessen Rückstoß den Schub erzeugt. Seine Frau hingegen sprach »Zur Thermodynamik von Arbeitsgasen für Atomraketen« und prägte damit den Begriff »Arbeitsgas« für das impulsliefernde Medium in den Antriebssystemen, in denen die Energie und die impulsliefernden Massen nicht identisch sind. Gleichzeitig publizierte sie die numerischen Ergebnisse einer erstmaligen strengen Berechnung der – bei der Aufheizung von Arbeitsgasen durch Kernenergie und abschließender thermodynamischer Entspannung – erreichbaren Auspuffgeschwindigkeit.

1954 übernahmen Dr. Eugen Sänger und Dr. Irene Sänger-Bredt als Leiter und als Stellvertreterin den Aufbau des Forschungsinstituts für Physik des Strahlantriebs (FPS) in Stuttgart, des ersten Zentrums für Grundlagenforschung auf dem Gebiet der Raumfahrt in Deutschland. Er wurde 1956 zum Vorsitzenden der Deutschen Gesellschaft für Raketentechnik und Raumfahrt (DGRR) gewählt, 1957 zum Honorarprofessor an die Technische Hochschule Stuttgart berufen und erhielt 1963 den Lehrstuhl für Elemente der Raumfahrttechnik an der Technischen Universität Berlin. Hier vollendete er auch sein letztes Buch »Raumfahrt heute, morgen, übermorgen«. Sie wiederum war seit 1958 Vorstandsmitglied der DGRR, seit 1959 Wissenschaftliche Chefredakteurin der Zeitschrift »Raketentechnik und Raumfahrt« und seit 1960 Mitglied der Internationalen Astronautischen Akademie in Paris.

Abenteuer in der »Verbotenen Stadt«

Anfang der sechziger Jahre ließ sich Professor Sänger noch einmal auf ein gefährliches Abenteuer ein. Damals rückte Ägypten, zeitweilig mit Syrien zur Vereinigten Arabischen Republik (VAR) verbunden, in den Mittelpunkt des Nahostkonflikts. Staatspräsident Oberst Gamal Abd el-Nasser holte sich ausländische Waffenspezialisten in seine »Verbotene Stadt« Heliopolis an den Ufern des Nils.

In seinem Buch »Die Jagd auf deutsche Wissenschaftler« gab Dr. Michael Bar-Zohar an, daß Nasser Sänger die Leitung der »Fabrik 333« anbot, in der zwei Typen von Raketen entwickelt werden sollten: eine kleine taktische mit 100 Kilometern Reichweite und eine große, der V2 ähnliche. Unter strengstem Stillschweigen zogen die »Sänger-Knaben«, wie sie sich selbst ironisch nannten, in das Land der Pharaonen – alte Peenemünder und junge Stuttgarter, in der Hoffnung, leistungsfähige Raketen bauen und damit gutes Geld verdienen zu können.

Hartmut Sänger begründete die Entscheidung seines Vaters für diese Tätigkeit mit dem Hinweis darauf, daß ein großer Teil des Stuttgarter Instituts nur mit Hilfe privater Forschungsaufträge finanziert werden konnte: »Also war die Bitte der Ägyptischen Regierung, für die Beratung bei einer ungelenkten Höhenforschungsrakete sowie zu Vorlesungen an der Kairoer Universität zur Verfügung zu stehen, eine auch bei Sängers Vorgesetzten willkommene und genehmigte Erweiterung des Tätigkeitsbereiches einiger

Mitarbeiter des Instituts, die Eugen Sänger, nicht aber seine Frau einschloß.«

Interessant an dieser Sicht erscheint mir die Betonung der anfänglichen Zustimmung von bundesrepublikanischer Seite und der Nichteinbeziehung von Irene Sänger-Bredt, was wohl auf die arabischen Vorbehalte gegenüber Frauen zurückzuführen ist. Den dezenten Hinweis auf die »ungelenkte Höhenforschungsrakete« und die »Vorlesungen an der Universität« betrachte ich hingegen als blauäugig, angesichts der damaligen gespannten Situation im Nahen Osten.

Eugen Sänger entschied also keineswegs selbstherrlich und omnipotent. Was er allerdings nicht voraussehen konnte, trat kurz darauf ein: Paris wandte sich an Bonn mit der Bitte, den Einsatz von mit Hilfe deutscher Wissenschaftler in Ägypten entwickelten Raketen an der Algerienfront zu verhindern. Hartmut Sänger beschrieb die Folgen so:

»Da der Bundestag gerade neu gewählt worden war und die Kabinettsmitglieder noch nicht feststanden, führte ein Staatssekretär die Geschäfte und leitete den Brief nach Stuttgart weiter. Dies führte zur sofortigen Entlassung Sängers und seiner Gattin aus den Stuttgarter Arbeitsverhältnissen, obwohl hiervon in dem Regierungsschreiben keine Rede war. Die Reaktion auf französischer Seite war eine Einladung an das Ehepaar Sänger zu den Feierlichkeiten anläßlich des französischen Nationalfeiertages auf Schloß Ermich bei Rolandseck und die Verleihung der Verdienstmedaille für Forschungs- und Erfindungsleistungen durch die Association Française pour la Recherche et l'Invention (Französische Vereinigung für Forschung und Entwicklung)«.

Doch Israel war schon weiter, als Kairo gedacht hatte. Es startete seine erste Feststoffrakete mit der Bezeichnung »Shavit 2« (Komet) bis auf eine Höhe von 80 Kilometern. Kommentar eines MOSSAD-Mannes: »Nasser wird ein schön dummes Gesicht machen, wenn wir unsere erste Rakete ›Shavit 2‹ taufen; er wird sich fragen, was aus ›Shavit 1‹ geworden ist, wovon er nie ein Wort gehört hat.« Tel Aviv wandte sich außerdem mit einer diskreten Demarche an Bonn, für die Heimkehr der deutschen Spezialisten aus Ägypten zu sorgen. Die Bundesregierung annullierte daraufhin alle Verträge mit dem Forschungsinstitut für Physik des Strahlantriebs, das sie subventionierte, und forderte die Bundesbürger in der »Verbotenen Stadt« auf, unverzüglich nach Deutschland zurückzukehren, was Professor Sänger und viele andere auch taten.

Bundesverteidigungsminister Franz-Josef Strauß soll damals geäußert haben: »Ich weiß nicht, wer von wem am meisten profitiert hat – Nasser von Sänger oder Sänger von Nasser…?« »Die Antwort auf diese Frage«, so Bar-Zohar, »wurde am 26. Juli 1962 erteilt, als Nasser vor einer Journalistentribüne im Triumph dem gelungenen Start der beiden schwarz-weiß bemalten Raketen, einer großen und einer kleinen, beiwohnte, die in Flammenwolken himmelwärts zogen. Und der Clou der Militärparade waren Dutzende mächtiger, mit ägyptischen Fahnen verhüllter Raketenkörper. Die Massen bereiteten dem Schauspiel einen rauschenden Empfang. In der gehobenen Stimmung wurde in einer offiziellen Verlautbarung angekündigt, Ägypten besitze von nun an zwei Raketen neuen Typus: ›Al Zafir‹ (Sieger) mit einer Reichweite von 280 Kilometern und ›Al Kahir‹ (Eroberer) mit 560 Kilometern. Die letztere, betonte Nasser, könne unschwer jedes beliebige Ziel südlich von Beirut erreichen.«

Erster Raumfahrt-Lehrstuhl

Den Rest seines Lebens widmete sich Eugen Sänger ausschließlich zivilen Projekten der Raketentechnik. So übernahm er ehrenamtlich die Leitung der Abteilung Raumtransporter bei der 1962 in Paris gegründeten European Space Research Organization (ESRO – Europäische Weltraumforschungsorganisation), der Vorläuferin der ESA. Sein früher Jugendtraum erfüllte sich 1963, als er zur Errichtung eines ersten europäischen Raumfahrtlehrstuhls an die Technische Universität Berlin berufen wurde. Dieser trug die offizielle Bezeichnung »Lehrstuhl Flugtechnik IV – Elemente der Raumfahrt«. Der Auftrag für die Ausarbeitung eines Memorandums zur Raumfahrt in der Bundesrepublik Deutschland durch den Bundespräsidenten folgte. In dieses Dokument flossen

Sängers Vorschläge für einen europäischen Raumtransporter ein, die nach seinem Tode der NASA für die Entwicklung des Space Shuttle zur Verfügung gestellt wurden.

Sänger schrieb sogar ein Buch mit dem Titel »Raumfahrt – Technische Überwindung des Krieges«. Die kosmische Technik als die modernste überhaupt betrachtete er als von sich aus in der Lage, den Krieg zu bannen und den Frieden zu sichern. Ich teile diese Auffassung nicht, weil ich in den Menschen die einzige Kraft sehe, auf Erden Frieden und Wohlergehen zu sichern. Aber ich sehe in der modernen Wissenschaft und Technik ein Mittel, dessen wir uns bedienen können, um dieses Ziel zu erreichen.

Professor Sänger verdient höchste Achtung dafür, daß er sich gerade in den letzten Jahren seines Lebens öffentlich gegen den Kalten Krieg ebenso wie gegen den heißen Krieg mit Kern- und Raketenwaffen einsetzte. So berechnete er schon in den fünfziger Jahren, daß eine Mondrakete mit 100 Kilogramm Nutzlast soviel kostet wie ein Flugzeugträger, und eine Raumstation von 1.000 Tonnen billiger sei als die jährlichen Rüstungsausgaben der USA.

Mein Besuch im »Eulenhof« hatte übrigens noch ein interessantes Nachspiel. Die »Sängerin« lud mich nämlich ein, am selben Abend an einer Veranstaltung in der Stuttgarter Liederhalle teilzunehmen, wo Erich von Däniken aus seinen jüngsten Büchern las – »Erinnerungen an die Zukunft« und »Zurück zu den Sternen« – sie signierte und dem Publikum Rede und Antwort stand. Das ganze war von seinem Verlag sorgfältig organisiert und diente nach dem Motto »Ein Däniken – ein Anti-Däniken« der Verkaufsstrategie. Unter den zweitausend zahlenden und pro Däniken eingestellten Besuchern bildeten die etwa fünfzig Wissenschaftler der Technischen Hochschule und des Forschungsinstituts für Physik der Strahlantriebe, in deren Block auch ich saß, eine kleine, verschwindend geringe Minderheit.

Da jedoch aus ihren Reihen die fundiertesten und schärfsten Einwände gegen den Scharlatan kamen, glich sie bald einer rationalen und kritischen Insel im Meer fanatischer und hysterischer Zustimmung. Zum ersten Mal erlebte ich so etwas Ähnliches wie Pogromstimmung. Doch der Guru wiegelte wohl bewußt ab, und

Frau Dr. Sänger-Bredt meinte lächelnd zu mir: »Eines muß man ihm zugute halten: Er hat uns Wissenschaftler gezwungen, zu einem Thema, das bisher für uns tabu war, öffentlich Stellung zu nehmen.«

1994, ein Vierteljahrhundert später, lernte ich anläßlich des Starts der amerikanischen Raumfähre ANTLANTIS, mit der deutschen Nutzlast CRISTA-SPAS an Bord, auf Cape Canaveral den leibhaftigen »Sänger-Knaben«, den Sohn des legendären Paares und seine liebenswürdige Lebensgefährtin kennen – Diplomingenieur Hartmut Sänger, der in die Fußstapfen seiner Eltern getreten ist und bei der Daimler-Benz Aerospace AG (DASA) arbeitet. Auf der XXVIII. Jahrestagung des Internationalen Förderkreises für Raumfahrt (IFR) 1997 in Garmisch-Partenkirchen hielt er den Vortrag »Eugen Sänger und Irene Sänger-Bredt – der Weg zu den Sternen«.

Zeittafel zur Vorgeschichte der Raumfahrt im deutschsprachigen Raum

Vorzeit
Wieland, altnordisch Völund, ist die Hauptgestalt in einer der ältesten germanischen Heldensagen, die in der »Völundarvida« (Das Wielandslied), der Lieder-Edda bewahrt wird. Der freie und kunstreiche Schmied wird vom ruhmgierigen König Nihad (altnordisch Nidudr) gefangengenommen, und nachdem ihm auf Anraten der Königin die Sehnen der Kniekehlen durchschnitten wurden, zur Fronarbeit gezwungen. Wieland nimmt Rache, indem er die beiden Söhne des Königs erschlägt und sich dessen Tochter durch einen Rauschtrank gefügig macht. Dann entflieht er mittels selbstgeschmiedeter Flügel: »Lachend Völund / in die Luft sich hob / doch unfroh Nidudr / ihm nachschaute.« Die Wiederentdeckung der »Edda« führte zu Nacherzählungen über den germanischen Ikarus. Von Richard Wagner stammt der Entwurf »Wieland der Schmied« und von Gerhart Hauptmann die Geschichte vom »Veland«.

1405
Konrad Keyser von Eichstädt beschreibt in seinem Buch »Bellifortis« fliegende Stabraketen, schwimmende Torpedoraketen und an Schnüren laufende Nachrichtenraketen.

1450
Kardinal Nikolaus von Kues, Fürstbischof von Brixen, bekennt sich in seinen philosophischen Schriften zu einer Vielzahl bewohnter Welten.

1543
Kurz nach dem Tod von Nikolaus Kopernikus wird sein Hauptwerk »De revolutionibus orbium coelestium« (Über die Kreisbewegung der Himmelskörper) veröffentlicht, das eine neue Ansicht des Weltsystems im Gegensatz zur herrschenden des Ptolemäus begründet:
Die Erde stehe nicht im Mittelpunkt des Universums, sondern bewege sich wie die anderen Planeten auf einer Kreisbahn um die Sonne.

Conrad Haas baute im 16. Jahrhundert in Hermannstadt Stufenraketen.

1547
Reinhart von Solms beschreibt die erste Rakete mit Fallschirmvorrichtung.

1557
Leonhart Fronsperger verwendet erstmalig den Ausdruck »Roget« (Rakete) in seiner Schrift »Von Geschütz und Fewrwerck, wie dasselb zu werffen und schießen; auch von gründtliche Zubereitung allerley gezeugs und rechtem gebrauch dere Fewrwerck«. Seine Treibstoffzutaten bestehen aus Salpeter, Schwefel und Holzkohle, die fest in Papier eingewickelt werden.

1591
Johann Schmidlap beschreibt genaue Herstellungsanweisungen für Feuerwerksraketen und erwähnt erstmals eine »Vielfachrakete«.

1609
Johannes Kepler veröffentlicht in seiner »Astronomia nova« (Neue Himmelskunde) die ersten beiden, später nach ihm benannten Gesetze der Himmelsmechanik, die das Kopernikanische Weltsystem verfeinern: Planeten beschreiben Ellipsen, in deren einem Brennpunkt sich die Sonne befindet, und sie bewegen sich in Sonnennähe schneller als in Sonnenferne.

1619
Kepler formuliert in »Harmonice mundi« (Weltharmonik) das dritte Gesetz der Planetenbewegung über das Verhältnis von Umlaufzeit und Sonnenentfernung verschiedener Planeten.

1634
Nach Keplers Tod gibt sein Sohn Ludwig die 1609 geschriebene utopische Erzählung »Somnium« (Traum) über eine Mondreise heraus.

1650
Otto von Guericke baut in Magdeburg die erste Vakuum-Luftpumpe und widerlegt damit die Lehre des Aristoteles vom unüberwindbaren »Horror vacui« (Schrecken vor der Leere) der Natur.

1659
Hans Jacob Christoffel von Grimmelshausen beschreibt im »Fliegenden Wandersmann« eine Mondfahrt.

1668
Christoph von Geissler führt in Berlin-Wedding Versuche durch, mit Pulverraketen (Startmasse 60 Kilogramm) eine Nutzlast (Bombe von acht Kilogramm) in die Höhe zu schießen.

1744
Christian Kindermann schildert in seinem Roman »Geschwinde Reise mit dem Luftschiff nach der oberen Welt, welche jüngst fünf Personen angestellt« eine Expedition zum Planeten Mars.

1784
Ehrgott Friedrich Schäfer schlägt erstmalig die Verwendung von Rettungsraketen zum Transport von Seilen zu gestrandeten Schiffen vor. Nach Schätzungen konnten seitdem auf diese Weise mehr als 20.000 Menschen aus Seenot gerettet werden.

11. Juni 1786
Bergstädter führt in Hamburg optisch-telegrafische Versuche mit Raketen durch.

1809
Karl Friedrich Gauss veröffentlicht seine »Theoria motus corporum coelestium« in der er Rechenverfahren zur Ermittlung von Planetenbahnen angibt, was zur Entdeckung zahlreicher Planetoiden führt.

1830
Karl Friedrich Gauss und Joseph Johann von Littrow machen unabhängig voneinander Vorschläge für Signalsendungen zu anderen Planeten mittels riesiger geometrischer Figuren auf der Erdoberfläche, um zu erfahren, ob auf den Nachbarplaneten vernunftbegabte Wesen leben.

1847
Projekt eines Flugzeugs mit Rückstoßantrieb und mit Schießwolle als Treibstoff; wahrscheinlich von Werner von Siemens oder von Christian Gottfried Ehrenberg.

30. Dezember 1866
In der Nähe von Bremen wird eine Rettungsrakete vorgeführt, bei der der 38,5 Pfund schwere Flugkörper 3.000 Fuß weit fliegt.

1891
Otto Lilienthal führt am »Fliegeberg« bei Stölln seine ersten erfolgreichen Gleitflüge durch.

27. Mai 1891
Hermann Ganswindt hält in der Berliner Philharmonie einen Vortrag über eine mögliche Raumfahrt zum Mars mittels eines durch Dynamitexplosionen beschleunigten »Weltenfahrzeugs«.

14. Juli 1891
Ludwig Rohrmann erhält das Deutsche Reichspatent DRP Nr. 64209 für eine Höhenrakete mit Registrierkamera, die sogenannte »Photorakete«.

3. Juli 1893
August Klumpp und Christian Haussner aus Bayern erhalten das DRP Nr. 69520 auf ein Flugzeug, das durch Ab- und Umleitungen von Luftströmen schwebend gehalten werden soll.

15. Januar 1894
Die Firma Hüttner, Walter & Co. in Hamburg meldet das DRP Nr. 72902 für ein granatförmiges Luftschiff an, bei dem die durch die Luftschrauben angesaugte Luft durch verstellbare Düsen ausgestoßen werden soll.

27. April 1894
Richard Assmann startet in Deutschland eine meteorologische Ballonsonde, die eine Rekordhöhe von 21,8 Kilometern erreicht.

1895
Karl Reiter aus München erhält das DRP Nr. 89890 für seinen Reaktionsmotor für Luftfahrzeuge – eine Art »Fliegender Untertasse«.

1897
August Eschenbacher erwähnt in seiner Schrift »Der Feuerwerker« das Stufenprinzip der Rakete.

Kurd Lasswitz beschreibt in seinem Roman »Auf zwei Planeten« Reisen zwischen Erde und Mars mit Hilfe künstlich erzeugter »Felder«.

1900
Erster Aufstieg des starren Luftschiffs LZ 1 des Grafen Ferdinand von Zeppelin.

Der Ingenieur Alfred Maul beginnt in Dresden mit dem Bau und der Erprobung von Photoraketen, die eine Gesamtmasse von 25 Kilogramm, eine Nutzmasse von

200 Gramm und eine Gipfelhöhe von bis zu 400 Metern erreichen. Drei Jahre später erhält er dafür das DRP Nr.162433 auf einen »Raketenapparat zum Photographieren bestimmter Geländeabschnitte«.

1905
Albert Einstein veröffentlicht in den »Annalen der Physik« seine spezielle Relativitätstheorie unter dem Titel »Zur Elektrodynamik bewegter Körper.

1906
Max Planck publiziert eine Relativitätsmechanik mit den Prinzipien der Trägheit der Materie und der Äquivalenz von Energie und Masse.

22. August 1906
Alfred Maul führt seine Photorakete in Königsbrück bei Dresden erstmals öffentlich vor.

1910
Der österreichische Raumfahrtpionier Franz von Hoefft hat die utopische Idee eines »Ätherschiffs«, angetrieben durch die »Nullpunktsenergie des Äthers«.

1911
Der österreichische Physiker Viktor Franz Hess läßt zur Erforschung der kosmischen Strahlung Ballone bis zu 5.300 Meter Höhe auf. Für die dabei entdeckte Höhenstrahlung erhält er 1936 den Nobelpreis.

1916
Die Sachsenwerk AG in Niedersedlitz bei Dresden erhält das DRP Nr. 301270 für einen Raketenapparat mit Fallschirm.

1917
Der Siebenbürger Gymnasialprofessor Hermann Oberth bietet dem deutschen Kriegsministerium den Entwurf einer »Englandrakete« an, die wasserhaltigen Alkohol und flüssigen Sauerstoff als Treibstoff nutzt und 300 Kilometer weit fliegen soll.

1923
Hermann Oberth veröffentlicht das Standardwerk »Die Rakete zu den Planetenräumen« im Verlag Oldenbourg München, das ihn zum deutschen »Vater der Raumfahrt« macht.

1924
Franz von Hoefft trägt erstmals öffentlich sein Programm von Höhenraketen mit Kreiselsteuerung vor, die vor der Zündung mit Ballons auf 10.000 Meter Höhe gebracht werden sollen.

1925
Der Ingenieur Walter Hohmann gibt das wissenschaftliche Standardwerk für Raumflugmechanik »Die Erreichbarkeit der Himmelskörper« im Verlag Oldenbourg München heraus. Darin berechnet er den Antriebsbedarf für Flüge zum Mond, zur Venus und zum Mars und bestimmt die wirtschaftlichsten Flugbahnen. Spezielle Übergangsbahnen für planetare Flüge werden seitdem als Hohmann-Bahnen bezeichnet. Zum ersten Mal wird das Prinzip des Einsatzes von Landefähren als energetisch günstigste Form für Landungen und Wiederaufstiege auf anderen Himmelskörpern beschrieben.

1926
Gründung der Wissenschaftlichen Gesellschaft für Höhenforschung in Wien durch Dr. Franz Oskar Leo Edler von Hoefft und Baron Guido von Pirquet.

24. November 1926
Heinrich Schreiner aus Graz erhält das DRP Nr. 484064 auf eine mit flüssigen Treibstoffen betriebene Gasdruckrakete.

5. Juli 1927
Gründung des Vereins für Raumschiffahrt e.V. in Breslau mit Johannes Winkler als Vorsitzendem, und Herausgabe der ersten deutschen Raumfahrtzeitschrift »Die Rakete«.

12. März 1928
Das von Max Valier entwickelte Raketenauto »Opel Rak 1« wird auf der Versuchsstrecke in Rüsselsheim von dem Rennfahrer Kurt Volkhardt erstmals erprobt. Durch zwei Pulverraketen angetrieben legt das Vehikel in 35 Sekunden 150 Meter zurück.

23. Mai 1928
Mit dem von 24 Raketen angetriebenen Rennwagen »Opel Rak 2« erreicht Fritz von Opel auf der Berliner Avus eine Spitzengeschwindigkeit von 230 km/h bei einer Fahrstrecke von 2.000 Metern.

Ende Mai 1928:
Der Grazer Student Friedrich Schmiedl läßt seinen

Stratosphärenballon FS 1 auf, von dem in 16.000 Metern Höhe ein Barometer die erste Postrakete auslöst.

Franz Abdon von Ulinski veröffentlicht in Österreich Pläne über ein »Elektronen-Weltraumschiff«, in dessen Triebwerk Sonnenstrahlung in elektrische Energie umgewandelt wird. Diese Idee findet später Anwendung in den als Hilfsenergiequellen für Satelliten dienenden Solarzellen.

Willy Ley gibt das Buch »Die Möglichkeiten der Weltraumfahrt« heraus, in dem Guido von Pirquet die Einrichtung eines Mehrfach-Satellitensystems um die Erde vorschlägt.

Hermann Nordung (Pseudonym für den polnischen Kapitän Potocnik) macht in seinem Buch »Das Problem der Befahrung des Weltraums« erste detaillierte Konstruktionsvorschläge für eine Außenstation in der Erdumlaufbahn.

11. Juni 1928
Fritz Stamer führt in der Rhön den ersten bemannten Raketenflug auf einem durch zwei Pulverraketen angetriebenen Entenflugzeug über eine Entfernung von 1.500 Metern durch. Der Start erfolgt mit einem Gummiseil.

Juni 1928
Das unbemannte Schienenfahrzeug »Opel Rak 3« wird auf der Eisenbahnstrecke Burgwedel-Celle von zehn Raketen bis auf 281 km/h beschleunigt und jagt 4.000 Meter weit über die Schienen.

1929
Hermann Oberth publiziert sein Buch »Wege zur Raumschiffahrt« im Verlag Oldenbourg München.

Erstmalige Verleihung des REP-Hirsch-Preises, einer von Robert Esnault-Pélterie und André Hirsch in Paris gestifteten internationalen Auszeichnung für Weltraumwissenschaft, an Hermann Oberth.

30. September 1929
Fritz von Opel führt in Frankfurt/Main den ersten Raketenflug aus eigener Kraft über 3.000 Meter durch. Der Antrieb erfolgt mit Hilfe von sechs Pulverraketen, die eine Beschleunigung auf 120 km/h bewirken.

15. Oktober 1929
Der erste Raumfahrtfilm »Die Frau im Mond«, der unter Beratung von Hermann Oberth gedreht worden war, erlebt im UFA-Palast am Berliner Zoo seine Welturaufführung.

16. Oktober 1929
Professor Oberth erhält das DRP Nr. 549222 für eine Kegeldüse mit spezifischer Brennstoffeinspritzung.

17. Mai 1930
Der österreichische Raketenpionier Max Valier findet bei einem Prüfstandsversuch seines mit Kerosin und Flüssigsauerstoff arbeitenden Triebwerks in Berlin den Tod.

23. Juli 1930
Gelungener Prüfstandsversuch mit der Oberthschen Kegeldüse vor einem Gutachtergremium an der Chemisch-Technischen Reichsanstalt in Berlin. Mit Gasöl/Flüssigsauerstoff angetrieben, wird bei insgesamt 96,3 Sekunden Brenndauer ein Schub von sechs bis sieben Kilopond erreicht.

8. September 1930
Eine meteorologische Ballonsonde erreicht in Hamburg die Rekordhöhe von 35,9 Kilometern.

27. September 1930
Gründung des »Raketenflugplatzes Berlin« in Reinickendorf durch Rudolf Nebel. Erste Mitarbeiter sind Wernher von Braun, Rolf Engel, Willy Ley und Klaus Riedel.

2. Februar 1931
Friedrich Schmiedl startet in Schöckl/Österreich die erste Postrakete mir 102 Sendungen.

März 1931
Gründung der Österreichischen Gesellschaft für Raketentechnik durch Baron Guido von Pirquet und Rudolf Zwerina.

13. März 1931
Kurt Poggensee startet in Bremen eine Pulverrakete mit Meßinstrumenten, die nach einem Aufstieg bis auf 500 Meter Höhe am Fallschirm landet.

14. März 1931
Johannes Winkler gelingt in Dessau der erste Start einer europäischen Flüssigkeitsrakete mit Methan/Flüssigsauerstoff. Die HW 1 erreicht bei einer Länge von 70 Zentimetern, einer Startmasse von

4,7 Kilogramm und einem Schub von fünf Kilopond eine Flughöhe von 100 Metern, eine Flugweite von 200 Metern und eine Geschwindigkeit von 182 m/s.

15. April 1931
Reinhold Tiling führt bei Osnabrück seine Pulverrakete (K)FTL 3 mit 1.800 Metern Steighöhe und einer Segelvorrichtung für die Landung vor. Dafür hatte er bereits am 26. Juni 1928 das DRP Nr. 509115 erhalten.

14. Mai 1931
Erster gelungener Start der Flüssigkeitsrakete »Zweistabrepulsor« auf dem Raketenflugplatz Berlin mit einer Steighöhe von 60 Metern.

23. Mai 1931
Die Minimalrakete MIRAK II erreicht in Berlin eine Höhe von 60 und eine Weite von 600 Metern.

13. Juni 1931
Rudolf Nebel und Klaus Riedel aus Berlin erhalten das DRP Nr. 633667 für einen Rückstoßmotor für flüssige Treibstoffe.

August 1931
Walter Riedels Einstabrepulsor erreicht auf dem Raketenflugplatz Berlin eine Gipfelhöhe von 1.000 Metern.

9. September 1931
Mit einer Rakete Friedrich Schmiedels wird von Hochrötsch in Österreich eine Sendung mit 333 Briefen und Päckchen an Bord als erste amtliche Raketenpost befördert.

5. Mai 1932
Gründung der Gesellschaft »Panterra« für den Raketenflug zu fremden Himmelskörpern, die Nutzung der Atomenergie für friedliche Zwecke, den Einsatz von Robotern als Helfer des Menschen, den Bau von Erd-, Wind- und Sonnenkraftwerken u.v.a.m. in Berlin, mit Professor Archenhold als Geschäftsführer.
Die von Albert Einstein geförderte Gesellschaft wird kurz nach der Machtergreifung durch Hitler als »jüdisches Unternehmen« verboten.

22. Juni 1932
Die MIRAK III erreicht auf dem Artillerieschießplatz Kummersdorf eine Höhe von 1.200 Metern.

1. Dezember 1932
Wernher von Braun nimmt seine Arbeit an der Versuchsstelle des Heereswaffenamtes (HWA) der Reichswehr in Kummersdorf bei Berlin unter Oberst Walter Dornberger auf. Mit dem Aggregat 1 (A1) versucht er erstmals eine mit einem Gemisch aus Flüssigsauerstoff und 75prozentigem Alkohol angetriebene Rakete zu konstruieren. Ihr Triebwerk entwickelt einen Schub von 300 Kilopond; im Vorderteil des Rumpfes befindet sich ein großer Stabilisierungskreisel.

Januar 1933
Eugen Sänger führt in Wien Prüfstandsversuche mit einer zwangsumlaufgekühlten Modell-Raketenbrennkammer durch, in der als Kühlmittel der Brennstoff vor seiner Einspritzung in die Brennkammer dient.
Von Werner Brügel erscheint »Männer der Rakete«, ein umfangreiches Buch der Raketentechnik und Raumfahrt.

April 1933
Eugen Sänger veröffentlicht ein erstes Lehrbuch über Raketenflugtechnik im Verlag Oldenbourg München.

21. September 1933
Adolf Hitler und Hermann Göring wird in Kummersdorf Raketentechnik vorgeführt.

Jahresende 1933
Erste Brennkammerversuche mit einem Triebwerk nach Arthur Rudolph für Alkohol/Flüssigsauerstoff, bei 300 Kilopond Schub und Ausströmgeschwindigkeiten zwischen 1.800 und 1.900 m/s, auf der Versuchsstelle in Kummersdorf.

27. Dezember 1933
Erster Start einer Zweistufenrakete S 1 mit 379 Poststücken durch Friedrich Schmiedl.

6. April 1934
Reichspropagandaminister Joseph Goebbels verbietet Veröffentlichungen über Raketentechnik.

Juni 1934
Wernher von Braun verteidigt seine Dissertation »Konstruktive, theoretische und experimentelle Beiträge zu dem Problem der Flüssigkeitsrakete«, die sofort unter Geheimhaltung fällt.

14. Oktober 1934
Eugen Sänger erreicht bei seinen Modell-Brennkammerversuchen eine Ausströmgeschwindigkeit von 2.980 m/s, bei einem Brennkammerdruck von 50 Atmosphären.

Oktober 1934
Hellmuth Walter schlägt ein mit Gasöl angetriebenes »Lufttorpedo« auf der Grundlage eines Staustrahltriebwerks vor (Marschflugkörper).

19. Dezember 1934
Zwei Raketen des Typs A2 (Masse 107 Kilogramm, Länge 1,61 Meter, Durchmesser 31,4 Zentimeter) mit der Bezeichnung »Max« und Moritz« erreichen bei Starts in Borkum in 16 Sekunden Gipfelhöhen von 1.700 Metern.

Dezember 1934
Eugen Sänger erläutert erstmalig den Begriff der »wirksamen Auspuffgeschwindigkeit« (heute als Ausströmgeschwindigkeit bezeichnet) einer Rakete und seine Bedeutung für die astronautische Flugleistung.

15. März 1935
Eugen Sänger erhält das DRP Nr. 716175 auf einen »Raketenofen mit zwangsläufiger Kühlmittelführung«.

1. März 1936
Walter Dornberger wird Chef der Raketenentwicklung im Heereswaffenamt. Entwicklungsarbeiten für das A4, eine einstufige Flüssigkeitsrakete mit Alkohol und Flüssigsauerstoff.

August 1936
Baubeginn für die Heeresversuchsanstalt Peenemünde-Ost (HVP) mit Dr. von Braun als technischem Direktor, sowie von Peenemünde-West.

1936
Bau einer »Karussell« genannten Zentrifuge mit zehn bis 12 Metern Radius in Kummersdorf.

April 1937
Baubeginn für das Raketenforschungszentrum mit dem Tarnnamen »Flugzeugprüfstelle Trauen« in der Lüneburger Heide nach dem Entwurf von Dr. Sänger. Der Horizontalprüfstand für Raketen erlaubt Tests mit bis zu 100 Tonnen Schub. Die bis

dahin größte Flüssigsauerstoff-Erzeugungsanlage verfügt über einen 56-Tonnen-Tank.

3. Juni 1937
Flugkapitän Erich Warsitz startet vom Flugplatz Neu-Hardenberg östlich Berlins mit einem Flugzeug des Typs Heinkel He 112 und zündet erstmals in der Luft ein eingebautes Flüssigkeitsraketentriebwerk A3. Nach zehn Sekunden Gleitflug erfolgt die sofortige Landung.

Dezember 1937
Im Rahmen der »Operation Leuchtfeuer« scheitern alle vier Startversuche mit Raketen des Typs A3 (Schub 1.500 Kilogramm, Masse 740 Kilogramm, Länge 6,74 Meter, Durchmesser 76 Zentimeter) von der Greifswalder Oie aus an den Unzulänglichkeiten des kreisstabilisierten Dreiachsen-Lenk- und Steuersystems.

Oktober 1938
Beginn der Prüfstandsversuche auf der Flugzeugprüfstelle Trauen unter Leitung von Dr. Sänger. Die Experimente an Raketen-Brennkammern erfolgen bis zu einer Tonne Schub und mit Gasöl/Flüssigsauerstoff als Treibstoffkombination. Erstmals werden Gasöl-Dispersionen als Brennstoffe erprobt.

Januar 1939
Beginn der Konstruktionsarbeiten für das A4.

20. Juni 1939
Start des ersten – eigens für Raketenantrieb entworfenen – Versuchsflugzeuges Heinkel He 176 mit Walter-Triebwerk (nach Hellmuth Walter) von 600 Kilopond Schub über 60 Sekunden Brenndauer in Peenemünde. Pilot ist Erich Warsitz.

1. September 1939
Mit dem Überfall der deutschen Wehrmacht auf Polen beginnt der Zweite Weltkrieg.

4. November 1939
Der anonyme »Oslo-Bericht« mit Angaben über Peenemünde erreicht die britische Botschaft in Norwegen.

1939/40
Anwendung der Walter-Triebwerke 109-501 und 109-502 (sogenannte Katergol-Antriebe) mit Wasserstoffperoxid als Treibstoff und Kaliumperman-

ganat als Katalysator als Starthilfe für Bombenflugzeuge der Typen Heinkel He 11, Junkers Ju 88 und Dornier Do 18.

21. März 1940
Erste Erprobung des A4-Triebwerks in Peenemünde.

9. April 1940
Die deutsche Wehrmacht überfällt Dänemark und Norwegen.

10. Mai 1940
Angriff der Wehrmacht im Westen.

1941
Hermann Oberth untersucht in der HVP Einsatzmöglichkeiten des Mehrstufenprinzips und entwirft eine dreistufige Fernrakete, auch »Amerika-Rakete« genannt.

7. Mai 1941
Das zweitgrößte Entwicklungsprojekt der HVP für die Flugabwehrrakete »Wasserfall« mit Flüssigkeitstriebwerk und geplanten Flughöhen von 15 bis 18 Kilometern beginnt.

22. Juni 1941
»Fall Barbarossa« – deutscher Überfall auf die Sowjetunion.

20. August 1941
Hitler läßt sich in seinem ostpreußischen Hauptquartier »Wolfsschanze« von Oberst Dr. Dornberger, Dr. von Braun und Dr. Steinhoff erstmals Bericht über die Arbeit der HVP am A4 Bericht erstatten und erteilt für das Projekt höchste Dringlichkeit.

Herbst 1941
Planungen der HVP für eine zweistufige Fernrakete A9/A10, die einer heutigen Intercontinental Ballistic Missile (ICBM) entspricht.
Als Erststufe soll die A10, ein Nachfolgemodell des A4, mit einem 100-Tonnen Alkohol/Flüssigsauerstoff-Triebwerk, einem Gefechtskopf von vier Tonnen und einer Reichweite von 5.000 Kilometern dienen; als Zweitstufe das A9, eine mit Flügeln versehene Version des A4 – später in A4b umbenannt.
Durch eine Steigerung der Schubkraft des A10-Triebwerks auf 180 Tonnen sollte es möglich werden, von Westeuropa aus die USA zu beschießen.

1942
Eine Messerschmitt Me 163B »Komet« mit Walter-Flüssigkeitstriebwerk HWK 109-509 erreicht mit dem Piloten Heini Dittmar über dem Lechfeld bei Augsburg eine Fluggeschwindigkeit von 1.040 km/h.

Frühjahr 1942
Entwicklungsbeginn für die später als V1 (Vergeltungswaffe) bezeichnete Flügelbombe Fieseler Fi 103 mit der Tarnbezeichnung Flak-Zielgerät FZG 76 und dem Decknamen »Kirschkern« in der Luftwaffenerprobungsstelle Peenemünde.

18. Mai 1942
Erstes vollständiges Versuchsmuster des A4 auf dem Prüfstand.

13. Juni 1942
Beim ersten Startversuch des A4 explodiert die Rakete.

3. Oktober 1942
Um 15.38 Uhr erfolgt der erste erfolgreiche Start des vierten Versuchsmusters eines A4 (Startmasse 13.000 Kilogramm, Länge 14 Meter, Durchmesser 1,95 Meter, Gefechtsladung 980 Kilogramm) vom Prüfstand VII in Peenemünde,
wobei eine Höhe von 85,5 Kilometern und in 296 Sekunden eine Entfernung von 190 Kilometern erreicht wird. Die Brennschlußgeschwindigkeit liegt mit 1.500 km/h über der Schallgeschwindigkeit.

24. Dezember 1942
Erfolgreicher Erststart der Flügelbombe (Marschflugkörper) Fi 103 (V1) in der Luftwaffenerprobungsstelle Peenemünde.

2. Februar 1943
Der Sieg der Roten Armee bei Stalingrad führt die Wende des Zweiten Weltkrieges herbei.

12. April 1943
Arthur Rudolph, Chefingenieur des Serienwerks für das A4 inspiziert den Einsatz von KZ-Häftlingen in den Heinkel-Werken in Oranienburg und initiiert die Anforderung der Arbeitssklaven von der SS durch die Leitung der HVP.

14. April 1943
Das A4 Nr. 15 fliegt 330 Kilometer weit.

26. Mai 1943
Vergleichsschießen zwischen der V1 und der V2 mit dem Ergebnis, daß beide Waffensysteme beschleunigt und verstärkt produziert und als Terrorwaffen eingesetzt werden sollen.

2. Juli 1943
Per »Führerbefehl« rangiert das A4-Programm in der Dringlichkeit vor allen anderen Rüstungsprojekten.

7. Juli 1943
General Dornberger und Dr. von Braun unterrichten Hitler in der »Wolfsschanze« über den Stand der Raketenwaffenentwicklung.
Der »Führer« ernennt Wernher von Braun zum Professor.

25. Juli 1943
Das A4-Programm, nunmehr unter dem Propagandanamen V2 (Vergeltungswaffe) erhält die höchste Dringlichkeitsstufe.

17./18. August 1943
Bei einem Großangriff von 600 britischen Bombern auf Peenemünde (Operation »Hydra«) finden 753 Menschen den Tod, darunter 612 russische und polnische Zwangsarbeiter.

Reichsrüstungsminister Albert Speer befiehlt die Errichtung von A4-Konzentrationslagern als Nebenstellen des Konzentrationslagers Buchenwald im unterirdischen »Dora Mittelbau« am Fuße des Kohnstein bei Nordhausen in Thüringen. Bis Ende des Krieges arbeiten hier 65.000 Häftlinge, von denen 20.000 ums Leben kommen.

24. September 1943
Gründung der Mittelwerk GmbH.

19. Oktober 1943
Der Kriegsauftrag Nr. 0011-5565/43 für die Herstellung von 12.000 V2 wird erteilt.

1943
Beginn des A4-Testschießens mit scharfen Gefechtsköpfen auf dem Artillerieschießplatz Heidelager bei Blizna in Polen.

1. Januar 1944
Aufnahme der Serienproduktion von V2 im »Mittelbau«.

29. Februar 1944
Erster erfolgloser Start einer Flugabwehrrakete des Typs »Wasserfall« in Peenemünde.

6. Juni 1944
Mit der Landung der Westalliierten in der Normandie (Operation »Overlord«) wird die Zweite Front eröffnet.

15. Juni 1944
Erster massierter Terroreinsatz der V1 gegen England.

1. August 1944
Umwandlung der Heeresversuchsanstalt Peenemünde in die privatwirtschaftlichen Elektromagnetischen Werke Karlshagen, Pommern (EMW).

August 1944
Eugen Sänger und Irene Bredt publizieren in »Deutsche Luftfahrtforschung« UM 3538 unter dem Titel »Über einen Raketenantrieb für Fernbomber« ein Raketengleiter-Projekt für bemannte Erdumkreisungen. Auf dieser Grundlage beruhen spätere Entwicklungen wie die der X-15 in den USA und der T-4A in der UdSSR.

Spätherbst 1944
Verlegung von Peenemünder Betriebsteilen in den Raum des »Mittelbaus«.

5. September 1944
Erster Abschuß einer V2 gegen das befreite Paris.

8. September 1944
Erster Terroreinsatz von V2 gegen London (Cheswick). Hitler zeichnet General Dornberger und Professor von Braun mit dem Ritterkreuz zum Kriegsverdienstkreuz mit Schwertern aus.

12. September 1944
Schwerer Terrortreffer im Chrysler-Werk Kew.

12. Oktober 1944
Hitler befiehlt, V2-Angriffe auf London und Antwerpen zu konzentrieren.

November 1944
Erststart der ersten kleinen und ungelenkten Flugabwehr-Flüssigkeitsrakete »Taifun«.

Unter der Tarnbezeichnung »Prüfstand VII« beginnen Versuche, A4-Raketen in Behältern von U-Booten schleppen zu lassen, um sie vor der Küste der USA gegen New York abzuschießen.

16. November 1944
Ein V2-Treffer auf das voll besetzte Rex-Kino in London fordert 271 Tote.

22. Dezember 1944
Erster unbemannter Senkrechtstart der »Natter« von Bachem. Dabei handelt es sich um ein geschoßähnliches Raketenflugzeug zum Abfangen alliierter Bomber mit einem Walter-Flüssigkeitstriebwerk HWK 109-509 (1.700 Kilopond Maximalschub) als Haupttriebwerk und vier Schmidding SG-34 Feststoffraketen als Starthilfe.
Die Gesamtstartmasse beträgt 2.270 Kilogramm, der Startschub 6,5 Tonnen und die maximale Flughöhe 16 Kilometer.

24. Januar 1945
Erstflug der geflügelten Rakete A4b »Bastard«.

31. Januar 1945
Evakuierungsbefehl für die Mitarbeiter von Peenemünde in die »Mittelwerke«.

27. Februar 1945
Gründung der »Entwicklungsgemeinschaft Mittelbau« als Interessenvertreterin von Wehrmacht und Rüstungsindustrie mit Wernher von Braun als Generaldirektor.

1. März 1945
Beim ersten bemannten Versuch mit der vertikal startenden »Natter« M23 kommt der Pilot Leutnant Lothar Siebert ums Leben.

18. März 1945
Die letzte V2 verläßt »Dora«.

21. März 1945
Ein Volltreffer auf einen Wohnblock in Stepney fordert 180 Menschenleben.

27. März 1945
Abschuß der letzten V2 auf London und Antwerpen.

5. April 1945
Abschuß der letzten V2.

7. April 1945
500 Raketenexperten setzen sich per Evakuierungsbefehl mit einem »Vergeltungsexpreß« genannten Schlafwagenzug aus Nordhausen in die von Hitler zur »Alpenfestung« deklarierten bayerischen Alpen ab.

11. April 1945
Die 3. US-Panzerdivision besetzt Nordhausen.

2. Mai:
General Dornberger und Dr. von Braun ergeben sich den US-Streitkräften.

4. Mai:
Die Rote Armee erreicht Peenemünde und besetzt das Gelände.

8. Mai:
Bedingungslose Kapitulation der deutschen Wehrmacht in Berlin-Karlshorst.

Mit Hammer und Zirkel ins All.

Aktivitäten zur Raketentechnik und Raumfahrt in der Sowjetischen Besatzungszone und in der Deutschen Demokratischen Republik von 1945 bis 1990

Moskaus Raketenzentrum im Südharz

Am Ende des Zweiten Weltkrieges gab es auf dem Territorium der Sowjetischen Besatzungszone Deutschlands (SBZ), deren Grenzen schon am 12. September 1944 von den Alliierten umrissen worden waren, drei Zentren der Raketentechnik – das Magische Dreieck Peenemünde-Nordhausen-Berlin –, die für die Raumfahrt Bedeutung hatten:
- In Mecklenburg-Vorpommern befand sich auf der Ostseeinsel Usedom die im August 1936 während der Spiele der XI. Olympiade in Berlin und Kiel gegründete Heeresversuchsanstalt (HVA). Hier wurde die erste große Flüssigkeitsrakete, das Aggregat 4 (A4), später von Reichspropagandaminister Goebbels als Vergeltungswaffe 2 (V2) propagiert, entwickelt und erprobt. Die Rote Armee besetzte dieses Areal am 4. Mai 1945 ohne Kampfhandlungen.
- In Thüringen waren im Raum Nordhausen die unterirdischen Produktionsstätten für die V2 angelegt worden. Nach dem Großangriff auf Peenemünde im August 1943 befahl Reichsrüstungsminister Albert Speer die Errichtung von Arbeitslagern als Nebenstellen des KZ Buchenwald für das Geheimprojekt Mittelbau Dora in den Stollen des Kohnsteins. Als Deckname wurde auch die Bezeichnung Mittelwerk GmbH Berlin-Charlottenburg genutzt, die am 21. September 1943 gegründet worden war. Dieser Mittelraum im Südharz, in dem am 1. Januar 1944 die Serienproduktion der V2 begann, wurde am 11. April 1945 von der Kampfgruppe B der 3. Panzerdivision der 1. US-Armee besetzt, mußte aber entsprechend der alliierten Vereinbarungen am 4. Juli 1945 wieder geräumt werden, weil er zur SBZ gehörte. Einen Tag darauf traf die Sowjetarmee mit ihren Raketenexperten ein.
- Im Raum Berlin, der ehemaligen Reichshauptstadt, die nach langen, schweren Kämpfen von der Roten Armee befreit wurde,

gab es eine Reihe von Forschungsstätten und Betriebsteilen, die Zuarbeiten für das Raketenprogramm geleistet hatten. Sie wurden von der Sowjetischen Militäradministration in Deutschland (SMAD) mit Sitz in Berlin-Karlshorst übernommen oder neu gegründet, wie beispielsweise die Gesellschaft für Maschinenbau (GEMA) in Berlin-Hohenschönhausen, das Laboratorium, Konstruktionsbüro und Versuchswerk Oberschöneweide (LKVO) in Köpenick und die Mittelwerke GmbH in Charlottenburg, aus der die Sowjetische Aktiengesellschaft (SAG) Zentralwerk hervorging.

Vier Tage vor der Unterzeichnung der bedingungslosen Kapitulation der deutschen Wehrmacht in Berlin-Karlshorst, am 4. Mai 1945 um sechs Uhr früh, erreichten Einheiten der 2. Sowjetischen Stoßarmee, aus Wolgast kommend, Usedom, die Insel ohne Leuchtfeuer. Die Besetzung der Heeresversuchsanstalt Peenemünde und der anderen Objekte erfolgte, ohne daß ein Schuß fiel. Den Soldaten auf dem Fuße folgten die Spezialisten in Offiziersuniformen, darunter viele bekannte Flugzeug- und Raketenkonstrukteure, als Abgesandte der Technischen Sonderkommission (TSK) der Regierung der UdSSR, die Ende 1944 vom Mitglied des Obersten Verteidigungsrates Georgi Malenkow in Moskau gegründet worden war. »Schwabes Hotel«, in dem einst die V-2-Leute ihre Erfolge feierten, machten sie zu ihrem Hauptquartier und bezogen Zimmer in Pensionen zwischen Karlshagen und Zinnowitz.

Keine einzige V2 gefunden

Doch von den begehrten V2 fanden sie kein einziges vollständiges Exemplar. Alles, was nicht niet- und nagelfest war, hatte Peenemünde seit Anfang des Jahres auf Lastkraftwagen, in Eisenbahnwaggons und auf Lastkähnen in Richtung Süden verlassen. Auch die Elite und das Gros der Mitarbeiter wurden nach Bleicherode ins »Neue Peenemünde« evakuiert, wo noch am 27. Februar 1945 die Entwicklungsgemeinschaft Mittelbau mit Wernher von Braun als Generaldirektor gegründet wurde, die sich als Interessenträger von Wehrmacht und Rüstungsindustrie verstand. Von den 4.325 Wissenschaftlern, Ingenieuren und Facharbeitern der Heeresversuchsanstalt, die noch im Februar in Peenemünde weilten, war nur etwa die Hälfte mit ihren Familien geblieben.

Das von der technischen Sonderkommission gegründete Technische Büro Peenemünde begann mit der Bestandsaufnahme und initiierte auch die Bildung eines deutschen technischen Büros sowie der Arbeitsgemeinschaft Peenemünde, die Wassereimer und Geräte für die Küstenfischerei herstellte und Kraftfahrzeug-Reparaturen ausführte.

Im August 1945 begann dann die Demontage in der ehemaligen Waffenschmiede, und im darauffolgenden Jahr erfolgte gleichzeitig der Wiederaufbau von Prüfständen und Testeinrichtungen durch sowjetische und deutsche Fachkräfte.

Doch nach Protesten der Westmächte im Alliierten Kontrollrat wurde die Rekonstruktion von Prüfstand 9 im August 1946 abgebrochen. Im Frühjahr 1948 verließen die letzen Sprengkommandos das Areal, das in den folgenden Jahren zum Eldorado der Häuslebauer wurde.

In den fünfziger Jahren formierte sich im Haupthafen von Peenemünde zunächst eine Räum- und Küstensicherungs-Division der Volkspolizei See der DDR, aus der schließlich der Standort der 1. Flottille der Volksmarine hervorging.

Nach Abzug der sowjetischen Marineflieger im Jahre 1958 übernahm die Nationale Volksarmee den Flugplatz und baute eine neue Start- und Landebahn. In den sechziger Jahren fand das Jagdfliegergeschwader 9 der Luftstreitkräfte/Luftverteidigung der NVA hier seinen Standort, und Peenemünde wurde wieder zum Sperrgebiet.

In den Nordhafen kehrten 1958 auch die Raketen zurück, und zwar auf den Raketenschnellbooten der Volksmarine, die mit je vier Seezielraketen des sowjetischen Typs P-15 ausgerüstet waren. Außerdem wurden auf der Insel ein Funktechnisches Bataillon und ein Panzerbataillon sowie Territoriale Verteidigungskräfte stationiert und diverse Depots angelegt.

Nach dem Beitritt der DDR zur BRD und nach Auflösung der NVA wurde das Sperrgebiet geöffnet, und die Bundesmarine richtete sich dort ein. Am 9. Mai 1991 entstand das Historisch-Technische Informationszentrum, dem später ein Museum angeschlossen wurde. Fünf Jahre später, am 21. Mai 1996, schloß der letzte militärische Standort auf der Insel Usedom, der Marinestützpunkt der Bundeswehr in Peenemünde. Das war hoffentlich der Schlußstrich unter 360 Jahre Militärgeschichte, an der dänische und schwedische, zaristische und napoleonische, preußische und deutsche Truppen mitgeschrieben hatten.

Der geheimnisvolle RABE

Als die Rote Armee am 5. Juli 1945 in Nordthüringen einmarschierte, fanden die Spezialisten der Technischen Sonderkommission ebenso wie in Peenemünde weder Konstruktionsunterlagen noch vollständige Raketen, dafür jedoch Rohmaterial und Fertigteile, sowie nur wenig beschädigte Produktionsanlagen und Versuchseinrichtungen für die V2. Besonders wertvoll aber war das Heer von Ingenieuren, Technikern, Werkmeistern, Vor- und Facharbeitern, auf die die Amerikaner keinen besonderen Wert gelegt hatten.

Die sowjetischen Raketenkonstrukteure Alexander Isajew und Boris Tschertok schlugen ihr Hauptquartier in Bleicherode auf, wo zuletzt Dr. von Braun residiert hatte. Aus eigener Machtvollkommenheit und ohne Abstimmung mit Moskau gründeten sie hier das Institut RABE – Raketenbau und Entwicklung –, um das deutsche know how zur Weiterführung eigener Forschungen zu nutzen. Eine andere Lesart sieht das Restaurant »Rabe«, in dem die Vorbesprechungen für die »Aktion Rabe« erfolgten, als Ursprung für den Decknamen. Wie auch immer, der Alleingang fand die Zustimmung der technischen Sonderkommission, die von Generalmajor Lew Gaidukow geleitet wurde, der einst Chef der Entwicklung und Fertigung des von den deutschen Soldaten als »Stalinorgel« gefürchteten Raketenwerfers »Katjuscha« war. Ursprünglich wollte Moskau die wichtigsten Werke der Raketenrüstung samt deutschen Personals sofort in die Sowjetunion verlagern, um dort Fernwaffen weiterzuentwickeln. Nachdem jedoch die Amerikaner die besten Köpfe, die wichtigsten Dokumente und alle einsatzbereiten V2 einkassiert hatten, entschied der Kreml zunächst anders. Er befahl, die Rekonstruktion und Produktion der Raketen an Ort und Stelle vorzunehmen, was eine Reihe von Vorteilen brachte: Die Fertigung ließ sich dort, wo sie noch vor kurzem gelaufen war, schneller wieder in Gang setzen als an einem weit entfernten Standort; die deutschen Fachkräfte arbeiteten in ihrer Heimat motivierter als in der Fremde; die Zulieferung Tausender von Einzelteilen konnte mit der vorhandenen Infrastruktur leichter reorganisiert werden als in einem anderen Land. Die drei wichtigsten Aufgaben, die sich die technische Sonderkommission stellte, bestanden darin, alle noch vorhandenen Fertigungsdetails zu dokumentieren, einige einsatzfähige V2 zu rekonstruieren und genügend deutsche Spezialisten anzuwerben. Täglich meldeten sich Wissenschaftler und Ingenieure im RABE, und bald waren mehr als 200 Mitarbeiter zusammen. Die meisten kamen aus freien Stücken und einleuchtenden Gründen: Die Russen boten statt Kriegsgefangenschaft Karrierefortsetzung, statt Hungerration Sonderverpflegung und statt Niedriglohn Höchstgehalt. Für die Nachkriegsverhältnisse wirkten die Angebote wie das Schlaraffenland – alle 14 Tage 60 Eier, fünf Pfund Butter und zwölf Pfund Fleisch, Brot, Mehl, Kartoffeln und Öl, Zigaretten, Tabak und Spirituosen in mehr als ausreichender Menge, sowie Monatsgehälter für Diplomingenieure in Höhe von 1.400 Mark ohne Abzüge.

NKWD mischt mit

Zu einem Teil erfolgte die Anwerbung sogar aus den westlichen Besatzungszonen. So kam Diplomingenieur Helmut Gröttrup, in Peenemünde Chefassistent von Dr. Ernst Steinhoff, dem Verantwortlichen für die Entwicklung der Steuer- und Lenksysteme, aus Witzenhausen in Hessen (amerikanische Besatzungszone). Er erhielt für seine Familie eine Zwölf-Zimmer-Villa und das Landgut Trebra zugewiesen.

Der Kreiselexperte Dr. Kurt Magnus wechselte von Göttingen (britische Besatzungszone) nach Bleicherode. Andere wurden sogar aus Internierungslagern geholt, wie Dr. Oswald Putze, Direktor der Linke-Hoffmann-Werke Breslau, in denen die Leitflossen für die Hecks der Raketen entstanden. Das NKWD (Narodnij Kommissariat Wnutrennych Djel – Volkskommissariat für Innere Angelegenheiten) hatte den Wehrwirtschaftsführer in Buchenwald inhaftiert, wo ihn Beauftragte der Technischen Sonderkommission übernahmen. Die Mittelwerke GmbH Berlin-Charlottenburg wurden in die SAG Zentralwerk umgewandelt, die, von der TSK geleitet, der Sowjetischen Militäradministration in Berlin-Karlshorst unterstand. Damit verfügte Moskau im Südharz über ein Raketenkombinat, das 1946 einschließlich der Zulieferbetriebe annähernd 7.000 Beschäftigte zählte. Zu diesem Zeitpunkt hat es nirgendwo anders auf der Erde eine ähnliche Kräftekonzentration auf dem Sektor der Raketentechnik gegeben.

Die Kompetenzen des deutschen Generaldirektors der SAG Zentralwerk gehen aus seinem Dienstausweis hervor, in dem es wörtlich hieß: »Der Diplomingenieur Helmut Gröttrup erfüllt dringende Aufgaben der technischen Sonderkommission der Regierung der UdSSR. Zur Durchführung dieser Arbeiten ist ihm Bewegungsfreiheit auf dem gesamten von sowjetischen Truppen besetzten Gebiet zu gewährleisten: Danzig, Ostpreußen, Tschechoslowakei und Österreich. Alle Militärkommandanten und alle Mitarbeiter der zivilen Administration sind gebeten, Diplomingenieur Gröttrup jedwede Unterstützung bei der Verwirklichung der ihm übertragenen Aufgaben zu gewähren.« Gezeichnet: Sonderabteilung der Technischen Sonderkommission/Oberst/Unterschrift (unleserlich)/Siegel.

Im März 1946 waren die ersten beiden V2 vollständig rekonstruiert. Mitte desselben Jahres erfolgten Arbeiten an zwei weiteren Projekten: Erstens sollte durch Verringerung des Gewichts die Reichweite der Rakete vergrößert werden, und zweitens war eine neue Rakete zu entwerfen, die eine Tonne Ladung 2.000 Kilometer weit trägt – also eine ballistische Mittelstreckenrakete. Generaldirektor Gröttrup wählte dafür die Typenbezeichnungen G1 und G2 – G für »Gerät«, wie er angab. Die Russen entschieden sich später für R wie »Raketen«. Doch dazu kam es in der Sowjetischen Besatzungszone nicht mehr.

Die Struktur der SAG Zentralwerk

SMAD
Sowjetische Militäradministration in Deutschland
Berlin-Karlshorst

TSK
Technische Sonderkommission
Chef: General Lew Gaidukow
Stellvertreter und Chefingenieur: Oberst Sergej Koroljow

SAG Zentralwerk
Sowjetische Aktiengesellschaft
Generaldirektor: Diplomingenieur Helmut Gröttrup

Forschung/Entwicklung

RABE
Institut für Raketenbau und Entwicklung
Bleicherode

KBS
Sowjetisch-deutsches Konstruktionsbüro
Sömmerda

Produktion/Reparatur

Mittelwerk
Niedersachswerfen

Montania Werke
Nordhausen

Hauptmontagewerk
Kleinbodungen

Reparaturwerk
Kleinbodungen

Reparaturwerk
Lehesten

Außenstellen

Technisches Büro
Peenemünde

LKVO
Laboratorium, Konstruktionsbüro und Versuchswerk
Oberschöneweide
Berlin-Köpenick

GEMA
Gesellschaft für Maschinenbau Berlin-Hohenschönhausen

Waggonbau
Ammendorf/Halle

Geheimkommandos Paperclip und OSOAWIACHIM

1996 entdeckte Elan Steinberg, Direktor des Jüdischen Weltkongresses, das sogenannte »ODESSA-Dokument« (ODESSA – Organisation der ehemaligen SS-Angehörigen). Aus dieser Akte geht hervor, daß sich im August 1944 deutsche Industrielle und hochrangige SS-Leute in Straßburg trafen, um Geld und raketentechnische Unterlagen in Drittländern zu verstecken. Damit sollten später nationalsozialistische Nachfolgeorganisationen finanziert werden. General Dornberger soll zudem 25 Jahre nach dem Zweiten Weltkrieg bestätigt haben, daß es Ende 1944 über neutrale Vermittler in der Schweiz zu Kontakten zwischen amerikanischen Geheimdienstlern und deutschen Führungskräften aus Peenemünde gekommen sei. Das berichteten Ernst Stuhlinger und Frederick Ordway, Weggefährten und Biographen Wernher von Brauns, im Jahre 1992. Dazu ist jedoch weder ein Dementi noch eine Bestätigung von offizieller Seite zu erwarten, bleiben doch die entsprechenden Archive in den USA weiterhin top secret. Genügend Dokumente hingegen belegen die Jagd aller Alliierten auf deutsche Waffenspezialisten und ihre wissenschaftlich-technische Hard- und Software.

Seitens der Vereinigten Staaten von Amerika erfolgte dies durch die Geheimmission »Paperclip«, so genannt, weil die Karteikarten der Gesuchten mit Büroklammern markiert worden waren. Der Deckname für den Plan zur Beschaffung und Weiterentwicklung der V2 lautete kurioserweise »Hermes« wie das spätere Projekt eines europäischen Raumgleiters. Das sowjetische Gegenstück zu »Paperclip« trug die Bezeichnung OSOAWIACHIM (Obschtschestwo sodejstwija oboronje i awiazionno-chimitscheskomu stroitjelstwy – Gesellschaft zur Förderung der Verteidigung, des Flugwesens und der Chemie) nach der 1927 gegründeten paramilitärischen Massenorganisation der UdSSR. Die Agenten des britischen Unternehmens »Backfire« (Frühzündung) und der französischen DGER (Direction Générale des Etudes et Recherches de Défense Nationale – Generaldirektion für Forschungen und Untersuchungen zur nationalen Verteidigung) suchten ebenfalls anhand von Schwarzen Listen nach deutschen Waffenspezialisten.

Den größten Fischzug auf dem Gebiet der Raketentechnik machten eindeutig die Amerikaner. Ihnen stellten sich in der »Alpenfestung« am Allgäuer Oberjoch die Köpfe mit General Dornberger und Professor von Braun an der Spitze. Sie holten aus der Grube »Georg Friedrich« bei Dörnten nordöstlich von Goslar das dort versteckte, 14 Tonnen schwere Peenemünder Archiv und schafften bis zum 31. Mai 1945 mit 341 Güterwaggons Material aus den Produktionsstollen und Depots im Südharz – ausreichend für etwa einhundert V2 – nach Antwerpen. Von dort wurde die Kriegsbeute auf 16 Truppentransportern nach New Orleans verschifft und auf das Raketenversuchsgelände White Sands verbracht, wo am 14. März 1946 die erste V2 in den USA startete – nur zehn Monate nach Kriegsende.

Das geschah entgegen den Vereinbarungen der Anti-Hitler-Koalition, denn auf der Konferenz von Jalta hatten die drei Großen – UdSSR, USA und Großbritannien – am 11. Februar 1945 endgültig die zukünftigen Besatzungszonen in Deutschland festgelegt. Die US-Streitkräfte waren im Zuge der Kampfhandlungen bis in den Norden Thüringens vorgedrungen, der zur SBZ gehörte und also wieder geräumt werden mußte. Am 5. Juni 1945 unterzeichneten die in der European Advisory Commission (Europäische Besatzungskommission) vertretenen Staaten in Berlin eine Vereinbarung, wonach den Besatzungsmächten eingeräumt wurde, innerhalb der Grenzen ihrer auf der Konferenz von Jalta festgelegten Besatzungszonen Industriewerke sowie alle Erfindungen, Patente und Pläne als Reparationsleistungen zu vereinnahmen.

Manfred Bornemann bemerkte dazu in seinem Buch »Geheimprojekt Mittelbau«:

»Das bedeutete, daß Amerikaner und Engländer am Südharz Rüstungsanlagen inspizieren, Spezialisten befragen und mitnehmen durften, doch alle Einrichtungen des Projektes ›Mittelbau‹ unberührt zurücklassen mußten, da fast der gesamte Mittelraum ein Teil der von den Sowjets beanspruchten Besatzungszone war. Daß man sich von Seiten der amerikanischen Streitkräfte über die von Militärs unverständlichen Abmachungen der Regierung hinwegsetzte, hat das Vorgehen der Amerikaner in Mitteldeutschland gezeigt.«

Die kongenialen Raketenkonstrukteure Sergej Koroljow und Wernher von Braun, die während des Kalten Krieges jahrzehntelang Gegenspieler im Raketenpoker der Supermächte waren, wären sich damals im Nachkriegs-Deutschland fast begegnet. Der spätere »Vater des Sputniks« trug die Uniform eines Obersten der Roten Armee und war für die Technische Sonderkommission der Regierung der UdSSR unterwegs in Peenemünde und Nordhausen. Am 15. Oktober 1945 nahm er hingegen, in der Uniform eines Artilleriehauptmanns als Generalskraftfahrer getarnt, in Cuxhaven am Start einer rekonstruierten V2 zu Testzwecken teil, der von den Engländern im Rahmen des Projektes »Backfire« (Rückschlag) durchgeführt wurde. Koroljow, der sieben Jahre in Stalins GULAG zubringen mußte, fuhr in dessen Auftrag nach Deutschland. Er sprach gut Deutsch mit ostpreußischer Färbung. Doch der deutsche »Raketenbaron« war bereits am 29. September unbemerkt in die USA eingeschleust worden, gefolgt von 127 seiner besten Leute, darunter auch der Raketenstartexperte Kurt Debus, späterer Startdirektor von Cape Canaveral und der Fertigungsfachmann Arthur Rudolph, der zum Produktionschef für die Pershing II avancierte.

Jagd auf deutsche Gehirne

Das erfolgte im Rahmen des geheimen Kommandounternehmens »Operation Overcoast« (Bedeckt) durch die amerikanischen Streitkräfte. Nach Angaben des US State Department, des Außenministeriums, wurden durch die Mission »Paperclip« zwischen Mai 1945 und Dezember 1952 insgesamt 642 deutsche Spitzenwissenschaftler und -ingenieure für Waffentechnik unter Umgehung der Einwanderungsgesetzgebung in die USA geholt. 1954 erhielten die ersten einhundert alten Peenemünder feierlich die amerikanische Staatsbürgerschaft verliehen.

Tom Bower, Wissenschaftsjournalist und Fernsehproduzent der British Broadcasting Corporation (BBC), berichtete in seinem Buch »Verschwörung Paperclip – NS-Wissenschaftler im Dienst der Siegermächte« über das Vorgehen der Amerikaner in den zeitweilig von ihnen besetzten Gebieten der Sowjetischen Besatzungszone: »Die Umsiedlung der Peenemünder Wissenschaftler und ihrer Familien durch die Einheiten des US-Waffenamtes mit dem Ziel, ihre Gefangenschaft durch die Russen zu verhindern, war kein Einzelfall. Vor der Übergabe des Magdeburger Frontbogens an die Russen im Juni befahlen die westlichen Alliierten deutschen Wissenschaftlern – oft mit vorgehaltenem Gewehr –, ihre Häuser zu verlassen und nach Westen zu gehen. In viele Fällen blieben ihnen nur fünf Minuten. Sie wurden mit Waffengewalt zum Mitkommen gezwungen und in Militärkolonnen in die Westzonen gefahren.« Das war zwar nicht die feine englische Art, entsprach aber der Überlegung von »Ike« – dem Fünfsternegeneral Dwight David Eisenhower, Oberbefehlshaber der US-Streitkräfte in Europa und der US-Besatzungstruppen in Deutschland: »Die deutschen Wissenschaftler sind die einzige Reparation, die wir wahrscheinlich bekommen.«

Die Briten verhielten sich auch nicht viel anders, hatten jedoch hinsichtlich der Raketenexperten keine so klare Konzeption wie für die Atomforscher. Sie griffen sich zwar General Dornberger und internierten ihn und einige andere in Bridgend in Wales. Doch außer Verhören passierte nichts weiter. Als sie den letzten Kommandeur der Heeresversuchsanstalt Peenemünde 1947 entließen, ging dieser sofort in die USA, wo er wie ein Held gefeiert wurde.

Die Franzosen machten reichere Beute, konnten sie sich doch der Gruppe um Eugen Sänger und Rolf Engel bemächtigen, die selbständige Arbeiten an Raketen in Bayern und in der Tschechoslowakei durchgeführt hatten. Etwa 300 V-2-Leute wurden in Vernon konzentriert, wo das neue Raketenzentrum Frankreichs entstand. Der Peenemünder Spitzenmann Wolfgang Pils hatte dort großen Anteil an der Entwicklung der Höhenforschungsrakete »Véronique«.

Friedensgefangene des Kreml

»Auf Befehl der Sowjetischen Militär-Administration in Deutschland müssen Sie fünf Jahre in Ihrem Fach in der Union der Sozialistischen Sowjet-Republiken arbeiten. Die Arbeitsbedingungen sind dieselben wie für einen Sowjetbürger in entsprechender Stellung. Ihre Frau und Ihre Kinder können Sie begleiten. Von Ihren Sachen dürfen Sie soviel mitnehmen, wie Sie wollen...«. So oder ähnlich lauteten die lapidaren Mitteilungen, die Hunderte ehemaliger Waffenspezialisten in der Sowjetischen Besatzungszone von russischen Offizieren erhielten, als sie in einer Nacht- und Nebelaktion vom 21. auf den 22. Oktober 1946 mit ihren Familienangehörigen durch Sondereinheiten des NKWD gen Osten transportiert wurden. Diese Deportation erfolgte als Dienstverpflichtung unter Berufung auf die im Potsdamer Abkommen festgeschriebene Wiedergutmachungspflicht.

Für die 175 Raketenexperten im thüringischen Bleicherode begann die lange Reise mit einem feuchtfröhlichen Fest im Saal des Waldhauses »Japan«. General Gaidukow hatte zu einem Bankett mit Kaviar und Wodka, Seelachs und Rheinwein eingeladen. Zu fortgeschrittener Stunde erhielten die Ehefrauen der Gäste die telefonische Mitteilung, sie müßten die Sachen packen, da sie mit ihren Männern am kommenden Morgen in die Sowjetunion führen. Als der Tag graute, kamen die Abholkommandos und brachten die Leute, die auf der Liste standen, zum Güterbahnhof von Kleinbodungen, wo 60 Waggons für die Fahrt gen Osten bereitstanden. Soldaten verluden das Hab und Gut. Dazu gehörten neben Möbeln auch Personenkraftwagen; die Frau des deutschen Generaldirektors Gröttrup durfte sogar zwei Kühe für ihre Kinder mitnehmen.

Der Sonderzug nach Moskau benötigte für die rund 2.000 Kilometer lange Strecke zwanzig Tage. Unterwegs begegneten die Peenemünder den Zeissianern aus Jena, den Junkers-Leuten aus Dessau und anderen Fachleuten, die zeitgleich dem selben Ziel entgegenfuhren. Insgesamt erfaßten Ulrich Albrecht, Andreas Heinemann-Gründer und Arend Wellmann von der Freien Universität Berlin in ihrer Studie von 1992 »Die Spezialisten – Deutsche Naturwissenschaftler und Techniker in der Sowjetunion nach 1945« namentlich 4.092 Personen – 2.370 Naturwissenschaftler und Techniker sowie 1.722 Angehörige. Insgesamt rechnen sie mit etwa 3.000 Spezialisten und verweisen höhere Angaben von 30.000 oder, mit Familienangehörigen, sogar bis zu 300.000 in das Reich der Phantasie. Die 59 von ihnen ermittelten Spezialisten-Gruppen bestanden zu 35 Prozent aus Luftfahrtingenieuren, zu 17 Prozent aus Raketenforschern, zu zwölf Prozent aus Optiktechnikern und zu elf Prozent aus Kernforschern. Der Rest von 25 Prozent entfiel auf die Bereiche Chemie, Marinetechnik, Elektronik und Hochfrequenztechnik. Knapp die Hälfte aller Spezialisten waren Nichtakademiker, ein Drittel Ingenieure, 16 Prozent Doktoren und zwei Prozent Professoren.

Die Studie unterscheidet vier Migrationstypen: Die Frühmigranten (vier Prozent) gingen unmittelbar nach Kriegsende (Mai bis November 1945) einige sogar schon vor der Kapitulation, mehr oder weniger freiwillig. Dazu gehörten der Physik-Nobelpreisträger Gustav Hertz, der Chemiker Peter-Adolf Thießen und der Erfinder Manfred Baron von Ardenne. Sie und andere warteten in den ersten Nachkriegsmonaten in luxuriösen Datschen am Rande von Moskau bei fürstlicher Bewirtung auf ihren Einsatz, der erst nach Hiroshima erfolgte. Wenig bekannt ist, daß sowjetische Emissäre auch in den Westzonen Nobelpreisträger wie Werner Heisenberg und Otto Warburg mit lukrativen Angeboten aufsuchten.

Den zweiten Typ stellten die Zwangsverpflichteten (85 Prozent) dar, die im Oktober 1946 abtransportiert wurden oder wenig später Arbeitsverträge erhielten. Hierzu gehörte Helmut Gröttrup, der möglicherweise auch mit Wernher von Braun in die USA gegangen wäre, hätte er sich nicht mit seinem ehemaligen Chef über die Konzeption zukünftiger Raketen überworfen.

Die dritte Gruppe bildeten Experten, die aus sowjetischer Kriegsgefangenschaft rekrutiert wurden (acht Prozent). Der prominenteste von ihnen war der Physiker Max Steenbeck. Er sollte als Volkssturmmann die Siemens-Schuckert-Werke in Berlin verteidigen und wurde im April 1945 von der Roten Armee gefangengenommen. Der sowjetische Kernphysiker Lew Arzimowitsch entdeckte ihn Mitte Oktober desselben Jahres vollkommen entkräftet in einem Lager und brachte ihn nach Suchumi ans Schwarze Meer.

Schließlich gab es noch einen vierten Typ – von den anderen »die Blauen« genannt. Das waren Zivilgefangene (drei Prozent), die zum Teil aufgrund ihrer Nazivergangenheit in Internierungslagern saßen.

Auf der Insel Gorodomlia

Moskaus Raketenzentrum im Südharz jedenfalls hatte seine Schuldigkeit getan und hörte auf zu existieren. In weiteren 92 Eisenbahntransporten wurde Personal und vor allem Gerät nach Rußland transportiert. Bis zum Frühjahr 1948 war die Demontage beendet, und die Zugänge zu den unterirdischen Produktionsstätten wurden durch Sprengungen verschlossen. Zwanzig Jahre lang blieben die Stollen im Kohnstein und Himmelberg unbeachtet.

Nach 1965 wurden einige wieder freigelegt und Kühlanlagen für Obst, Gemüse und Konserven eingerichtet. Ein großer Teil des Berges fiel einem Steinbruch zum Opfer. 1973 erfolgte im Lager Dora die Eröffnung einer Mahn- und Gedenkstätte und eines Museums beim Kuratorium. Nach der Wiedervereinigung Deutschlands hat sich die Gedenkstätte das Ziel gestellt, das Stollensystem zu erhalten.

»Prisoners of Peace« (Friedensgefangene) nannten sich im Unterschied zu den »Prisoners of War« (Kriegsgefangene) die 1946 in die Sowjetunion deportierten deutschen Wissenschaftler und Techniker. Die Postanschrift der Raketenspezialisten lautete: Ostaschkow, Postfach Nummer 1.

Die wichtigsten Gruppen waren folgende:
– Das Wissenschaftliche Forschungsinstitut NII 88 in Moskau Podlipki, was soviel wie »Unter den Linden« heißt, verfügte über ein deutsches Kollektiv, das unter Leitung von Helmut Gröttrup an der Rekonstruktion und Startvorbereitung der V2 arbeitete, die später die Bezeichnung R1 trug.

– Die größte Gruppe arbeitete auf der Insel Gorodomlia im Seligersee, der im Quellgebiet der Wolga zwischen Moskau und Sankt Petersburg liegt, an der Entwicklung neuer Raketen. Sie galt als Zweigstelle des NII 88 und wurde ebenfalls von Direktor Gröttrup geleitet.
– In Chimki bei Moskau, wo das Versuchs-Konstruktionsbüro (OKB) für Raketentriebwerke unter Walentin Gluschko seinen Sitz hatte, experimentierten Treibstoffexperten der ehemaligen SAG Zentralwerk mit Dr. Franz Matthes an der Spitze mit neuartigen Treibstoffkombinationen.
– In Moskau arbeitete außerdem ein kleines deutsches Kollektiv unter Dr. Theodor Schmidt vom Forschungsinstitut der Deutschen Reichspost und der Universität Greifswald an theoretischen Problemen der Ballistik.
– Schließlich gab es in Monino bei Moskau und in Lossino-Petrowsk zwei weitere Gruppen von Spezialisten aus der SAG Zentralwerk, der GEMA und dem LKVO unter Dr. Ferdinand Ruhle und Dr. Neidhardt, die Chefkonstrukteur Koroljow offensichtlich als Reserve betrachtete.

Spezialisten, die aus der Kälte kamen

Die erste rekonstruierte A4/V2 startete am 18. Oktober 1947 vom gerade fertiggestellten Raketenversuchsgelände Kapustin Jar an der Wolga. Das innovativste Entwicklungsprojekt der deutschen Experten war jedoch die R14, eine einstufige Flüssigkeitsrakete, die drei Tonnen Nutzlast über 3.000 Kilometer Entfernung befördern sollte. Zur Behauptung, mit diesem Trägersystem sei SPUTNIK I gestartet worden, erklärte mir der Steuerungsexperte Dr. Ruhle nach seiner Rückkehr: »Rechnen Sie doch selbst nach, dann werden Sie feststellen, daß mit dieser Rakete die Masse des ersten künstlichen Erdsatelliten von 83,6 Kilogramm nicht auf die notwendige Kreisbahngeschwindigkeit von 7,9 Kilometern in der Sekunde hätte beschleunigt werden können. Dazu bedurfte es wesentlich mehr.« Der Aerodynamiker Professor Albring schrieb in seinem Erinnerungsbuch »Gorodomlia – Deutsche Raketenforscher in Rußland«: »Die größte Rakete, an der das deutsche Kollektiv arbeitete, hatte 40 Tonnen Startmasse. Die eigentliche Trägerrakete, die den Sputnik in die Erdumlaufbahn schleuderte, hatte mehr als das Sechsfache an Startmasse. Unser Kollektiv hatte die Entwicklungsarbeiten schon um das Jahr 1950 eingestellt. Bis 1957 haben die sowjetischen Wissenschaftler intensiv weitergeforscht – ohne Kontakte zu uns. Sie besaßen unsere Entwürfe; was sie im einzelnen machten, ist mir nicht bekannt. Was ich also sagen will: Die eigentliche Trägerrakete des Sputnik ist eine sowjetische Entwicklung gewesen. Natürlich war das deutsche Kollektiv für das sowjetische Vorhaben eine Stütze und eine Hilfe.«

Dr. Waldemar Wolf, der Ballistiker der Gruppe, sagte mir in den sechziger Jahren: »Der ›Sputnik-Schock‹ von 1957 führte im Westen zu der Legendenbildung, die Deutschen hätten den Russen die Rakete gebaut. Die Hauptarbeit unseres Kollektivs bestand jedoch in der Rekonstruktion der V2 sowie in einigen Weiterentwicklungen. Die sowjetischen Konstrukteure bauten zwar auf diesem Konzept auf, gingen jedoch schon wenige Jahre später weit darüber hinaus und verließen diese Entwicklung endgültig mit der ersten funktionsfähigen interkontinentalen ballistischen Rakete, die im August 1957 startete.«

Isoliert von der sowjetischen Forschung und Entwicklung machten die deutschen Spezialisten zunächst eine »Abkühlungsphase« durch, bevor sie ohne die neuesten Kenntnisse heimkehren durften. Ihre Rückkehr erfolgte in drei großen Schüben: 1950/51 zu 21 Prozent, 1952/53 zu 32 Prozent, 1954/55 zu 38 Prozent und der Rest bis 1959. Die erste Gruppe der Raketenexperten wurde im Frühjahr 1951 in die DDR entlassen, das Gros ein Jahr später. Der Spitzenreiter Helmut Gröttrup und andere entschieden sich für den Westen und gingen in die BRD, der größere Teil jedoch blieb im Osten als Bürger der DDR. Allerdings spielten die Raketenleute im Unterschied zu den Kernforschern wie Manfred von Ardenne, Gustav Hertz, Max Steenbeck und Peter-Adolf Thießen keine so hervorragende Rolle in Wissenschaft und Wirtschaft der DDR. Einen großen Teil der Spezialisten, die aus der Kälte kamen, lernte ich unmittelbar nach ihrer Rückkehr in die Heimat persönlich kennen. Die höchste Funktion in der DDR erreichte der Peenemünder Ingenieur Erich Apel, ein Mann von hervorragenden organisatorischen und diplomatischen Fähigkeiten. Vor 1945 Assistent des Betriebsleiters der Firma Linke-Hoffmann in Breslau, die Teile der V2 produzierte, wirkte er auf Gorodomlia als erfindungsreicher Leiter der Versuchswerkstatt. Sein Motto lautete: »Unmögliches wird sofort erledigt, Wunder dauern drei Tage«. Der in Thüringen geborene Außenseiter, der zu Walter Ulbrichts »neuen Leuten« gehörte, wurde 1957 Minister für Schwermaschinenbau, Mitglied des Zentralkomitees der SED und Kandidat des Politbüros. Die steile Karriere führte über Sekretär für Wirtschaft des ZK der SED und Leiter der Staatlichen Plankommission zum Stellvertreter des Ministerpräsidenten der DDR. Dr. Apel, ein persönlicher Freund des Wirtschaftszaren Günter Mittag, nahm sich am 3. Dezember 1965 aus Verzweiflung über die Ausweglosigkeit für eine neue Wirtschaftspolitik in der DDR das Leben. Während einer Begegnung mit Mitgliedern des Präsidiums der deutschen Astronautischen Gesellschaft, darunter Wissenschaftlern, mit denen er in der Sowjetunion zusammengearbeitet hatte, erlebte ich, wie er zu diesen sagte: »Wenn man euch den kleinen Finger reicht, dann nehmt ihr gleich die ganze Hand.« Damit meinte er offensichtlich die Besessenheit der Raumfahrtenthusiasten.

Dr. Waldemar Wolf, einst Chefballistiker beim Kanonenkönig Krupp, der auch in der Sowjetunion auf diesem Gebiet tätig war, erhielt in der DDR eine Professur an der Militärakademie »Friedrich Engels« in Dresden und trat als Verfasser moderner Lehrbücher über Ballistik hervor. Kurze Zeit war der liebenswürdige und kluge Mann, im Westen als »Roter Wolf« bezeichnet, Vorsitzender unserer zentralen Sektion Astronautik beim Präsidium der Gesellschaft zur Verbreitung wissenschaftlicher Kenntnisse, der späteren URANIA.

Dr. Ferdinand Ruhle, ein brillanter Steuerungsingenieur, in Fachkreisen der »schnelle Ferdinand« genannt, wirkte an der Entwicklung des ersten und einzigen Düsenverkehrsflugzeuges der DDR, der vierstrahligen 152 mit, die 1959 leider abstürzte, aber bis heute von Luftfahrtwissenschaftlern als eine hervorragende Maschine gewertet wird. Später arbeitete er am Zentralinstitut für Automatik in Dresden und war ebenfalls Vorsitzender der Zentralen Sektion Astronautik. Er erzählte mir viel von seinen Erlebnissen in der Sowjetunion, aus der er seine furchtbar eifersüchtige Frau mitgebracht hatte. Wenn er glaubte, sich bei einem Gelage schlecht benommen zu haben, pflegte er zu unserem Wissenschaftlichen Sekretär Herbert Pfaffe zu sagen: »Gehen Sie doch mal mit einem Blumenstrauß zu Frau Sowieso und entschuldigen Sie uns.«

Der Jenaer Astronom Professor Johannes Hoppe, der versehentlich nach Rußland deportiert worden war und dort meßtechnische Arbeiten leistete, avancierte zum Direktor am Heinrich-Hertz-Institut der Akademie der Wissenschaften der DDR in Berlin-Adlershof und zum Präsidenten der Deutschen Astronautischen Gesellschaft der DDR. »Das schöne an der Planung in der Sowjetunion war, daß wir als Aufgabe immer das angaben, was wir schon gelöst hatten«, sagte mir der außerordentlich feinfühlige und menschenfreundliche Wissenschaftler. »Dann konnten wir in aller Ruhe forschen und neue Ergebnisse erzielen.« Kurz vor seinem 80. Geburtstag wurde der neu entdeckte Planetoid Nummer 3499 nach ihm benannt, den wir alle als »Opa Hoppe« verehrten.

Dr. Werner Albring, bis 1945 Leiter des Instituts für Aerodynamik in Hannover, der 1946 in die Sowjetische Besatzungszone kam und bis 1952 Sektionschef für das gleiche Arbeitsgebiet auf Gorodomlia war, wirkte nach seiner Rückkehr als Professor für Strömungslehre an der Technischen Universität Dresden, wo er sich insbesondere mit der Turbulenzforschung beschäftigte. 1961 wurde er Bereichsleiter an der Sektion Energieumwandlung der TU und Ordentliches Mitglied der Akademie der Wissenschaften der DDR. Eine Mitarbeit in der Astronautischen Gesellschaft der DDR lehnte er jedoch ab. Von 1965 bis 1985 war er Vorsitzender des Redaktionskollektivs der Zeitschrift »Maschinenbautechnik«. Zu den Buchveröffentlichungen des Ehrendoktors der Technischen Hochschule Leningrad gehören »Angewandte Strömungslehre« und »Elementarvorgänge fluider Wirbelbewegungen«. In einem Interview erklärte er 1991: »Die DDR ist trotz aller Mängel und Schwächen ein Staat gewesen, in dem Kunst gefördert, in dem Wissenschaft gefördert wurde, ein Staat mit einem relativ hohen Lebensniveau. Nein, so bedrückt und eingesperrt wie auf Gorodomlia habe ich mich in der DDR nicht gefühlt.«

Struktur der deutschen Raketengruppen in der UdSSR

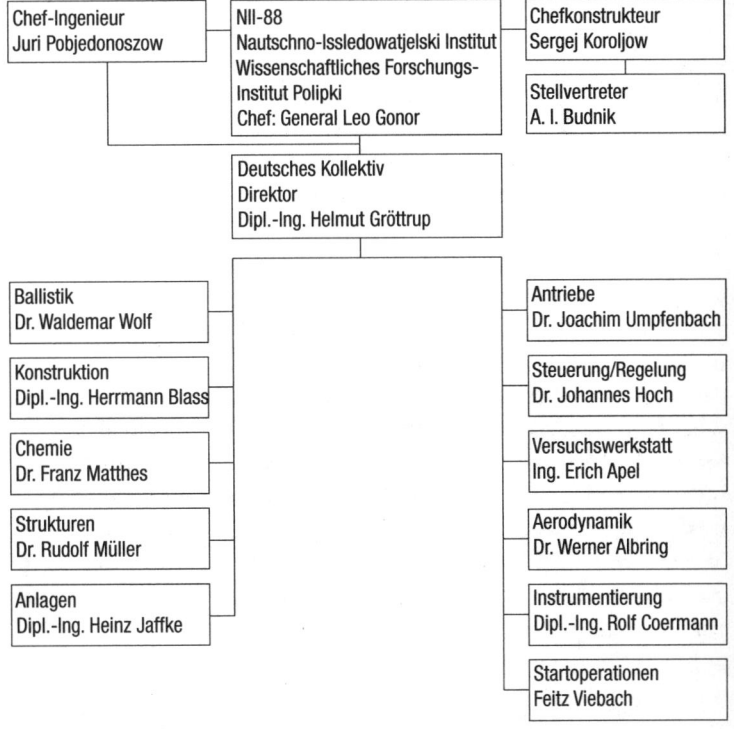

Forschungszentrum Akademie

Anfang 1946 gehörte ich zu den ersten Studenten, die nach dem Zweiten Weltkrieg an der Berliner Universität immatrikuliert wurden. Die relativ späte Wiedereröffnung ergab sich aus der Notwendigkeit, das stark zerstörte Hauptgebäude Unter den Linden einigermaßen nutzbar zu machen. Daran beteiligten wir uns freiwillig, an der Seite der legendären »Trümmerfrauen«.

Die Bevölkerung Berlins war im Krieg von 4,3 auf 3,2 Millionen gesunken; von 1,5 Millionen Wohnungen lag ein Drittel in Schutt und Asche.

Die Gebrüder Humboldt zu beiden Seiten des Haupteingangs der Universität blickten auf das erwachende Studentenleben. Eine beliebte Frage an Neulinge, die hinter dem Rücken der beiden Großen gestellt wurde, lautete: Wo steht Alexander und wo Wilhelm? Die richtige Antwort: Alexander, der große Naturforscher und Geograph, in Richtung Alexanderplatz, Wilhelm, der Gelehrte und Politiker, nach dessen Bildungskonzept die Alma Mater Berlinensis 1810 gegründet worden war, in Richtung Wilhelmstraße.

Das Zertifikat, das ich bei der Zeremonie erhielt, hatte folgenden Wortlaut: »Unter dem Rektorat von Johannes Stroux, Doktor der Philosophie und ordentlicher Professor der Klassischen Philologie, Kommissarischer Präsident der Akademie der Wissenschaften, ist heute Herr Horst Hoffmann aus Berlin als Student der Philosophischen Fakultät in die Universität Berlin aufgenommen und durch Handschlag feierlich auf ihre Ordnung verpflichtet worden. Der Rektor.« Die Benennung in Humboldt-Universität erfolgte erst 1949. Mein Studienbuch trägt noch die Aufschrift Friedrich-Wilhelm-Universität, denn Papierknappheit gebot den Verbrauch der vorhandenen Drucksachen.

Wie der Rektor waren viele meiner Lehrer gleichzeitig Professoren der Universität und Mitglieder der Akademie, die 1700 von Gottfried Wilhelm Leibniz als Brandenburgische Sozietät der Wissenschaft gegründet worden war. Im Laufe ihrer fast 300-jährigen Geschichte nahm sie annähernd 3.000 Persönlichkeiten als Mitglieder auf, darunter mehr als 1.000 Naturwissenschaftler, die 129 Astronomen und Astrophysiker einschließen. Das Blättern im Gesamtverzeichnis gleicht einer Reise durch die Geschichte der Wissenschaften. Das Buch beginnt mit dem Physiker Ernst Abbe, Gründer der Carl-Zeiss-Stiftung, und endet mit Theodor Zwinger, einem Mediziner des 18. Jahrhunderts. Viele Namen haben einen so hohen Rang und Klang, daß die Nennung der Vornamen überflüssig ist: Bohr, Darwin, Celsius, Einstein, Euler, Faraday, Hahn, Hegel, Heisenberg, Herder, Kelvin, Lessing, Planck, Voltaire.

Weniger bekannt ist, daß auch folgende Persönlichkeiten Mitglieder waren: Charles Louis die Montesquieu, der mit seiner Lehre von der Gewaltenteilung großen Einfluß auf die Französische Revolution hatte, Katharina II., Zarin von Rußland, die gewählt wurde, und Friedrich II., König von Preußen, der sich selbst zum amtierenden Präsidenten der Akademie ernannte. Die junge Luft- und Raumfahrt ist in den Annalen durch Forscher vertreten wie den Aerodynamiker Ludwig Prandtl, bei dem Hermann Oberth in Göttingen studierte, den Strömungstechniker Werner Albring, der in Gorodomlia Raketen entwickelte, und den Steuerungsexperten Boris Petrow, der zeitweilig Vorsitzender des INTERKOSMOS-Rates bei der Akademie der Wissenschaften der UdSSR war.

Die Grundlagenforschung in den Weltraumwissenschaften erfolgte in der SBZ und in der DDR vor Beginn des Raumfahrtzeitalters vor allem an der Deutschen Akademie der Wissenschaften zu Berlin, der späteren Akademie der Wissenschaften der DDR. Sie bildete mit etwa 17.000 Mitarbeitern und 1.680 Liegenschaften die größte und bedeutendste Forschungseinrichtung in Deutschland. In einer Festrede anläßlich der Eröffnungsfeier am 1. August 1946 erklärte der Astronom Hans Kienle:

»Wir sehen in dem Namen Deutsche Akademie der Wissenschaften zu Berlin eine Verpflichtung, die der Akademie daraus erwächst, daß sie das verwaiste Erbe aus dem Zusammenbruch all der Einrichtungen antritt, die einst in Berlin ihren Sitz hatten, und daß sie darüber hinaus klar die große Chance erkannt hat, die ihr gerade in diesem Zeitpunkt durch die Besinnung auf ihre historische Aufgabe gegeben wird. Sie knüpft an alte Traditionen an und nimmt wieder auf, was ihr im Laufe einer von diesen Traditionen abweichenden Entwicklung verlorenging, und sie wird sich neue Aufgaben stellen, die sich aus den weiteren Verpflichtungen ergeben.«

Die Weltraumwissenschaften gehörten von 1946 bis 1949 zur mathematisch-naturwissenschaftlichen Klasse der Akademie, von 1949 bis 1954 zur Klasse Mathematik und allgemeine Naturwissenschaften und von 1954 bis 1968 zur Klasse Physik.

Bereits am 1. November 1946 wurde innerhalb der Akademie eine Sektion für Astronomie gebildet. Den Vorsitz hatte Cuno Hoffmeister, Leiter der Sternwarte Sonneberg; Mitglieder waren Hermann Lambrecht, Direktor der Universitäts-Sternwarte Jena und Johann Wempe, Direktor des Astrophysikalischen Instituts Potsdam.

Auf dem Potsdamer Telegraphenberg

Geographisch konzentrierte sich die Grundlagenforschung der Kosmoswissenschaften auf drei Räume: Potsdam, Berlin und Thüringen. Die Forschungseinrichtungen der Akademie verfügten zum Teil über eine lange Tradition in ihrer Tätigkeit.

So wurden astronomische Beobachtungen bereits vor über zweieinhalb Jahrhunderten aufgenommen. Die geodätischen Forschungen reichten über mehr als hundert Jahre zurück, und nur wenig jünger waren die Arbeiten auf dem Gebiet des Geomagnetismus und der Seismologie. Allein vier Einrichtungen hatten ihren Sitz in Potsdam:
– Das Astrophysikalische Observatorium auf dem Telegraphenberg, zu dem auch der berühmte Einstein-Turm und eine Außenstelle in Tremsdorf bei Saarmund gehörte, gliederte sich in drei Abteilungen: 1. Sonnenphysik: Beobachtung und physikalische Deutung der Erscheinungen auf der Sonnenoberfläche, insbesondere Messungen der Magnetfelder in Sonnenflecken. 2. Sternphysik: Bestimmung der physikalischen Zustandsparameter der Sterne, insbesondere Ableitung von Sterntemperaturen aus der Messung der spektralen Intensitätstempe-

raturen. Beobachtung visueller Doppelsterne. Auswertung der gesamten Literatur über diese Objekte. Kartenmäßige Erfassung und kritische Bearbeitung der gesamten Literatur über die veränderlichen Sterne. Herausgabe der »Geschichte und Literatur der veränderlichen Sterne«. Lichtelektrische Helligkeitsmessungen hoher Präzision, insbesondere von veränderlichen Sternen. Bahnbestimmung von photometrischen Doppelsternen. Entwicklung und Erprobung neuer astronomischer Beobachtungsgeräte in Zusammenarbeit mit dem VEB Carl Zeiss Jena. Herausgabe der Zeitschrift »Astronomische Nachrichten« und der »Astronomischen Abhandlungen«. 3. Laboratoriumsphysik und Radioastronomie: Entwicklung und Erprobung von Geräten für den Empfang der kosmischen Kurzwellenstrahlung. Anwendung auf die Beobachtung der Sonne, der galaktischen und außergalaktischen Radioquellen. Entwicklung und Herstellung lichtelektrischer Geräte für spezielle astrophysikalische Meßmethoden.

– Die Sternwarte Babelsberg konzentrierte sich auf die Positionsastronomie, den Zeitdienst sowie auf spektral-photometrische, kolorimetrische und lichtelektrische Messungen von Sternen unter besonderer Berücksichtigung der veränderlichen Sterne. Der Zeitdienst der Sternwarte, an den die Zentraluhren der Reichsbahndirektion Berlin durch eine direkte Leitung angeschlossen waren, wurde regelmäßig und ohne Störungen durchgeführt.

– Das Astronomische Recheninstitut in Potsdam-Babelsberg verfügte über vier Abteilungen mit folgenden Aufgabengebieten: 1. Berliner Astronomisches Jahrbuch: Teilweise Berechnung und Redaktion der seit 1776 laufend erscheinenden Publikation mit Vorausberechnungen für praktische Astronomen. Geschichte des Sternhimmels. Sammlung von Beobachtungen bis 1900 im einheitlichen System. 2. Numerische Integration: Verfolgung mehrerer himmelsmechanisch interessanter Objekte durch numerische Integration und theoretische Verarbeitung. 3. Tafelwerke: Berechnung mathematischer, in der Astronomie benötigter Tafeln. 4. Hamburger Index: Nachweis aller Fixsternbeobachtungen nach 1925.

– Im Geodätischen Institut am Telegraphenberg gab es vier Abteilungen mit folgender Aufgabenstellung: 1. Theoretische Geodäsie: Ausgleichungsarbeiten. 2. Astronomische Geodäsie: Zeit- und Uhrendienst sowie fundamentale geographische Ortsbestimmungen. 3. Praktische Geodäsie: Längenmessungen und Instrumentenuntersuchungen. 4. Gravimetrie und Nivellement: Schweremessungen.

Adlershofer Augen

Im Raum Berlin wirkten vier Einrichtungen der Akademie, die für die Kosmosforschung von Bedeutung waren:
– Das Heinrich-Hertz-Institut für Schwingungsforschung in Berlin-Adlershof verfügte über fünf Abteilungen für folgende Aufgabengebiete: 1. Elektroakustik: Theoretische und experimentelle Untersuchungen elektroakustischer Probleme. Beratung für raum- und bauakustische Fragen, Prüfung und Messung elektroakustischer Erzeugnisse der Industrie. 2. Wellenausbreitung und Hochfrequenztechnik: Wissenschaftliche Bearbeitung aller theoretischen und experimentellen Fragen der Ausbreitung elektromagnetischer Wellen, laufende Registrierung der damit zusammenhängenden physikalischen Phänomene und Entwicklung von Geräten zur Messung der notwendigen physikalischen Grundwerte. 3. Hochfrequenzphysik: Theoretische und experimentelle Arbeiten über die Physik der elektromagnetischen Schwingungen höchster Frequenzen. Entwicklung von Meßverfahren für die Höchstfrequenztechnik. 4. Elektronik: Theoretische und experimentelle Arbeiten auf dem Gebiet der Elektronenoptik, der lichtelektrischen Schichten und der Phosphoreszenz durch Elektronenanregung. 5. Dielektrische und magnetische Stoffuntersuchungen: Physikalische und chemische Arbeiten über Magnetbandschichten und Leuchtphosphore für Fernsehzwecke.
– Das Institut für Optik und Feinmechanik in Berlin-Adlershof forschte in zwei Abteilungen und einer Arbeitsgruppe in folgenden Richtungen: 1. Abteilung Optik: Interferenzoptik, Äquiden-

sitromie, Objektprüfung, Dupligrammetrie, Spektrophotometrie, Augenoptik, Geometrische Optik, Spektroskopie. 2. Abteilung Feinmechanik: Theoretische und experimentelle Arbeiten zur Erforschung der Grundlagen für Meßverfahren, die auf verschiedenen physikalischen Prinzipien beruhen – zur Bestimmung von Masse und Kraft sowie geometrischer Größen wie beispielsweise Längen und Winkel. Untersuchung der physikalischen Grundlagen feinmechanischer Bauelemente. Erforschung der Grundlagen für die Automatisierung des Messens und für die aktive automatische Kontrolle der Fertigung. Arbeitsgruppe Glastechnik und Beleuchtungsoptik: Signaloptik, Herstellung und Bearbeitung von ebenen, sphärischen und asphärischen Glasoberflächen. Alle diese Arbeiten erfolgten in enger Kooperation mit Carl Zeiss Jena.
- Im Zentrum für Wissenschaftlichen Gerätebau in Berlin-Treptow als übergreifende Einrichtung aller Institute entstanden Einzelexemplare oder Prototypen für Kleinserien wissenschaftlicher Geräte aller Art.
- Im Institut für Kernforschung Miersdorf bei Zeuthen gab es die Abteilung Kosmische Strahlung, die Vorgänge untersuchte, die durch die Strahlung aus dem Weltraum ausgelöst werden.

Im Süden der SBZ beziehungsweise der DDR wirkte die Akademie-Sternwarte Sonneberg in Thüringen, deren Forschungsarbeit sich auf die Astronomie und die Physik der hohen Erdatmosphäre konzentrierte.

Eine enge und fruchtbare Zusammenarbeit verband alle weltraumwissenschaftlichen Einrichtungen der Akademie von Anfang an mit der Universitäts-Sternwarte Jena und dem VEB Kombinat Carl Zeiss Jena, in dem astronomische Beobachtungs- und Meßgeräte aller Art hergestellt wurden. Vor dem Beitritt der DDR zur BRD war es mit 25 Betrieben und 70.000 Beschäftigten eines der größten feinmechanisch-optischen Unternehmen der Welt.

KOKO ohne Schalck

In der 40-jährigen Geschichte der DDR gab es Akademiereformen und Strukturveränderungen, die auch die Zugehörigkeit der Weltraumforschung und die Verantwortlichkeit für die Raumfahrt betrafen. Das geschah nicht selten aus einem gewissen Organisationsfetischismus heraus, mit dem nominell etwas geändert wurde, ohne real etwas zu verändern.

So gehörten die Kosmoswissenschaften nach Beginn des Raumfahrtzeitalters nacheinander zu folgenden Klassen der Akademie:
– von 1957 bis 1968 zur Klasse Physik,
– von 1969 bis 1972 zur Klasse Physik in Naturwissenschaft und Technik,
– von 1973 bis 1980 wieder zur Klasse Physik und
– von 1981 bis 1990 gab es eine Klasse für Geo- und Kosmoswissenschaften.

Ähnlich war es mit der Funktion einer Leiteinrichtung für die Raumfahrtaktivitäten, die nacheinander von folgenden Institutionen eingenommen wurde:
– von 1957 bis 1969 durch das Observatorium für Ionosphärenforschung in Kühlungsborn und das Heinrich-Hertz-Institut (Professor Ernst-August Lauter) in Berlin-Adlershof,
– von 1969 bis 1971 durch das Zentralinstitut für solar-terrestrische Physik, das nur zeitweilig existierte (Professor Ernst-August Lauter),
– von 1971 bis 1972 durch die Forschungsstelle für Kosmische Elektronik in Berlin-Adlershof, ebenfalls eine kurzlebige Einrichtung (Professor Hans Wittbrodt),
– von 1972 bis 1981 durch das Institut für Elektronik in Berlin-Adlershof (Professor Hans-Joachim Fischer) und
– von 1981 bis 1990 durch das Institut für Kosmosforschung – IKF – in Berlin-Adlershof (Professoren Robert Knuth und Heinz Kautzleben).

Für die Planung und Koordinierung der Grundlagenforschung im Bereich der Akademie der Wissenschaften und des Ministeriums für Hoch- und Fachschulwesen gab es den Wissenschaftlichen Rat des Forschungsprogramms Geo- und Kosmoswissenschaften als Beratungsgremium. Das Forschungspotential der Akademie bildeten folgende Zentralinstitute, Institute und wissenschaftliche Einrichtungen des Forschungsbereichs Geo- und Kosmoswissenschaften unter Leitung von Professor Heinz Stiller mit Sitz in Potsdam: Das Zentralinstitut für Astrophysik Potsdam-Babelsberg mit der Sternwarte Babelsberg, der Sternwarte Sonneberg, dem Karl-Schwarzschild-Observatorium in Tautenburg und dem Observatorium für Radioastronomie in Tremsdorf.

Zum Aufgabenbereich gehörten komplexe Analysen der wissenschaftlichen Daten, die durch Raumflugkörper der internationalen Forschungsgemeinschaft INTERKOSMOS gewonnen wurden.

– Das Zentralinstitut für Physik der Erde (ZIPE) auf dem Potsdamer Telegraphenberg wirkte als Leiteinrichtung für die Fernerkundung der Erde mit aerokosmischen Mitteln. Das ZIPE konzentrierte sich auf die Entwicklung und Weiterentwicklung geodätischer, geophysikalischer, geologischer, geochemischer und petrologischer Forschungsmethoden einschließlich ihrer Spezialisierung für den Einsatz in kosmischen Experimenten.

– Das Heinrich-Hertz-Institut für Atmosphärenforschung und Geomagnetismus in Berlin-Adlershof mit dem Observatorium für Atmosphärenforschung in Kühlungsborn, der Ionensondenstation Juliusruh auf Rügen und dem Adolf-Schmidt-Observatorium für Erdmagnetismus in Niemegk wertete die wissenschaftlichen Daten der Höhenforschungsraketen und speziellen Forschungssatelliten aus.

– Das Institut für Kosmosforschung (IKF) in Berlin-Adlershof, hervorgegangen aus dem Institut für Elektronik, war die zentrale Leiteinrichtung der DDR für die Koordinierung der Aufgaben des Forschungsprogramms INTERKOSMOS. Zu den Zielsetzungen des Instituts gehörten naturwissenschaftliche Arbeiten und Arbeiten zur Erforschung und Nutzung des kosmischen Raumes sowie zur Entwicklung von Schlüsseltechnologien, die Entwicklung, der Bau und die Erprobung von Bordgeräten und Bodenausrüstungen für Weltraumexperimente sowie die Mitwirkung an der Verwertung von Ergebnissen der Raumfahrt und Kosmostechnik für die Volkswirtschaft. Das Institut gliederte sich in folgende Abteilungen: Optische Fernerkundung, Optoelektronische

Systeme, Extraterrestrische Physik, Entwicklung und Erprobung von Ausrüstungen für die Weltraumforschung und Satellitenbodenstation Neustrelitz.
– Das Institut für Meereskunde in Rostock-Warnemünde wertete vor allem die wissenschaftlichen Daten der ozeanologischen und ozeanographischen Meßsatelliten aus.
– Das Institut für Geographie und Geoökologie in Leipzig war für die wissenschaftliche Auswertung der Daten von Erderkundungs- und Umweltsatelliten sowie internationaler Programme auf diesem Gebiet zuständig.
– Das Einstein-Laboratorium für Theoretische Physik in Caputh, ansässig im ehemaligen Wochenendhaus des großen Gelehrten, wurde zu einer internationalen Begegnungsstätte, in der auch relativistische Phänomene der Raumfahrt diskutiert wurden. So stammt von Akademiemitglied Professor Hans-Jürgen Treder, dem führenden Einstein-Forscher der DDR, der Vorschlag, zwei gleichartige Satelliten auf nahezu identische, aber gegenläufige Umlaufbahnen zu befördern, um relativistische Messungen durchzuführen. Bis heute wurde dieses interessante Projekt nicht verwirklicht.

Weltraumforschung und Raumfahrt in der DDR waren weitgehend nach sowjetischem Vorbild organisiert. Das KOKO genannte Koordinierungskomitee für die friedliche Erforschung und Nutzung des Kosmos – nicht zu verwechseln mit dem gleichnamigen Imperium des »Devisenbeschaffers« Alexander Schalck-Golodkowski – zeichnete mit seinem Wissenschaftlichen Beirat für die gesamte Arbeit verantwortlich. In den siebziger Jahren unterstand es dem Ministerium für Wissenschaft und Technik, in den achtziger Jahren direkt dem Präsidenten der Akademie der Wissenschaften.

Zu den Mitgliedern des KOKO gehörten unter Vorsitz des Generalsekretärs der Akademie stellvertretende Minister und Staatssekretäre der mit der Raumfahrt befaßten Ministerien. Der Wechsel in der Zuständigkeit erfolgte auf Wunsch der Sowjetunion, wo ebenso wie in Polen, der Tschechoslowakei und anderen RGW-Ländern die Akademien für INTERKOSMOS verantwortlich zeichneten.

Das Ministerium für Wissenschaft und Technik der DDR wiederum sorgte für die Durchführung und Finanzierung in der chronischen Mangelwirtschaft.

Über allen jedoch thronte das Politbüro des ZK der SED und sein Apparat wie eine Sphinx.

Der »west-östliche Iwan«

Zu den Pionieren der Raumfahrtaktivitäten in der DDR gehörte Professor Hans-Joachim Fischer (1930 bis 1991); von Freunden und Mitarbeitern »Hajo« oder »Jochen« genannt. Er war von Anfang an dabei.

Am 4. Oktober 1957, dem 27. Geburtstag des Naumburgers, hörte er als junger Entwicklungsingenieur und Amateurfunker die historischen Signale des ersten SPUTNIK. Mit einer Arbeit über Satelliteninstrumentierung promovierte er zum Dr. rer. nat., und über Kosmische Physik habilitierte er.

Er wirkte als Verantwortlicher für Technik im Heinrich-Hertz-Institut und als Direktor des Instituts für Elektronik, unter Eingeweihten »Fischer-Klause« genannt. Professor Fischer hatte persönlichen Anteil an der Konzipierung, Projektierung und dem Start vieler Forschungs- und Anwendungsgeräte an Bord von Erdsatelliten und Tiefraumsonden, Raumschiffen und Orbitalstationen.

Er war Präsident und Ehrenpräsident der Gesellschaft für Weltraumforschung und Raumfahrt der DDR und Korrespondierendes Mitglied der Internationalen Astronautischen Akademie in Paris.

In den ersten drei Jahrzehnten des Raumfahrtzeitalters bin ich Hans-Joachim Fischer oft begegnet – in Berlin und Moskau, Paris und Wien, auf Beratungen von COSPAR und INTERKOSMOS. Gemeinsam nahmen wir an den Kongressen der Internationalen Astronautischen Föderation (IAF) in Baku, Amsterdam, Lissabon, Prag, Dubrovnik, München, Tokio und Innsbruck teil, besuchten das Europäische Weltraumtechnologiezentrum ESTEC im holländischen Noordwijk und die japanischen Raumfahrtzentren auf den

Pazifikinseln Kagoshima und Tanegashima sowie die Wissenschaftsstadt Tsukuba. Wir gingen zusammen im Atlantik und Pazifik, der Adria und im Schwarzen Meer baden. Wie nur wenige verband »Hajo« humorvollen Charme mit wissenschaftlicher Seriosität.

Er war ein ebenso talentierter »Black-Box-Bauer« wie ein Wissenschaftsmanager par excellence. Im Unterschied zu einigen arroganten Akademikern, die auf ihn herabschauten, erwarb er Patente und schrieb wertvolle Fachbücher. Für 75 Doktoranden war er ein väterlicher Betreuer. Seine guten Sprachkenntnisse in Russisch und Englisch sowie seine Bereitschaft, in schwierigen Situationen helfend als Simultan-Dolmetscher einzuspringen, trugen ihm im Kreis der internationalen Kosmosforscher die ehrenvolle Bezeichnung »west-östlicher Iwan« ein. Ich weiß nicht genau, wieviele Kilometer wir allein in Flugzeugen – »Flieger« sagten wir

1980 im japanischen Raketenzentrum Tanegashima: Prof. Hans-Joachim Fischer (Mitte) mit Peter Glöde und Horst Hoffmann (links)

damals nicht, weil das eine zweifelhafte Verdeutschung des englischen Begriffs »Flyer« ist – gemeinsam zurücklegten. Sicher kommen einige »Orbits« um die Erde zusammen. Ich weiß auch nicht genau, wieviel Zeit für die Gespräche zusammenkommt, die wir führten – in Kongreßhallen und auf Raketenstartplätzen, in Hotelzimmern und bei Spaziergängen –, sei es auf dem Brenner oder am Fuß des Fujiyama. Für mich als Journalist war es stets interessant und amüsant, was »Hajo« zu erzählen wußte. So sprach er gern über die Leistungen anderer:

»Zunächst wußten wir nicht, was wir mit den Signalen von SPUTNIK 1 anfangen sollten. Erst im Laufe der Zeit und besonders durch meinen späteren engen Kontakt zu Akademiemitglied Professor Karl-Heinz Schmelovsky, einem genialen Technikwissenschaftler, erfuhr ich, daß schon die ersten SPUTNIK Signale wissenschaftliche Parameter aussandten. Durch eine Längenmodulation konnten Temperaturmeßwerte von Bord übertragen werden, und durch Unterschiede auf den beiden Sendefrequenzen von 40,002 und 20,005 Megahertz ließen sich zu jener frühen Zeit sogar schon Aussagen über den Zustand der Atmosphäre machen. Karl-Heinz Schmelovsky wertete diese Signale wissenschaftlich aus und promovierte mit einer Analyse der Informationen vom Flug des SPUTNIK 3.«

Professor Fischer, von dem noch einige Male die Rede sein wird, war ein »Macher« im besten Sinne des Wortes. Mir sagte er kurz vor seinem Tod: »Ich hatte eine ganz einfache, pragmatische Strategie, die sich relativ gut bewährte: Auf einer Matrix führte ich Einsatzgebiet, technische Mittel und wissenschaftliche Zielstellung wie bei einem Kreuzworträtsel auf. Bei jedem gelungenen Experiment machte ich dann ein Kreuz. Also beispielsweise: Erstes Raketenexperiment = Kreuz, erstes Satellitenexperiment = Kreuz, naher Weltraum = Kreuz, tiefer Weltraum = Kreuz. Heute kann ich sagen, daß zu meiner Zeit und auch noch teilweise danach alle denkbaren Grundeinsatzformen probiert worden sind. Ich habe jedes Mal etwas dazugelernt und kann ganz ruhig Rosen in meinem Garten züchten, weil ja jetzt niemand mehr diese Kenntnisse braucht. Außerdem gibt es genügend junge Leute, die selbst auf die Nase fallen wollen.«

Nur seine Gutmütigkeit brachte ihn manchmal in Schwierigkeiten. So ließ er sich Anfang der achtziger Jahre, als Günter Mittags Monokultur Mikroelektronik aufkam, dazu überreden, Forschungsdirektor des VEB Kombinat Elektroapparatewerk Treptow zu werden. Wie ihm Freunde voraussagten, war das ein Schleudersitz in einer Gemischtwarenhandlung.

Danach übernahm er eine Entwicklungsabteilung des Akademie-Zentrums für wissenschaftlichen Gerätebau auf dem Fachgebiet Halbleitermeßtechnik. Der Raumfahrt blieb er bis zuletzt treu.

Der Sputnikschock und die Sputniksucher

In jenem heißen Sommer des Jahres 1957 gehörte ich zu den Raumfahrtenthusiasten, die sich regelmäßig in der Berliner URANIA, die damals noch Gesellschaft zur Verbreitung wissenschaftlicher Kenntnisse hieß, zusammenfanden. In den Büroräumen des Bezirksvorstandes in der Stahlheimer Straße und in Ernst Nemiesz' Kneipe »Zur kleinen Markthalle« am Humannplatz trafen sich die alten Kameraden aus Treptow um Heinz Mielke und Herbert Pfaffe mit neu Dazugestoßenen wie dem ehemaligen »Friedensgefangenen« Hans Endert und dem alten Zeissianer Max Rötsch. Wir diskutierten leidenschaftlich über den bevorstehenden Beginn des Kosmischen Zeitalters und erwarteten den ersten Weltraumstart. Wie groß unser Optimismus war, geht daraus hervor, daß wir bereits ein Jahr zuvor im Pavillon am Alexanderplatz eine Ausstellung über Raumfahrt mit Funktionsmodellen von Trägerraketen, Erdsatelliten und Orbitalstationen organisierten, die auf reges Interesse in der Öffentlichkeit gestoßen war.

Gewißheit gewannen wir nunmehr aus den wissenschaftlichen Programmen des Internationalen Geophysikalischen Jahres (IGY), das am 1. Juli 1957 begonnen hatte und Aufstiege von Raketen und Starts von Satelliten vorsah. Außerdem stand die erste Internationale Konferenz zur Erforschung der Hochatmosphäre in Washington und der siebente Kongreß der Internationalen Astronautischen Föderation (IAF) in Barcelona für September und Oktober auf der Tagesordnung. Da trat ein völlig unerwartetes Ereignis ein.

Am Montag, dem 27. August 1957 geriet eine typisch lapidare TASS-Meldung zur Weltsensation: »Kürzlich wurde eine interkontinentale ballistische Mehrstufenrakete größter Reichweite gestartet. Die Erprobung der Rakete verlief erfolgreich. Sie bestätigte vollauf die Richtigkeit der Berechnungen und der gewählten Konstruktion. Der Flug der Rakete verlief in großer, bisher noch nicht erreichter Höhe. Nachdem die Rakete in kurzer Zeit eine gewaltige Entfernung zurückgelegt hatte, ging sie im vorbestimmten Raum nieder.«

Die erste erfolgreiche Erprobung der russischen Interkontinentalnaja Rakjeta, auf Englisch Inter-Continental Ballistic Missile (ICBM), die bereits am Dienstag, dem 21. August, stattgefunden hatte, wurde sofort zum Thema Nummer Eins der Weltpolitik. Radio Tokio brachte das Problem auf den Punkt: »Zum ersten Mal überbrückte eine ballistische Rakete, die in der Lage, ist Kernwaffen zu transportieren, interkontinentale Reichweiten. Nach den angestellten Berechnungen braucht ein solches Geschoß für den Flug von Moskau nach New York 30 Minuten. Bei dieser Geschwindigkeit wird die Rakete blitzschnell niedergehen, und keine Feststellung durch ein Radargerät wird ihre Wirkung verhindern können.«

Damals strebte der Kalte Krieg einem heißen Höhepunkt zu. Die Eskalation lief auf vollen Touren: Am 5. Januar war die Eisenhower-Doktrin verkündet worden, mit der die USA das Recht für sich beanspruchten, sich in die Angelegenheiten anderer Staaten einzumischen; am 12. März vereinbarten die Regierungen der UdSSR und der DDR ein Abkommen über die permanente Präsenz der Gruppe der Sowjetischen Streitkräfte in Deutschland (GSSD); am 23. März vereinbarten Eisenhower und McMillan auf der Bermuda-Konferenz die Überlassung amerikanischer Atomraketen an Großbritannien; am 3. Mai beschloß der in Bonn tagende NATO-Rat die atomare Aufrüstung der Bundeswehr. Am 7. August demonstrierte eine UdSSR-Partei- und Regierungsdelegation mit Nikita Chruschtschow und Anastas Mikojan an der Spitze die Bündnistreue zur DDR.

Aber auch der Widerstand gegen diese gefährliche Entwicklung formierte sich: Am 12. April verurteilten die »Achtzehn Göttinger«, führende Kernforscher der BRD, in einer Erklärung die atomare Aufrüstung des neuen deutschen Heeres und verweigerten jegliche Mitarbeit an nuklearen Waffen; am 23. April warnte der große Arzt und Humanist Albert Schweitzer vor einem atomaren Inferno; am 3. Juni forderten 2.000 bekannte Wissenschaftler der USA den sofortigen Abschluß eines Abkommens über die Einstellung von Kernwaffenversuchen.

Koroljows »Semjorka«

In diese Situation platzte die TASS-Meldung aus Moskau wie eine Bombe. Sie machte deutlich, daß nunmehr auch der dritte Versuch des militärisch-industriellen Komplexes der USA – ein Begriff, den übrigens der Fünf-Sterne-General Eisenhower in seiner Abschiedsrede als Präsident geprägt hatte –, mit einer sogenannten absoluten Waffe ein Monopol zu errichten und den Rest der Welt zu erpressen, gescheitert war. Die Sowjetunion, in der es ähnliche Strukturen und Ambitionen gab, hatte 1949 das amerikanische Atombombenmonopol gebrochen, 1953 ihre erste Wasserstoffbombe gezündet und testete nun, 1957, als erstes Land der Welt eine interkontinentale ballistische Rakete.

Sergej Koroljow entwickelte von 1954 bis 1957 diese Fernrakete mit der Typenbezeichnung R-7, deshalb auch »Semjorka« (d. h. »Siebener«) genannt. Der Auftrag ging noch auf Stalin zurück, der ihn einst in die Katorga verbannt hatte, und kam nun Chruschtschow zugute, der damit prahlte, Raketen wie Würstchen produzieren zu können. Über seine Begegnung mit Stalin, die er im Februar 1947 nach seiner Rückkehr aus Deutschland und dem Kennenlernen der V2 hatte, berichtete Koroljow: »Er erkundigte sich nach Fluggeschwindigkeit, -weite und -höhe, nach der Nutzlast, die sie mitführen konnten. Besonders interessiert fragte er mich über die Zielgenauigkeit der Raketen aus. Ich wußte nicht, ob er dem, was ich sagte, zustimmte; jedenfalls hat diese Begegnung eine Rolle gespielt. Stalin und seine militärischen Berater waren sich offenbar darüber klar geworden, daß die ersten Experimente zur Entwicklung von Strahlflugzeugen und Raketensystemen weitreichende Auswirkungen haben würden.«

Die R-7 bestand ebenso wie die Trägerrakete von SPUTNIK I aus zwei Flüssigkeitsstufen, einem Zentralblock mit vier Triebwerken RD-108 und vier seitlich angeordneten Außenblocks mit je vier RD-107 – also insgesamt 20 Antriebseinheiten. Die beiden Systeme waren, abgesehen von der Nutzlast, identisch. Die 33 Meter lange und 270 Tonnen schwere Fernrakete konnte einen Nuklearsprengkopf bei einer Gipfelhöhe von 1.100 Kilometern über eine Entfernung von 6.200 Kilometern befördern. Der Start erfolgte von dem aus der kasachischen Steppe gestampften Kosmodrom Baikonur aus in Rotationsrichtung der Erde. Die Schubstärke und die Nutzlast wurden durch die Forderungen von Professor Andrej Sacharow, dem späteren Bürgerrechtler, bestimmt, der damals der führende Kernwaffenspezialist der Sowjetunion war. Der von ihm entwickelte thermonukleare Gefechtskopf, dessen Halterungen und der für den Wiedereintritt benötigte Hitzeschild erforderten nämlich eine Nutzlastkapazität von 5.400 Kilogramm.

Ouvertüre für den Orbit

Die Reaktionen in den Metropolen waren unterschiedlich: In Washington herrschte Verärgerung, die Pentagonspitze tagte in Permanenz; in London überwog Verwirrung, in großer Hast wurde das Kabinett zu einer Sondersitzung einberufen; Tokio beobachtete und wartete ab. US-Außenminister John Foster Dulles verstieg sich zu der unsinnigen Bemerkung: »Wenn das Zielgebiet der russischen Rakete die Größe eines Zimmers gehabt hat, muß der Ankündigung Bedeutung beigemessen werden.« Dabei waren die Zerstörungszonen von Kernwaffen diverser Typen und Kaliber bekannt. US-Verteidigungsminister McElroy, ein ehemaliger Seifenfabrikant, sprach von »politischem Firlefanz«, und der Chef des Waffenprüfamtes Admiral Sides vom »Bluff der Russen«. Präsident Eisenhowers Pressesekretär Hagerty jedoch hielt sich vorsichtig zurück mit seinem »No comment!« Der japanische Militärkommentator Katsuya Hayasi kam zu folgendem Schluß: »Die Russen haben die amerikanische Strategie der Einkreisung des sowjetischen Einflußgebietes durch Stützpunkte für Düsenbomber zunichte gemacht.« In der Tat unterhielten die USA zwölf Jahre nach Ende des Zweiten Weltkrieges auf dem Territorium von 49 Staaten 950 Militärstützpunkte, die nach Meinung der »Saturday Evening Post« ein »wichtiges Sprungbrett für den Angriff auf zentrale Zonen Rußlands« waren. Von den vier Millionen GI's dienten mehr als zwei Millionen im Ausland. »Semjorka« führte allen vor Augen, daß auch die USA mit ihrer außerordentlich hohen Bevölkerungsdichte und Industriekonzentration an der Atlantik- und der Pazifikküste, die bisher als relativ unverwundbar galten, nunmehr wie ein Magnet für sowjetische Fernraketen wirkten. Noch drei Tage vor der sensationellen TASS-Meldung hatte die amerikanische Zeitschrift »New Statesman and Nation« berichtet, daß der erste operationsfähige Prototyp der ICBM »Atlas« bis 1960 fertig sei, wovon sich das Pentagon »einen entscheidenden Vorsprung« versprach.

Doch erst am 17. Dezember 1959 – mehr als zwei Jahre nach der russischen R-7 – gelang der Erststart einer Atlas. Zu diesem Zeitpunkt war die »Semjorka« bereits in den Truppendienst gestellt worden. Was TASS jedoch damals nicht meldete, war, daß der Start schon am 21. August erfolgte, daß ihm fünf Versuche vorausgegangen waren, von denen nur zwei mehr oder weniger funktionierten, bei zwei weiteren Havarien auftraten und eine Rakete überhaupt nicht aufstieg. Auch bei dem gemeldeten Start versagte der Hitzeschild der Gefechtskopfattrappe beim Eindringen in die dichteren Schichten der Erdatmosphäre. Die »Semjorka« war also zu diesem Zeitpunkt keineswegs truppenreif! Die Stimmen der Vernunft mehrten sich. So mahnte die »New York Times«: »Die Staatsmänner der Freien Welt brauchen jetzt stärkere Nerven als je zuvor. Die angenehme Illusion vieler, daß wir jederzeit – aufgrund irgendeines göttlichen Gesetzes oder etwas ähnlichem – das auf allen technischen Gebieten führende Land sind, ist nun zerstört.« Und das »Westdeutsche Tageblatt« kommentierte: »Jegliche Politik der Stärke hat ihre Fragwürdigkeit endgültig offenbart.« Kaum jemand in der westlichen Welt widmete jedoch der wissenschaftlichen Seite des Raketenversuchs größere Aufmerksamkeit, obwohl klar war: Wer eine tonnenschwere Ladung bis zu anderen Erdteilen schießen konnte, der vermochte auch einen kleinen künstlichen Erdsatelliten auf eine Umlaufbahn um die Erde zu transportieren. »Semjorka« bildete die Ouvertüre für den SPUTNIK im Orbit. In unserem Kosmoskreis am »Prenzelberg« schlossen wir Wetten darüber ab, wann der erste Satellit gestartet werden würde, stritten über seine Maße und Masse, Form und Funktion und spekulierten, wie er wohl heißen würde. Wir tippten auf den Zeitraum zwischen dem 100. Geburtstag Ziolkowskis am 17. September und dem 40. Jahrestag der Oktoberrevolution am 7. November. Die Namen aber, die wir für den ersten Himmelskörper von Menschenhand erdachten, erwiesen sich allesamt als falsch: »Sowjetstern«, »Roter Mond«, »Kosmomolze«...

Dabei hätten wir es besser wissen müssen! Ziolkowski veröffentlichte nämlich 1895 eine wissenschaftlich-phantastische Erzählung mit dem Titel »Träume über Erde und Himmel – Wirkungen der universellen Schwerkraft«, mit der er die Jugend für die Raumfahrt interessieren wollte. Darin verwendete er zum ersten Mal das Wort »Sputnik«, was soviel wie Reisebegleiter bedeutet, in dem heute international geläufigen Sinn für künstliche Erdsatelliten.

Lieber eine »Weihnachtsbaumkugel« sofort als der SPUTNIK *zu spät*

Professor Rauschenbach erzählte mir schon in den achtziger Jahren Einzelheiten und Hintergründe des Starts von SPUTNIK 1. Koroljow hatte bereits am 26. Mai 1954 in einem Brief an das Zentralkomitee der KPdSU vorgeschlagen, die neue Rakete für den Start eines Forschungssatelliten zu nutzen.

Daraufhin erfolgte am 30. Januar 1956 offiziell der Beschluß über das »Objekt D«, der vorsah, die R-7 für einen Orbitalflug umzurüsten, das heißt, die Halterung für den Gefechtskopf auszubauen und dafür eine Aufnahme- und Ausstoßvorrichtung für einen kegelförmigen Satelliten von 1.350 Kilogramm Masse zu installieren. Der Raumflugkörper sollte ein rein wissenschaftlicher sein, gewissermaßen die erste automatische Orbitalstation mit Meßgeräten für Sonnenstrahlung, kosmische Strahlung, Mikrometeoriten, Atmosphärendichte und hochenergetische Teilchen – so wie SPUTNIK 3 tatsächlich aussah, der am 15. Mai 1958 startete. Der dritte SPUTNIK sollte also eigentlich der erste sein! Doch während der Umbau der Trägerrakete zügig voranging, verzögerte sich der Bau des Satelliten. Chruschtschow und auch Koroljow drängten aus Angst, die Amerikaner könnten ihnen zuvorkommen. Koroljow fragte sogar beim KGB nach, ob es Erkenntnisse über Startvorbereitungen in den USA gäbe. Schließlich entschied Chruschtschow gegen den Willen Koroljows: Lieber einen kleinen Satelliten sofort, als einen großen zu spät. Dieser erhielt die Bezeichnung »PS« (prostejschij sputnik) für einfacher Satellit, wurde im Konstruktionsbüro aber nach den Initialen von Sergej Pawlowitsch Koroljow »PS« oder humorvoll »Weihnachtsbaumkugel« genannt. Das Improvisationstalent Koroljows schuf in kürzester Zeit einen funktionstüchtigen und auch propagandagerechten Satelliten. Die hochglanzpolierte Kugel aus zwei Millimeter Aluminiumlegierung wirkte wie ein leuchtender Stern; die Bahn führte über alle bewohnten Gebieten der Erde und seine »Biepbiep«-Signale konnte jeder Funkamateur empfangen. Die Völker sollten die Signale hören, und sie hörten sie.

Ein Wort geht um die Welt

»Seit einer Reihe von Jahren wird in der Sowjetunion an der Entwicklung künstlicher Erdsatelliten gearbeitet. Wie bereits in der Presse mitgeteilt, war der erste Start derartiger Satelliten in der UdSSR im Rahmen des Internationalen Geophysikalischen Jahres geplant. Als Resultat der intensiven und umfassenden Arbeiten sowjetischer Forschungsinstitute und Planungsorganisationen ist der erste künstliche Erdsatellit in der UdSSR entwickelt worden. Am 4. Oktober wurde dieser Sputnik mit Erfolg gestartet.«

So begann die Mitteilung, die der Nachrichtensprecher von Radio Moskau an jenem historischen Tag verlas. Rund um den Erdball begannen Fernschreiber zu ticken, Telefone zu läuten: »Blitzmeldung. Moskau gab erfolgreichen Start des ersten künstlichen Erdsatelliten bekannt. Er heißt Sputnik, hat eine Masse von 83,6 Kilogramm, einen Durchmesser von 58 Zentimetern und kreist auf einer Bahn zwischen 228 und 947 Kilometern mit einem Neigungswinkel von 65,10 Grad in 96,17 Minuten um die Erde. Er sendet auf den Frequenzen 20 und 40 MHz.«

Und immer wieder wurde buchstabiert: s-p-u-t-n-i-k. Und übersetzt: Weggefährte, Reisebegleiter. Ein bis dahin unbekanntes russisches Wort ging um die Welt und gehörte binnen weniger Stunden zum modernen Sprachschatz der Menschheit. Damals wurde alles Mögliche Sputnik genannt – Kinder und Kegel, Souvenirs und Vehikel, Modeerzeugnisse und Schreibartikel, sogar der

Umgehungszug von Ostberlin nach Potsdam. Natürlich hatten wir damals sofort den Wunsch, die Signale dieses ersten Sputniks zu empfangen, der uns in Erstaunen versetzte, weil er so schwer wie ein ausgewachsener Mann war und den Umfang eines Medizinballs besaß. Wir nutzten einen leistungsfähigen Kurzwellenempfänger, den ein Ingenieur aus dem Funkwerk Köpenick aufgetrieben hatte. Die Sendefrequenzen waren bereits vier Monate vor dem Start in der sowjetischen Amateurfunkzeitschrift »Radio« bekanntgegeben worden. Nach einigen vergeblichen Versuchen gelang es uns, das »biep-biep-biep« von SPUTNIK I klar zu empfangen.

Eine besondere Attraktion hatte sich in jenen Tagen die Österreichische Bundespost ausgedacht. In der Donaumetropole rich-

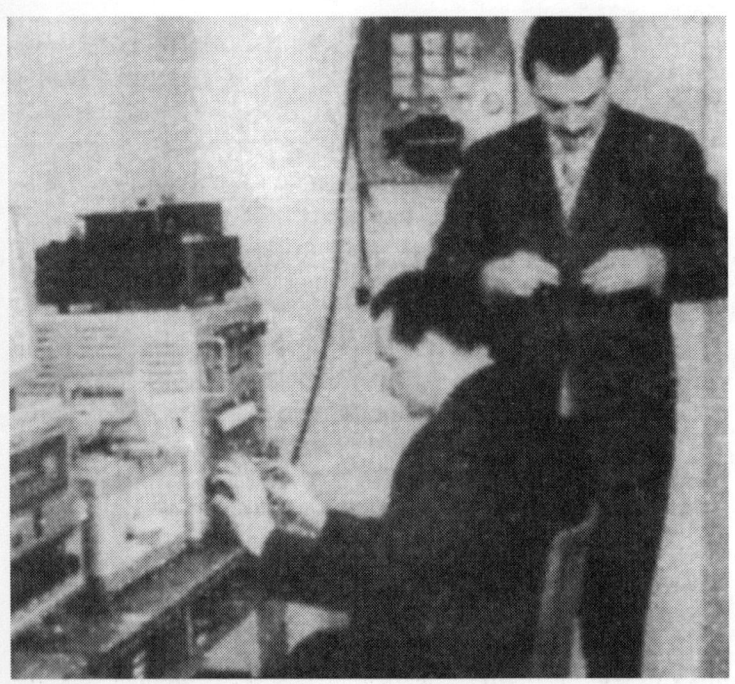

1958: An den Empfangsgeräten der Deutschen Astronautischen Gesellschaft: Horst Hoffmann und Karl-Heinz Neumann (sitzend) von der Satellitenbeobachtungsstation der »Jungen Welt«

tete sie einen neuen Telefonanschluß ein, und wer die Nummer 1536 wählte, hörte eine Frauenstimme, die mit echt Wiener Charme erklärte: »Sehr geehrte Damen und Herren, die Post- und Telegraphenverwaltung ist in der Lage, die von ihr aufgefangenen Signale des ersten künstlichen Erdsatelliten ihren Fernsprechteilnehmern akustisch zu übermitteln...« Und dann ertönte nach einer kurzen Pause die »Stimme« von SPUTNIK I. Zum Ärger unseres Hauptbuchhalters machten wir von dieser Möglichkeit einige Male Gebrauch. Auch uns gelang es bald, die Silberkugel mit Feldstechern und Fernrohren zu sichten, kannten wir doch den Neigungswinkel der Satellitenbahn zum Äquator, der einen direkten Überflug aller dichtbesiedelten Gebiete unseres Heimatplaneten gewährleistete. Und wir wußten die Durchgangszeiten, die Moskau ständig mitteilte.

Eilenburg und Rodewisch sahen ihn zuerst

In der offiziellen Geschichtsschreibung der DDR wurde der Einstieg in die »Zusammenarbeit der sozialistischen Staaten bei der Erforschung und Nutzung des Weltraums zu friedlichen Zwecken« ebenfalls mit dem 4. Oktober 1957 angegeben. Die Mitarbeit der DDR wie auch der anderen Länder des Ostblocks bezog sich in dieser frühen Periode der Raumfahrt zunächst auf die optische und funktechnische Beobachtung von Satelliten sowie auf die Auswertung sowjetischer Weltraumexperimente. Die Erstausstattung dafür, »Sputniksucher« genannte, kleine astronomische Teleskope und einfache elektronische Bahnrechner, stellte Moskau seinen Satellitenstaaten zur Verfügung. Die schnelle und unbürokratische Aktion war nicht zuletzt durch die politischen Sorgen des Kreml bedingt.

Nach dem Tode Stalins am 5. März 1953 war es am 17. Juni desselben Jahres in der DDR und am 23. Oktober 1956 in Ungarn zu Aufständen gekommen. Moskau bemühte sich, die RGW-Partner durch Beteiligung an den sowjetischen Erfolgen im Weltraum enger an sich zu binden. Folgerichtig hießen dann auch die ersten Satelliten der KOSMOS-Serie, an der die Bruderländer gezielt mit bodengestützten Mitteln teilnahmen, »Sputniks der Freundschaft«.

Die Volks- und Schulsternwarten in Eilenburg bei Leipzig und Rodewisch im Vogtland gehörten zu den ersten Empfangsstationen in Europa, die die Signale von SPUTNIK 1 und seines vier Wochen später gestarteten Nachfolgers, SPUTNIK 2 mit der Eskimohündin Laika an Bord, auffingen. Das Observatorium für Ionosphärenforschung in Kühlungsborn erprobte im Jahre 1958 erstmals an dem Großsatelliten SPUTNIK 3 funktechnische Verfahren zur Untersuchung der irdischen Hochatmosphäre. Die Beobachtungs- und Meßergebnisse gingen an das Zentrum in der Akademie der Wissenschaften der UdSSR, von uns kurz KOSMOSKAU genannt, das von der bekannten Astronomin Alla Massewitsch aufgebaut und geleitet wurde.

Die »Tereschkowa der Astronomie«, wie sie in ihrer Heimat genannt wurde, erzählte mir, wie sie den SPUTNIK-Start erlebte:

»Ich nahm damals am achten Kongreß der Internationalen Astronautischen Föderation (IAF) in Barcelona teil. Plötzlich kam der weltberühmte Pionier der Luft- und Raumfahrt, Theodor von Karman (1881 bis 1963), Mitglied der USA-Delegation, auf mich zu und sagte: ›Gnädige Frau, gestatten Sie mir, Ihnen die neueste Kreation spanischer Hutmacher als Geschenk zu überreichen. Das Modell ist über Nacht entworfen und gefertigt worden und trägt den Namen SPUTNIK. Wir alle möchten Ihnen damit unsere Bewunderung und den Glückwunsch für diese großartige Leistung ausdrücken.‹ Und er setzte mir eine glutrote, halbkugelförmige Kappe auf, die vier lange ›Antennen-Stäbe‹ zierten.«

Die hübsche und charmante Russin dankte gerührt. Obwohl erst 33 Jahre alt, war sie in diesem Kreis ehrwürdiger Weltraumwissenschaftler ein Stern erster Größe. Trotz ihrer Jugend hatte sie eine Professur für Astrophysik an der Moskauer Lomonossow-Universität inne und verantwortete als stellvertretende Vorsitzende des Astronomischen Rates der Akademie der Wissenschaften der UdSSR die gesamte Satellitenbeobachtung ihres Landes sowie die internationalen Verbindungen auf diesem Gebiet.

Auf dem Abschlußball, als der Kongreß tanzte, war sie die unbestrittene Königin.

Jeder kannte die First Lady der russischen Raumfahrt, hatte sie doch unmittelbar nach Bekanntwerden des Starts, umringt von Kollegen aus aller Welt, die Funktionsweise des Satelliten immer wieder erläutert und seine optische Bahnverfolgung an einem Sputniksucher gezeigt.

Das Satellitenbeobachtungsnetz

Das zu Beginn des Jahres 1958 arbeitende Beobachtungsnetz der DDR bestand aus folgenden sieben Stationen:
- Nr. 121: Potsdam, Astrophysikalisches Observatorium und Geodätisches Institut der Akademie der Wissenschaften (AdW);
- Nr. 122: Sonneberg, Sternwarte der AdW;
- Nr. 123: Kühlungsborn, Observatorium für Ionosphärenforschung des Meteorologischen und Hydrologischen Dienstes, später zur AdW gehörend;
- Nr. 124: Eilenburg, URANIA-Sternwarte, die schon 1931 von Edgar Otto sen. gegründet und später als Volks- und Schulsternwarte »Juri Gagarin« von seinem Sohn Edgar Otto jun. weitergeführt wurde;
- Nr. 125: Rodewisch, Vogtland, Sternwarte der Pestalozzi-Oberschule unter Leitung von Professor Penzel;
- Nr. 126: Jena, Sternwarte der Friedrich-Schiller-Universität;
- Nr. 127: Babelsberg, Sternwarte der AdW.

Das Numerierungssystem wurde später verändert und erweitert. Neue Stationen kamen im Laufe der Jahre hinzu, dagegen schieden einige wegen der Konzentration auf andere Aufgaben aus. Grundlage der Vermessungstätigkeit waren die vom sowjetischen Rechenzentrum »Cosmos Moscow« an alle Beobachter versandten Ephemeriden-Telegramme auf der Basis der Horizontal-Koordinaten. Die Erstausstattung der Stationen bestand aus Serien der sowjetischen AT-1-Teleskope, mit denen visuell Satellitendurchgänge durch ein Fadenkreuz registriert wurden. Zur Zeitmessung dienten zunächst Stoppuhren in Verbindung mit Kurzwellenempfängern für das Zeitzeichen; später wurden Chronographen zur Steigerung der Meßgenauigkeit eingesetzt. Zusätzlich zu den visuellen Messungen kamen Astrokameras mit Zeitkontakten zum Einsatz, bei denen eine größere Genauigkeit der Positionen erreicht wurde. Auf dieser Grundlage stand der DDR bereits während der Existenz der ersten Erdsatelliten ein arbeitsfähiges Netz von Beobachtungsstationen zur Verfügung. Es hatte das Ziel, möglichst zahlreiche und gute Positionen zur Bahnbestimmung und zur Meldung der Resultate an das Moskauer Zentrum zu gewinnen. Diese Aufgabe wurde bereits im Anfangsstadium erfolgreich gelöst, wie beispielsweise die Zahl von 3.692 Einzelmessungen der DDR-Stationen allein im Jahr 1958 beweist. Die Eilenburger Satellitenbeobachtungsstation, die später die Nr. 1184 trug, hatte von Oktober 1957 bis August 1978, also vom Start des ersten künstlichen Erdsatelliten bis zum Flug von Sigmund Jähn, insgesamt 11.682 Positionen von Raumflugkörpern verschiedener Länder vermessen und dem Rechenzentrum »Cosmos Moscow« übermittelt. Die Koordinierung erfolgte in den ersten Jahren durch das Nationalkomitee für das IGY bei der AdW, später durch die COSPAR-Unterkommission »Optische Satellitenbeobachtung« unter Leitung von Professor Johannes Hoppe in Jena.

Antwort der USA: Gründung der NASA

Den Samstag, der auf das historische Ereignis folgte, beschrieb die französische Wochenzeitung »Paris Match« so:
»Am 5. Oktober 1957 wurde Washington von einem Wirbelsturm heimgesucht, der Schilder zerfetzte, Säulen umwarf, Bäume entwurzelte, Wolken abgefallenen Laubes aufwirbelte und schließlich die Hauptstadt unter Wasser setzte. Doch die Gedanken der eilig zusammengekommenen Wissenschaftler, Experten und Politiker weilten bei einem anderen Sturm, dem Sturm, der sich in der öffentlichen Meinung erhoben hatte. Die Russen hatten erreicht, was die Amerikaner so oft voreilig geschildert hatten: Sie starteten den ersten künstlichen Erdsatelliten. Das war ein Wunder. Das Dogma von der technischen Überlegenheit der Vereinigten Staaten war zusammengebrochen.«

Im Land brach Panik aus, weil die Massenmedien die Gefahr eines russischen Atomangriffs hochspielten. In den Städten kam es zu Massenhysterien. Die Börse reagierte mit Kursstürzen. Der Präsident war gezwungen, eine Rede an die Nation zu halten, die nicht verstehen konnte und wollte, daß Rußland, das doch technisch hinter dem Mond lag, den ersten Kunstmond startete. In seinen Memoiren gestand Eisenhower später die »Imposanz der sowjetischen wissenschaftlichen Leistung« und die »Sinnlosigkeit, die Bedeutung des Sputniks herabzusetzen. Damals wußte ich nicht, daß der Sputnik den Ereignissen der folgenden drei Jahre einschließlich der Wahlen von 1960 das Gepräge geben würde.«

Eine der vielen Folgen war die Gründung der National Aeronautics and Space Administration (NASA), der Luft- und Weltraumbehörde der USA im Jahre 1958. Der amerikanische Soziologe Venor van Dyke von der Universität Iowa erklärte damals: »Es wäre eine Übertreibung, wollte man die Lage mit der von Pearl Harbour vergleichen, aber trotzdem drängt sich einem der Vergleich auf.« Und der westdeutsche Publizist Rainer Maria Wallisfurth schrieb: »Ohne diesen Schock vom Oktober 1957 wäre vielleicht John F. Kennedy niemals Präsident der USA geworden, wäre Eisenhowers Regierungszeit sicher ruhig und ohne Powers-Skandal ausgeklungen.«

Amerikanische Historiker sprechen heute von vier schweren politischen und moralischen Krisen, die die Vereinigten Staaten in nur 30 Jahren ihrer mehr als 200-jährigen Geschichte hinnehmen mußten: Das Trauma von Pearl Harbour – die Vernichtung eines Großteils der Pazifikflotte durch die Japaner am 7. Dezember 1941; den Sputnik-Schock vom 4. Oktober 1957; das Vietnam-Syndrom, das sich seit 1968 in heftigen Antikriegs-Demonstrationen in den USA und Massen-Desertionen aus den amerikanischen Streitkräften äußerte; und schließlich die Watergate-Affäre – der Einbruch in das Hauptquartier des demokratischen Präsidentschaftskandidaten McGovern am 17. Juni 1972, der zum Rücktritt Nixons und zur Verurteilung seiner Erfüllungsgehilfen führte. Vom Start des SPUTNIK I allerdings hätte Washington gar nicht überrascht sein müssen, denn seit 1953 gab es Vorankündigungen über den künstlichen Erdsatelliten der Sowjetunion. Der amerikanische Wissenschaftshistoriker Roy Shelton schrieb dazu in seinem Buch »Sowjetische Raumforschung«:

»Die Sowjets hatten nicht nur einmal, sondern wiederholt den fortgeschrittenen Stand ihrer Raketentechnik erklärt und diesen und andere Starts vorausgesagt. Die Praxis zeigt, daß kaum jemals exakter über die ›Geheimnisse der Roten Raketen‹ geschrieben wurde als in offiziellen Mitteilungen.«

Koroljow indessen war zunächst enttäuscht über die relativ geringe Resonanz von SPUTNIK I im eigenen Lande. Chruschtschow wiederum hatte mit einer so gewaltigen Wirkung im Westen nicht gerechnet. Er war geradezu berauscht und forderte bereits am 12. Oktober, zu Ehren des 40. Jahrestages der Oktoberrevolution einen zweiten Satelliten zu starten. Dieser Paukenschlag sollte den ersten noch übertreffen und erstmals ein Lebewesen mit an Bord führen. Wie mir Professor Rauschenbach erzählte, schlug Koroljow wütend mit der Faust auf den Tisch und schrie: »Wir sind doch keine Militärkapelle, die auf Befehl Paradenmärsche spielt!« Doch er mußte sich beugen und schuf innerhalb von nur drei Wochen SPUTNIK 2, der am 3. November 1957 mit der Hündin Laika an Bord startete. Zwar improvisierte er eine Fütterungsanlage und ein Energieversorgungssystem für sechs Tage, doch die Zeit reichte nicht mehr für ein wirksames Lebenserhaltungssystem aus. Laika starb kurz nach dem Start an Überhitzung.

Hauptursache der Perestroika

Der Stolz der Russen, so sehr die sowjetischen Erfolge auch von Moskau propagandistisch überzogen wurden, war in den fünfziger und sechziger Jahren berechtigt. Immerhin hatte dieses Land die größten Opfer im Kampf gegen den Hitlerfaschismus gebracht, und der europäische Teil war weitgehend zerstört.

Der Start von SPUTNIK I und die folgenden Pionierleistungen in der Raumfahrt, die ohne Zweifel primär militärisch motiviert waren und zu Lasten des Lebensstandards der Bevölkerung gingen, erfolgten schließlich nur zwölf Jahre nach Beendigung des furchtbarsten aller Kriege.

Auf dem Pariser Luft- und Raumfahrtsalon 1971 erlebte ich folgendes: Der in seinem Aussehen an Albert Einstein erinnernde russische Gelehrte Georgi Petrow, Mitglied der Akademie der Wissenschaften der UdSSR, machte die etwas verständnislos dreinblickende Gattin des APOLLO-Astronauten Alan Shepard stolz auf das Modell des ersten Sputniks am »Himmel« des sowjetischen Raumfahrtpavillons mit den Worten aufmerksam: »Sehen Sie, gnädige Frau, der Kleine dort oben, der hat die kosmische Oktoberrevolution ausgelöst.«

In Moskau zeigte uns 1975 Wissenschaftskosmonaut Dr. Georgi Gretschko stolz seine erste Aktivistenmedaille mit den Worten:

»Die erhielt ich als junger Mitarbeiter von Sergej Pawlowitsch Koroljow, dem ›Vater des Sputniks‹«.

Sein Kollege Dr. Wladimir Axjonow, der als erster unsere Multispektralkamera MKF-6 im All erprobte, zeichnete mir während des Prager Raumfahrt-Kongresses 1977 einen Antennensockel auf: »Den habe ich für den ersten Sputnik konstruiert.«

Der Sputnik-Schock hatte jedoch eine doppelte Wirkung. Für die Amerikaner, die ihn im Laufe der sechziger Jahre überwanden, wirkte er als mächtige Schubkraft. Sie gewannen den Wettlauf zum Mond, bauten die erste Raumfähre und übernahmen die Führung in kosmischer Hochtechnologie. Für die Russen führte diese Entwicklung zu Ergebnissen, die sie nicht beabsichtigt hatten.

Dazu äußerte Hans See, Professor für Politische Wissenschaften und Sozialpolitik an der Fachhochschule Frankfurt am Main unmittelbar nach der Wende in seinem Buch »Kapital-Verbrechen – Die Verwirtschaftung der Moral« folgenden interessanten Gedanken:

»Es gab viele Gründe, die die Weltmacht Kapital zu immer neuen Offensiven zwangen. Eine noch nicht genügend erforschte Ursache sehe ich in dem von der Sowjetunion ausgelösten ›Sputnikschock‹, der das Wettrennen der Supermächte um die Vorherrschaft im Weltraum nach sich zog. Dieser Kampf der beiden Giganten hat die wissenschftlich-technische Revolution beschleunigt. Bis zum Beginn der siebziger Jahre war der Produktivitätsrückstand der Ostblockstaaten noch nicht völlig hoffnungslos gewesen. Erst durch die Revolution der kapitalistischen Produktion, Zirkulation, Distribution und Verwaltung mit Hilfe der elektronischen Datenverarbeitung und neuer Kommunikationssysteme wurde die Kluft zwischen den Systemen so tief, daß keine Aussicht mehr bestand, sie schließen zu können ohne Orientierung in Richtung Westen, ohne Zugeständnisse an den freien Kapitalverkehr. Hier liegt die bisher zu wenig beachtete Hauptursache der Perestroika und ihrer Folgen. Sie ist gleichbedeutend mit dem Zusammenbruch des osteuropäischen ›Weltkommunismus‹«

Ulbrichts Freundschaftssputniks und Honeckers Himmelfahrt

Die Raumfahrtaktivitäten der DDR erstreckten sich über zwei innenpolitische Perioden, die sich zwar nicht prinzipiell voneinander unterschieden, wohl aber durch den ersten Mann in Partei und Staat und seinen Stil entscheidend bestimmt wurden. Von 1957 bis 1971, von den ersten SPUTNIKS bis zu den APOLLO-Mondlandungen, war das die Ära Ulbricht.

Nach dem Tod von Präsident Wilhelm Pieck 1960 und von Ministerpräsident Otto Grotewohl 1964 stieg Walter Ulbricht, der vorher schon die Schlüsselfigur war, als Erster Sekretär des ZK der SED und Vorsitzender des Staatsrates der DDR zum mächtigsten Mann des Landes auf. Im Jahr des SPUTNIK entledigte er sich durch den Prozeß gegen Wolfgang Harich und Walter Janka der innerparteilichen Opposition; im Jahr des Fluges von Juri Gagarin ließ er im Auftrag Moskaus die Berliner Mauer bauen. Parteibeschlüsse über die Raumfahrt gab es zwar nicht, doch geschickt nutzte Ulbricht die Besuche sowjetischer Kosmonauten – in seiner Herrschaftszeit waren es zwölf – für seine Zwecke aus.

1990 enthüllte der sowjetische Chefkonstrukteur für Kosmostechnik, Wassili Mischin, glückloser Nachfolger Koroljows, daß Nikita Chruschtschow persönlich den Starttermin für German Titow, den zweiten Menschen im All, auf den 6. August 1961 festlegte. Offensichtlich wollte der Kremlchef mit diesem damals sensationellen Raumflug, der an einem Tag siebzehnmal um die Erde führte, vom bevorstehenden Mauerbau am 13. August in Berlin ablenken und Ulbricht Schützenhilfe leisten. Dieser jedenfalls empfing Anfang September, während es auf der Leipziger Herbstmesse Boykottaktionen gegen die Mauer gab, German Titow und seine Gattin Tamara. Er bereitete ihnen, die sich auf ihrer ersten Auslandsreise befanden, einen wahren Triumphzug. Juri Gagarin und Walentina Tereschkowa, der erste Mann und die erste Frau im All, widerfuhr im Oktober 1963 dasselbe.

Höhepunkte der Raumfahrt in dieser Ära waren 1968 die erstmalige bodengebundene Teilnahme der DDR am »Sputnik der Freundschaft« KOSMOS 261 am 20. Dezember und 1969 mit Bordgeräten auf dem Gemeinschaftssatelliten INTERKOSMOS 1, der am 14. Oktober startete, eine Woche nach dem zwanzigsten Jahrestag der DDR. Die Pionierleistungen der Sowjetunion wurden vor allem zu propagandistischen Zwecken genutzt und mit der »Schubkraft Sozialismus« begründet, der angeblichen Überlegenheit über den Kapitalismus. Eine objektive Berichterstattung über die Erfolge der amerikanischen Raumfahrt oder gar die Verwendung englischer Termini, wie beispielsweise Astronautik (Sternenflug), Booster (Starthilfsraketen) oder Countdown (Herunterzählen) war verpönt.

So wurde ich 1965 auf Betreiben von Rolf Lehnert, Chefredakteur der »Berliner Zeitung« und Mitglied der SED-Bezirksleitung, den ich einmal als »Chefpinguin« tituliert hatte, aus dem Impressum der »Wochenpost« gestrichen, wo ich als verantwortlich für Astronautik firmierte.

1969 wurde die Chefredaktion dieser Wochenzeitung wegen meines Beitrags »Drei Männer am Mond« in Nummer 2, der über die Umfliegung des Mondes durch APOLLO 8 berichtet, vom »Großen Haus« (Sitz des ZK der SED) scharf kritisiert. Stein des Anstoßes waren die anerkennenden Anfangssätze: »Das bisher großartigste, aber auch gefährlichste Unternehmen der bemannten Raumfahrt hat stattgefunden... Salut für die drei kühnen Astronauten, die das große Risiko eingingen, und für die Tausenden von Wissenschaftlern, die die Voraussetzungen für diesen technologischen Kraftakt schufen...«

Ernster und lauter wurde es, als mich der Generalsekretär der Akademie der Wissenschaften, Professor Ernst-August Lauter des »Geheimnisverrats« bezichtigte. Anläßlich der XIII. Plenartagung des 1958 gegründeten COSPAR (Committee on Space Research – Komitee für Weltraumforschung), der Wissenschaftseinrichtungen aus 36 Ländern angehörten und die sich im Mai 1970 in Leningrad trafen, hatte ich für die außenpolitische Wochenzeitung »horizont« Nummer 17 eine Doppelseite geschrieben. Der Titel lautete »Kosmos-Kooperation UdSSR – DDR«, und der Beitrag

1963 zu Besuch in der DDR: Juri Gagarin und Valentina Tereschkowa, im Hintergrund Dolmetscher Werner Eberlein

enthielt eine Übersicht über alle Forschungseinrichtungen, Entwicklungsstätten und Produktionsbetriebe der DDR sowie Einzelheiten ihrer raumfahrtrelevanten Arbeiten. Da ich nicht lebensmüde war, stützte ich mich bei diesen Angaben auf den in Englisch verfaßten Bericht des COSPAR-Nationalkomitees der DDR, dem Professor Lauter selbst vorstand. Dieses Dokument erhielt an der Newa jede Delegation und damit natürlich auch die Geheimdienste ihrer Länder. Das brachte ich auch zu meiner Rechtfertigung vor. Doch die unversöhnliche Erwiderung Lauters, der selbst Mitglied des Büros des COSPAR war, lautete: »Du hast etwas, das nur einem kleinen Kreis von Experten zugänglich ist, der breiten Öffentlichkeit preisgegeben.« Meinen Widerspruch, daß dies genau die Aufgabe des Journalisten sei, quittierte er mit der Bemerkung: »Du mußt auch immer das letzte Wort haben.«

Gerettet aus dieser heiklen Situation haben mich unbewußt die Russen. Ihr Organisationskomitee in Leningrad bestellte nämlich für das Pressebüro einige hundert Exemplare der gerügten »horizont«-Ausgabe in Berlin, ließen sie einfliegen und als Dokumentationsmaterial an alle akkreditierten Journalisten verteilen. Einer der Gründe dafür war eine grafische Übersicht in Englisch über Struktur, Organisation und Mitgliedschaft des COSPAR und des ihm übergeordneten ICSU (International Council of Scientific Unions – Internationaler Rat Wissenschaftlicher Vereinigungen). Die Kollegen klopften mir damals auf die Schulter.

Professor Lauter jedoch hat mir wohl nie verziehen, wie ich später von Harro Zimmer erfuhr. Seinen ganzen Zorn mußte mein Freund Herbert Pfaffe einstecken, der ihm als Wissenschaftlicher Sekretär der Deutschen Astronautischen Gesellschaft disziplinarisch unterstand.

Der Rote Baron vom Weißen Hirsch

Der Machtmensch Ulbricht, den die Intellektuellen der DDR auch spöttisch den »Großen Gelehrten WU« nannten, war zwar humorlos, aber er bemühte sich stets um einen guten und engen Kontakt zu Spitzenwissenschaftlern, was auch immer sein Motiv dafür gewesen sein mag. So erzählte mir Professor Manfred Baron von Ardenne, der für seine Arbeiten zur Entwicklung von Ionen- und Plasmatriebwerken von der Internationalen Astronautischen Akademie (IAA) in Paris zum Mitglied gewählt wurde, folgende Geschichte:

»Als ich mit meiner Familie 1955 aus der Sowjetunion in die DDR übersiedelte, wohnten wir in den ersten Tagen in einem Dresdner Hotel, bevor wir endgültig unser neues Domizil auf dem Weißen Hirsch bezogen. Der erste Telefonanruf kam von Walter Ulbricht. Er erkundigte sich nach unserem Befinden und nach Einzelheiten der Umsiedlung von Suchumi an die Elbe, über die er genau Bescheid wußte. Dann gab er mir eine Telefonnummer, über die ich ihn bei Problemen jederzeit erreichen könne. Wenige Tage später erschien er als erster Gast in meinem neuen privaten Institut.«

Eine auch nur annähernd vergleichbare Beziehung entwickelte sich zwischen Ulbrichts Nachfolger »Honi« und dem »Roten Baron« nie. Offensichtlich litt Honecker unter Minderwertigkeitskomplexen, die er durch staatsmännisches Getue zu kompensieren suchte.

Die Ära Honecker von 1971 bis 1989 umfaßte die Zeit von den ersten Raumstationen SALUT und SKYLAB über das amerikanisch-sowjetische Gipfeltreffen APOLLO-SOJUS im Weltraum und die Raumfähre SPACE SHUTTLE bis zum Orbitalkomplex MIR. Die einer absoluten Monarchie gleichende Allmacht eines Mannes, der zugleich Generalsekretär der führenden Partei, Staatsratsvorsitzender und Vorsitzender des Nationalen Verteidigungsrates war, bestimmte alle Entscheidungen. Oft waren diese davon abhängig, wer jeweils sein Vertrauen als Berater genoß.

Während jede Fußballmannschaft einen Mäzen im Politbüro oder in den Ministerien hatte, war die Raumfahrt dort von niemandem vertreten – sie hatte überhaupt keine Lobby. Nur wenn Prestigegewinn zu erwarten war, wurden die Gerontokraten munter, so 1978 zum Beispiel, als der achttägige Raumflug von Sigmund Jähn erlaubte, den »ersten Deutschen im All« für sich zu reklamieren und an seiner Seite ein Bad in der Menge zu nehmen. Eine langfristige, wissenschaftlich fundierte, strategische Konzeption für die Raumfahrt hingegen fehlte in der DDR. Andererseits führten der Abschluß des Grundlagenvertrages mit der BRD, die diplomatische Anerkennungswelle und die Aufnahme der DDR in die Organisation der Vereinten Nationen Anfang der siebziger Jahre zu einer scheinbaren außenpolitischen Stärkung von Honeckers Position. Immerhin sahen die siebzehn Millionen Ostdeutschen Erich Honecker auf der Abschlußsitzung der KSZE (Konferenz über Sicherheit und Zusammenarbeit in Europa) 1973 in Helsinki zwischen dem USA-Präsidenten Gerald Ford und dem BRD-Kanzler Helmut Schmidt sitzen und erlebten 1987, wie Bundeskanzler Helmut Kohl in Bonn für ihn den Roten Teppich ausrollen ließ. Im Innern des Landes jedoch nahmen Selbstherrlichkeit und Engstirnigkeit, Propagandarummel und Geheimniskrämerei in einem noch nicht dagewesenen Maße zu. Im Zusammenhang mit »Honeckers Himmelfahrt ins Jähnseits« geriet ich erneut in die Schußlinie, diesmal in die der Militärs.

Anlaß dafür war meine Berichterstattung vom Internationalen Astronautischen Kongreß 1976 in Anaheim/Los Angeles. Dort wurde der sowjetische Kosmonaut Alexej Leonow, der 1964 als erster einen Ausstieg in den freien kosmischen Raum wagte, auf einer internationalen Pressekonferenz ins Kreuzverhör genommen. Die Journalisten wollten Einzelheiten über militärische Programme wissen, die der General nicht beantworten wollte, konnte, durfte. Um ihm aus der Bredouille zu helfen, fragte ich ihn nach dem Stand der Vorbereitungen für Raumflüge von »Interkosmonauten« aus den RGW-Ländern. Dankbar ließ sich der stellvertretende Chef des sowjetischen Kosmonautenkorps ausführlich darüber aus. Er teilte erstmals öffentlich mit, daß die erste Gruppe von je zwei Kandidaten, Jagdflieger aus der Tschechoslowakei, Polen und der DDR, am 1. Dezember 1976 ihr Vorbereitungsstudium im Kosmonautenausbildungszentrum »Juri Gagarin« des Sternenstädtchens bei Moskau aufnehmen würden. In dieser Reihenfolge sollte dann je einer von ihnen 1978 zu SALUT 6 fliegen und dort eine Woche lang arbeiten. Er fügte weitere Details aus dem Ausbildungsprogramm und den Missionsprofilen hinzu.

Die »Wochenpost« veröffentlichte meinen Bericht, die Redaktion des »Neuen Deutschland« wohlweislich nicht. Nach Berlin zurückgekehrt, erzählten mir freundlich gesonnene Offiziere, daß Generaloberst Wolfgang Reinhold, Stellvertreter des Ministers für Nationale Verteidigung und als Chef der Luftstreitkräfte/Luftverteidigung verantwortlich für die Vorbereitung des Raumfluges von seiten der DDR, einen Wutanfall gehabt hätte, weil ein »Sensationsreporter« der »Wochenpost« etwas vorwegnahm, was sich Partei- und Staatsführung vorbehalten hatten ihrem Volk kundzutun. Wieder einmal retteten mich die Russen, denn General Leonow war der Verantwortliche auf sowjetischer Seite.

Hallstein-Doktrin ausgetrickst

Doch zurück zu den Anfängen. Unsere Anstrengungen, nach dem Start von SPUTNIK I eine Astronautische Gesellschaft zu gründen, die Raumfahrt-Experten und -Enthusiasten vereinen sollte, stießen zunächst auf Widerstand im Partei- und Staatsapparat. Raumfahrt bedeutete Raketen, und diese seien durch das Potsdamer Abkommen verboten, wurde uns entgegengehalten. Wir jedoch verwiesen darauf, daß es uns nicht um eine Raketengesellschaft, sondern um eine Vereinigung zur Förderung der friedlichen Erforschung und Nutzung des Weltraums ginge. Das hatten wir mit der Sektion Astronautik und Raketentechnik bewiesen, die wir schon 1956 beim Berliner Bezirksvorstand der Gesellschaft zur Verbreitung wissenschaftlicher Kenntnisse bildeten, und die später sogar in eine Zentrale Sektion beim Präsidium der URANIA erweitert wurde.

Doch all unsere Bemühungen fruchteten nichts. Da verfielen wir auf einen Trick. Wir fragten beim zuständigen Amtsgericht Mitte nach, was erforderlich sei, um als eingetragener Verein registriert zu werden. Die Antwort: ein Statut, das mit der Verfassung der DDR übereinstimmt und ein Dutzend Mitglieder, die sich für seine Ziele einsetzen. Gesagt, getan. Am 22. Juni 1960 gründeten 40 Persönlichkeiten in Berlin die Astronautische Gesellschaft der DDR. Das erste Präsidium bestand aus zwölf Mitgliedern, fünf Wissenschaftlern und Ingenieuren, vier Publizisten, zwei Lehrern und einem Juristen.

Zum Präsidenten wurde Dr.-Ing. Ferdinand Ruhle, Direktor im Zentralinstitut für Automatisierung in Dresden, zu Vizepräsidenten Professor Dr. Johannes Hoppe, Direktor am Heinrich-Hertz-Institut, Professor Dr. Hermann Lambrecht, Direktor der Universitätssternwarte Jena, Professor Dr. Hans Reichardt, Direktor des I. Mathematischen Instituts der Humboldt-Universität zu Berlin und Heinz Mielke, Leiter des Astronautischen Studios des deutschen Fernsehfunks sowie zum Wissenschaftlichen Sekretär Diplom-Gesellschaftswissenschaftler Herbert Pfaffe, gewählt. Die Ziele und Aufgaben umriß § 2 des Statuts:

»1. Die Gesellschaft stellt sich die Aufgabe, die friedliche Erforschung und Nutzung des Weltraums zu fördern, zur internationalen Zusammenarbeit auf diesem Gebiet beizutragen und Kenntnisse über die friedliche Weltraumforschung zu vermitteln; sie wird breiteste Kreise der Bevölkerung mit den Grundlagen und den jeweils neuesten Ergebnissen von Wissenschaft und Technik auf diesem Gebiet bekanntmachen.

2. Daraus ergeben sich folgende Aufgaben: Anregung, Förderung und Durchführung wissenschaftlicher Arbeiten, die den astronautischen Problemen gewidmet sind, Durchführung wissenschaftlicher Tagungen und Diskussionen, internationale Zusammenarbeit und Materialaustausch mit anderen Gesellschaften, die ebenfalls die Ziele friedlicher wissenschaftlicher Arbeit verfolgen. Erschließung der internationalen wissenschaftlichen Dokumentation und Verbreitung von Informationen durch Herausgabe eigener Publikationen.«

Am 11. August 1960 wurde die Gesellschaft als eingetragener Verein vom Ministerium des Innern der DDR registriert.

Am 17. August erfolgte auf dem XI. Internationalen Astronautischen Kongreß in Stockholm ihre Aufnahme in die Internationale Astronautische Föderation (IAF). Das war damals eine Sensation, bemühten sich doch viele Vereinigungen der DDR vergeblich um eine solche Anerkennung. »Erfolg der Sowjetzone in Stockholm« titelte denn auch »Die Welt« und kommentierte:
»Mit Unterstützung der Sowjetunion ist es der Sowjetzone gelungen, auf dem Astronautischen Kongreß in Stockholm einen Erfolg

zu erringen. Die Delegiertenversammlung der Internationalen Astronautischen Föderation IAF hat den bisherigen Grundsatz durchbrochen, daß als Repräsentanten Deutschlands in dieser Organisation nur Vertreter der Bundesrepublik anerkannt sein sollen. Sie nahm als Folge davon die Deutsche Astronautische Gesellschaft, die ihren Sitz in Ostberlin hat, als voll stimmberechtigtes Mitglied auf.«

Unsere Delegation hatte den Aufnahmeantrag zunächst unter der Bezeichnung »Astronautische Gesellschaft in der Deutschen Demokratischen Republik« gestellt. Doch dagegen opponierten die Vertreter der in Stuttgart ansässigen »Deutschen Gesellschaft für Raumfahrt und Raketentechnik« (DGRR, der späteren DGLR), die bisher in der IAF allein stimmberechtigt war. Sie argumentierten, daß eine solche Herausstellung der sogenannten DDR einen unerwünschten politischen Akzent in die internationale wissenschaftliche Organisation bringen würde.

Die DDR-Vertreter erklärten sich daraufhin bereit, den Namen in »Deutsche Astronautische Gesellschaft« zu ändern, was protokollarisch vermerkt wurde. Die Forderung von westdeutschen Delegierten, die ostdeutsche Gesellschaft nur als nichtstimmberechtigtes Mitglied in die IAF aufzunehmen, fand hingegen kein Gehör. Bei der Abstimmung gab es nur eine Gegenstimme, die des Vertreters der Bundesrepublik. Er war vom zuständigen Verkehrsminister Seebohm vergattert worden, die Hallstein-Doktrin durchzusetzen. Es war unser alter Bekannter Werner Büdeler. Die Stimmenthaltung Österreichs soll darauf zurückzuführen gewesen sein, daß sein Delegierter, ein alter Professor, eingeschlafen war. Die fast einhellige Zustimmung führte »Die Welt« darauf zurück, daß der sowjetische Professor Leonid Sedow die anderen westlichen Delegationen bewogen hatte, die gleichberechtigte Aufnahme der DDR-Gesellschaft zu akzeptieren. Dafür versprach er die Mitarbeit der UdSSR in der neugegründeten Internationalen Astronautischen Akademie in Paris. Glaubwürdiger erscheint allerdings, daß die deutsch-deutschen Querelen den anderen Ländern ziemlich egal waren.

Der KGB interessiert sich

Auch die DDR-Oberen hatten Probleme mit dem ungewollten, dafür aber um so erfolgreicheren Kind, das immer ungeliebt blieb. Sollten die aus Schweden heimkehrenden DAG-Mitglieder nun für ihr nicht genehmigtes Tun zur Verantwortung gezogen werden, oder sollte man sie mit Orden für die frühzeitige Anerkennung empfangen? Beides unterblieb! Doch immer mehr Wissenschaftler und Techniker arbeiteten aktiv mit, so die späteren Professoren Erhard Hantzsche und Hans Oleak, die Sportmedizinerin Dr. Sabine Jahne-Liersch, die Diplomingenieure und Dozenten Werner Ausborn und Horst Kuchling, die ihre Studenten für die Raumfahrt begeisterten.

Auf der Präsidiumssitzung der DAG vom 31. August 1960 jedenfalls wurde Dr. Ruhle bevollmächtigt, Dr. Apel, dem Vorsitzenden der Wirtschaftskommission beim ZK der SED, Vorschläge zur weiteren Entwicklung der DAG vorzutragen sowie die Schaffung einer staatlichen Leitstelle für die Koordinierung der Aktivitäten in der Raumfahrt zu empfehlen. Gleichzeitig beschloß das Präsidium, die Mitgliederzahl der DAG zunächst auf maximal 200 zu begrenzen, Fachgruppen zu bilden und eigene Publikationen herauszugeben.

Seit 1961 waren das die »Schnellinformationen« über alle Weltraummissionen, um die sich Karl-Heinz Neumann sehr verdient machte. 1962 folgte für die Mitglieder das »Mitteilungsblatt«, für das Herbert Pfaffe als Redakteur verantwortlich zeichnete.

Seit 1963 erschien die Zeitschrift »Astronomie und Raumfahrt« – gemeinsam mit dem Zentralen Fachausschuß Astronomie vom Deutschen Kulturbund editiert. Im selben Jahr wurde auch die Arbeitsgruppe »Astronautik und Schule« gebildet, die sich unter Leitung von Horst Eichler und Edgar Otto erfolgreich dafür einsetzte, in Zusammenarbeit mit dem Deutschen Pädagogischen Zentralinstitut den wichtigsten Erkenntnissen und Ergebnissen der Raumfahrt in verschiedene Fächer und Lehrpläne der Schulen Eingang zu verschaffen. Das wurde durch den in der DDR obligatorischen Astronomie-Unterricht in den zehnten Klassen der allgemeinbildenden polytechnischen Oberschulen erleichtert. Diese in der Welt seltene pädagogische Institution fand international großes Interesse, so auch, als Professor Hoppe 1968 auf dem XVII. IAF-Kongreß in Madrid darüber referierte. Leider behielten nach dem Beitritt der DDR zur BRD nicht alle neuen Bundesländer den obligatorischen Astronomie-Unterricht bei.

Gleichzeitig mit der Sektion und der Gesellschaft entwickelte sich auch ihre funktechnische Satellitenbeobachtungsstation, die zuerst in einer Baracke auf dem Gelände der Trabrennbahn in Berlin-Karlshorst und später in der Ingenieurschule für Maschinenbau und Elektrotechnik in Berlin-Lichtenberg untergebracht war.

Seit 1964 arbeitete sie als Satellitenbeobachtungsstation »Junge Welt« im Berliner Verlagsgebäude der gleichnamigen Tageszeitung,

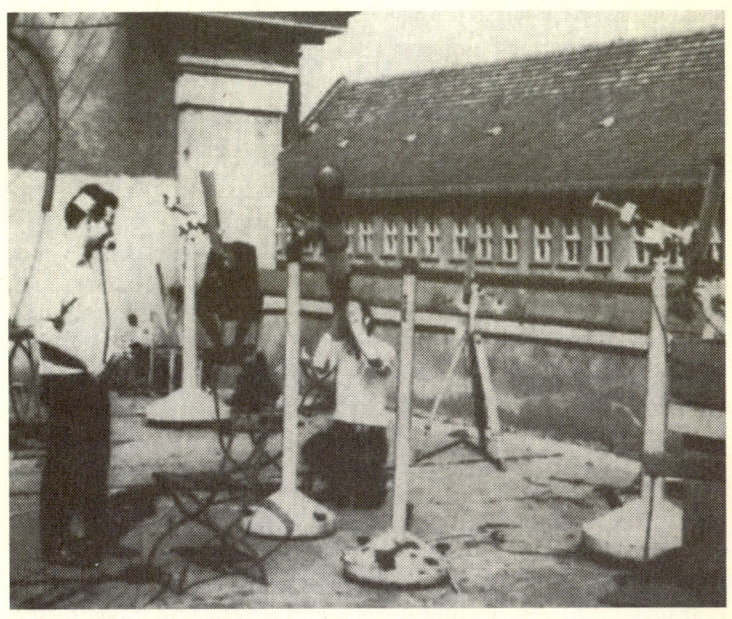

9. Mai 1970: Auf dem Dach der »Jungen Welt« in Berlin verfolgen Mitarbeiter der Satellitenbeobachtungsstation die Passage des Merkurs durch die Sonne

die damit als erste und einzige in der Welt eine solche Einrichtung besaß. Hier wurden seit KOSMOS 28 vor allem Raumflugkörper mit dem Sendebereich 20 MHz verfolgt und seit 1968 regelmäßig Wetterbilder von Satelliten empfangen.

Hier machten wir erstmals auch eine Bekanntschaf der dritten Art mit dem KGB. Eines Tages erschienen zwei seriöse Herren, die sich als Kollegen vorstellten. Sie sprachen zwar ein einwandfreies Hochdeutsch, aber ihr herbes Parfum roch eindeutig russisch. Ihr Interesse galt unseren Veröffentlichungen über Satellitenbeobachtungen, in denen wir neben den bekannten Startplätzen der Sowjetunion – Kapustin Jar an der Wolga und Baikonur in Kasachstan – erstmals auch Plessezk im Hohen Norden nahe Archangelsk erwähnten und die entsprechenden Koordinaten angaben.

Die »Kollegen« von der anderen Fakultät wollten wissen, woher diese Daten stammten. Wahrheitsgemäß erzählten wir ihnen, daß diese aus England kamen. Dort hatte ein Mathematiklehrer mit seinen Collegeschülern aus den Parametern der ersten Umlaufbahnen von sowjetischen Erdsatelliten diesen Ort errechnet. Von Plessezk aus starteten vor allem Raumflugkörper auf polare Umlaufbahnen. Diese sind militärisch besonders interessant, weil unter ihrem raumstabilen Orbit die Erde rotiert und alle Gebiete ihrer Oberfläche »vorbeikommen«. Anders ausgedrückt überfliegen künstliche Erdsatelliten mit einem Neigungswinkel von 90 Grad zum Äquator im Laufe einer gewissen Zeit alle Regionen unseres Planeten. Kreisen sie in einer Höhe von etwa 1.100 Kilometern, so passieren sie sogar dieselben Orte bei gleichem Sonnenstand, was für die Spionage geradezu ideal ist. An den Mienen der »Schlapphüte« war nicht zu erkennen, ob sie uns glaubten. Sie kamen jedenfalls nicht wieder.

Zweimal wurde die Gesellschaft in ihrer dreißigjährigen Existenz umbenannt: 1964 in Astronautische Gesellschaft der Deutschen Demokratischen Republik (AG DDR) und 1979 in Gesellschaft für Weltraumforschung und Raumfahrt der DDR (GWR). Zum 31. Dezember 1991 löste sie sich selbst auf, und ein Teil ihrer Mitglieder trat der Deutschen Gesellschaft für Luft- und Raumfahrt (DGLR) bei.

Zu den etwa 300 Einzelmitgliedern der GWR gehörten namhafte Wissenschaftler des In- und Auslandes. Kollektivmitglieder waren wissenschaftliche Institutionen, gesellschaftliche Organisationen und Betriebe wie beispielsweise das Zentralinstitut für solarterrestrische Physik der Akademie der Wissenschaften in Berlin, das Kosmonautenzentrum Karl-Marx-Stadt, der VEB Industriewerk Karl-Marx-Stadt, die Redaktion der Zeitschrift »Wissenschaft und Fortschritt«, Redaktionen des Rundfunks und viele andere. Ehrenmitglieder der Gesellschaft waren der sowjetische Kosmonaut German Titow, der amerikanische Raumfahrtwissenschaftler Professor William Rohrer aus Redlands/Kalifornien und der griechische Kosmosforscher Professor Konstantin Tzonis aus Athen.

Nacheinander wirkten als Präsidenten:
– 1960 bis 1966: Dr.-Ing. Ferdinand Ruhle, Direktor im Zentralinstitut für Automatisierung in Dresden;
– 1966 bis 1979: Prof. Dr. phil. Johannes Hoppe, Direktor am Heinrich-Hertz-Institut der Akademie der Wissenschaften in Berlin;

12. Februar 1965: Konferenz der Deutschen Astronautischen Gesellschaft in der Deutschen Akademie der Wissenschaften zu Berlin. V.l.n.r.: Dr. Paetz, Peter Stache, A. F. Schmidt

- 1979 bis 1984: Prof. Dr. rer. nat. Hans-Joachim Fischer, Direktor des Instituts für Elektronik der Akademie der Wissenschaften in Berlin-Adlershof, Korrespondierendes Mitglied der Internationalen Astronautischen Akademie in Paris und später Ehrenpräsident der GWR;
- 1984 bis 1991: Prof. Dr.-Ing. Ralf Joachim, stellvertretender Direktor des Instituts für Kosmosforschung in Berlin-Adlershof, stellvertretender Vorsitzender des Koordinierungskomitees INTERKOSMOS, zeitweilig stellvertretender Präsident der Internationalen Astronautischen Föderation. Danach bis 1997 leitender Mitarbeiter der Deutschen Agentur für Raumfahrtangelegenheiten (DARA) in Bonn.

Als Wissenschaftliche Sekretäre der Gesellschaft wirkten nacheinander:
- 1960 bis 1976: Diplom-Gesellschaftswissenschaftler Herbert Pfaffe, vorher 1. Sekretär der URANIA in Berlin;
- 1976 bis 1983: Diplom-Gesellschaftswissenschaftler Leo-pold Zimmermann, vorher Mitarbeiter im Amt für Kirchenfragen der DDR;
- 1983 bis 1990: Diplom-Journalist Dr. Oswald Kopatz, vorher Oberstleutnant im Zentrum für Kosmische Ausbildung beim Kommando Luftstreitkräfte/Luftverteidigung der Nationalen Volksarmee.

Iwan Iwanowitsch Iwanow

»Schreibt mir doch um Himmels willen prophylaktisch einen Beitrag über den ersten bemannten Raumflug, und zwar so, als hätte er bereits stattgefunden. Ihr müßtet doch eigentlich wissen, wie das ungefähr abläuft. Wir lassen das Ganze dann fix und fertig setzen, und wenn es soweit ist und ihr sowieso keine Zeit mehr für mich habt, tragen wir nur noch die genauen Namen und Daten ein.« Mit dieser Bitte kam der Wissenschaftsredakteur der Gewerkschaftszeitung »Tribüne«, Hans Linde, Ende März 1961 zu Herbert Pfaffe und mir, dem für die Öffentlichkeitsarbeit zuständigen Präsidiumsmitglied.

Wir erfüllten den Wunsch des findigen Gewerkschaftsjournalisten und schrieben einen Artikel mit der Überschrift »Ein Mensch auf Keplers Bahnen – im Zustand der Schwerelosigkeit um die Erde«. Er schilderte den Start in Baikonur, den Flug in 200 bis 300 Kilometern Höhe und die Landung am Fallschirm in der Steppe Kasachstans. Den fiktiven Kosmonauten nannten wir scherzhaft »Iwan Iwanowitsch Iwanow« und ließen ihn in knapp zwei Stunden einmal um die Erde kreisen. Nachdem die TASS-Meldung über die Mission eingetroffen war, wurde der Name durch den des wirklichen Kosmonauten ersetzt: Juri Alexejewitsch Gagarin. Die »Tribüne« konnte ihr Extrablatt als erste vertreiben. Später erfuhren wir, daß die sowjetischen Raumfahrtwissenschaftler ihrem Kosmonauten Null, einer mannsgroßen Modellpuppe, die 1960 mit dem ersten Testraumschiff flog, ebenfalls den Spitznamen Iwan Iwanowitsch Iwanow gegeben hatten.

Nicht etwa prophetische Eigenschaften befähigten uns zu der richtigen Vorhersage einer einmaligen Erdumrundung des ersten Kosmonauten, sondern einzig und allein die allen bekannten sowjetischen Vorversuche, die zwischen Mai 1960 und März 1961 stattfanden. Während dieser Unternehmen kreisten fünf Testraumschiffe des Typs KORABL (Schiff) mit sechs Hunden und vielen anderen Tieren an Bord um unseren Planeten. Zweimal landeten sie nach einer Stunde und 50 Minuten wohlbehalten auf sowjetischem Territorium, einmal nach 24 Stunden; zwei Versuche mißlangen:

Einmal versagte das Orientierungssystem, und die Kapsel verglühte, weil sie zu steil in die Atmosphäre eintauchte, das andere Mal zündete die dritte Raketenstufe nicht, und die Umlaufbahn wurde nicht erreicht. Die Bahnhöhen lagen bei einem Neigungswinkel von 65 Grad zum Äquator zwischen 178 und 369 Kilometern.

Damit waren die einmalige Erdumkreisung durch Gagarin und der eintägige Raumflug von Titow vorausgezeichnet.

So wie wir waren weltweit alle an der Raumfahrt Interessierten auf den ersten bemannten sowjetischen Flug vorbereitet. Keiner allerdings hatte mit dem Tempo gerechnet, das dann vorgelegt wurde. Immerhin war Gagarins Raumschiff WOSTOK (Osten) erst der dreizehnte sowjetische Raumflugkörper nach SPUTNIK I. Wieder schlossen wir Wetten über den Starttermin ab. Die Optimisten, zu denen ich gehörte, schworen auf den bevorstehenden 1. Mai; die Pessimisten gaben zu bedenken, daß der XXII. Parteitag der KPdSU nicht vor Ende Oktober stattfinden würde. Der 12. April überraschte uns ebenso wie die schnelle Bekanntgabe des Starts. Wir wußten damals nicht, daß auf Verlangen des ZK der KPdSU die Bahndaten innerhalb von zehn Minuten nach Brennschluß vorliegen mußten, damit schon 25 Minuten nach dem Start TASS die Parameter und die Funkfrequenzen verbreiten konnte. Der Westen sollte Gelegenheit erhalten, in der noch verbleibenden guten Stunde den Flug zu verfolgen. Ebensowenig wußten wir, mit welchem großen Risiko das Unternehmen verbunden war, und daß die Landung Gagarins am Fallschirm aus Sorge um die Funktionstüchtigkeit der Bremsraketen der Kapsel improvisiert war.

Eine Sternstunde der Menschheit

Um die weltweite Wirkung des Fluges von Juri Gagarin richtig zu verstehen, ist es erforderlich, sich auch die damalige internationale Situation zu vergegenwärtigen. Obwohl das Jahr 1961 gerade erst einhundert Tage alt war, hatte es doch schon einiges hinter sich. In den Annalen der Wissenschaft konnte das Auslaufen der ersten Raumsonde zur Venus verzeichnet werden, ebenso die Auslieferung der ersten Antibabypillen. Auf der Bühne der Politik spielten sich tragische und dramatische Szenen ab: Patrice Lumumba, die Symbolfigur des afrikanischen Befreiungskampfes, wurde von Söldnern ermordet. Die USA brachen die diplomatischen Beziehungen zu Kuba ab, und der Kongreß bewilligte 40 Millionen Dollar für die Unterstützung der Exilkubaner gegen die Castro-Insel. In Angola erhoben sich die nationalrevolutionären Kräfte gegen die portugiesischen Kolonialherren, und in Südvietnam nahm die Nationale Befreiungsfront den Kampf zum Sturz der Diem-Diktatur auf.

Zunächst begann dieser Mittwoch im April ganz normal. Über der Nordhalbkugel der Erde schien die Frühlingssonne, auf der südlichen Hemisphäre tobten Herbststürme. Während die Uhren in Berlin die siebente Morgenstunde anzeigten, schlug es vom Moskauer Spasskiturm bereits neun, und am Times Square in New York war es erst eine Stunde nach Mitternacht. Genau sieben Minuten später erhob sich aus ihrem Horst in der kasachischen Steppe eine mächtige Rakete mit der Kraft von 20 Millionen Pferdestärken. An ihrer Spitze trug sie das 4,7 Tonne schwere Raumschiff WOSTOK 1 mit dem 27jährigen Flieger-Oberleutnant Juri Gagarin, der noch während des Fluges zum Major befördert wurde. In 108 Minuten erlebte der erste Mensch im All einen Tag und eine Nacht. Er überflog die von der Sonne beschienene Tagseite unseres

So sah der Karikaturist Erich Schmitt den Autor dieses Buches

Planeten ebenso wie die vom Zentralgestirn abgewandte Erdhälfte. Wir hatten alle Hände voll zu tun, um den Anforderungen von Presse, Funk und Fernsehen nach Kommentierung Genüge zu tun. Das Hauptquartier der Astronautischen Gesellschaft schlugen wir für die nächsten Tage in der zentral gelegenen Redaktion der »Berliner Zeitung« in der Otto-Nuschke-Straße auf. Dort war ich als Redaktionssekretär tätig, und Fernschreiber, Telefone, Archiv und Bibliothek standen uns zur Verfügung. Unterstützung fand unsere publizistische Tätigkeit von unerwarteter Seite. Täglich schauten vier Männer auf einen Plausch zu uns herein. Sie wollten das Allerneueste hören, Anregungen für ihre Arbeit erhalten und gaben uns mit ihrem Humor mehr, als wir ihnen mit unseren Informationen geben konnten:

Die beiden Satiriker Joachim Dittrich und Heinz Busse, damals bekannt unter ihren Pseudonymen »Cobra« und »Heli« (Heinz Busse gemeinsam mit seiner Frau Liselotte), und die beiden Zeichner Friedrich Gäbel und Erich Schmitt. »Onkel Erich« setzte so manchem der Raumfahrtenthusiasten mit seinen liebenswürdigen Figuren in »Karl Gabels Weltraumabenteuer« (Eulenspiegel-Verlag) ein humoristisches Denkmal. Jedenfalls halfen wir der »BZ«, ebenfalls ein Extrablatt herauszugeben und wählten für die Ausgabe des folgenden Tages die Schlagzeile »Sternstunde der Menschheit«.

Bis heute bin ich der Meinung, daß es kaum schönere Worte für die Tat des Juri Gagarin gibt als die, die Stefan Zweig 1927 – 34 Jahre zuvor – in dem gleichnamigen Buch fand, das seinen Weltruhm begründete:

»Immer müssen Millionen müßiger Weltstunden verrinnen, ehe eine wahrhaft historische, eine Sternstunde der Menschheit in Erscheinung tritt…Ereignet sich eine Weltstunde, so schafft sie Entscheidungen für Jahrzehnte und Jahrhunderte. Wie in der Spitze eines Blitzableiters die Elektrizität der ganze Atmosphäre, ist dann eine unermeßliche Fülle von Geschehnissen zusammengedrängt in die engste Spanne von Zeit. Was ansonsten gemächlich nacheinander und nebeneinander abläuft, komprimiert sich in einen einzigen Augenblick, der alles bestimmt und alles entscheidet; ein einziges Ja, ein einziges Nein, ein Zufrüh oder ein Zuspät macht dies Stunde unwiderruflich für hundert Geschlechter und bestimmt das Leben eines einzelnen, eines Volkes und sogar den Schicksalsablauf der ganzen Menschheit...Solche dramatisch geballten, solche schicksalsträchtigen Stunden, in denen eine zeitüberdauernde Entscheidung auf ein einziges Datum, eine einzige Stunde und oft nur eine einzige Minute zusammengedrängt ist, sind selten im Laufe der Geschichte...«

Über die Wirkung der zwei Morgenstunden auf die westliche Welt berichtete der indische Publizist Khwadscha Ahmad Abbas:

»Fünfzehn Minuten nach dem Start wurden die Funksignale des sowjetischen Raumschiffes WOSTOK von Beobachtern der amerikanischen Radarstation Shemya auf den Aleuten aufgefangen. Fünf Minuten später ging die chiffrierte Meldung an das Pentagon. Der Nachtdiensthabende rief nach Erhalt der Nachricht sofort Dr. Jerome Wiesner zu Hause an, den Dozenten des Massachusetts Institute of Technology und wissenschaftlichen Chefberater des Präsidenten John F. Kennedy. Dr. Wiesner schaute verschlafen auf die Uhr. Es war 1.30 Uhr Washingtoner Zeit. Seit dem Start von Juri Gagarin waren genau 23 Minuten vergangen.«

Kennedy selbst war schon einige Tage zuvor von der CIA auf die Möglichkeit eines bemannten sowjetischen Raumfluges hingewiesen worden. Die NASA hatte bereits seit Monaten damit gerechnet und sich für den Fall, daß ein Russe als erster in den Weltraum fliegen würde, etliche passende Erklärungen zurechtgelegt.

Hugo Young, Chefredakteur, Byron Silcock, Wissenschaftsredakteur, und Peter Dunn, Sonderkorrespondent der britischen »Sunday Times«, schrieben in ihrem 1969 erschienenen Buch »Der Mond – Das Superding. Wettlauf um Macht und Geld«:

»Mit seinem Flug hatte Gagarin erreicht, was die Amerikaner am meisten befürchteten: Er war der erste! In den Augen der Welt wiederholte sich das Ereignis SPUTNIK 1. Für Washington bedeutete Gagarins Flug das Ende jeder geordneten politischen Aktivität. Der Kongreß tobte. Es war, als sei plötzlich der Krieg ausgebrochen. Panik und Unsicherheit breiteten sich aus. In dieser hektischen, aufs äußerste gespannten Atmosphäre wurde die Entscheidung getroffen, den Flug zum Mond in Angriff zu nehmen.«

Kennedy und sein Hausmeister

Zwei Tage später traf sich im Weißen Haus eine illustre Runde. Präsident Kennedy hatte seine engsten Berater zu sich gerufen, darunter auch Hugh Sidey vom Magazin »Life«, der später darüber berichtete:

»Können wir sie nicht irgendwie überholen?«, fragte Kennedy. »Was können wir tun? Können wir vor ihnen den Mond umkreisen? Können wir vor ihnen einen Menschen auf den Mond bringen? Wie steht es mit NOVA und ROVER (Projekte einer Großrakete und eines Kernantriebs, H. H.)? Wann steht die ›Saturn‹ zur Verfügung?«

»Mit einem Blitzprogramm, das gut und gerne 40 Milliarden Dollar kosten würde, könnten wir möglicherweise vor den Russen auf dem Mond sein«, meinte Hugh Dryden, der stellvertretende Direktor der Weltraumbehörde.

»Wir tun alles, was möglich ist, Mister President«, schaltete sich James Webb, der Chef der NASA, tröstend ein. »Und dank Ihrer Führung und Voraussicht kommen wir jetzt rascher voran denn je…«

Mit einer Handbewegung brachte Kennedy Webb zum Schweigen: »Die Kosten, das ist der springende Punkt.« Fragend wandte er sich an David Bell vom Budgetamt.

»Die Ausgaben für die Raumfahrt steigen steil an«, erwiderte dieser und belegte das mit Zahlen. »Vielleicht sollten Sie, Mister President, die Entscheidung noch drei Monate zurückstellen,« meinte Dr. Jerome Wiesner. »In dieser Situation können wir uns keine Fehler leisten.« Aber Kennedy schüttelte den Kopf, dachte kurz nach und sagte dann: »Wenn wir mehr wissen, kann ich entscheiden, ob es sich lohnt oder nicht. Wenn mir bloß jemand sagen könnte, wie wir die Russen einholen können. Wir müssen jemanden finden, irgendeinen, und wenn es der Hausmeister drüben wäre – Hauptsache, er weiß, wie!«

Fünf Tage nach dem Gagarin-Schock traf Washington ein neuer Schlag: das Debakel in Playa Giron, der Schweinebucht auf Kuba. Dort hatte die CIA bewaffnete Exilkubaner gelandet, um Castro zu stürzen, doch die Invasion wurde zu einem Fiasko. Am selben Tag, da das Landekorps vollständig vernichtet wurde, ließ Kennedy seinen Vize und obersten Raumfahrtchef Lyndon B. Johnson zu sich kommen. Aus dem Terminkalender des Präsidenten geht hervor, daß sich an diesem Vormittag der erste und der zweite Amerikaner eine Dreiviertelstunde lang unter vier Augen unterhielten. Worüber? Johnsons wichtigster Berater, Edward Welsh, ist überzeugt, daß während dieses Gesprächs endgültig das Apollo-Programm beschlossen wurde. Am 25. Mai 1962 jedenfalls gab Kennedy in einer Rede vor dem Kongreß die »Moonward-ho« (auf zum Mond)-Parole heraus: »Noch in diesem Jahrzehnt ein Amerikaner auf den Mond und zurück.«

»Man hat Kennedys Absichten ganz und gar mißverstanden«, schrieben die drei bereits erwähnten englischen Journalisten. »Entgegen einer weitverbreiteten Meinung ging es keineswegs darum, den Menschen auf den Mond zu bringen, sondern einzig und allein darum, daß ein Amerikaner als erster Mensch den Mond betrat. Die Mondlandung war kein wissenschaftliches Wagnis, kein Triumph der Menschheit – sie war ein Sieg des militärisch-industriellen Komplexes in einem Wettlauf um Macht und Geld. Entgegen allen hochtrabenden Erklärungen ging es vor allem darum, daß – noch vor den Sowjets – als erster ein Amerikaner den Mond betreten sollte.« Für Moskau, das diesen Wettlauf verlor, hatte die Apollo-Entscheidung, an der Wernher von Braun maßgeblichen Anteil hatte, schwerwiegende Folgen, die damals noch gar nicht absehbar waren.

Von den annähernd zweihundert Kosmonauten, Astronauten, Spationauten und Interkosmonauten oder wie sie sonst noch heißen mögen, denen ich in mehr als drei Jahrzehnten begegnete, hinterließ Juri Gagarin den nachhaltigsten Eindruck. Nicht nur weil er der erste, sondern weil er auch der liebenswürdigste war, weil die große Bescheidenheit und Menschlichkeit, die er ausstrahlte, aus seinem tiefsten Innern kam. Mich hatte er schon gewonnen, bevor ich ihm persönlich begegnete – durch seine unpathetischen Worte in der entscheidenden Stunde des Starts. Auf das Kommando des Flugdirektors »Abheben!« antwortete er: »Pojechali!« – »Los geht's!« Zum ersten Mal traf ich gemeinsam mit anderen Mitgliedern des Präsidiums unserer Astronautischen

Gesellschaft Juri Gagarin auf einem Empfang im »Großen Haus«, anläßlich seines Besuchs mit Walentina Tereschkowa im Oktober 1963. Während seines Rundgangs an der Seite von Walter Ulbricht blieb er spontan bei uns stehen. Er erkannte Heinz Mielke, der in Moskau als erster mit ihm ein Interview für den Deutschen Fernsehfunk geführt hatte. Mit jungenhaftem Charme erzählte er uns herzlich und ungezwungen von seiner Arbeit als Kommandeur des Kosmonautenkorps, von seinen Plänen, zum Mond und zum Mars zu fliegen. Nachdem Ulbricht erfuhr, daß Edgar Otto aus Eilenburg kam, versuchte er dem Gespräch durch Erzählungen aus seiner Zeit als Wanderbursche in dieser Gegend eine persönliche Note zu geben. Doch vergeblich, unser aller Interesse war auf Juri gerichtet. Dieser ignorierte auch so lange wie möglich das Drängen Ulbrichts, weiterzugehen.

Direktverbindung Amazonas – Havel

Die Frühzeit der Raumfahrtbeteiligung der DDR läßt sich rückblickend in zwei Etappen einteilen: Die erste, die 1957 mit SPUTNIK I begann, umfaßte vorwiegend Aktivitäten auf dem Sektor der optischen und funktechnischen Observation von Satelliten sowie Information und Dokumentation über Ergebnisse und Erkenntnisse der Weltraumforschung. Acht Observatorien – Bautzen, Berlin, Eilenburg, Potsdam, Rodewisch, Rostock und Schwerin – beteiligten sich an fünf internationalen Forschungsvorhaben jener frühen Jahre.

Diese permanenten Programme standen unter Leitung des Komitees für Weltraumforschung COSPAR:
- Der Ephemeriden-Dienst ermöglichte es, künstliche Erdsatelliten ständig zu kontrollieren. Der Begriff Ephemeriden kommt aus dem Griechischen und bedeutet nichts anderes als Tagebücher. In der Astronomie sind damit die Vorausberechnungen der täglichen Stellung der Himmelskörper gemeint.
- Das INTEROBS-Programm hatte die Aufgabe, durch internationale Observation die Veränderungen der Luftdichte in verschiedenen Bahnhöhen künstlicher Erdsatelliten zu messen.

- Das SPIN-Programmn (Spin – Eigendrehimpuls) erlaubte es, aus den Veränderungen der Rotationsdauer von Raumflugkörpern Rückschlüsse auf die Sonnenaktivität und den Zustand der Hochatmosphäre zu ziehen.
- Das PASSAGE-Programm bestimmte anhand des Durchgangs künstlicher Erdsatelliten am Himmelsäquator deren Umlaufzeiten.
- Das BALLON-Programm diente dem Aufbau eines weltweiten Netzes für exakte Erdvermessung.

Alle Informationen kamen telegrafisch vom »Zentrum Moskau«, an das auch die gemessenen Positionen gemeldet wurden. Die zweite Etappe der Beteiligung an der Weltraumforschung begann etwa 1961, um die Zeit, da Juri Gagarin als erster Mensch ins All flog. Sie ist gekennzeichnet durch eine aktive Mitarbeit der DDR an sowjetischen Programmen. Aus der Fülle der Forschungsergebnisse können hier nur einige Beispiele genannt werden: Wissenschaftler und Techniker der Akademie der Wissenschaften entwickelten ein eigenes APT-System (Automatic Picture Transmission – Automatische Bildübertragung), welches es erlaubte, Fotoaufnahmen von Wettersatelliten zum empfangen und zu entwickeln. Die bei der Zentralen Wettervorhersage des Meteorologischen Dienstes der DDR installierte APT-Station konnte so erweitert werden, daß sie es gestattete, meteorologische Informationen, die im sichtbaren und im infraroten Spektralbereich gesendet wurden, gleichzeitig von zwei Satelliten direkt zu empfangen. Die Aufnahme und die Speicherung dieser Satellitensignale wurden weitgehend automatisiert. So konnten die Daten der amerikanischen Wettersatelliten vom Typ ESSA (Environmental Survey Satellite – Umweltbeobachtungssatellit), ebenso wie die Versuchssendungen des über der Amazonasmündung stehenden geostationären Satelliten für nachrichtentechnische und meteorologische Experimente, ATS-3 (Application Technology Satellite – Technologischer Anwendungssatellit) von der APT-Station an der Havel in hervorragender Qualität empfangen werden. Die zeitweilige Operation einer APT-Anlage an Bord eines Schiffes war so erfolgreich, daß eine ständige Station für die Fischereiflotte der DDR eingerichtet wurde. 1963 fand das wissenschaftliche Ansehen der in der Weltraumforschung tätigen Wissenschaftler der DDR verdiente Würdigung durch die einstimmig beschlossene Aufnahme des Nationalkomitees für Geodäsie und Geophysik der DDR in das COSPAR. Zu den Mitgliedern des NKGG gehörten auch Professor Johannes Hoppe, Präsident der DAG und Professor Karl-Heinz Schmelovsky, einer der Pioniere der Raumfahrt in der DDR.

DDR-Mitarbeit in COSPAR-Mitgliedsorganisationen:
- IAU International Astronomical Union
- IMU International Mathematical Union
- IUB International Union of Biochemistry
- IUBS International Union of Biological Sciences
- IUGG International Union of Geodesy and Geophysics
- IUPAB International Union for Pure and Applied Biophysics
- IUPAC International Union for Pure and Applied Chemistry
- IUPAP International Union for Pure and Applied Physics
- IUPS International Union of Physiological Sciences
- IUTAM International Union of Theoretical and Applied Mechanics
- URSI International Scientific Radio Union

DDR-Mitarbeit in COSPAR-Arbeitsgruppen:
- AG 1 Bahnverfolgung, telemetrische Übertragung und Bahndynamik
- AG 2 Entwicklung und Koordinierung von Experimenten
- AG 3 Datensammlung und Publikationen
- AG 4 Verhältnisse der Hochatmosphäre
- AG 5 Kosmobiologie
- AG 6 Anwendung von Kosmosexperimenten in der Meteorologie
- AG 7 Auf Weltraumexperimenten basierende Untersuchungen des Mondes und der Planeten

DDR-Mitarbeit in IAF-Gremien:
- IAF Internationale Astronautische Föderation in Paris. Zusammenschluß von 40 nationalen wissenschaftlichen Gesellschaften und Organisationen mit 60.000 Einzelmitgliedern, die jährlich

ihren Internationalen Astronautischen Kongreß durchführen. Der erste Kongreß 1950 in Paris diente der Vorbereitung, der zweite 1951 in London der Gründung der IAF. Gründungsmitglieder waren Raketen- und Raumfahrtgesellschaften aus Argentinien, der Bundesrepublik, Frankreich, Großbritannien, Italien, Österreich, Schweden, der Schweiz, Spanien und den USA. Zum ersten Präsidenten wurde der deutsche Raketenpionier Eugen Sänger gewählt. Die DDR fand 1960 in Stockholm Aufnahme als stimmberechtigtes Mitglied.
- IAA Internationale Astronautische Akademie in Paris. Durch Beschluß des XI. IAF-Kongresses 1960 in Stockholm gegründet. Zum ersten Direktor der Akademie wurde der ungarisch-amerikanische Raumfahrtwissenschaftler Theodore von Kármán gewählt.
- IISL International Institute of Space Law in Paris. Das Internationale Institut für Weltraumrecht ist eine Einrichtung der IAF, die mit der IAA zusammenarbeitet, und in dem der Jurist Prof. Dr. Gerhard Reintanz aus Halle Mitglied war.

IAF-Komitees
1. Politisch-administrative:
- Internationales Programm
- Publikationen
- Finanzen
- Aktivitäten und Mitgliedschaft
- Zusammenarbeit mit internationalen Organisationen und Entwicklungsländern
2. Wissenschaftlich-technische:
- Ausbildung, Studenten und Schüler – hier arbeitete
Dr. Bernd Schildwach besonders aktiv mit.
- Bioastronautik
- Erdbeobachtung
- Satellitenkommunikation
- Mikrogravitation und Anwendung
- Weltraumenergie und Antriebe
- Raumtransportsysteme
- Weltraumsysteme

- Materialien und Strukturen
- Astrodynamik
- Weltraumforschung
- Raumstationen

IAA-Sektionen
- Grundlagenwissenschaften
- Ingenieurwissenschaften
- Lebenswissenschaften
- Sozialwissenschaften

IAA-Komitees
- Wirtschaftlichkeit und Nützlichkeit von Weltraumaktivitäten
- Gesetzliche und wissenschaftliche Verbindungen
- Geschichte der Raumfahrt
- Sicherheit und Rettung im Weltraum
- Weltraumwissenschaften
- Verbindung mit außerirdischer Intelligenz (CETI – Communication with extraterrestrical intelligence)
- Entwicklung zukünftiger Weltraumsysteme
- Mensch im Weltraum
- Erforschung des interstellaren Raumes
- Weltraum und weltweite Veränderungen

DDR-Mitarbeit im COPOUS:
- Von 1975 bis 1991 wirkten die Professoren Peter Bormann, Dieter Felske und Robert Knuth als wissenschaftliche Berater

Satellitenstaaten starten Satelliten

Das INTERKOSMOS-Programm trug offiziell die umständliche Bezeichnung: Programm der Zusammenarbeit sozialistischer Länder bei der Erforschung und Nutzung des Weltraums für friedliche Zwecke. Seine Vorgeschichte begann mit dem Start von SPUTNIK I. Die Akademie der Wissenschaften der UdSSR bezog schon beim 92-tägigen Flug des ersten künstlichen Erdsatelliten andere sozialistische Staaten in die optische und funktechnische Satellitenbeobachtung ein. In der Folgezeit wurden in 19 Ländern Europas, Asiens und Amerikas mit sowjetischen Spezialkameras AFU-75 ausgerüstete Bodenstationen zur optischen Bahnverfolgung aufgebaut. Die Beobachtung der ersten drei Sputniks mündete in die koordinierte Zusammenarbeit der Akademien der Wissenschaften der sozialistischen Länder für die Komplexprogramme »Planetarische geophysikalische Forschungen« und »Wissenschaftliche Beobachtungen künstlicher Erdsatelliten«, aus dem wiederum INTEROBS (Internationale Observation) hervorging. Die Ergebnisse der Teilnahme an Raumfahrtexperimenten mit bodengebundenen Mitteln schufen die Voraussetzungen für die direkte Beteiligung der Partnerländer an der von der Sowjetunion initiierten Kosmonautik.

Ersten Gesprächen mit Wissenschaftlern über die Vertiefung der kosmischen Kooperation im Jahre 1964 folgte ein Jahr darauf ein schriftlicher Gedankenaustausch zwischen den Regierungschefs der RGW-Länder über die Möglichkeiten, das wissenschaftlich-technische Potential zur Erforschung und Nutzung des Weltraums zu bündeln. Dies wurde nicht zuletzt durch jene Aktivitäten angeregt, die im Frühjahr 1964 in Westeuropa einsetzten, als die ESRO (European Space Research Organization – Europäische Weltraumforschungs-Organisation) und ELDO (European Launcher Development Organization – Europäische Organisation zur Entwicklung von Trägerraketensystemen) in

Paris ihre Tätigkeit aufnahmen, die in den siebziger Jahren mit den Programmen der 1975 gegründeten ESA (European Space Agency – Europäische Weltraumbehörde) ihre Fortsetzung fanden. In beiden Organisationen gehörte die Bundesrepublik zu den Gründungsmitgliedern, und in Darmstadt entstand das ESOC (European Space Operations Center – Europäisches Weltraumoperationszentrum).

Die Antwort des Ostblocks erfolgte im November 1965 auf der ersten Beratung von Vertretern Bulgariens, der DDR, Kubas, der Mongolei, Polens, Rumäniens, der Sowjetunion, der Tschechoslowakei und Ungarns. Auf dieser Moskauer Konferenz standen Fragen der gemeinsamen Weltraumforschung, der Organsationsform und von Hauptrichtungen der Kosmoskooperation auf der Grundlage der Forschungspotenzen und der Wissenschaftstraditionen der einzelnen Teilnehmerländer im Mittelpunkt.

Auf einer zweiten Beratung im November 1966 in Moskau wurde eine Entschließung angenommen, die den oben schon erwähnten, umständlichen Titel trug. Die sowjetische Seite erklärte sich bereit, ihre Startanlagen und Trägerraketen, Raumflugkörper und Bodenstationen für gemeinsame Weltraumunternehmen zur Verfügung zu stellen. Die anderen Staaten bekundeten ihren Willen, sich durch Forschungsarbeiten, Beobachtungen und Konstruktionen sowie durch die Entwicklung von Bordgeräten für Raketen und Raumflugkörper, Prüfgeräte und Bodenanlagen zu beteiligen. Eine gegenseitige Verrechnung erfolgte nicht, vielmehr

trug jeder die eigenen Kosten, und die Ergebnisse standen allen zur Verfügung.

Dieses Programm erhielt zunächst die Kurzbezeichnung Sotrudnitschestwo (Zusammenarbeit), wurde auf einer Beratung im April 1967 von Delegationen aus neun Ländern verabschiedet und danach von den Regierungen der Teilnehmerländer einzeln bestätigt. Der 13. April 1967 gilt deshalb als Geburtsdatum von INTERKOSMOS. Doch erst auf einer Zusammenkunft der Leiter der Nationalen Koordinierungskomitees für dieses Programm 1970 in Wroclaw (Breslau) wurde die Bezeichnung INTERKOSMOS offiziell angenommen. Diesen Namen trug bereits der Rat für internationale Zusammenarbeit zur friedlichen Erforschung und Nutzung des Weltraums beim Präsidium der Akademie der Wissenschaften der UdSSR, der 1966 auf Beschluß der Sowjetregierung gegründet worden war. Da es für das INTERKOSMOS-Programm der sozialistischen Staaten keinen eigenen Verwaltungsapparat gab, übernahm diese Funktion der sowjetische Rat und konzentrierte damit die Macht in Moskau. Nachdem 1976 Vietnam dem Programm beitrat, wurde INTERKOSMOS zur trikontinentalen Zehnergemeinschaft.

Klassik und Moderne von INTERKOSMOS

Die Beziehungen zwischen den Teilnehmerländern von INTERKOSMOS waren Bestandteil der sowjetischen Hegemonie über ihre Satellitenstaaten, wobei es durchaus unter diesen eine sehr komplizierte und differenzierte hierarchische Rangordnung gab, die durch ihren jeweiligen politischen und wirtschaftlichen, wissenschaftlich-technischen und militärisch-strategischen Stellenwert bestimmt wurde. Als Hauptverbündeter an der Westfront des Ostblocks und Juniorpartner der UdSSR für den Weltmarkt spielte die DDR auch in der Raumfahrt eine herausragende Rolle. Sie sollte die Leistungen ihrer Wissenschaftler und Techniker vor allem dort einbringen, wo diese gegenüber ihren sowjetischen Kollegen einen Vorsprung hatten: in der Feinmechanik und Optik, in der Infrarottechnik und bei der Bildverarbeitung beispielsweise – Gebiete, die von hoher militärischer Relevanz waren. Die Unterzeichner-

staaten des INTERKOSMOS-Programms einigten sich zunächst auf die vier klassischen Hauptforschungsrichtungen, denen 1974 eine fünfte folgte:
– Kosmische Physik: Untersuchungen physikalischer Prozesse in der Hochatmosphäre, wechselseitiger Beziehungen zwischen Sonne und Erde sowie deren Einfluß auf die Zirkulationen in den unteren Schichten der Atmosphäre; Satellitengeodäsie und Studium der Struktur von Magnetosphäre und Ionosphäre. Seit 1978 kam mit den gemeinsamen bemannten Raumflügen als jüngste Richtung die kosmische Materialwissenschaft hinzu: Erforschung des Einflusses der Mikrogravitation auf Kristallisations- und Mischverhältnisse, Versuche zur Schaffung von Materialien mit neuen Eigenschaften sowie Untersuchung des Einflusses der Weltraumbedingungen auf Materialien und Bauelemente. Das betraf vor allem Halbleiterverbindungen, optische Materialien und Verbundwerkstoffe.
DDR-Zentren: Einrichtungen der Akademie der Wissenschaften wie das Institut für Elektronik, später Institut für Kosmosforschung (IKF) in Berlin-Adlershof, das Zentralinstitut für Schweißtechnik (ZIS) in Halle.
– Kosmische Meteorologie: Untersuchungen zur Klimavorhersage auf der Erde; Verbesserung der mittel- und langfristigen Wetterprognose; Erforschung der Zusammensetzung der Erdatmosphäre und der in ihr ablaufenden Prozesse.
DDR-Zentren: Meteorologischer Dienst und seine Institutionen in Potsdam, Aerologisches Institut in Lindenberg.
– Kosmisches Nachrichtenwesen: Schaffung technischer Voraussetzungen zur Übertragung von Informationen mittels Satelliten
– Telefonie und Telegrafie, Funk und Fernsehen; Grundlagenforschung zur Optimierung und Rationalisierung der Nachrichtenverbindungen.
DDR-Zentren: Rundfunk- und Fernsehtechnisches Zentralamt in Berlin-Adlershof, INTERSPUTNIK-Erdefunkstelle in Neu-Golm.
– Kosmische Biologie und Medizin: Untersuchung der Einflüsse von Weltraumbedingungen – Schwerelosigkeit, Strahlung, Lebensrhythmus – auf lebende Organismen der unterschiedlichsten Entwicklungsstufen; Gewinnung von Erkenntnissen über

die Wirkung der Schwerelosigkeit auf den Menschen bei längerem Aufenthalt im All; Ermittlung des Nutzens von Trainingsmethoden, Schutzeinrichtungen, Lebensmitteln und anderem für den Raumfahrer; Medizinische Überwachung des Kosmonauten während des Raumfluges.
DDR-Zentren: Zentralinstitut für Herz-Kreislaufforschung in Berlin-Buch als Leiteinrichtung sowie das Institut für Luftfahrtmedizin der Nationalen Volksarmee in Königsbrück bei Dresden und Einrichtungen der Charité der Humboldt-Universität zu Berlin.

– Fernerkundung der Erde mit aerokosmischen Mitteln: Erkundung der natürlichen Ressourcen der Erde; Einfluß des Menschen auf seine Umwelt; Optimierung von großräumigen Bauvorhaben; Unterstützung der Land-, Forst-, Wasser- und Fischwirtschaft bei Bestandsaufnahmen und gezielten Veränderungen. Diese moderne Disziplin, die 1974 in Baku ins Leben gerufen wurde, nahm in ihrer Bedeutung schnell die Spitzenposition ein.
DDR-Zentren: Zentralinstitut für Physik der Erde (ZIPE) der AdW in Potsdam, Zentrum für Geofernerkundung der TU Dresden, INTERFLUG/Betrieb Bildflug (ab 1985 Betrieb Fernerkundung, Industrie- und Forschungsflug) in Berlin-Schönefeld.

Entscheidungsstruktur für Raumfahrtaktivitäten in der DDR

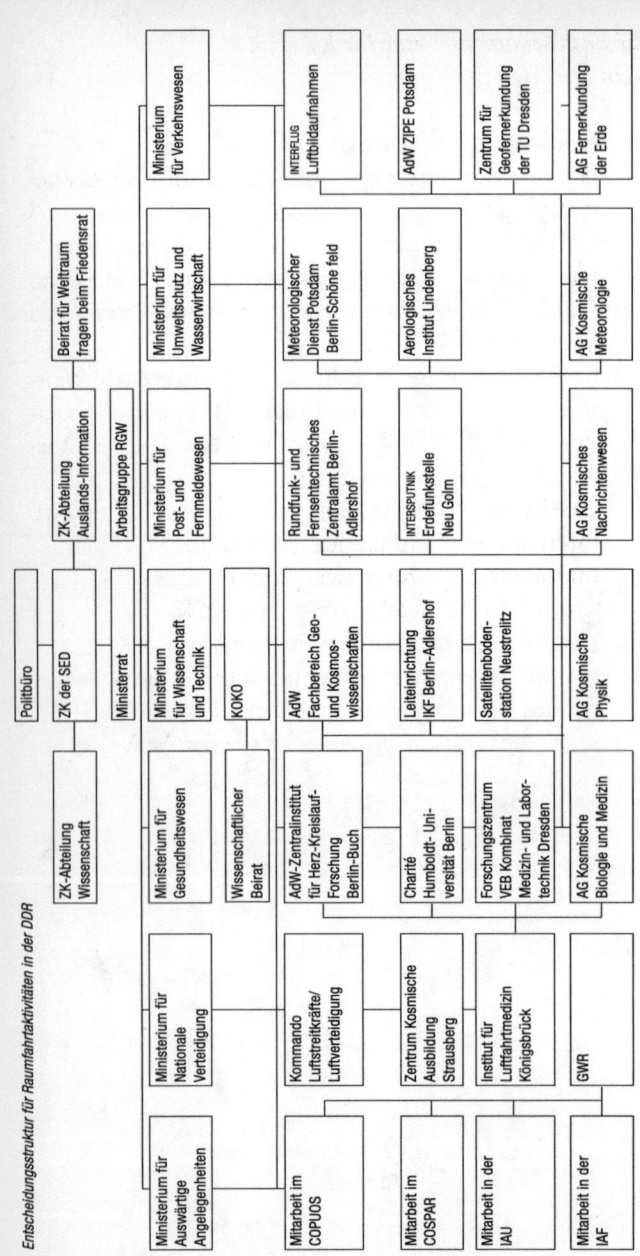

238

*Legende zur Entscheidungsstruktur für Raumfahrt-
aktivitäten in der DDR*

AdW	Akademie der Wissenschaften
AG	Ständige Arbeitsgruppe mit Vertretern aller INTER-KOSMOS-Partner
COPUOS	Committee of the Peaceful Use of Outer Space – Komitee für die friedliche Nutzung des Weltraums der UNO mit wissenschaftlich-technischem und juristischem Unterausschuß
COSPAR	Committee of Space Research – Komitee für Weltraumforschung beim International Council of Scientific Unions (ICSU) – Internationaler Rat der Wissenschaftlichen Vereinigungen
GWR	Gesellschaft für Weltraumforschung und Raumfahrt
IAF	International Astronautical Federation
IAU	International Astronomical Union
IKF	Institut für Kosmosforschung der AdW
KOKO	Koordinierungskomitee INTERKOSMOS
RGW	Rat für Gegenseitige Wirtschaftshilfe
SED	Sozialistische Einheitspartei Deutschlands
ZIPE	Zentralinstitut für Physik der Erde der AdW
ZK	Zentralkomitee

Leninskij Prospekt Nr. 14

Für jede der fünf Hauptforschungsrichtungen gab es eine ständige Arbeitsgruppe, in die jedes Land bis zu fünf Experten delegierte. Die Aufgaben eines Sekretariats für INTERKOSMOS übernahm der gleichnamige Rat bei der Akademie der Wissenschaften der UdSSR am Moskauer Leninskij Prospekt Nummer 14. Unter Leitung von dessen Vorsitzenden trafen sich einmal jährlich die Leiter der Nationalen Koordinierungskomitees an wechselnden Tagungsorten. Diese Chefkonferenz war zuständig für alle Fragen der Organisation, insbesondere aber für neue Programme. Ihre Entscheidung war bindend für alle Teilnehmerländer, die ihnen zugestimmt hatten.

Die Finanzierung folgte nach dem Prinzip: Jeder Staat trägt die Kosten für den Teil des Projektes, der von seinen nationalen wissenschaftlichen Institutionen und Organisationen erbracht wird. Die INTERKOSMOS-Kooperation läßt sich rückblickend in drei Etappen untergliedern:

– Die Vorbereitungsphase von 1967 bis 1969 umfaßt den zweieinhalbjährigen Zeitraum von der Annahme des Programms bis zum Start des ersten Gemeinschaftssatelliten. Die Hauptaufmerksamkeit richtete sich auf die Einstimmung in die zukünftigen Experimente und die Erprobung der neuartigen Technologien. Gleichzeitig wurden die Meßkomplexe zur Kontrolle und Auswertung am Boden konzipiert. Die Generalprobe erfolgte am 20. Dezember 1968 mit dem Start von KOSMOS 261, auch »Sputnik der Freundschaft« genannt. Der sowjetische Satellit hatte die Aufgabe, die Hochatmosphäre der Erde und die Polarlichter zu untersuchen. An dem Unternehmen nahmen Wissenschaftler und Techniker aus sieben Ländern, darunter auch der DDR, teil. Sie konnten wertvolle Erfahrungen für die Lösung von Forschungsaufgaben, die Auswertung der Meßdaten und die Ausrüstung von Raumflugkörpern sammeln. Innerhalb der größten Serie sowjetischer Satelliten folgten weitere »Freundschaftssputniks« wie KOSMOS 348 und KOSMOS 381.

– Die Einarbeitungsphase von 1969 bis 1973 stellte die Messungen physikalischer Einzelparameter im erdnahen Raum in

Vertrauliche Verschlußsache
B 2 - 105/66
25.Ausfertigung 12 Blatt

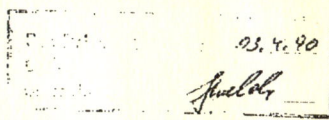

Beschluß

1. Die "Vorläufige Innere Ordnung für die Zusammenarbeit der sozialistischen Länder auf dem Gebiet der Erforschung und Nutzung des Weltraumes für friedliche Zwecke" wird bestätigt und mit Wirkung vom 1. 6. 1966 in Kraft gesetzt.

2. Der Staatssekretär für Forschung und Technik wird bevollmächtigt, auf der Grundlage der "Vorläufigen Inneren Ordnung für die Zusammenarbeit der sozialistischen Länder auf dem Gebiet der Erforschung und Nutzung des Weltraumes für friedliche Zwecke" sowie der Beschlüsse des Ministerrates 43/10/65 vom 17.6.1965 und 50/IV-1/65 vom 9.9.1965 die Direktiven für die weiteren Spezialistenberatungen in der Sowjetunion auf dem Gebiet der Erforschung und Nutzung des Weltraumes zu bestätigen.

3. Auf der Grundlage der Ergebnisse der Spezialistenberatungen ist eine langfristige Konzeption für die DDR auf dem Gebiet der Erforschung und Nutzung des Weltraumes für friedliche Zwecke zu erarbeiten.

<u>Verantwortlich:</u> Staatssekretär für Forschung und Technik, Genosse Dr. Weiz

<u>Termin:</u> 31. 12. 1966

10. Juni 1966: Der DDR-Ministerrat beschließt die Beteiligung der DDR am INTERKOSMOS-Programm

den Mittelpunkt. An Bord der ersten gemeinsamen Satelliten sowie in den Köpfen von Höhen- und Wetterraketen setzten die Unterzeichnerstaaten kleine autonome Geräte ein. Wissenschaftliche Schwerpunkte waren sonnenphysikalische und ionosphärische Untersuchungen.
Die Premiere erfolgte am 14. Oktober 1969 mit dem ersten Gemeinschaftssatelliten INTERKOSMOS 1. Dafür stellte die UdSSR ein bewährtes Trägerraketensystem und das Grundmodell des Satellitentyps KOSMOS für die Unterbringung von Nutzlasten aus den Partnerländern zur Verfügung. Am 28. November 1970 begann mit VERTIKAL 1 der Aufstieg gemeinsamer Höhenforschungsraketen mit Gipfelhöhen von etwa 500 Kilometern. Ein Jahr darauf eröffnete eine meteorologische Rakete des Typs MR-1 die gemeinsame Forschung bis zu Höhen von 160 Kilometern.
– Die Etappe der Komplexexperimente von 1973 bis 1990 beinhaltet sowohl unbemannte als auch bemannte Unternehmen. So stiegen seit 1973 meteorologische Raketen der Typen MMR-06 und M-100 auf Höhen von 85 bis 90 Kilometern auf. 1975 begann mit dem Biosputnik KOSMOS 782 eine Serie von Versuchen mit Tieren verschiedener Gattungen im Erdorbit. Ab 1976 kamen neue Höhenforschungsraketen des Typs VERTIKAL zum Einsatz, deren Gipfelhöhen sich auf etwa 1.500 Kilometer verdreifachten.

Am 19. Juni 1976 wurde mit INTERKOSMOS 15 erstmalig ein neuer Satellit der Klasse AUOS (Automatische Universelle Orbitalstation) gestartet. Im Vergleich zu seinen Vorgängern bot er drei- bis viermal soviel Platz für wissenschaftliche Nutzlasten. Die höhere Leistungsfähigkeit der Trägerraketen ermöglichte für die Gemeinschaftssatelliten der zweiten Generation eine größere Auswahl unterschiedlich hoher und geneigter Umlaufbahnen.

Die wichtigste Neuerung aber war das ETMS (das Einheitliche Telemetriesystem) an Bord. Es gestattete jedem beteiligten Land, interessierende Informationen direkt vom Satelliten abzurufen, und zwar in einer Form, die für die unmittelbare Verarbeitung durch EDV-Anlagen in den Bodenstationen geeignet war. Das

ETMS wurde gemeinsam von Wissenschaftlern und Technikern der Sowjetunion, der DDR, Polens, Ungarns und der Tschechoslowakei entwickelt. Es umfaßte sowohl Bordgeräte als auch Anlagen in den Bodenstationen.

Zwischen 1978 und 1988 nahmen Interkosmonauten aus allen zehn Partnerländern des INTERKOSMOS-Programms an bemannten Raumfahrtmissionen teil. Dafür kamen Raumschiffe der Versionen von SOJUS und PROGRESS sowie die Orbitalstationen der Typen SALUT und MIR mit den Modulen KOSMOS und KWANT zum Einsatz. Während der Flüge wurden über 150 verschiedene Experimente – davon einige mehrmals – durchgeführt, für die Geräte aus den Teilnehmerländern bereitgestellt wurden. Außerdem fanden gemeinsame Arbeiten mit den Erdsatelliten der Typen ASTRON, KOSMOS, METEOR, MAGION, MOLNIJA und PROGNOS sowie den Raumsonden LUNA, MARS, PHOBOS, VENERA und VEGA statt.

Die ersten drei Bordgeräte

Die nachfolgenden Abschnitte wurden aus Erlebnissen von Professor Hans-Joachim Fischer zusammengefaßt, von denen er mir im Laufe unserer jahrelangen Freundschaft erzählte:

Nach dem Start der ersten Erdsatelliten und den Flügen der ersten Kosmonauten und Astronauten glaubte keiner von uns, daß wir selbst einmal an der Arbeit im Weltraum teilhaben würden. Und doch lud uns die Sowjetunion schon im Jahre 1965 dazu ein, entsprechend dem in der DDR vorhandenen Stand der Wissenschaften mitzumachen. Es gab dafür nur zwei Bedingungen, die uns gestellt wurden: Erstens sollte das von uns auszuarbeitende Programm möglichst einen maximalen gegenseitigen Nutzen bringen, und zum zweiten mußte unser Beitrag in das Gesamtprogramm der sowjetischen Kosmosforschung integriert werden, sich also den vorhandenen und geplanten Möglichkeiten der Satelliten- und Raketentechnik anpassen können.

Ich war damals nach Berlin-Adlershof umgesiedelt, wo ich zunächst als Radioastronom arbeitete. Mein Ziel sah ich zunächst darin, über Fragen der Geräteentwicklung auf diesem relativ neuen wissenschaftlichen Fachgebiet meine Promotionsarbeit zu schreiben. Doch dann überstürzten sich die Ereignisse. Als Mitarbeiter des Heinrich-Hertz-Instituts der Akademie gehörte ich zu jenen jungen Wissenschaftlern, die als erste für eine aktive Mitarbeit am INTERKOSMOS-Programm ausgewählt wurden.

Wir wußten aus Berichten in der Fachliteratur, daß die Herstellung von Bordgeräten für den kosmischen Einsatz außerordentlich komplizierte Anforderungen stellte. Wissenschaftlich, technologisch und gerätebaulich wurden Höchstleistungen verlangt, die den enormen Beanspruchungen beim Start der Rakete standhalten mußten. Jeder wird verstehen, daß uns auch noch nachträglich ein bißchen die Knie zittern, wenn wir an jene turbulenten Zeiten zurückdenken.

Die endgültige Idee, mit der wir dann im April 1967 nach Moskau fuhren, kam von Professor Karl-Heinz Schmelovsky, den wir liebevoll »Schmecki« nannten. Er schlug vor, ein wissenschaftliches mit einem technischen Experiment zu koppeln, um mit einem Schlag auf beiden Gebieten Erfahrungen zu sammeln. Wir dachten dabei an ein bereits erprobtes Lyman-Alpha-Fotometer zur Erforschung der Sonne und an eine Übertragung der gewonnenen Daten mit Hilfe eines 136-Megahertz-Senders auf telemetrischem Wege. Auch den dazugehörigen Stromversorgungsblock wollten wir bauen.

Der amerikanische Physiker Theodore Lyman entdeckte 1906 die nach ihm benannte, im ultravioletten Bereich liegende, tiefste Spektralserie des Wasserstoffatoms. Mit diesen Überlegungen flogen wir mit viel Elan, aber wenig Erfahrung an die Moskwa. Die ersten Beratungen zum INTERKOSMOS- Programm fanden im »Haus der Gelehrten« statt. Dort traf ich zum ersten Mal mit vielen berühmten und international anerkannten Weltraumwissenschaftlern der Sowjetunion zusammen. So lernte ich beispielsweise Professor Mandelschtam kennen, einen bedeutenden Solarphysiker, und auch Professor Gringaus, der an der Entwicklung der ersten Plasmasonden zur Venus beteiligt war.

Die Beratungen der Wissenschaftler aus den verschiedenen Ländern fanden in einer offenen, kritischen und kameradschaftlichen Atmosphäre statt. Unsere Konzeption wurde in vollem Umfang bestätigt. Schon zwei Jahre später sollten unsere ersten drei Geräte mit dem Gemeinschaftssatelliten INTERKOSMOS I ihre Bewährungsprobe im All bestehen. Nun lag es an uns, diese großartige Chance nach besten Kräften zu nutzen.

Mit den Flügen der beiden »Sputniks der Freundschaft« hatten wir im Jahre 1968 nochmals Gelegenheit, durch gezielte Beobachtungen und Auswertungen der Weltraumexperimente unsere bisherigen Erfahrungen zu ergänzen.

Dann gingen wir an die Arbeit. Es begann das im wissenschaftlichen Gerätebau allseits bekannte Spiel: Bohren von Leiterplatten, Entwurf der Leiterzüge, Prüfungen, Ergänzungen und erneute Prüfungen. Fast alle Arbeiten führten wir im eigenen Haus durch. Wir fertigten die Labormuster und die technologischen Muster, bis wir schließlich die erste Fassung eines Modells in der Hand hielten, das unseren Erwartungen entsprach. Wir hatten solide Arbeit geleistet und waren sicher, daß die Apparatur auch den starken Belastungen in der Startphase der Rakete standhalten würde. Doch noch stand der öffentliche Test aus.

Die INTERKOSMOS-*Standardrakete vor dem Start*

Unser Weg nach Kapustin Jar

Eine kleine Ernüchterung stellte sich ein, als wir unsere ersten Geräte, im stabilen Gußgehäuse und mit dickem Deckel versehen, voller Stolz dem damaligen sowjetischen Chefkonstrukteur zeigten. Sein Kommentar war kurz und treffend: »Wollt ihr Geräte für Raumflugkörper oder für Hochseeschiffe bauen?« Damals wurden wir zum ersten Mal mit der Grundforderung konfrontiert, die an jedes Gerät für den Einsatz im Kosmos zu stellen ist: Kleinstes Volumen, geringstes Gewicht und niedrigster Energiebedarf. Der Platz auf dem Satelliten ist beschränkt, und es kommt darauf an, ihn voll auszunutzen.

Wir folgten dem Rat unserer russischen Kollegen und bauten eine neue Umhüllung aus leichtem Aluminium. Schließlich war es soweit, daß wir unsere Geräte zum Startplatz in der Steppe zwischen Wolgograd und Astrachan schicken konnten. Man frage mich heute nicht mehr, wie wir das geschafft haben. Unsere Geräte waren vorher in der Sowjetunion getestet worden, eine Arbeit, die wir später routinemäßig im eigenen Institut durchführten. Das Ergebnis übertraf alle unsere Erwartungen. Unser Fotometer, der

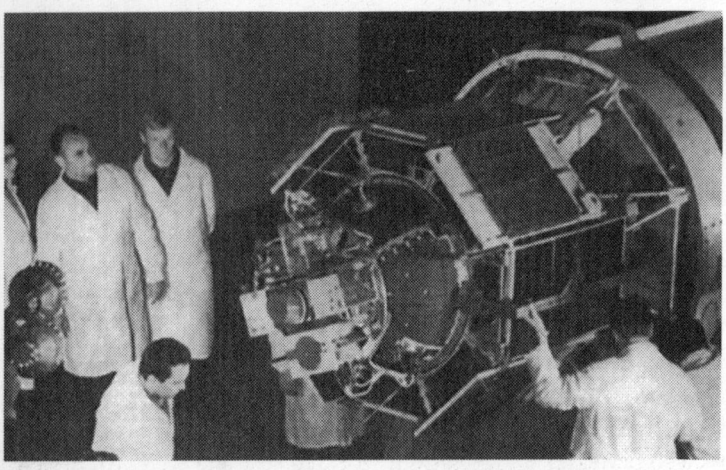

1969: Startvorbereitungen für den Gemeinschaftssatelliten INTERKOSMOS I. *Zweiter v.l. Prof. Hans-Joachim Fischer*

Sender und der Stromversorgungsblock arbeiteten unter simulierten Weltraumbedingungen einwandfrei und hielten allen Belastungen stand.

Es folgten Wochen des Wartens und der angestrengten Arbeit, bis wir endlich im Spätsommer 1969 zur Montage unserer Geräte in die UdSSR eingeladen wurden. Gemeinsam mit sowjetischen und tschechoslowakischen Kollegen trafen wir uns in der großen Montagehalle am Startplatz und überprüften noch einmal die Einsatzbereitschaft. Das Kosmodrom Kapustin Jar liegt südlich von Wolgograd am Nebenfluß Achtuba. Der Kommandeur des Polygon (Schießplatz) genannten Objektes, über dessen enorme Größe wir uns wunderten, war damals General Iwan Wassiljewitsch Wosnjuk, der uns mit den Gepflogenheiten auf dem Startplatz vertraut machte.

INTERKOSMOS-Starts wurden folgendermaßen vorbereitet: Jedes nationale Entwicklerteam organisierte seine Arbeit selbst und zeichnete unter der Gesamtleitung der sowjetischen Experten auch voll für den Einbau der eigenen Geräte verantwortlich. Jedes Kollektiv bekam in der großen Montagehalle seinen Arbeitsplatz und prüfte die Funktionsfähigkeit jedes einzelnen Objektes. Schließlich wurde der montierte Satellit noch einmal »über Äther«, also mit Hochfrequenz getestet. Dabei erhielt der Raumflugkörper Kommandos, auf die er eine vorher programmierte Antwort geben mußte. Unser Lyman-Alpha-Fotometer konnte dabei natürlich nur die Strahlung messen, die von uns auf der Erde künstlich erzeugt wurde. Ich möchte es vorweg sagen: Am Boden funktionierte alles nach Plan.

Am 14. Oktober 1969 versammelten wir uns alle am Startplatz. Wir warteten aufgeregt wie bei einer Hochzeit. Und tatsächlich läßt sich ein Satellitenstart mit einer Eheschließung vergleichen. Er stellt die Krönung einer langen Verlobung dar, die nur auf dieses eine Ziel ausgerichtet ist. Wir waren durchaus nicht sicher, ob wir mit unseren Bemühungen auch Erfolg haben würden. Raumfahrt ist auch heute immer mit einem Risiko verbunden – selbst bei noch so perfekter Organisation. Jede Technik, das weiß am besten der Autofahrer, hat ihre Tücken. Manchmal kann es eine Kleinigkeit sein, die den Erfolg einer großen Sache in Frage stellt.

Jungfernflug mit Verspätung

Es waren besonders zwei Dinge, deren wir uns vor dem Start nicht ganz sicher waren. Die erste Frage lautete: Haben wir den Meßbereich des Fotometers richtig gewählt? Wir wußten beispielsweise, daß bei einem amerikanischen Satelliten der Meßwert eines Geräts am oberen Anschlag lag, weil es mit zu hoher Empfindlichkeit gebaut worden war. Bei einem anderen kosmischen Instrument lag er dagegen zu nahe an der Nullgrenze. In keinem dieser Fälle konnte eine auswertbare Aussage herauskommen. Unsere zweite Frage drehte sich um die Übertragung der Signale. Würden sie so, wie wir es konzipiert hatten, auch von dort oben herunterkommen? Es war nur ein schwacher Trost, daß mir einer der russischen Kollegen beruhigend auf die Schulter klopfte und sagte: »Du hast es doch noch ganz gut, mein Lieber. Als wir unseren ersten SPUTNIK starteten, war alles unsicher. Du weißt wenigstens, daß deine Signale zumindest ankommen können.«

Als sich der Countdown mehr und mehr der Null näherte, schauten wir aufgeregt mit unseren Feldstechern hinüber zum

INTERKOSMOS 10 *im Test*

Startsilo. Automatisch fiel unser Blick immer wieder auf die rote Nasenspitze der Rakete, in der unsere Geräte montiert waren. Und dann begann es. Unter der Rakete stiegen Gase auf, es bildete sich eine orangefarbene Feuerkugel, und schließlich hob sich der metallene Koloß zunächst langsam, dann aber immer schneller gen Himmel. Mit dem Fernrohr konnte ich damals die Rakete noch bis zur Trennung der ersten Stufe in einer Höhe von 50 bis 60 Kilometern verfolgen.

Es herrschte herrliches Wetter – eine Ausnahme bei diesem Jungfernflug, denn später erlebte ich die Starts von INTERKOSMOS-Satelliten nur hinter dem verschlossenen Visier einer dichten Wolkendecke. Wenig später wurde über Funk gemeldet, daß auch die zweite Stufe abgetrennt worden sei und zurück in die Steppe fiel.

Nun hatten wir etwa 90 Minuten Zeit, bis erfahrungsgemäß die ersten Signale vom Satelliten kommen mußten. Vor uns lag die Stunde der Wahrheit. Unsere Spannung wuchs, als rund anderthalb Stunden später in unserem Empfänger immer noch nichts zu hören war. Ich muß dazu sagen, daß wir uns für den Empfang der Meßwerte ein eigenes Gerät mitgebracht hatten, weswegen wir von unseren sowjetischen Kollegen ein bißchen belächelt worden sind. Angesichts der am Startplatz vorhandenen, umfangreichen technischen Ausrüstungen war das zu verstehen, aber für uns galt es als Ehrensache, unsere Signale vom Satelliten selbst zu empfangen.

Fünf Minuten später als vorgesehen passierte es. Unser kleiner Empfangsapparat begann zu arbeiten; laut und deutlich kamen die erwarteten Pfeiftöne aus dem Lautsprecher. Wir hatten es geschafft, jubelnd lagen wir uns in den Armen. Im Vergleich zur sowjetischen Telemetrie-Empfangsstation war unser Prüfsender auf dem Dach der Bibliothek von Kapustin Jar klein und der technische Aufwand gering. Aber auf Grund seiner exzellenten hochfrequenztechnischen Kennwerte hatten wir die Signale bereits eine Stunde früher, als sie uns von der russischen Dienst-Telemetrie übermittelt wurden.

Als wir später feststellten, daß auch der von uns aufgenommene Registrierstreifen mit den Eichungen übereinstimmte, löste sich die Spannung endgültig. Der Zeitpunkt war gekommen, einen guten Kognak zu trinken. In den folgenden Jahren war ich noch mehrmals bei Starts von mit unseren Geräten ausgerüsteten INTERKOSMOS-Satelliten dabei und lernte, auch Mißerfolge zu verkraften. Aber niemals werde ich dieses erste Experiment vergessen, das uns auf Anhieb einen vollen Erfolg brachte.

Soweit der Bericht von Hans-Joachim Fischer.

DDR-Beteiligung an Raumfahrtunternehmen der UdSSR, 1969 bis 1992*

Anzahl der Missionen	Art der Raumflugkörper	Anzahl und Typ der Raumflugkörper	Anzahl und Art der Bordgeräte
25	Erdsatelliten	15 INTERKOSMOS (3 Versionen) 7 KOSMOS (3 Versionen) 3 METEOR	53 Fotometer, Sender, Speicher, Sonden, Ionenfallen, Spektrometer Datensammel- und Telemetriesysteme, Wortformungs- und Koordinierungsblöcke, Stromversorgungs- und Elektronikblöcke, Biotelemetriesysteme
7	Raumschiffe und Orbitalstationen	2 SOJUS 2 SALUT 1 MIR 1 KWANT	18 Multispektralkameras, Mehrkanalspektrometer, Automatische Registratoren, Orientierungssysteme, Bordgeräte für den Flug von Sigmund Jähn
6	Tiefraumsonden	2 VENERA (Venusorbit) 2 VEGA (Venus-Halley-Expeditionen) 2 PHOBOS (Marsmond-Passage)	8 Infrarot-Fourier-Spektrometer, Magnetometer, Bildbearbeitungskomplexe, Bilddatenspeicher, Laserbauteile
4	Höhenforschungsraketen (487-1.512 km)	4 VERTIKAL (2 Versionen)	13 Fotometer, Sonden, Interferometer, Fotoelektronik, Analysatoren
38	Meteorologische Raketen (79-163 km)	38 MR-12/M-100	77 Gerdienkondensatoren, Hochfrequenz-Kapazitätssonden, Orientierungsgeber, Sender, Sonden, Fotometer, Telemetriekomplexe
insgesamt 80	*Missionen mit*	*80 Raumflugkörpern 18 verschiedener Versionen und*	*169 Bordgeräten*

* Laut Einigungsvertrag erfolgten die Missionen INTERKOSMOS 25 am 18. Dezember 1991 und KOSMOS 2229 am 29. Dezember 1992 als Überhang aus den Vereinbarungen der DDR mit der UdSSR.

High-Tech made in GDR

Die DDR gehörte in den 40 Jahren ihrer Existenz zu jenen etwa zwei Dutzend Staaten der Welt, die sich operativ und kooperativ an der Weltraumforschung und Raumfahrt beteiligten. Zwei Mark pro Kopf der Bevölkerung gab sie in den letzten beiden Jahrzehnten ihres Bestehens jährlich dafür aus. Die Obergrenze dieses Kosmosetats, die nie überschritten wurde, war auf 40 Millionen Mark limitiert. Verglichen mit den entsprechenden Aufwendungen der alten Bundesrepublik war das eine geringe Summe, wandte Bonn doch das Achtfache pro Bürger und bis zum 25-fachen absolut dafür auf, ganz abgesehen von den realen Relationen zwischen den beiden Währungen Mark der DDR (M) und Deutsche Mark (DM). 1988 kostete die Raumfahrt jeden Bundesbürger DM 19,–.

Angesichts der außerordentlich geringen Ausgaben waren die Ergebnisse der Raumfahrtaktivitäten in der DDR erstaunlich. Seit 1957 passiv an der Weltraumforschung beteiligt, wehte seit 1969 beim Start von 36 Raumflugkörpern – Erdsatelliten, Raumschiffen und Tiefraumsonden – sowie von 42 Raketen für die Höhen- und die Wetterforschung die schwarz-rot-goldene Fahne mit Hammer und Zirkel im Ährenkranz auf sowjetischen Kosmodromen in Kapustin Jar an der Wolga, in Plessezk bei Archangelsk und im kasachischen Baikonur-Tjuratam.

167 Geräte »made in GDR« an Bord sowjetischer Raumflugkörper und in den Köpfen von Raketen der UdSSR arbeiteten im All. Die Palette reichte von einfachen Sendern und Empfängern über komplizierte Sensoren und Detektoren bis zu komplexen Kamera- und Telemetriesystemen. Der stellvertretende Vorsitzende des INTERKOSMOS-Rates, Professor Wladlen Wereschtschin (der Vorname ist eine typische sowjetische Wortkonstruktion aus Wladimir Lenin), sagte mir einmal: »Die Aufgabenstellung unserer ersten gemeinsamen Experimente waren recht bescheiden. Aus Mangel an Erfahrungen fingen wir mit unseren Partnern klein an. So hatte der Forschungssatellit INTERKOSMOS 1 Ausrüstungen mit

einer Masse von nur 30 Kilogramm an Bord. Der Komplex wissenschaftlicher Ausrüstungen auf jeder der beiden VEGA-Sonden zur Venus und zum Halleyschen Kometen war mit 230 Kilogramm um fast eine Größenordnung schwerer. Von Jahr zu Jahr gewann das Programm an Tempo und Dynamik.«

Von Seiten der DDR kamen 500 Prüfgeräte, Kontrollsysteme und Verarbeitungsanlagen hinzu, die in Bodenstationen Europas, Amerikas und Asiens genutzt wurden. In den Forschungs- und Entwicklungseinrichtungen der Akademie der Wissenschaften, der Universitäten und Hochschulen sowie der Industrie arbeiteten etwa eintausend hochqualifizierte Wissenschaftler und Techniker der DDR für die Raumfahrt. Diese Forscher waren an mehr als eintausend wissenschaftlichen Arbeiten beteiligt, die zum größten Teil in bilateraler und multilateraler Zusammenarbeit entstanden und veröffentlicht wurden. Einige der Bord- und Bodengeräte »made in GDR« gehörten zur Zeit ihrer Entwicklung zu dem, was unter High Tech zu verstehen ist. Dafür einige Beispiele.

Der Zufall und die Wetterbildempfangsanlage

In den sechziger Jahren revolutionierten die Wettersatelliten mit ihren großflächigen Wolkenaufnahmen in Echtzeit die Meteorologie. Der erste Raumflugkörper dieser Art startete schon am 1. April 1960 in den USA – TIROS 1 (Television and Infrared Observation Satellite – Fernseh- und Infrarot-Beobachtungssatellit). Bis 1965 operierte eine Serie von zehn dieser Raumflugkörper, und weitere Generationen folgten. In der Sowjetunion gingen aus den meteorologischen Testsatelliten wie KOSMOS 122 (1966) die operativen Wettersatelliten des Typs METEOR hervor.

Die neu aufgekommene Satellitenmeteorologie, an der neben dem Militär vor allem die Wirtschaft und Industrie, das Verkehrswesen und hier insbesondere die Schiffahrt interessiert waren, setzte jedoch Bodenstationen voraus, die in der Lage waren, die im sichtbaren und im infraroten Spektralbereich gewonnenen meteorologischen Informationen direkt zu empfangen. Eine solche APT-Anlage (Automatic Picture Transmission – Automatische Bildübertragung) wurde auch frühzeitig in der DDR entwickelt – die Wetterbildempfangsstation WES 2. Maßgeblichen Anteil daran hatte das Adlershofer Trio aus dem damaligen Institut für Elektronik – Hans-Joachim Fischer, Karl-Heinz Schmelovsky und Volker Kempe. Der dritte in diesem Bunde leitete eine Gruppe junger Systemanalytiker, die sich mit dem komplizierten und komplexen Prozeß der Verarbeitung, Übertragung und Wiedergewinnung von Informationen beschäftigte.

Drei Dinge verlangten sie von ihren Mitarbeitern: hohes mathematisches Können, gute russische und englische Sprachkenntnisse sowie große praktische Erfahrungen. Indem die Wissenschaftler für bestimmte Zeit im Labor am Gerät mitarbeiteten, um von diesen Erfahrungen Abstraktionen abzuleiten, verwirklichten sie den alten Leibnizschen Wahlspruch der Akademie: Theoria cum Praxi!

Professor Kempe wurde später Direktor des Zentralinstituts für Kybernetik der Akademie und ging 1990 nach Österreich, wo er als Forschungsdirektor eines großen Elektronikkonzerns arbeitete.

»Es zeigte sich, daß unser kleiner Empfänger, den wir beim Start von INTERKOSMOS 1 genutzt hatten, mehr konnte als nur einfache Signale aufzunehmen,« erzählte mir Professor Schmelovsky. »Seine Leistungsfähigkeit ließ sich durch Veränderungen so weit steigern, daß er die Informationen von Wettersatelliten in guter Qualität abrief, die über einen bestimmten Code gesendet wurden.«

Das war allerdings nur die eine Seite der Medaille. Die Wetterbilder sichtbar zu machen, bedurfte es außerdem eines Bildschreibers. Genau daran arbeitete damals ein Kollektiv im Zentrum für Wissenschaftlichen Gerätebau der Akademie unter Leitung von Dr. Norbert Langhoff. Zwischen beiden Arbeitsgruppen wurde eine glückliche Verbindung hergestellt, deren Ergebnis eine Kombination der Zweikanal-Empfangsanlage ZEA 1, des Empfängers APT 137/MB und der Antenne AZE mit dem Bildaufzeichnungsgerät BAG war.

Diese Wetterbild-Empfangsstation WES 2 wurde auf der Leipziger Frühjahrsmesse 1972 mit einer Goldmedaille ausgezeichnet. In kurzer Zeit entstanden mehr als 40 Anlagen, von denen der größte Teil in den Export ging. Sie arbeiteten beim Meteorologischen Dienst der DDR ebenso einwandfrei wie unter den Bedingungen der sibirischen Taiga; in der Antarktis bestanden sie ihre Bewährungsprobe gleichermaßen wie an Bord von Forschungsschiffen auf hoher See.

Kernanlagen und Konservenproduktion

Bei der Entwicklung der Wetterbild-Empfangsanlage wurde den jungen Kosmosforschern der DDR zum ersten Mal in aller Deutlichkeit klar, daß ihre Arbeit auch einen hohen volkswirtschaftlichen Nutzen bringen kann. Zumal am Anfang einer neuen Forschungsrichtung noch gar nicht abzusehen ist, für welch vielfältige Zwecke ihre Ergebnisse einmal einsetzbar sind.

Am prägnantesten läßt sich das an dem Einheitlichen Telemetriesystem ETMS demonstrieren, das in den siebziger Jahren in Gemeinschaftsarbeit von Wissenschaftlern der RGW-Länder geschaffen wurde. Auch hier gehen die ersten Erfahrungen auf den Einsatz der Meßgeräte an Bord des Satelliten INTERKOSMOS 1 zurück. Telemetrie, so erklärte mir Professor Fischer, bedeutet im Grunde genommen nichts anderes als Übertragung und Erfassung von Signalen über eine gewisse Entfernung. Bei der Vielzahl von Satelliten und der von ihnen ausgesandten Signale ist es jedoch erforderlich, Daten der unterschiedlichsten Experimente über viele Meßkanäle aufzunehmen, was mit hohem Aufwand an leistungsfähigen Rechnern geschieht.

Ein solches Telemetriesystem ist natürlich auch für industrielle Zwecke sehr nützlich. Mit Hilfe winziger Meßköpfe, Meßwertumwandler und Sender lassen sich beispielsweise Dehnungsmessungen an Kolben von laufenden Verbrennungsmotoren vornehmen. Systeme dieser Art eignen sich zur Fernsteuerung von Maschinen und Krananlagen ebenso wie zur Übertragung medizinischer Parameter bei der Patientenüberwachung. Und selbst die Konservenindustrie erhielt von den »Adlershofern« gute Ratschläge, als es darum ging, die optimale Variante von Druck und Temperatur beim Einkochen von Obst und Gemüse zu finden.

Professor Fischer erinnerte sich: »Eine Sache bereitete uns zunächst viel Kopfschmerzen. Bei der Entwicklung unseres ersten Bordgerätes, des Lyman-Alpha-Photometers, passierte es uns, daß sich bei den Labortests ständig die Meßwerte änderten. War das Instrument eingebaut, war alles in Ordnung. Doch sowie einer von unseren Mitarbeitern irgendwelche Versuche unternahm, gab es völlig unverständliche Störungen – einen sogenannten Dreckeffekt, wie wir solche Erscheinungen bezeichnen. Lange Zeit rätselten wir über die Ursachen, bis schließlich einer die Erklärung fand: Das Gerät – ursprünglich für die Untersuchung ultravioletter Strahlen bestimmt – reagierte äußerst intensiv auf jede Feuchtigkeit. Schon die Atemluft oder eine Berührung mit den Händen genügte, das Meßinstrument in einen anderen Zustand zu versetzen.

Bürokratie und Geheimhaltung

Was wir zunächst als störend empfanden, ließ sich sehr schnell nutzbar machen. Feuchtigkeit war bisher mit sogenannten Haarhygrometern gemessen worden, deren Empfindlichkeit von unserem zielgerichtet entwickelten neuen Meßgerät weit übertroffen wurde. Außerdem war unsere Apparatur handlicher und vielseitig verwendbar.« Allein dieses Gerät, das doch eigentlich ein Abfallprodukt war, brachte vielfältigen volkswirtschaftlichen Nutzen. Im LEW Hennigsdorf half es, exakte Aussagen darüber zu erbringen, ob der Gehalt an Wasserdampf in Bremssystemen Einfluß auf das Betriebsverhalten einer Diesellok hat. Das Ergebnis der Tests ersparte dem Betrieb große Summen bei der Entwicklung neuer Typen. Mit Hilfe des neuen Feuchtigkeitsmeßgeräts konnte die Technologie bei der Produktion von Fernsehbildröhren verbessert werden, es brachte Fortschritte bei der Trocknung von Großtransformatoren und bei der Fertigung von Halogenlampen. Außerdem wurde es auch zu einem wichtigen Hilfsmittel für die Arbeit der Meteorologen.

Seit Mitte der siebziger Jahre führten die am INTERKOSMOS-Programm beteiligten Einrichtungen der DDR in Abstimmung mit der Staatlichen Plankommission und den Fachministerien sogenannte Applikationskonferenzen durch, auf denen den Industriebetrieben für den Weltraum entwickelte Forschungsgeräte angeboten und Bedarfswünsche entgegengenommen wurden. Das erfolgte zum beiderseitigen Nutzen, konnten doch auch die Forscher der verschiedenen Industriezweige internationale Spitzenleistungen vorweisen, die den kosmischen Ansprüchen entsprachen. Allerdings konnten diese objektiven Möglichkeiten subjektiv nicht mit höchster Effektivität genutzt werden, weil dem folgende negative Faktoren entgegenstanden: das Fehlen einer eigenen Luft- und Raumfahrtindustrie, der engstirnige Bürokratismus des Planungssystems, die pathologischen Geheimhaltungsvorschriften und nicht zuletzt das absolute Vetorecht der Führungsmacht Sowjetunion.

Universell im Universum

Vor der Nutzung meteorologischer Satelliten wurde eine systematische Wetterbeobachtung auf etwa zehntausend Stationen durchgeführt, die aber nur ein Fünftel der Erdoberfläche kontrollierten. Zu den großen Lücken des Beobachtungsnetzes auf unserem Planeten gehörten mit den Weltmeeren und Polkappen gerade jene als Wetterküchen bezeichneten Gebiete, wo die wichtigen, meteorologisch bestimmenden Prozesse ablaufen. Eine wesentliche Hilfe bei der Auffüllung dieser Löcher stellten bereits die Wettersatelliten der ersten Generation dar. Die Fotos aus dem Weltraum wurden schon bald durch Strahlungsmessungen ergänzt, die bei Wolkenlosigkeit die Temperatur der Erdoberfläche und bei Bewölkung die der Wolkenobergrenze ermitteln. Die Informationen aus den verschiedenen Etagen unserer Lufthülle, insbesondere aus der Troposphäre, die sich je nach Wetterlage, Klimazone und Jahreszeit bis zu einer Höhe von 17 Kilometern erstreckt, aber auch aus der Stratosphäre, die bis zu 45 Kilometer reicht, sind für die Wettervorhersage und für die Vorhersage von Klimaveränderungen von großer Bedeutung.

Solche Temperatur- und Feuchtigkeitsprofile wurden zuvor vor allem durch Direktmessungen bei Radiosondenaufstiegen ermittelt. Um jedoch genügend Ausgangsmaterial für präzisere Prognosen zu erhalten, müßten ständig nur einmal verwendbare Ballone von Hunderten von Wetterschiffen auf den Weltmeeren aufsteigen – ein praktisch nicht durchführbares Verfahren. Satelliten hingegen gestatten es, Angaben über die vertikale Verteilung meteorologisch interessierender Parameter durch indirekte Sondierung der Atmosphäre aus der Umlaufbahn zu gewinnen. Als Informationsträger für Messungen dieser Art wird die von verschiedenen Schichten der Erdatmosphäre ausgehende Eigen- und Streustrahlung genutzt, als Meßgeräte dienen Spektrometer oder Radiometer.

Der Hydrometeorologische Dienst der UdSSR und der Meteorologische Dienst der DDR erachteten es bereits 1969 als dringend erforderlich, im Rahmen der ständigen Arbeitsgruppe Kosmische Meteorologie des INTERKOSMOS-Programms ein Fourier-Spektrometer für den Satelliteneinsatz zu entwickeln. Benannt sind diese Geräte nach dem französischen Physiker Joseph Fourier (1786 bis 1830), dem Theoretiker der Wärmeausbreitung und -leitung. Sie sollten die quantitativen Parameter indirekter Sondierungen, ihre meteorologisch-mathematischen Grundlagen sowie die Einbeziehung in die numerische Wettervorhersage verbessern. Der Vorteil dieser mit Spiegeln und Filtern arbeitenden Strahlungsmesser besteht in ihrem hohen Auflösungsvermögen. Sie können sehr niedrige Strahlungsintensität in kürzester Zeit genau messen, weswegen sie auch in der chemischen Analysetechnik und in der Prozeßkontrolle eingesetzt werden.

Noch Anfang der sechziger Jahre hielten Experten den Einsatz von Fourier-Spektrometern an Bord von Satelliten für unmöglich, vor allem wegen der großen Schwierigkeiten, die damit verbunden sind, ein Gerät zu bauen, das zugleich leicht und klein ist, hochpräzise arbeitet und die Vibrationsbelastungen eines Satellitenstarts ebenso ohne Funktionsbeeinträchtigungen übersteht wie die ständigen Temperaturschwankungen während des Raumfluges.

Dennoch wurde das Fourier-Spektrometer SI-1 in relativ kurzer Zeit durch ein Kollektiv von 120 Mitarbeitern aus fünf Akademie-Einrichtungen – dem Zentrum für Wissenschaftlichen Gerätebau, dem Zentralinstitut für Optik und Spektroskopie, dem

Zentralinstitut für Kybernetik und Informationsprozesse und dem Zentrum für Rechentechnik – unter Leitung des Instituts für Elektronik entwickelt und gebaut.

Dieses komplexe und komplizierte optische System dient der Messung der infraroten Eigenstrahlung des Systems Erde-Atmosphäre. Im Spektralbereich zwischen 13 und 16 Mikrometern (ein Mikrometer ist ein Millionstel Meter) zum Beispiel, absorbiert das Kohlendioxid in der Atmosphäre, das mit der Höhe nach Volumenprozenten konstant verteilt ist, Strahlung je nach seiner Temperatur. Bei Kenntnis der von der Erde kommenden Strahlung, der im Satelliten gemessenen Intensität und der Durchlässigkeit der Atmosphäre läßt sich nach komplizierten Algorithmen das vertikale Temperaturprofil errechnen.

Ähnliches gilt für das Feuchtigkeitsprofil, das aus den sogenannten Absorptionsbanden des Wasserdampfs abgeleitet wird. Auf diese Weise können kontinuierliche Profile zwischen dem Boden beziehungsweise der Wolkenobergrenze und 35 Kilometer Höhe gewonnen werden. Außerdem gestatten diese Messungen Aussagen über den Ozongehalt der Atmosphäre sowie über den Anteil von Methan und Stickoxiden.

Zweimal den Standesbeamten versetzt

Bis 1976 wurden in der Welt nur drei Fourier-Spektrometer an Bord von Raumflugkörpern eingesetzt – zwei auf Erdumlaufbahnen und eines zur Erforschung der Marsatmosphäre. Der spektrometrische Komplex SI-1 übertraf diese drei amerikanischen Geräte in seiner Empfindlichkeit um fast das Anderthalbfache – und das bei geringeren Meßzeiten und kleinerem Blickfeld. Die Meßzeit verkürzte sich auf fast ein Drittel der bisherigen Werte. Die beiden letztgenannten Faktoren erhöhten die Möglichkeit, durch Wolkenlöcher zu blicken und somit die Meßergebnisse noch weiter zu verbessern.

Das Herzstück des SI-1 bildeten der robuste, hochpräzise Linearmotor sowie entsprechende Steuer- und Regelungssysteme für die Nachführung des Auffangspiegels. Da ein Satellit mit einer mittleren Bahnhöhe von etwa 800 Kilometern während seiner sieben Minuten dauernden Meßzeit eine Strecke von etwa 50 Kilometern zurücklegt, muß sein Auffangspiegel exakt nachgeführt werden, um immer das gleiche Gebiet im Auge zu behalten. Für den Linearmotor, dessen Achse auf Diamanten lagert, wurde eine geradezu phantastisch anmutende Präzision erzielt: Er führt nach Einwirkung der Startbelastung (Vibration und Luftwiderstand) sowie starken Temperaturschwankungen im Orbit (Überfliegen der Tag- und Nachtseite im Anderthalb-Stunden-Rhythmus) eine ideal gleichmäßige Bewegung aus, deren Wiederholbarkeit besser ist als der hundertmillionste Teil eines Meters.

Das Temperaturmeß- und Regelsystem sichert im hermetischen Druckcontainer eine Arbeitstemperatur im Bereich zwischen fünf und fünfzehn Grad Celsius. Um Verfälschungen der Meßergebnisse durch die Veränderung der Eigentemperatur auszuschließen, eicht sich das Gerät immer wieder selbst. Dazu wird der Spiegel zunächst auf den »kalten« (vier Kelvin) Weltraum gerichtet und dann zu einem absolut schwarzen, temperaturgeregelten Eichstrahler geschwenkt. Dieser verschluckt den größten Teil der einfallenden Strahlung und reflektiert nur Bruchteile eines Prozents. Seine Temperaturbeständigkeit ist besser als zwei Hundertstel Grad Celsius.

Die durch das Fourier-Spektrometer an Bord eines Satelliten gewonnenen Daten wurden jede Minute auf eines von zwei Bandgeräten gespeichert und waren im Funkbereich von den Empfangsstationen abrufbar. Die Steuerung von SI-1 erfolgte über Funkkommando von der sowjetischen Flugleitzentrale; die Daten konnten von Stationen der UdSSR und der DDR empfangen werden. In der Zeit zwischen 1976 und 1979 kamen Fourier-Spektrometer SI-1 auf drei meteorologischen Satelliten des Typs METEOR erfolgreich zum Einsatz und überschritten bei weitem ihre geplante Funktionsdauer von einem halben Jahr. Das erlaubte parallele Messungen und entsprechende Rückschlüsse. Durch Vergleiche der von den Satelliten gewonnenen Werte mit denen von Ballonaufstiegen konnten die Meteorologen Methoden erarbeiten, die für den Einsatz von Wettersatelliten für die indirekte Sondierung der Atmosphäre geeignet sind. Das trug dazu bei, die Prozesse in der Lufthülle der Erde und die Wechselbeziehungen Mensch-Umwelt besser zu verstehen sowie eine genauere Wettervorhersage und Aussagen über Klimaveränderungen machen zu können.

Der langjährige Vorsitzende des INTERKOSMOS-Rates, Professor Boris Petrow, ein international bekannter Steuerungs- und Regeltechniker, sagte mir:

»Neben erfahrenen Fachleuten wie Hans-Joachim Fischer, Volker Kempe und Karl-Heinz Schmelovsky beteiligten sich auch junge Nachwuchswissenschaftler an den Experimenten, die viel Talent und Tatendrang, Enthusiasmus und Energie in unsere Arbeit einbrachten. Das bezog sich nicht nur auf Teilkomponenten, sondern auf den gesamten Forschungsprozeß.« Und er schilderte die verschiedenen Phasen der Zusammenarbeit:

– In der konzeptionellen Phase galt es vor allem die wissenschaftliche Zielsetzung mit der späteren volkswirtschaftlichen Nutzung zu koppeln. Hierbei vollzog sich bereits in den siebziger Jahren eine Wende in der Denkweise der Forscher zum Ökonomischen hin. Sie wollten den Effekt, so billig und so schnell wie möglich.

– In der vorbereitenden Phase, die auch die mehr als 2.000 Kilometer lange Reise der Wissenschaftler und Instrumente von der Spree zur Wolga umfaßte, waren Termintreue und Qualitätsarbeit das »A« und »O«. Die Verträglichkeit der aus verschiedenen Ländern kommenden Geräte ließ sich erst auf dem Kosmodrom am endgültigen Prototyp prüfen. Dann wurden manchmal Ungenauigkeiten beim Geräteentwurf oder nicht zu Ende geführte Teststrecken bereut. Hier brauchte der Experimentator starke Nerven, klaren Verstand und Kollektivgeist, weil derartige Pannen meist unmittelbar vor dem Start auftraten. Sie mußten in kürzester Frist, oft in Tag- und Nachtarbeit, korrigiert werden.

– In der experimentellen Phase, die mit dem Start des Raumflugkörpers begann, wurden Wissenschaftler und Techniker im direkten Austausch zwischen Mensch und Maschine rund um die Uhr in Anspruch genommen, oft bis zur Grenze der physischen Leistungsfähigkeit. Ein Satellit im erdnahen Orbit gibt

pro Umlauf eine Datenmenge von zwei bis sechs Millionen Bit ab, pro Tag etwa 30 bis 90 Millionen Bit. Etwa ein Prozent, das sind immer noch 300.000 bis 900.000 Daten, sind für das Experiment von Bedeutung.
– In der auswertenden Phase nach Abschluß des Experiments mußten die Forscher dann zu Hause in Klausur gehen, um die Anwendungsmöglichkeiten zu konzipieren, die der Wissenschaft und Wirtschaft aller beteiligten Länder zugute kamen.

Dieses Engagement für Hochtechnologie – heute High-Tech genannt, damals als Weltniveau proklamiert und als »Weltnitschewo« ironisiert – hatte auch eine Langzeitwirkung. Es führte dazu, daß der größere Teil der in der Raumfahrt der DDR tätigen Spezialisten auch nach dem Beitritt zur Bundesrepublik einen Arbeitsplatz fand. Das trifft keineswegs auf die meisten anderen wissenschaftlich-technischen Disziplinen zu.

Die INTERKOSMOS-Mitarbeit wirkte sich bis in die private Sphäre aus. Ein Beispiel dafür ist Dr.-Ing. Rainer Görsch, der den Satellitensender MAJAK baute. Zweimal mußte er dem Berliner Standesbeamten eine Absage erteilen, ehe er beim dritten Versuch erschien, um sein Jawort abzugeben. Als ihm sein erster Sohn geboren wurde, weilte er wieder Tausende Kilometer von daheim entfernt auf einem Raketenstartplatz.

Das Fourier-Spektrometer SI-1 jedenfalls erfreute sich internationaler Anerkennung. In der zweiten Hälfte der siebziger Jahre wurde es zum Infrarot-Fourier-Spektrometer PM 1 für die Erdbeobachtung weiterentwickelt. Anfang der achtziger Jahre folgte das Infrarot-Fourier-Spektrometer für die Venus PMV, und bis zum Beginn der neunziger Jahre das Gerät PFS für die internationale Mission MARS 94, die erst 1996 startete und leider fehlschlug.

Die sechsäugige Schöne aus Thüringen

»Das prägendste Erlebnis für mich, der seit einem Vierteljahrhundert in der Raumfahrt tätig ist, war die Entwicklung und der Einsatz der Multispektralkamera MKF 6.« Das erzählte mir

VVS

Vertrauliche Verschlußsache
B 404 - 2 2 - 86/75
1. Ausfertigung - 25 Blatt 1

"УТВЕРЖДАЮ"
Председатель Совета "Интеркосмос"
АН СССР
академик _____ Б.Н.ПЕТРОВ
   x)

"УТВЕРЖДАЮ"
Председатель Национального
координационного комитета
"Интеркосмос" АН ГДР
академик _____ К.ГРОТЕ

"УТВЕРЖДАЮ"
Директор ИКИ АН СССР
академик _____ Р.З.САГДЕЕВ
" 12 " июнь 1975 г.

"УТВЕРЖДАЮ"
Директор ИЭ АН ГДР
д-р _____ Г.ФИШЕР
" " 26.6.75 1975 г.

x) Laut Schreiben Nr. 102063/540
vom 29. 7. 75 bestätigt.
F.d.R.:

РАД 30.001

ТЕХНИЧЕСКОЕ ЗАДАНИЕ

на разработку многозонального космического
фотоаппарата МКФ-6.

Das Dokument wurde am 1.4.88
gelöscht.
Unterschrift:

Зам.директора ИКИ АН СССР
д.т.н. _____ Ю.К.ХОДАРЕВ

Зав.отделом исследований Земли
к.т.н. _____ Я.Л.ЗИМАН

Зав.лабораторией фотографических
методов
к.т.н. _____ Ю.М.ЧЕСНОКОВ

Представитель Совета "Интеркосмос"
_____ Л.А.ВЕДЕШИН

Зам.директора ИЭ АН ГДР
д-р _____ Р.ЙОАХИМ

Зав.отделом ВГС
н/п "Карл Цейсс Иена"
д-р _____ А.ЦИКЛЕР

Зав.отделом ВГС
н/п "Карл Цейсс Иена"
_____ Р.БЁРНЕР

МОСКВА 1975

*26. Juni 1975: Die
Multispektralkamera MKF-6
wird auf den Weg gebracht*

Professor Ralf Joachim, einst Stellvertreter des Vorsitzenden des INTERKOSMOS-Koordinierungskomitees KOKO und des Direktors des Instituts für Kosmosforschung IKF, zeitweilig Vizepräsident der Internationalen Astronautischen Föderation IAF und letzter Präsident der Gesellschaft für Weltraumforschung und Raumfahrt der DDR, der nach der Wende in der Deutschen Agentur für Raumfahrt-Angelegenheiten DARA für die neuen Bundesländer zuständig war.

»Die ersten Diskussionen über die multispektrale kosmische Fotoapparatur begannen Ende 1974, die Aufgabenstellung für das Gerät wurde im Sommer 1975 festgelegt, und schon ein Jahr später wurde die MKF 6 an Bord des bemannten Raumschiffes SOJUS 22 erfolgreich erprobt. Das setzte für die damaligen Verhältnisse eine Rekordmarke, zumal bereits 1978 der erste deutsche Kosmonaut Sigmund Jähn mit der modifizierten Apparatur MKF 6 M auf der Orbitalstation SALUT 6 arbeitete.«

Die Sowjetunion hatte zwar weitgehend die technischen Anforderungen für die MKF 6 bestimmt, aber nur die DDR konnte sie erfüllen. Ein fragiles Bündnis! Die allerersten Formulierungen der Aufgaben kamen aus dem Institut für Kosmische Forschungen in Moskau (IKI), der Leiteinrichtung mit Tausenden von Mitarbeitern. Die UdSSR benötigte ein hochmodernes Gerät für die Fernerkundung der Erde aus dem Weltraum, das natürlich zugleich auch der militärischen Aufklärung dienen sollte. Der Direktor des IKI, Professor Roald Sagdejew, ein sehr energischer Mann, wußte seine Interessen durchzusetzen. Er erinnerte mich einmal in einem Gespräch an die Sentenz »Alle für einen, einer für alle!« Ich mußte dabei an den damals landläufigen Witz denken, daß an der BAM (Baikal-Amur-Magistrale) ein Sowjetrusse und ein DDR-Bürger gemeinsam einen Goldklumpen finden. Sagt der Russe: »Wir teilen brüderlich!« Antwortet der Deutsche: »Nein, mein Lieber, halbe-halbe!«

Übrigens lernte Roald Sagdejew im sogenannten Gorbatschow-Komitee für internationale Zusammenarbeit Susan Eisenhower, die Enkeltochter des legendären Fünf-Sterne-Generals und USA-Präsidenten »Ike« kennen. Nach dem Zerfall der Sowjetunion heiratete er sie und lebt heute in den USA.

Nur der traditionsreiche VEB Carl Zeiss Jena verfügte über die ausreichenden Erfahrungen und Fähigkeiten für die Entwicklung hochpräziser optisch-feinmechanischer Instrumente.

Insgesamt wurden in der DDR etwa zwanzig Institutionen aus zehn verschiedenen Bereichen der Akademie der Wissenschaften und Hochschulen, aus der Industrie und den Ministerien für die Arbeiten an der MKF 6 herangezogen. Allein im Forschungszentrum von Zeiss wirkten 600 Wissenschaftler, Techniker und Facharbeiter an dieser Aufgabe mit. Professor Karlheinz Müller, ehemaliger Forschungsdirektor des VEB Carl Zeiss Jena und nach der Wende wieder als Gesellschafter und Marktstratege bei Jenoptik im Boot, erinnerte sich:

»Unser Risiko bestand weniger darin, die technischen Parameter nicht zu erreichen. Da waren wir uns eigentlich ziemlich sicher, konnten wir doch auf hochgezüchtete Technologien zurückgreifen und auf Fachleute mit goldenen Händen bauen. Aber der Zeitfaktor war das Problem. Wir mußten in einem Jahr so viel schaffen, wie normalerweise in zwei Jahren – und wir schafften es!«

Das Management war äußerst schwierig, gab es doch damals weder Fax noch Handy. Professor Müller gelang es, Sonderregelungen für den Informations- und Materialaustausch zwischen Jena, Berlin und Moskau zu treffen, so mit dem Postminister über Direktleitungen und mit dem Generaldirektor der INTERFLUG über Kurierflüge. Ständig war ein Sonderkurier mit fertigen Papieren, gültigem Paß und Flugticket abrufbereit. Oft nahm er benötigte Dinge auf dem Moskauer Flugplatz in Empfang und flog mit derselben Maschine zurück, mit der er gekommen war, einmal zum Entsetzen der Stewardeß, die glaubte, der Passagier sei noch vom Hinflug in der Kabine geblieben.

Dabei spielte auch der Generaldirektor des VEB Carl Zeiss Jena und Mitglied des Zentralkomitees der SED, Professor Wolfgang Biermann, eine nicht unwesentliche Rolle. Er befreite die Mitarbeiter an der Multispektralkamera von allen anderen beruflichen und gesellschaftlichen Verpflichtungen, so daß sie sich ausschließlich dieser Arbeit widmen konnten. Biermann genoß den Ruf eines »sozialistischen Managers«, war im Grunde genommen aber ein militanter Kommandowirtschafter mit unerhörtem Durchsetzungsvermögen. Aus welchen Gründen auch immer, pflegte er wichtige Beratungen gern an Wochenenden durchzuführen, saß wie ein Pascha da und kämmte sich dauernd die Haare. Ich erinnere mich, daß er Dr. Achim Zickler, einen der wirklichen Väter der MKF 6, ohne triftigen Grund zum Rapport nach Jena zitierte, als dieser gerade einen Vortrag auf dem 27. Internationalen Astronautischen Kongreß 1986 in Innsbruck halten mußte. Allerdings gelang es uns, das mit Hilfe des Delegationsleiters Professor Joachim zu verhindern.

SOJUS-APOLLO-*Rakete für* RADUGA

International gab es drei Arbeitsgruppen mit jeweils einem sowjetischen und einem deutschen Leiter: für die Entwicklung und Fertigung der MKF 6 und des Farbmischprojektors MSP 4, für den Einbau der Fotoapparatur in das Raumschiff und seine Funktionsfähigkeit unter Weltraumbedingungen sowie für das wissenschaftliche Programm des Experiments. »Mit der Entwicklung dieser komplizierten und komplexen Apparatur erreichten wir in der Kosmosforschung erneut eine höhere Qualität, war es doch erforderlich, in diesem Falle alle Bauteile erstmalig auf einen bemannten Einsatz maßzuschneidern«, urteilte Professor Fischer und erzählte mir von den Geburtswehen der MKF 6: »Denke ich zurück, so erinnere ich mich an die vielen hitzigen Debatten darüber, wie die Kamera optimal zu gestalten wäre. Warum wählten wir beispielsweise sechs Spektralbereiche und nicht vier oder neun? Warum entschieden wir uns für ein Auflösungsvermögen von zehn Metern und gingen nicht so weit, daß man auf der Fotografie selbst einen Fußgänger erkennen könnte? Das alles wäre möglich gewesen. Aber dann hätten andere Parameter nicht mehr so optimale Werte aufgewiesen. Hinter diesen Fragen verbarg sich eine intensive Periode des Zweifelns, Grübelns, Forschens.

Ähnlich ging es uns bei der technischen Konstruktion der Kamera. Würde sie allen Ansprüchen genügen, allen Belastungen standhalten? Wir riskierten das Äußerste und unterzogen sie einer hundertfachen Erdbeschleunigung. Ein Risiko durfte es in dieser Hinsicht nicht geben. Bereits bei der Herstellung jedes einzelnen Bauelementes begann ein Zyklus aufwendiger Tests, bei denen die Kamera in Spezialgeräten auf höchste Beanspruchung durch Vibration, Schlag, Temperaturschwankungen und viele andere Einflüsse überprüft wurde.«

Das gleiche Spiel wiederholte sich übrigens wenig später, als die, ursprünglich für einen kurzfristigen Einsatz von zehn bis fünfzehn Tagen ausgelegte Kamera für eine mindestens zweijährige Arbeit in der Raumstation SALUT 6 verändert werden mußte. Diese verbesserte Multispektralkamera MKF 6 M – das »M« steht für Modifikation – war wegen der weitaus stärkeren Belastungen beim Raketenstart und beim häufigen Koppeln so zu gestalten, daß ihre Funktionssicherheit in allen nur erdenklichen Fällen erhalten blieb und eine längere Betriebsfähigkeit garantieren würde. Die Adlershofer brachten ihre großen Erfahrungen ein, die sie in zehnjähriger INTERKOSMOS-Kooperation und beim Bau von mehr als vierzig Geräten für ein Dutzend Satelliten gesammelt hatten; die Zeissianer mit ihrer noch viel reicheren Tradition machten es möglich. Sigmund Jähn und seine Kollegen aus allen anderen Partnerländern arbeiteten mit einer Kamera, die leicht und handhabbar ist, und bei der eine Reihe elektronischer und mechanischer Teile doubliert sind. Das Kind der Kooperation, gezeugt in Moskau, ausgetragen und geboren in Jena, konnte sich international sehen lassen. Die sechsäugige Schöne aus Thüringen, die 150 mikroelektronische Schaltungen und 4.000 mechanisierte Einzelteile besaß, wies folgende Vorzüge auf:
– Mit ihrem Auflösungsvermögen übertraf sie die besten Luftbildkameras um das Zwei- bis Dreifache. Aus dem Orbit waren jeder Waldweg und Bootssteg, aber auch jedes Kampfflugzeug und Kriegsschiff erkennbar.
– Aus rund 250 Kilometern Höhe bannte sie dreißigmal mehr auf einen Millimeter der »Platte«, als das menschliche Auge unterscheiden kann. Aus 600 Kilometern waren noch Objekte von zehn Metern Ausdehnung zu erkennen.
– Der Kompensationsmechanismus der MKF 6 glich ein durch die hohe Eigengeschwindigkeit des Raumschiffes von rund 28.000

Kilometern in der Stunde mögliches Verwackeln der Fotos bewundernswert aus. Die relative Bewegung zur Erdoberfläche sank dadurch auf weniger als ein Hundertstel des Wertes.
– Geländepunkte, die einhundert Kilometer voneinander entfernt sind, erschienen maximal drei Meter gegeneinander verschoben.

»Zu unserem Glück war für den ersten Test unserer Kamera im Weltraum das sowjetische Raumschiff SOJUS 22 samt Trägerrakete vakant«, erzählte mir Dr. Zickler aus der Raumfahrtabteilung des VEB Carl Zeiss Jena und später GUS-Beauftragter für die internationale Zusammenarbeit in der DARA.

»In Vorbereitung auf das sowjetisch-amerikanische Gemeinschaftsunternehmen SOJUS-APOLLO im Jahre 1975 stand nämlich aus Sicherheitsgründen ein komplettes SOJUS-System als Reserve startbereit. Nachdem das kosmische Gipfeltreffen UdSSR-USA erfolgreich abgelaufen war, wandte sich der INTERKOSMOS-Rat in Moskau an die Partnerländer mit der Aufforderung, attraktive Vorschläge für einen Einsatz zu unterbreiten.«

So entstand das Programm RADUGA zur Erprobung der MKF 6 mit SOJUS 22. Das Gerät, das zu dieser Zeit recht einmalig war, arbeitete gleichzeitig mit vier Objektiven im sichtbaren und zwei im infraroten Bereich des Spektrums. Die Mission war zugleich die erste bemannte, die dem Test von Spitzentechnik »made in GDR« diente. Das Raumschiff aus der Serienproduktion wurde eigens für diesen Zweck umgebaut und erhielt eine Fotosektion, die einer »Nase« gleich am Bug montiert war, wo sich die kugelförmige Orbitalsektion befand.

Die Besatzung bestand aus einem bewährten Kosmonauten und einem erfahrenen Konstrukteur. Kommandant Dr.-Ing. Waleri Bykowski hatte schon 1963 in WOSTOK 5 am Rendezvous mit der ersten Frau im All, Walentina Tereschkowa in WOSTOK 6, teilgenommen. 1978 flog er dann gemeinsam mit Sigmund Jähn die erste Mission UdSSR-DDR zu SALUT 6. Später wirkte er als Direktor des Hauses der Sowjetischen Wissenschaft und Kultur in der Berliner Friedrichstraße. Bordingenieur Dr.-Ing. Wladimir Axjonow arbeitete bereits 1957 als junger Ingenieur an SPUTNIK 1 mit und testete 1980 den neuen Raumschifftyp SOJUS T.

Professor Fischer, Leiter der Konsultativgruppe der DDR-Wissenschaftler für RADUGA im sowjetischen Flugleitzentrum in Kaliningrad bei Moskau, schilderte mir die Aufgabenstellung und Durchführung des Unternehmens:

Die Umlaufbahn um die Erde wurde so gewählt, daß SOJUS 22 über 78 Prozent des Territoriums der UdSSR und das gesamte Gebiet der DDR flog; mit einem Apogäum (Erdferne) von 281 und einem Perigäum (Erdnähe) von 250 Kilometern, einer Bahnneigung zum Äquator von 64,8 Grad und einer Umlaufzeit von 89,6 Minuten.

Der einwöchige Flug vom 15. bis zum 23. September 1976 führte dreimal über die DDR: am 19. September von Plauen bis Eisenhüttenstadt, am 20. September von Eisenach bis Prenzlau und am 21. September von Schwerin bis Rügen. Dafür waren fünf Hauptaufgaben gestellt worden:

1. Die Ermittlung der Auswirkungen des Menschen und seiner Technik auf die Landschaftsstruktur in Gegenden mit unterschiedlicher Bodennutzung, beispielsweise in Bergbaugebieten.
2. Die Erforschung der Bodendecke mit dem Ziel, Landwirtschafts- und Meliorationskarten zu kontrollieren und zu verbessern.
3. Die Herausarbeitung tektonischer Strukturen in den Schelfzonen der Ostseeküste sowie linearer Elemente von Zonen verschiedener Ordnung, insbesondere großer Brüche unter den Tafeldeckgebirgen.
4. Die Beurteilung des Wasseraustausches zwischen dem Greifswalder Bodden und der Ostsee.
5. Die Erkundung von Verschmutzungen der Flüsse und Seen, der küstennahen Ostseegewässer durch Industrieabwässer sowie der Existenz von Schadstoffen in der Luft über Städten, Industriegebieten und Ballungsräumen.

Koffer voller Schweizer Franken

Dabei erfolgte die Beobachtung aus drei verschiedenen Etagen:
- von Bord des Raumschiffes SOJUS 22 mit einer mittleren Flughöhe von 265 Kilometern,
- aus einem Forschungsflugzeug des Typs Antonow An-30, das synchron in 6.000 bis 7.000 Metern Höhe flog, und
- direkt am Boden an bestimmten Punkten der ausgewählten Teststrecke.

Während der einjährigen Entwicklungsperiode und der mehrwöchigen Vorbereitung der Mission war alles »cosmic secret«. Danach jedoch wollte die DDR nun endlich auch einmal den großen Wurf landen und anschließend die Kamera zu einem anständigen Preis verkaufen. Er sollte mindestens die Entwicklungskosten von 82 Millionen Mark und die Herstellungskosten von 3,5 Millionen Mark für jene MKF 6 decken, die mit der Orbitalsektion von SOJUS 22 in der Umlaufbahn blieb und später verglühte.

Bis zur Vertragsunterzeichnung kurz vor dem Start feilschte die DDR mit dem »Großen Bruder«, denn Moskau wollte das System umsonst haben oder anderenfalls die Aufnahmen vom ostdeutschen Territorium nicht kostenlos liefern. Vom Unternehmen RADUGA erhielt Ostberlin dann doch nur wenige ausgewählte Bilder, weil angeblich beim Überfliegen der DDR entweder die Kamera gerade nicht lief oder die meteorologische Situation keine brauchbaren Aufnahmen zuließ. Es ist erstaunlich, welche Naivität bei den Spitzen von Partei und Staat geherrscht haben muß, daß sie diesen Ausreden mehr oder weniger Glauben schenkten.

Das offizielle Entwicklungskollektiv der MKF 6, zu dem auch ein Bürger der DDR gehörte, nämlich Karlheinz Müller, erhielt den Staatspreis der UdSSR, und auf der Leipziger Messe wurde das System mit einer Goldmedaille ausgezeichnet. Die Sowjets waren damit zufrieden, doch die mit Orden abgespeisten deutschen Erbauer enttäuscht. In Jena hätte man gern die Kamera in Valuta versilbert. »Aber Moskau blieb hart und erteilte keine Genehmigung zum Export«, erläuterte uns Professor Müller. »Obwohl die

»Kostenvoranschlag« von Prof. Hans-Joachim Fischer für die Entwicklung der Multispektralkamera

Kunden aus Ost und West zum Teil schon in den Jenaer Hotels saßen, sogar mit Koffern voller Schweizer Franken. Die kurze Leine Moskaus wirkte für uns wie ein Embargo. Wir konnten das gut durchkalkulierte und Gewinn versprechende Geschäft nicht abschließen.«

Vermarktet wurde die MKF 6 nur für die Agitation und Propaganda, was dem internationalen High-Tech-Produkt den Spottnamen »Multispektakelkamera« einbrachte. Daß sich unter anderem auch die Volksrepublik China, das Riesenreich der Mitte, und der Golfstaat Irak in die Schlange der potentiellen Kunden eingereiht hatten, blieb der Bevölkerung verborgen, wie so manche andere wichtige Information aus der Raumfahrt.

»Die in allen Ländern üblichen Geheimhaltungsvorschriften wurden zur pathologischen Geheimniskrämerei pervertiert«, urteilte Professor Gerhard Zimmermann, Leiter des Bereichs Optische Sondierung am IKF. »Die sowjetische Seite stellte Sicherheitskriterien für diejenigen von uns auf, die zu ihren Startplätzen fuhren oder an Geräteprüfungen in ihren Einrichtungen teilnahmen. Dann aber geschah, was bei uns gang und gäbe war: Die verständlichen Forderungen wurden weit übersteigert – im Ministerium für Wissenschaft und Technik, von der Leitung der Akademie der Wissenschaften und schließlich auch noch in unserem Institut. Jeder sicherte sich vor dem anderen ab, damit um Gottes Willen nichts passieren konnte, denn in der DDR waren ja oft kleine Dinge schon große Verstöße.«

Professor Schmelovsky brachte auf den Punkt, wohin das führte: »Da unsere wissenschaftlichen Ergebnisse international nicht genügend bekannt wurden, konnten sie auch nicht gebührend anerkannt werden. Hinzu kommt, daß die Stellen, die zu entscheiden hatten, oft über keinerlei Sachkenntnis verfügten.«

Daß die Multispektralkamera »made in GDR« dennoch weltweite Anerkennung fand, erlebte ich Jahre später auf der zweiten Weltraumkonferenz der Vereinten Nationen UNISPACE 1982 in Wien. Dort vereinten sich in der Hofburg mehr als eintausend Delegierte – Diplomaten, Wissenschaftler und Techniker – aus 94 Staaten und 68 internationalen Organisationen sowie fast eintausend Gäste und Journalisten. Auf einer großen Raumfahrtaus-

stellung stellten die Aktivsten – 25 Länder und fünf internationale Organisationen – ihre neueste Weltraumtechnik vor. Am ständig belagerten Kollektivstand der DDR, an dem Sigmund Jähn stundenlang Autogramme geben mußte, zeigten die Kombinate Carl Zeiss Jena und Robotron Berlin gemeinsam mit der Akademie der Wissenschaften eine bis zu diesem Zeitpunkt einmalige, komplette Gerätekette für die Fernerkundung der Erde mit aerokosmischen Mitteln, die folgende einzelne Glieder hatte:
- die verbesserte und modifizierte sechskanalige Multispektralkamera MKF 6 M, die sich inzwischen auf den sowjetischen Orbitalstationen SALUT 6 und SALUT 7 mit internationalen Mannschaften bewährte,
- die neue, erstmalig im Ausland gezeigte vierkanalige Multispektralkamera MSK 4 für den Einsatz auf Flugzeugen,
- den vierkanaligen Multispektralprojektor MSP 4 für die Auswertung der aus dem Luft- beziehungsweise dem Weltraum gewonnenen Aufnahmen,
- den neuen digitalen Bildverarbeitungskomplex BVS Robotron A 6471, der dem allerneuesten technischen Stand entsprach,
- die dazugehörigen Digitalzeichentische, Stereokartier-, Entzerrungs- und Interpretationsgeräte sowie Kopierautomaten, und schließlich
- den 1982 im Akademieverlag erschienenen »Atlas zur Interpretation aerokosmischer Multispektralaufnahmen – Methoden und Ergebnisse«, dem 1986 der »Atlas zur Interpretation kosmischer multispektraler Scanner-Aufnahmen« folgte.

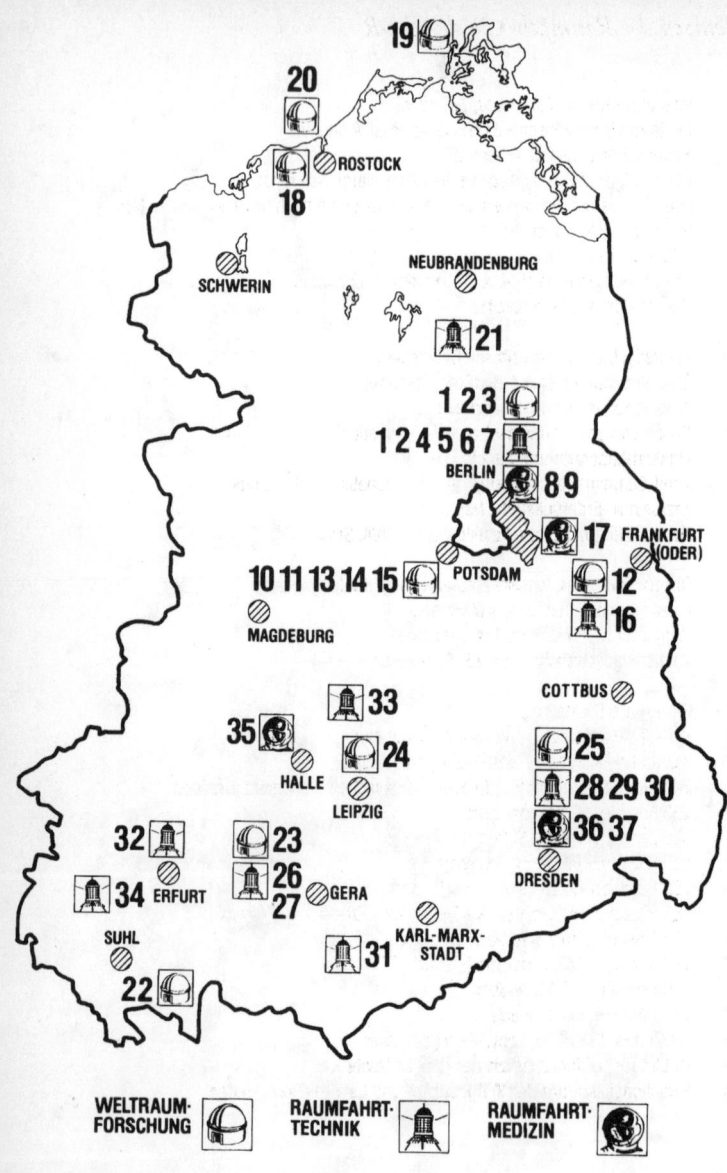

Zentren der Raumfahrt in der DDR

1   Institut für Kosmosforschung, Adlershof
2   Zentrum für Wissenschaftlichen Gerätebau, Adlershof
3   Henrich-Hertz-Institut, Adlershof
4   Rundfunk- und Fernsehtechnisches Zentralamt, Adlershof
5   INTERFLUG, Betrieb Fernerkundung, Industrie- und Forschungsflug, Schönefeld
6   VEB Funkwerk, Köpenick
7   VEB Robotron
8   Zentralinstitut für Herz- und Kreislaufforschung, Buch
9   Charité Humboldt-Universität

10 Zentralinstitut für Astrophysik, Babelsberg
11 Zentralinstitut für Physik der Erde, Potsdam
12 Aerologisches Institut, Lindenberg
13 Observatorium für Radioastronomie, Tremsdorf
14 Einstein-Laboratorium, Caputh
15 Adolf-Schmidt-Observatorium für Erdmagnetismus, Niemegk
16 INTERSPUTNIK-Erdefunkstelle, Neu Golm
17 Zentrum für Kosmische Ausbildung der NVA, Strausberg

18 Observatorium für Ionosphärenforschung, Kühlungsborn
19 Ionensondenstation, Juliusruh/Rügen
20 Institut für Meereskunde, Warnemünde
21 Satellitenbodenstation des IKF, Neustrelitz

22 Sternwarte Sonneberg
23 Karl-Schwarzschild-Observatorium, Tautenburg
24 Institut für Geographie und Geoökologie, Leipzig
25 Zentrum für Geofernerkundung der Technischen Universität, Dresden
26 VEB Kombinat Carl Zeiss Jena
27 VEB Jenaer Glaswerk Schott & Genossen
28 VEB Kombinat Pentacon, Dresden
29 VEB Präcitronik, Dresden
30 VEB Robotron Meßelektronik »Otto Schön«, Dresden
31 VEB Maschinenfabrik NEMA, Netzschkau
32 VEB Kombinat Mikroelektronik, Erfurt
33 VEB Kombinat ORWO, Wolfen
34 VEB Uhrenkombinat, Ruhla
35 ZIS/Zentralinstitut für Schweißtechnik, Halle
36 Institut für Luftfahrtmedizin der NVA, Königsbrück
37 Forschungszentrum des VEB Medizin- und Labortechnik, Freden

Warum gab es keinen DDR-Sputnik?

Im Rahmen der INTERKOSMOS-Kooperation arbeitete die DDR an insgesamt 25 wichtigen gerätetechnischen Projekten mit. Fünf davon, vor allem Sensoren und Sender für Raketen und Satelliten, begannen bereits in den sechziger Jahren. Zu den acht Vorhaben, die in den siebziger Jahren initiiert wurden, gehörten so bedeutende Entwicklungen wie das Einheitliche Telemetriesystem ETMS und das Datensammelsystem SSPI, die es den Teilnehmerstaaten gestatteten, die gewünschten Daten von Raumflugkörpern direkt abzurufen. Unter den zwölf Projekten, die in den achtziger Jahren anliefen, ragen neben dem Automatischen Orientierungssystem ASTRO vor allem jene Geräte hervor, die auf interplanetaren Sonden zum Mars und zur Venus arbeiteten, beziehungsweise der Bildauswertung solcher Missionen auf der Erde dienten.

Auf der Raumfahrt-Landkarte, die 37 Einrichtungen der Weltraumforschung, der Raumfahrttechnik und der Raumfahrtmedizin verzeichnet, heben sich deutlich drei Zentren in der DDR hervor: Im Raum Berlin-Brandenburg waren allein siebzehn Institutionen angesiedelt; im Süden, insbesondere in Dresden und Jena, wirkten sechzehn Einrichtungen; der Norden an der Ostseeküste war mit vier Institutionen vertreten.

Es gab stets mehr Wünsche nach Beteiligung an INTERKOSMOS-Projekten als zu realisieren waren. Deshalb ging jeder Entscheidung die Prüfung durch den von Professor Heinz Stiller geleiteten Wissenschaftlichen Beirat voraus, der drei wesentliche Fragen stellte: Welcher naturwissenschaftliche Erkenntniszuwachs mit Neuigkeitscharakter ist zu erwarten? Welcher technisch-technologische Vorlauf kann erzielt werden, und welche Möglichkeiten der Weiterentwicklung des wissenschaftlichen Gerätebaus ergeben sich aus der Projektbeteiligung? Welcher volkswirtschaftliche Nutzen läßt sich aus den zu erwartenden Ergebnissen oder aus der gerätetechnischen Überführung in die Industrie gewinnen?

Ende der siebziger Jahre gewannen die letzten beiden Aspekte immer mehr an Bedeutung und waren mit zunehmenden Eingriffen von Ministerien und Industriekombinaten in die hauptsächlich bei der Akademie der Wissenschaften konzentrierten Forschungs- und Entwicklungskapazitäten verbunden. Zu einem eigenen Satelliten allerdings hat es die DDR, im Unterschied zur Tschechoslowakei und Bulgarien, nie gebracht. Die CSSR startete 1978 huckepack auf INTERKOSMOS 18 den Kleinsatelliten MAGION zur Erforschung der Magnetosphäre und der Ionosphäre.

Anläßlich des 1.300-jährigen Bestehens Bulgariens im Jahre 1981 wurde der Satellit INTERKOSMOS 20 in BULGARIA 1300 umbenannt.

Professor Robert Knuth, zeitweilig Direktor des Instituts für Kosmosforschung und Vertreter der DDR im Weltraumausschuß der Vereinten Nationen COPUOS berichtete in seinem interessanten Vortrag »Richtungen und Projekte der Weltraumforschung in der ehemaligen DDR« auf der Jahrestagung der Deutschen Gesellschaft für Luft- und Raumfahrt (DGLR) 1992 in Bremen, daß es sehr wohl 1975 Studien für einen eigenen Satelliten gab. Dieser sollte sich damit beschäftigen, wie die Bilanzgleichung des Plasmas in Höhengebieten zwischen 200 und 1.000 Kilometern einschließlich der Wechselwirkungen mit dem Neutralgas durch die gleichzeitige Bestimmung vieler Parameter präzisiert werden kann. Während die gerätetechnischen Anforderungen an die Experimente und ihre spätere wissenschaftliche Interpretation durchaus zu realisieren waren, wurden konkrete Arbeiten wegen des mit dem Satelliten selbst verbundenen technischen und finanziellen Aufwandes nicht begonnen. Professor Stiller sagte mir, es seien vor allem die Startkosten gewesen, die abschreckten.

Ähnlich erging es dem originellen Vorschlag des international bekannten, theoretischen Physikers Professor Hans-Jürgen Treder, letzter Direktor des Einstein-Laboratoriums in Caputh, zwei völlig gleiche Satelliten in möglichst ähnliche, aber gegenläufige Umlaufbahnen zu befördern, um relativitätstheoretische Messungen durchzuführen. Obwohl verhältnismäßig einfach zu verwirklichen, wurde seltsamerweise ein solches Projekt international bis heute noch nicht in Angriff genommen.

Nischengesellschaft und Bastelstuben

Obwohl eine langfristige strategische Konzeption, ganz zu schweigen von einer Vision, für die Raumfahrtaktivitäten in der DDR fehlte, wurde dennoch systematisch Weltraumforschung betrieben – aus der politischen Situation des geteilten Deutschlands heraus, oft parallel zu vergleichbaren Entwicklungen in der alten Bundesrepublik. In ihren glanzvollen Tagen war die Kosmosforschung der DDR eine geschlossene Gesellschaft: Eingeigelt in die Mentalität einer Nischengesellschaft, an der kurzen Leine Moskaus und unter dem Druck des Embargos für High-Tech-Erzeugnisse aus dem Westen, entstand von der ersten Idee bis zum raumflugfähigen Gerät fast alles in der Enge gehobener Bastelstuben. Selbst die Weltraumtauglichkeit der Apparaturen wurde dort getestet. Die Forscher irrlichterten zwischen kühnen Ideen und hochfliegenden Träumen sowie den eingegrenzten Möglichkeiten der Kommandowirtschaft. Das gebar eine wohl nur im Sozialismus mögliche Kreativität, aber auch die systemimmanente Folge, daß ihre Leistungen keinen nachhaltigen Niederschlag in der Industrie fanden.

Eine eigene Luftfahrtindustrie, aus der sich wie in anderen Ländern eine Raumfahrtindustrie hätte entwickeln können, gab es in der DDR nicht. Ansätze dafür waren jedoch in ihrer Frühzeit durchaus vorhanden. So hatte 1955 die III. Parteikonferenz der SED beschlossen, der DDR-Luftverkehrsgesellschaft in fünf Jahren Flugzeuge aus eigener Produktion zur Verfügung zu stellen. Schon am 4. Dezember 1958 absolvierte der vierstrahlige Schulterdecker B 152 V-1 – »B« nach dem Generalkonstrukteur Professor Brunolf Baade, »V« für Versuchsmaschine – seinen Jungfernflug. Es war, darin sind sich alle Luftfahrthistoriker einig, das erste Strahlverkehrsflugzeug, das auf deutschem Boden gebaut wurde. Die Triebwerke Pirna 014 stammten aus dem VEB Entwicklungsbau Pirna; die Serienproduktion sollte im VEB Industriewerk Ludwigsfelde erfolgen. Doch am 4. März 1959 stürzte die V-1 bei einem Flug zur Leipziger Frühjahrsmesse während des Landeanfluges ab. Obwohl noch verbesserte Muster – zuerst B 152 V-4, dann 152 II benannt – gebaut und getestet wurden und sogar

MINISTERRAT
DER DEUTSCHEN DEMOKRATISCHEN REPUBLIK
Stellvertreter des Vorsitzenden
und Minister für Wissenschaft und Technik

102 Berlin, den
Köpenicker Straße 80-82
Telefon

13.1.75

Vorsitzenden des Ministerrates
Genossen Horst Sindermann

102 Berlin
Klosterstraße 47

*Kopien d. Schreibens gingen an
Gen. G. Mittag
Gen. H. Pöschel*

Werter Genosse Sindermann!

Die sowjetischen Genossen haben die in der Deutschen Demokratischen Republik erreichten Fortschritte auf dem Gebiet der Weltraumforschung mehrmals gewürdigt. Die von unseren Wissenschaftlern und Technikern geschaffenen Geräte zeigen ausgezeichnete Leistungsdaten, die Interpretationen der Meßergebnisse sowie auch die Mondbodenuntersuchungen, die wir in der Deutschen Demokratischen Republik durchgeführt haben, werden.

So kam wiederholt von führenden sowjetischen Genossen des Rates INTERKOSMOS der UdSSR zum Ausdruck, daß die Deutsche Demokratische Republik daran denken sollte, sowohl aus wissenschaftlichen als auch aus politischen Gründen einen eigenen Sputnik vorzubereiten. Die Wissenschaftler, die das PM-System gemacht haben, die an der Entwicklung des Datensammel- und Navigationssystems für eine Satellitenbestückung arbeiten, die die Telemetrie beherrschen, seien durchaus dazu qualifiziert, einen eigenen Sputnik zu entwickeln. Dabei sagte uns Genosse Generaloberst Prof. Narimanow, Astrophysiker, einer der führenden Genossen des Instituts für kosmische Forschungen der Akademie der Wissenschaften der UdSSR, daß es der UdSSR immer möglich wäre, einen Sputnik der Deutschen Demokratischen Republik von 40 bis 50 kg mit auf eine Umlaufbahn zu bringen, weil ihre Trägerraketen stets soviel Schubreserve besäßen, einen Sputnik von 40 bis 50 kg zusätzlich zu transportieren. Der Mißerfolg eigener Satelliten in Staaten Westeuropas begründe sich darauf, daß ihr Gewicht für die Trägerrakete um 40 bis 50 kg zu schwer ist.

Ich halte es für angebracht, dem Gedanken eines eigenen Sputniks nachzugehen. Das würde unserer wissenschaftlichen Entwicklung neue Impulse geben.

Bevor dazu eine Entscheidung getroffen werden kann, müßte eine Studie angefertigt werden, aus der sich die Erfordernisse zur Schaffung eines eigenen Sputniks, der Aufwand und das zu erfüllende wissenschaftliche Programm ableiten lassen.

Ich bitte um Zustimmung, daß ich die vertrauliche Anfertigung einer solchen Studie im 1. Halbjahr 1975 veranlassen kann.

Mit sozialistischem Gruß
gez. Dr. Weiz
H. Weiz

13. Januar 1975: DDR-Minister Weiz übermittelt das Angebot der Sowjets, einen DDR-Sputnik ins All zu schießen. Der Vorschlag wird vom Politbüro abgelehnt

Verkaufsverhandlungen mit Argentinien stattfanden, erfolgte 1962 das endgültige Todesurteil: Die vorhandenen Forschungs-, Entwicklungs- und Produktionskapazitäten werden anderweitig genutzt. Der Sowjetunion als Alleinherrscher im RGW-Raum konnte es nur recht sein, auch Alleinhersteller von Verkehrsflugzeugen zu werden.

Für die DDR als den politischen, wirtschaftlichen und militärischen Hauptverbündeten der UdSSR war die Leine Moskaus besonders kurz. Gegenüber den slawischen Brüdern, die zu den Opfern des deutschen Überfalls und des Geheimabkommens zwischen Hitler und Stalin gehörten, galt es mehr Rücksicht zu nehmen. Der bekannte Raumfahrtpublizist Harro Zimmer schrieb dazu 1987 in seinem Beitrag »Weltraumpolitik in der Deutschen Demokratischen Republik«: »Diese extrem enge Bindung der DDR an die Sowjetunion und die Konzentration auf stark in den Bereich der militärischen Raumfahrt übergreifende technologische Aspekte führte zu einer paradoxen Situation: Gerade ihre Spitzenstellung in diesen Teilgebieten engt den Spielraum der DDR stark ein und erlaubt ihr weniger Unabhängigkeit in der Weltraumforschung und -politik als anderen RGW-Staaten.«

In derselben Studie »Weltraum und internationale Politik« des Forschungsinstituts der Deutschen Gesellschaft für Auswärtige Politik, die aus den Mitteln der Fritz-Thyssen-Stiftung gefördert wird, heißt es an anderer Stelle unter Bezug auf eine Anfrage im Bundestag und die Antwort des Parlamentarischen Staatssekretärs Würzbach im Bundesverteidigungsministerium vom 25. Oktober 1985: »Stärken der DDR auf SDI betreffenden Gebieten liegen in folgenden Schwerpunkten: Bildsignalübertragung, Feinmechanik, optische und infrarot-optische Zielsysteme, digitale Bildverarbeitung, Regelungstechnik, Optoelektronik.«

Harro Zimmer vermerkte dazu: »Neuere Informationen aus der DDR bestätigen diese Aussagen und können mit der Anmerkung ergänzt werden, daß dem Kombinat Mikroelektronik Erfurt eine Schlüsselstellung in der Entwicklung extrem schneller integrierter Schaltkreise für das sowjetische Raketenabwehr-Programm zukommt. Daß die DDR nicht gerade mit Enthusiasmus an diesen Forschungen und Entwicklungen teilnimmt, kann unterstellt werden. Allerdings scheint die Kommuniqué- und Leitartikel-Exegese, die hier sogar von deutlichen Meinungsverschiedenheiten zwischen der DDR und der Sowjetunion wissen will, mehr durch Wunschvorstellungen als durch Fakten belegt zu sein.«

SDI-Ziel: Ungestrafter Erstschlag

Differenzen in dieser Frage wurden schon durch die grundsätzliche Übereinstimmung der außen- und sicherheitspolitischen Positionen der Regierungen beider Länder ausgeschlossen. Aber auch die Wissenschaftler der DDR waren über ihre internationalen Organisationen vom Widerstand ihrer Kollegen in der westlichen Welt gegen die sogenannte Strategic Defense Initiative (SDI, Strategische Verteidigungsinitiative) informiert und solidarisierten sich weitgehend mit ihnen. So hatten namhafte Gelehrte der USA schon auf dem Dinner, das Präsident Ronald Reagan am Abend des 23. März 1983 anläßlich der Verkündung seines Star-Wars-Programms im Weißen Haus gab, energisch protestiert. Sie hielten die angebliche Vision, das gesamte Territorium der Vereinigten Staaten von Nordamerika durch einen Raketenabwehrschild zu schützen, für eine gefährliche Illusion.

Physik-Nobelpreisträger Hans Bethe, Miterbauer der amerikanischen Atombombe, erklärte zum »Reagan-Schirm«: »Er wird einen Wettlauf zwischen den USA und der Sowjetunion verursachen, aber was noch schlimmer ist, er wird zu einem Krieg im Kosmos führen, wenn er erfolgreich wäre. Selbst wenn ein weltraumgestütztes Abwehrsystem nicht auf einen Schlag, sondern schrittweise stationiert würde, geriete das strategische Gleichgewicht aus dem Lot. Es ist schwierig, sich ein System vorzustellen, das mit noch höherer Wahrscheinlichkeit eine Katastrophe herbeiführt, als eben dasjenige, welches kritische Entscheidungen in Sekundenschnelle erfordert, selbst unerprobt und anfällig ist und dennoch eine Bedrohung für die Zweitschlagfähigkeit des Gegners darstellt.«

Damit hatte Professor Bethe den Nagel auf den Kopf getroffen. Sinn und Zweck der Sternenkriegspläne waren es, die militärischen

Hauptzentren der USA nach einem selbst geführten nuklearen Erstschlag vor den unausbleiblichen Gegenschlägen der noch verbliebenen gegnerischen Atomraketen zu schützen. Aber auch andere Persönlichkeiten der illustren Runde von 52 handverlesenen Gästen erhoben ihre Stimme gegen SDI. So nannte Professor Victor Weisskopf, lange Zeit Direktor des westeuropäischen Kernforschungszentrums CERN, die Sternenkriegspläne »gefährlich und destabilisierend.« Professor Richard Garwin, der Architekt des nordamerikanischen Luftverteidigungssystems NORAD, bezweifelte die wissenschaftliche Seriosität des Projekts. Professor Arthur Schawlow, der für die Entwicklung des Lasers den Nobelpreis erhalten hatte, stellte hinsichtlich der Verwundbarkeit fest: »Eine Laserkampfstation wäre eine Zielscheibe.« Schließlich faßte Professor Jerome Wiesner, ehemaliger Wissenschaftsberater Kennedys und Präsident des berühmten MIT (Massachusetts Institute of Technology) die Meinungen zusammen: »Das Gerede über Wunderwaffen im Weltraum ist das Ergebnis eines Grundirrtums, daß die Russen mit der amerikanischen Technologie nicht mithalten könnten. Wenn wir ein intensives Forschungs- und Entwicklungsprogramm im Weltraum planen, wie es Präsident Reagan angeordnet hat, dann werden es die Russen uns gleichtun.«

In den vereinigten Staaten selbst wuchs der Widerstand gegen SDI von Jahr zu Jahr. 1985 taten sich mehr als 700 Spitzenforscher, darunter 53 Nobelpreisträger, zusammen, um landesweit über Zeitungsanzeigen und Fernsehspots gegen Reagans Star-Wars-Pläne Front zu machen. Und auch das hat es im »Land der unbegrenzten Möglichkeiten« zuvor noch nicht gegeben:

Alle drei damals noch lebenden ehemaligen USA-Präsidenten – Richard Nixon, Gerald Ford und James Carter – sprachen sich gegen das SDI-Programm aus. Die sechs Ex-Verteidigungsminister Robert McNamara, Clark Clifford, Malvin Laird, Elliott Richardson, James Schlesinger und Harold Brown schlossen sich zusammen, um den ABM-Vertrag von 1972 zu verteidigen, der die Antiballistic Missiles, die Abwehrraketen beider Seiten begrenzt. Diese Männer verkörperten mehr als zwanzig Dienstjahre, einschließlich des Beginns und der Beendigung des Krieges der USA gegen Vietnam.

Die asymmetrische Antwort

Dr. McNamara, Pentagon-Chef unter Kennedy und später Präsident der Weltbank, sagte mir 1988 in London:

»Der Strategischen Verteidigungsinitiative nachzujagen und dadurch den ABM-Vertrag zu verlieren, wäre ein Akt des Irrsinns. Der Krieg der Sterne ist eine falsche Antwort auf eine sehr wichtige Frage, nämlich, wie wir Spannungen abbauen und die Sicherheit erhöhen können. Dafür jedoch gilt es, politische Lösungen zu finden.«

Hinzu kommt die Begeisterung, die gerade unter Intellektuellen der DDR nach 1985 – aus welchen Gründen auch immer – Michail Gorbatschow entgegengebracht wurde, der Perestroika (Veränderung) und Glasnost (Offenheit) verkündete. Auf die Herausforderung durch Washingtons SDI-Programm, das auch das erklärte Ziel hatte, das »Reich des Bösen« totzurüsten, gab Moskau eine asymmetrische Antwort. Darunter war zu verstehen, daß die Sowjetunion keineswegs, wie in den vergangenen Jahrzehnten des Kalten Krieges, spiegelgleich alle Waffensysteme entwickeln würde wie sie in den USA entstanden, sondern nur solche, die unbedingt notwendig wären, um einer realen Gefahr zu begegnen. Dazu zählten sowohl passive Bekämpfungsmittel, die eine Ortung der eigenen Raketen erschweren, als auch aktive, wie leistungsfähige bodengestützte Laserwaffen und kleine und schubstarke weltraumgestützte Raketen.

Grundlage für diese Entscheidung war eine Studie des Komitees sowjetischer Wissenschaftler zum Schutz des Weltfriedens gegen die Atomkriegsgefahr, das natürlich auch berücksichtigte, daß eine symmetrische Antwort die Sowjetunion wirtschaftlich ruinieren würde. Für die Weltraumwissenschaftler der DDR wirkte es besonders beruhigend, daß kein Geringerer als Akademiemitglied Roald Sagdejew Vorsitzender dieses Komitees war; jener Mann, den sie aus der INTERKOSMOS-Zusammenarbeit als Chef des Superinstituts für Kosmische Forschungen in Moskau kannten.

Zweikanal-Empfangsanlage ZEA 1

Betriebsart:	Empfang von Signalen, die mit einem 2,4-kHz-Unterträger frequenzmoduliert sind, wobei der Unterträger selbst amplitudenmoduliert ist. Der maximal verarbeitete Frequenzhub beträgt ± 15 kHz
Empfangsbereich:	Telemetrieband von 135,5 bis 138 MHz
Schaltung:	Zweikanaldoppelsuperhet
ZF-Bandbreite:	45 kHz bei 3 dB
Demodulationsprinzip:	Phase-Lock-Demodulator zweiter Ordnung mit Unterträgerstützkreis
Eingangsempfindlichkeit:	mit Antennenverstärker AVS 137 ≤ 0.3 iV
Spiegelfrequenzdämpfung:	≥ 60 dB
Ausgangssignale	
Amplitudenmodulierter Unterträger:	2,4 kHz/1,0 V und 1,4 V (Effektivwerte)
Bildsignal:	0 bis + 6,5 V (0 bis 100 %), fest eingestellt
Frequenzbereich:	0 bis 1,5 kHz (3 dB)
Antenne:	linear polarisiert mit orthogonal zueinander angeordneter Polarisationsrichtung
Antennenverstärker AVS 137	Rauschzahl = 2,3 kTo
Bandbreite:	4 MHz
Verstärkung:	20 bis 25 dB
Mittenfrequenz:	136 MHz
Stromversorgung:	220 V + 10 %/50 Hz
Leistungsaufnahme:	ca. 25 VA
Empfänger APT 137 / MB:	Höhe 216 mm, Breite 534 mm, Tiefe 300 mm
Masse:	ca. 40 kg
Antenne AZE:	Höhe mit Bock 1.720 mm, Breite 1.000 mm, Tiefe 1.000 mm
Masse:	ca. 40 kg

Bildaufzeichnungsgerät BAG 1

Aufzeichnungsverfahren:	fotografisch, positiv
Papierformat:	254 mm breit, ca. 30 m aufgespult
Bildformat:	Breite 220 mm, Länge 180 bis 690 mm
Trägerfrequenz:	2,4 kHz
Modulation:	AM
Signaleingangsspannung:	1,4 V (Effektivwert)
Modulationsbereich:	einstellbar zwischen 0 und 100 % der Trägeramplitude
Synchronisierung der Aufzeichnung:	Trägerfrequenz
Betriebsart:	wahlweise automatisch oder manuell
Stromversorgung:	220 V ± 10 % / 50 Hz
Leistungsaufnahme:	300 VA
Abmessungen:	Höhe 638 mm, Breite 883 mm, Tiefe 450 mm
Masse:	ca. 120 kg

Multispektralkamera MKF 6

Hauptbestandteile:	– Kamera-Grundkörper mit sechs Hochleistungs-Objektiven, Verschlüssen, Filmkassetten, Kompensation der Vorwärtsbewegung und diversen Datengebern – Bedienpult – Elektronikblock
Objektive:	6 Pintar 4/125
im sichtbaren Bereich:	4
im infraroten Bereich:	2
Aufnahmehöhe:	200 bis 400 km
Spektralbereich:	480 bis 840 nm
Negativgröße:	70 x 90 mm
Bildformat:	55 x 81 mm
Zusatzinformationen am Bildrand aufbelichtet:	– Helligkeitsnormale – Belichtungszeit – Bildfolgenummer – Uhr und Notiztafel
Auflösungsvermögen:	160 Linienpaare/mm
Bodenauflösung aus 265 km Höhe:	10 m
Geländestreifen:	115 km x 165 km = 18.975 km^2
Überdeckungsgrad (einstellbar bei Bildfolgen):	20%, 60%, 80%
Belichtungszeiten:	5, 7, 10, 14, 20, 28, 40 und 56 ms
Filmlänge (je Dicke):	110 bis 220 m
Filmvorrat/Kassette (je Dicke):	ca. 2.400 Aufnahmen
Kompensations-Winkelgeschwindigkeit:	16,9 bis 30 mrad/s
Brennweiten-Abweichung:	± 0,002 mm
Gesamtmasse:	172 kg

Multispektralprojektor MSP 4

Hauptbestandteile:	– Auswertegerät mit vier Projektoren – Elektrikschrank zur Stromversorgung
Optische Kanäle:	4
Farbmischbilder:	5
Bildschirmformat:	350 x 455 mm
Projektionsformat:	70 x 91 mm
Projektionsobjektiv:	5,6 / 175
Halogen-Lichtwurflampe:	24 V / 250 W

Fourier-Spektrometer SI-1

Hauptbestandteile:	– Hermetischer Druckcontainer mit Temperaturmeß- und Regelungssystem
	– Auffangspiegel, Steuer- und Regelungssystem sowie Eich-Schwarzkörper
	– Linearmotor und Antrieb
Aufnahmehöhe in der polaren Umlaufbahn:	650 bis 950 km
Gesichtsfeld auf der Erdoberfläche:	30 x 30 km
Spektralbereich:	6 bis 25 ìm
Meßprofilhöhe:	0 bis 35 km
Meßzeit:	7 s
Meßperiode:	13 s
Spektrales Auflösungsvermögen:	5 cm^{-1}
Meßbare Einzelintervalle der Spektralintensität:	300
Informationsmenge pro Orbit:	5 Millionen Bit
Arbeitstemperatur im Druckcontainer:	10 ± 5 °C
Genauigkeit des Linearmotors:	0,01 ìm
Eichstrahler	
Emissionskoeffizient:	99,6 %
Reflexionsvermögen:	0,4 %
Temperaturstabilität:	0,02 °C

Gerätetechnische Projekte der DDR für das INTERKOSMOS-Programm

Projekt	Bezeichnung	Zeitraum
Ultraviolett-Photometer für Satelliten		1967–1977
Telemetriesender		1967–1976
Plasmasonden für Raketen		1968–1976
Ultraviolett-Photometer für Raketen		1969–1979
Plasmameßgeräte für Satelliten		1969–1990
Telemetriesender für Raketen		1971–1979
Infrarot-Fourier-Spektrometer für die Erde	PM 1	1974–1978
Einheitliches Telemetriesystem	ETMS	1974–1978
Magnetbandspeicher	R	1974–1977
Datensammelsystem	SSPI	1977–1981
Mehrkanalspektrometer für Satelliten	MKS	1977–1981
Infrarot-Fourier-Spektrometer für die Sonden VENUS 15/16	PMV	1979–1985
Mehrkanalspektrometer für die Orbitalstationen SALUT und MIR	MKS-M	1979–1990
Geräte für die Materialwissenschaften	ARP	1980–1990
Magnetometer für die Marssonden PHOBOS	FGMM-1	1981–1989
Langmuir-Sonden für die Plasmameßsatelliten INTERKOSMOS		1981–1990
Autonomes Orientierungssystem	ASTRO 1	1982–1988
Bodenkomplex für Bildbearbeitung der Missionen Venus-Halley	vega	1983–1987
Digitaler Wetterbildempfang	W 4	1984–1990
Scanner für das MIR-Modul PRIRODA	MOS	1985–1990
Kamera für die Mission MARS 94	WAOSS	1987–1990
Fourier-Spektrometer für MARS 94	PFS	1987–1990
Magnetometer für MARS 94	MAREMF	1988–1990
Kristalle für Bragg-Spektrometer	SODART	1989–1990
Flugzeugaufnahmesystem	EFAS	1989–1990

Wichtige Industriebetriebe und -einrichtungen der DDR

Zulieferer	Raumfahrtgerät
VEB Carl Zeiss Jena	Teleskope, Kameras, Objektive, Raumflugplanetarien
VEB Funkwerk Köpenick	Sende- und Empfangsanlagen
VEB Jenaer Glaswerk Schott & Genossen	Spezialgläser
VEB Kombinat Medizin- und Labortechnik Dresden	Medizintechnische Geräte
VEB Maschinenfabrik NEMA Netzschkau	Klima-Thermo-Kammern
VEB Kombinat Mikroelektronik Erfurt	Schaltkreise
VEB Filmkombinat ORWO Wolfen	Spezialfilme
VEB Kombinat Pentacon Dresden	Spezialkameras
VEB Präcitronic Dresden	Spezialmeßgeräte
VEB Robotron Meßelektronik »Otto Schön« Dresden	Spezialmeßgeräte
VEB Robotron Berlin	Bildbearbeitungssysteme
VEB Uhrenkombinat Ruhla	Spezialuhren
ZIS/Zentralinstitut für Schweißtechnik Halle	Spezialschweißverfahren

Der erste Deutsche im All

Ehrlich gesagt weiß ich heute nicht mehr genau, warum wir im Herbst 1975, von Berlin kommend, nicht noch am selben Tag von Amsterdam nach Lissabon weiterfliegen konnten. Vielleicht hatten wir die Anschlußmaschine verpaßt, oder es gab technische oder menschliche Probleme, meteorologische oder sonstwas für Gründe. Wahrscheinlich aber ging es wieder einmal nur um den ärgerlichen Aufdruck auf unseren Flugtickets »not to be endorsed«, der DDR-Dienstreisenden einen Wechsel der Linien versagte und sie zwang, so weit wie nur irgend möglich mit Maschinen der Luftverkehrsgesellschaften sozialistischer Staaten zu fliegen.

Jedenfalls mußte unsere gesamte Delegation zum 16. Internationalen Astronautischen Kongreß, der in der letzten Septemberwoche in der portugiesischen Metropole stattfand, im Flughafenhotel von Schiphol übernachten. Die jüngeren von uns, die zum ersten Mal in der Tulpen-Stadt weilten, zog es in die City mit ihren Grachten und Brücken. Sie wollten wenigstens einen abendlichen Bummel durch das Hafenviertel und das Rotlichtviertel mit seinem einzigartigen Angebot an Schönheiten aus Indonesien und anderen Ländern machen. Wir beiden alten Kongreßhasen – Jochen Fischer, unser Delegationsleiter, und ich – blieben alleine zurück und unternahmen einen ausgedehnten Spaziergang, der akustisch und optisch vom Dröhnen und Flackern der startenden und landenden Jets mit ihren Scheinwerfern und Positionslichtern untermalt wurde. Unsere Meditation galt der Zukunft der Raumfahrt, insbesondere dem INTERKOSMOS-Programm, jener trikontinentalen Neunergemeinschaft, zu der wenig später Vietnam als zehntes Land hinzustieß.

Die Zeit ist gekommen, an gemeinsame bemannte Raumflüge der Mitgliederstaaten zu denken und sie tatkräftig vorzubereiten. Das war unsere übereinstimmende Auffassung. Wir begründeten sie damit, daß zwei Monate zuvor der SOJUS-APOLLO-Testflug erfolgreich abgeschlossen worden war; daß vier Orbitalstationen des Typs SALUT seit vier Jahren wertvolle Erfahrungen sammelten; daß schon eine zweite Generation sowjetischer Raumstationen mit zwei Kopplungsstutzen in Entwicklung sei, an denen Gastmannschaften anlegen konnten.

Aber auch die Planung der NASA zogen wir ins Kalkül, die 1972 mit der Entwicklung ihrer Raumfähre Space Shuttle begonnen hatte und für Anfang der achtziger Jahre die Mitflüge von ausländischen Partnern aus Kanada, Westeuropa und Japan vorsah. Mit den neuen SALUT-Stationen bot sich die Chance, dem Westen mit »Interkosmonauten« der sozialistischen Länder, wie wir sie damals tauften, zuvorzukommen. Wir vereinbarten, alles zu tun, um dieses Ziel sowohl wissenschaftlich als auch publizistisch anzuvisieren. »Hajo« jedenfalls setzte in Moskau seine ganze Beredsamkeit ein, und ich bemühte mich, den Gedanken in Berlin populär zu machen.

In unseren Amsterdamer Träumereien rechneten wir allerdings nicht vor 1980 oder 1981 mit dem ersten gemeinsamen Raumflug einer Mannschaft, zu der neben dem sowjetischen Kommandanten und dem Bordingenieur ein Kosmonaut aus den Ländern des RGW gehörte, was wir mit

Realisierung Gemeinsamer Weltraumflüge übersetzten. Immerhin waren zwischen Vorschlag und Verwirklichung des SOJUS-APOLLO-Testfluges vier Jahre vergangen. Doch nur drei Jahre nach unserem Geflüster an der Amstel saß Professor Fischer während des achttägigen Fluges des Fliegerkosmonauten der DDR, Sigmund Jähn, für SALUT 6 als deutscher Koordinator im sowjetischen Flugleitzentrum in Kaliningrad, einem kleinen Ort am Rande von Moskau, der heute den Namen des legendären Generalkonstrukteurs Koroljow trägt.

Alle neun Duos

»Basierend auf einer breiten wissenschaftlich-technischen Zusammenarbeit wird bis Anfang der achtziger Jahre jeder Teilnehmerstaat des INTERKOSMOS-Programms einen Kosmonauten mit einem sowjetischen Raumschiff um den Erdball geschickt haben.« So lautete der Vorschlag, den die Delegation der UdSSR im Juli 1976 auf der INTERKOSMOS-Beratung in Moskau unterbreitete. Zwei Monate später, am 14. September, erzielten die Partner in allen diese Unternehmungen betreffenden Fragen Übereinstimmung über Missionen mit SOJUS-Raumschiffen zur Orbitalstation SALUT 6. Mit dieser Aktion verfolgte Moskau drei Ziele:

Erstens sollten die enormen Kosten für bemannte Unternehmen durch die selbstfinanzierten Beiträge der Partner mit hochwertigen Bordgeräten und neuartigen Programmen verringert werden.

Zweitens wollte der Kreml angesichts latenter politischer und ökonomischer Differenzen innerhalb des Rates für gegenseitige Wirtschaftshilfe die Verbündeten enger an sich binden.

Drittens galt es, den geplanten internationalen Missionen der USA mit dem Space Shuttle zuvorzukommen, das 1981 seinen Jungfernflug absolvierte und mit dem Ulf Merbold aus der Bundesrepublik 1983 als erster Ausländer mitflog.

Im Dezember 1976 nahmen die ersten Kandidaten – je zwei aus der Tschechoslowakei, Polen und der DDR – ihr Training im Kosmonauten-Ausbildungszentrum »Juri Gagarin« bei Moskau auf. Im März 1978 folgte die zweite Gruppe Aspiranten aus Bulgarien, Ungarn, Kuba, der Mongolei und aus Rumänien. 1979 entsandte auch Vietnam seine Anwärter nach Moskau. Bei allen Kandidaten – bis auf die aus Rumänien – handelte es sich um Jagdflieger mit guten russischen Sprachkenntnissen. Innerhalb von nur drei Jahren – 1978 bis 1981 – wurde die Zielsetzung erfüllt. Mit Ausnahme von Bulgarien konnten alle Interkosmonauten ihre Programme auf der Orbitalstation SALUT 6 abwickeln. Bulgarien erhielt wegen der 1979 mißlungenen Kopplung von SOJUS 33 mit der Station 1988 eine zweite Chance und schickte den Ersatzmann zur MIR.

Die Festlegung der Reihenfolge der einzelnen Staaten erfolgte in erster Linie unter politischen Aspekten, aber auch nach der Attraktivität der nationalen Beiträge: Tschechoslowakei, Polen, DDR, Bulgarien, Ungarn, Vietnam, Kuba, Mongolei, Rumänien. Prag-Warschau-Ostberlin wurde von Moskau als »Eisernes Dreieck« gegen den Westen betrachtet. Schon Stalin benutzte gern die Sentenz: Wem Böhmen und Mähren gehört, dem gehört Europa. Der Vertreter Vietnams, obwohl als letzter dazugestoßen, flog als erster nichteuropäischer Interkosmonaut.

Jedem seine Premiere

Insgesamt 66 Tage hielten sich neun INTERKOSMOS-Brigaden im Weltraum auf; 56 Tage lang arbeiteten acht von ihnen an Bord von SALUT 6. Während der rund 400 Arbeitsstunden führten sie etwa 200 verschiedene wissenschaftliche und technische Experimente durch. Die Arbeit der internationalen Teams, jeweils bestehend aus dem sowjetischen Raumschiff-Kommandanten und dem Forschungskosmonauten eines der anderen INTERKOSMOS-Länder sowie der zweiköpfigen Stammbesatzung der Orbitalstation konzentrierte sich vorwiegend auf drei Forschungsgebiete: Fernerkundung der Erde, Erprobung neuer Werkstoffe und Erforschung von Lebensvorgängen. Ihrem Charakter nach lassen sich drei Gruppen von Versuchskomplexen unterscheiden:
– Jedes der beteiligten Länder hatte im Orbit seine Premiere, Experimente, die zum ersten Mal im Weltraum stattfanden und

den nationalen wissenschaftlichen Traditionen und der industriellen Struktur des Staates entsprachen. So galt beispielsweise das Experiment »Glas« innerhalb des Versuchskomplexes »Berolina«, das der DDR-Forschungskosmonaut Sigmund Jähn ausführte, dem Schmelzen und Erstarren eines Werkstoffes zur Herstellung hochleistungsfähiger optischer Gläser. Maßgeblichen Anteil daran hatte das traditionsreiche Jenaer Glaswerk »Schott & Genossen«.
- Andere Experimente wiederum galten den spezifischen volkswirtschaftlichen Interessen und Bedürfnissen des jeweiligen Partnerlandes.

Das traf zum Beispiel auf die Zusammenstellung eines kosmischen Atlanten Vietnams zu, in dem die Schäden des verheerenden Giftkrieges der USA verzeichnet werden konnten. Gleichzeitig diente das Kartenwerk als Grundlage für die Wiederaufforstung und die Erweiterung des Reisanbaus, der Prospektion von Erdölvorkommen in den Schelfgebieten sowie von Anthrazitlagern im Norden des Landes. Das kubanische Experiment »Tropico« diente der Beobachtung des Wachstums von Zuckerrohr sowie zur Bestimmung von Unterwasserstrukturen an den Küsten des karibischen Inselstaates.
- Schließlich gab es fortgesetzte Versuchsserien, bei denen die Stafette der Forschungen den nachfolgenden Mannschaften übergeben wurde. Hierzu gehörten vor allem die wissenschaftlich, volkswirtschaftlich und auch militärisch bedeutsamen Arbeiten zur Fernerkundung der Erde mit der sowjetischen Breitformatkamera KATE 140 und der Multispektralkamera MKF 6M vom VEB Carl Zeiss Jena. Daß beim Überflug anderer Länder auch militärisch relevante Erkenntnisse gewonnen werden konnten, ist klar.

Die Verbindung zwischen den jeweils einwöchigen Arbeiten der Interkosmonauten schufen die sowjetischen Stammbesatzungen, die monatelang an Bord von SALUT 6 wirkten. Allein die mit dieser Raumstation gesammelten Informationen kommen dem Inhalt einer Bibliothek mit 250.000 Bänden gleich. Etwa ein Zehntel davon entfällt auf die Arbeit der INTERKOSMOS-Kollektive.

In den drei Jahren von 1978 bis 1981 konnte erstmalig das Verhalten von Menschen aus zehn Ländern und von drei Kontinenten, mit unterschiedlicher Hautfarbe und verschiedenen Alters unter Weltraumbedingungen untersucht und verglichen werden. Dabei zeigte sich, daß die Anpassung an die Schwerelosigkeit bei allen im wesentlichen nach 48 bis 72 Stunden abgeschlossen war.

Die Auswertung des DDR-Experiments »Audio« ergab, daß Geräusche in der Schwerelosigkeit lauter gehört werden. Das operative visuelle Leistungsvermögen sinkt in der Anfangsphase – achte bis zehnte Erdumkreisung. Auch die Kontrastempfindlichkeit des Auges geht im Mittel um sechzehn Prozent zurück, und das Farbsehvermögen sogar um 25 Prozent. Infolge der »Weltraum-Kurzsichtigkeit« ist das Schätzen von Entfernungen im All erschwert. Die bisherigen Erfahrungen zeigen, daß Distanzen erst unterhalb von 120 Metern richtig abgeschätzt werden.

Der dritte Mann

Sigmund Jähn war der erste Deutsche im All, der dritte Mann im INTERKOSMOS-Reigen und der 90. Raumfahrer überhaupt. Der Tscheche Vladimir Remek und der Pole Miroslaw Hermaszewski flogen deshalb vor ihm, weil Moskau auf seine slawischen Brüder Rücksicht nehmen mußte, zumal die Missionen im zehnten Jahr nach dem Scheitern des »Prager Frühlings« erfolgten, zu einer Zeit, da sich »Solidarnosc« zu formieren begann. Noch ein paar Jahre zuvor wäre die DDR wahrscheinlich als Musterschüler im sozialistischen Lager erste im Reigen gewesen.

Unter dieser Zurücksetzung litt die Partei- und Staatsführung so sehr, daß sie für den Flug ihres Kosmonauten als dritter Mann mit SOJUS 31 sogar den hohen Preis der kostenlosen Übergabe der Multispektralkamera zahlte. Das geschah im sechsten Jahr der Honecker-Ära sowie drei Jahre nach der diplomatischen Anerkennungswelle für die DDR durch die meisten Länder der Erde und der Aufnahme beider deutscher Staaten in die UNO. Vom ersten bemannten Gemeinschaftsunternehmen UdSSR-DDR erhoffte sich das Politbüro besonderes Prestige und jubelte es zum

Höhepunkt der DDR-Raumfahrt hoch. Pathologische Geheimhaltung vor dem Flug und pathetischer Propagandarummel danach waren so stark überzogen, daß das Gegenteil der erhofften Identifizierung der Bevölkerung mit den Regierenden erreicht wurde. Selbst die Öffentlichkeitsarbeit erfolgte bis zum Start streng geheim, was schon einen Widerspruch in sich darstellte.

Die Vorbereitungen für Presse, Funk und Fernsehen begannen Anfang des Sommers 1978 und wurden zelebriert von den Hohepriestern der Agitation – Joachim Herrmann, Mitglied des Politbüros, und seinem Adlatus Heinz Geggel, Abteilungsleiter des ZK der SED, bekannt für ihren rüden Kommandoton, den die Betroffenen als »Geggelei« bezeichneten. Die Verantwortlichen der Akademie der Wissenschaften, Professor Claus Grote, Generalsekretär der Akademie und Vorsitzender des Nationalen Koordinierungskomitees INTERKOSMOS, sowie Dr. Herbert Woeltge, Leiter der Presseabteilung, waren freundlich und kollegial, aber nicht weniger bestimmt.

Schließlich kamen noch als dritte Komponente das Ministerium für Nationale Verteidigung und sein Kommando Luftstreitkräfte/Luftverteidigung hinzu, in dem der humorlose und bürokratische Generaloberst Wolfgang Reinhold und sein Adjutant, der jovial wirkende, aber befehlsgewohnte Oberst Eberhard Cartsberg das Sagen hatten. Sie wurden ergänzt durch die entsprechenden Sicherheitsbeamten der verschiedensten Ebenen.

»Unsere Menschen«, wie im Parteijargon die Bürger des Landes vereinnahmend und entmündigend genannt wurden, sollten von der bevorstehenden und angeblich nur im Sozialismus möglichen Mission begeistert werden. Aber weder die Namen der Helden in spe noch ihr Kampfauftrag, geschweige denn exakte Termine oder Daten durften genannt werden. Wie lächerlich das zu diesem Zeitpunkt war, machen folgende Tatsachen deutlich:

Seit Herbst 1976 war durch sowjetische Verlautbarungen bekannt, daß die erste Gruppe von je zwei Kandidaten aus der Tschechoslowakei, aus Polen und der DDR, am 1. Dezember ihre gut ein Jahr dauernde Ausbildung aufnehmen würde. Vom 3. bis zum 10. März 1978 hatte der Tscheche Vladimir Remek als erster seinen Flug absolviert, und es stand fest, daß die beiden anderen

Missionen im Abstand von zwei bis drei Monaten folgen würden. Sogar die Nummer der Raumschiffe ließ sich ausrechnen, war die Crew UdSSR-CSSR doch mit SOJUS 28 und die zweite Stammbesatzung von SALUT 6 mit SOJUS 29 geflogen.

Während in den Nachbarländern offen über die Kandidaten gesprochen wurde, blieben die der DDR Staatsgeheimnis. Selbstverständlich ließ sich das nicht absolut aufrechterhalten. Sigmund Jähn und Eberhard Köllner hatten Verwandte und Bekannte, Freunde und Neider. Auf einem feuchtfröhlichen Abend hatten wir unter Kollegen darüber gefrotzelt: »Jähnseits« von Gut und Böse zu leben und uns darüber gewundert, daß ein Westdeutscher aus Köln für den »Dedeernauten« als Double wirke. Dann sangen wir das alte Lied »Was kann der Siegismund dafür, daß er so schön ist…«. An einem der nächsten Tage mußte ich beim Sicherheitsbeauftragten der Akademie, »Ekki« Böhme, antanzen, der mir freundschaftlich, aber energisch die Leviten las.

Neid auf einen Unbekannten

Nachdem im Sommer 1976 auf einer INTERKOSMOS-Tagung in Moskau der Vorschlag beraten wurde, daß RGW auch für Realisierung Gemeinsamer Raumflüge steht, schrieb ich für die »Wochenpost« eine Kolumne mit dem Titel »Neid auf einen Unbekannten«, in der es hieß:

»Seit vierzehn Tagen beneide ich einen Mann, den ich noch gar nicht kenne, von dem ich weder weiß, wie er heißt, noch wo er wohnt, wie alt er ist, und welchen Beruf er ausübt. Nur durch eine Zeitungsnotiz erfuhr ich, daß er irgendwo in unserer Republik lebt und etwas vollbringen wird, von dem ich seit Jahrzehnten träume. Das Kuriose daran ist, daß dieser Mann selbst noch nichts von seinem zukünftigen Glück weiß. Ich meine jenen Bürger der DDR, der eines Tages als erster an einem der Unternehmen teilnehmen wird, über die Vertreter von neun sozialistischen Staaten Europas, Asiens und Amerikas vor zwei Wochen in Moskau berieten.«

So begann meine Suche nach dem großen Unbekannten, der zwei Jahre später als erster Deutscher ins All flog. Die Westberliner

Zeitung »Der Abend« nahm damals meinen Leitartikel zum Anlaß für eine Betrachtung über die Frage: »Kommt der erste Deutsche im Weltraum aus der DDR?« Angesichts des erst für die achtziger Jahre vorgesehenen Fluges eines Nutzlastspezialisten der Bundesrepublik mit der amerikanischen Raumfähre Space Shuttle kam das Blatt zu dem Schluß: »Die Chancen stehen nicht schlecht. Die DDR hat sich im gemeinsamen Raumfahrtprogramm des Ostblocks stark engagiert und kann ein gewichtiges Wort mitreden.«

Das von mir gezeichnete Bild unserer Kosmonautenkandidaten kommentierte »Der Abend« so:

»Hoffmann hat ganz konkrete Vorstellungen von ihnen: Es sollen ›wissenschaftlich hochgebildete Männer‹ im Zenit ihres Lebens mit großer Berufserfahrung und körperlicher Leistungsfähigkeit sein. ›Kommunisten mit hohem sozialistischen Bewußtsein, großem Mut und Willensstärke.‹ Denn ohne sozialistisches Bewußtsein geht es für die DDR auch im Weltraum nicht.«

Der wohl gehässigste Artikel über den Raumflug Sigmund Jähns erschien zwei Tage nach seinem Start in Springers journalistischem Flaggschiff »Die Welt« und stammte aus der Feder von Peter Boenisch, einst Chefredakteur der »Bild«-Zeitung und später Pressesprecher von Kanzler Kohl. Dort wurden in der Sprache des Kalten Krieges Sigmund Jähn als »Sachso-Germane« und »Mitesser in der Russen-Rakete« diffamiert und die High-Tech-Geräte aus der DDR an Bord von SALUT 6 als »made in Kötzschenbroda« deklassiert. Bezeichnend war auch der Schlußsatz: »Der Fremde wird zum Bruder, und der Bruder wird einem fremd.«

In den zwanzig Jahren, die seit dem historischen Raumflug vergangen sind, saß ich viele Male mit unserem Mann aus dem All zusammen – in seinem spartanischen Strausberger Dienstzimmer, in seinem bescheidenen Haus am gleichnamigen See und in seiner Datscha in Morgenröthe-Rautenkranz im Vogtland, in den Akademieinstituten für Kosmosforschung in Adlershof und für Physik der Erde in Potsdam, in den Ateliers des Armeefilmstudios und der DEFA, wo wir tagelange Gespräche für den Dokumentarfilm »Himmelsstürmer« führten, sowie später im Filmhaus Berlin für den MDR-Streifen »Der Fliegende Vogtländer«, in den Zeitungsredaktionen von »Neues Deutschland«, »Berliner Zeitung«, »Wochenpost«, »horizont«, »Neue Berliner Illustrierte« und »Jugend und Technik«, auf öffentlichen Veranstaltungen, Pressekonferenzen und Wissenschaftskongressen zwischen Berlin und Brighton, Moskau und München, Paris und Prag, Rom und Rostock. Nicht ein einziges Mal wurde er ungeduldig oder unsicher, obwohl die Kreuzverhöre im Ausland manchmal lange dauerten und nicht ohne waren. Er wußte seinen Standpunkt immer so darzustellen, daß dieser mit Achtung zur Kenntnis genommen wurde. Sollte ich seine hervorstechendsten Eigenschaften nennen, so würde ich mich impulsiv für Bescheidenheit und Einfachheit, Hilfsbereitschaft und Zuverlässigkeit entscheiden, die mit verschmitztem Charme verbunden sind. In Gefahrensituationen könnte ich mir keinen Besseren zur Seite wünschen. Anläßlich des Internationalen Astronautischen Kongresses 1979 in München überfiel ihn ein Sensationsreporter mit der Frage: »Was sagen Sie dazu, daß eine Familie aus der DDR mit einem selbstgebauten Ballon in die Bundesrepublik flüchtete?« Die Gegenfrage Sigmund Jähns ließ den Boulevardschreiber verstummen: »Haben Sie Kinder, und würden Sie diese einer solchen Lebensgefahr aussetzen?« Die beiden bayerischen Staatsschutzbeamten, die ihm wie Schatten folgten und die Papparazzi abwehrten, zeichnete er kurzerhand mit Emblemen der Deutsch-Sowjetischen Freundschaft aus, die sie stolz trugen.

Ich erinnere mich, wie wir 1981, anläßlich des Internationalen Astronautischen Kongresses in Rom, nahe des Kolosseums auf den Bus warteten, der uns zur Satellitenbeobachtungsstation Fucino bringen sollte. »Sig«, wie ihn seine Freunde nennen, wäre fast nicht mitgekommen, weil er sich nicht am Sturm der Delegierten auf das Fahrzeug beteiligte. Doch ein englischer Wissenschaftler, der ihn erkannte, rief: »Let him pass, he is the first German cosmonaut!« – Laßt ihn durch, er ist der erste deutsche Raumfahrer!

Die Viererbande

Als der Tag X näherrückte, erhielten die Chefredakteure der Zeitungen und Sender aus dem »Großen Haus« verschlossene Umschläge mit Fotos und Überschriften sowie der »Argu« (Argumentation), die erst auf telefonische Anweisung aus dem ZK der SED geöffnet werden durften. Offensichtlich geschah das nach dem Vorbild der Moskauer Apparatschiks, die 1961 zum Flug von Juri Gagarin sogar mit drei mit Codewörtern gekennzeichneten und versiegelten Kuverts arbeiteten. Diese waren für alle Fälle, nämlich drei, vorgesehen: 1. Das Unternehmen gelingt; 2. Der Kosmonaut verunglückt tödlich; 3. Das Raumschiff muß auf fremdem Territorium landen. Nach der erfolgreichen Mission wurden die für den zweiten und dritten Fall vorgesehenen Umschläge wieder eingesammelt und ungeöffnet vernichtet.

»Der erste Deutsche im All – ein Bürger der DDR« lautete die in den ZK-Briefen verordnete Headline im Wettrennen der Systeme und die Schlagzeile für ostdeutsches Nationalbewußtsein. In der »Wochenpost« titelten wir jedoch: »Einer von uns ist oben« und »Unser Mann im Orbit«. Für die Berichterstattung vor Ort – beim Training im Sternenstädtchen vor den Toren Moskaus, beim Start vom kasachischen Kosmodrom Baikonur-Tjuratam, während der Bahnverfolgung im Flugleitzentrum in Kaliningrad bei Moskau und bei der Landung in der Steppe Kasachstans war nur die journalistische »Viererbande« der DDR – Vertreter des Zentralorgans »Neues Deutschland«, des Deutschen Fernsehfunks, des Staatlichen Rundfunkkomitees und der Wochenzeitung »Volksarmee« – zugelassen. Nichts gegen diese Kollegen, aber sie hatten von Raumfahrt auch nicht die geringste Ahnung und bemühten sich auch nicht, wenigstens Mindestkenntnisse zu erwerben.

Der Vertreter des Allgemeinen Deutschen Nachrichtendienstes, Gerhard Kowalski, hingegen, der die gleichen Privilegien genoß wie sie, hatte sich als einziger auf diese Aufgabe gründlich vorbereitet. Seit dem SOJUS-APOLLO-Testflug im Jahre 1975 nutzte er jede Chance, sich systematisch auf dem Sektor der Raumfahrt zu qualifizieren und mit ihren Akteuren enge Kontakte zu knüpfen. Als Sprachgenie, der Russisch und Polnisch ebenso fließend beherrschte wie Englisch und Französisch, blieb er bis heute bei Kollegen und Kosmonauten ein gleichermaßen begehrter Partner. Die Fachjournalisten der DDR hingegen, wie Karl-Heinz Eyermann («Freie Welt»), Karl-Heinz Neumann («Junge Welt»), Dieter Hannes («Neues Deutschland») und Peter Stache («Fliegerrevue»), die seit

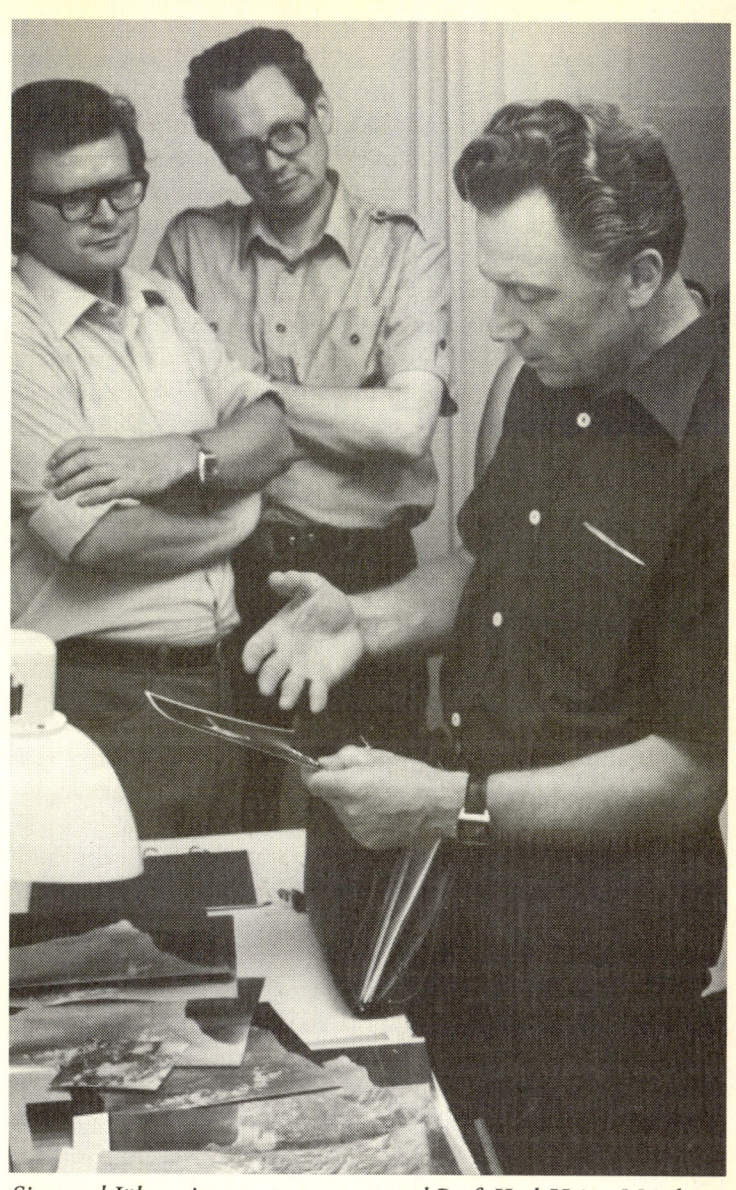

Sigmund Jähn mit Prof. Heinz Kautzleben (Mitte) und Prof. Karl-Heinz Marek (links)

zwei Jahrzehnten aktiv tätig waren, blieben beim Jähn-Flug draußen vor der Tür. Gerade ihren Beiträgen ist es jedoch zu danken, daß die wissenschaftlich-technischen Probleme des Unternehmens seriös populär gemacht wurden.

Das »Wissenschaftspaket« der DDR für die Mission – elf Anlagen und zwei Dutzend Versuchsanordnungen – hatte ein hohes Niveau und erbrachte international anerkannte Ergebnisse. Viele der DDR-Experimente wurden an Bord von SALUT 7 und MIR von Raumfahrern aus 15 Ländern fortgesetzt. Seit dem Flug von SOJUS 22, bei dem die sowjetischen Kosmonauten Dr. Waleri Bykowski und Dr. Wladimir Axjonow 1976 die Multispektralkamera MKF 6 an Bord erprobten, fand kein bemanntes Unternehmen Moskaus mehr statt, bei dem nicht Geräte eingesetzt wurden, die aus einem der INTERKOSMOS-Teilnehmerländer stammten.

Der Fliegerkosmonaut der DDR, Dr. rer. nat. Sigmund Jähn aus Morgenröthe-Rautenkranz im Vogtland, der in allen Kreisen der Bevölkerung und im Ausland große Sympathien genießt, leidet bis heute unter der von oben inszenierten Heldenverehrung. Sie führte nur dazu, daß der Volksmund damals über das »Jähnseits« und die »Multispektakelkamera« spottete. Die Spree-Athener witzelten: »Janz Berlin jähnt«, und die Benachteiligten in der Provinz reimten: »Lieber Sigmund, komm bald wieder, unsere Straßen liegen auch darnieder.« Die Gerontokraten hingegen merkten nicht einmal, daß der Beifall auf den Straßen und Plätzen nicht ihnen, sondern dem sympathischen Mann aus dem All an ihrer Seite galt.

Helden sind keine Opas

Wie weit die Dummheit der Chefpropagandisten ging, erlebte ich nach der Heimkehr von Sigmund Jähn. Der Reporter der »BZ am Abend«, Manfred Heidel, ein glänzender Organisator, überredete mich, obwohl ich mit Fieber im Bett lag, Kindern im Pionierpark »Ernst Thälmann« Rede und Antwort über den Flug unseres Kosmonauten zu stehen. Er hüllte mich trotz des Protestes meiner Frau in Decken und fuhr mich in die Wuhlheide, wo Hunderte Pioniere versammelt waren. Einer fragte mich: »Wann können auch Kinder in den Weltraum fliegen?« Ich antwortete, dann, wenn der Enkel von Sigmund Jähn, der kurz vor dem Start das Licht der Welt erblickte, seine Hochschulausbildung abgeschlossen habe. Die »BZA« berichtete in fetten Schlagzeilen über den »Opa im All« und mein Auftreten.

Unmittelbar danach erhielt ich einen Anruf aus dem »Großen Haus« von der für den Berliner Verlag zuständigen ZK-Instrukteurin Karin Ziegert. Sie fragte mich, was ich mir dabei gedacht hätte, den Helden der DDR Sigmund Jähn so zu verunglimpfen. Auf mein völliges Unverständnis reagierte sie – verbunden mit einer ernsten Mahnung – dahingehend, daß doch »festgelegt« worden sei, über keine persönlichen Verhältnisse unseres Raumfahrers zu berichten. Sie ließ durchblicken, daß »für unsere Jugend« das Bild eines »Himmelsstürmers« nicht mit dem eines Großvaters zu vereinbaren sei. Als ich Sigmund Jähn davon erzählte, hatte er nur ein verzeihend-verzweifeltes Lächeln für diesen Unsinn übrig.

Arrogante Vorgesetzte wiederum neideten ihm seinen Doktorhut, den er mit einer exzellenten Dissertation zur Fernerkundung der Erde aus dem Weltraum erwarb, die sie als »Streng Geheim« einstuften und jahrelang Informationen darüber in den Medien verhinderten. Hingegen wurden die Möglichkeiten für einen zweiten bemannten Raumflug der DDR, die durchaus gegeben waren, nicht genutzt. Die Scheu vor den Kosten, so sagte mir Professor Stiller, verminderten den Ausbau und die Vertiefung der Forschungen sowie eine breite Nutzanwendung der gewonnenen Erkenntnisse und Erfahrungen in der Volkswirtschaft. Den auf Paraden und Prestige, gegenseitige Gratulationen und einseitige Ovationen versessenen Politbürokraten reichte der einmalige Akt. Hinzu kommt, daß sich inzwischen in Moskau eine internationale Schlange von Kandidaten gebildet hatte, die nach Mitflügen in den Weltraum anstanden: Frankreich, Indien, Syrien, Afghanistan, Japan, England, Österreich. Alle sieben Länder kamen noch in den achtziger Jahren zum Zuge. Das Fenster der sowjetischen Raumfahrt öffnete sich immer weiter nach Westen.

Viele interessante Episoden der bemannten Mission UdSSR-DDR, die damals nicht gemeldet werden durften, kamen erst in den letzten Jahren zutage. So ließ sich nach der Ankopplung von

SOJUS 31 an SALUT 6 zunächst die Luke des Raumschiffes nicht öffnen. Auf der anderen Seite klopfte bereits die Stammbesatzung der Orbitalstation, die ihre Gäste ungeduldig erwartete. Sigmund Jähn bereitet die Erinnerung an diese Situation noch heute Alpträume: Aufstieg gelungen – Umstieg verpatzt! Doch nach einigen Anstrengungen schaffte es das deutsch-russische Duo schließlich doch noch, den Durchgang zu öffnen – wie den widerspenstigen Deckel eines Einweckglases. Ende gut, alles gut! Die Landung von SOJUS 31 wiederum war alles andere als weich. Die Kapsel überschlug sich nämlich dreimal, weil es nicht gelang, den Fallschirm rechtzeitig auszuklinken. Das führte dazu, daß das glockenförmige Landegerät noch ein Stück durch die Steppe geschleift wurde. Sigmund Jähn erlitt dabei eine Rückenverletzung, die sogar zu einer Teilinvalidisierung führte. Diese allerdings wurde ihm nach der Wende von Bundeswehrärzten gestrichen.

Das wohl bekannteste Bild des Fliegerkosmonauten der DDR, auf dem er, unmittelbar nach der Landung, ein Dankeschön auf die rußgeschwärzte Kapsel schrieb, ist mit zwei lange unbekannt gebliebenen Geschichten verbunden. Zum einen setzte Sigmund Jähn, offensichtlich noch unter dem Schock der harten Landung und der Freude über die Heimkehr, zunächst als Datum den 3.8.78 statt den 3.9.78 neben seine Unterschrift. Zum anderen erfolgte dieser Dank völlig spontan, war im Protokoll nicht vorgesehen und somit eigentlich illegal. Schließlich gab es beim Empfang der Kosmonauten in Dsheskasgan, wo beide zu Ehrenbürgern ernannt wurden, einen Zwischenfall. Neben der sowjetischen und der kasachischen Flagge wehte zum Entsetzen der DDR-Offiziellen statt des schwarz-rot-goldenen Banners mit Hammer und Zirkel im Ährenkranz die gleichfarbige Flagge der Bundesrepublik. Doch Oberst Cartsberg, der stets eine Staatsflagge und eine Schallplatte mit der Nationalhymne der DDR bei sich trug, sorgte für ein schnelles Auswechseln.

Lebensdaten von Sigmund Jähn

1937	Am 13. Februar in Rautenkranz im Vogtland als Sohn eines Sägewerkarbeiters und einer Näherin geboren.
1943 bis 1951	Besuch der Volksschule in Morgenröthe-Rautenkranz
1951 bis 1954	Lehre als Buchdrucker im VEB Buchdruckerei Falkenstein, BT Klingenthal
1954 bis 1955	Arbeit als Buchdrucker
1956	Eintritt in die Nationale Volksarmee der DDR
1956 bis 1958	Besuch der Offiziersschule der Luftstreitkräfte/ Luftverteidigung «Franz Mehring» in Kamenz/Bautzen
1958	Eheschließung mit Erika Hänsel, Schlosserin und Technische Zeichnerin aus Dresden; Ernennung zum Unterleutnant der Luftstreitkräfte; Geburt der Tochter Marina
1958 bis 1960	Jagdflieger in einem Geschwader der Luftstreitkräfte; Erwerb der Qualifizierungsstufen III, II und I
1963	Leiter für Lufttaktik und Luftschießen eines Jagdfliegergeschwaders
1966	Geburt der Tochter Grit
1966 bis 1970	Besuch der Militärakademie »Juri Gagarin« der sowjetischen Luftstreitkräfte in Moskau/Monino; Kommandeur einer Lehrgruppe; Verleihung des Titels »Verdienter Militärflieger der DDR«
1970 bis 1976	Einsatz in Verantwortlichen Dienststellungen der Luftstreitkräfte der NVA, Instrukteur für Flugsicherheit
1976 bis 1978	Vorbereitung auf den Raumflug im Kosmonauten-Ausbildungszentrum »Juri Gagarin« im Sternenstädtchen bei Moskau, gemeinsam mit Eberhard Köllner
1978 bis 1990	Chef des Zentrums für Kosmische Ausbildung bei den Luftstreitkräften der NVA in Eggersdorf bei Strausberg; Mitglied der Ständigen INTERKOSMOS-Arbeitsgruppe Fernerkundung der Erde mit aerokosmischen Mitteln
1983	Veröffentlichung seines Buches »Erlebnis Weltraum«; Promotion zum Dr. rer. nat. – summa cum laude (mit höchstem Lob) mit der Dissertationsschrift »Arbeiten zur Entwicklung methodischer Grundlagen für die Fernerkundungsdaten in der DDR« an der Akademie der Wissenschaften der DDR
1985	Gründungsmitglied der Internationalen Raumfahrervereinigung ASE (Association of Space Explorers) in Cernay bei Paris, Mitglied des ersten Exekutivkomitees der ASE
1986	Ernennung zum Generalmajor der Luftstreitkräfte der NVA der DDR
1990 bis 1998	Berater des Deutschen Zentrums für Luft- und Raumfahrt (DLR) und der European Space Agency (ESA) für die Projekte GERMIR und EUROMIR
1990 bis 1992	Betreuung der DLR-Kandidaten Klaus-Dietrich Flade und Reinhold Ewald für die Mission MIR 92
1992 bis 1994	Betreuung der ESA-Kandidaten Ulf Merbold (Deutschland) und Pedro Duque (Spanien) für die Mission EUROMIR 94
1994 bis 1996	Betreuung der ESA-Kandidaten Thomas Reiter (Deutschland) und Christer Fuglesang (Schweden) für die Mission EUROMIR 96
1996 bis 1997	Betreuung der DLR-Kandidaten Reinhold Ewald und Hans Walter Schlegel für die Mission MIR 97
1998	Auszeichnung mit dem »Dr.-Friedrich-Joseph-Haass-Preis« durch das »Deutsch-Russische Forum«

Zeitablauf des bemannten Raumfluges UdSSR-DDR 1978

Sonnabend, den 26. August, um 15.51 Uhr MEZ:
Start von SOJUS 31 in Baikonur-Tjuratam (Kasachstan) mit Kommandant Oberst Dr. Waleri Bykowski (44) und Forschungskosmonaut Oberstleutnant Sigmund Jähn (41).

Sonntag, den 27. August, um 17.38 Uhr MEZ:
Ankoppeln von SOJUS 31 am Heck von SALUT 6 und Empfang durch die Stammbesatzung, Kommandant Oberst Wladimir Kowaljonok (36) und Bordingenieur Dr. Alexander Iwantschenko (37).

Montag, den 28. August, bis Sonnabend, den 2. September:
Erfüllung des Forschungsprogramms mit 24 Experimenten: Materialwissenschaften (6), Medizin (5), Erdfernerkundung/Geophysik (4), Biologie (4), Psychologie (3) und Raumflugtechnik (2).

Sonntag den 3. September:
09.20 Uhr MEZ: Abkoppeln von SOJUS 29 mit Oberst Bykowski und Oberstleutnant Jähn vom Bug der Orbitalstation SALUT 6; Ausführung eines autonomen Beobachtungsfluges mit dem Raumschiff.
12.40 Uhr MEZ: Landung von Waleri Bykowski und Sigmund Jähn mit SOJUS 29 in Kasachstan, 140 Kilometer südöstlich von Dheskasgan. Gesamtflugzeit: 188 Stunden 49 Minuten 5 Sekunden; Erdumkreisungen: 124; Gesamtflugstrecke: 5.235.262 Kilometer

25 DDR-Experimente an Bord von SALUT 6

Erderkundung/Geophysik
– MKF 6M: Multispektralaufnahmen bestimmter Testgebiete auf dem Territorium der UdSSR und der DDR sowie der Weltmeere mit der Kamera vom VEB Carl Zeiss Jena zur Erkundung von Naturressourcen.
– Biosphäre: Visuelle Beobachtung von Staub- und Rauchfahnen über Industriegebieten, ozeanischen Auftriebsgebieten und von

meteorologischen Erscheinungen mit einer Mittelformatkamera Pentacon Six-M auf ORWO-Farbfilm und Spezial-Schwarz-Weiß-Film.
– Polarisation: Bestimmung der Polarisation des Sonnenlichts in der Erdatmosphäre mit dem Visuellen Polarisations-Analysator VPA-1 aus der UdSSR.
– Polarlicht: Visuelle Beobachtung der Besonderheiten in Struktur und Dynamik des Polarlichts

Materialwissenschaften
– Komplexprogramm Berolina: Untersuchung des Einflusses der Schwerelosigkeit auf technologische Prozesse mit den sowjetischen Vakuum-Elektroöfen Splaw-01 und Kristall.
Teilexperimente:
– Kristallisation: Züchtung halbmetallischer, zylinderförmiger Einkristalle der Legierung Wismut-Antimon
– Formzüchtung: Herstellung eines Keimkristalls vorgegebener Struktur zwischen ebenen Quarzplatten durch Temperaturverringerung.
– Rekristallisation: Gerichtete Erstarrung eines einheitlichen Kristalls aus der Halbleiterverbindung Blei-Tellurid.
– Sublimation: Züchtung eines Einkristalls für die Optoelektronik durch Verdampfung des Halbleitermaterials in einer Quarzampulle und gasförmigen Transport zum Kristallkeim.
– Gasphasentransport: Abscheiden von Germanium-Einkristallen aus der Gasphase durch chemischen Transport.
– Glasschmelze: Schmelzen und Erstarren von kompliziert zusammengesetzten optischen Spezialgläsern.
Diese Experimente wurden von Instituten der Akademie der Wissenschaften, der Humboldt-Universität zu Berlin, des VEB Jenaer Glaswerke »Schott & Genossen« sowie des Zentralinstituts für Schweißtechnik Halle vorbereitet.

Raumflugtechnologie
– Beschleunigung: Untersuchung des Einflusses kleiner Kräfte auf den Ablauf technologischer, physikalischer und psychologischer Vorgänge in Raumschiffen und Orbitalstationen; visuelle

Messung durch Beobachtung eines Pendels mit dem Gerät DU 2 aus der UdSSR.
- Reporter: Fotoaufnahmen und Dokumentation von Ereignissen und Erscheinungen während des Fluges, Tätigkeit der Kosmonauten, Kopplung und Entkopplung der Raumflugkörper mit einer automatischen Kleinbild-Spiegelreflexkamera Praktika EE-2 mit elektronischer Belichtungsautomatik und Filmen vom VEB ORWO Wolfen.

Psychologie
- Sprache: Untersuchung der Frequenz- und Amplituden-Zeitcharakteristika der Sprache des DDR-Kosmonauten beim Aussprechen der Zahl 226 auf deutsch – zwosechsundzwan-zig – zur Einschätzung seines funktionellen Zustandes.
- Befragung: Beantwortung eines von Psychologen (UdSSR, CSSR, DDR und Polen) erarbeiteten Fragebogens zu: Ernährung, Wasserbedarf, Schlaf, Traum, Sehen, Hören, Riechen, Haltung, Bewegung, Sprache, Handwerkszeug, Kleidung, Ästhetik...
- Freizeit: Vorführung von Fernsehprogrammen der DDR auf dem Bord-Videogerät VATRA und Einschätzung durch die Kosmonauten auf Fragebögen.

Medizin
- M 38: Kontrolle der Herztätigkeit in der Schwerelosigkeit und der Durchblutung verschiedener Körperteile.
- Audio: Prüfung der Hörempfindlichkeit in verschiedenen Frequenzbereichen mit dem Gerät »Elbe« vom VEB Präcitronik Dresden. Bestimmung der Hörschwelle mit einem Geräuschmesser und einem Oktavfilter des VEB RFT-Meßelektronik »Otto Schön«.
- Zeit: Bestimmung der Dynamik des subjektiven Zeitgefühls mit dem Gerät »Ruhla«.
- Geschmack: Untersuchung der Änderung des Geschmacksempfindens nach einem Plan von Spezialisten (UdSSR, DDR und Polen) mit Hilfe des elektronischen Reizschwelle-Meßgeräts ELEKTROGUSTOMETER 1 aus Polen.

- Sauerstoff: Überprüfung der Sauerstoffversorgung der Körperperipherie in der Schwerelosigkeit.

Biologie
- Gewebekultur: Studium der Veränderungen der Zellen und Gewebe bei Anpassung an die Schwerelosigkeit mit dem Gerät »Einsatz« aus der DDR.
- Bakterienwachstum: Erforschung der Besonderheiten des Wachstums und der Entwicklung einzelliger Bakterien, die während eines Raumfluges viele Generationen hervorbringen und Methan als Kohlenstoffquelle für ihre Vermehrung nutzen.
- Vernetzung: Untersuchung des Einflusses der Schwerelosigkeit auf Geometrie, Bildungsmechanismus und Stabilität der Strukturen bei der Vernetzung von Polymeren.
- Stoffwechsel: Studium des Stoffwechsels von Mikroorganismen mit einfacher Zellstruktur mit dem Gerät »Jena«.

DDR-Beteiligung an bemannten UdSSR-Missionen

Raumflug-körper	Start-datum	Perigäum Apogäum (km)	Bahn-neigung (Grad)	Beitrag der DDR
SOJUS 22	15.09.1976	200 280	65,0	Multispektralkamera MKF 6
SALUT 6	28.09.1977	350	51,6	Multispektralkamera MKF 6M
SOJUS 31/ SALUT 6/ SOJUS 29	26.08.1987	350	51,6	11 modifizierte und neuentwickelte Bordgeräte für die Experimente von Sigmund Jähn
SALUT 7	19.04.1982	350	51,6	Automatischer Registrator für Prozeß-Daten ARP
KOSMOS 1443/ SALUT 7/ MIR	02.03.1983	350	51,6	Mehrkanalspektrometer MKS-M
Modul D (KWANT 2) MIR	26.11.1989	350	51,6	Multispektralkamera MKF 6MA Orientierungskomplex ASTRO 1 Mehrkanalspektrometer MKS M2

Das Karussell der Triebe

Fast wäre der lange Weg Sigmund Jähns zum Flugzeugführer und schließlich zum Forschungskosmonauten 1956 an der Nachlässigkeit einer medizinisch-technischen Assistentin in der Flugmedizinischen Kommission für die Luftstreitkräfte der Nationalen Volksarmee gescheitert. Über diese Voruntersuchungen erzählte mir unser Mann im Orbit folgendes:

»Einer meiner Freunde aus Klingenthal schied gleich am Anfang aus, weil er bei der Prüfung der Sehschärfe einige der größeren Buchstaben auf der Kontrolltafel nicht erkennen konnte. Dann kam ich an die Reihe und bestand alle Tests bei den verschiedenen Fachärzten zu ihrer vollsten Zufriedenheit. Doch nachdem im Labor mein Blutbild gemacht worden war, sagte man mir plötzlich: ›Sie haben zu viele Leukozythen, weiße Blutkörperchen, eigentlich brauchen Sie gar nicht weiterzumachen.‹ Dennoch kam es zum Abschlußgespräch. Der Chef der Kommission schaute sich nämlich die einzelnen Untersuchungsergebnisse sehr genau an. Auf einmal rief er laut aus: ›Was soll denn das? Sie können doch nicht achtzig Prozent Leukozythen haben!? Mann, da müßten Sie ja schon längst tot sein!‹ Er schickte mich noch einmal ins Labor, und dort stellte sich heraus, daß sich eine Assistentin bei der Auszählung der weißen Blutkörperchen geirrt hatte. Vielleicht war sie dabei gestört worden oder litt ganz einfach unter Liebeskummer. Jedenfalls war mein zweites Blutbild in Ordnung, und ich konnte Flieger werden«.

Noch nachträglich ein herzliches Dankeschön, unbekannter Doktor!

Zwanzig Jahre später hatten Sigmund Jähn und Eberhard Köllner einen ebenso verständnisvollen und verantwortungsbewußten Arzt, den Kosmonauten-Arzt Dr.sc.med. Hans Haase, Stellvertretender Direktor des Instituts für Luftfahrtmedizin in Königsbrück bei Dresden und Vizepräsident der Gesellschaft für Weltraumforschung und Raumfahrt der DDR. Er nahm an der Auswahl und Ausbildung der Kosmoskandidaten der DDR ebenso aktiv

Anteil wie an der Vorbereitung und Auswertung des gemeinsamen Weltraumfluges von Waleri Bykowski und Sigmund Jähn. Während der Mission gehörte er im Flugleitzentrum Kaliningrad, heute Koroljow, zu den medizinischen Betreuern. Später arbeitete er aktiv in der ständigen INTERKOSMOS-Arbeitsgruppe Kosmische Medizin und Biologie sowie in der Internationalen Astronautischen Föderation mit. In seinem Buch »Erlebnis Weltraum« setzte ihm Sigmund Jähn ein bleibendes Denkmal:

»Was unseren Arzt, Oberst Dr. Haase, betraf, so hätte er sich am liebsten auch als Kosmoskandidat nominieren lassen. Meiner Meinung nach verfügte er sogar über gute Voraussetzungen. Er war ein erfahrener Luftfahrtmediziner und Offizier und zudem ein guter Sportler. Nach zwanzig Jahren beim medizinischen Dienst bedauerte er nun fast, nicht Jagdflieger geworden zu sein... Im Zusammenhang mit der Zentrifuge muß ich unbedingt unseren tollkühnen fünften Mann, unseren Fliegerarzt erwähnen. Er war nicht nur bestrebt, bei allen Untersuchungen dabeizusein und sich soviel neue Kenntnisse wie möglich in der Raumfahrtmedizin anzueignen, er wollte auch, im wahrsten Sinne des Wortes, am eigenen Leibe Erfahrungen sammeln. So überredete er seinen sowjetischen Kollegen, an ihm einen Sondertest auf der Zentrifuge vorzunehmen. Wir umstanden die Apparatur und begannen ungläubig zu staunen. In Richtung Brust-Rücken hielt er der Beschleunigung tatsächlich ganz gut stand. Aber nachdem die Kabine geschwenkt worden war und der Beschleunigungsandruck in Richtung Kopf-Becken wirkte, war unser Arzt doch etwas überfordert. Wir verfolgten den Test gespannt am Monitor. Unser Doktor kämpfte, das war ihm anzusehen, alle Achtung. Dann aber wurde sein Gesicht lang und länger, die Fliehkraft zog ihm die Wangen herunter, und schließlich war er fast aus dem Gesichtsfeld der Kamera herausgerutscht. Der Leitende Arzt brach die ›Übung‹ ab, und wir nahmen unseren wackeren Kosmonautenanwärter mit Hallo in Empfang. Er, schon wieder lachend, bekannte etwas gequält: ›Ihr habt schon so viele Loopings mit euren Jagdflugzeugen geflogen, daß euch das alles nichts mehr ausmacht. Ihr seid eben im Vorteil.‹ Er hatte schon recht, dennoch war es auch für uns kein Kinderspiel. Aber das brauchte er in diesem Moment nicht unbedingt zu wissen.«

»Sig« auf dem Teufelsstuhl

Sigmund Jähn wurde von einigen als ehrgeizig angesehen, weil er sich auch in seiner Freizeit immer wieder auf die, von den Kosmonauten »Teufelsstuhl« genannte, kleine Anlage setzte, die den Kandidaten bei schnellem Wechsel in verschiedenen Drehrichtungen rotieren läßt. Über sein Motiv sagte mir »Sig«:

»Ich wußte, daß Raumfahrer angesichts der ungewohnten Schwerelosigkeit mitunter an Übelkeit und Erbrechen leiden. Deshalb sagte ich mir: Es darf dir nicht passieren, daß du eine Woche in der Station zu Gast bist und deiner Stammbesatzung, die dort Monate arbeiten muß, alles verunreinigst. Außerdem wärst du nicht in der Lage, dein Forschungsprogramm ordentlich zu erfüllen.«

Das zusätzliche Training zahlte sich für Sigmund Jähn aus. Er war nach Aussagen seiner drei russischen Kollegen vom ersten Tag an auf SALUT 6 voll arbeitsfähig. Das ist keineswegs ein Vorwurf an andere Kosmonauten, die nicht die gleiche Kondition besitzen. Auf die Kosmos-Kinetose oder Raumbewegungskrankheit machte als erster der zweite Kosmonaut German Titow aufmerksam. Ihre Symptome sind mit denen der Seekrankheit, der Luftkrankheit oder anderer Fahr- und Bewegungserkrankungen zu vergleichen: Atembeschwerden, Schwindelgefühl, Appetitlosigkeit, Übelkeit und Brechreiz. Etwa jeden dritten Raumfahrer betraf diese zeitweilige, aber unangenehme Erscheinung. Die Kosmos-Kinetose tritt meist in der akuten Anpassungsphase, also in den ersten sieben Tagen des Raumfluges auf. Die dieser Raumkrankheit zugrundeliegenden Mechanismen sind noch immer weitgehend unklar. Als eine Hypothese wird die Umverteilung des Blutes aus den unteren in die oberen Körperpartien und darauf zurückzuführende Veränderungen in der Durchblutung des Innenohres diskutiert.

Bis heute läßt sich nicht sicher voraussagen, welcher Mensch für die Raumkrankheit besonders anfällig ist. Und das, obwohl bis zum 31. Dezember 1997 insgesamt 368 Menschen aus 27 Ländern bei 760 Einsätzen mehr als 55 Jahre im Weltraum weilten. Von dieser Gesamtflugzeit entfallen 38 Jahre auf Rußland, 15 Jahre auf die USA und zwei Jahre auf die anderen Länder. Unter den

Raumfahrern finden wir 33 Frauen aus sieben Ländern, die bei 71 Einsätzen knapp drei Jahre im Orbit wirkten. Sigmund Jähn gehört als 90. Mensch im All bereits zu den Veteranen.

Daß es noch keine geeigneten Methoden für präzise Prognosen der individuellen Anfälligkeit gegenüber der Raumkrankheit gibt, hängt sicher auch damit zusammen, daß Schwerelosigkeit der einzige Raumflugfaktor ist, der sich auf der Erde nicht simulieren läßt, abgesehen von Parabelflügen, wo für maximal 40 Sekunden Nahe-Null-Gravitation herrscht. Einige Raumfahrtmediziner meinen sogar, daß Menschen, die auf der Erde seekrank werden oder unter Flugübelkeit leiden, nicht unbedingt anfällig gegenüber der Raumkrankheit sein müssen. Doch ungeachtet dessen werden überall nur Kandidaten für den Kosmos genommen, die von vornherein eine hohe Stabilität der Gleichgewichtsorgane aufweisen. Kürzlich erzählte mir Professor Oleg Atkow, der 1984 neun Monate als Bordarzt auf SALUT 7 arbeitete, daß Dr. Waleri Bykowski ein wahres Wunder auf diesem Gebiet sei. Man könne ihn zu jeder Zeit und in jedem Zustand wecken und in ein Raumschiff setzen, ohne daß sein Gleichgewichtssystem irgendwelche Veränderungen zeige.

Nach dem Raumflug Sigmund Jähns wurde das Zentralinstitut für Herz-Kreislaufforschung der Akademie der Wissenschaften der DDR in Berlin-Buch zur Leiteinrichtung für die Arbeiten zur Kosmischen Medizin und Biologie. Sein Direktor, Professor Horst Heine, erläuterte mir, warum: »Eine wichtige Frage unseres Fachgebietes ist ja gerade das Problem der Anpassung des Herz-Kreislauf-Systems an besondere Situationen. Unter den extremen Bedingungen eines Raumfluges lassen sich Erkenntnisse über die Herz-Kreislauf-Regulation gewinnen, die weder durch Tierexperimente noch durch Versuche des Menschen auf der Erde zu erzielen sind. Die Anpassungsfähigkeit des menschlichen Organismus zu erhalten, das ist gleichermaßen Aufgabe der Raumfahrtmedizin wie strategisches Ziel bei der Vorbeugung der Herz-Kreislauf-Erkrankungen, die nach der Statistik der Weltgesundheitsorganisation WHO zu den häufigsten Todesarten gehören. In der DDR waren mehr als die Hälfte aller Todesfälle auf Folgen verschiedener Herz-Kreislauf-Erkrankungen zurückzuführen. Erst an zweiter

Stelle stehen Geschwulstkrankheiten, und den dritten Platz nehmen Erkrankungen der Atmungsorgane ein. Das Tempo der Grundlagenforschung auf diesem Gebiet und die Wirksamkeit des Bekämpfungsprogramms werden heute nicht zuletzt durch die Erkenntnisse der Raumfahrtmedizin mitbestimmt.«

Der Gesunde – das unbekannte Wesen

Die Hauptaufgabe der Raumfahrtmedizin und -biologie besteht jedoch im Unterschied zu anderen kosmischen Disziplinen, wie etwa der Fernerkundung oder den Materialwissenschaften, primär nicht darin, Nutzen für die Volkswirtschaft beziehungsweise für die Volksgesundheit zu erbringen, sondern den Gesundheitszustand, die Arbeitsfähigkeit und das Wohlbefinden des Menschen im Weltraum zu gewährleisten. Dennoch haben die raumfahrtmedizinische Forschung und Praxis zu Resultaten geführt, die sich in zunehmendem Maße auch für das Gesundheitswesen nutzen lassen. Bekanntlich ist der Gesunde das unbekannte Wesen, oder genauer gesagt: Auch die moderne Medizin weiß vom gesunden Menschen weniger als vom kranken. Neben Sport-, Arbeits- und Luftfahrtmedizin kann es besonders der Raumfahrtmedizin als Verdienst angerechnet werden, wesentlich zur Einengung und schärferen Abgrenzung der »weißen Flecke« zwischen »Normalem« und »Pathologischem« sowie zur Bereicherung des Wissens über den Ablauf der Körperfunktionen des gesunden Menschen unter extremen Bedingungen beigetragen zu haben.

Besonders intensiv wurden von der Kosmischen Medizin und Biologie die Lebensprozesse unter Hypokinesie (Bewegungsarmut) sowie bei der Atmung verschiedener Gasgemische erforscht. Das führte unter anderem zu wertvollen Erkenntnissen über die physiologischen Verhältnisse bei längerer Bettruhe. Früher galt es als richtig, einen Kranken erst einmal ins Bett zu packen. Heute hingegen wissen wir, daß Bettruhe auch ein Streßfaktor sein kann, wenn der Patient nicht ein ausgesprochen schweres Krankheitsgefühl hat. Die Schlußfolgerung aber ist von allgemeinem Interesse, stellt der Bewegungsmangel doch ein gesellschaftliches Problem in den hochentwickelten Industrieländern dar. Es soll ja Menschen geben, die innerhalb eines ganzen Monats nicht einmal einen Kilometer mehr zu Fuß gehen, einschließlich ihrer Bewegung in Wohnung und Büro.

Nicht weniger bedeutsam ist die kosmische Medizintechnik, die der klinischen Patientenbetreuung zugute kommt – im Weltraum erprobt, auf der Erde gelobt! So hat sich der zur Auspolsterung der individuell angepaßten, also maßgeschneiderten Konturensessel des Kosmonauten verwendete Schaumstoff für die Dekubitusprophylaxe, das heißt gegen Wundbrand und Wundliegen, als außerordentlich gut geeignet erwiesen. Die Entwicklung des Audiometers, des Gehörmessers »Elbe« vom VEB Präcitronik Dresden für den gemeinsamen Raumflug UdSSR-DDR, wirkte sich bei Seriengeräten ähnlichen Typs in Form von vereinfachten Schaltungen, Materialeinsparungen und erhöhter Zuverlässigkeit aus.

Arche Noah im All

Eine ganze Schulklasse fröhlich lärmender französischer Kinder tummelte sich in der originalgetreuen sowjetischen Orbitalstation SALUT, die eine der Hauptattraktionen des 32. Internationalen Luft- und Raumfahrtsalons 1977 in Le Bourget bei Paris war. Im Kosmos-Pavillon der UdSSR verkörperte diese Station Gegenwart und Zukunft der bemannten Raumfahrt, kreiste doch ihr himmlisches Pendant SALUT 5 seit einem Jahr um die Erde. Der zweite Magnet für die Pariser Schüler war der Biosputnik KOSMOS 782, der Ende 1975 drei Wochen lang die Erde umkreiste und danach sicher auf dem Territorium der Sowjetunion landete. An Bord dieser kosmischen Arche Noah, einem Raumschiff der WOSTOK-Klasse, mit der einst auch Juri Gagarin flog, bestand die »Besatzung« aus einem kleinen zoologischen und botanischen Garten. Deutlich waren durch die Luken des maßstabsgerechten Modells die verblüffend echt aussehenden Kunsttiere in ihren Boxen und Bassins zu erkennen – weiße Ratten und schwarze Schildkröten, zarte Taufliegen und farbenfrohe Guppies. Auch vielfältige Algen (Seetang) und unterschiedliche Mollusken (Weichtiere) sowie diverse Pflanzensamen ließen sich unterscheiden. Ein Teil der Objekte hielt sich auf einer ruhenden Plattform, der andere auf einer rotierenden auf. Das biologische Karussell gestattete es, mit Hilfe der Zentrifugalkraft im schwerefreien Zustand eine künstliche Gravitation zwischen 100 und 38 Prozent der irdischen zu erzeugen. Auf diese Weise konnte an Tieren und Pflanzen die Wirkung von Schwerelosigkeit und Schwerkraftersatz verschiedener Stärke auf ihre Triebe studiert werden.

So versuchten die Forscher bei der sich sehr schnell vermehrenden Drosophila-Taufliege die genetische Spur aufzunehmen, die sich infolge der Wirkung kosmischer Bedingungen bei den nachfolgenden Generationen zeigt. An dem aus Laich schlüpfenden Fischen wiederum wurden Schutzmöglichkeiten gegen kosmische Strahlung erprobt. Der Einfluß von Nahe-Null-Gravitation und Gravitationsersatz verschiedener Stärke auf die molekulargenetischen Grundlagen des Lebens, auf Wachstum und Altern wurde an gesunden und kranken Zellen untersucht. Die gewonnenen Forschungsergebnisse solcher Biosputniks sind nicht nur für länger dauernde, bemannte Raumreisen von größter Bedeutung, bei denen die Zentrifugalkraft für den Schwerkraftersatz genutzt werden könnte. Auch die irdische Medizin profitiert von diesen Experimenten. So gelang es beispielsweise, pharmazeutische Mittel zu entwickeln, die spezifische Widerstandskräfte auslösen und für den Strahlenschutz geeignet sind. Es gibt bereits Tabletten, die chemische Verbindungen von Cysteamin oder die Aminosäure Methionin enthalten, die in der Lage sind, bestimmte schädigende Stoffe, die unter Einwirkung ionisierender Strahlung entstehen, an sich zu binden und damit den Körper zu entgiften. An Geschwulstzellen konnten für die Grundlagenforschung interessante Erkenntnisse über die Entwicklung von Krebserkrankungen gewonnen werden. Einige Forscher beschäftigen sich mit der Frage, ob eine bestimmte Strahlung schwerer Ionen, die punktförmig wirkt und die nächste Umgebung unbeeinflußt läßt, für die Krebstherapie geeignet ist.

Am Bug des Pariser Biosputniks KOSMOS 782 leuchteten auf dunklem Untergrund mit glitzernden Sternen die hellen Umrisse eines Menschen, der die Arme ausbreitet und links, wo das Herz ist, ein rotes Symbol trägt. Dieser kosmische Kreis war umgeben von den Flaggen der sieben an dem Unternehmen beteiligten Länder – Frankreich, Polen, Rumänien, Sowjetunion, Tschechoslowakei, Ungarn und USA –, die gemeinsam vierzehn Versuchskomplexe an Bord installiert hatten. Seit dem darauffolgenden Biosputnik KOSMOS 936, der zwei Jahre später startete, waren auch Wissenschaftler der DDR dabei, die sich insgesamt an fünf solcher Missionen beteiligten.

Der Kosmos-Hecht

Eine hervorragende Rolle spielte dabei Professor Karl Hecht, Direktor des Instituts für Pathologische Physiologie und Kosmosmedizin des Bereichs Charité in der Humboldt-Universität zu Berlin und Korrespondierendes Mitglied der Internationalen Astronautischen Akademie in Paris. Internationales Ansehen erlangte er durch seine Forschungen auf den existentiellen Gebieten Schlaf, Streß und Schmerz.

Der »Kosmos-Hecht«, wie ihn seine Studenten nannten, arbeitete aktiv in der ständigen INTERKOSMOS-Arbeitsgruppe Kosmische Medizin und Biologie mit und veröffentlichte gemeinsam mit seinen sowjetischen Partnern, den Professoren Jewgenij Iljin und Anatoli Grigorjew vom Institut für medizinisch-biologische Probleme in Moskau, hochinteressante Forschungsergebnisse, wie »Biosatelliten – Forschungsstätten für die kosmische und terrestrische Medizin« und »Hypokinese – Ein Modell der Hypogravitation« in der Schriftenreihe der Humboldt-Universität. Dem bis heute von der Raumfahrt besessenen Wissenschaftler verdanke ich die meisten meiner Kenntnisse auf diesem Gebiet, die er mir geduldig und anschaulich in den vergangenen vier Jahrzehnten in Gesprächen vermittelte. «Planmäßige Tierexperimente zur Erforschung des Einflusses der kosmischen Bedingungen auf biologische Prozesse des Organismus sind auch in Zukunft noch notwendig«, erklärte mir Professor Hecht und gab dafür fünf Gründe an:
- Bis zum gegenwärtigen Zeitpunkt sind die Mechanismen funktioneller Veränderungen im Organismus unter Raumflugverhältnissen noch nicht völlig geklärt.

- Aus humanitären Gründen sind Untersuchungen bestimmter Körperprozesse am Menschen nur eingeschränkt oder überhaupt nicht möglich. Hierzu gehören vor allem molekulare und ultrastrukturelle Vorgänge, die beim Tier durch Sektion nach dem Flug ermittelt werden können.
Ebenso ist es unzumutbar, Menschen Sonden, Sensoren und Elektroden zu implantieren.
- Auch das Studium der Wirkung verschiedener pharmakologischer und chemischer Präparate sowie intensive Bestrahlungen, die der Entwicklung von Schutzmöglichkeiten für den Menschen dienen, sind nur im Tierversuch möglich.
- Die während des bemannten Raumfluges eingesetzten prophylaktischen Mittel, wie regelmäßiges Körpertraining oder bewußte Erhöhung der Flüssigkeitsaufnahme, verschleiern Wirkungsfaktoren kosmischer Bedingungen.
- Schließlich sind Empfindungen und Gefühle der Kosmonauten beim Raumflug nicht auszuschalten. Diese stehen aber der Aufklärung von Gesetzmäßigkeiten entgegen. Für Menschen in einer Raumstation gibt es je nach Flugprofil nur alle sieben bis acht Tage oder sogar alle zehn bis zwölf Tage einen »Medizinischen Tag«. Das aber ergibt kein vollständiges Bild der täglichen Veränderungen.

Schon 1969, auf dem Internationalen Astronautischen Kongreß im argentinischen Atlantikbad Mar del Plata, sagte mir der Senior der sowjetischen Raumfahrtmediziner, Akademiemitglied Oleg Gasenko: »Der ungeduldige Mensch vermittelt aus dem Weltraum vorwiegend seine Eindrücke und Empfindungen, das geduldige Tier hingegen liefert Daten und Fakten. Die daraus gewonnenen Erkenntnisse aber lassen sich entsprechend der Ähnlichkeit verschiedener Organe durchaus auf den Menschen anwenden.« Tierschützer können natürlich mit Recht einwenden, daß die »Geduld« des Tieres erzwungen wird und mehr ein Dulden und Leiden ist. Aber die Entwicklung der Humanmedizin hätte ohne Tierversuche ihren heutigen Stand noch längst nicht erreicht.
Auf der zweiten Weltraumkonferenz der Vereinten Nationen UNISPACE 82 in Wien, ergänzte Professor Gasenko unser Gespräch:

»Vom ausschließlich für medizinisch-biologische Untersuchungen eingesetzten Affen beziehen wir im Unterschied zum Menschen wirklich konkrete Daten. Und die wiederum sind durchaus auf den Menschen übertragbar, da Primaten nun einmal unsere nächsten Verwandten sind.«

Die Arbeitsgruppe der Charité unter Leitung von Professor Hecht beteiligte sich zwei Jahrzehnte lang an der Konzeption wissenschaftlicher Programme für Biosatelliten, an der Entwicklung von Bord- und Bodengeräten für diese Experimente und an den Weltraummissionen von fünf unbemannten Raumschiffen der WOSTOK-Klasse mit der Bezeichnung KOSMOS. Dabei ging es vor allem um Untersuchungen zu Biorhythmen, zum Mineralstoffwechsel, zur Zahnhartsubstanz und zum Streß. In Zusammenarbeit mit dem Institut für Wirkstofforschung der Akademie der Wissenschaften der DDR konnte unter anderem durch die Substanz »P« bei Affen, die auf einen Raumflug vorbereitet wurden, die individuelle Streßresistenz erhöht werden.

1983 startete der internationale Biosputnik KOSMOS 1514, der knapp eine Woche lang mit den Rhesusaffen Abrek und Bion (benannt nach einem griechischen Dichter aus dem 2. Jahrhundert v. u. Z.), achtzehn Ratten, Guppies und Insekten, sowie verschiedenen Pflanzenkeimen und Krokuszwiebeln um die Erde kreiste.

Affentheater im Weltraum

Als am 9. Januar 1997, zwei Tage nach der Landung des russischen Biosputniks BION 11, einer der beiden an Bord befindlichen Rhesusaffen durch einen »medizinischen Unfall« starb und daraufhin Tierschützer in aller Welt auf die Barrikaden gingen, wurde zuerst die Frage gestellt: Wieso flogen nach einer Pause von mehr als zehn Jahren wieder Affen ins All? Die Antwort darauf ergibt sich nicht zuletzt aus den veränderten Arbeitsbedingungen der Kosmonauten. Als ihre Flüge noch Stunden, höchstens noch Tage zählten, nahmen medizinisch-biologische Untersuchungen etwa 90 Prozent der Missionszeit in Anspruch. Während der mittel- und

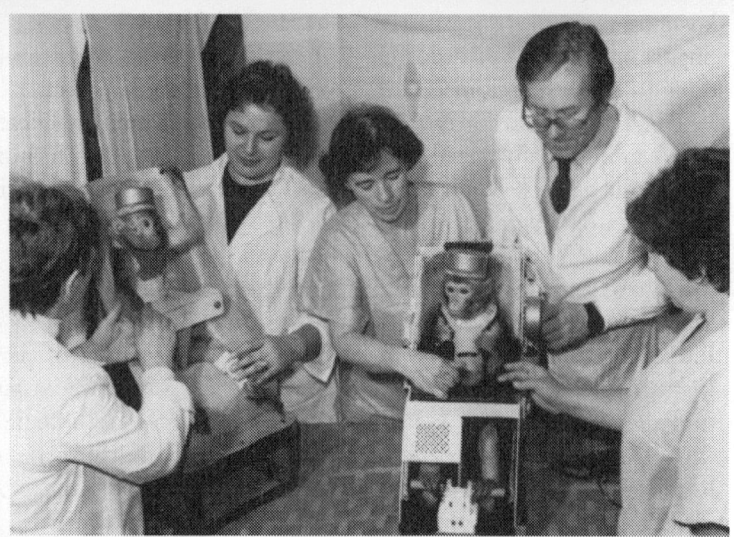

14. Oktober 1987: Nach 13tägigem Flug mit dem sowjetischen Biosputnik KOSMOS 1887 *werden die Affen Drjoma und Jeroscha medizinisch untersucht*

langfristigen Raumflüge hingegen gilt nur jedes zehnte Experiment den Lebenswissenschaften. So erfolgten Kontrollen des Gesundheitszustandes der Kosmonauten auf SALUT-Stationen nur einmal alle sieben bis acht oder gar alle zehn bis zwölf Tage. Einige Messungen verboten sich überhaupt, weil sie die Arbeitsfähigkeit der Besatzungsmitglieder beeinträchtigt hätten. Versuchstiere stehen aber rund um die Uhr zur Verfügung. Jederzeit können zum Beispiel EKG und EEG gewonnen und Reaktionen des Herz-Kreislauf- und des Zentralen Nervensystems festgestellt werden.

Hochempfindliche Elektroden, den Rhesusaffen an mehreren Stellen in das Gehirn implantiert, gestatten es, alle Veränderungen der Gehirnfunktionen zu registrieren. Über Sonden und Katheder, die in die Blutbahn oder in das Herz der Versuchstiere eingeführt werden, lassen sich permanent Gefäßinnendruck und Sauerstoffsättigung messen, mit Hilfe anderer Sensoren am und im Körper bioelektrische und biochemische Prozesse studieren. Um einen lückenlosen Vergleich des Verhaltens der Tiere unter irdischen und kosmischen Bedingungen zu gewährleisten, erfolgten Untersuchungen auch schon vor dem Flug sowie unmittelbar nach der Landung in Kasachstan und in einem speziellen Feldlaboratorium.

Der Flug von KOSMOS 1514 war auf fünf Tage begrenzt. Diese Zeit benötigt, von Ausnahmen abgesehen, etwa ein Mensch, um sich an die Schwerelosigkeit zu gewöhnen. Die beteiligten Forscher gewannen daraus neue Erkenntnisse über Anpassungsmechanismen sowie über die Raumkrankheit.

Vorarbeiten für das Experiment hatten schon 1981 begonnen. Damals wurden achtzehn drei- bis vierjährige Rhesusaffen als Raumflugkandidaten ausgewählt. Ihr Training erfolgte zunächst am Institut für experimentelle Pathologie und Therapie in Suchumi und danach am Moskauer Institut für Medizin und Biologie. Während dann zwei Affen flogen, hielten sich zwei Kontrolltiere in Raumschiffmodellen am Boden auf. Mit zwei weiteren wurde kurz vor dem Start des Biosputniks ein Start simuliert.

Primaten haben sich übrigens in der Raumfahrt als sehr widerstandsfähig erwiesen. Erinnert sei hier nur an das Schimpansen-Männchen »Ham« (Schinken) – ausgebildet im Holloman Aerospace Medical Center –, das 1961 als erster amerikanischer Affe in den Weltraum flog. Der aus Kamerun stammende Schimpanse hielt einen Beschleunigungsandruck aus, der dem siebzehnfachen seines Körpergewichts entsprach. Auf ballistischer Bahn schoß er 212 Kilometer über das Ziel hinaus und trieb nach seiner Rückkehr zwei Stunden lang in der lecken MERCURY-Kapsel auf dem Meer, bevor er gerettet werden konnte. Danach war ihm noch ein langes Leben beschieden. Er starb 26-jährig 1983.

Die beiden gut ausgebildeten russischen Affen Abrek und Bion saßen in ihren maßgeschneiderten Konturensesseln und achteten auf optische und akustische Signale, um mit Händen und Füßen zugeordnete Hebel und Tasten zu bedienen. Während sich Abrek sehr schnell anpaßte und sein Operationsprogramm voll erfüllte, hatte Bion Schwierigkeiten und mußte gefüttert werden.

Mit KOSMOS 1667 folgten ihnen Verny (Treu) und Gordy (Stolz), und mit KOSMOS 1887 Drjoma und Jeroschka. Ihr offizieller zoologischer Familienname lautet Macacus rhesus. »Brehms Tierleben« charakterisiert sie so:

»Der Rhesus erreicht eine Länge von 50 bis 60 Zentimetern, sein Schwanz mißt etwa 20 Zentimeter. Er ist von kräftigem, untersetztem Bau, am Oberleib reichlich, am Unterleib spärlich behaart... Bei Affenführern und im Affentheater ist er sehr beliebt, weil sich sein mäßig langer biegsamer Schwanz in der Kleidung mühelos unterbringen läßt, er auch leicht lernt und gern ›arbeitet‹.«

Letzteres trifft auch auf die russischen »Makakosmonauten« zu. Sie stammten alle aus dem Institut für experimentelle Pathologie und Therapie der Akademie der Wissenschaften der UdSSR in Suchumi. Dort mußten sie sich in einem langwierigen »Studium« auf ihre große Reise vorbereiten. Erfahrene Verhaltensforscher trainierten sie in mehreren Etappen. Zunächst einmal gewöhnte man die Tiere an Raumflugbedingungen, unter anderem durch Isolation und Lichtregulation. Die Wissenschaftler erzogen ihnen bedingt-reflektorische Reaktionen an, gewöhnten sie daran, Nahrung, Saft oder Wasser aus speziellen Fütterungs- und Trinkeinrichtungen aufzunehmen. Anschließend mußten sie auch lernen, Skaphander-Maßanzüge zu tragen und in Schalensesseln, Primatenstühle genannt, zu sitzen. Ein weiteres Ausbildungselement war der »Stuhlgang« innerhalb der eng begrenzten Kapsel. Schließlich bekamen die Tiere Sensoren und Elektroden implantiert, damit die verschiedenen physiologischen Parameter während des Fluges registriert werden konnten: EKG – Elektrokardiogramm, um das Herz-Kreislaufsystem zu überwachen; EEG – Elektroenzephalogramm, um Hirnströme zu messen; EMG – Elektromyogramm, um Aktionsströme von Muskeln zu verfolgen; EOG – Elektrookulographie, um Augenbewegungen festzustellen.

Professor Hecht berichtete, daß bei Affen und Hunden ein solches Vorbereitungstraining etwa anderthalb Jahre dauert; für Ratten und Mäuse sind nur etwa ein bis zwei Monate erforderlich, weil sie keine selbständigen Aktivitäten entwickeln. Statt eines Affen oder Hundes lassen sich zwanzig Ratten oder Mäuse in einem WOSTOK-Raumschiff unterbringen. Jede Tiergattung hat in der knapp fünf Tonnen schweren und fünf Kubikmeter großen Schiffskugel ihre »Koje« mit gesonderten Fütterungs- und Reinigungssystemen.

Von den Affen Abrek und Jeroschka wurde bekannt, daß es ihnen gelang, eine Hand aus jener Jacke zu befreien, die den Aktionsradius auf die vorgesehenen Versuchsanordnungen begrenzt. Damit waren sie in der Lage, die am Körper angebrachten Meßinstrumente zu entfernen und den autonomen Betrieb an Bord zu stören. Dennoch konnten die Flüge zu Ende geführt werden.

Im Hauptquartier der NASA in Washington erzählte mir ein Mitarbeiter vom tragikomischen Schicksal des Schimpansenmännchens Enos (hebräisch für Mensch, Enkel Adams), der am 29. November 1961 als erster Affe an Bord einer MERCURY-Kapsel einen Orbitalflug absolvierte, der zweimal um die Erde führte. Diese Mission diente der Vorbereitung des schon drei Monate später folgenden ersten Amerikaners im All, John Glenn. Doch sie mußte bereits nach dreieinhalb Stunden abgebrochen werden. Als Mister Enos in seiner Kapsel aus dem Ozean gefischt wurde, stellten die Raumfahrtmediziner fest, daß er einen Nervenschock erlitten hatte. Kein Wunder, denn die Leiden des jungen Weltraumaffen waren unmenschlich. Zunächst einmal funktionierte die Klimaanlage nicht, so daß der kleine Kerl in ein schreckliches Schwitzbad von über 40 Grad Celsius geriet. Dann versagte das Stabilisierungssystem, was zu einem starken Trudeln der MERCURY führte. Last not least versagte auch noch eine raffinierte Automatik. Der Schimpanse war nämlich darauf trainiert worden, auf bestimmte Lichtsignale hin Hebel zu betätigen. Jedesmal, wenn er einen Fehler machte, erhielt er einen leichten elektrischen Schlag; bei richtiger Bedienung hingegen wurde er mit einer Portion Erdnußsaft belohnt. Durch einen Fehler in der Verdrahtung erhielt Enos jedoch immer dann einen Schlag, wenn er wie vorgesehen handelte. Wie die Auswertung der elektronischen Aufzeichnungen bewies, hatte der Affe trotz des menschlichen Versagens immer wieder seine »Pflicht« getan. Ein Beweis mehr, wie wahr das Wort vom treuen Tier und wie ungerecht der Begriff Affenschande ist.

DDR-Beteiligung an internationalen Biosputniks

Sowjetische Satelliten des Typs WOSTOK mit Zentrifugen für künstliche Gravitation und Rückkehrkapseln für Tiere, Pflanzen und Samen.

Raumflug-Körper	Start- bzw. Landedatum	Flugdauer (Tage)	Perigäum Apogäum (Kilometer)	Bahnneigung (Grad)	Hauptaufgabe
KOSMOS 936 (Biosatellit 4)	03.08.1977 21.08.1977	18,5	224 419	62,8	Vergleichende Untersuchung des Einflusses der Schwerelosigkeit und der künstlichen Schwerkraft an Ratten, Fliegen, Pflanzen u.a.
KOSMOS 1129 (Biosatellit 5)	25.09.1979 14.10.1979	18,5	226 406	62,8	Untersuchung des Mechanismus des Einflusses der Dauerschwerelosigkeit an Ratten, Fliegen, Pflanzen u.a.
KOSMOS 1514 (Biosatellit 6)	14.12.1983 19.12.1983	5,0	226 288	82,3	Untersuchung des Mechanismus des Einflusses der kurzzeitigen Schwerelosigkeit auf die Rhesusaffen Abrek und Bion, 10 Ratten, 3 Guppies, Krokuszwiebeln und Maiskeime
KOSMOS 1667 (Biosatellit 7)	10.07.1985 17.07.1985	7,0	222 297	82,3	Untersuchung des Mechanismus des Einflusses der kurzzeitigen Schwerelosigkeit auf die Rhesusaffen Verny und Gordy
KOSMOS 2229 * (Biosatellit 9)	19.12.1992 20.01.1993	21,5	217 366	62,8	Untersuchung des Mechanismus des Einflusses der Dauerschwerelosigkeit auf Tiere und Pflanzen

* Laut Einigungsvertrag zwischen der Bundesrepublik und der DDR erfolgte diese Mission als Überhang aus den Vereinbarungen der DDR mit der UdSSR, trotz Protestes der Tierschützer im Bundestag.

Abenteuer in den Tiefen des Alls

»Wir müssen die acht Zentner Mondbodenproben, die unsere Astronauten mit zur Erde brachten, bewachen wie die Goldreserven der USA in Fort Knox«, erzählte mir Gordon Harris, Press Officer des Kennedy Space Center bei meinem ersten Besuch auf Cape Canaveral. Nur ein geringer Bruchteil davon wurde für die wissenschaftliche Auswertung benötigt. Mit dem Rest hat die NASA nichts als Ärger und Sorgen, muß er doch vor Dieben und Hehlern geschützt werden. Immerhin ist eine Unze Mondstaub weitaus teurer als eine Unze Feingold.

Bei sechs APOLLO-Landungen auf unserem natürlichen Trabanten zwischen 1969 und 1972 sackten die zwölf Astronauten, die den Mondboden betraten, genau 391,37 Kilogramm Gesteinsproben ein. Geht man von Gesamtkosten über 25 Milliarden Dollar für das APOLLO-Programm aus, so mußten für die Gewinnung von einem Gramm Mondgestein etwa 65.000 Dollar ausgegeben werden – nach heutigen Werten sogar noch ein Vielfaches.

Die Sowjetunion, die den bemannten Wettlauf zum Mond aufgeben mußte, weil ihre dafür vorgesehene Trägerrakete ein Mißerfolg war, entsandte zwischen 1969 und 1976 sechs automatische LUNA-Rückkehrsonden, von denen drei erfolgreich waren und über 300 Gramm Mondbodenproben auf die Erde holten. Für die neuen Erkenntnisse über unseren natürlichen Satelliten erwies sich jedoch nicht die Masse des mitgebrachten Mondgesteins als entscheidend. Viel wichtiger war es, Materialproben aus verschiedenen Formationen und Regionen unseres Trabanten und durch Bohrungen aus unterschiedlichen Tiefen zu gewinnen.

Im Rahmen des INTERKOSMOS-Programms schlug die DDR-Seite eine Teilnahme an vergleichenden Untersuchungen des sowjetischen Mondmaterials vor und bot dafür ihre traditionellen Erfahrungen bei Forschungsarbeiten an spezifischen Gesteinen auf der Erde an. Moskau trug diesem Wunsch Rechnung, und die Akademie der Wissenschaften der DDR erhielt von allen drei LUNA-Missionen Proben: Am 26. Mai 1972 wurden in Moskau

0,51 Gramm basaltähnliches Material übergeben, das LUNA 16 im Mare Fecunditatis (Meer der Fruchtbarkeit) gewonnen hatte. Die überwiegend aus staubförmigem Regolith bestehende Probe stammte aus dem mittleren Teil des 35 Zentimeter tiefen Bohrprofils.

Am 11. Mai 1973 erfolgte die Übergabe von 0,5 Gramm Anorthosit, einem Tiefengestein, das LUNA 20 in dem Gebirgsgebiet aufnahm, das eine Brücke zwischen den beiden Ebenen Mare Fecunditatis und Mare Crisium (Meer der Gefahren) bildet.

Am 15. November schließlich erhielt die DDR eine 0,8 Gramm schwere, basaltähnliche Probe von LUNA 24 von bis zu zwei Meter tiefen Bohrungen im Meer der Gefahren. An den analytischen Experimenten, durch die neue Erkenntnisse über die Entstehung und Entwicklung unseres Sonnensystems gewonnen werden sollten – und auf dem Umweg über den Mond auch mehr Erkenntnisse über die Erde –, waren folgende Einrichtungen der Akademie der Wissenschaften und aus dem Bereich des Ministeriums für Hoch- und Fachschulwesen der DDR beteiligt:

– das Zentralinstitut für Physik der Erde – ZIPE – in Potsdam mit Untersuchungen physikalischer und kristallographischer Eigenschaften des Mondgesteins und seiner Bestandteile bei normalen und extremen thermodynamischen Bedingungen;
– das Zentralinstitut für Physikalische Chemie in Berlin mit Studien zur Struktur lunarer Minerale;
– das Zentralinstitut für Elektronenphysik in Berlin mit Arbeiten zur Morphologie der Gesteinsproben vom Mond;
– das Institut für Festkörperphysik und Elektronenmikroskopie in Halle mit Untersuchungen zum Strukturzustand lunarer Gesteine und ihrer Bestandteile;
– das Zentralinstitut für Isotopen- und Strahlenforschung in Leipzig mit der qualitativen und quantitativen Analyse chemischer Elemente und ausgewählter Isotope;
– die Sektion Physik der Humboldt-Universität Berlin mit Studien zur Mineralogie und Petrografie lunarer Gesteine und Minerale;
– die Bergakademie Freiberg mit Arbeiten zur Petrochemie und zu Prozessen der Bildung von Gesteinen an der Mondoberfläche;

– die Karl-Marx-Universität Leipzig mit Untersuchungen zur natürlichen Radioaktivität lunarer Gesteine.

»Die komplexen und komplizierten Untersuchungen an den knapp zwei Gramm Mondmaterial aus drei verschiedenen Regionen und unterschiedlichen Tiefen unseres natürlichen Trabanten zeigten, daß es auch mit in der DDR verfügbaren Geräten und Erfahrungen möglich war, im Rahmen des INTERKOSMOS-Programms originelle Beiträge auf diesen Gebieten zu leisten«, erzählte mir Professor Stiller, der damals die Proben in Empfang nahm.

Von Potsdam ins Innere des Mondes

Um beispielsweise Informationen über den Aufbau des Mondes zu gewinnen, wurden in Potsdam spezielle Apparaturen entwickelt, die eine Nachbildung von Verhältnissen gestatteten, die in seinem Innern herrschen: höllische Hitze bis zu 1.600 Grad Celsius und teuflische Drücke bis zu 50.000 Atmosphären. Röntgenuntersuchungen bei diesen Bedingungen ergaben, daß sich lunare Minerale wie Feldspate ähnlich ihren irdischen Pendants verhalten. Auch Messungen der elektrischen Leitfähigkeit von Mondgestein führten zu ähnlichen Ergebnissen wie auf der Erde. Das führte zu der vorläufigen Erkenntnis, daß unser Trabant einen vergleichbaren Schalenaufbau hat wie unser Planet.

Die an der Analyse des sowjetischen Mondgesteins beteiligten Einrichtungen der DDR, insbesondere das ZIPE mit seinen jahrzehntelangen gesteinsphysikalischen Erfahrungen über die Entwicklungsgeschichte der Erde, konnten dazu beitragen, die mit Hilfe der bemannten APOLLO-Missionen und unbemannten LUNA-Stationen erzielten Erkenntnisse zu bestätigen, zu erneuern und zu vertiefen:
– Die Mondbodenproben konnten auf ein Alter von 4,5 bis 4,7 Milliarden Jahre datiert werden. Damit sind sie wesentlich älter als zuvor angenommen und übertreffen das älteste irdische Gestein um eine Milliarde Jahre. Unser Trabant hat ein

Entwicklungsstadium konserviert, das auf der Erde nicht mehr zu rekonstruieren ist, da geotektonische Prozesse sowie die Entstehung einer Atmosphäre und Hydrosphäre den ursprünglichen Zustand der Gesteine veränderten.
- Das untersuchte Mondgestein zeigte, daß die Entstehung der »Meere« genannten Ebenen und ihre darauffolgende Überflutung mit Lava zwei sogar um mehrere hundert Millionen Jahre auseinanderliegende Begebenheiten waren. Das Alter der Mare-Regionen beträgt ungefähr 3,2 bis 3,4 Milliarden Jahre; 90 Prozent der Krater hingegen sind über vier Milliarden Jahre alt.
- Die Umweltbedingungen auf unserem Trabanten unterschieden sich grundsätzlich von denen der Erde: kein Wasser, keine Atmosphäre, geringere Schwerkraft, extreme Temperaturschwankungen von 200 Grad Celsius zwischen Mondtag und Mondnacht im Wechsel von zwei Wochen.
- Auch in seiner chemischen Zusammensetzung weicht das lunare Gestein grundlegend vom terrestrischen ab: Regolith ähnelt Basalt, doch enthält es kein Wasser und ist arm an leicht flüchtigen Elementen wie Natrium, Kalium, Rubidium und Blei; dafür reich an schwer flüchtigen Elementen wie Eisen, Titan und Thorium.
- Mineralogische Untersuchungen ließen den Einfluß großer Meteoriten-Einschläge auf der Mondoberfläche deutlich werden. So entstanden die Bruchstrukturen des lunaren Regoliths durch das ständige kosmische Bombardement. Die unzähligen, mikroskopisch kleinen Glaskörper sind aber auch auf die permanente Bestrahlung durch den Sonnenwind zurückzuführen, der mit etwa einhundert Millionen Atomen in der Sekunde auf jeden Quadratzentimeter Mondboden auftrifft.
- Im Vergleich zur Erde weist der Mond einheitlichere und einfachere Gesteine auf; beachtenswerte Granitvorkommen fehlen. Während es auf unserem Heimatplaneten mehr als 2.500 verschiedene Minerale gibt, konnten auf seinem natürlichen Satelliten nicht einmal einhundert bestimmt werden.
- Mondbeben treten seltener auf als Erdbeben und erreichen nur den vom Menschen nicht wahrnehmbaren ersten und zweiten Grad der nach oben offenen Richterskala. Analogien lassen

jedoch weitere Fortschritte zu einer gesicherten Prognose von irdischen Beben erwarten.
– Auf dem Erdmond fehlt an den Landeplätzen der automatischen Stationen und der bemannten Raumschiffe bisher jede Spur von Mikroorganismen, die auf Leben in Vergangenheit, Gegenwart oder Zukunft hinweisen.

Nach einer Pause von fast achtzehn Jahren nahmen 1994 unbemannte Sonden die Erforschung des Mondes wieder auf. Schien zunächst der Wissensdurst gestillt, so zeichnen sich nunmehr für das nächste Jahrhundert neue internationale Aktivitäten zur vollständigen kartografischen Erkundung des Erdtrabanten aus dem Mondorbit und für die Ermittlung günstiger Landeplätze auf der Mondoberfläche ab.

Dann werden bemannte, internationale Mondbasen als Forschungslaboratorien und Umsteigebahnhöfe für interplanetare Raumreisen folgen.

Teuflischer Druck und höllische Hitze

Ein Höhepunkt der Mitarbeit der DDR in der ständigen INTERKOSMOS-Arbeitsgruppe Kosmische Physik war ihr erstes Tiefraum-Experiment, bei dem das an der Akademie der Wissenschaften entwickelte Infrarot-Fourier-Spektrometer auf den sowjetischen interplanetaren Stationen VENERA 15 und 16 im Jahre 1983 eingesetzt wurde. Um die Bedeutung des erfolgreichen Unternehmens richtig zu würdigen, muß man vom damaligen Stand der Venusforschung ausgehen. In den zwei Jahrzehnten zwischen 1961 und 1981 waren zwanzig Sonden in Richtung unseres inneren Nachbarplaneten gestartet worden – vierzehn von der UdSSR und sechs von den USA. Ihre Messungen hatten ein neues, aber unfertiges Bild von den anderen Umständen gezeichnet, in denen sich unsere kosmische Schwester befand. Der teuflische Druck an der Oberfläche erreicht 90 bar, und die höllische Temperatur steigt bis auf 462 Grad Celsius. Verantwortlich dafür ist der sogenannte Treibhauseffekt, der durch die Zusammensetzung der Atmosphäre aus

97 Prozent Kohlendioxid (in der Lufthülle der Erde 0,03 Prozent) und drei Prozent Stickstoff sowie Spurengase – Argon, Wasserdampf, Ammoniak und Schwefeldioxid bewirkt wird.

Mitverantwortlich wirkt aber auch die stets geschlossene, den ganzen Planeten umhüllende Wolkendecke, die sich, mit irdischem Nebel vergleichbar, jedoch in Höhen zwischen 48 und 65 Kilometern ausdehnt.

Zu den offen gebliebenen Fragen gehörten: Warum hat die Venus, die fünfzehn Prozent mehr Strahlung emittiert als absorbiert, einen so unausgeglichenen Strahlungshaushalt? Wie verteilen sich die Spurengase, die starke Infrarot-Absorber sind? Aber auch Hypothesen galt es zu überprüfen: Gibt es vielleicht eine innere Wärmequelle? Existieren möglicherweise Aerosoltröpfchen in den Wolken, die als zusätzliche Infrarot-Absorber wirken?

Die wissenschaftlichen Ziele des bis dahin einmaligen Experimentes mit dem Infrarot-Fourier-Spektrometer aus der DDR bestanden in der gleichzeitigen Bestimmung:
– des Temperatur- und Druckfeldes über den Wolken, um die Gesetzmäßigkeiten der globalen Zirkulation zu finden;
– der Konzentration von Bestandteilen der Wolken und der Atmosphäre über den Wolken, beispielsweise an Spurengasen; der Struktur der oberen Wolkenschichten;
– des gesamten Strahlungsflusses der von der Venus ausgesandten Eigenstrahlung für verschiedene Regionen des Planeten und unterschiedliche Winkel der Sonneneinstrahlung.

Die Entwicklung des neuen Gerätes für die Venus erfolgte in der DDR, weil sie von allen INTERKOSMOS-Ländern über die größten Erfahrungen auf dem Gebiet der Infrarot-Fourier-Spektroskopie verfügte. Drei solcher Geräte »made in GDR« waren in den Jahren 1976 bis 1979 erfolgreich an Bord von drei sowjetischen Wettersatelliten des Typs METEOR eingesetzt worden, um aus den gemessenen Spektren meteorologische Daten mittels komplizierter mathematischer Verfahren der indirekten Sondierung zu gewinnen.

Nachdem gemeinsam mit dem Institut für Kosmosforschung IKI in Moskau ein Pflichtenheft für die Beteiligten erarbeitet worden war, erfolgte die Entwicklung des neuen speziellen Infrarot-

Fourier-Spektrometers mit der Bezeichnung FS 1/4 in Zusammenarbeit zwischen dem Institut für Kosmosforschung IKF, dem Zentralinstitut für Optik und Spektroskopie ZOS und dem Zentrum für wissenschaftlichen Gerätebau ZWG der Akademie der Wissenschaften der DDR.

Gegenüber allen Vorgängern stellte das hochkomplizierte und -komplexe Instrument eine bedeutende Weiterentwicklung dar. So war die Konstruktion nicht hermetisiert, mußte also unter den Bedingungen des freien kosmischen Raumes funktionieren. Hinzu kam ein interner Mikroprozessor, der die Fourier-Transformation der Interferogramme, das heißt die Umwandlung der Meßwerte in Echtzeit-Betrieb gewährleistete. Diese erstmals im Weltmaßstab verwirklichte Gerätecharakteristik ermöglichte die Übertragung kompletter Spektren mit einer Auflösung von 7 cm^{-1} zur Erde, wodurch die Fehlerrate wesentlich gesenkt wurde. Bei der Bearbeitung der übertragenen Interferogramme wurde eine spektrale Auflösung von 5 cm^{-1} erreicht. Mit diesen Parametern verkörperte das FS 1/4 aus der DDR Weltspitze gegenüber den Fourier-Spektrometern der USA, die von der NASA für die Erkundung von Erde, Mars, Jupiter und Saturn eingesetzt wurden.

Nach dem Start von VENERA 15 und VENERA 16 im Juni 1983 schwenkten die beiden Sonden im Oktober desselben Jahres in polarnahe, langgestreckte Umlaufbahnen um unseren Nachbarplaneten zwischen 1.000 und 66.000 Kilometern Höhe ein, auf denen sie ihn in 24 Stunden einmal umrundeten. Die Messungen erfolgten in den Spektralbereichen 6 bis 39 µm bei VENERA 15 und 6 bis 25 µm bei VENERA 16 und dauerten jeweils 5,5 Sekunden. Ein berechnetes Spektrum bestand aus etwa 400 Einzelelementen, die in gleichen Abständen aufeinander folgten. Das räumliche Auflösungsvermögen lag bei etwa 100 mal 100 Kilometern.

Während 40 Meßzyklen konnten insgesamt über 1.800 Spektren der thermischen Eigenstrahlung der Venus gewonnen werden. Die Meßdaten wurden über eine Entfernung von mehr als 100 Millionen Kilometern zum Zentrum für kosmische Funkfernverbindungen auf der Krim übertragen – entweder direkt von den Tiefraumsonden oder nach Zwischenspeicherung auf einem Magnetbandspeicher. Die eigentliche Auswertung erfolgte in Zusammenarbeit zwischen dem Institut für Kosmosforschung und dem Heinrich-Hertz-Institut für Atmosphärenforschung und Geomagnetismus der Akademie der Wissenschaften sowie dem Meteorologischen Dienst der DDR.

Erstmals in der Geschichte der Venusforschung konnte der vollständige Verlauf der Absorption im 15-µm-Band von Kohlendioxid (CO_2) sowie von Wasserdampf und von verschiedenen Spurenelementen wie Schwefeldioxid (SO_2) in hoher spektraler Auflösung gewonnen werden. Professor Dieter Oertel, einer der Akteure des Programms, erklärte unmittelbar nach dem Unternehmen:

»Das Ziel des Experiments, nämlich durch die Messungen mit dem Infrarot-Fourier-Spektrometer zu einer wesentlichen Vertiefung der bisherigen Erkenntnisse über die Zusammensetzung und die Dynamik der mittleren Venusatmosphäre und der Wolken der Venus zu gelangen, ist in greifbare, sichere Nähe gerückt. Erste Ergebnisse der Interpretation wurden auf der COSPAR-Tagung 1984 der internationalen Fachwelt präsentiert. Die vollständige Interpretation dieser einmaligen Venusspektren wird noch mehrere Jahre intensiver schöpferischer Arbeit, ideenreicher kollektiver Forschungsarbeit in Anspruch nehmen.«

Vagabunden im Visier

Mit den Missionen VEGA 1 und VEGA 2 beteiligten sich Wissenschaftler aus neun Ländern – Bulgarien, Bundesrepublik Deutschland, DDR, Frankreich, Österreich, Polen, Sowjetunion, Tschechoslowakei und Ungarn – an einer Premiere, die ein neues Kapitel der Kosmosforschung eröffnete: die direkte Erkundung der geheimnisvollen Kometen, die als Vagabunden unseres Sonnensystems gelten. Die Bezeichnung des Zwillingsfluges wurde von den russischen Wörtern Venera für Venus und Gallei für Halley abgeleitet. Das bis zu diesem Zeitpunkt einzigartige Unternehmen lief im wesentlichen nach Plan ab. Der Start der identischen sowjetischen Tiefraumsonden erfolgte im Dezember 1984 im Abstand von zwei Wochen in Baikonur. Im darauffolgenden Sommer erreichten sie die Venus und setzten dort je eine mannsgroße, kugelförmige »Tauchstation« ab, die in die etwa 70 Kilometer hohe Venusatmosphäre eindrang. Dort teilte sie sich in eine Lande- und eine Ballonsektion. Der tischartige Lander aus der unteren Halbkugel ging an einem Fallschirm zur Oberfläche des Planeten nieder und führte während seines 65-minütigen Abstiegs Messungen in der Atmosphäre und danach Bodenuntersuchungen durch. Der Helium-Aerostat aus der oberen Halbkugel hatte einen Durchmesser von 3,4 Metern und schleppte an einem zwölf Meter langen Seil eine Gondel mit meteorologischen Meßgeräten hinter sich her. Mit einer Geschwindigkeit von etwa 360 Kilometern in der Stunde driftete er von der Tag- auf die Nachtseite des Planeten über die bis zu 10.000 Meter hohen Venushügel. Innerhalb von zwei Tagen erfolgten alle 75 Sekunden Messungen von Druck, Temperatur und Strömung; die Daten wurden im Abstand von 30 Minuten zur Erde übermittelt.

Die eigentlichen VEGA-Sonden hingegen nutzten beim Passieren der Venus den sogenannten Swing-by-Effekt aus, das heißt, sie wurden durch die Schwerkraft des Nachbarplaneten in eine neue Bahn gelenkt und so beschleunigt, daß sie neun Monate später, im Frühjahr 1986, in die Nähe des legendären Kometen Halley gelangten.

Er ist der berühmteste unter den 626 Schweifsternen, deren Bahnen ausreichend bekannt sind. Davon wiederum sind 104 kurzperiodische Kometen, die in Abständen von bis zu 200 Jahren in Sonnennähe zurückkehren. Seinen Namen verdankt er dem englischen Astronomen Edmund Halley (1656 bis 1742). Dieser hatte als erster berechnet, daß der seit dem Jahr 96 vor unserer Zeitrechnung beobachtete Schweifstern alle 76 Jahre in Erdnähe gelangt und seine Wiederkehr für 1759 richtig vorausgesagt. Der Halleysche Komet wurde lange Zeit irrtümlich für den »Stern von Bethlehem« gehalten, wie überhaupt diese früher unberechenbaren Himmelserscheinungen als »Strafruten Gottes« und Vorboten des Weltuntergangs, von Kriegen oder Katastrophen galten.

1986 erlebte die Menschheit den siebenundzwanzigsten Auftritt des Kometen Halley seit seiner ersten Beobachtung. Die Wissenschaft nahm die Gelegenheit wahr, um zum ersten Mal einen solchen kosmischen Vagabunden direkt ins Visier zu nehmen, ihn aus unmittelbarer Nähe zu untersuchen und seine Geheimnisse zu entschleiern. Vor allem galt es zu klären, ob die Kometen zu unserem Sonnensystem gehören, also auch in ihm entstanden sind, oder ob es sich um interstellare Objekte handelt.

Fünf Tiefraumsonden wurden auf die Reise geschickt, die sowjetischen VEGA 1 und VEGA 2, die japanischen SUISEI und SAKIGAKE sowie der europäische GIOTTO der ESA. An der Internationalen Halley-Wacht beteiligten sich rund 900 Berufs- und mehrere tausend Laienastronomen aus mehr als fünfzig Ländern. Sie organisierten zusätzliche Beobachtungen des Kometen, der erst im Jahre 2061 wiederkehrt, von der Erde aus, von Flugzeugen, Ballonen und Raketen sowie von künstlichen Satelliten der Erde und der Venus.

Die beiden sowjetischen VEGA-Sonden waren mit je zehn Instrumenten für die Forschungsarbeit vor Ort ausgerüstet, darunter diverse Fernsehkameras, Spektrometer, Magnetometer und Analysatoren. Die Doppelmission sollte folgende vier Hauptfragenkomplexe beantworten:

1. Ist der Kern des Kometen monolithisch, welche Form hat er, und wie sind seine Abmessungen? Rotiert er, und wenn ja, mit welcher Periode, und wo liegt die Achse?
2. Welche chemische Zusammensetzung und welchen physikalischen Aufbau hat die Oberfläche von Halley?
3. Wie sieht die chemische Zusammensetzung, die Struktur und die Dynamik der Koma aus, der den Kern umgebenden Atmosphäre?
4. Was läßt sich über die räumliche und zeitliche Verteilung des Kometenschweifs aussagen?

Die VEGA-Missionen verliefen nach Plan. Die größte Annäherung der beiden automatischen Stationen erfolgte im Mai 1986 mit 8.000 und 9.000 Kilometern. Ihre Geschwindigkeit betrug zu diesem Zeitpunkt etwa 120.000 Kilometer in der Stunde. Für die entscheidenden Messungen und Aufnahmen standen wegen der hohen Begegnungsgeschwindigkeit und der geringen Größe des Kerns von nur einigen Kilometern nur drei Minuten zur Verfügung. Deshalb mußten in dieser äußerst kurzen Zeit so viel wie möglich Bilder und Informationen gewonnen und so schnell wie möglich zur Erde gesendet werden. Ein zeitweiliges Speichern der Daten verbot sich, weil jeden Moment Teile des Kometen die Sonden zerstören konnten.

Restaurateure und Retuscheure aus Adlershof

Erstmals in der Geschichte der Astronomie gelang es, 1.100 Aufnahmen in sechs verschiedenen Spektralbereichen mit einem Auflösungsvermögen von bis zu 50 Metern von dem aus Kern und Koma bestehenden Kopf eines Kometen sowie von seinem Schweif aus unmittelbarer Nähe zu gewinnen. Die Bild- und Meßdaten wurden als Funksignale zur Erde gesendet, von den Radioteleskopen der Bodenstation Jewpatorija auf der Krim empfangen und nach Moskau weitergeleitet, wo im Institut für Kosmosforschung (IKI) das Internationale Bildverarbeitungslaboratorium als Zentrum für die operative Auswertung arbeitete. Von dort gingen die Bilddaten via Satellit auch nach Berlin ins Institut für Kosmosforschung (IKF) nach Adlershof.

Hier war bereits 1985 eine Arbeitsgruppe Bildverarbeitung gebildet worden, die sich den Datenempfang, die Archivierung, die Bildverarbeitung und die Interpretation mit bodengebundener Technik zur Aufgabe gestellt hatte. Die technische Grundlage dafür bildeten zwei Bildverarbeitungssysteme des Typs BVS A 6472 vom VEB Kombinat Robotron in einer Variante mit je acht Bildspeichern, die in Moskau installiert wurden. Zu jedem Gerätekomplex, der in der DDR entwickelt wurde, gehörten Bildprozessoren, Farbdisplayeinrichtungen und Fotoregistratoren aus dem VEB Carl Zeiss Jena. Auch die notwendige thematische Software stammte aus der DDR. Welche Aufgaben dabei gemeistert wurden, machte Dr. Reinhard Wäsch vom IKF deutlich:

»Die Kameras übertrugen Bilder von einem sehr hell leuchtenden Kometen vor einem schwarzen Hintergrund. Die Untersuchung der Struktur des Schweifes erforderte beispielsweise Vergrößerungen seiner lichtschwächsten Teile. Dagegen wurden zum Kometenkopf Bilddetails benötigt, die meist hell überstrahlt waren und extrem konturlos erschienen. Hier mußten geringste Helligkeitsunterschiede aufgelöst werden. Dies erfolgte mit Bildprozessoren, die schwach ausgebildete Bildteile verstärkten und den Kontrast steigerten. Mit ihrer Hilfe konnten außerdem Drehungen und Verschiebungen der Bilder sowie Vergrößerungen von Ausschnitten vorgenommen werden.« Bei ihrer geradezu kriminalistischen Arbeit wirkten die Adlershofer Wissenschaftler und Techniker auch als Restaurateure und Retuscheure, die fehlende Bildzeilen und -punkte ersetzten, verrauschte Aufnahmen glätteten, bewegungsbedingte Unschärfen eliminierten und mit unterschiedlichen Logarithmen analysierten. Zu den Ergebnissen der aufwendigen Forschungsarbeit erklärte Professor Diedrich Möhlmann, Leiter des Bereichs für extraterrestrische Physik am IKI:

»Es gelang, sehr viele und zum Teil prinzipiell erstmalige und neuartige Daten über den Kometen Halley und über Kometen überhaupt zu erhalten. Mit den Bildern von VEGA 1, VEGA 2 und GIOTTO wurden erstmals ›Schnappschüsse‹ von einem Kometenkern und seiner nächsten Umgebung gewonnen.« Zu den wichtigsten und teilweise überraschenden Ergebnissen des DDR-Beitrags gehören:
– Der sehr aktive Kern des Kometen Halley ist zwar monolithisch aufgebaut, aber unregelmäßig geformt. Er bildet einen dreiachsigen Trägheitsellipsoiden, der ähnlich einem sich freidrehenden Kreisel sehr komplizierte Rotationsbewegungen mit einer Periode von 52,2 Stunden ausführt.
– Mit einer langen Achse von 16, einem dicken Ende von sieben und einem dünnen Ende von 4,5 Kilometern erinnert seine Form an eine Birne oder einen Faustkeil.
– Die Dichte des Kerns ist gering, seine lockere Packung weist aber deutlich auf eine sehr primitive, undifferenzierte Natur hin und damit entweder auf eine Entstehung in sehr früher Zeit oder in sehr entfernten Gebieten des Sonnensystems.
– Die Albedo, das Rückstrahlvermögen der Oberfläche des Kerns, ist niedrig, was darauf schließen läßt, daß dort kein Eis mehr vorherrscht, sondern eine dunkle Schicht von Staub und Steinen. Das Modell eines Kometen als »schmutziger Schneeball« muß also auf alle Fälle modifiziert werden.

– Aus der massenspektrometrischen Analyse des Staubs folgt, daß zumindest dieser Komet, und damit vermutlich alle anderen auch, gemeinsam mit unserem Sonnensystem entstand. Die gemessenen Elemente- und Isotopenverhältnisse entsprechen denen bekannter primitiver planetarer Materie.

Vollständigere und teilweise neuartige Erkenntnisse konnten über die Wechselwirkung zwischen Kometenabgasen und Sonnenwind sowie über die Stoßfront des Schweifsterns gewonnen werden. So wurde beispielsweise eine magnetfeldfreie »Höhle« um den Kometenkern entdeckt.

Rendezvous mit Furcht

»Schlechterdings gelangen wir entweder durch Mars zu Erkenntnissen der Geheimnisse der Astronomie, oder diese bleiben uns ewig verborgen«, urteilte Johannes Kepler über den Roten Planeten, der ihm half, die drei Gesetze der Himmelsmechanik zu formulieren, denen alle natürlichen und künstlichen Himmelskörper gehorchen. Die Marsmonde Phobos (Furcht) und Deimos (Schrekken) wurden schon drei Jahrhunderte vor ihrer Entdeckung von Kepler vorausgesagt. Der amerikanische Astronom Asaph Hall (1829 bis 1907) vom US Naval Observatory in Washington entdeckte 1877 diese beiden Kleinmonde und benannte sie nach den ständigen Begleitern des Kriegsgottes aus Homers »Ilias«.

Im Zeitalter der Raumfahrt mußten es sich Phobos und Deimos sogar gefallen lassen, als hohl und künstlich verdächtigt zu werden. Derartige Hypothesen gingen von der Winzigkeit dieser Trabanten sowie von der Tatsache aus, daß Phobos den Mars schneller umkreist, als dieser um seine eigenen Achse rotiert. Das aber ist sonst nur bei künstlichen Satelliten mit niedrigen Umlaufbahnen der Fall. Zudem geht Phobos täglich mehr als zweimal im Westen auf und im Osten unter, und sein Abstand zur Planetenoberfläche verringert sich ständig. In 30 bis 70 Millionen Jahren – also in einem astronomisch kurzen Zeitraum – dürfte sein Absturz erfolgen. Phobos, der einen Durchmesser von etwa 20 Kilometern hat und den Mars in einem Abstand von 9.380 Kilometern in sieben Stunden und 39 Minuten umkreist, ist mit Kratern übersät und erinnert in seiner Form an eine schlecht geschälte Kartoffel. Deimos – Durchmesser zehn bis sechzehn Kilometer, Marsentfernung 23.460 Kilometer und Umlaufzeit 30 Stunden 18 Minuten – erinnert dagegen eher an eine ungeschälte Aubergine. Die meisten Astronomen stimmen darin überein, daß sich das Gestein des Phobos von dem erdähnlicher Planeten unterscheidet und in seiner stofflichen Zusammensetzung den Asteroiden gleicht, die sich in einer viel größeren Entfernung von der Erde befinden. Beide Marsmonde dürften sich wegen ihrer geringen Größe seit der Entstehung unseres Sonnensystems vor rund 4,5 Milliarden Jahren im Innern kaum verändert haben, befinden sich also wahrscheinlich im Urzustand. Andererseits wurde ihre Oberfläche durch Sonnenwind und Meteoritenschauer so stark beeinflußt, daß sie ein Spiegelbild der langen Entwicklungsgeschichte unseres Planetensystems darstellen.

Im Juli 1988 startete die Sowjetunion die beiden Tiefraumsonden PHOBOS 1 UND PHOBOS 2, deren Hauptziel der gleichnamige Mond war, die aber auch den Mars, die Sonne und den interplanetaren Raum in die Erforschung mit einbezogen. Die Doppelmission war als Ouvertüre für einen Generalangriff auf den Mars gedacht, der mit Landern und Orbitern, Ballonen und Marsochods die Grundlagen für bemannte Reisen zum Roten Planeten im nächsten Jahrhundert schaffen sollte.

An dem Zwillingsflug beteiligten sich 15 Länder und Raumfahrtorganisationen: Bulgarien, die Bundesrepublik, die DDR, Finnland, Frankreich, Irland, Österreich, Polen, Schweden, die Schweiz, die Sowjetunion, die Tschechoslowakei, Ungarn sowie die NASA und die ESA.

An Bord der jeweils 5,5 Tonnen schweren Sonden mit 450 Kilogramm wissenschaftlicher Nutzlast waren 22 Forschungsgeräte installiert. Drei davon stammten aus der DDR: ein Hochpräzisionsmagnetometer, ein Magnetbandspeicher sowie Teile einer Lasersondierungsanlage. Wissenschaftler aus der DDR waren auch an dem Experiment FREGAT beteiligt, mit dem Fernsehbilder und Spektrogramme von der Oberfläche des Marsmondes gewonnen und bearbeitet werden sollten.

Das Programm sah vor, PHOBOS 1 und PHOBOS 2 im Januar 1989 mit einem Abstand von fünf Tagen in etwa 6.500 Kilometer hohe Umlaufbahnen um den Mars einzusteuern und zunächst bis auf 350 Kilometer an den Mond heranzumanövrieren. Drei bis vier Monate später sollte die Distanz dann auf 35 Kilometer und schließlich auf 50 Meter verringert werden, um aus dieser Position je einen Landeapparat abzusetzen, der über eine Bodenstation und eine Hüpfsonde verfügte.

Die Gesamtdauer des Unternehmens war auf etwa 460 Tage ausgelegt. Leider ging jedoch der Funkkontakt zu beiden Sonden infolge menschlichen Versagens in der Fluglleitzentrale schon im September 1988 verloren. Doch obwohl die hochauflösenden Abbildungen von der Phobos-Oberfläche durch den Mißerfolg vereitelt wurden, gelang es dennoch, einige neue Erkenntnisse zu gewinnen, und zwar wurden sie aus jenen Aufnahmen abgeleitet, die eigentlich Navigationszwecken dienten.

Von Wissenschaftlern bearbeitet, führten sie zu folgenden Ergebnissen:

– »Weiße Flecken«, die auf der Karte des Phobos nach den amerikanischen VIKING-Missionen noch verblieben, konnten getilgt werden.
– Die Durchmesser des dreiachsigen Ellipsoids wurden mit 21, 19 und 17 Kilometern bestimmt. Es gab Hinweise, daß der Mond nicht kalt und irregulär wuchs, sondern bei höheren Temperaturen entstand.
– Aus den Meßdaten des am IKF gebauten Magnetometers konnte auf eine magnetische Anomalie auf dem Mars und auf ein schwaches magnetisches Dipolfeld geschlossen werden, wie wir es von der Erde kennen. Das weist auf ein früher existierendes, starkes dynamoerzeugtes Magnetfeld des Nachbarplaneten hin.
– In der Nähe des Mars und der Phobosbahn traten magnetische Störungen auf, obwohl sich der Mond weit weg davon bewegte. Dieses Phänomen bedarf noch der Interpretation.

»Der direkte Zugriff auf die Planeten und Kleinkörper des Sonnensystems durch Raumsonden hat den Charakter der Planetenforschung grundsätzlich gewandelt«, schrieb Professor Möhlmann in der Zeitschrift der Akademie der Wissenschaften »spectrum« vom Oktober 1990. »Bis dahin wurde sie zumeist als ein Randgebiet der Astronomie betrieben. Die jetzt zum Teil sehr gezielt erhältlichen und wesentlich umfangreicheren Daten über physikalische Eigenschaften der Körper unseres Sonnensystems gestatten die Sammlung von viel konkreteren Details. Darüber hinaus befördern sie auch ein wesentlich verbessertes Verständnis der das Planetensystem früher und heute formenden beziehungsweise beeinflussenden physikalischen Prozesse. Die Ergebnisse der Raumfahrt haben bewußt gemacht, daß der Lebensraum des Menschen nicht auf die Erde beschränkt bleiben muß. Andererseits ist aber auch das sensible Gleichgewicht der das Leben auf der Erde ermöglichenden Vorgänge Folge einer langen Entwicklung und des Zusammenspiels vieler Prozesse und auch extraterrestrischer Einflüsse – beispielsweise der Stabilität des Planetensystems und des Zustandes der Sonne. Das Verständnis dieser Zusammenhänge, das einer möglichst guten Kenntnis des Gesamtsystems bedarf, ist notwendig für die Zukunftssicherung der Menschheit.«

DDR-Beteiligung an Tiefraumsonden

Raumflug-Körper	Startdatum	Aufgabe	Beitrag der DDR
VENERA 15	02.06.1983	ab 10.10. im 24-stündigen Venusorbit	Infrarot-Fourier-Spektrometer FS 1/4
VENERA 16	07.06.1983	ab 14.10. im 24-stündigen Venusorbit	Infrarot-Fourier-Spektrometer FS 1/4
VEGA 1	17.12.1984	Venus-Vorbeiflug am 11. Juni 1985 größte Annäherung an den Kometen Halley (9.000 Kilometer) am 6. Mai 1986	Bildbearbeitungs-Komplexe
VEGA 2	21.12.1984	Venus-Vorbeiflug 15. Juni 1985 größte Annäherung an den Kometen Halley (8.000 Kilometer) am 9. Mai 1986	Bildbearbeitungs-Komplexe
PHOBOS 1	07.07.1988	Untersuchung des Marsmondes Phobos aus Nahdistanz Kontaktverlust am 2. September 1988	Hochpräzisions-Magnetometer Magnetband-Bildspeicher Bauteile für Lasersondierungsanlage
PHOBOS 2	12.07.1988	Untersuchung des Marsmondes Phobos aus Nahdistanz Kontaktverlust am 27. September 1988	Hochpräzisions-Magnetometer Magnetband-Bildspeicher Bauteile für Lasersondierungsanlage

Die vier Musketiere

Der Slogan vom »Leseland DDR« traf in vollem Maße auch auf die Raumfahrtpublizistik zu, wobei sich deren Entwicklung in den ersten beiden Jahrzehnten am fruchtbarsten gestaltete. Einerseits war das Interesse an den neuen Horizonten, die sich der Menschheit erschlossen, in dieser Zeit besonders groß, andererseits mischten sich Partei und Staat damals relativ wenig ein. Beschränkungen stellten vor allem der Mangel an Autoren, Papier und Druckkapazität dar. Deshalb standen die Massenmedien im Vordergrund, die reichlich Platz und Sendezeit zur Verfügung stellten. In der Frühzeit der Kosmonautik wurde noch jeder Start gemeldet und ausführlich kommentiert. Nachdem die USA den »Sputnik-Schock« überwunden hatten, stimmten allerdings die Proportionen zwischen den sowjetischen und den amerikanischen Erfolgen in der Öffentlichkeitsarbeit nicht mehr. Das lag nicht ausschließlich an der »Argu«, den Argumentationshinweisen, die den Chefredakteuren regelmäßig vom »Großen Haus«, dem Sitz des Zentralkomitees der SED, gegeben wurden. Mindestens ebenso stark wirkte die Schere im Kopf der Redakteure, mit der sie Selbstzensur übten – aus Opportunismus oder Parteidisziplin. Dennoch war mit etwas Zivilcourage einiges zu erreichen und durchzusetzen. Die DDR war aber auch ein Land der Hörer und Zuschauer. Das betraf nicht nur den Rundfunk und das Fernsehen, die natürlich genutzt wurden, um Informationen aus dem Westen zu erhalten, insbesondere durch die astronautischen Sendungen von Harro Zimmer im RIAS.

Die Gesellschaft zur Verbreitung wissenschaftlicher Kenntnisse – URANIA –, nach dem Aufstand vom 17. Juni 1953 gegründet, führte Tausende und Abertausende von Vorträgen über die Raumfahrt durch, die gut besucht waren, und in denen lebhaft diskutiert wurde. Eintrittsgeld brauchte nicht bezahlt zu werden, da die Finanzierung von den Unternehmen und Einrichtungen im Rahmen ihrer Betriebskollektivverträge erfolgte. Zu den wichtigsten Veranstaltungszentren in Berlin gehörten die Archenhold-Sternwarte in Treptow und später das Zeiss-Großplanetarium am Prenzlauer Berg, deren Direktor Professor Dieter B. Herrmann aktiv als Präsidiumsmitglied der GWR, Buchautor und Fernsehmoderator tätig war.

Am Anfang war es ein kleiner Kreis von Autoren und Referenten, die durch ihre Vergangenheit Kompetenz besaßen oder sich diese mit der Zeit erarbeiteten. Von den »Vier Musketieren« der Raumfahrtpublizistik sprach Dieter Hannes, der Wissenschaftsredakteur des Zentralorgans der SED »Neues Deutschland«, der selbst auf diesem Gebiet tätig wurde. Damit meinte er folgende Persönlichkeiten aus unserem Kreis: Heinz Mielke, der sich schon vor dem Start von SPUTNIK 1 einen Namen als Fachautor erwarb und auch für das ND schrieb; Herbert »Herbi« Pfaffe, der als Sekretär der Berliner URANIA und später der Deutschen Astronautischen Gesellschaft viele Vorträge hielt und vor allem in der BZ, der »Berliner Zeitung«, publizierte; Karl-Heinz »Kalle« Neumann, der Initiator unserer Satellitenbeobachtungsstation, der sich insbesondere der Tageszeitung der FDJ »Junge Welt« widmete; Wilhelm »Bill« Hempel, ein Chemiker, der äußerst aktiv für den Rundfunk arbeitete und sich zu einem der besten Wissenschaftsjournalisten der DDR entwickelte.

Karl Hemzal, der Wissenschaftsredakteur der Illustrierten »Freie Welt«, der sich vor allem den deutsch-sowjetischen Beziehungen widmete, prägte für die erste Generation von Raumfahrtjournalisten der DDR die freundlich-ironische Bezeichnung »Giganten des kosmischen Grundgedankens«. In diesen Kreis schloß er den Autor Karl-Heinz Eyermann und den Fotografen Lothar Willmann ein, die sich besonders um die Popularisierung der sowjetischen Luft- und Raumfahrt verdient machten, sowie Peter Stache von der Monatszeitschrift »Fliegerrevue«, Bernd Ruttmann von der Kammer der Technik und andere. Von allen anerkannter »Papst« der Satellitenkommunikation war Diplom-Ingenieur Hans-Dieter Naumann aus Radeberg.

Dieter Hannes, der 35 Jahre lang für die Wissenschaftsseite des ND verantwortlich zeichnete, brachte es übrigens fertig, dort permanent über neues aus allen Disziplinen der Wissenschaft in der ganzen Welt zu berichten. Dafür wertete er systematisch internationale Fachzeitschriften aus. Natürlich mußte er sich der »Sklavensprache« bedienen, indem er einige Negativsätze hinzufügte, aber jeder Interessierte verstand seine Botschaft. Der Redakteur einer Bezirkszeitung, der das gewagt hätte, wäre unweigerlich mit dem Vorwurf des »Objektivismus« und mangelnder Parteilichkeit konfrontiert worden, was schnell zu einem Karriereknick führen konnte. Warum das beim ND nicht der Fall war, weiß der Teufel. Wahrscheinlich gaben sich die Zuständigen damit zufrieden, Dieter Hannes ständig zu ermahnen und zu korrigieren, in der Berichterstattung doch unbedingt das Verhältnis 60 : 40 zwischen Meldungen aus Ost und West einzuhalten.

Juri Gagarin bedankte sich

In den ersten Jahren des Raumfahrtzeitalters entstanden in der DDR eine Reihe von Büchern, die internationale Wirkung zeitigten. So erschien Heinz Mielkes Standardwerk »Der Weg ins All«, dessen Erstauflage bereits 1956 herauskam, sofort nach dem Start von SPUTNIK I in zweiter Auflage und wurde 1959 in Russisch herausgegeben. Als Juri Gagarin im März 1962 dem Vizepräsidenten der Deutschen Astronautischen Gesellschaft und Leiter des Astronautischen Studios beim deutschen Fernsehfunk, Heinz Mielke, ein Exklusivinterview gewährte, bemerkte er:

»Ich bin Ihnen sehr dankbar für Ihr Buch, das Sie mir geschenkt haben. Persönlich lernten wir uns erst vor kurzem kennen, aber durch Ihr Buch ›Der Weg in den Kosmos‹ (so der russische Titel, H. H.) kenne ich Sie bereits seit längerer Zeit. Als ich mich auf den Raumflug vorbereitete, habe ich dieses Werk bekommen und gelesen. Nochmals vielen Dank – ich werde auch unseren anderen Kosmonauten mitteilen, daß ich Gelegenheit hatte, mich mit Ihnen zu treffen und mit Ihnen zu sprechen – auch sie werden sich darüber freuen.«

Kein Wunder, daß Juri Gagarin beim Festempfang anläßlich seines DDR-Besuchs im Oktober 1963 gerade den Tisch der Mitglieder des Präsidiums der Deutschen Astronautischen Gesellschaft ansteuerte, um den »lieben Genossen Mielke«, der übrigens nie Parteimitglied war, herzlich zu umarmen und mit uns zu plaudern. Der »Große Gelehrte WU«, wie wir Walter Ulbricht nannten, hatte alle Mühe, Gagarin, dem es in unserer Mitte gefiel, wieder loszueisen und den Rundgang fortzusetzen.

Der Aufbau des Astronautischen Studios beim Deutschen Fernsehfunk in Adlershof hatte auf Initiative Heinz Mielkes bereits 1958 begonnen. Seine Idee war es, diese Einrichtung mit dem Cassegrain-Spiegelteleskop der Akademie der Wissenschaften vom VEB Carl Zeiss Jena auf den Berliner Müggelbergen zu koppeln. Dadurch sollte eine zu dieser Zeit einmalige Möglichkeit geschaffen werden, Fernsehaufnahmen aus dem Weltraum direkt auf den Bildschirm zu übertragen. Doch nach ersten erfolgreichen Testsendungen scheiterte dieses großartige Unternehmen an kleinlichen Kompetenzstreitigkeiten im Zusammenhang mit der Umstrukturierung des Fernsehens der DDR, der die Hauptabteilung Wissenschaft, zu der das Astronautische Studio gehörte, zum Opfer fiel. Zum Raumfahrt-Illustrator der ersten Stunde qualifizierte sich der Berliner Grafiker Hans-Georg Urbschat mit dem Spitznamen »Urbi«. Er war zwar etwas kompliziert, aber außerordentlich ideenreich. Seine Briefmarkenblöcke, an denen der Staat gut verdiente, gehören zu den besten der Welt. Bedauerlicherweise wurde er zum Opfer, das wegen »Militärspionage« mehrere Jahre in Haft saß. Wenig bekannt ist, daß auch die erste literarische Arbeit über die Raumfahrt im deutschsprachigen Raum in der DDR erschien, und zwar die Reportage »Das kosmische Zeitalter« von Stefan Heym, das der Gewerkschaftsverlag Tribüne 1959, nach einer Reise der Autors durch die Sowjetunion, herausgab. Darin heißt es: »Die Zeiten sind vorbei, wo die Phantasie der Schriftsteller dem Leben vorauseilte, ins Reich der Phantasie. Die Physiker und Ingenieure haben die Initiative an sich gerissen und machen die Träume der Utopisten zur Wirklichkeit.«

Große Verdienste erwarben sich Verlage der DDR durch frühzeitige und schnelle Übersetzungen von wichtigen Werken der Raumfahrtliteratur. So erschien beispielsweise 1957 im URANIA-Verlag, noch vor dem Start von SPUTNIK I, die Arbeit des sowjetischen Autors M. S. Arlasarow »60 Jahre Raumfahrt – Leben und Werk des Raketenforschers Ziolkowski«. 1958 folgte im selben Verlag das Buch »Raketen – Satelliten – Raumschiffe« vom Vizepräsidenten der Polnischen Astronautischen Gesellschaft, Professor Eustachy Bialaborski. 1959 brachte die B. G. Teubner Verlagsgesellschaft die Arbeit des bekannten sowjetischen Gelehrten Professor Ari Sternfeld, Träger des Internationalen Förderpreises für Astronautik, »Künstliche Satelliten« heraus.

Die Zeitung mit dem größten Rand

Zu den internationalen publizistischen Premieren, die in der DDR aufgeführt wurden, gehörte auch das welterste »Typenbuch der Raumflugkörper« von Herbert Pfaffe und Peter Stache, das 1962 im Verlag Sport und Technik erschien. Zunächst als kleines Heft, das die ersten 134 Starts verzeichnete, dann als immer stärker werdendes Buch, das in vielen Auflagen beim Deutschen Militärverlag und beim VEB transpress Verlag für Verkehrswesen herauskam.

Eines der Standardwerke mit den meisten Auflagen war Heinz Mielkes Lexikon, das erstmals 1967 als »Meyers Taschenbuch Raketentechnik – Raumfahrt« beim VEB Bibliographisches Institut in Leipzig erschien und dann bei transpress als »Lexikon der Raumfahrt« und schließlich als »transpress Lexikon Raumfahrt – Weltraumforschung« fortgesetzt wurde. Der Autor erreichte mit seinen Fachbüchern insgesamt eine Auflage von 430.000 Exemplaren. Dabei brach er viele Tabus, die in der DDR beispielsweise bezüglich der wissenschaftlich-technischen Bedeutung des A4/V2 galten.

In den siebziger Jahren formierte sich eine zweite Generation von Raumfahrtpublizisten in der DDR, die die Stafette weitertrugen. Dazu gehörten beim Allgemeinen Deutschen Nachrichtendienst (ADN) vor allem der brillante Wissenschaftsredakteur und Auslandskorrespondent Hans Ronneburger, mit dem auf die Verwechslung durch einen ausländischen Kollegen zurückgehenden Spitznamen »Max von Aden«, und das Sprachgenie Gerhard Kowalski, Bruder des weltberühmten Countertenors Jochen Kowalski, den wir anerkennend »Kosmowalski« nannten. Beide halfen uns kameradschaftlich und selbstlos auf internationalen Raumfahrtveranstaltungen als Dolmetscher für Russisch, Französisch,

Spanisch, Polnisch und Ungarisch. In der »Fliegerrevue« war es Matthias Gründer, den Peter Stache als jungen Partner gewann. Aber auch aus dem Reigen der für die Raumfahrt entbrannten Schüler und Studenten kam der Nachwuchs. So bildete sich unter Bernhard Priesemuth innerhalb der Deutschen Astronautischen Gesellschaft eine Jugendarbeitsgruppe Kosmos (JAGL), die internationale Aktivitäten entwickelte. Sie wurde unterstützt von regionalen Gruppen, geleitet von Bernd Henze in Magdeburg, Uwe Schmaling in Neubrandenburg und Thorsten Gemsa in Potsdam. Allerdings mußten einige ihr Engagement teuer bezahlen. So wurde Bernhard Priesemuth wegen »Verbindung zum Klassenfeind« – gemeint waren Besuche in der USA-Botschaft zwecks Beschaffung von Filmmaterial – aus der DAG ausgeschlossen, und Bernd Henze sogar wegen »konspirativer Kontakte« zum Westen zu zwei Jahren und fünf Monaten Freiheitsentzug verurteilt.

Selbst an Heinz Mielke ging der bittere Krug der Diffamierung nicht vorbei, wurde er doch als Vizepräsident der DAG/GWR abgesetzt, weil er gleichzeitig Mitglied der Deutschen Gesellschaft für Luft- und Raumfahrt (DGLR) in der Bundesrepublik war, was er übrigens nie verschwiegen hatte, und was für die Arbeit außerordentlich nützlich war.

Die Möglichkeiten der Raumfahrtautoren in der DDR hingen natürlich auch weitgehend von den Redakteuren und Lektoren in den Medien und Verlagen ab. So fanden sie beispielsweise vorzügliche Unterstützung in der »Neuen Berliner Illustrierten« (NBI) bei Helmut Lienemann und Gerhard Schiesser, die Platz für Fortsetzungsserien und Großreportagen zur Verfügung stellten, sowie in der außenpolitischen Wochen- und späterer Monatszeitung »horizont« bei Waltraud Schlicker und Brigitta Richter, der heutigen Gattin des außenpolitischen Sprechers der SPD, Karsten Voigt, die umfangreiche Dokumentationen und Beilagen zur Raumfahrt ermöglichten. Das gilt auch für Wilfried Kopenhagen, selbst ein bekannter Luftfahrtpublizist, von der Wochenzeitung »Volksarmee«, Peter Krämer von der Monatszeitschrift »Jugend und Technik«, den wir wegen seines gepflegten Aussehens »Dressman« nannten und seine Kollegin Bärbel Rechenberg, sowie für Hans-Peter Schulze vom »technikus«.

Ich hatte das Glück, ein Vierteljahrhundert lang als freier Mitarbeiter für die mit 1,4 Millionen Exemplaren auflagenstärkste Wochenzeitung der DDR »Wochenpost« tätig zu sein. Wenn diese hohe Zahl im Ausland angesichts von nur 17 Millionen Bürgern auf Zweifel stieß, pflegte ich darauf hinzuweisen, daß dieses Blatt das einzige seiner Art im Lande sei, und unter Eunuchen nun einmal der eineiige als König gelte. Die »Wochenpost« war ein Kind des 17. Juni 1953, sollte Ventilfunktionen erfüllen und genoß deshalb eine gewisse Narrenfreiheit. Kurt Neheimer, ihr langjähriger Chefredakteur – der klügste und gebildetste, den ich in der DDR kennenlernte –, pflegte zu sagen: »Fahr hin, wohin du willst, aber bring mir gefälligst gute Beiträge mit!« Diese großzügige Einstellung ermöglichte es mir, regelmäßig von Kongressen und Ausstellungen sowie aus Raumfahrtzentren in aller Welt zu berichten. Nach einer Veränderung des Layouts wurde die »Wochenpost« die Zeitung mit dem größten Rand in der DDR. Diese von den Grafikern ästhetisch gedachten vier Zentimeter nutzten wir von der Wissenschaftsredaktion weidlich aus, um dort viele technische Details und auch die neuesten Informationen aus dem westlichen Ausland unterzubringen. Unsere beste Verbündete war Inge Land, der gute Geist der Abteilung, deren Geburtstag mit dem Starttag von SPUTNIK I übereinstimmte.

Das Presse-Verhinderungs-Amt

Eine besondere Rolle für die regelmäßige Information über alle Weltraumstarts, die Kommentierung der wichtigsten Missionen und die Berichterstattung von den bedeutendsten internationalen Luft- und Raumfahrtsalons in Le Bourget bei Paris, Farnborough bei London und Hannover-Langenhagen spielte die »Fliegerrevue«, eine vom Zentralvorstand der Gesellschaft für Sport und Technik, einer paramilitärischen Organisation, herausgegebene Monatszeitschrift. Ihr stellvertretender Chefredakteur Peter Stache verstand es, trotz aller Einschränkungen und Verdächtigungen, kontinuierlich die Interessen der Raumfahrtenthusiasten des Landes zu befriedigen. Dabei spielte auch der Zugang zu westlichen

Informationsmaterialien eine wesentliche Rolle, der in der kleinen Redaktion ganz unkompliziert gehandhabt wurde, während man anderswo in der Regel einen »Giftschein« brauchte. Zudem gelang es Peter Stache und später auch Matthias Gründer, durch systematische Auswertung sowjetischer Originalquellen »Geheimnisse« der dortigen Raumfahrt zu enträtseln, was oft genug die »sachkundigen« Kontrolleure auf den Plan rief, die immer und überall Geheimnisverrat witterten.

Den Wünschen und Bedürfnissen der Enthusiasten wurde auch durch entsprechende Beiträge in den »Fliegerjahrbüchern« des transpress-Verlages, in den »Fliegerkalendern« des Militärverlages und in den Jahresbänden »Urania Universum« des URANIA-Verlages Rechnung getragen. Dennoch waren authentische und ausführliche Informationen aus dem Westen rar, was jedoch nur den Erfindungsreichtum erhöhte, auf privatem Wege an solche Quellen zu gelangen. Da das Sekretariat der Deutschen Astronautischen Gesellschaft als Mitglied der Internationalen Astronautischen Föderation nicht den superscharfen Zollbestimmungen der DDR unterlag, ging vieles über diese Deckadresse. Es ist dem bei der Akademie angestellten Sekretär Herbert Pfaffe zu danken, daß das meistens gut ging. Er, der dabei Kopf und Kragen riskierte, mußte sich allerdings oft Vorwürfe von seinen Vorgesetzten anhören.

Die Gesellschaft selbst gab für ihre Mitglieder »Schnellinformationen« von Karl-Heinz Neumann und das »Mitteilungsblatt« heraus, dessen verantwortlicher Redakteur Herbert Paffe war. Später fanden diese Informationen in der Zwei-Monatszeitschrift »Astronomie und Raumfahrt« Aufnahme, die gemeinsam mit dem Zentralen Fachausschuß für Astronomie des Kulturbundes der DDR herausgegeben wurde. Eine erstklassige Informationsquelle waren die jährlich in einem anderen Land stattfindenden Internationalen Astronautischen Kongresse. Dort hielten Spitzenwissenschaftler aus aller Welt im Durchschnitt zwischen 400 und 500 Vorträge aus allen Disziplinen der Raumfahrtwissenschaften und der Raketentechnik. Diese »papers« lagen gedruckt oder abgezogen vor, kosteten aber je nach Stärke zwischen zwei und fünf Dollar. Für die wenigen Delegierten der DDR hieß das, daß nur die allerwichtigsten erworben werden konnten. Doch in den ersten Jahrzehnten konnten wir Journalisten aushelfen, weil wir alle Materialien kostenlos erhielten. Allerdings waren wir in noch geringerer Zahl vertreten.

Natürlich waren auch die Besuche von Wissenschaftlern und Raumfahrern in der DDR informativ. Die eigentlichen Fachgespräche jedoch fanden hinter verschlossenen Türen statt, und die öffentlichen Veranstaltungen wurden gesteuert. Der Leiter des Presse(Verhinderungs)amtes beim Präsidium des Ministerrates, Kurt Blecha, ein arroganter Apparatschik, wirkte auf Journalisten wie ein rotes Tuch. Vor Pressekonferenzen pflegte er Fragen zu verteilen, die oft so dümmlich waren, daß der Betreffende, der sie stellen sollte, sich blamierte.

So erhielt der ND-Vertreter anläßlich des Besuches von German Titow auf der Herbstmesse 1961 in Leipzig die Frage zugewiesen: »Hätte WOSTOK auch in der DDR landen können?« Doch blieben außerhalb des Protokolls immer noch Möglichkeiten einer privaten Kontaktaufnahme zu dem interessierenden Besucher, zumal man sich meist von internationalen Konferenzen her kannte.

Der einzige Besuch eines amerikanischen Astronauten in der DDR erfolgte im Juni 1976 durch Gerald Paul Carr und seine Gattin. Der Kommandant der dritten dreiköpfigen SKYLAB-Besatzung, der 1973/74 über 84 Tage im Orbit arbeitete und dreimal in den freien Raum ausstieg, war Gast der Liga für Völkerfreundschaft, der Akademie der Wissenschaften und der Astronautischen Gesellschaft. Obwohl wir also selbst als Gastgeber fungierten, hatten unsere Mitglieder keine Gelegenheit für gründliche Gespräche mit dem Astronauten. Auf der Pressekonferenz, die Dr. Eberhard Hollax, der Vizepräsident unserer Gesellschaft, leitete, zogen wiederum andere die Fäden. Es wurden nur die vorher vereinbarten Fragen angenommen, die der Fachjournalisten jedoch geflissentlich übersehen. Ein Vierteljahr später konnte ich meine Fragen dennoch an »Jerry« stellen, allerdings im Herstellerwerk des Space Shuttles in Palmdale/Kalifornien, das die Delegierten des IAF-Kongresses in Anaheim bei Los Angeles besuchten. Dazu gehörten nur Dr. Hollax und ich.

Kosmonautenzentrum Karl-Marx-Stadt

1963 wurde beim Präsidium der DAG eine Kommission Astronautik und Schule gebildet die sich die Aufgabe stellte, gemeinsam mit dem Ministerium für Volksbildung und der Staatlichen Lehrplankommission auf die Lehrpläne Einfluß zu nehmen. Grundlage dafür war der bereits 1959 eingeführte, obligatorische Astronomieunterricht in den zehnten Klassen der allgemeinbildenden polytechnischen Oberschulen. Aber auch in anderen natur- und gesellschaftswissenschaftlichen Fächern galt es, die Erkennt-

*1964 in Karl-Marx-Stadt:
Eröffnung des Kosmonautenzentrums »Juri Gagarin«*

nisse der Raumfahrt zu lehren. Hierbei erwarben sich die Präsidiumsmitglieder Gerhard Eichler, Dozent für Mathematik am Pädagogischen Institut Karl-Marx-Stadt, und Edgar Otto jun., Direktor der Volks- und Schulsternwarte »Juri Gagarin« in Eilenburg, große Verdienste. Sie koordinierten auch die Zusammenarbeit mit dem Zentralen Ausschuß für Jugendweihe und der Zentralstation Junger Naturforscher und Techniker in Blankenfelde bei Berlin. Auf dem Kongreß der Internationalen Astronautischen Föderation 1966 in Madrid fand der Bericht von Professor Hoppe über diese Arbeit starkes Echo. Sowohl der obligatorische Astronomieunterricht in der DDR als auch die Einbeziehung der Ergebnisse der Raumfahrt wurden von den Delegierten als international beispielgebend gewertet.

Arbeiter der Industrie, Angehörige der Feuerwehr und der Volkspolizei sowie Wismut-Kumpel bauten in elf Wochen anläßlich des V. Pioniertreffens in Karl-Marx-Stadt 1964, was es bis dahin noch nicht gab: eine Kinderrakete von der Größe der Wostok-Trägerrakete. Der Freie Deutsche Gewerkschaftsbund FDGB stellte die Mittel zur Verfügung und machte dieses Modell der Pionierorganisation »Ernst Thälmann« zum Geschenk. Damit war im Küchwaldpark der Grundstein für den Aufbau eines Kosmonautenzentrums des Pionierhauses »Juri Gagarin« gelegt.

Am 8. Mai 1966 erfolgte die feierliche Übergabe dieser einmaligen Einrichtung für eine ständige Förderung interessierter Kinder. Unter der tatkräftigen Leitung von Wolfgang Möbius, eines Mitglieds unseres Präsidiums, entstand ein »Sternenstädtchen« für Schüler, mit allem was dazugehört: verschiedene Trainings- und Startanlagen, mit denen sie ihre Fähigkeiten erproben und erweitern konnten, sowie Raumschiffsimulatoren, in denen die kleinen Kosmonauten in Skaphandern und mit Helm die Steuerung und Stabilisierung erlernten und Flüge um die Erde und zum Mond erlebten. Für ihre Weiterbildung nutzten die Fortgeschritteneren auch die Sternwarte der benachbarten Lessing-Oberschule und die Wetterstation der Schloß-Oberschule.

Im Verlauf ihres 25-jährigen Bestehens hatte diese Einrichtung jährlich bis zu 30.000 Besucher aus dem In- und Ausland zu verzeichnen.

Der Platz reicht hier nicht aus, alle Initiativen und Aktivitäten in Sachen Raumfahrt darzustellen. Erwähnt sei aber noch die originelle Idee des Berliner Grafikers und Dekorateurs Klaus Garpinski, genannt »Kucki«, anläßlich des Raumfluges von Sigmund Jähn 1978. Er gestaltete die gemeinsam vom VE Handelsbetrieb Textil der HO Berlin, dem Zentralhaus der Jungen Pioniere »German Titow« in Lichtenberg und dem Kosmonautenzentrum »Juri Gagarin« in Karl-Marx-Stadt vorbereitete Veranstaltung im Berliner Haus des Kindes am Strausberger Platz. Dieses erste Kinderkaufhaus Europas wurde zu einem Informationszentrum für alle kleinen Berliner. Unter dem Titel »Kosmonauten-Karussell« gab es eine Weltraum-Ausstellung mit Schaufenstern zur Entwicklung der Raumfahrt »Der Mensch greift nach den Sternen«, über ihre Nutzanwendung »Im Weltraum erprobt – auf Erden gelobt« und über das, was man im All trägt »Kleider machen Kosmonauten«. Zu Höhepunkten wurden eine Kindermodenschau und ein großes Preisausschreiben für die Kleinen.

DDR-Kosmonaut auf MIR 2?

Wie immer man auch zu Michail Gorbatschow stehen mag, eines wird ihm jeder zubilligen: eine bildhafte und einprägsame Sprache. Das fing mit »Glasnost« (Offenheit) und »Perestroika« (Umbau) an, auch wenn daraus der undurchdringliche Dschungel einer »Katastroika« wurde, mit einer Polarisierung von Armut und Reichtum, wie es sie zuvor wohl nur im zaristischen Rußland gab. Das gilt auch für das »gemeinsame Haus Europa«, auch wenn danach auf dem früher als Hinterhof des Kontinents geltenden Balkan ein blutiger Krieg ausbrach. Oder nehmen wir Gorbatschows Abrüstungsinitiative, von der die einstige Weiterführung der Hochrüstung durch die USA blieb. Allein das Budget für die militärische Raumfahrt betrug für das Jahr 1997 rund 6,5 Milliarden Dollar, wovon knapp vier Milliarden oder mehr als 60 Prozent auf die Ballistic Missile Defense (Abwehr ballistischer Raketen), das Nachfolgeprogramm der seit langem totgesagten SDI (Strategic Defense Initiative) entfielen.

Mir gefielen besonders zwei von Gorbatschow verwendete Begriffe: »Globalökologie«, die er der Globalstrategie des Pentagons entgegensetzte, und »Realutopie«, Vorhaben in Politik und Wirtschaft, Wissenschaft und Technik, die scheinbar illusorisch sind und sich dennoch bei größter Kraftanstrengung verwirklichen lassen. Eine solche Realutopie war das »Sowjetische Programm zur Erforschung des Weltraums bis zum Jahr 2000«. Es wurde auf einem internationalen Forum vorgestellt, das vom 2. bis zum 4. Oktober 1987 anläßlich des 30. Jahrestages des Starts von SPUTNIK 1 in Moskau tagte. Unter dem Motto »Zusammenarbeit im Kosmos für den Frieden auf der Erde« berieten mehr als 600 Weltraumforscher und Raketentechniker, Kosmonauten und Astronauten von fünf Erdteilen über mehr als 30 originelle Projekte der Grundlagenforschung im Weltraum für die nächsten 15 Jahre, die jedem guten Willens offenstehen sollten. Dieses »Sternenfriedensprogramm« wurde bewußt dem von Ronald Reagan kreierten »Star-Wars-Program« entgegengestellt. Veranstalter waren die Akademie der Wissenschaften der UdSSR und die 1985 geschaffene Hauptverwaltung zur Nutzung kosmischer Technik für die Volkswirtschaft und wissenschaftliche Forschung – kurz GLAWKOSMOS. Ein umfangreiches Hintergrundmaterial erarbeitete das Institut für Kosmosforschung in Moskau gemeinsam mit der sowjetischen Presseagentur NOWOSTI. Unser Präsidiumsmitglied Professor Harald Kunze, ein Wirtschaftswissenschaftler, den wir wegen seines üppigen Haarwuchses »Kaiser Rotbart« nannten, berichtete damals: »Ein solch langfristiges, komplex angelegtes und doch schon sehr konkretes Programm zur Erforschung des Weltraums ist noch von keinem Land, von keiner Organisation vorgelegt worden. Zugleich ist es ein Novum in der Geschichte der Raumfahrt, daß ein Land faktisch sein Weltraumforschungsprogramm für internationale Kooperation nicht nur freigibt, sondern direkt darauf ausrichtet. Mehr noch, die sowjetische Seite betonte, daß dieses Programm nicht als abgeschlossen zu betrachten sei, sondern primär als Angebot. Jeder, der es wünscht, könne an den Experimenten mitwirken und die Missionen entsprechend seinen Interessen und Fähigkeiten mitgestalten.« Diese Einschätzung ist auch heute noch richtig. Das visionäre Konzept zeichnete sich durch hohe wissenschaftliche Ziele, große Aufgeschlossenheit für internationale Beteiligung und durch Langfristigkeit bis in das nächste Jahrhundert hinein aus. Aber die bemannte Raumfahrt und die Nutzanwendung waren weitgehend beiseitegelassen worden und die technischen Voraussetzungen nicht abgesichert. Auch fehlte dem Programm die finanzielle Grundlage. Der Rubel rollte nicht mehr für die Raumfahrt wie früher. Da GLAWKOSMOS weder befähigt noch befugt war, als eine Weltraumbehörde zu fungieren, gelang ihr auch keine Koordinierung der entsprechenden Aktivitäten, mangelte es ihr an programmatischer Weitsicht.

Gorbi et orbi

Wenig bekannt ist, daß es auch ein internationales »Gorbatschow-Komitee« gab, dem Wissenschaftler und Politiker verschiedener Länder aus Ost und West angehörten. Mit diesem Beratungsgremium, das von Prinz Aga Khan in der Schweiz gegründet worden war, sollte dem sowjetischen Präsidenten – Gorbi et orbi – geholfen werden, seine Ziele durchsetzen.

Dazu gehörten beispielsweise die Enkelin von USA-Präsident Eisenhower, Susan, die hier Professor Roald Sagdejew kennenlernte, den sie später heiratete.

Aus der Bundesrepublik waren der Kernphysiker Professor Hans-Peter Dürr, ein Schüler von Edward Teller, und aus der DDR als einziger Professor Heinz Stiller dabei. Letzterer wurde übrigens noch 1989 seines Amtes als Vizepräsident der Akademie enthoben und aus der Partei ausgeschlossen. Angeregt durch hier geführte Gespräche unterbreitete Gorbatschow 1988 den Vereinten Nationen Vorschläge für eine globale Ökologie, die den Aufbau eines internationalen automatischen Weltraumlabors sowie einer entsprechenden internationalen bemannten Raumstation zur Umweltüberwachung sowie ein umfassendes Regime ausschließlich friedlicher Arbeit im Weltraum einschlossen.

Der Golfkrieg und die Wiederbelebung des SDI-Programms wirkten jedoch diesem neuen Denken entgegen. Nach dem Beitritt der DDR zur BRD, dem Zusammenbruch der Sowjetunion und der Auflösung des RGW, dem sang- und klanglos auch die Forschungsgemeinschaft INTERKOSMOS folgte, ist es historisch interessant, sich anhand der »Vision 2000« von 1987 die Chancen vor Augen zu führen, die in diesem sowjetischen Programm enthalten waren.

Die kurze chronologische Übersicht berücksichtigt nur jene Projekte, in deren Vorbereitung die DDR bereits einbezogen worden war und die ihr offenstanden. Die Jahreszahl über dem Text bezieht sich auf den Starttermin des ersten oder auch einzigen Raumflugkörpers, mit dessen Hilfe das jeweilige Programm verwirklicht werden sollte. In Klammern sind die Länder und Organisationen vermerkt, die sich bereits für eine Teilnahme entschieden hatten:

1989
– AKTIVNY: Erforschung der Plasmawellen durch eine Automatische Universelle Orbitalstation (AUOS) mit »Kanonen« für das Einschießen von Strahlung sowie einem Subsatelliten auf

unterschiedlichen Bahnen (UdSSR, Bulgarien, DDR, Polen, Tschechoslowakei und Ungarn). Dieses Experiment startete am 28. September 1989 unter der Bezeichnung INTERKOSMOS 24 AKTIVNY. Der Haupt- und der Subsputnik, auf denen jeweils Langmuir-Sonden aus der DDR arbeiteten, erreichten Bahnen zwischen 500 und 2.500 Kilometern bei einem Neigungswinkel von 82,5 Grad.

– APEX: (Aktives Plasma-Experiment): Modellierung und Initiierung des Polarlichts und der Radiostrahlung im aureolen Bereich durch Haupt- und Untersatelliten mit Hilfe von »Plasmakanonen« (UdSSR, Bulgarien, DDR, Polen, Tschechoslowakei und Ungarn). Dieses Unternehmen begann als INTERKOSMOS 25 APEX am 18. Dezember 1991. Die beiden Satelliten, mit einer Langmuir-Sonde aus der DDR auf dem Subsputnik, flogen auf Bahnen zwischen 500 und 3.500 Kilometern und einem Neigungswinkel von 82,5 Grad.

1990

– INTERBOL (von international und fireball – heißes Plasma), bis 1991: Erforschung des magnetosphärischen Plasmas und der Beziehungen zwischen Sonne und Erde mit zwei Satelliten des Typs PROGNOS sowie je einem Subsputnik auf sehr unterschiedlichen Bahnen zwischen 5.000 und 200.000 Kilometern (UdSSR, Bulgarien, DDR, Kuba, Polen, Rumänien, Tschechoslowakei und Ungarn sowie Finnland, Frankreich, Kanada, Österreich, Schweden, die USA und die ESA).

– KORONAS (Korona – Gashülle der Sonne), bis 1992: Komplexe und permanente Überwachung der Sonnenaktivität von Bord eines erdnahen Satelliten (UdSSR, DDR, Tschechoslowakei und Ungarn).

1991

– SPEKTR RÖNTGEN GAMMA: Start zweier Satelliten auf Umlaufbahnen zwischen 400 und 200.000 Kilometern in der ersten Hälfte der neunziger Jahre zum besseren Verständnis vieler einstweilen noch nicht erklärbarer physikalischer Erscheinungen, wie der inneren Gebiete der Galaxiskerne, der Reste von Supernova und der Entstehung von Gamma-Ausbrüchen.

– RADIOASTRON CM: Erste Etappe bis 1996.

Groß angelegtes, langfristiges Programm von Forschungen im erdfernen Weltraum, Schaffung des größten Erde-Kosmos-Komplexes in der Geschichte der Radioastronomie, beginnend mit einem irdischen Netz von Teleskopen und Geräten auf Raumflugkörpern, die bis zu 700.000 Kilometer von der Erde wegführen.

1992

– KOLUMB (Columbus): Einsteuerung eines Satelliten in eine marsnahe Umlaufbahn, Aussetzen eines driftenden Ballons in der Atmosphäre des Nachbarplaneten, Absetzen eines Fahrzeugs »Marsochod« mit einem System von Sensoren und Probenehmern auf dem Planeten.

– RELIKT 2, bis 1993: Fortsetzung der Erforschung der kosmischen Reststrahlung, die mit dem Satelliten PROGNOS 9 und dem Experiment RELIKT begann. Die Untersuchungen erfolgen mit den Raumflugkörpern des Programms RADIOASTRON.

1993

– MONDPOLORBITER: Einsteuerung eines lunaren Satelliten in seine Umlaufbahn, die über die Pole unseres natürlichen Trabanten führt. Ziel dieses Unternehmens ist es, die Mondoberfläche global zu kartografieren und Landegebiete für weitere Forschungen auszuwählen. Damit beginnt das Programm MOND 2000 (UdSSR und USA, INTERKOSMOS und ESA).

1994

– VESTA: Start von zwei automatischen Sonden zum Mars, Absetzen von Forschungsstationen auf dem Roten Planeten, Weiterflug zum Asteroidengürtel, Umfliegen einiger dieser Kleinplaneten in unmittelbarer Nähe und Landung auf einem dieser Planetoiden, möglichst auf Vesta. Untersuchung der Möglichkeiten für die Rückführung von Gesteinsproben dieser Kleinplaneten zur Erde (UdSSR, Frankreich, USA, INTERKOSMOS und ESA).

1995

– KORONA (Krone): Erforschung des Riesenplaneten Jupiter sowie der Sonne während eines Vorbeifluges in der relativ kurzen Entfernung von fünf bis sieben Sonnenradien.

1996
- RADIOASTRON MM: Zweite Etappe des Programms bis 2000. Ausbau des gigantischen Radioteleskops mit einem Antennenabstand von Hunderttausenden Kilometern.
- MONDRÜCKSEITE: Entsendung eines Automaten, der auf der uns abgewandten Halbkugel des natürlichen Trabanten Gesteinsproben schürft und zur Erde holt.
- MARSPROBE 1: Erste automatische Expedition, die Bodenproben des Roten Planeten zur Erde holt.

1998
- MARSPROBE 2: Zweites Unternehmen dieser Art.

1999
- TITAN: Erforschung von Jupiter und Saturn sowie der Atmosphäre und Oberfläche des Saturnmondes Titan mit Hilfe von Satelliten, Landeapparaten und Ballonsonden.

2000
- MONDLABOR: Einrichtung einer automatischen Station auf dem Trabanten mit regelmäßigen Verkehrsverbindungen zur Erde.

2001
- RADIOASTRON KK: Dritte Etappe bis 2005.
Aufbau und Einsatz eines aus drei Radioteleskopen von je 30 Metern Durchmesser bestehenden Systems: Eines kreist in 36.000 Kilometern Höhe einmal am Tag um die Erde, ein zweites benötigt auf einer langgestreckten elliptischen Bahn 27 Tage oder einen Monat und das dritte in einer Entfernung von rund 1,5 Millionen Kilometern 365 Tage, ein ganzes Jahr.
- AELITA (Name des Marsmädchens in Alexej Tolstois gleichnamigem Roman): Zeitlich noch nicht fixiertes Projekt für den Start eines tieftemperaturgekühlten Ein-Meter-Telekops auf sehr hoher Umlaufbahn zur Untersuchung der kalten Materie (Staub, Molekularwolken) im Milchstraßensystem und fernen Galaxien sowie von Inhomogenitäten der kosmischen Urstrahlung.

Moskaus kosmische Triade

Leider wurden nur einige wenige dieser interessanten Projekte in Angriff genommen oder weiterverfolgt. Schon Gorbatschow kürzte die Haushaltsmittel für die Kosmonautik dreimal. Schließlich wurde in immer schnellerer Talfahrt aus der All-Macht Sowjetunion das ohnmächtige Rußland, dessen Raumfahrt am Tropf des Westens hängt. Doch Ende der achtziger und Anfang der neunziger Jahre hatte Moskau noch große Pläne für bemannte Unternehmen: Die alte Triade SALUT als ständige Orbitalstation mit einem oder zwei Kopplungsstutzen, SOJUS als Zubringerraumschiff für die Besatzungen und PROGRESS als Versorgungsraumschiff für den Nachschub sollte durch eine neue, die modulare Raumstation MIR mit sechs Dockungsaggregaten, die Schwerlastrakete »Energija«, die 100 Tonnen Nutzlast in den erdnahen Orbit befördert, und die Raumfähre BURAN (Schneesturm), die unbemannt und bemannt einsetzbar ist, ersetzt werden.

Am 26. Februar 1986 startete das 20 Tonnen schwere Basismodul MIR 1, das ursprünglich für eine Betriebsdauer von vier Jahren ausgelegt war, mit einer Proton-Rakete. Inzwischen durch Ankopplung auf sieben Module von insgesamt 130 Tonnen gewachsen, ist sie trotz Brand, Kollision und Computerausfällen nach zwölf Jahren immer noch funktionstüchtig. Am 15. Mai 1987 stieg erstmals die zweistufige Superrakete »Energija« auf, und am 15. November 1989 absolvierte die dem Space Shuttle nachempfundene Raumfähre BURAN unbemannt ihren Jungfernflug. Heute ist von den beiden letztgenannten Vehikeln nicht mehr die Rede. Sie wurden vom Winde verweht, verschrottet, verkauft, weil sie zu teuer sind. BURAN steht inzwischen im Moskauer Gorki-Park, und sein Lastraum dient als Kinosaal, während in den »Energija«-Montagehallen in Baikonur eine US-Firma Satelliten montiert.

Für die Zeit nach 1990 hatte Moskau die Orbitalstation MIR 2 vorgesehen, die über eine wesentlich größere Gesamtmasse verfügen und mehr Besatzungsmitgliedern Platz bieten sollte. Die Rede war von mehr als 200 Tonnen und bis zu zwölf Kosmonauten. Das hätte sogar die Möglichkeit eröffnet, Vertreter aller zehn Mitgliedstaaten von INTERKOSMOS gleichzeitig an Bord arbeiten zu lassen.

Für DDR-Kosmonauten wären die Chancen, auf MIR 2 mitzufliegen, wegen der attraktiven wissenschaftlich-technischen Programmbeiträge ihres Landes besonders groß gewesen.

Auf der Internationalen Luft- und Raumfahrtausstellung ILA'92 in Berlin-Brandenburg unterbreitete die Daimler-Benz Aerospace AG (DASA) einen neuen strategischen Ansatz für das europäische Raumfahrtprogramm, das die Nutzung von MIR 2 vorsah. Der damalige DASA-Chef Werner Heinzmann sagte mir dort: »Die Russen sind für die Architektur, den Aufbau und die Wartung der Raumstation MIR 2 verantwortlich, die Franzosen mit der ARIANE 5 und dem HERMES für den bemannten Transport zwischen Erde und Orbit und wir Deutschen für die Führung des Kernelements dieser EUROMIR-Station, die Nutzung und den Betrieb.« Die Autoren des Strategiepapiers versprachen sich von der Kooperation, »Europa könne mit dem Potential der GUS« seine alten Ziele »mit einem reduzierten Risiko und zu günstigen Kosten erreichen.« Doch die Amerikaner stahlen den Europäern die Schau, indem sie Verträge über die Nutzung von MIR 1 und die Zusammenarbeit beim Aufbau der Internationalen Raumstation zwischen der NASA und der RKA abschlossen. Wie mir der Kosmonaut und Raumfahrtingenieur Alexander Iwantschenko kürzlich erzählte, werden für MIR 2 konstruierte Elemente, wie das Basismodul FGB (Funktionalnij Grusowoj Blok – Basisblock) und Kopplungsstutzen für die Internationale Raumstation verwendet.

DART-Spiele in Zingst

Ein Jahr vor dem Untergang der DDR gab es noch einmal einen Höhepunkt im Rahmen der ständigen INTERKOSMOS-Arbeitsgruppe Kosmische Meteorologie.

Auf der Grundlage eines Abkommens mit der UdSSR wurde an der Ostseeküste östlich von Zingst eine meteorologische Raketensondierungsstation aufgebaut und mit dem Aufstieg von Wetterforschungsraketen begonnen. Einmal wöchentlich, in der Regel mittwochs, erfolgte die Sondierung entsprechend internationaler Vereinbarungen.

Die in der Sowjetunion dafür entwickelten und gebauten meteorologischen Raketen des Typs MMR 06M vom Kaliber 200 Millimeter hatten einschließlich Kopfteil eine Länge von etwa vier Metern und eine Startmasse von 133 Kilogramm. Das waren ungelenkte Feststoffraketen, die von einer aufrichtbaren Startrampe steil nach oben abgeschossen wurden. Bei Brennschluß nach neun Sekunden erreichten sie etwa vierfache Schallgeschwindigkeit. Dann löste sich in fünf Kilometern Höhe der pfeilförmige Kopfteil, deshalb DART (Pfeil) genannt, von der Trägerrakete und stieg wegen seiner aerodynamisch günstigen Form – Durchmesser 62 Millimeter, Länge 1,4 Meter, Masse 12,5 Kilogramm – antriebslos bis in die vorgesehene Höhe von 70 bis 80 Kilometern. Im Gipfelpunkt wurde aus dem DART eine meteorologische Sonde mit Fallschirm ausgestoßen, während der leere Kopfteil dann wieder zu Boden fiel.

Da vor Zingst nur ein beschränktes Sperrgebiet zur Verfügung stand, bedurfte es beim Start besonders sorgfältiger Berücksichtigung der Windverhältnisse am Boden, damit der Niedergang innerhalb der Sperrzone gewährleistet blieb. Das berichteten Dr. Hartwig Gernandt, Leiter der Forschungsstation Zingst, und Dr. Peter Glöde, Direktor des Aerologischen Observatoriums Lindenberg des Meteorologischen Dienstes der DDR. Sie wiesen darauf hin, daß bei den angestrebten Gipfelhöhen von über 70 Kilometern eine Abweichung der Rakete von nur einem Grad aus der Richtung der

Startvorbereitung für die meteorologische Rakete MMR-96 auf Zingst/Darß

berechneten Flugbahn den Niedergangspunkt des DART um fünf Kilometer verschieben könnte. Deswegen würde vor jedem Raketenstart mit Aufstiegen von Pilotballonen die Windgeschwindigkeit in den unteren Luftschichten, die großen Einfluß auf die Flugbahn haben, mehrfach gemessen.

Die Raketenköpfe und der Fallschirm waren das Ergebnis gemeinsamer Entwicklungsarbeit im INTERKOSMOS-Programm. Die Sonden, die später für den Einsatz auch in der Sowjetunion und in anderen sozialistischen Ländern vorgesehen waren, produzierte der VEB Werk für Fernsehelektronik Berlin. Die Wetterraketen wurden ebenso wie der Fallschirm und die wissenschaftlichen Geräte der Bodenstationen von der UdSSR bereitgestellt. Mit den DART-Raketen konnten unsere Erkenntnisse über die »Wettermaschine« vertieft werden, die darüber entscheidet, ob es auf der Erde regnet, schneit, oder ob die Sonne scheint.

Dr. Glöde, mit dem ich gemeinsam an vielen Weltraumkongressen teilnahm, antwortete mir 1982 in Tokio auf meine Frage, warum er denn nicht den Direktor des neu zu gründenden Instituts für Kosmosforschung mache: »Ich schreibe mich doch mit G und nicht mit B.« Dem für diese Funktion vorgesehenen »Hajo« Fischer jedenfalls riet er kameradschaftlich ab, diese selbstmörderische Funktion zu übernehmen. Über seine eigenen Situation und den Wechsel der Zugehörigkeit seines Instituts und des meteorologischen Dienstes vom Innenministerium zum Umweltministerium meinte er lakonisch: »Mir bleibt aber auch nichts erspart. Das ist der lange Marsch vom Hof der Polizeikaserne hinter die Abwassergrube.«

Zeittafel zur Weltraumforschung und Raumfahrt in der DDR
Vorgeschichte in der Sowjetischen Besatzungszone 1945 bis 1949

31. Mai 1945
Beendigung des Abtransports von Material für 100 Beuteraketen des Typs A4/V2 aus Thüringen in die USA.

Juni 1945
Endgültiger Abzug der US-Streitkräfte aus dem der UdSSR zustehenden Besatzungsgebiet im Harz.

5. Juli 1945
Übernahme der Besatzungsrechte in Nordthüringen durch die Rote Armee. Gründung der Sowjetischen Aktiengesellschaft SAG »Mittelwerke«.

März 1946
Die ersten beiden Raketen des Typs A4/V2 sind rekonstruiert.

Mai 1946
Gründung des Instituts für Raketenbau und –entwicklung RABE in Nordhausen.

1. August 1946
Eröffnung der Deutschen Akademie der Wissenschaften zu Berlin.

22. Oktober 1946
Beginn der Deportation deutscher Spezialisten aus der SBZ in die UdSSR.

1. November 1946
Bildung der Sektion Astronomie bei der Deutschen Akademie der Wissenschaften.

30. Oktober 1947
Start der ersten in der Sowjetunion gebauten A4/V2 in Kapustin Jar.

Von der Gründung der DDR bis zum Beginn des Raumfahrtzeitalters 1949 bis 1957

23. Mai 1949
Verkündung des Grundgesetzes der BRD.

7. Oktober 1949
Gründung der DDR.

1950
Beginn der Rückkehr deutscher Spezialisten aus der UdSSR.

1956
Raumfahrt-Ausstellung in Berlin am Alexanderplatz

Teilnahme an Weltraummissionen mit erdgebundenen Mitteln 1957 bis 1969

4. Oktober 1957
Der Start des ersten sowjetischen Sputniks eröffnet das Zeitalter der aktiven Raumfahrt und markiert den Beginn der optischen und funktechnischen Satellitenbeobachtung in der DDR.

Das Observatorium für Ionosphärenforschung in Kühlungsborn und das Heinrich-Hertz-Institut in Berlin-Adlershof übernehmen die Funktionen von Leiteinrichtungen für die Raumfahrt.

1959
Astronomie und damit Raumfahrt werden zum obligatorischen Unterrichtsfach der zehnklassigen Oberschulen.

22. Juni 1960
Gründung der Deutschen Astronautischen Gesellschaft DAG/DDR in Berlin.

17. September 1960
Aufnahme der DAG/DDR als stimmberechtigtes Mitglied in die Internationale Astronautische Föderation IAF auf ihrem Jahreskongreß in Stockholm.

1962
Gründung einer funktechnischen Satellitenbeobachtungsstation der DAG/DDR zunächst auf der Trabrennbahn Karlshorst, dann an der Ingenieurschule für Maschinenbau in Berlin-Lichtenberg.

Herbert Pfaffe und Peter Stache veröffentlichen im Militärverlag der DDR das weltweit erste »Typenbuch der Raumflugkörper«.

1963
Die DAG/DDR und der Zentrale Fachausschuß Astronomie beim Deutschen Kulturbund geben gemeinsam die Zeitschrift »Astronomie und Raumfahrt« heraus.

19. Juni 1963
Konstituierung der Kommission »Astronautik in der Schule« beim Präsidium der DAG/DDR in Berlin.

11. April 1964:
Inbetriebnahme der Funktechnischen Satellitenbeobachtungsstation der DAG/DDR in Berlin.

22. April 1964
Inbetriebnahme der Funktechnischen Satellitenbeobachtungsstation »Junge Welt« durch das Präsidium der DAG/DDR und die gleichnamige Tageszeitung auf dem Dach ihres Redaktionsgebäudes in Berlin-Mitte, die damit als einzige auf der Erde eine solche Einrichtung betreibt.

November 1965
Erste Beratung von Vertretern neun sozialistischer Staaten über gemeinsame Weltraumforschung in Moskau.

8. Mai 1966
Gründung des Kosmonautenzentrums beim Pionierhaus »Juri Gagarin« in Karl-Marx-Stadt als einzigartige Erziehungs- und Lehreinrichtung.

15. bis 20. November 1966
Zweite Beratung in Moskau, auf der folgende Entschließung verabschiedet wird:
»Zusammenarbeit der sozialistischen Länder bei der Erforschung und Nutzung des Kosmischen Raumes für friedliche Zwecke.«

5. bis 13. April 1967
Vereinbarung der Sozialistischen Staaten über das Programm SOTRUDNITSCHESTWO (Zusammenarbeit) für gemeinsame Weltraumunternehmen in Moskau.

14. Juni 1968
Beschluß über die Bildung ständiger Arbeitsgruppen für Kosmische Physik, Kosmische Meteorologie, Kosmische Nachrichtenverbindungen sowie Kosmische Medizin und Biologie.

5. August 1968
Vorlage des Entwurfs eines »Vertrages zur Schaffung eines internationalen Fernmeldesystems mittels künstlicher Erdsatelliten« (INTERSPUTNIK) durch die Sowjetunion vor der UNO.

20. Dezember 1968
Start des sowjetischen Erdsatelliten KOSMOS 261 (Perigäum 217 Kilometer, Apogäum 670 Kilometer, Bahnneigung 71,0 Grad) zur Erforschung der oberen Erdatmosphäre und

des Nordlichts als erster »Sputnik der Freundschaft«. An der Vorbereitung und Auswertung des Unternehmens sind Spezialisten aus sieben Ländern, darunter der DDR, beteiligt.

1969
Das Zentralinstitut für solar-terrestrische Physik (Heinrich-Hertz-Institut) in Berlin-Adlershof übernimmt die Rolle als alleinige Leiteinrichtung für Raumfahrt.

Teilnahme an Weltraummissionen mit Bordgeräten auf Raumflugkörpern 1969 bis 1989 (in Klammern die Bahndaten: Perigäum – erdnächster Punkt, Apogäum – erdfernster Punkt in Kilometer, Bahnneigung zum Äquator in Grad, zusätzlich dazu Vorstellung der Beiträge der DDR).

14. Oktober 1969
Start des ersten Gemeinschaftssatelliten INTERKOSMOS 1 zur Messung der solaren Ultraviolett- und Röntgenstrahlung (254/626/48,3) mit Lyman-Alpha-Fotometer, Sender 136 MHz und Stromversorgungsblock.

25. Dezember 1969
Start des Satelliten INTERKOSMOS 2 für Ionosphärenforschung und funktechnische Experimente (200/1.178/48,4) mit Majak-Sender 20 MHz und 30 MHz sowie Zwischenspeicher.

1970
Die Leiter der nationalen Koordinierungskomitees der sozialistischen Staaten beschließen auf ihrer Tagung in Wroclaw (Breslau) die Umbenennung des Programms in INTERKOSMOS.

20. Januar 1970
Start des zweiten »Sputniks der Freundschaft« KOSMOS 321 (280/507/71,0) zur Erforschung der Hochatmosphäre und Ionosphäre.

13. Juni 1970
Start des dritten »Sputniks der Freundschaft« KOSMOS 348 (212/680/71,0) zur Untersuchung des Einflusses der Sonnenaktivität auf die Hochatmosphäre.

14. Oktober 1970
Start des Gemeinschaftssatelliten INTERKOSMOS 4 (263/668/48,5) zur Erforschung des Einflusses der

Sonnenstrahlung auf die Erdatmosphäre mit Lyman-Alpha-Fotometer, Sender 136 MHz und Stromversorgungsblock.

28. November 1970
Start der ersten gemeinsamen geophysikalischen Höhenforschungsrakete VERTIKAL 1 (Gipfelhöhe 487 Kilometer) mit Lyman-Alpha-Fotometer, Hochfrequenz-Kapazitätssonde sowie der Automatischen Meß-Anlage AMA am Boden.

2. Dezember 1970
Start des vierten »Sputniks der Freundschaft« KOSMOS 381 (985/1.023/74,0) zur Ionosphärenforschung.

20. August 1971
Start von VERTIKAL 2 (463 Kilometer) mit Lyman-Alpha-Fotometer, Hochfrequenz-Kapazitätssonde und Bodenprogramm.

November 1970
Zusammenschluß der INTERKOSMOS-Staaten zur Nachrichtensatelliten-Organisation INTERSPUTNIK.

24. November 1970
Erster Start einer Serie (bis 1973) von sechs meteorologischen Raketen des Typs MR-12, die bis zu 164 Kilometern Höhe aufsteigen, die DDR trägt dazu Gerdienkondensatoren und Hochfrequenz-Kapazitätssonden bei.

1972
Die Forschungsstelle für Kosmische Elektronik in Berlin-Adlershof übernimmt die Funktion der Leiteinrichtung für Raumfahrt.

30. Juni 1972
Start des Meßsatelliten INTERKOSMOS 7 zur Erforschung der Sonnenstrahlung (267/568/48,4) mit Lyman-Alpha- und Schumann-Runge-Fotometer, Sender 136 MHz und Stromversorgungsblock.

30. November 1972
Start des Gemeinschaftssatelliten INTERKOSMOS 8 (274/679/71,0) zur Erforschung der Hochatmosphäre und Ionosphäre sowie der Registrierung von Elektronen- und Protonenströmen mit Majak-Sender 20 MHz und 30 MHz sowie Zwischenspeicher.

29. November 1973
Erster Start einer Serie (bis 1975) von 13 meteorologischen Raketen M-100, die bis zu 96 Kilometer aufsteigen, und für die von der DDR Orientierungsgeber, Sender MSP-1 und MSP-2, Gerdienkondensatoren, Telemetriekomplexe, Quarz-Ultravioett-Fotometer, Langmuirsonden und Lyman-Alpha- Fotometer zur Verfügung gestellt werden.

30. Dezember 1973
Start von INTERKOSMOS 10 (265/1.447/74,0) zur Untersuchung der Wechselwirkung zwischen Magnetosphäre und Ionosphäre mit einem Elektronikblock für die Langmuir-Sonde.

1974
Das Institut für Kosmosforschung (IKF) in Berlin-Adlershof übernimmt die Aufgabe der Leiteinrichtung für Raumfahrt.

17. Mai 1974
Start des Solarstrahlungs-Meßsatelliten INTERKOSMOS 11 (484/523/50,7) mit Fotometerblock, Lyman-Alpha, Schumann-Runge- und Quarz-Ultraviolett-Fotometer, Elektronikblock für sowjetisches Röntgenpolarimeter sowie Stromversorgungsblock.

31. Oktober 1974
Start des Plasma-Meßsatelliten INTERKOSMOS 12 (264/708/74,1) zur Komplexuntersuchung von Hochatmosphäre, Ionosphäre und Meteoritenteilchen mit Hochfrequenz-Kapazitätssonde und Zwischenspeicher.

2. September 1975
Start von VERTIKAL 3 (502 Kilometer) mit Lyman-Alpha- und Schumann-Runge-Fotometer, Fotoelektronen-Analysator, Hochfrequenz-Kapazitätssonde sowie Dispersions-Interferometer.

Spätherbst 1975
Beginn der Arbeiten an der Multispektralkamera MKF-6 und der Auswerteapparatur MSP-4 im VEB Carl Zeiss Jena

1976
Abschluß des ersten einer Reihe von Regierungsabkommen über die Zusammenarbeit im Weltraum zwischen den Regierungen der UdSSR und der DDR, die jeweils für fünf Jahre gelten und automatisch verlängert werden.

15. Mai 1976
Start des meteorologischen Meßsatelliten METEOR 1-25 (865,6/907,7/81,2) mit dem spektrometrischen Komplex SI-1 (Infrarot-Fourier-Spektrometer, Elektronik-Block und Magnetbandspeicher).

19. Juni 1976
Start des Testsatelliten INTERKOSMOS 15 (487/521/74,0) für das Einheitliche Telemetrie-System ETMS-1, das gemeinsam von der UdSSR, der CSSR, der DDR, Polen und Ungarn entwickelt wurde und für den die DDR den Wortformungs- und Kodierungsblock sowie den Digital-Magnetbandspeicher beitrug. Zum ersten Mal wurde die neue Raumflugkörper-Generation AUOS (Automatische Universelle Orbitalstation) mit drei- bis vierfach größerem Volumen als vorangegangene INTERKOSMOS-Satelliten eingesetzt.

Juli 1976
Auf der Tagung der INTERKOSMOS-Partner in Moskau werden die Kriterien festgelegt, nach denen die Auswahl für Raumflugkandidaten aus allen Teilnehmerländern erfolgt.

27. Juli 1976
Start des Solarstrahlungs-Meßsatelliten INTERKOSMOS 16 (465/523/50,6) mit Schumann-Runge- und Quarz-UV-Fotometer, Sender 136 MHz und Stromversorgungsblock.

14. September 1976
Die Delegationen der INTERKOSMOS-Partner beschließen in Moskau, daß von 1978 bis 1983 Bürger aller ihrer Mitgliedstaaten an Flügen sowjetischer Raumschiffe und Orbitalstationen teilnehmen werden.

15. September 1976
Start des bemannten sowjetischen Raumschiffs SOJUS 22 mit Dr.-Ing. Waleri Bykowski und Dr.-Ing. Wladimir Axjonow (200/280/65,0) zum Experiment RADUGA für die achttägige Erprobung der Multispektralkamera MKF-6 aus der DDR.

14. Oktober 1976
Start von VERTIKAL 4 (1.512 Kilometer) mit Lyman-Alpha- und Schumann-Runge-Fotometer, Fotoelektronen-Analysator und Hochfrequenz-Kapzitätssonde.

1. Dezember 1976
Die erste Gruppe von Interkosmonauten – je zwei aus der CSSR, der DDR und aus Polen – beginnt ihre Vorbereitungen im Kosmonautenausbildungszentrum »Juri Gagarin« bei Moskau.

29. März 1977
Start des Forschungssatelliten KOSMOS 900 (457/522/82,9) mit Lyman-Alpha-Fotometer.

29. Juni 1977
Start des meteorologischen Meßsatelliten METEOR 1-28 (602/685/98,0) mit dem spektrometrischen Komplex SI-1 (Infrarot-Fourier-Spektrometer).

3. August 1977
Start des Biosputniks KOSMOS 936 (224/419/62,8) zu vergleichenden Untersuchungen des Einflusses der Schwerelosigkeit auf Tiere und Pflanzen. Rückkehr am 21. August.

28. September 1977
Start der sowjetischen Orbitalstation SALUT 6 (350/51,6), zu deren ständiger Ausrüstung die Multispektralkamera MKF-6 gehört.

26. August 1978
Start des Raumschiffes SOJUS 31 zum ersten Gemeinschaftsflug UdSSR-DDR mit Waleri Bykowski und Sigmund Jähn, dem ersten Deutschen im All. Nach der Kopplung mit der Orbitalstation SALUT 6 werden gemeinsam mit der Stammbesatzung, Wladimir Kowaljonok und Alexander Iwantschenkow, in sieben Tagen 22 verschiedene Experimente mit elf modifizierten oder neuentwickelten Geräten aus der DDR durchgeführt. Rückkehr am 3. September mit SOJUS 29.

24. Oktober 1978
Start des Plasma-Meßsatelliten INTERKOSMOS 18 (407/768/83,0) mit zylindrischer und sphärischer Langmuir-Sonde, ebener Ionen-Falle und Einheitlichem Telemetriesystem ETMS-1.

1979
Anlaufen der IKF-Projekte »Infrarot-Fourier-Spektrometer für die Venus« (PMV, bis 1984) und »Mehrkanal-Spektrometer für SALUT und MIR« (MKS-M, bis 1988).

25. Januar 1979
Start des meteorologischen Meßsatelliten METEOR 1-29 (628/656/98,0) mit dem spektrometrischen Komplex SI-1 (Infrarot-Fourier-Spektrometer).

25. September 1979
Start des Biosputniks KOSMOS 1129 (226/406/62,8) zu Untersuchungen des Einflusses der Dauerschwerelosigkeit auf Tiere und Pflanzen. Rückkehr am 14. Oktober.

1. November 1979
Start des technologischen Testsatelliten INTERKOSMOS 20 (467/523/74,0) mit dem neuentwickelten Datensammelsystem SSPI sowie dem Mehrkanal- Spektrometer MKS einschließlich Telemetrie.

1980
Anlaufen des IKF-Projektes »Gerät für Materialwissenschaften (ARP, bis 1990).

1981
Anlaufen der IKF-Projekte »Magnetometer für PHOBOS« (FGMM-1, bis 1989) und »Verbesserte Langmuir-Sonden für Plasma-Meßsatelliten INTERKOSMOS« (bis 1990).

6. Februar 1981
Start des Gemeinschaftssatelliten INTERKOSMOS 21 (475/520/74,0) mit dem Datensammelsystem SSPI sowie dem Mehrkanal-Spektrometer MKS einschließlich Telemetrie.

1982
Das Institut für Kosmosforschung IKF in Berlin-Adlershof übernimmt die Funktion der Leiteinrichtung für Raumfahrt.

19. April 1982
Start der sowjetischen Orbitalstation SALUT 7 (350/51,6) mit dem Automatischen Registrator für Prozeßdaten ARP aus der DDR.

1983
Anlaufen der IKF-Projekte »Autonomes Orientierungssystem« (ASTRO-1, bis 1988) und »Bodenkomplex für Bildbearbeitung VEGA« (bis 1986).

2. März 1983
Start des Anbaumoduls KOSMOS 1443 für SALUT 7/MIR (350/51,6) mit dem Mehrkanal-Spektrometer MKS-M aus der DDR.

2. Juni 1983
Start der interplanetaren Sonde VENERA 15 in der UdSSR mit einem Infrarot-Spektrometer aus der DDR. Messungen ab 10. Oktober im 24-stündigen Venus-Orbit.

7. Juni 1983
Start der interplanetaren Sonde VENERA 16 mit einem Infrarot-Fourier-Spektrometer aus der DDR. Messungen ab 14. Oktober.

14. Dezember 1983
Start des Biosputniks KOSMOS 1514 (226/288/82,3) zur Untersuchung des Einflusses der kurzzeitigen Schwerelosigkeit auf Tiere und Pflanzen. Rückkehr am 19. Dezember.

1984
Anlaufen des IKF-Projektes »Digitaler Wetterbildempfang« (W 4, bis 1989).

17. Dezember 1984
Start der interplanetaren Sonde VEGA 1 mit bodengestützten Bildbearbeitungskomplexen aus der DDR zum Vorbeiflug an der Venus und späterer Bahnkorrektur in Richtung des Kometen Halley.

21. Dezember 1984
Start der interplanetaren Sonde VEGA 2 mit der gleichen Aufgabenstellung wie VEGA 1.

1985
Anlaufen des IKF-Projektes »Scanner für PRIRODA-Modul« (MOS, bis 1990).

10. Juli 1985
Start des Biosputniks KOSMOS 1667 (222/297/82,3) zur Untersuchung des kurzzeitigen Einflusses der Schwerelosigkeit auf Tiere und Pflanzen. Rückkehr am 17. Juli.

1988
Anlaufen der IKF-Projekte »Kamera für MARS 94« (WAOSS, bis 1990) und »Fourier-Spektrometer für MARS 94 (MAREMF, bis 1990).

7. Juli 1988
Start der interplanetaren Sonde PHOBOS 1 mit Magnetometer, Bilddatenspeicher und Laserbauteilen aus der DDR zur Untersuchung des Marsmondes Phobos aus Nahdistanz. Leider ging der Kontakt am 2. September verloren.

12. Juli 1988
Start der interplanetaren Sonde PHOBOS 2 mit gleicher Ausstattung und Aufgabenstellung wie PHOBOS 1. Leider ging der Kontakt am 27. September verloren.

1989
Anlaufen der IKF-Projekte »Kristalle für Bragg-Spektrometer« (SODART, bis 1990) und »Flugzeug-Aufnahmesystem« (EFAS, bis 1990).

28. September 1989
Start des Plasma-Meßsatelliten INTERKOSMOS 24 AKTIVNY (500/3.500/82,5) mit Langmuir-Sonden auf dem Haupt- und dem Subsputnik.

26. November 1989
Start des MODULS D (QUANT 2) für die Orbitalstation MIR (350/51,6) mit Multispektralkamera MKF-6A, Orientierungskomplex ASTRO-1 und Mehrkanal-Spektrometer MSK-M2 aus der DDR.

Teilnahme an Weltraummissionen mit Bordgeräten auf Raumflugkörpern nach Anschluß der DDR an die BRD 1991 bis 1992.

18. Dezember 1991
Start des Plasma- Meßsatelliten INTERKOSMOS 25 APEX (500/3.500/82,5) mit Langmuir-Sonde auf dem Subsputnik.

19. Dezember 1992
Start des Biosputniks KOSMOS 2229 (217/366/62,8) zur Untersuchung des Einflusses der Schwerelosigkeit auf Tiere und Pflanzen. Laut »Einigungsvertrag« erfolgten diese beiden Missionen als Überhang aus den Vereinbarungen der DDR mit der UdSSR.

Via ESA zu ALPHA

Raumfahrtaktivitäten in den Neuen Bundesländern von 1990 bis 1998

Retten, was zu retten ist

Nach mehr als einem Vierteljahrhundert Mitgliedschaft der Gesellschaft für Weltraumforschung und Raumfahrt der DDR (GWR) in der Internationalen Astronautischen Föderation (IAF) erhielten wir zu unserer Freude 1988 den Zuschlag, den 41. Internationalen Astronautischen Kongreß 1990 in Dresden auszurichten. Diese Ehre war der Bundesrepublik bereits mehrmals zuteil geworden – 1952 in Stuttgart, 1970 in Konstanz und 1979 in München. Professor Ralf Joachim, Präsident der GWR und Vizepräsident der IAF, wurde zum Vorsitzenden des Organisationskomitees erkoren.

Auf dem 40. IAF-Kongreß 1989 in Torremolinos an der spanischen Costa del Sol nahe Malaga, wo er und André Lang, der erste Stellvertreter des Oberbürgermeisters von Dresden, Bericht über den Stand der Vorbereitungen in Elbflorenz erstatteten, sagte mir Professor Reimar Lüst, der damalige Generaldirektor der ESA: »Daß das im zweiten Weltkrieg so schwer geprüfte Dresden als Tagungsort gewählt wurde, steht im Einklang mit dem eben beschlossenen Motto unserer Arbeit für das Jahr 1990 ›Weltraum für Frieden und Fortschritt‹«.

Infolge der instabilen politischen Situation in der DDR drohte jedoch der Kongreß in Dresden zu platzen. Erich Honecker, der als Staatsratsvorsitzender die Schirmherrschaft über diese internationale Veranstaltung übernommen hatte und sie für einen außenpolitischen Auftritt nutzen wollte, mußte am 18. Oktober 1989 von seinen Partei- und Staatsämtern zurücktreten. Die Regierungen von Hans Modrow und Lothar de Maizière, die nur wenige Monate existierten, hatten andere Sorgen. Die GWR stand kurz davor, einen Offenbarungseid zu leisten und den IAF-Kongreß abzusagen.

Um die nachfolgenden Ereignisse auf dem Sektor der Weltraumforschung und Raumfahrt in beiden deutschen Staaten zu verstehen, ist es erforderlich, sich die rasante und dynamische Entwicklung zu vergegenwärtigen, die zwischen dem 40. Jahrestag der

DDR am 7. Oktober 1989 und ihrem Beitritt zur Bundesrepublik am 3. Oktober 1990 ablief. Keine der beiden Seiten hatte für die Vereinigung ein Konzept, geschweige denn war sie im geringsten darauf vorbereitet. Deutlich lassen sich zwei Phasen des historischen Prozesses unterscheiden: Die erste umfaßt die Zeit von der Maueröffnung bis zu den Volkskammerwahlen und ist gekennzeichnet durch eine gewisse Doppelherrschaft von Regierung und Rundem Tisch, an dem es noch Illusionen von einem »dritten Weg« oder einer »besseren DDR« gab. In seiner Regierungserklärung schlug Dr. Modrow eine Vertragsgemeinschaft beider deutscher Staaten vor. Bundeskanzler Helmut Kohl antwortete mit einem Zehn-Punkte-Programm, in dem es hieß: »Wir sind bereit, diesen Gedanken aufzugreifen...Diese Zusammenarbeit wird zunehmend auch gemeinsame Institutionen erfordern. Bereits bestehende Kommissionen können neue Aufgaben erhalten, weitere Kommissionen können gebildet werden. Ich denke dabei insbesondere an die Bereiche Wirtschaft, Verkehr, Umweltschutz, Wissenschaft und Technik, Gesundheit und Kultur...Wir sind aber auch bereit, einen entscheidenden Schritt weiterzugehen, nämlich konföderative Strukturen zwischen beiden deutschen Staaten zu entwickeln, mit dem Ziel, danach eine Föderation, das heißt eine bundesstaatliche Ordnung in Deutschland zu schaffen.«

Doch schon bei dem Treffen von Kohl und Modrow am 19. Dezember 1989 in Dresden begann sich eine strategische Veränderung abzuzeichnen. Mit der Demonstrationslosung »Wir sind das Volk!« wurde für die Reisefreiheit und freie Wahlen mobilisiert, Ziele, die mit der Grenzöffnung und den Volkskammerwahlen erreicht waren. Ihr folgte die Aktionslosung »Wir sind ein Volk!«, die eine schnelle Vereinigung forderte. Berliner Intellektuelle meinten sarkastisch: »Aldi baldi statt Garibaldi.« Diesem elementaren Druck wurde durch die Währungs-, Wirtschafts- und Sozialunion vom 1. Juli 1990 Rechnung getragen, die dem DDR-Bürger die lang ersehnte D-Mark brachte. Nun dauerte es nur noch acht Wochen, bis die Volkskammer den Beitritt der DDR zur Bundesrepublik beschloß.

Für die Weltraumforschung und Raumfahrt in Ostdeutschland glich das einer Katastrophe, brachen doch über Nacht die

Verbindungen zu ihrem Hauptpartner Sowjetunion weg, auf dessen Bedürfnisse sie fast ausschließlich orientiert war. Professor Joachim, stellvertretender Vorsitzender des Koordinierungskomitees INTERKOSMOS und des Instituts für Kosmosforschung, erinnerte sich: »Im April 1990 fand in Paris eine Beratung des Büros der IAF statt, dem ich angehörte. Zu diesem Zeitpunkt war mir bereits klar, daß die Entwicklung auf eine Wiedervereinigung hinauslief. Deshalb führte ich dort Gespräche mit Professor Walter Kroll, dem Präsidenten der Deutschen Forschungsanstalt für Luft- und Raumfahrt (DLR) in Köln-Porz, und Professor Heinz Stoewer, dem Geschäftsführer für Raumfahrtnutzung der Deutschen Agentur für Raumfahrt-Angelegenheiten (DARA) in Bonn. Beide sagten mir Unterstützung bei der Vorbereitung der Dresdener Veranstaltung zu. Im Monat darauf kam Professor Wolfgang Wild, der Generaldirektor der DARA, zu uns nach Berlin, um die weitere Zusammenarbeit zu beraten. Dank dieser aktiven Unterstützung erhielten wir durch das Bundesministerium für Forschung und Technologie finanzielle Mittel in Höhe von einer Million D-Mark, die es gestatteten, den IAF-Kongreß mit internationalem Standard durchzuführen, an dessen Vorbereitung nun auch Vertreter der DLR mitwirkten.«

Die eilige Dreieinigkeit

Natürlich spielte für diese Entscheidung eine Rolle, daß der damalige Bundesforschungsminister Dr. Heinz Riesenhuber ein engagierter Befürworter der Raumfahrt war. Im Ministerium zeichnete zu dieser Zeit Dr. Jan-Baldem Mennicken für die Luft- und Raumfahrt verantwortlich, der später zum Generaldirektor der DARA berufen wurde. Der knappe D-Mark-Fonds des IKF hätte nicht ausgereicht, um einen ordnungsgemäßen Ablauf des IAF-Kongresses zu gewährleisten. So wurde ein bedeutsames internationales Ereignis, das am Tag nach der deutschen Einheit in der Kulturmetropole eines neuen Bundeslandes begann, zum Prüfstein für die Zusammenarbeit zwischen den beiden Raumfahrtbereichen in Ost und West. Doch der IAF-Kongreß war nur ein Problem, wenn

April 1993: Bei der zweiten deutschen Spacelab-Mission D2 wird eine modifizierte Multispektralkamera eingesetzt

auch ein besonders dringliches. Viel größer waren die anderen Probleme, die noch gelöst werden mußten. Den Untergang der DDR und damit ihrer Raumfahrt vor Augen, galt es zu retten, was noch zu retten war – Projekte, Programme und nicht zuletzt Personal. Immerhin arbeiteten etwa 1.000 Wissenschaftler und Techniker Ostdeutschlands in diesem Bereich. Deshalb vereinbarten das IKF als Leiteinrichtung für Weltraumforschung in der DDR mit rund 400 Mitarbeitern und die DLR mit etwa 2.500 Mitarbeitern auf diesem Gebiet, unterstützt von der DARA, sofort mit der Zusammenarbeit zu beginnen. Für diese eilige Dreieinigkeit Berlin-Bonn-Köln, die schnelle Hilfe bringen wollte, standen folgende Fragen im Vordergrund:
– Welche Verpflichtungen der DDR aus dem INTERKOSMOS-Programm sollten weitergeführt werden?
– Wie läßt sich das Adlershofer Akademieinstitut in die völlig anders strukturierte Wissenschaftslandschaft der Bundesrepublik eingliedern?

– Welche Zukunft haben die in das INTERKOSMOS-Programm einbezogenen Industriebetriebe und andere Einrichtungen?
– Was muß getan werden, um möglichst vielen der hochqualifizierten Wissenschaftler und Techniker aus diesem Bereich den Arbeitsplatz zu erhalten?

Die drei Partner einigten sich zunächst auf drei Schwerpunkte:
– In der Erdfernerkundung und Umweltforschung wird die DDR-Mitarbeit am sowjetischen Fernerkundungsmodul PRIRODA für die Orbitalstation MIR fortgesetzt – durch den Modularen Optoelektronischen Multispektral-Stereo-Scanner MOMS-02P.
– In der Planetenforschung nehmen beide deutsche Staaten gemeinsam an der Vorbereitung der internationalen Mission auf der sowjetischen Tiefraumsonde MARS 94 teil. Die am IKF begonnenen Arbeiten am WAOSS (Wide Angle Optoelectronic Stereo Scanner – Optoelektronisches Weitwinkel-Stereo-Abtastsystem) werden weitergeführt.
– In der bemannten Raumfahrt unterstützen beide Seiten den Mitflug eines westdeutschen Kosmonauten in einem SOJUS-Raumschiff zur MIR-Station (GERMIR 92).

Deutsch-deutsche Kooperation

Professor Joachim erinnerte sich an die ersten Beratungen mit Vertretern der DLR und der DARA: »Wir sprachen vor allem über die laufenden Arbeiten für das INTERKOSMOS-Programm. Die einzelnen Projekte wurden von mir vorgestellt und dann gemeinsam geprüft und bewertet. Für die Entscheidung über eine Weiterführung gab es zwei Hauptkriterien: Handelt es sich um ein High-Tech-Gerät, und fördert das Experiment die Weiterführung der Kooperation mit der Sowjetunion? Schon Mitte des Jahres 1990, also Monate vor der Wiedervereinigung, wurden von der DARA finanzielle Förderungsmittel für die befürworteten Projekte zur Verfügung gestellt.«

Den hohen wissenschaftlich-technischen Stand der Weltraumgeräte »made in GDR« unterstrich Professor Gerhard Neukum von der DLR in den »VDI-Nachrichten«, der Zeitschrift der Vereinigung Deutscher Ingenieure vom 6. Juni 1990, mit folgender Bemerkung:

»Vor einem Jahr, als die deutsch-deutsche Kooperation noch nicht möglich war, fiel meine erste Wahl für eine Mars-Kamera auf die italienische Firma Officine Galileo. Heute ist meine erste Wahl Jena Optik.« Und Professor Lüst erklärte mir noch vor dem IAF-Kongreß in Dresden:

»Bei Ihnen gibt es jahrzehntelange Erfahrungen auf dem Gebiet der Raumfahrt, besonders was den wissenschaftlichen Gerätebau betrifft. Es existieren bereits Vereinbarungen zwischen Ihrem Institut für Kosmosforschung in Berlin-Adlershof, der Deutschen Forschungsanstalt für Luft- und Raumfahrt in Köln-Porz und dem Weltrauminstitut in West-Berlin. Ihr Kosmonaut Dr. Sigmund Jähn ist ein gefragter Partner für seine westdeutschen Kollegen, die sich auf MIR'92 vorbereiten. Ich bin überzeugt, daß das vereinte Deutschland seine Zukunft in der Raumfahrt als aktiver Mittler zwischen Ost und West finden wird, denn in keinem anderen Land der Welt haben Wissenschaftler so lange und so intensiv mit den führenden Raumfahrtnationen UdSSR und USA zusammengearbeitet.«

Ende Juni 1990 fand in Garmisch-Partenkirchen die 39. Jahrestagung der Hermann-Oberth-Gesellschaft (HOG) statt, die ihren Sitz in Bremen hatte. Mitglieder der GWR, die seit längerem zur HOG gute Beziehungen pflegten, waren eingeladen. Beide Seiten strebten sogar eine Fusion an, die jedoch von der Entwicklung überholt wurde. Auf dieser Veranstaltung jedenfalls herrschte Übereinstimmung darüber, daß ein vereinigtes Deutschland die historische Chance habe, einen wichtigen Beitrag zur gesamtdeutschen Raumfahrt zu leisten. So könnte es gleichzeitig aktiver Partner der beiden großen internationalen Weltraumorganisationen in Ost und West, der ESA und INTERKOSMOS, sein, denen 25 Staaten angehörten. Das allerdings hätte vorausgesetzt, daß die Regierung der neuen und größeren Bundesrepublik die Verpflichtungen beider Teilstaaten übernimmt. Das Regierungsabkommen INTERKOSMOS, dem die DDR verpflichtet war, lief seit 1976 für jeweils fünf Jahre und verlängerte sich automatisch, wenn keine Kündigung erfolgte. 1991 ging die dritte Etappe zu Ende. Im selben Jahr löste sich die Sowjetunion auf, und INTERKOSMOS ging sang- und klanglos ein.

Am Tag nach der Einheit

Der 40. Internationale Astronautische Kongreß begann einen Tag nach dem Beitritt der DDR zur BRD in Dresden als erste gesamtdeutsche Veranstaltung auf dem Gebiet der Raumfahrt. Mit 1.500 Teilnehmern aus mehr als 40 Ländern der Welt wurde er zu einem großen Erfolg. Bundesforschungsminister Dr. Heinz Riesenhuber erklärte dort: »Die Ost-West-Kooperation auf breitere, leistungsfähigere und wirtschaftlichere Basis zu stellen, ist eine Herausforderung für Europa.«

Viele der Experten trafen sich an der Elbe seit langen Jahren wieder oder überhaupt zum ersten Mal. Die DDR-Delegationen zu früheren IAF-Kongressen waren stets nur einem kleinen Kreis von »Reisekadern« für das NSW (Nichtsozialistisches Währungsgebiet) vorbehalten. Selbst Veranstaltungen in den RGW-Ländern konnten von DDR-Bürgern nur mit Visum und auf eigene Kosten besucht werden. So gestaltete sich Dresden in diesen Tagen zu einer bisher einzigartigen Stätte internationaler Begegnungen. Welche Euphorie im Honigmond der Vereinigung herrschte, mögen folgende Vorschläge und Vorstellungen deutlich machen, die damals ernsthaft diskutiert wurden:

– Die ESA in Paris und INTERKOSMOS in Moskau sollten sich zu einer gesamteuropäischen Weltraumorganisation unter dem Namen United European Space Agency (UESA) oder EUROKOSMOS mit Sitz in Berlin vereinigen. Doch plötzlich gab es den östlichen Partner nicht mehr.

– Das neue Bundesland mit dem alten Namen Brandenburg war ausersehen für einen internationalen Raumfähren-Landeplatz, auf dem das amerikanische Space Shuttle, der sowjetische BURAN und der europäische HERMES niedergehen konnten. Als besonders geeigneter Standort galt der sowjetische Militärflugplatz Templin in der Uckermark, der spätestens bis 1994 frei werden sollte. Seine geographische Lage böte auch für die Rückkehr aus Bahnen mit hohem Neigungswinkel von bis zu 65 Grad gute Voraussetzungen. Doch BURAN und HERMES sind längst vom Winde verweht, und der Flugplatz am Ende der Mecklenburgischen Seenplatte existiert nicht mehr.

Am 2. Oktober 1990 hörte die DDR auf zu existieren. Dennoch fand, wie dem Kongreß-Logo zu entnehmen ist, vom 6. bis 13. Oktober 1990 in »Dresden DDR« die XXXXI. IAF-Tagung statt

– Der vom Meteorologischen Dienst der DDR betriebene Startplatz für Wetterforschungsraketen und Ozonsonden in Zingst (Mecklenburg/Vorpommern) könnte im Interesse aller europäischer Länder weiterbetrieben werden. Doch nach zwölf Raketenaufstiegen, die 1992 noch erfolgten, kam das Aus.
– Peenemünde wiederum, das so lange mit einem Tabu belegt war, konnte sich verschiedener Vorschläge erfreuen, die von einer Raketen-Gedenkstätte bis zu einem Raumfahrtpark á la Disneyland reichten. Geblieben ist ein Museum, das immer noch

Streitobjekt zwischen jenen ist, die Peenemünde als »Wiege der Raumfahrt« verherrlichen und denen, die es als »Tor zur Hölle« verteufeln. Beide Extreme sind historisch nicht akzeptabel, die Wahrheit liegt zwischen Himmel und Hölle. Eine Wiege der Raumfahrt gibt es ebensowenig wie eine Wiege der Luftfahrt oder eine der Kerntechnik. Die Entwicklungen liefen international parallel und verschachtelt. Andererseits war das A4/V2 trotz des militärischen Mißbrauchs die erste moderne Flüssigkeits-Großrakete und erreichte auf dem Gipfelpunkt ihrer ballistischen Bahn, wenn auch nur kurzfristig, den Weltraum. Da man Geschichte nicht aufarbeiten, sondern nur Lehren aus ihr ziehen kann, sollte diese Ambivalenz der Technik auf einer »Raketeninsel Peenemünde« zum Ausdruck kommen, die sowohl Erinnerungs- als auch Bildungsstätte, Touristenattraktion und Expertentreff ist.

Elite in Nöten

Die Kompetenz der Wissenschaftler und Techniker, die in der DDR auf dem Gebiet der Raumfahrt tätig waren, wurde von den Experten der Bundesrepublik nie in Frage gestellt. Das gilt vor allem für die Fachrichtungen Erdfernerkundung und Weltraumsensorik, Aufnahmetechnik und Datenauswertung, Softwareentwicklung und Energieversorgung kosmischer Systeme.

So sagte mir der erste Generaldirektor der DARA, Professor Wild: »Das Niveau der ostdeutschen Weltraumforschung und der Raumfahrtindustrie ist beachtlich. Vom Umfang her relativ klein, kann sie in gewissen Bereichen wie der Optik und Sensorik international durchaus mithalten.«

Der damalige DASA-Chef und heutige Vorstandsvorsitzende von Daimler-Benz, Jürgen Schrempp, erklärte mir kurz nach dem Dresdener IAF-Kongreß:

»Mit eigenen Augen habe ich mich davon überzeugen können, welch großartige Leistungen bei Ihnen unter zum Teil außerordentlich schwierigen Bedingungen vollbracht wurden. Es gibt keinerlei Anlaß für Gefühle der Unterlegenheit auf der einen oder

Überlegenheit auf der anderen Seite. Auf keinen Fall darf es eine Vereinnahmung geben. Lehrmeisterhaftes Auftreten ist völlig fehl am Platze und kann katastrophale Folgen haben. Natürlich lassen sich zeitweilig bestimmte Anpassungsprobleme nicht vermeiden. Aber wir sind jetzt ein Land, das seine bisher getrennten Potentiale vereinen und in dem jeder dazulernen muß. Mein Wunsch ist, daß dies partnerschaftlich geschieht, durch gegenseitiges, ehrliches Geben und Nehmen. Dazu müssen wir uns an einen Tisch setzen und Vorurteile vorher an der Garderobe abgeben. Den Partnern aus den Neuen Bundesländern muß aber auch gesagt werden, daß sie ihr Licht nicht unter den Scheffel stellen dürfen. Klappern gehört in der Marktwirtschaft nun einmal zum Handwerk...«

Trotz dieser schönen Worte brach die Marktwirtschaft mit ihren vier apokalyptischen Reitern – Arbeitslosigkeit, Ellbogenmentalität, Leistungsdruck und Konsumterror – gleich einer Naturkatastrophe über die Bürger der Neuen Bundesländer herein. Sie brachte auch die Wissenschaftler und Techniker der Raumfahrt in Nöte, obwohl sie zur Elite des alten und des neuen Wirtschaftssystems gehörten.

Dennoch fand der größere Teil von ihnen Arbeit auf dem eigenen Fachgebiet – eine Ausnahme im Verhältnis zu den anderen natur- und ingenieurwissenschaftlichen Disziplinen. Hauptursache dafür war, daß ihre Leistungen dem internationalen High-Tech-Level entsprachen und sie für die von Bonn angestrebte Kooperation mit Rußland unentbehrlich waren.

Aber auch der Druck, den die DARA ausübte, hatte daran einen entscheidenden Anteil. Dazu sagte mir Dr. Zickler: »Daß der größte Teil der Zeissianer aus der Raumfahrtabteilung und der Neustrelitzer von der Satellitenbodenstation ihre Arbeit behielten, ist der Förderung durch die DARA zu verdanken, für die sich Persönlichkeiten wie Professor Stoewer äußerst aktiv einsetzten. Hinzu kommt, daß die Raumfahrtleute der ganzen Welt ein närrisches Volk sind, die eine Herausforderung verbindet, die es in dem Maße auf anderen Feldern nicht gibt. Die Spezialisten beider deutscher Staaten kannten sich seit langem gut von internationalen Veranstaltungen und Weltraumunternehmen sowie durch Dokumentationen und Informationen.«

Seit 1991 standen dann offizielle Mittel für die Förderung der Raumfahrt in den Neuen Bundesländern im Rahmen des Programms »Aufschwung Ost« zur Verfügung. Für ihren richtigen Einsatz spielte sicher auch die Tatsache eine Rolle, daß einige kompetente Experten der DDR von der DARA übernommen wurden – wenn es dort auch nie mehr als elf NBL-Leute von insgesamt 285 Mitarbeitern gab. So war Professor Joachim vom Juni 1991 bis Dezember 1997 in Bonn tätig – zunächst im Bereich Raumfahrtnutzung, dann als Leiter der Koordinierung, später als Beauftragter für die neuen Bundesländer und zuletzt als Verantwortlicher für Fachtechnik und Technologie. Dr. Zickler stellte seine großen Erfahrungen vor allem in der Zusammenarbeit mit Rußland und China zur Verfügung.

Positiv für die Entwicklung der Raumfahrt in den Neuen Bundesländern wirkte sich auch aus, daß Dr. Paul Krüger aus Mecklenburg-Vorpommern 1993 Bundesminister für Forschung und Technologie wurde. Er setzte sich für die Förderung raumfahrtrelevanter Unternehmen in Ostdeutschland ein und erklärte: »Der Forschungsminister, zumal wenn er aus den neuen Ländern kommt, kann nicht zusehen, wie dort fast die gesamte Industrieforschung zusammenbricht und kaum noch Perspektiven hat, je wieder aufzuleben.« Später wurde Dr. Krüger Vorsitzender des Bundestagsausschusses für Forschung und Mitglied des Aufsichtsrates der Raumfahrt Systemtechnik RST in Rostock.

Vier Raumfahrtzentren in den neuen Bundesländern

Zu den wichtigsten Zentren der Weltraumforschung und Raumfahrt der DDR gehörten das Institut für Kosmosforschung als Leiteinrichtung in Berlin-Adlershof, das Zentralinstitut für Physik der Erde, wo die Erdfernerkundung konzentriert war, in Potsdam, und der VEB Kombinat Carl Zeiss Jena mit seiner Raumfahrtabteilung. Alle drei Standorte konnten erhalten werden, und das Forschungspotential der DDR auf diesem Gebiet floß im wesentlichen in das der BRD ein. Das ging nicht ohne Geburtswehen ab, schlossen doch einige Akademieinstitute ihre Tore für immer, und durch Umstrukturierungen und Ausgründungen entstanden neue Einrichtungen. Frau Carla Wittenstein, Mitarbeiterin der DLR, erinnerte sich an den schweren Anfang in Adlershof:

»Es begann damit, daß Wissenschaftler aus Ost und West mit persönlichem Engagement aufeinander zugingen: Professor Heinz Kautzleben, der letzte Direktor des IKF, und sein Stellvertreter Professor Ralf Joachim sowie die DLR-Führungskräfte Professor Berndt Feuerbacher und Dr. Wolfgang Keydel, die als erste nach Adlershof kamen, wo bereits 1912 die deutsche Versuchsanstalt für Luftfahrt gegründet worden war. Die externe Gutachtergruppe war beeindruckt von dem hohen wissenschaftlichen Niveau der Arbeit und dem technischen Potential des Instituts, das über viele junge Spitzenwissenschaftler verfügte. Die meisten der angefangenen Projekte wurden zu Ende geführt, nur militärische ausgeklammert. Mit jedem einzelnen der 402 Mitarbeiter fanden Aussprachen statt, wobei der Übergang in den Vorruhestand und zu Arbeitsbeschaffungsmaßnahmen voll ausgenutzt werden konnte. 277 ehemalige IKF-Mitarbeiter, das waren mehr als zwei Drittel, wechselten in das neu gegründete DLR-Forschungszentrum in Berlin-Adlershof.«

In den fünf Monaten zwischen Mai und Oktober 1990 fanden drei Treffen von Vertretern des IKF und der DARA statt. Auf dem ersten standen der Informationsaustausch über die Weltraumprogramme beider deutscher Staaten, die Bildung gemeinsamer Arbeitsgruppen und die Vorbereitung des IAF-Kongresses in Dresden auf der Tagesordnung. Die zweite Zusammenkunft bewertete das Raumfahrtprogramm der DDR, bezog ihre Aktivitäten in das fünfte deutsche Weltraumprogramm der Bundesrepublik ein und beriet über die Fortführung der Zusammenarbeit mit der Sowjetunion und den osteuropäischen Ländern. Das dritte Treffen – das erste nach der Vereinigung –, beschäftigte sich mit der Übertragung der Leitfunktionen des IKF auf die DARA und mit der

Satellitenortung mit der Laserkanone vom Potsdamer Telegraphenberg

Einbeziehung von Wissenschaftlern aus den Neuen Bundesländern in die Beratertätigkeit.

Probleme ergaben sich vor allem daraus, daß das IKF nicht in die Wissenschaftslandschaft der Bundesrepublik paßte. In diesem Akademieinstitut erfolgte nämlich nicht nur die Entwicklung von Geräten, sondern auch ihre Fertigung und Prüfung. Das ist aber in der BRD nicht üblich, gibt es doch dafür eine leistungsfähige Raumfahrtindustrie, die aus der Luftfahrtindustrie hervorging. Beides fehlte in der DDR, wo sich deshalb auch keine Systemfirmen der Raumfahrt entwickeln konnten.

Der bronzene Fußball

Etwas anders als in Adlershof verlief die Evaluierung und Abwicklung, was von den Betroffenen mit Be- und Abwertung sowie Auflösung und Entlassung übersetzt wurde, auf dem Potsdamer Telegraphenberg. Dort war 1892 das königlich-preußische geodätische Institut entstanden, die älteste geowissenschaftliche Einrichtung Deutschlands. Diese Traditionen wurden vom Zentralinstitut für Physik der Erde (ZIPE) der Akademie der Wissenschaften der DDR fortgesetzt. Seit 1970 auch aktiv an der Weltraumforschung und Raumfahrt beteiligt, entwickelte sich das ZIPE zu einer Leiteinrichtung für die Fernerkundung der Erde mit aerokosmischen Mitteln, für die ab 1992 auch Laser für die Satellitenvermessung eingesetzt wurden. Hier kam es 1992 zur Gründung des Geo-Forschungs-Zentrums Potsdam als Stiftung des öffentlichen Rechts, das bundesweit mit Außenstellen, wie dem Raumfahrtbeobachtungszentrum Oberpfaffenhofen in Bayern, 463 Mitarbeiter zählt. Dabei wurde der größte Teil der Wissenschaftler des ZIPE übernommen, jedoch nicht die Gruppe für Erdfernerkundung. Die Finanzierung erfolgt zu 90 Prozent vom Bund und zu zehn Prozent durch das Land Brandenburg.

Aus diesem Hause stammt der erste deutsche passive Laser-Tracking-Satellit GFZ 1, mit dessen Hilfe von über dreißig weltweit verteilten Bodenstationen aus das Gravitationsfeld der Erde und die Dichte der Atmosphäre vermessen werden kann. Daten über die Deformation des Schwerefeldes, die sogenannten Dellen unseres Planeten, ausgelöst durch geomagnetische Prozesse in seinem Innern, liefern wichtige Informationen über die Meeresströmungen und die Klimaentwicklung. Der 1995 von der russischen Raumstation MIR ausgesetzte Kleinsatellit ist fußballgroß, besteht aus massiver Bronze und verfügt über 35 facettenförmig angeordnete, gläserne »Katzenaugen«, welche die Lasersignale reflektieren. Seine Masse beträgt 20 Kilogramm und sein Durchmesser 20 Zentimeter. Mit einer Bahnhöhe von etwa 400 Kilometern kreist er im niedrigsten Orbit der insgesamt elf geodynamischen Satelliten. Seine Kosten beliefen sich einschließlich Start und Aussetzen auf 950.000 D-Mark. Er wurde im Auftrag der Münchner Firma Kayser-Threde in einem Moskauer Spezialbetrieb gebaut.

Doch viele der Raumfahrtspezialisten aus dem ZIPE fanden keinen Platz im GFZ. Professor Karl-Heinz Marek, Geschäftsführer des UVE – Fernerkundungszentrum Potsdam, erinnerte sich: »In der Akademie gehörte die Fernerkundung zum Arbeitsprofil unseres Zentralinstituts. Unserer Gruppe wurden seinerzeit die

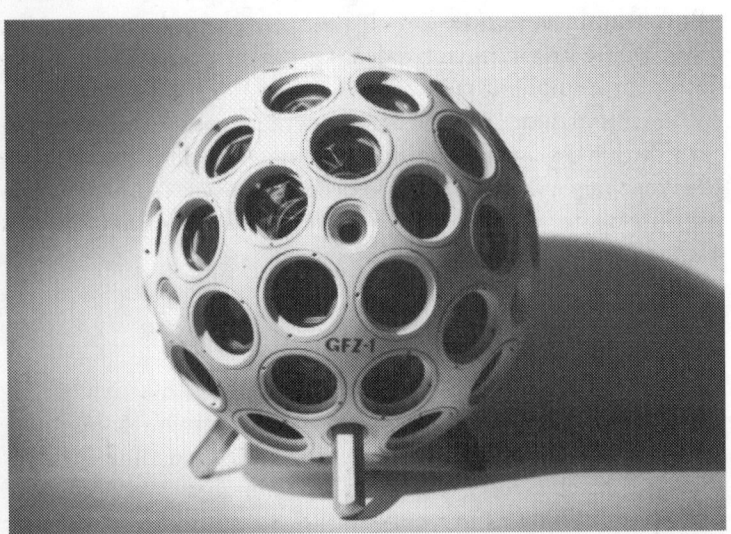

Laserkleinsatellit GFZ 1 des GeoForschungsZentrum Potsdam

Forschungs- und Entwicklungsarbeiten zur Auswertung und Nutzung der aus dem Weltraum gewonnenen Erderkundungsdaten sowie der Aufbau der Arbeits- und Forschungsrichtung Fernerkundung der Erde aus dem Weltraum übertragen. Gemeinsam mit Nutzern in Wirtschaft und Verwaltung konnte die Breite der Forschungen zur Fernerkundungstechnik auf nahezu alle in Frage kommenden Gebiete ausgedehnt und mit der digitalen Bildverarbeitung, der Grundlagenforschung und ersten Anfängen der kartographischen Darstellung dieser Daten auf ein hohes technologisches Niveau gebracht werden. Die internationale Zusammenarbeit blieb allerdings auf die INTERKOSMOS-Länder beschränkt.

Natürlich stand auch vor unserer Gruppe nach dem Ausscheiden aus dem ZIPE die Frage ›Was tun?‹. Daß unsere Arbeit auch künftig für die Umweltbeobachtung notwendig und wichtig ist, war uns ebenso klar wie der gute Standard, den uns die führenden Fachleute im Ausland bescheinigten. So betrachteten wir es als Chance, daß eine der bekanntesten Spezialfirmen auf dem Umweltsektor in Deutschland, die uve GmbH mit Niederlassungen in Berlin, Dortmund, Gladbeck, Herne und Singapur sowie später in Bitterfeld, Finsterwalde, Dresden und Potsdam, daran interessiert war, unsere Erfahrungen auf dem Gebiet der Satelliten- und Flugzeug-Fernerkundung zu nutzen.

Im November 1991 konnten wir unser selbständiges Unternehmen in der uve-Firmengruppe gründen (uve steht für Umwelt, Verkehr und Energie). Damit war für das Management eine perspektivreiche Synthese zwischen Fernerkundung und Umweltschutz gelungen.«

Kosmischer Spion über Sanssouci

Ausgerüstet mit modernster Soft- und Hardware auf den Gebieten der Fernerkundung, der digitalen Bildverarbeitung und der Informationssysteme löste die »Marek-Mannschaft« anspruchsvolle Aufgaben. Das von ihr entwickelte Raum-Informationssystem TRIAS wurde zu einem von Großbetrieben, Verwaltungen und anderen Einrichtungen akzeptiertes und viel genutztes Rechnersystem zur rationellen Datenverwaltung, -darstellung und -verarbeitung, so beispielsweise für die Überwachung des Umweltzustandes und von Umweltveränderungen, für die Raumplanung und für die Bewirtschaftung unserer natürlichen Ressourcen. Die Informationen werden in traditionellen Umweltkarten, die für eine Reihe wichtiger Parameter aus Weltraum-Fernerkundungsdaten abgeleitet werden können, oder im Raum-Informationssystem dargestellt.

Auf diese Weise wurde die erste Satellitenbildkarte des Landes Brandenburg hergestellt. TRIAS nutzen Landes-, Landkreis- und Gemeindebehörden sowie Groß- und Kleinbetriebe für ihre Inventarisierungs- und Planungsaufgaben.

Die DARA förderte die Forschungskooperation mit russischen Einrichtungen im Rahmen des internationalen Programms PRIRODA (Natur), das dem Aufbau eines künftigen, weltweiten und satellitengestützten Überwachungssystems dient. Seit 1992 wurden alljährlich Flugzeugmeßkampagnen durchgeführt, um die Instrumente des MIR-Umweltmoduls PRIRODA im praktischen Einsatz zu erproben und zu eichen. Das Potsdamer Fernerkundungszentrum erhielt die Möglichkeit, Aufnahmen von russischen Aufklärungssatelliten für die Umwelterkundung – von Alt- ebenso wie von Neulasten – und für die Kartenherstellung zu nutzen. Auf solchen Bildern sind Details von einem bis zwei Metern Ausdehnung auf der Erdoberfläche zu erkennen. Diese Technik kann die wesentlich kostenaufwendigeren Luftbildaufnahmen nicht nur ergänzen, sondern auf manchen Gebieten sogar ersetzen.

Professor Marek kommt bei der Zusammenarbeit mit Rußland zugute, daß er fast zwei Jahrzehnte lang mit Sigmund Jähn, dessen »Doktorbruder« er übrigens ist, in der ständigen INTERKOSMOS-Arbeitsgruppe Fernerkundung der Erde mit aerokosmischen Mitteln mitwirkte, und daß er die russische Sprache beherrscht. Zum Abschluß unseres Gespräches schenkte er mir die Aufnahme eines russischen Spionagesatelliten von Potsdam, auf der nicht nur Schloß Sanssouci und das Neue Palais einschließlich der Gärten und Terrassen deutlich sichtbar sind, sondern auch die Schlenker-Busse auf den Straßen und die Boote auf den Gewässern, ja sogar der Steg vor dem Sitz des UVE-Zentrums.

Die Zeissianer überlebten

Die Betriebsteile des VEB Kombinat Carl Zeiss Jena, der Nummer Eins der Industrie der DDR und eines der größten feinmechanisch-optischen Werke der Welt, die zum Standort Jena gehörten, fielen nach der Wende über die sogenannte Treuhandanstalt der Carl Zeiss Stiftung zu, die nach der Enteignung in der Sowjetischen Besatzungszone ihren Hauptsitz nach Oberkochen in Baden-Württemberg verlegt hatte. Damit schluckte ein privates Unternehmen mit etwas über 30.000 Beschäftigten einen Großteil des volkseigenenen Industriekomplexes, dem 25 Betriebe und 70.000 Arbeiter und Angestellte angehörten. Im wesentlichen entstanden daraus durch mehrfache Umgliederungen sowie Neu- und Ausgründungen folgende fünf Firmen mit großer Relevanz für die Raumfahrt:
– die Carl Zeiss Jena GmbH für den Bereich klassische Optik, bestehend aus dreizehn Betrieben mit rund 30.000 Beschäftigten und einem Anteil von 51 Prozent für Carl Zeiss Jena Oberkochen sowie 49 Prozent für die Jenoptik;
– die Jenoptik GmbH für den Bereich Optoelektronik mit etwa 1.500 Beschäftigten und einem Anteil von 100 Prozent für das Bundesland Thüringen;
– die Rheinmetall Jenoptik GmbH für den Bereich Optische Meßtechnik mit 35 Mitarbeitern und einem Anteil von 60 Prozent für die Rheinmetall und 40 Prozent für Jenoptik;
– die Jenaer Glaswerk GmbH mit 85 Mitarbeitern und einem Anteil von 51 Prozent für die Schott Glaswerke in Mainz und 49 Prozent für das Bundesland Thüringen;
– die DASA Jena-Optronik GmbH (DJO), hervorgegangen aus der Raumfahrtabteilung des VEB Kombinat Carl Zeiss Jena mit etwa 100 Mitarbeitern und einem Anteil von 51 Prozent für die Daimler-Benz Aerospace AG in München sowie 49 Prozent für die Jenoptik. Dort gibt es heute 125 Arbeitsplätze.

Der größte Teil der alten Raumfahrt-Zeissianer wurde in die DJO übernommen, die sich auf Instrumente für die Weltraumforschung, insbesondere auf Stern- und Sonnensensoren, konzentriert. Viele der in der Entwicklung und Fertigung befindlichen

Projekte konnten fortgesetzt werden, wie zum Beispiel ASTRO IM, ein autonomes Orientierungssystem auf der Grundlage von Sternensensoren für das Forschungsmodul SPEKTR der russischen Orbitalstation MIR; die Multispektralkamera MKF 6 MA für das Forschungsmodul KWANT 2 auf MIR; die Multispektralkamera für den Flugzeugeinsatz MSK 4, von der 40 Exemplare an Kunden gingen.

Neue Projekte kamen hinzu, wie wissenschaftliche Geräte für SCIAMACHY (Scanning Imaging Absorption Spectrometer for Atmospheric Chartography – Absorptionsspektrometer zur Bildabtastung für die Kartografierung der Atmosphäre) und ARTEMIS (Advanced Relay Technology Mission – Unternehmen für fortgeschrittene Übertragungstechnologie) für die ESA.

Zwischen Kap Arkona und Fichtelberg

Besondere Förderung ließ die DARA den kleinen und mittleren Unternehmen in den Neuen Bundesländern zukommen – den KMU in den NBL, wie es im neuen Abkürzungsdeutsch AKD heißt.

Die Betroffenen übersetzten das spöttisch als »keiner mag uns«, und bezeichneten Brandenburg, Mecklenburg-Vorpommern, Sachsen, Sachsen-Anhalt und Thüringen als »Neufünfland«. In einem Fünf-Punkte-Programm der DARA zur Förderung von Forschungsvorhaben in den NBL wurden folgende Schwerpunkte gesetzt:
- Fortsetzung der positiv bewerteten, international vereinbarten Projekte;
- Erhaltung und Stärkung der Kompetenz beteiligter Gruppen;
- Verbesserung der Zusammenarbeit zwischen Forschungseinrichtungen und Firmen der alten und der neuen Bundesländer;
- Einbeziehung der Forschungs- und Industriekapazität der Neuen Bundesländer in ESA-Vorhaben und andere internationale Programme;
- Nutzung der Kenntnisse und Erfahrungen in den NBL bei der Kooperation mit der GUS (Gemeinschaft Unabhängiger Staaten) und MOEL (Mittel- und osteuropäische Länder).

Das für 1996 anvisierte Ziel lautete, den Anteil der Neuen Bundesländer an den Zuwendungen aus den Mitteln des deutschen Weltraumprogramms auf 100 Millionen DM oder sechs Prozent des gesamten Raumfahrtetats zu erhöhen.

Nach einer Analyse der DARA gab es bereits 1994 rund achtzig raumfahrtinteressierte Unternehmen mit 675 Mitarbeitern in den Neuen Bundesländern. Dabei handelte es sich vorwiegend um Ingenieurbüros sowie kleine und mittlere Unternehmen. Geographisch bildeten sich zwischen Kap Arkona und Fichtelberg vier Zentren der Raumfahrtaktivitäten heraus, wobei Thüringen industriell den Spitzenreiter macht und Sachsen-Anhalt das Schlußlicht:

– In Berlin entstand auf dem Gelände der früheren Akademie der Wissenschaften der DDR in Adlershof ein Forschungszentrum der DLR, die damit an ihre Geburtsstätte zurückkehrte. Die Institute für Weltraumsensorik und für Planetenerkundung sind längst anerkannte Partner der internationalen Zusammenarbeit auf diesen Gebieten. Außerdem siedelten sich dort Unternehmen wie zum Beispiel die LuRaTech Luft- und Raumfahrt-

Das alte und neue DLR-Forschungszentrum in Berlin-Adlershof aus der Vogelperspektive

Technik GmbH an, die sich im Auftrage der DARA auf Bilddaten-Kompressionsverfahren für irdische Anwendung konzentriert.
- Potsdam bildet mit Einrichtungen für die Geo- und die Kosmosforschung nach wie vor einen Knotenpunkt raumfahrtrelevanter Aktivitäten. Dazu gehört auch das uve-Fernerkundungszentrum. Hinzugekommen ist das GeoForschungs-Zentrum GFZ als größte und führende Institution dieser Art in ganz Deutschland.
- In Mecklenburg-Vorpommern bildete sich mit der RST Raumfahrt- und Systemtechnik GmbH in Rostock ein nördlicher Kristallisationspunkt. Die RST entstand als Tochter des Entwicklungs-Rings Nord (ERNO) in Bremen, der als Produktionsbereich Raumfahrt-Infrastruktur Teil der DASA ist. Sie stellte auch die Basis für die Fachkoordinierungsstelle FKS für Luft- und Raumfahrt des nördlichen neuen Bundeslandes dar, in

EUROMAP-*Chef Wolfgang Schneider (Mitte) mit Matthias Gründer (rechts) und Andreas Schütz vor der Satellitenbodenstation der DLR in Neustrelitz*

dem sich 25 raumfahrtinteressierte Firmen vereinigten, davon allein zehn in Rostock. Die FKS existierte bis 1994 als ABM, lebte jedoch als Teil des Innovations- und Gründerzentrums Rostock wieder auf. Einer der erfolgreichsten Newcomer im Norden trägt den Namen Euromap Satellitendaten-Vertriebsgesellschaft mbH und hat seinen Sitz in Neustrelitz. Obwohl er nur acht Mitarbeiter hat, stellte er sich erfolgreich der Konkurrenz. Euromap gelang es in der relativ kurzen Zeit seit ihrer Gründung 1996 signifikante Marktanteile zu erringen. Euromap-Geschäftsführer und Firmengründer Wolfgang Schneider arbeitete früher im DFD. Trotz des guten Mutter-Tochter-Verhältnisses zur Gesellschaft für Angewandte Fernerkundung (GAF) in München muß er sich mit allen Problemen herumschlagen, die Ostfirmen haben. Allerdings genießt Euromap die Unterstützung der DLR und der Fernerkundungsstation Neustrelitz des DFD.
- Der Süden stellt mit sechs Unternehmen in Thüringen und 22 in Sachsen die weitaus größte Konzentration der Raumfahrtindustrie in den Neuen Bundesländern dar. Fünf davon haben ihren Sitz in Jena – allen voran die DJO –, sieben in Chemnitz und acht in Dresden. Eine besonders aktive Rolle spielt die aus der Freiberger Präzisions-Mechanik hervorgegangene FPM Space Sensor GmbH. Ihr Geschäftsführer Klaus Meyer, der einst als Entwicklungsingenieur im Stammbetrieb arbeitete, entwickelte sich zu einem der erfolgreichsten Unternehmer der jungen ostdeutschen Raumfahrtbranche. Er verstand es trotz großer Schwierigkeiten, die Gesellschaft fest in die eigenen Hände zu nehmen. Claudia Kessler, Leiterin des Raumfahrtbereichs der Verkehr Raumfahrt Systemtechnik VRS GmbH in Leipzig, einer Tochter der Kayser-Threde GmbH in München, ist die einzige Dame im Männerklub der NBL-Geschäftsführer. Sie kam auf eigenen Wunsch aus den alten in die neuen Bundesländer, deren Interessen sie aktiv vertritt.

In den Wirren der Wende

DARA-Geschäftsführer Klaus Berge, ein Sänger-Schüler, der am deutschen Weltraumlaboratorium SPACELAB mitarbeitete, erklärte uns zur Entwicklung in den Neuen Bundesländern: »In den Wirren der Wende waren das dort vorhandene, beachtliche wissenschaftlich-technische Potential sowie die großen Erfahrungen in der Zusammenarbeit mit Moskau zwei Pfunde zum Wuchern. Diese Aktiva in das gesamtdeutsche Weltraumprogramm einzubeziehen und in den europäischen ESA-Verbund einzugliedern, stellte für alle Beteiligten eine große Herausforderung dar. Viele Schwierigkeiten waren zu überwinden, mancher Rückschlag mußte hingenommen werden. Aus eigener Kraft und mit Hilfe von Fördermitteln und Unterstützungsmaßnahmen der DARA entwickelten sich dennoch die durch Aus- und Neugründungen entstandenen kleinen und mittleren Unternehmen der Raumfahrt im Osten. Einige von ihnen blieben auf der Strecke, doch die meisten lernten auf eigenen Füßen zu stehen und zu gehen. Wenn auch noch keinem der ganz große Wurf gelang, so können sich doch die meisten Betriebe behaupten, und einige wenige haben sogar Aussichten, auf den Weltmarkt vorzudringen.«

So ist die FPM Space Sensor GmbH in Freiberg heute Partner der ESA, und die Euromap GmbH Neustrelitz kooperiert mit der EU und der indischen Raumfahrtbehörde ISRO. Die Förderung der neuen Firmen im Osten stieß in zweifacher Hinsicht auf Schwierigkeiten. Zum einen waren die westdeutschen Unternehmen bei der Privatisierung der volkseigenen Ostindustrie vor allem bestrebt, vorhandene Kapazitäten zu vereinnahmen und lobenswerte Vorhaben in die Hände zu bekommen. Zum anderen kamen viele der neugegründeten Betriebe mit zehn bis dreißig Mitarbeitern zur Raumfahrt wie die Jungfrau zum Kind, hatten sie doch zuvor überhaupt nichts oder nur am Rande mit kosmischer Technik zu tun. Die DARA übte insofern Druck aus, daß sie Fördermittel für Unternehmen in den alten Bundesländern nur dann bewilligte, wenn eine Beteiligung aus den Neuen Bundesländern nachgewiesen wurde. Die anfänglich skeptischen »Wessis« zeigten sich bald überrascht von der Leistungsfähigkeit und Einsatzbereitschaft der »Ossis«. Aber auch die finanziellen Mittel der DARA in Bonn waren begrenzt, standen doch für die Förderung im Osten nur die relativ bescheidenen Summen aus dem nationalen Weltraumprogramm zur Verfügung, während der Löwenanteil für internationale Projekte an die ESA nach Paris floß. In den ersten sieben Jahren der neuen Einheit Deutschlands betrug der jährliche Raumfahrthaushalt der Bundesrepublik im Durchschnitt etwa 1,4 Milliarden DM. Davon entfielen mehr als eine Milliarde oder 72 Prozent auf die 37 ESA-Programme, an denen die Bundesrepublik beteiligt ist. Nur rund 300 Millionen DM oder 28 Prozent der Mittel kamen den 674 nationalen Projekten zugute. Von diesen wiederum ging etwa die Hälfte auf dem Wege von Aufträgen und Zuwendungen an Firmen, ein reichliches Viertel an Universitäten und Institute und ein knappes Viertel an die Max-Planck-Gesellschaft und die DLR.

Der Anteil an Geldern, die in die Neuen Bundesländer flossen, stieg von 33 Millionen DM oder 9,3 Prozent im Jahre 1991 auf 53,3 Millionen oder 17,3 Prozent im Jahre 1996 – und das trotz erheblicher Etatkürzungen. Allerdings muß dabei berücksichtigt werden, daß 10,3 Millionen in Form von Unteraufträgen an Firmen in den alten Bundesländern gingen, von denen jedoch etwa die Hälfte in die Neuen Bundesländer zurückkehrte. Die Rangfolge der Länder lautet Thüringen, Berlin, Sachsen, Brandenburg, Mecklenburg-Vorpommern und Sachsen-Anhalt, wobei der Spitzenreiter mehr als ein Viertel der Gesamtsumme verbuchte, das Schlußlicht aber nur ein Hundertstel. Die kleinen und mittleren Unternehmen in Ostdeutschland erhielten für 69 Vorhaben ein Finanzvolumen von 46,9 Millionen DM, was etwa 15,2 Prozent der nationalen Mittel und 30,1 Prozent der an die Industrie geflossenen Zahlungen ausmacht.

Bei den durch die ESA an deutsche Unternehmen und Einrichtungen vergebenen Verträgen und Zuwendungen wurde ein ausgezeichneter Rückfluß der von Bonn an Paris gezahlten Beiträge für internationale Programme erreicht. 1996 überstieg er mit 1,4 Milliarden DM sogar die Zahlungen der BRD an die ESA. An diesem enormen Auftragsvolumen waren die Neuen Bundesländer jedoch nur zu einem Bruchteil beteiligt. Ihr Anteil erhöhte sich von 1,1 Millionen DM oder 0,13 Prozent im Jahr 1991 auf 4,5 Millionen DM oder 0,32 Prozent im Jahr 1996. Über die Ursachen sagte mir der erste DARA-Generaldirektor Professor Wild:

»Die ESA setzt sehr stark auf Firmen, mit denen sie langjährige Erfahrungen gemacht hat. Dazu gehören keine Betriebe in Ostdeutschland. Außerdem handelt es sich um langfristige Programme, in die Newcomer erst im Laufe der Zeit hineinrutschen können. Die Aufträge für die nächsten Jahre sind zudem schon seit langem vergeben. Es wäre meiner Meinung nach falsch zu sagen, die neuen Länder müßten zwanzig Prozent der Raumfahrtaufträge erhalten. Das würde nicht der Kapazität der Industrie im Osten entsprechen, die zwischen fünf und zehn Prozent der deutschen Gesamtkapazität ausmacht. Ein Anteil an den Aufträgen in dieser Größenordnung entspräche einer gerechten Verteilung.«

Aber von diesem Ziel sind wir ebenso weit entfernt, wie von der Zehn-Millionen-Mark-Markierung, die der damalige ESA-Generaldirektor Jean-Marie Luton bei seinem Besuch in Jena Ende 1993 setzte. Dabei hat es nicht an Aktivitäten der DARA gefehlt, diese Situation zu verbessern. So fanden gemeinsame Workshops und Seminare mit ESA-Experten zu den Programmen, den Regularien und zur Akquisition von Aufträgen statt. Intensive Konsultationen mit der ESA wurden geführt, um die Einbindung in Projekte und die Beteiligung an Ausschreibungen zu verstärken. Auch Interventionen bei den Leitungsgremien der ESA, ihren Programmdirektoren und dem IPC (Industrial Policy Committee – Industriepolitischer Ausschuß) gab es.

Der letzte DARA-Generaldirektor Dr. Jan-Baldem Mennicken erklärte mir dazu:

»Die Auftragsvergaben der ESA berühren den Rückfluß der Beitragsleistungen der Mitgliedstaaten. Jedoch beziehen sich die in der ESA-Konvention vereinbarten Rückflußregeln nur auf das jeweilige Teilnehmerland, nicht aber auf Gebiete oder andere Gliederungen innerhalb dieses Landes. Regionale Besonderheiten der Mitgliedsstaaten finden keine Berücksichtigung. Die Beteiligung der Unternehmen aus den Neuen Bundesländern muß deshalb von deren Leistungsfähigkeit und ihrer Bewährung im Wettbewerb abhängig gemacht werden. Eine Förderung zur Steigerung der Wettbewerbsfähigkeit geeigneter Firmen kann faktisch nur im Rahmen des nationalen Raumfahrtprogramms erfolgen. Hier gilt es, mittel- und langfristig die Expertise zu erwerben, die notwendig ist, um künftig auch verstärkt sowohl im Geschäft mit der ESA als auch auf den wachsenden globalen Märkten bestehen zu können. Die besten Chancen sehe ich in der Lieferung von Komponenten und Subsystemen. Leider ist es jedoch angesichts der sich überall zuspitzenden Situation der Raumfahrtbudgets außerordentlich schwierig, in absehbarer Zeit in größerem Umfang innovative Aufbauprogramme für diese Zwecke einzurichten.«

Das Vierfache pro Kopf im Westen

Nach Angaben der DARA wurden 1996 einschließlich der Grundfinanzierung des DLR-Forschungszentrums in Berlin-Adlershof sowie der Verträge mit der ESA insgesamt 90 Millionen DM aus öffentlichen Mitteln in den Neuen Bundesländern für Raumfahrt verwendet. Summa summarum entfallen damit auf jeden Einwohner gut fünf Mark. In den alten Bundesländern hingegen kommen auf jeden Bürger etwa zwanzig Mark.

Von den im Osten eingesetzten Fördermitteln der DARA erhielten Forschungseinrichtungen und Hochschulen 42 Prozent, die Industrie, vor allem die kleinen und mittleren Unternehmen 29 Prozent und das DLR-Zentrum in Berlin-Adlershof 22 Prozent. 1995 waren 26 Unternehmen, 23 Forschungseinrichtungen und elf Universitäten in die Arbeit einbezogen. Zum ersten aber bisher auch einzigen Mal vergab die ESA 1995 Aufträge in Höhe von mehr als fünf Millionen Mark in die Neuen Bundesländer. Sie bezogen sich vor allem auf das GSTP-1 (General Support Technology Program – Allgemeines Technologisches Unterstützungsprogramm), für das 46 Prozent des gesamten deutschen Auftragsvolumens an Unternehmen in Ostdeutschland vergeben wurden. 1996 zahlten sich auch die Erfolge des Vorjahres aus, welche die DASA Jena-Optronik GmbH im Sensorbereich und die Carl Zeiss Jena GmbH mit dem Ein-Meter-Teleskop für die ESA-Station auf Teneriffa erzielten. Es zeigte sich aber auch, daß die Forschungseinrichtungen und Universitäten im Osten den Strukturwandel besser bewältigten als die dem ständig wachsenden Konkurrenzkampf ausgesetzten Industrieunternehmen.

Dennoch konnten sich 1996 insgesamt 24 Firmen in den Neuen Bundesländern für Verträge mit der DARA und der ESA qualifizieren, darunter vier größere Industriebetriebe, fünfzehn kleine und mittlere Unternehmen, vier Forschungszentren und Universitäten sowie ein Ein-Mann-Betrieb – die Dr. Jähn Raumfahrtberatung, die in Gestalt des ersten deutschen Kosmonauten sowohl deutsche als auch europäische Astronauten für GERMIR- und EUROMIR-Missionen betreut. Das Spektrum der Aufträge umfaßte 28 Themen, wobei sich der größte Teil auf wissenschaftliche Geräte für den Einsatz auf Forschungs- und Anwendungssatelliten bezog. Aber auch die Materialwissenschaften, der Umweltschutz, die Navigation, der Raumtransport und die Energieversorgung waren vertreten. Spezielle Verträge betrafen Probleme der Lebenserhaltung, der Raumfahrtmedizin und der Extraterrestrik.

Alles in allem bleibt den ostdeutschen Raumfahrtfirmen, vor allem den kleinen und mittleren Unternehmen, noch viel zu tun, wollen sie als gleichberechtigte Partner ein angemessenes Stück vom immer kleiner werdenden Finanzkuchen der nationalen und internationalen Raumfahrtprogramme erhalten. Dabei geht es nicht nur um die Entwicklung von Spitzentechnologien, sondern auch und vor allem um deren Präsentation, um das Bekanntmachen auf dem Markt. Nur dann können sie gegen die harte Konkurrenz bestehen.

Nur einer kann CHAMP sein

Im Frühjahr 1993 wurde der größte Teil des Verbundvorhabens mit den Neuen Bundesländern durch Endpräsentationen abgeschlossen. Eine Weiterführung aus dem Fonds »Deutsche Einheit« war nicht mehr möglich. So entstand eine neue Situation, in der sich die Frage stellte: Wie weiter? Die Alternative lautete: Entweder setzt die DARA die breitgefächerte Förderung für viele kleine Projekte fort, oder sie konzentriert die Mittel auf ein großes Vorhaben – »Gießkanne« oder »Gartenschlauch«. Mit Recht meinten die Kritiker der bisherigen Methode, daß eine flächendeckende Unterstützung später die Aufzucht der vielen »Pflänzchen« erschwere. Eine Bündelung der zersplitterten Kräfte hingegen würde sowohl dem Wunsch der Raumfahrtunternehmen in Ostdeutschland nach langfristiger strategischer Beteiligung als auch der von der ESA geforderten Attraktivität der Angebote entgegenkommen.

Ende des Jahres kamen die Teilnehmer einer Beratung der DARA mit den Geschäftsführern aus den Neuen Bundesländern überein, die zu sehr in die Breite gehende Förderung auf ein Projekt zu konzentrieren, damit die international immer noch angezweifelte Kompetenz der Ostfirmen zu beweisen und sie für die ESA »hoffähig« zu machen. Natürlich war allen Beteiligten klar, daß es nur einige Firmen sein können, die sich durch ein solches Indentifizierungs- und Referenzprojekt profilieren. Doch viele der an den bisherigen Verbundvorhaben teilnehmenden Unternehmen im Osten hatten sich nicht ausschließlich auf die Raumfahrt festgelegt, so daß sich nunmehr die in der kosmischen Technik erworbenen Kenntnisse und Fähigkeiten für die Lösung irdischer Probleme und die Fertigung spezieller Produkte auszahlte. Dem internationalen Trend folgend, erwuchs aus dem Bestreben, an großen Aufträgen beteiligt zu werden, die Idee, einen eigenen Kleinsatelliten zu entwickeln.

Um diese Bemühungen zu unterstützen, schrieb ich für die Fachzeitschrift »Fliegerrevue« 4/94 den Beitrag »Warum nicht FREISAT?« und für die Tageszeitung »Neues Deutschland« vom

Der geowissenschaftliche Kleinsatellit CHAMP *aus den Neuen Bundesländern, der 1999 seinen Jungfernflug erlebt*

19./20. März 1994 einen Artikel mit der Überschrift »Ein Sputnik aus Neufünfland« und der Dachzeile »Freiberger Experten könnten einen Minisatelliten für den Umweltschutz bauen«. Darin hieß es:

»Ob sich der Anteil der ESA-Aufträge für die Neuen Bundesländer erhöht, hängt entscheidend davon ab, ob wissenschaftlich-technisch attraktive und kostengünstige Angebote aus dem Osten kommen. Da wäre es zweckmäßig, die im Osten vorhandenen Kapazitäten zu bündeln. Das könnte das Projekt eines Minisputniks ›made in NBL‹ sein, der Aufgaben der Erdfernerkundung und Datensammlung miteinander verbindet. Vielleicht unter der Bezeichnung FREISAT, denn die Spezialisten in Freiberg, die am Kleinsatelliten BREMSAT der Universität Bremen mitarbeiteten, haben große Erfahrungen auf diesem Gebiet. Die Erderkundungsdaten wären von unschätzbarem Wert für die Erkundung und Beseitigung von Altlasten, wie beispielsweise für die Entsorgung der von der WISMUT AG hinterlassenen Areale. Das böte auch Organisationen des Umweltschutzes und der Katastrophenwarnung neue Möglichkeiten globaler und regionaler Mitarbeit.«

Am 12. April 1994, dem »Tag der Raumfahrt«, der zum Gedenken an den Flug von Juri Gagarin jährlich international begangen wird, forderte die DARA die Unternehmen in den Neuen Bundesländern auf, Vorschläge für ein Leitprojekt einzureichen. Hierfür konnten die Stärken der DDR-Raumfahrt genutzt werden, die vor allem auf den Gebieten Fernerkundung und Gerätebau lagen und sich auf Weltraumsensorik, spezifische Subsysteme wie Satellitenstrukturen und Energieversorgung sowie das Sammeln, Übertragen, Verarbeiten, Aufbereiten und Interpretieren von Daten erstreckte.

Kleiner Satellit für große Aufgaben

Die Rahmenbedingungen für den Kleinsatelliten waren kompliziert und komplex und brachten das Projekt von Anfang an unter finanziellen und zeitlichen Druck. Die Kosten sollten 50 Millionen DM nicht überschreiten und der Start im Jahr 1999 erfolgen. Ausgehend von den spezifischen Problemen und dem Bedarf in den Neuen Bundesländern galt es, die Wettbewerbsfähigkeit und Kompetenz ihrer Raumfahrtunternehmen auf dem Weltmarkt zu stärken und größtmöglichen volkswirtschaftlichen Nutzen zu erzielen. Selbstverständlich mußte das Projekt weitgehendst in Ostdeutschland verwirklicht werden. Bereits im Mai 1994 trafen sich die interessierten Unternehmen, um gemeinsam konkrete Vorschläge zu erarbeiten. Auf weiteren Beratungen standen verschiedene Projekte von Kleinsatelliten zur Diskussion:
- Das DLR-Zentrum in Berlin-Adlershof beteiligte sich mit dem orbitalen »Feuerwehrmann« FIRES, der mit seinen Infrarotdetektoren Waldbrände aufspüren sollte.
- Die DASA/RST Rostock unterbreitete zwei Angebote: den seilgefesselten Satelliten RAPUNZEL, der es gestattete, Meßgeräte in die Erdatmosphäre herabzulassen, und den Minisputnik ATON zur Messung der Sonnenaktivität und ihres Einflusses auf den

Gehalt an Sauerstoff (Oxygenium) und Stickstoff (Nitrogenium) in der Atmosphäre.
- Die DASA/Jena-Optronik projektierte den regionalen Umweltsatelliten REGIUS zur Erfassung der Verschmutzungen der Oberfläche und der Lufthülle der Erde sowie ihrer Flüsse und Meere.
- Das GFZ Potsdam schlug den Forschungs- und Anwendungssatelliten CHAMP vor, was anfänglich für Catastrophe and Hazard Monitoring and Prediction, also Überwachung und Vorhersage von Katastrophen und Gefahren stand.

Nach Überprüfung der eingereichten Vorschläge wurden von der DARA Machbarkeitsstudien für die Projekte REGIUS und CHAMP vergeben, um entscheidungsfähige Vorlagen zu erhalten. Bereits während dieser Arbeiten kristallisierte sich ein industrielles Kernteam heraus, dem die Unternehmen Jena-Optronik, EUROSPACE in Flöha, FPM Space Sensor in Freiberg und RST Rostock angehörten – die zu den erfolgreichsten Raumfahrtunternehmen der Neuen Bundesländer gehören. Aber nur einer konnte Sieger sein. Im Sommer 1995 fiel nach heftigen und kontroversen Debatten die Entscheidung für CHAMP. Gegen REGIUS sprachen zwei Momente: die zu hohen Kosten von etwa 70 Millionen DM und die fast identische Zielstellung mit der MOMS-Kamera auf dem Forschungsmodul PRIRODA der Orbitalstation MIR. Letzteres war bereits weiter fortgeschritten und stellte kommerziellen Erfolg in Aussicht.

Im Oktober 1995 begannen die Entwicklungsarbeiten für CHAMP, was nunmehr Challenging Minisatellite Payload for Geophysical Research and Application, (anspruchsvolle Kleinsatelliten-Nutzlast für geophysikalische Forschung und Anwendung) bedeutete. Das GFZ Potsdam zeichnet verantwortlich für das Gesamtprojekt und den wissenschaftlichen Teil, während Jena-Optronik industriell federführend ist. Die Aufgabenstellung für CHAMP richtet sich auf den Blauen Planeten Erde, den er im Dreiklang vermessen soll: Schwerefeld, Magnetfeld sowie Atmosphäre und Ionosphäre. Das verspricht gleichermaßen Früchte für Geographie, Geodäsie und Ozeanographie wie für Wettervorhersage, Klimaforschung und Erdbebenprognose.

Die Gesamtkosten stiegen inzwischen auf 55 Millionen DM und verteilen sich zu 90 Prozent auf die DARA sowie zu je fünf Prozent auf die DLR und das GFZ. Für das Projekt engagierten sich besonders Professor Christoph Reigber vom GFZ sowie die Geschäftsführer der FPM Space Sensor, Klaus Meyer, der Jena-Optronik, Helmut Kappel, und der EUROSPACE, Gerhard Rausch.

Der Mann für alle Fälle

In dem »Bericht über die Einbindung von Firmen in den Neuen Bundesländern in die moderne westliche Raumfahrt« für 1997 gibt es, wie schon in den vorangegangenen Analysen, eine Aufstellung über »die bei der Vertragsabgabe bislang erfolgreichsten

September 1998: Treffen der deutschen Kosmonauten in Strausberg 20 Jahre nach dem Flug von Sigmund Jähn. V.l.n.r.: Merbold, Jähn, Ewald, Flade und Reiter

Unternehmen«. Nach fünf Gesellschaften mit beschränkter Haftung – DASA Jena Optronik, DASA RST Rostock, EUROSPACE Technische Entwicklungen Flöha, Jenoptik und FPM Space Sensor Freiberg – folgt der Ein-Mann-Betrieb Dr. Jähn Raumfahrtberatung.

Diese Spitzenposition verdankt der stille und bescheidene Mann seinem unermüdlichen Einsatz für die Raumfahrt, den er auch nach 1990 fortsetzte. Kontinuierlich beriet er die beiden Raumfahrtorganisationen DLR in Köln und ESA in Paris und betreute vier bemannte Missionen zur einzig real existierenden Raumstation MIR. Ständig pendelt er zwischen Moskau, Berlin und Köln, wo sich das Europäische Astronautenzentrum befindet, hin und her. Seinen Aufgabenbereich schilderte er mir so:

»Im Sternenstädtchen habe ich ein kleines Büro. Dort bin ich gewissermaßen der Mann für alle Fälle. Die Ausbildung der ausländischen Raumflugkandidaten liegt in den Händen russischer Spezialisten. Doch es gibt Termine, die abzustimmen sind, Probleme im täglichen Arbeitsablauf, die sich aus Unterschieden in Sprache, Mentalität und Technik ergeben. So bin ich als Koordinator, Vermittler und Dolmetscher gefragt. Ständig kommen DLR- oder ESA-Leute, die mit ihren künftigen Kosmonauten Experimente vorbereiten. Bei EUROMIR 95 beispielsweise waren das über vierzig Versuchsanordnungen in Medizin und Biologie, Technologie, Materialwissenschaften und Astrophysik. Das alles, bis hin zu den Flügen nach Baikonur und zu den Landeorten in Kasachstan, muß unter einen Hut gebracht werden.«

Der erste Deutschen im All und einzige Forschungskosmonaut der DDR stand bisher acht Kosmoskandidaten aus drei Ländern bei der Vorbereitung, Durchführung und Auswertung ihrer Flüge zur Seite:

– MIR 92 war das erste deutsch-russische Unternehmen, bei dem der deutsche Testpilot Klaus-Dietrich Flade für acht Tage zu MIR flog, und sein Double, der Physiker Dr. Reinhold Ewald, auf der Erde blieb. Flade ist heute Testpilot bei Airbus Industrie in Toulouse.
– EUROMIR 94, die erste europäisch-russische Mission, führte Dr. Jähn mit seinem vogtländischen Landsmann, dem Physiker

Dr. Ulf Merbold, zusammen, der als ESA-Astronaut während seines dritten Raumfluges 30 Tage lang im Orbit arbei-tete. Als Ersatzmann wirkte der spanische Ingenieur Pedro Duque. Dr. Merbold kehrte in die Wissenschaft zurück; Don Pedro bereitet sich auf einen Flug mit dem Space Shuttle vor.
– EUROMIR 95 wurde zum bisherigen Höhepunkt für die europäische bemannte Raumfahrt. Der deutsche Testpilot Thomas Reiter weilte als erster Europäer ein halbes Jahr lang im All und stieg zweimal in den freien kosmischen Raum aus. Danach qualifizierte er sich als bisher einziger Ausländer zum Rückführungskommandanten der russischen SOJUS-Raumschiffe. Neben einigen GUS-Kosmonauten und USA-Astronauten ist er damit bisher wohl der einzige, der die besten Voraussetzungen besitzt, zur neuen Internationalen Raumstation zu fliegen. Sein Double war der schwedische Teilchenphysiker Dr. Christer Fuglesang.
– MIR 97 hieß die zweite und wohl letzte deutsch-russische Mission zu MIR, die 20 Tage dauerte, und die Dr. Ewald als Forschungskosmonaut bestritt. Als Ersatzmann fungierte der erfahrene Missionsspezialist des Space Shuttles, der Festkörperphysiker Dr. Wilhelm Schlegel.

Euronauten auf der Internationalen Raumstation

Über die Rolle, die Dr. Jähn für die »Germanauten« und »Euronauten« spielte, sagte mir Thomas Reiter:

»Ich schätze den Sigmund, der uns in den beiden Jahren betreute, und zwar nicht nur wegen seiner hohen beruflichen Qualität, sondern vor allem als Mensch und Freund. Er ist ein ganz lieber, ruhiger und besonnener Mann. Es macht Riesenspaß, mit ihm zusammenzuarbeiten oder einfach nur zusammen zu sein. Wir haben von seinen Erfahrungen unheimlich profitiert. Er half uns in der Ausbildung und bei der Eingewöhnung in eine für uns fremde Welt. Hinzu kommt, daß wir beide leidenschaftliche Flieger sind. Sigmund ist ein toller Kerl und ein wertvoller Mensch.«

Vision 2000:
INTERNATIONAL SPACE STATION *ISS*

1999 beginnt der Aufbau der Internationalen Raumstation, und die erste dreiköpfige Besatzung – zwei Russen und ein Amerikaner – nimmt ihre Arbeit an Bord auf. Bis zum Jahre 2003 soll die Montage des Komplexes abgeschlossen werden, zu dem auch das europäische Weltraumlaboratorium COF (Columbus Orbital Facility) gehört. Dann beginnt der permanente Routinebetrieb mit sechsköpfigen Besatzungen, die aus Berufsastronauten, Weltraumwissenschaftlern, Kosmostechnikern, Raumfahrtmedizinern und Vertretern vieler anderer Disziplinen bestehen werden. Mit acht lebenden Raumfahrern, die zusammengerechnet fast ein Jahr lang im All weilen, nimmt die Bundesrepublik den dritten Platz in der Welt ein.

Über die Chancen, die »Germanauten« auf der Station haben, sagte mir Dr. Ewald:

»Den Hauptanteil werden natürlich die Amerikaner und die Russen stellen. ESA-Astronauten sind jährlich zwei Einsätze von je drei Monaten Dauer zugedacht. Von den elf ESA-Mitgliedstaaten, die sich finanziell an der Station beteiligen, haben bisher sieben Astronauten eingesetzt: Belgien, Deutschland, Frankreich, Großbritannien, Italien, die Niederlande und die Schweiz. Nur die Franzosen und wir nahmen sowohl an amerikanischen als auch an russischen Raumflügen teil. Unsere Chancen stehen also gut.«

Eine Reihe von Raumfahrtfirmen in den Neuen Bundesländern beteiligen sich an er Entwicklung, Fertigung und Erprobung von Elementen und Geräten sowie an der Software und dem Management für das europäische Modul COLUMBUS und die Internationale Raumstation. Dazu gehören beispielsweise die CINDATEC in Chemnitz, die DASA Jena-Optronik und die DASA RST Rostock.

Genutzte und vertane Chancen

Nach acht Jahren läßt sich durchaus eine objektive Bilanz über den Vereinigungsprozeß beider deutscher Staaten auf dem Gebiet der Weltraumforschung und Raumfahrt ziehen. Von den genutzten Chancen können drei genannt werden:
– Das Forschungspotential der DDR auf dem Gebiet der Weltraumwissenschaften, konzentriert in Berlin-Adlershof und Potsdam-Babelsberg, wurde in seinem Kern erhalten und in die Wissenschaftslandschaft der Bundesrepublik eingegliedert.
– Die Industriekapazität der DDR in der Raumfahrttechnik mit dem Schwerpunkt Jena erfuhr durch Umstrukturierung sowie Aus- und Neugründungen sogar eine Vergrößerung und Erweiterung, obwohl immer weniger wissenschaftliche als kommerzielle Aktivitäten gefragt sind. Die Industrie hat nun einmal das Sagen.
– Die wichtigsten wissenschaftlichen und technischen Projekte und Programme, die in der DDR als Beiträge zu internationalen Programmen begannen, wurden abgeschlossen oder weitergeführt. Die Hoffnungen, über die ostdeutsche Industrie zu einer stärkeren Zusammenarbeit mit den GUS-Ländern zu kommen, wurde aufgrund der komplizierten wirtschaftlichen und politischen Situation in der ehemaligen Sowjetunion nur teilweise erfüllt.

Um der historischen Wahrheit willen muß aber auch über die vertanen Chancen des Anschlusses der DDR an die BRD gesprochen werden. Sie betreffen vorrangig drei wertvolle Traditionslinien:
– die mehr als zwanzigjährigen Erfahrungen auf den Gebieten der Raumfahrtmedizin und -biologie, die an der Berliner Charité, dem Institut für Luftfahrtmedizin in Königsbrück und dem Zentralinstitut für Herz-Kreislauf-Forschung in Buch gesammelt wurden;
– die in über dreißig Jahren gewachsenen publizistischen Potenzen in der Weltraumforschung und Raumfahrt, die Fachbuchverlage ebenso betrifft wie Massenmedien und zu einer noch heute spürbar größeren Aufgeschlossenheit in der Bevölkerung führte als in den alten Bundesländern;
– die auf eine fast dreihundertjährige Geschichte zurückblickende Akademie der Wissenschaften der DDR, die nach einem Plan von Gottfried Wilhelm Leibniz 1700 als Preußische Akademie der Wissenschaften in Berlin entstand.

Im Fegefeuer der Evaluierung waren die medizinisch-biologischen Aktivitäten der DDR, für die es in der alten BRD nichts Vergleichbares gab, das erste Opfer. Sie wurden schon 1990 eingestellt, obwohl noch im Überhang der INTERKOSMOS-Verpflichtungen bis 1992 Experimente stattfanden. Der international bekannte Kosmonautenarzt Dr. Haase verschwand in der Pharmaindustrie, der Weltraumbiologe Professor Karl Hecht machte sich selbständig. Einige Buch- und Zeitungsverlage sowie Rundfunk- und Fernsehanstalten der DDR widmeten sich der populären und systematischen Darstellung von Problemen der Weltraumforschung und Raumfahrt. Allein die fünf im Berliner Verlag erschienenen Blätter »Wochenpost« und »horizont«, »Neue Berliner Illustrierte«, »Freie Welt« und »Für Dich« hatten eine Gesamtauflage von vier Millionen Exemplaren und damit einen Leserkreis von etwa zehn Millionen Menschen. Das Hamburger Verlagshaus Gruner+Jahr und seine Erfüllungsgehilfen, wie der progressiv drapierte erste West-Chefredakteur der »Wochenpost« Mathias Greffrath, machten alles platt und wickelten den größten Teil der Redakteure und Mitarbeiter ab. Ich erinnere mich, daß der »Altachtundsechziger« Greffrath mir erklärte, die »Wochenpost«

sei eine Zeitung der »SED-Rentner« und müsse zu einer »kleinen Cousine« des Hamburger Intellektuellenblattes »Die Zeit« werden. Die neuen Leser aber hätten kein Interesse an der Raumfahrt. Leute wie er haben nie verstanden, daß es möglich ist, eine Zeitung herauszugeben, die sowohl populär als auch seriös ist.

Heute können die paar Edelfedern, die vor sich hinsalbadern, nicht darüber hinwegtäuschen, daß die publizistische Raumfahrtlandschaft armselig geworden ist und nur noch auf Sensationen reagiert. Die wenigen, flachen Raumfahrtbeiträge, die zum Beispiel in Berliner Tageszeitungen erscheinen, werden in München verfaßt, weil heutige Ressortleiter nicht wahrhaben wollen, daß es hier einen kleinen, aber feinen Regionalkreis des Deutschen Luftfahrt-Presse-Clubs mit sachkundigen Mitgliedern gibt. »Importierte« Rundfunksprecher und Fernsehmoderatoren können nicht einmal das russische Wort »Mir«, das für Frieden und Welt steht, richtig aussprechen. Sie reden unbelehrbar von »Mirr« und verwechseln Kaliningrad bei Moskau – heute Koroljow – mit dem ehemaligen Königsberg. Lediglich die »Fliegerrevue« existiert noch, dank privater Initiative, und bemüht sich als einsamer Rufer in der Wüste der Neuen Bundesländer um eine sachliche Berichterstattung auf dem Gebiet der Raumfahrt. Hoffnung erweckt die seit 1998 in Neubrandenburg erscheinende Zeitschrift »Raumfahrt Controvers«. Beachtliche Aktivitäten entwickelten in Tageszeitungen auch Frau Dr. Becker von der »Lausitzer Rundschau«, Stephan Schön von der »Sächsischen Zeitung« und Roland Miethke vom Mitteldeutschen Rundfunk.

Noch vor dem Beitritt der DDR zur BRD formierte sich im Sommer 1990 in Berlin die International Space Consulting (ISC) als Gesellschaft bürgerlichen Rechts, eine Rechtsform, die es in der DDR nicht gab. Ihr Hauptziel war es, Buch- und Zeitungsverlage, Funk, Film und Fernsehen bei der Popularisierung der Raumfahrt wissenschaftlich und publizistisch zu beraten. Zu den Gründungsmitgliedern gehörten die Professoren Gerhard Breunig, ein Synergetiker aus Frankfurt am Main, Hans-Joachim Fischer, Ehrenvorsitzender der Gesellschaft für Weltraumforschung und Raumfahrt der DDR, Gerhard Kade, ein Wirtschaftswissenschaftler aus Westberlin, Ralf Joachim, Präsident der GWR der DDR, Dr. Peter

Bork von der Akademie der Wissenschaften der DDR, sowie die Publizisten Heinz Mielke, Gerhard Kowalski und Horst Hoffmann. Auf Initiative der ISC entstanden gemeinsam mit Jochen Trauptmann vom Filmhaus Berlin 1992 die Fernsehfilme »Hammer und Zirkel im All – Raumfahrt in der DDR« für die Deutsche Welle und 1995 »Der Fliegende Vogtländer – Abenteuer Raumfahrt: Sigmund Jähn« für den Mitteldeutschen Rundfunk (MDR). Für die Sendereihe »Mensch und Fortschritt« des Deutschlandsenders Kultur wurden 1993 die Features »SDI – Mythos und Wirklichkeit – Zehn Jahre Strategische Verteidigungsinitiative« und »Frauen im Weltraum – Sex im All« zum 30. Jahrestag des Fluges von Walentina Tereschkowa geschrieben; für die MDR-Sendereihe »Als gestern heute war« folgte 1996 »Die erste Mondlandung« und 1997 »Die erste Frau im All«. Gemeinsam mit den Wissenschaftsredakteuren Dr. Steffen Schmidt vom »Neuen Deutschland« und Dr. Michael Ochel von der »Berliner Zeitung« konnte eine ständige Berichterstattung über Raumfahrt auf hohem wissenschaftlichem und dennoch lesbarem Niveau gesichert werden. Leider brachen die neuen Damen und Herren der Berliner Zeitung aus Wien und Stuttgart Anfang 1997 die guten Beziehungen brüsk ab.

Die Akademie der Wissenschaften der DDR stellte mit rund 24.000 Mitarbeitern sowie 1.680 Liegenschaften und Institutskomplexen das größte zusammenhängende Wissenschaftspotential Deutschlands dar. Bis heute fehlt jede exakte Angabe, wie hoch der Verkaufspreis nach der Auflösung und Abwicklung war und wem er zugute kam. Nach 1990 bestand die einmalige historische Chance, eine gesamtdeutsche Akademie der Wissenschaften zu schaffen, in der die Max-Planck-Gesellschaft und die Fraunhofer-Gesellschaft die ihr gebührenden Plätze eingenommen hätten. Auf diese Weise wäre eine nationale Akademie entstanden, ebenbürtig der britischen Royal Society, der französischen Academie Française und der National American Academy of Science. Doch die potentiellen Partner in den alten Bundesländern litten unter Konkurrenzangst, Westberlin dachte nur an das Überleben der eigenen Akademie und bei den Bürgerrechtlern in Ostdeutschland dominierten Rachegedanken. Seriöse Wissenschaftler aus Westdeutschland bedauern die Entwicklung, zumal sie wissen, daß die Forschungslandschaft der BRD äußerst reformbedürftig war und ist.

Der Einigungsvertrag hatte im Artikel 38 (2) die weitere Existenz der Gelehrtensozietät fortgeschrieben: »Mit dem Wirksamwerden des Beitritts wird die Akademie der Wissenschaften der Deutschen Demokratischen Republik als Gelehrtensozietät von den Forschungsinstituten und sonstigen Einrichtungen getrennt. Die Entscheidung, wie die Gelehrtensozietät der Akademie der Wissenschaften der Deutschen Demokratischen Republik fortgeführt werden soll, wird landesrechtlich getroffen.«

Es dauerte zweieinhalb Jahre, bis auf politisch-administrativem Wege eine Lösung herbeigeführt wurde. Im Juli 1992 jedenfalls erhielten die 278 in- und 124 ausländischen Mitglieder der Akademie einen Brief der Berliner Wissenschaftsbehörde, der sie über das Erlöschen ihrer Mitgliedschaft informierte. Nur wenige Monate nach dem Ende ihres offiziellen Daseins bildete eine Gruppe von Mitgliedern der Gelehrtensozietät e. V. – 134 deutsche Wissenschaftler und dreizehn ausländische Gelehrte – die Leibniz-Societät.

Darunter befanden sich viele bekannte Weltraumwissenschaftler der DDR, wie der Atmosphärenforscher Wolfgang Böhme, ehemaliger Direktor des Meteorologischen Dienstes der DDR, der Hochenergiephysiker Claus Grote, früher Generalsekretär der Akademie der Wissenschaften der DDR und Vorsitzender des nationalen Koordinierungskomitees INTERKOSMOS, der Kardiologe Horst Heine, einst Direktor des Instituts für Herz-Kreislaufforschung, der Materialwissenschaftler Otto Henke, Präsidiumsmitglied der Gesellschaft für Weltraumforschung und Raumfahrt der DDR, der Astrophysiker Dieter Herrmann, Direktor der Berliner Archenhold-Sternwarte in Treptow, der Geophysiker Heinz Kautzleben, letzter Direktor des Instituts für Kosmosforschung, Norbert Langhoff, ehemaliger Direktor des Zentrums für wissenschaftlichen Gerätebau, der Meteorologe Dietrich Spankuch, der Hochdruckphysiker Heinz Stiller, früher Vorsitzender des Forschungsbereichs Geo- und Kosmoswissenschaften und der theoretische Physiker Hans-Jürgen Treder, letzter Direktor des Einstein-Laboratoriums.

Zeittafel zur Weltraumforschung und Raumfahrt in den Neuen Bundesländern (NBL) 1990 bis 1997

11. Mai 1990
Erstes Treffen von Vertretern des Instituts für Kosmosforschung (IKF) und der Deutschen Agentur für Raumfahrtangelegenheiten (DARA).

12. Juni 1990
Zweites Treffen IKF – DARA.

1. Juli 1990
Beginn der Privatisierung des Kombinats VEB Carl Zeiss Jena, das von der Treuhandanstalt Berlin übernommen wurde.

3. Oktober 1990
Beitritt der DDR zur BRD.

4. Oktober 1990
Beginn des 40. Internationalen Astronautischen Kongresses in Dresden, der von der Internationalen Astronautischen Föderation (IAF) noch an die Gesellschaft für Weltraumforschung und Raumfahrt (GWR) der DDR vergeben worden war.

10. Oktober 1990
Drittes Treffen IKF – DARA.

Gründung der Gesellschaft für Automatisierung und Informationssysteme m.b.H. (AIS) aus der EDV-Abteilung des Kühlanlagenbaus im Kombinat VEB Vakuumtechnik Dresden.

Auftrag im Rahmen des Kleinsatelliten-Projektes BREMSAT der Universität Bremen an die spätere FPM Space Sensor GmbH in Freiberg durch die Orbital- und Hydrotechnologie Bremen System GmbH (OHB).

April 1991
Anlaufen der NBL-Verbundvorhaben im Rahmen des Projektes »Deutsche Einheit«. Ausschreibung für NBL-Firmen durch die DARA.

Eröffnung eines DARA-Büros in Berlin-Adlershof.

Auftrag im Rahmen des Kleinsatelliten-Projektes SAFIR (Satellite for Information Relay – Satellit für Informations-Übertragung) der OHB an die spätere FPM Space Sensor.

1. Oktober 1991
Neugründung der Carl Zeiss Jena GmbH für die Führung des Bereichs Astronomische Technik im Rahmen des Unternehmens Zeiss Oberkochen.

Auftrag der DARA für die Mikro-Rückkehr-Kapsel MIRKA an die spätere DJO in Jena.

Studienauftrag für den Wiedereintrittskörper PLATO (Platform Orbiter) an die spätere RST in Rostock.

November 1991
Gründung des Fernerkundungszentrums Potsdam als Tochter der Gesellschaft für Umwelt, Verkehr und Energie (uve).

Dezember 1991
Gründung der DASA-Tochter Raumfahrt-System-Technik Rostock (RST) aus dem Institut für Schiffbautechnik Rostock-Warnemünde.

31. Dezember 1991
Auflösung der Gesellschaft für Weltraumforschung und Raumfahrt der DDR.

1. Januar 1992
Neugründung des Zentrums der Deutschen Forschungsanstalt für Luft- und Raumfahrt (DLR) in Berlin-Adlershof mit dem Institut für Weltraumsensorik und dem Institut für Planetenerkundung.

Ausgliederung des Bereichs Extraterrestrische Physik aus dem Institut für Kosmosforschung der Akademie der Wissenschaften der DDR als Außenstelle des Max-Planck-Instituts für Extraterrestrische Physik in Garching bei München.

Gründung des GeoForschungsZentrums Potsdam (GFZ) aus dem Zentralinstitut für Physik der Erde (ZIPE).

1. Februar 1992
Bildung der Fernerkundungsstation Neustrelitz als Fachabteilung des Deutschen Fernerkundungs-Daten-Zentrums (DFD) der DLR in Oberpfaffenhofen aus der Satellitenbodenstation des IKF.

Fusion der Deutschen Gesellschaft für Luft- und

Raumfahrt (DGLR) und der Hermann-Oberth-Gesellschaft (HOG) zur Deutschen Gesellschaft für Luft- und Raumfahrt »Lilienthal-Oberth« (DGLR) sowie Beitritt von Mitgliedern der ehemaligen Gesellschaft für Weltraumforschung und Raumfahrt der DDR.

Gründung der Gesellschaft für Computerintegration und Softwareentwicklung CiS mbH in Rostock aus dem Kombinat VEB Industrie- und Hafenbau.

Gründung der DASA Jena-Optronik GmbH (DJO) aus dem Raumfahrtbereich des Kombinats VEB Carl Zeiss Jena.

15. Juni 1992
Eröffnung der ersten Internationalen Luft- und Raumfahrtausstellung ILA'92 nach 60 Jahren in Berlin-Brandenburg (bis dahin seit 1956 in Hannover-Langenhagen).

Aufträge zu den Projekten RVD (Rendezvous and Docking), DUSE (Development Unmanned Servicing Element – Entwicklung einer unbemannten Diensteinheit) und ROBI (Robotikexperiment) an die RST Rostock, gemeinsam mit DJO in Jena, AIS in Dresden und CINDATEC (Computer-, Informations- und Datentechnik Chemnitz) Ingenieurtechnische Dienste GmbH.

Studienaufträge für die Projekte FIESTA (Freeflying Innovative Experimental Satellite for Tethering Application – Freifliegender moderner Versuchssatellit für den seilgefesselten Einsatz), RAPUNZEL (Robotic Attached Piggyback Unit – huckepack montierte Robotereinheit) und ATON (Experiment zur Messung des Sonneneinflusses auf den Gehalt der Atmosphäre an Oxygenium und Nitrogenium) an die RST Rostock. Ein Unterauftrag für das Projekt FIESTA zur die Entwicklung eines Schneidemechanismus ging an die spätere FPM Space Sensor.

12./13. September 1992
Erstes Raumfahrt-Wochenende der DARA im Freizeit- und Erholungszentrum (FEZ) in der Berliner Wuhlheide.

28. Januar 1993
Beginn des Programms
MOMS-02P (Modularer Opto-
elektronischer Multispektral-
Stereo-Scanner) für das
Forschungsmodul PRIRODA der
Orbitalstation MIR.

15. Februar bis 15. März 1993
»Deutsche Raumfahrt-Projekt-
wochen« im Kosmonauten-
zentrum »Sigmund Jähn« in
Chemnitz mit Unterstützung
der DARA.

21. April 1993
Abschluß der Arbeit am Projekt
DEBRIS (Trümmer) zum Er-
kennen von Weltraummüll
durch die DJO in Jena, die AIS
in Dresden und CiS in Rostock;
Endpräsentation und Abschluß
der NBL-Verbundvorhaben.

24. Mai 1993
Bildung der »Forschungsinitia-
tive Luft- und Raumfahrt« für
Sachsen an der Hochschule für
Technik und Wirtschaft
Mittweida.

1. Juli 1993
Gründung der FPM Space
Sensor aus dem Bereich Ver-
messungstechnik für Berg-
bauanlagen des VEB Freiberger
Präzisions-Mechanik.

Juli 1993
Gründung der Verkehr-Raum-
fahrt-Systemtechnik GmbH
(VRS) in Altenburg als Toch-
terunternehmen der Kayser-
Threde GmbH München.

30. September 1993
DARA-Präsentation
»Raumfahrt im vereinten
Deutschland« in der
Bayerischen Landesvertretung
in Berlin.

2./3. November 1993
Besuch des ESA-Generaldirek-
tors Jean-Marie Luton in Jena.
Zusage eines »gerechten
Rückflusses« von bundesdeutschen Mitteln für internationale Programme in die NBL.

10. November 1993
Beratung der DARA mit den
Geschäftsführern von Firmen
in den NBL über ein Referenzprojekt in Bonn.

23. November 1993
Übergabe eines Ein-Meter-
Spiegelteleskops für die Verbin-
dung zu Lasersatelliten im
Rahmen des ESA-Projektes
ARTEMIS durch die
Carl Zeiss Jena GmbH zur
Aufstellung in der ESA-Boden-
station auf Teneriffa. Das Gerät

sollte ursprünglich in Ulan Bator aufgestellt werden, jedoch konnte die Mongolei das Projekt nicht bezahlen.

Tagung des CEOS (Committee of Earth Observation from Space – Ausschuß für Erdbeobachtung aus dem Weltraum) in Berlin.

Mitarbeit der RST Rostock am Projekt des deutschen Kleinsatelliten ABRIXAS für extraterrestrische Röntgenforschung bei der OHB – Studienauftrag an die FPM Space Sensor in Freiberg für das Projekt PROKS zur Beobachtung der Auf- und Entladezyklen von Batterien im Weltraumeinsatz.

12. April 1994
Aufforderung der DARA zur Einreichung von Vorschlägen für ein NBL-Leitprojekt.

3. Mai 1994
Treffen von NBL-Firmen zur Definition eines Leitprojektes in Jena.

13. Mai 1994
Eröffnung der ILA'94 mit der ersten internationalen »Erlebnishalle Raumfahrt« in Europa.

12. Juli 1994
Vorschlag der DARA an die Raumfahrtindustrie der NBL zur Entwicklung eines eigenen Kleinsatelliten.

7. September 1994
Beginn der Phase A für die NBL-Kleinsatellitenprojekte REGIUS (Regionaler Umwelt-Satellit) und CHAMP (zunächst für Catastrophe and Hazard Monitoring and Prediction – Überwachung und Vorhersage von Katastrophen und Gefahren; später Challenging Minisatellite Payload for Geophysical Research and Application – Anspruchsvolle Kleinsatelliten-Nutzlast für geophysikalische Forschung und Anwendung).

Das UVE Fernerkundungszentrum in Potsdam führte im Auftrag der DARA Flugzeugeinsätze mit der Fernerkundungskamera MOMS-02P an Bord einer IL-18R zur Vorbereitung ihres Einsatzes im Forschungsmodul PRIRODA auf der Orbitalstation MIR durch.

Entwicklung des Meßgerätes SGS (Smart Gas Sensor) für den Einsatz während der Mission EUROMIR 95 durch die RST Rostock.

1. Dezember 1994
Gründung der
Deutschen Phonsat GmbH
Berlin mit Labors in Dahlwitz-
Hoppegarten unter Geschäfts-
führer Prof. Dr. Peter Felske

Beginn des GSTP 1 (General
Support Technology Program –
Allgemeines Technologisches
Unterstützungsprogramm) der
ESA mit maßgeblicher Betei-
ligung von NBL-Firmen.

9. April 1995
Start des russischen Frachtraumschiffes PROGRESS M-27
mit dem Kleinsatelliten GFZ 1
an Bord zu MIR.

19. April 1995
Aussetzen des geodätischen
Satelliten GFZ 1 mit Laser-
reflektoren an Bord aus MIR.

Juni 1995
Entscheidung für CHAMP als
NBL-Leitprojekt.

August 1995
Das sächsische Ministerium für
Wirtschaft und Arbeit beteiligt
sich an einem Arbeitspaket für
das Projekt CHAMP der FPM
Space Sensor, mit speziellem
Interesse an der Förderung von
Leichtbautechnologien.

9. September 1995
Tod des deutschen Astronauten
Reinhard Furrer beim Absturz
einer Messerschmitt Me 108
»Taifun« aus dem Zweiten Weltkrieg während einer Flugschau
in Berlin-Johannisthal. Furrer
war seit 1987 Professor für
Weltraumwissenschaft an der
Freien Universität und Direktor
des Weltraum-Instituts Berlin.

20. September 1995
Entscheidung der DARA zur
Überführung des NBL-Leitpro-
jektes CHAMP in die Phase B.

6. November 1995
Beginn der Phase B für das
Projekt CHAMP unter wissen-
schaftlicher Projektleitung des
GFZ Potsdam und industrieller
Federführung der DJO Jena.

Auftrag der Max-Planck-
Gesellschaft zur Modifikation
eines Mars-Landegerätes an
RST Rostock.

Auftrag der DARA zur
Entwicklung eines Qualitäts-
sicherungssystems
an die RST Rostock.

Studienauftrag für das Umwelt-Satelliten-Kommunikations-Projekt UMSAKO an die FPM Space Sensor in Freiberg.

1. März 1996
Gründung der Satellitendaten-Vertriebsgesellschaft mbH Euromap in Neustrelitz als Tochter der Gesellschaft für Angewandte Fernerkundung (GAF) in München.

10. März 1996
Start des russischen Forschungsmoduls PRIRODA, auf dem später die Erderkundungskamera MOMS-02P arbeitet.

März 1996
Umzug der VRS nach Leipzig.

21. März 1996
Start des indischen Fernerkundungssatelliten IRS P3 (Indian Remote Sensing Satellite) in Sriharikota mit dem Gerät MOS vom Institut für Weltraumsensorik in Berlin-Adlershof an Bord.

5. Mai 1996
Start des russischen Frachtraumschiffes PROGRESS M-31 mit der Erderkundungskamera MOMS-02P aus den NBL für MIR-PRIRODA.

Mai 1996
DGLR-Kongreß in Dresden.

September 1996
Auftrag der DARA an die VRS Leipzig zur Begleitung der Pressearbeit bei der Mission GERMIR 97.

4. bis 8. November 1996
Symposium der Internationalen Akademie für Astronautik (IAA) über Kleinsatelliten für die Erdbeobachtung in Berlin.

November 1996
Abschluß der Phase B für das Projekt CHAMP.

Gründung des Lehrstuhls für Luft- und Raumfahrt an der Technischen Universität Dresden.

16. November 1996
Start der russischen Tiefraumsonde MARS 96 mit den Kamerasystemen WAOSS aus dem Institut für Weltraumsensorik und HRSC aus dem Institut für Planetenerkundung in Berlin-Adlershof. Fehlschlag infolge Versagens der letzten Raketenstufe.

Beginn der Arbeiten an dem Kleinsatelliten BIRD (Bispectral

Infrared Detector) im Institut für Weltraumsensorik in Berlin-Adlershof.

31. Dezember 1996
Auflösung der Außenstelle des Max-Planck-Instituts für Extraterrestrische Physik in Berlin-Adlershof.

7. Januar 1997
Beginn der Phase C für das Projekt CHAMP für einen Start im Jahre 1999.

Beginn der Studie SKOLIA zur Nutzung von Satellitendaten bei FPM Space Sensor in Freiberg.

25. Juni 1997
Erster vollautomatischer Flugtest des Gleitschirmsystems für das CTV (Crew Transfer Vehicle – Mannschafts-Beförderungsfahrzeug) als ESA-Beitrag zur International Space Station in Mecklenburg-Vorpommern. Der Hauptauftragnehmer DASA verwendete für diesen Versuch einen Schirm von 160 Quadratmetern Fläche und eine Nutzlast von 1.700 Kilogramm, die von einem Transportflugzeug aus 1.800 Metern Höhe abgesetzt wurde und mit einer Genauigkeit von 200 Metern landete. Die Steuerung erfolgte mit Hilfe des GPS (Global Positioning System – Weltweites Satelliten-Navigationssystem).

Oktober 1997
Neuordnung des deutschen Raumfahrtmanagements. Die Rechte und Pflichten der DARA in Liquidation gehen an die DLR über, die seitdem Deutsches Zentrum für Luft- und Raumfahrt heißt.

9. Oktober 1997
Start der russischen Rückkehrkapsel FOTON II mit dem Wiedereintrittskörper MIRKA aus den NBL.

1997
Schließung des Bereichs Astronomische Technik der Carl Zeiss Jena GmbH und Verlagerung der Aktivitäten nach Oberkochen.

1998
Herausgabe der neuen Zeitschrift »Raumfahrt Controvers« durch die Initiative 2000 plus e.V., Neubrandenburg.

*Zeitzeugen
geben zu Protokoll*

Manfred von Ardenne, Dresden

Die Menschheit braucht Visionen

Da der große Erfinder 1997 verstarb, konnten wir ihn nicht mehr bitten, persönlich einen Beitrag für dieses Buch zu schreiben. Deshalb stellte unser Autor, der Professor von Ardenne, einer der wohl letzten Universalgelehrten unseres Jahrhunderts, in den vergangenen Jahrzehnten viele Male interviewt, einige seiner wichtigsten Aussagen zur Raumfahrt zusammen.

Die Internationale Astronautische Akademie in Paris, höchste wissenschaftliche Instanz der Raumfahrt, berief Sie 1965 zu ihrem Mitglied. Wofür erfolgte diese hohe Ehrung?

Wie mir in der Berufungsurkunde mitgeteilt wurde, erhielt ich diese für meine Forschungen auf dem Gebiet der Hochstrom-Ionenquellen. Begonnen hatte ich damit im Geheimen schon 1950, als ich noch im Rahmen der Reparationsleistungen in Suchumi am Schwarzen Meer tätig war. Mir war klar, daß ich mit meiner Familie erst nach einer »Abkühlungsphase« heimkehren durfte, wenn ich nicht mehr über das Allerneueste in der Wissenschaft und Technik der Sowjetunion informiert war. Deshalb fiel meine Wahl eines Forschungsgebietes für diesen Zeitraum auf die zukunftsträchtige Entwicklung der Hochstrom-Ionenquelle, die später unter den Namen Unoplasmatron- und Duoplasmatron-Ionenquelle in der Fachwelt bekannt wurde. Die letztgenannte war die einzige Ionenquelle mit einer fast hundertprozentigen Ausbeute der Ionen und hat sich sehr schnell durchgesetzt. Sie fand Anwendung bei den meisten großen Teilchenbeschleunigern der Kernphysik und den sogenannten Ionenimplantationen, mit denen große Fortschritte beim Bau von Hochleistungs-Halbleiterbauelementen erzielt wurden. Schließlich gewann auch die Raumfahrt Interesse an emittierten Ionenstrahlen für den Antrieb und die Bahnkorrektur von Raumflugkörpern. Überlegungen über die grundsätzliche Verwendung von Ionentriebwerken, die zu den elektrischen Antrieben zählen, stellten bereits Pioniere der Raumfahrt wie Konstantin Ziolkowski, Hermann Oberth, Guido von Pirquet und andere an. Praktische Versuche begannen 1964 in den USA mit dem Programm SERT (Space Electric Rocket Test – Versuch mit elektrischen Raketen) bei ballistischen Freiflügen und in der UdSSR während der Mission WOSCHOD 2.

Ein Jahr später besuchte Sie auf eigenen Wunsch der russische Kosmonaut Boris Jegorow, der mit WOSCHOD 1 *als erster Arzt ins All flog. Was wollte er von Ihnen, und worüber haben Sie sich unterhalten?*

Ich erinnere mich, daß unser Gespräch sehr intensiv und interessant war und mehrere Stunden dauerte. Im Mittelpunkt standen die Erfahrungen, die Dr. Jegorow im All gesammelt hatte und die Forschungen unseres Instituts zu medizinischen und medizintechnischen Themen.

So fragte der Gast beispielsweise nach der Entwicklung des verschluckbaren Intestinalsenders, auch Endoradiosonde genannt, die 1957, im Jahr des SPUTNIK-Starts, begann und erst durch die Fortschritte in der Transistortechnik möglich wurde. Dabei handelt es sich um einen frequenzmodulierten Sender in Mikrobauweise, der aus der Speiseröhre und dem Magen-Darmtrakt für die ärztliche Diagnose wichtige Meßwerte an einen außerhalb des Körpers installierten Empfänger signalisiert. Auf diese Weise können bei dem Weg der Sendepille durch den Körper die örtlichen Druck-, Säure- und Temperaturwerte gemessen werden. Um bei der Anwendung der Radiopille schnell einen umfassenden Einblick in die physisch bedingten und sehr charakteristischen Schwankungen dieser Werte zu erhalten, gestalteten wir den Empfänger gleich als Registriergerät, das die einzelnen Meßgruppen sofort und direkt aufschreibt. Auch andere telemetrische Medizintechnik unseres Hauses, die für den Einsatz an Bord von Raumschiffen geeignet ist, fand das Interesse unseres Besuchers.

*Manfred von Ardenne mit
Horst Hoffmann in Dresden*

In Ihrem langen Leben sind Sie vielen bekannten Akteuren der Raketentechnik und Raumfahrt begegnet – von dem Zukunftsschriftsteller und Ingenieur Hans Dominik und dem Piloten des ersten Raketenflugzeuges Fritz von Opel bis zu den Raumfahrern von heute. Wer hat Sie am stärksten beeindruckt?

Ohne Zweifel Wernher von Braun, der mit dem Aggregat 4 die erste große Flüssigkeitsrakete schuf und mit der Saturn V den Flug des Menschen zum Mond ermöglichte. Im Laufe eines halben Jahrhunderts bin ich ihm mehrere Male begegnet. Das erste Mal fiel er mir Ende der zwanziger Jahre auf dem Raketenflugplatz Berlin in Tegel auf, wo er als junger Student den Raketenpionieren um Hermann Oberth und Rudolf Nebel zur Hand ging. Das letzte Mal trafen wir uns anläßlich meiner USA-Reise 1975 in New York, wo ich im Hotel »Plaza« am Central Park wohnte. Unser Gespräch drehte sich um die Mondlandung und ihre Folgen sowie um den Stand der Krebsforschung, insbesondere um die von uns entwickelte Krebs-Mehrschritt-Therapie, über die ich am National Cancer Institute in Washington D. C. und am Slovban-Kettering-Institute in New York Vorträge hielt. Zwei Jahre später starb Wernher von Braun an dieser Krankheit.

Während des Zweiten Weltkrieges trug sich »Dr. Frhr. v. Braun, Peenemünde« in das Gästebuch meines Laboratoriums für Elektronenphysik in Lichterfelde-Ost am 26. Februar 1943 ein – drei Wochen nach der Kapitulation der 6. Armee unter Generalfeldmarschall Paulus in Stalingrad. Der Zweck seines Besuchs war, mich als Mitarbeiter für spezielle Probleme der Raketentechnik zu gewinnen. Ich lehnte jedoch ab – wegen der eigenen Arbeiten, die mich vollauf beschäftigten, und wohl auch wegen der Vorahnung eines baldigen Endes des verlorenen Krieges. Einer meiner jüngeren Mitarbeiter, der Physiker Helmut Gröttrup, wechselte schon drei Jahre zuvor zur Heeresversuchsanstalt Peenemünde, wo er als leitender Mitarbeiter für Steuer- und Lenksysteme tätig war. Nach Kriegsende wurde er deutscher Generaldirektor der Sowjetischen Aktiengesellschaft SAG Zentralwerk und nach der Deportation in die Sowjetunion Direktor der Gruppe deutscher Raketenspezialisten.

Was haben Sie an Wernher von Braun bewundert und wie beurteilen Sie seine Verstrickung in die Produktion und den Einsatz der V2?

Bewundernswert fand ich sein Wissen und Können als Ingenieur, seine Phantasie und Intuition als Vordenker, sein Organisationstalent und Durchsetzungsvermögen für Projekte. Wie er mit den furchtbaren Auswirkungen seiner Erfindungen und Entwicklungen mit sich ins Reine kam, weiß ich nicht. Die Massenproduktion der V2 in den berüchtigten Bergwerkstollen des Kohnsteins durch Zwangsarbeiter und KZ-Häftlinge, der Einsatz der V2 als Terrorwaffe gegen London und andere westeuropäische Großstädte, die Tausende von Todesopfern forderten, dürften wohl das dunkelste Kapitel seines Lebens darstellen.

Welche Zukunft geben Sie der Raumfahrt als einer der modernsten Disziplinen der Wissenschaft und Technik?

Ich habe die Beschäftigung mit Wissenschaft und Technik immer als ein großes, erregendes Abenteuer empfunden. Um mit Bertold Brecht zu sprechen, war auch für mich Denken immer das höchste Vergnügen. Aber auch Emotionen spielen eine große Rolle, insbesondere in der zeitlich meist begrenzten romantischen Phase, die jede Forschung in ihrer Jugendzeit durchläuft, und in der sich oft von einem Tag zum anderen überraschende Ausblicke von großer Tragweite erschließen. Aber auch das Erkennen von neuen Gesetzmäßigkeiten und Wegen, das sich erst nach lang andauernden Bemühungen einstellt, kann im schöpferischen Menschen ein Hochgefühl auslösen.

In der romantischen Phase der Raumfahrt begeisterten zuerst die Möglichkeiten, aus der Erdumlaufbahn ungestört in die Tiefen des Universums zu blicken und in umgekehrter Richtung unseren Blauen Planeten vollständig ins Auge zu fassen. Dann folgten die Anwendungssatelliten für die Wettervorhersage, die Nachrichtenverbindungen, die Erdfernerkundung, die Katastrophenwarnung und den Umweltschutz. Die erste große Vision der Raumfahrt war in den sechziger Jahren der Flug des Menschen zum nächsten

Himmelskörper, unserem natürlichen Trabanten, dem Mond. Heute ist das ohne Zweifel die ständig von Wissenschaftlern bemannte internationale Raumstation, die auch neue Aspekte der Bekämpfung von Krebs und Aids eröffnet. Im nächsten Jahrhundert wird es der Flug des Menschen zum erdähnlichsten Planeten, Mars, sein. Die Menschheit braucht nun einmal Visionen, die ihr Tun beflügeln und zur Stillung der faustischen Sehnsucht beitragen, um zu erkennen, was die Welt im Innersten zusammenhält.

Prof. Dr. mult. Manfred Baron von Ardenne (1907 bis 1997), Pionier der Rundfunk-, Fernseh- und Radartechnik, Erfinder des Elektronenmikroskops, des Elektronenstrahl-Mehrkammerofens und des Plasma-Feinstrahlbrenners, Initiator der Krebs-Mehrschritt-Therapie, der Sauerstoff-Mehrschritt-Therapie und der Immunstimulation. Von 1945 bis 1955 trug er im Institut für elektronische Physik in Suchumi durch seine Arbeiten über industrielle Isotopentrennung zur Entwicklung der sowjetischen Atombombe und damit zum Patt zwischen den beiden Supermächten bei.

Arno Fellenberg, Essen
Verwirklichte Träume

Vier Jahre vor SPUTNIK 1 wurde ich vor den Toren Berlins, direkt an der Grenze zum westlichen Stadtbezirk Zehlendorf, in Teltow geboren. Dort wuchs ich auf, ging zur Schule, machte meine Lehre als Industriekaufmann und arbeitete bis 1989 in einer großen Firma der BMSR-Technik. Hier in Teltow begann mein Raumfahrtweg, begann das Interesse, begann die Dokumentation und Schreiberei, hier wurden die Träume geträumt, selbst so richtig dabei zu sein.

Der Start des SPUTNIKS hatte mich natürlich noch nicht berühren können, und nur blasse Erinnerungen sind an Fernsehberichte über Hunde und Affen im Weltraum geblieben. Ganz deutlich war dafür das Erlebnis des 12. April 1961.

Ich ging in die zweiten Klasse, es war ein schon recht warmer Frühlingstag, und in unserem Garten wurde das Reisig des Winters zusammengetragen und ofenfertig zerkleinert, als die Nachbarstochter mit der großen Nachricht kam, daß ein Mensch im Weltraum gewesen war, ein Russe in einem Raumschiff. Viel mehr gab es noch nicht zu erfahren und meine Begeisterung hielt sich in Grenzen. Ich versuchte mir nur vorzustellen, wie es in so einem Raumschiff wohl aussehen müßte. Aber die gleichen Vorstellungen hatte ich von einem Flugzeug, damals ebenso unerreichbar wie ein Raumschiff!

Einprägsamer war dann der Sommer 1961, als der »Antifaschistische Schutzwall« errichtet wurde, eine Mauer, die mich zusammen mit meinem Bruder, meiner Großmutter und meiner Mutter davon abhielt, wie gewohnt Wochenende für Wochenende bei meinem Onkel in Berlin-Rudow zu sein, der so viel von Technik und der großen weiten Welt wußte und immer zu Späßen mit uns Jungs aufgelegt war.

In dieser Zeit entstand die Grundlage für die mit der Zeit immer mehr wachsende deutliche Distanz zu den politischen Vorstellungen meines Vaters und seiner Genossen.

Mit elf Jahren Raumfahrtfan

Wieder flogen Kosmonauten in den Weltraum, German Titow und später die erste Frau, Valentina Tereschkowa. Von den Amerikanern redete man kaum. Und es gab Ansichtskarten vom Besuch Juri Gagarins, Valeri Bykowskis und Valentina Tereschkowas in der DDR. So langsam wuchs ein gewisses Interesse. Medienwirksamer waren jedoch die ersten Fernsehübertragungen aus Amerika über den TELSTAR-Satelliten. Im Westfernsehen lange angekündigt und von der Versammlung der Nachbarn vor unserem kleinen »Rembrandt"-Fernseher begeistert erwartet. Viel gab es nicht zu sehen, aber die Bilder kamen aus dem Weltraum! Später war es EARLY BIRD, der begeisterte.

RANGER 7 erreichte 1964 den Mond und übermittelte erste Bilder aus der Nahdistanz unseres Trabanten. Dies war, zumindest für den Westen, eine Sensation und auch bei uns mußte man zugeben, daß dies eine Leistung war. Die Fernsehberichte drängten mich

Arno Fellenberg auf »Cape Teltow«

regelrecht dazu, herauszufinden, wo denn die anderen sechs RANGER-Sonden geblieben wären. Die Suche führte mich in die Stadt- und Leihbibliothek von Teltow. Dort gab es ein faszinierendes Buch, das »Typenbuch der Raumflugkörper 1957 bis 1964«. Mit meinen elf Jahren durfte ich es mir aber nicht ausleihen, also mußte ein älterer Nachbarsjunge mit. Er und die Bibliothek sollten das Buch nie wiedersehen...

Dieses Buch von Herbert Pfaffe und Peter Stache hat mich fasziniert. Ich fand nicht nur heraus, wo RANGER 1 bis 6 geblieben waren, sondern entdeckte solch sensationelle Dinge wie den Start von drei oder gar fünf Satelliten mit einer Rakete! Eine völlig neue Welt tat sich für mich auf, die da aus einer Vielzahl von amerikanischen Satelliten und Sonden bestand, von denen ich noch nie etwas gehört hatte, und auch England und Kanada hatten bereits Satelliten im All. Alles war so unheimlich neu und interessant, daß man unbedingt noch mehr davon wissen wollte.

Ich erinnere mich an ein Buch über die ersten Kosmonauten und Astronauten, ich verschlang es! Irgendwann folgte RANGER 8, dann die Eil- und Sondermeldung, daß ein Mensch in den freien Weltraum ausgestiegen sei, ein Russe natürlich. In der Schule wurde eine Wandzeitung dazu angefertigt, der ich allerdings die Berichte des Mondaufschlags von RANGER 9 hinzufügte! Nun war der Wettlauf zum Mond auch für mich zu einer Realität geworden. Immer hatten die Russen, die »befreundete brüderliche Sowjetunion« die Nase vorn. Die ewige sozialistische Propaganda in der Schule zeigte Wirkung. Ich verweigerte den Beitritt zur Jugendorganisation FDJ und hoffte inständig, daß die Amerikaner zuerst auf dem Mond sein würden!

Als im Sommer 1965 MARINER 4 am Mars vorbeizog und auch die DDR-Presse eine Wertschätzung dieser Leistung nicht umgehen konnte, war dies ein weiteres prägendes Ereignis. Nun flogen die Amerikaner auch ihre GEMINI-Raumschiffe. GEMINI 5 war eine Woche im All, länger als jeder Russe, doch in unseren Zeitungen stand nur etwas von den Problemen und den Gefahren, denen die Kosmonauten angeblich vom Imperialismus ausgesetzt wurden. Und wieder ging etwas mit GEMINI schief, was im »Neuen Deutschland« ausgekostet wurde, während der Aufschlag von LUNA 5 auf dem Mond, der Vorbeiflug von LUNA 6 und die »beinahe weiche Landung« von LUNA 7 und 8 als Erfolge der Sowjetunion gewertet wurden. Aber dann, im Dezember 1965, näherten sich zwei amerikanische Raumschiffe bis auf weniger als einen Meter im All an, und die Russen hatten GEMINI 6 und 7 nichts gleichzusetzen.

In diesem Jahr 1965 veranstaltete die Illustrierte NBI in der DDR ein großes mehrteiliges Raumfahrtquiz. Hierzu erschienen viele interessante Tabellen und Berichte zur Raumfahrt, und ich begann von nun an jeden einzelnen Zeitungsartikel zu sammeln, in Heften und auf Blättern aufzukleben, zu ordnen und in meinem »Raumfahrtarchiv« abzuheften. Schnell wurde der Umfang immer größer und die Frage meiner Mutter, »Junge, was willst Du bloß mit dem ganzen Papier anfangen?« wurde nur mit Kopfschütteln und der Bemerkung »Das brauche ich alles« erwidert.

Dieses Archiv, in dem übrigens auch das zerstückelte Typenbuch gelandet war, machte mich, zumindest in der Schule und der Nachbarschaft zum »Raumfahrtexperten«. Von nun an sollte mir, wenn irgend möglich, nichts mehr entgehen, was mit der Raumfahrt zu tun hatte. Ein Höhepunkt war die Mondlandung von LUNA 9 im Februar 1966. Es war beeindruckend und einfach faszinierend zu sehen, wie es auf einem anderen Himmelskörper aussieht. Schon bald danach hatte der Mond selbst einen Mond, einen kleinen russischen Satelliten, LUNA 10.

Die Russen schienen wieder die Nase vorn zu haben, und die Amerikaner versuchten nachzuziehen. Doch erst einmal endete GEMINI 8 in einer Notlandung, was allerdings zu einer Vielzahl von Fernsehberichten und technischen Erklärungen (im Westfernsehen) führte, die meine Raumfahrtbegeisterung immer mehr steigerten. Im Juni landete dann SURVEYOR 1 im ersten Anlauf auf dem Mond und lieferte weit mehr Aufnahmen als LUNA 9, und die folgenden LUNAR-ORBITER-Satelliten sendeten eine Vielzahl von Mondaufnahmen zur Erde. Zu dieser Zeit nutzte ich mein karges Taschengeld dazu, den »technikus«, »Jugend und Technik« und die »Fliegerrevue« zu kaufen. Hier gab es Starttabellen und »jede Menge« Informationen zur aktuellen Raumfahrt. Hinzu kamen später weitere Bücher aus DDR-Verlagen, die ich begeistert las. Mein Archiv nahm unaufhaltsam zu und ich fand in meinem damaligen Klassenlehrer, Herrn Pohlus, einen geduldigen Zuhörer, dem ich alles über die Raumfahrt erzählen konnte und der, so hatte ich schon bald herausgefunden, auch den Amerikanern den ersten Schritt auf dem Mond gönnte. Hier in der Schule hatte ich auch Gelegenheit, meine selbstgebastelten Satellitenmodelle auszustellen.

Die letzten GEMINI-Flüge brachten 1966 den Amerikanern riesige Erfolge und die SURVEYORS und LUNAR-ORBITERS lieferten immer neue Bilder, von denen es auch einige in der »Fliegerrevue« und in der Zeitschrift »Astronomie und Raumfahrt« gab. Schon wurde begonnen, Listen und Starttabellen anzufertigen und eine Statistik nach der anderen aufzubauen. Frankreich wurde Weltraummacht und Italien hatte schon einen Satelliten im All, Japan »bastelte« daran – es ging rasant voran!

1967 wurde zu einem prägenden Jahr. Mit knapp 14 Jahren hatte ich voller Freude mitbekommen, daß sich Russen und Amerikaner auf ein verbindliches Weltraumabkommen geeinigt hatten, das auch Grundlage für die Zusammenarbeit sein sollte. Wäre nun ein gemeinsamer Raumflug von Russen und Amerikanern möglich? Aber erst einmal sollte das Schicksal erbarmungslos zuschlagen. Im Januar verbrannten drei US-Astronauten am Boden in APOLLO 1, und im April verunglückte Komarow beim Absturz von SOJUS 1 tödlich. Der Wettlauf im All hatte seine ersten Opfer gefordert. Später verunglückte auch noch Gagarin...

Während die Amerikaner mit APOLLO weitermachten, schien es bei den Russen keine große Bewegung zu geben; es gab nur Spekulationen. Gerade die Geheimniskrämerei sorgte für immer größere Antipathie gegenüber den Russen. Dann aber kam der November 1967 und damit der Erststart der SATURN 5, der problemlos verlief. Nun war es (wohl nicht nur für mich) klar: Die Amerikaner lagen vorn. Bislang hatten sie der Mächtigkeit russischer Raketen nichts entgegenzusetzen, und die US-Mondrakete wurde als viel zu kompliziert beschrieben, nach den vielen Fehlstarts früherer amerikanischer Raketen. Doch sie hatte funktioniert! Jetzt begann der Wettlauf erst in die entscheidende Phase zu treten, und ich war endlich richtig dabei. Begeistert von der Berichterstattung im ersten Programm des Westfernsehens und im Radiosender RIAS-Berlin wurde von nun an jede APOLLO-Mission haarklein verfolgt.

Flugbahnen wurden gezeichnet und eigene Flugpläne zusammengestellt. Nichts sollte unbeobachtet bleiben. APOLLO zog mich absolut in den Bann der Raumfahrt. Übrigens verständigte ich mich mit meinem Astronomielehrer darauf, ihn nicht während der Stunde zu verbessern, und er schaute nur ab und an bei Raumfahrtthemen zu mir herüber, ob ich denn wohlwollend nicken würde – schließlich war er von Hause aus Sportlehrer! Die Vorbereitung der Schüler, die schließlich im Sommer 1969 in die mündliche Astronomieprüfung gingen, lag dann in meiner Hand…In dieser Zeit, in der auch die politischen Spannungen um Berlin zunahmen und russische Militärjets die »Verfeinerung des Überschallknalls über Westberlin« ausgiebig übten, begann ich auch, Kontakt zu Raumfahrtzeitschriften im Westen zu suchen, um irgendwie an das Bildmaterial heranzukommen, das es dort überall gab. Vom Fernsehbild abfotografierte Schwarz-Weiß-Aufnahmen genügten mir bei der Faszination des Mondfluges nun nicht mehr. Jetzt, wo alles danach aussah, daß die Amerikaner doch das Rennen machen würden, waren auch meine Leserbriefe und Anfragen etwas kesser geworden, denn das Argument, die Russen wollen ja gar nicht und der Mensch müsse ja gar nicht zum Mond, zog einfach nicht, wie auch der Hinweis auf die ausschließlich amerikanische »Militarisierung des Kosmos«. Übrigens sorgten zahlreiche Brieffreundschaften – die Adressen stammten aus geschmuggelten Micky-Mouse-Heften ebenso wie von Radio Luxemburg – für einen mehr oder minder permanenten Fluß von einzelnen Zeitungsausschnitten und schönen bunten Bildern aus dem Westen in mein Archiv. Selbst Anfragen an britische Institute, an die ESRO und an die NASA sowie die Firma McDonnell Douglas brachten erste Erfolge. Der DDR-Zoll drückte ein Auge zu!

Zweites Houston in Teltow

Die Mondlandung fiel in die Ferienzeit nach Abschluß der Polytechnischen Oberschule. Es lief phantastisch. Selbstgebaute Modelle, Flugpläne und Mondflugbahnen sorgten in unserem Wohnzimmer samt Fernseher, zwei Radios (RIAS, SFB und stündlich AFN) und einer Bandmaschine für das richtige Flair. Restliche Familie, Freunde und Nachbarn sprachen nur noch vom »zweiten Houston«. Am Abend des 20. Juli werde ich dann wohl ebenso aufgeregt gewesen sein, wie die Leute im ersten Houston. Jede Einzelheit wurde mitgeschrieben und abgeheftet, viele hundert Seiten. In dieser Zeit wurde der Traum geboren, einmal so richtig dabeizusein. Nicht als Astronaut, dafür war ich sicherlich gesundheitlich nicht fit genug, aber als Zuschauer beim Start in Cape Kennedy und vielleicht einmal in Houston oder Baikonur. Ein damals unerfüllbarer Traum!

Der ersten Mondlandung folgten weitere, zu Hause am Fernsehen verfolgt, mit fadenscheinigen Entschuldigungen für die Berufsschule und Sonderurlaub wegen einer »Hochzeit« bei der Mondlandung von APOLLO 12. Auch meine ersten regulären Urlaube als Angestellter im VEB GRW Teltow waren voll den restlichen Mondlandungen gewidmet, dem Zittern um APOLLO 13 ebenso wie den ausgiebigen Autofahrten ab APOLLO 15. Nun haderte ich weniger mit den Russen als vielmehr mit der Gleichgültigkeit der Amerikaner, für die APOLLO nun keine Bedeutung mehr hatte. Das Programm wurde zusammengestrichen, während der Vietnamkrieg stetig ausgedehnt wurde. Ich verstand einfach nicht, wie ein Land, das gerade Menschen zum Mond geschickt hatte, ebenso in der Lage sein konnte, 60.000 junge Männer für nichts und wieder nichts in den Tod zu schicken. Dieses Land wäre in der Lage gewesen, schon bald Menschen auch zum Mars zu bringen, aber es trieb immer mehr in den politischen Sumpf!

Während ich meine Korrespondenz in den Westen mit wechselndem Erfolg ausbaute, führten provozierende Leserbriefe an die »Märkische Volksstimme« dazu, daß sich einige Herren in der Nachbarschaft über mich erkundigten. Als 15 NASA-Farbfotos der Mission APOLLO 15 vom Zoll ebenso als Werbematerial eingezogen wurden wie westliche Luft- und Raumfahrtzeitschriften, war ein Aneinandergeraten mit den entsprechenden Behörden in Potsdam unausweichlich geworden. Mein Zweifel an der Sachkunde der dortigen Mitarbeiter führte zu entsprechenden Reaktionen. Die Beschlagnahme-/Einzugsbescheide blieben jedenfalls »vollinhaltlich« bestehen.

In den folgenden Jahren hatte ich in unserer Firma zunehmend Gelegenheit, vor Publikum über mein Hobby zu sprechen und auch in der Betriebszeitung »impuls« zu schreiben. Erster großer Anlaß war das APOLLO-SOJUS-Unternehmen 1975 und mein erster Besuch in Moskau, der mich natürlich sofort in die Kosmos-Halle der Volkswirtschaftsausstellung führte. Hier gab es wesentlich mehr zu sehen, als bei der Raumfahrtausstellung drei Jahre zuvor in Karl-Marx-Stadt.

Von nun an bot sich immer öfter die Gelegenheit über aktuelle Raumfahrtthemen im »impuls« zu schreiben, und ich schickte später auch umfangreichere Manuskripte über die Raumfahrt in Bulgarien oder die indische ISRO und über die NASA an »Astronomie und Raumfahrt«, die dann auch gedruckt wurden. Auch mit den »Brandenburgischen Neuesten Nachrichten« kam es zu einer Zusammenarbeit, und schließlich wurde ich auf eigenes Betreiben Referent der URANIA für Raumfahrt.

Weit über 100 Vorträge hatte ich für die URANIA gehalten, vom Veteranenclub über Schulen, Ferienlager, Armee-Einheiten, russische Kasernen und vor Arbeitskollektiven bis hin zu öffentlichen Veranstaltungen in Potsdam. Viele schöne Erlebnisse verbinden sich mit dieser Zeit. Am dankbarsten waren sicherlich die Schüler der ersten bis vierten Klassen und die Senioren. Nun kam mein großes Archiv so richtig zur Geltung. Und dieses Archiv wurde immer größer, zumal auch aus dem Westen immer mehr Material bei mir ankam. So wurde die europäische Raumfahrt zu einem wichtigen Gebiet meines Interesses, besonders natürlich die Ariane-Entwicklung. Und wieder ein neuer Traum, einmal selbst zu sehen, wo die Raketen gebaut werden, wie sie »in echt« aussehen.

Ende August 1978 wurde ich in den engeren Kreis der Eingeweihten aufgenommen. Die Redaktionen von »impuls« und »Volksstimme« informierten mich vor dem Start Sigmund Jähns über das bevorstehende Ereignis. Nun, überraschend kam die Sache ja nicht gerade, aber ich fühlte mich doch etwas geehrt. Der Grund lag darin, daß von mir am Montagmorgen ein Artikel fix und fertig erwartet wurde. Sigmund Jähn zog nun also durchs All, und ich muß sagen, daß ich stolz war. Der Rummel, der in den darauffolgenden Wochen um die ganze Sache gemacht wurde, war allerdings schon fast abstoßend und man hatte das Gefühl, daß auch »Supermann Jähn« nicht sehr viel Spaß daran hatte. Schon bald nach seinem Flug begann eine bis jetzt anhaltende Korrespondenz mit Sigmund Jähn, den ich 1988 oder 1989 erstmals selbst in Berlin sprechen konnte. Ihn persönlich kennenzulernen bewies, daß es sich um einen grundaufrichtigen und sympathischen, zurückhaltenden und bescheidenen Mann handelte.

Ein Einschnitt kam 1980, als mir Zoll und andere Dienststellen der DDR in der Kaderabteilung des VEB GRW Teltow einen Koffer mit »Schriften und Materialien aus dem Westen« präsentierten, die sich in einem Monat angesammelt hatten. »Illegale Kontaktaufnahme mit juristischen Personen« nannte sich das im damaligen Sprachgebrauch. Meine Referenzen von den Zeitungen zogen da auch nicht mehr viel. Ich wurde mit den Worten »Wir können auch anders!« recht deutlich verwarnt. Man legte mir aber nahe, diese juristischen Personen nicht zu bitten, von weiteren Zusendungen abzusehen, da diese illegal wären. Man wolle in den nächsten Monaten beobachten, ob der Zufluß von Schriften und Materialien nachlasse. Meine ablehnende Haltung zum real existierenden Sozialismus hat das unheimlich gefördert! Von nun an kam ein Wunsch hinzu, der Wunsch, niemanden fragen zu müssen, was man lesen und wem man schreiben darf!

In den achtziger Jahren lernte ich dann die DDR-Fachleute Peter Stache und Horst Hoffmann persönlich kennen. Ersterer führte mich an die »Fliegerrevue« heran und gab mir Aufträge, letzterer bestach mich durch seine Beredsamkeit bei Vorträgen, seine fesselnde Art zu schreiben und seine Möglichkeiten, überall auf der Welt sein zu dürfen, wo Raumfahrt »gemacht« wurde. Seine Reportagen von den IAF- und COSPAR-Kongressen mit Abstechern zu Raumfahrtfirmen und Startanlagen in Amerika, Japan, Indien oder China weckten ebenso einen weiteren Traum in mir, wie die Berichte Peter Staches von den Luft- und Raumfahrtschauen in Paris-Le Bourget und Farnborough. Den Traum vom Schreiben und von Vorträgen hatte ich mir in der DDR erfüllen können, wenn auch nur in engen Grenzen. Es war ein Anfang, und ich konnte mein großes Archiv nützlich anwenden. Aber die anderen Träume hätten sich wohl nie verwirklichen lassen.

Ein alter Freund hatte mir eine neue Zeitschrift aus dem Westen zukommen lassen: »Blickpunkt Raumfahrt« (später »Blickpunkt Weltraum«). Sehr interessant geschrieben, aber 25,– DM pro Exemplar – für einen DDR-Bürger ohne Oma im Westen kaum zu bezahlen. Ich versuchte im Gegenzug Artikel über russische Raumfahrt zu schreiben. Der erste Teil über SALUT und MIR erschien schließlich unter dem Namen: A. F. Berg. Meine erste Veröffentlichung im Westen!

Endlich am Cape!

Der Sommer 1989 führte mich eher zufällig an den Balaton nach Ungarn und nach einigen Überlegungen dann doch recht zielstrebig in Richtung Westen. Bei guten Freunden in Essen fand ich zunächst Unterkunft und Hilfe in Essen, und natürlich nahm ich sofort Kontakt zum »Blickpunkt Raumfahrt« auf. Von nun an konnte ich unter meinem vollen Namen für diese Raumfahrtzeitschrift schreiben, quasi als Hobby, denn aus dem Traum, mit der Raumfahrt(schreiberei) meinen Lebensunterhalt zu bestreiten, ist trotz aller Bemühungen bislang nichts geworden. Also verdient man seine Brötchen mit einem normalen Job und nutzt jede Minute Freizeit für die Raumfahrt. Das rasche Ende der DDR führte mich auch wieder mit meinem riesigen Archiv zusammen, das sich von nun an rasant vergrößern sollte. Die Kontakte zur »Fliegerrevue« und »Astronomie und Raumfahrt« blieben zunächst bestehen, und ich schrieb weiterhin Artikel, die auch veröffentlicht wurden.

Aus dem »Blickpunkt Weltraum«, zu dessen Team ich ab sofort gehörte, wurde ab 1990 der Raumfahrt Info Dienst (RID), eine ganz ausgezeichnete Idee! Der RID ist keine Zeitschrift mehr, sondern publiziert einzelne Broschüren. Zunächst begann es mit Shuttle-Missionsreporten, die auch heute noch die Stütze des RID sind. Hinzu kam dann die Serie »Raumfahrt in Europa«, für die ich hauptsächlich verantwortlich zeichne. Zwischenzeitlich sind innerhalb dieser Reihe bereits 27 Hefte erschienen. Das Programm des RID wurde immer umfangreicher und dehnte sich auf die

Raumfahrtstatistik, die Astronauten, auf das APOLLO-, ASTP-, GEMINI-, SALUT- und SKYLAB-Programm aus, auf die ISS-Raumstationsentwicklung, auf das MIR-Tagebuch, Raumfahrt in Rußland, Abenteuer Marsforschung und Sonderhefte zu GALILEO, EXPLORER, HST und vieles mehr aus. Hinzu kamen vier regelmäßige Nachrichtenblätter, wobei ich an den Nachrichten zur US-Raumfahrt (Shuttle live) mitarbeite und für den News Express und die Schnellinformationen Raumfahrtstarts eigenverantwortlich tätig bin. Ein besonderes Anliegen ist mir die Raumfahrt-Chronik, die seit 1991 erscheint und alle Raumflugkörper und Raumfahrtstarts des jeweiligen Jahres (ab 1997 je vier Hefte pro Jahr) eingehend beleuchtet, ein Nachschlagewerk ganz besonderer Art.

Viele der bereits nahezu 300 RID-Publikationen, die nicht nur von privaten Kunden geschätzt, sondern auch von Instituten und Behörden in Deutschland und Europa genutzt werden, beruhen auf dem Fellenberg-Archiv und der guten Zusammenarbeit mit alten Freunden in den nunmehr Neuen Bundesländern. Fast jede Minute Freizeit geht in diese Arbeit, und es ist mehr als Arbeit! Zufriedene Leser und immer wieder erstaunte Kommentare zu unseren Publikationen machen diese Arbeit so erfreulich, lassen die Mühen, die hinter jedem Heft stecken, vergessen. Der RID lebt von seinen vier festen Mitstreitern und vom grenzenlosen Engagement für die Raumfahrt.

Zusammen mit dem RID, aber auch auf ganz private Initiative, konnten einige der alten Träume zwischenzeitlich wahr werden. 1990 konnte ich erstmals ganz offiziell an einem IAF-Kongreß teilnehmen. In Dresden lernte ich Sigmund Jähn näher kennen, konnte mich beim langjährigen ESA-Chef Gibson für seine freundliche Post in die DDR bedanken und mit den Größen der deutschen Raumfahrtindustrie diskutieren, konnte mit Ulf Merbold sprechen und lernte Reinhold Ewald kennen, wie auch einige der D-2-Astronauten. Ein kurzer Plausch mit dem damaligen Forschungsminister Riesenhuber war ebenso selbstverständlich wie die Gespräche mit Ulrich Walter. Die mit den IAF-Kongressen einhergehenden Raumfahrtausstellungen brachten enge Kontakte zur NASA und zu Raumfahrtfirmen in Europa und Übersee. Und man sah sich wieder, in Graz und Jerusalem, in Le Bourget, auf der

ILA in Berlin und in Farnborough. Das Gefühl irgendwie dazuzugehören, ist eine gewisse Bestätigung für die jahrelange Arbeit, die man im stillen Kämmerlein oder in der Öffentlichkeit geleistet hat.

Dann war da noch der Traum vom Cape. Er wurde 1992 wahr, als ich mit Freunden während einer Florida-Tour ganz offiziell auf der Pressetribüne saß und den Start der Discovery zur IML-Mission STS-42 beobachten und fotografieren konnte. Hier lernte man die Leute kennen, die man sonst nur von den Pressemitteilungen, von Briefen und von Vermerken auf NASA-Dokumenten kannte. Ein schönes Gefühl, besonders, weil man dort so ungezwungen behandelt wird und Zugang hat und schließlich einen zweiten Koffer für das ganze Papier braucht, das man von dort mitnehmen »muß".

Eine Reise durch Kalifornien und nach New Orleans verband ich schließlich mit ausführlichen Besuchen in Vandenberg, bei McDonnell Douglas in Huntington Beach, in Edwards und im Herstellerwerk für den Shuttle-Außentank bei New Orleans. Nach solchen Eindrücken ist eine schnelle Tour für eine Woche ganz auf eigene Faust nach Houston oder Washington schon kein Ereignis mit Herzklopfen mehr, auch nicht, wenn man mit dem stellvertretenden NASA-Chef über den Flug zum Mars diskutiert und über den Umfang der ersten Mission in Kontroversen gerät, oder sich das von der australischen Armee zertrümmerte Startgelände der ersten EUROPA-Raketen in Woomera anschaut.

Gespräche mit Astronauten oder den Apollo-Fernsehmachern von damals, wie Dr. Siefarth, haben zwar noch etwas Eigentümliches von besonderem Respekt, aber sie sind normal, und man schätzt sich gegenseitig. Gänsehaut bekommt man jedoch, wenn man auf dem Arlington-Friedhof am Mahnmal der Challenger-Astronauten steht...

Erfahrungen, Erlebnisse, Gespräche und Bekanntschaften, die sich aus diesen Reisen ergeben, schlagen sich in der Arbeit für den RID nieder. Wenn man dann von einer Fernsehzeitschrift wegen des APOLLO-13-Films um einige statistische Angaben gebeten wird, einer Frauenzeitschrift etwas über den Einsatz von Frauen in der Raumfahrt erzählen soll, Astronaut Ewald einige Zahlen zu russischen Kosmonauten braucht, oder ein Fernsehredakteur in Vorbereitung seines geplanten Berichts vom Start der Raumfähre einige der RID-Hefte benötigt, ist das ebenso ein gutes Gefühl für jemanden, der sich von Kind an mit der Raumfahrt befaßt, wie das immer wieder ungeduldige Warten der RID-Kunden auf die in unseren Programmen angekündigten Publikationen oder der Wunsch der hiesigen überregionalen Zeitung und des lokalen Rundfunks einmal ein Gespräch zu führen, oder die Fragen, die Arbeitskollegen, Nachbarn und Freunde haben, wenn es mal wieder auf MIR kriselt und ein Marsfahrzeug über den Roten Planeten rollt.

Vieles gäbe es noch zu erzählen: über jugendlich-leichtsinnige Raketenversuche der RV-Teltow (Raketenverein) vor der eigenen Haustür (alle Brände konnten gelöscht werden); über den Freund Stefan aus Aachen, Flugzeugfan, der ein mehrstündiges Verhör der DDR-Grenzorgane auf dem Bahnhof Friedrichstraße über sich ergehen lassen mußte, weil sich in seinen Shuttle-Modellbausatz zahlreiche Zeitungsausschnitte »verirrt« hatten; über das Durchstöbern von SERO-Annahmestellen nach alten Zeitungen; über den Anzeigenkauf eines halben Zentners Zeitungsartikel von einem Rentner aus Halle oder zweier dicker Pakete Schnellinformationen der Deutschen Astronautischen Gesellschaft (der DDR); über die Mitarbeit im Arbeitskreis Raumfahrt des Kulturbundes der DDR; über den langwierigen und schwierigen Versuch, DDR Zollorgane auf dem Flughafen Schönefeld davon zu überzeugen, daß eine Auflistung zur Zuordnung amerikanischer Militärsatelliten, die ich in Prag mit einem Autor der Zeitschrift »letetstvi i kosmonautika« abgestimmt hatte, keinerlei Auswirkungen auf die Sicherheit der DDR hätten; über eine breit angelegte, sogar internationale Initiative, die fehlgeschlagene PHOBOS-Mission mit dem Start von PHOBOS 3 doch noch zu retten; über einen Vertragsentwurf zur Erweiterung des UN-Weltraumrechts an das Außenministerium der DDR, um SDI einschränken zu können; über einen offiziell von der ESA registrierten und mit technischer Dokumentation unterstützten Experimentvorschlag für die erste SPACELAB-Mission zum Wachstum von den Sonnenblumenkeimen Heleantus Anuus in der Schwerelosigkeit SIGMAR, das in ähnlicher Form von einem Amerikaner unter dem Namen HEFLEX schließlich auch durchgeführt wurde; über einen frühen Besuch in Peenemünde, um die Möglichkeit eines deutschen Weltraumparks zu erkunden; über Nachbarn, die die Interessen »meines« RID gegen jede Post«schlamperei« beherzt verteidigen; über Verkaufsmessen und Ausstellungen wie den ATT in Essen; über die Gründung des AeroCosmos Berlin und die langwierigen Bemühungen, an einem Raumfahrtlexikon mitzuarbeiten; über eine Einladung, gemeinsam mit dem indonesischen Ministerpräsidenten nach Kourou zu reisen... Die Raumfahrt hat für mich auch 40 Jahre nach dem SPUTNIK nichts von ihrer Faszination verloren, und vielleicht ist es ja ein Stück Lebensaufgabe, diese Faszination immer wieder weiterzugeben!

Arno Fellenberg, Jahrgang 1954, ist leitender Mitarbeiter des Raumfahrt-Info-Dienstes in Essen.

Peter Glöde, Lindenberg
Polarbären nutzen Sputniks

In Vorbereitung auf das internationale geophysikalische Jahr hatten die Mitarbeiter des Observatoriums für Ionosphärenforschung des meteorologischen Dienstes in Kühlungsborn natürlich vom geplanten Start künstlicher Erdsatelliten gehört, aber nicht so recht an dieses neue Forschungsmittel geglaubt. Auch waren wir voll mit der Realisierung unserer irdischen Programme beschäftigt. »Störungen« waren eigentlich unerwünscht. Nicht zuletzt wegen des Fehlens aller notwendigen Detailinformationen waren wir in keiner Weise vorbereitet, als am Morgen nach dem Start von SPUTNIK 1 das Interesse der ganzen Welt auf diesen piepsenden kleinen Trabanten gerichtet war und vom Observatorium natürlich Aufklärung zu allen Fragen erwartet wurde. Dabei war dieser Sonnabendmorgen des 5. Oktober 1957 der Beginn eines langen Wochenendes, denn der Montag war ein Feiertag, und viele Mitarbeiter waren verreist. Auf der Suche nach den Ingenieuren und Funkmechanikern fand ich überall verschlossene Türen.

Als ich dann schon fast entmutigt allein zum Observatorium fuhr, saß da in seinem Arbeitszimmer nichtsahnend unser Laborleiter Dieter Meienburg und baute an irgend etwas jetzt völlig Unwichtigem. Es war nicht schwer, den begeisterten Funkamateur von der neuen Aufgabe zu überzeugen. Inzwischen hatten wir auch durchs Radio erfahren, daß die charakteristischen Signale des SPUTNIKS auf der Frequenz 20 MHz ausgestrahlt wurden, für deren Empfang wir allerdings nicht eingerichtet waren. Aber im Improvisieren waren wir geübt. Am Nachmittag hatten wir dann eine funktionsfähige Antenne mit einem halbwegs geeigneten Empfänger gekoppelt und neben dem Lautsprecher auch ein Tonbandgerät angeschlossen, um die Signale zur späteren wissenschaftlichen Bearbeitung aufzuzeichnen.

Viel mehr aber beschäftigten uns die zahlreichen Anfragen. Der eine wollte am Telefon den SPUTNIK hören, dem nächsten mußte man irgendwie erklären, warum so ein künstlicher Satellit denn nicht einfach ›runterfällt‹, die Presse wollte gut überlegte und formulierte Meldungen spätestens sofort, möglichst früher. Es war eine tolle Begeisterung, die wohl jeden von uns ansteckte und Mahlzeiten und Feierabend vergessen ließ. Besonders groß war die Spannung, wenn nach einer Empfangspause, in der der Satellit auf der anderen Seite der Erde von uns abgeschirmt war, seine Signale dann wieder hörbar wurden, deutlich vor dem Auftauchen über dem Horizont. Die Dauer eines vollen Umlaufs um die Erde betrug knapp 100 Minuten, zwischen Zeiten mit Empfangsmöglichkeiten lagen Perioden, wo die Bahn weit unter dem Horizont blieb, und die Signale nicht empfangen werden konnten.

In der Folge kamen bei SPUTNIK 2 und SPUTNIK 3 optische Beobachtungen der Satellitendurchgänge mit kleinen Fernrohren hinzu. Durch ein weltweites Beobachtungsnetz sollten damit genaue Bahndaten gewonnen werden, deren Veränderung auf die Abbremsung und damit auf die Luftdichte zurückschließen ließ. Die Umlaufbahn kam der Erde ja ganz allmählich näher, die Umlaufdauer wurde kürzer. Sehr aktiv unterstützt von begeisterten Oberschülern setzten wir alles daran, möglichst viele und genaue Beobachtungen beizutragen, wobei allerdings oft aufziehende Wolken den Erfolg vereitelten. Den Platz des erfolgreichsten Teams für die optische Beobachtung mußten wir so der Schulsternwarte Rodewisch überlassen.

Im Sommer 1958 umkreiste SPUTNIK 3 die Erde, und das öffentliche Interesse an der Raumfahrt war nach wie vor groß. Die bei den optischen Beobachtungen gesammelten Erfahrungen brachten uns auf den Gedanken, ein breites Publikum an einer Beobachtung des Satelliten zu beteiligen. SPUTNIK 3 war an den klaren Abenden mit bloßem Auge gut sichtbar, wenn ihn die am Boden schon untergegangene Sonne noch anstrahlte. Durch seine Eigenrotation »blinkte« er in charakteristischer Weise. Als dann am Abend eines großen Strandfestes Dr. Klinker über den Strandfunk das Auftauchen des Satelliten und seine Flugbahn vor Tausenden von Gästen kommentierte, war die Begeisterung groß. Einigen Engstirnigen machte das auch klar, daß die Mitarbeiter des Observatoriums auch noch zu anderem nützlich waren, als zu den damals üblichen Einsätzen zum Rübenverziehen oder zum Einbringen der Ernte. Die Wiederholung lief dann nicht ganz so glücklich: Wenige Minuten vor dem Satelliten flog zufällig ein sowjetisches Militärflugzeug vom nahen Schießplatz Rerik mit blinkenden Positionslichtern aus der Richtung heran, aus der der SPUTNIK kommen sollte. Daß der Kommentar dieses Mal nicht stimmte, wurde allen klar, als der vermeintliche Satellit plötzlich umkehrte und nun mit deutlich hörbaren Motorgeräuschen Richtung Rerik zurückflog. Aber der SPUTNIK kam dann gleich, war wieder schön zu sehen und auch über Strandfunk zu hören. Sein Erscheinen ersparte dem Kommentator weitere peinliche Entschuldigungen.

In der Antarktisstation Mirny

Als im November 1967 das für die sowjetische Polarforschung auf der Mathias-Thesen-Werft in Wismar – MTW – gebaute Foschungsschiff »Professor Wiese« seine Jungfernfahrt in die Antarktis antrat, ging mit der aus dem Observatorium kommenden deutschen Expeditionsgruppe – Hartwig Gernandt, Ingo Nevermann und ich – auch eine Wetterbild-Empfangsanlage an Bord.

Diese von Professor Schmelovsky zunächst am Observatorium in Kühlungsborn, dann am Akademieinstitut für Solarterrestrische Physik in Berlin entwickelte und gebaute Apparatur galt damals als ein »Filetstück« der Beiträge der DDR zur Kosmosforschung. Durch Verwendung der phase-lock-Technik konnte trotz der Doppler-Verschiebung der Signalfrequenz des Satelliten der Empfänger mit extrem schmaler Bandbreite arbeiten und so das störende Rauschen zurückdrängen. Mit den beiden während des Empfangs feststehenden gekreuzten Dipolen bewirkte der Zweikanal-Empfänger eine rein elektronische Antennenausrichtung auf optimale Signalstärke. Das machte diese Apparatur besonders geeignet für den Einsatz auf schwankenden Schiffsplanken, wo eine mechanische Antennennachführung sehr aufwendig ist. Eine etwas verbesserte Anlage gleichen Typs bewährte sich später, ab 1971, auf dem Fischfang-Mutterschiff »Junge Garde«. Auf der »Professor Wiese« war 1967 schon das Anbringen der Kreuzdipol-Antenne nicht ganz einfach, weil wir keinen Platz finden konnten, wo andere Antennen den Empfang nicht abschirmten oder stören würden. Schließlich blieb uns nur der Schornstein, wo uns dann der fettige Ruß der Dieselabgase schwärzte.

Obwohl wir zunächst die Meßgeräte für das Ionosphären-Programm für den Vergleich installieren und die Eichung dieser Geräte bei der Vorbeifahrt am Heimatinstitut durchführen mußten, wurden schon in der Biskaya die ersten Wetterbilder vom amerikanischen Wettersatelliten ESSA 6 empfangen. Sie lösten Freude und Bewunderung an Bord aus und fanden besondere Anerkennung beim Expeditionsleiter Professor Fjodorow. Wir sonnten uns in unserem Glück und dachten nach den anstrengenden Tagen des Installierens nun an eine erholsame Schiffsreise durch die Tropen und weiter nach Süden, doch das blieb ein Wunschtraum. Je weiter wir Europa hinter uns ließen, desto spärlicher wurden zuverlässige Wettermeldungen. Die aber wurden von der Expeditionsleitung ganz dringend für Kurzfristvorhersagen gebraucht: Die regelmäßigen Stopps für ozeanographische Arbeiten mußten so geplant werden, daß dabei wertvolles Gerät nicht gefährdet wurde. Was am Kabel, einem Stahlseil, Tausende Meter in die Tiefe gelassen wurde, wäre bei plötzlich aufkommendem Sturm verloren gegangen, denn das Wiedereinholen dauert Stunden. Da konnte die Wetterbild-Empfangsanlage nun zeigen, was sie zu leisten vermochte.

Nun mußten täglich zur Dienstberatung um 9.30 Uhr Bordzeit die Wetterbilder vorliegen. Also galt es, die ersten Bildserien schon morgens aufzunehmen und zu entwickeln. Die Empfangsapparatur stand im Labor auf dem Brückendeck, auch das etwas vorsintflutliche, vom Presse-Bildfunk gerade ausgemusterte Bildaufzeichnungsgerät »Newa«. Mit dessen Kassette mußte man dann nach jedem Bild möglichst schnell zur Dunkelkammer im Achterdeck laufen. Nach dem Entwickeln und Trocknen der Bilder waren diese dann noch geographisch zuzuordnen und mit Koordinatenangaben zu versehen. Das ging gut, solange wenigstens auf einigen Bildern Teile der afrikanischen Küste erkennbar waren, denn Bahndaten dieses gerade erst gestarteten Satelliten standen uns noch nicht zur Verfügung.

Auf 46 Grad südlicher Breite tauchte dann auch die Antarktis erstmals auf unseren Wetterbildern auf. Zunächst aber waren Wolken, auf der See noch verbliebenes Meereis und das massive Eis auf dem Kontinent gleich weiß und nicht voneinander zu unterscheiden, bis Hartwig Gernandt die Schwärzungskurve des Bildschreibers so hingetrimmt hatte, daß feine Unterschiede erkennbar wurden. Und da kam die nächste Überraschung: Die Konturen der antarktischen Küstenlinie beziehungsweise der Eisabbruchkante stimmten an vielen Stellen nicht mit unseren ziemlich alten Karten überein; große Gebiete des Schelfeises vor der Ostantarktis mußten inzwischen abgebrochen sein. Solche Eisabbrüche liefern ja das Material für die Eisberge, von denen uns der erste dann auf 52 Grad südlicher Breite entgegenkam. Je weiter das Schiff nach Süden fuhr, um so häufiger passierten wir Eisberge. Sie wirkten gewaltig, obwohl nur etwa zehn Prozent ihrer Eismasse aus dem Wasser ragt, waren aber noch zu klein, um sie auf den Satellitenbildern wiederzuerkennen. Allerdings haben wir später einen Rieseneisberg von

*Dr. Glöde in der sowjetischen
Antarktis-Station »Mirny«*

über 100 Kilometern Länge auf solchen Wetterbildern entdeckt und dann auch seine Drift im Indischen Ozean über Wochen hinweg verfolgen können.

Doch Mitte Dezember 1967 warteten andere, praktischere Aufgaben bei der Auswertung der Wetterbilderauf uns: In wolkenfreien Gebieten war ganz eindeutig der Unterschied zwischen den sich fast schwarz darstellenden offenen Wasserflächen und den zugefrorenen, also vom Meereis bedeckten Flächen zu sehen. Und da gab es offensichtlich eine Route durch offenes Wasser bis kurz vor das Reiseziel Mirny, so daß das Schiff ohne Eisbrecherhilfe und schneller als erwartet dort hinkommen konnte. Das war sozusagen der erste Versuch einer satellitengestützten Eisnavigation. Dank der inzwischen per Funk aus der Heimat eingetroffenen genaueren Bahndaten des Satelliten waren die Angaben über die Lage der eisfreien Rinnen und Flächen zwar für meteorologische Zwecke übergenau, aber mit einem Schiff eine bestimmte weiterführende Durchfahrt zu finden, erfordert eine weit höhere Genauigkeit. Der Kapitän und die anderen »Polarbären« auf der Brücke konnten aus der »Spiegelung« der dunklen offenen Wasserstellen an der Wolkenunterkante das Fahrwasser »erahnen«. In den Folgejahren wurde die Eisberatung der in antarktischen Gewässern operierenden Expeditionsschiffe zur ständigen Aufgabe. Von Dr. Gernandt sind dann die zunächst in Mirny, später in der Schirmacher-Oase auf der Georg-Forster-Station aufgenommenen Wetterbilder zu einer systematischen Analyse der Eisverhältnisse und ihrer mehrjährigen Variationen genutzt worden.

Nach der Ankunft in Mirny wurde die Wetterbildempfangsstation stationär aufgestellt und lieferte wertvolle Informationen für die Wettervorhersage, weil das Netz meteorologischer Beobachtungsstationen in der Antarktis völlig unzureichend für eine gesicherte Vorhersage ist, die aber für die langen Flüge ohne jede Möglichkeit zur Zwischenlandung oder zum Ausweichen gerade dort dringender denn irgendwo sonst gebraucht wird. Zur Versorgung der Inlandstationen und der auf Außenposten tätigen Forschergruppen waren die Flugzeuge ständig unterwegs, wenn es das Wetter nur irgendwie zuließ. Da waren die Wetterbilder natürlich willkommen und gaben den Vorhersagen neues Gewicht. Aber

sie beendeten auch die Zeit, in der mit Hinweis auf mögliche oder
»gefühlte« Wetterverschlechterung der eine oder andere Flug zurückgestellt werden konnte, wenn die Flugzeugbesatzungen nach
anstrengenden Tagen einfach mal ausschlafen wollten. Die Wetterbilder schufen zusätzliche Sicherheit, und gelegentlich berichteten
die Piloten dann anerkennend, daß sie Wetterfronten und Wolkenbänder wirklich dort antrafen, wo sie auf den Bildern auch zu
sehen waren. So waren gerade in der Antarktis die Wetterbilder ein
besonders deutlicher Schritt voran.

Raketenstarts am Wolgastrand

Das 1967 angelaufene INTERKOSMOS-Programm sah auf dem Teilgebiet Kosmische Meteorologie auch die Zusammenarbeit bei der
Entwicklung und dem Start meteorologischer Raketen vor, die
entsprechende Daten, vor allem Temperatur, Windgeschwindigkeit und -richtung in Höhen gewinnen sollten, die für ballongetragene Radiosonden nicht mehr erreichbar sind. Zunächst wurde
geprüft, ob die relativ große, leistungsstarke meteorologische
Rakete M 100 an der Ostseeküste der DDR oder Polens gestartet
werden könnte. Das war die sowjetische Standardrakete, die schon
routinemäßig an den sowjetischen meteorologischen Raketensondierungsstationen eingesetzt wurde, so in der Arktis, in der
Antarktis und auf Forschungsschiffen. Allerdings entsprachen die
vor Zingst an der Ostseeküste oder vor Léba verfügbaren Sperrgebiete in keiner Weise den für die M 100 erforderlichen 40 bis 50 Kilometer Sicherheit. Lange Zeit gelang es nicht den sowjetischen
Partnern klarzumachen, daß eine internationale Luftstraße, die
A4 Kopenhagen – Prag, und der vorgeschriebene minenfreie
Tiefwasserweg für die internationale Schiffahrt durch die Ostsee
eine Erweiterung des Sperrgebietes vor dem Flak-Schießplatz
Zingst der NVA nicht zuließen, zumal dann sogar dänische
Hoheitsgewässer tangiert würden. Deshalb wurde am Aerologischen Observatorium Lindenberg des Meteorologischen Dienstes der DDR begonnen, eine eigene Trägerrakete für eine meteorologische Sonde zu entwickeln, wobei als beachtlicher Teilerfolg

zunächst die Herstellung eines geeigneten Treibstoffs gelang – mit Kaliumperchlorat als Sauerstoffträger sowie Bitumen und Polyurethan als Brennstoff und Bindemittel.

Parallel dazu waren polnische meteorologische Raketen des Typs METEOR I beschafft worden, deren Transport aus Warschau mit Fahrzeugen des Observatoriums ausgerechnet am 17. Dezember 1970 erfolgte, als der Aufstand der Arbeiter auf der Lenin-Werft in Gdansk die sozialistischen Staaten erschütterte. Dabei war von vornherein klar, daß die METEOR I, die dann im Juli 1971 in Zingst gestartet wurden, nur Gipfelhöhen von 20 Kilometern erreichen konnten, die eigentliche Aufgabe also noch nicht lösten, wohl aber zur Erprobung von Systemkomponenten geeignet waren. In Warschau wurde an einer verbesserten meteorologischen Rakete gearbeitet, das Projekt aber 1974 aus ökonomischen Erwägungen abgebrochen. Gemeinsam mit dem Meteorologischen Institut in Krakow wurden in Lindenberg Fallschirm und Sonde entwickelt und bis 1974 in Léba erprobt. Um die Kräfte darauf zu konzentrieren, wurden 1974 in Lindenberg die Arbeiten an einer eigenen Trägerrakete eingestellt. Zu dieser Zeit griff die sowjetische Seite den schon früher diskutierten Vorschlag zur Entwicklung eines leichten Sondierungssystems wieder auf, nicht zuletzt, weil auch sie an einem leichteren, vor allem leichter handhabbaren System interessiert war. Dazu sollte die kleinste der in der Sowjetunion vorhandenen meteorologischen Raketen vom Typ MMR 06 so verbessert werden, daß ihr Einsatz auch ohne die dort verfügbaren großen Sperrgebiete möglich würde, zum Beispiel an der dazu aufzubauenden Station Zingst an der Ostsee.

Zur Erprobung der in internationaler Zusammenarbeit mit dem Zentralen Aerologischen Observatorium in Dolgoprudnij bei Moskau sowie Instituten in Krakow und Bukarest entwickelten Baugruppen reisten dann alljährlich mindestens einmal Wissenschaftler und Techniker vom Aerologischen Observatorium Lindenberg des Meteorologischen Dienstes der DDR und des Werkes für Fernsehelektronik Berlin nach Kapustin Jar an die Achtuba. Etwa 100 Kilometer östlich von Wolgograd befand sich dort auf einem Raketenschießplatz der Sowjetarmee die zivile Startstelle für meteorologische Raketen.

Die Vorbereitung solcher Erprobungen war immer mit unvorhergesehenen Schwierigkeiten und Problemen verbunden, teils technischer Art, teils auch bei der Überwindung der Sicherheitsbarrieren. Mit dem umfangreichen Gepäck – manchmal 20 Kisten mit Geräten, von denen keine mehr als 30 Kilogramm wiegen durfte – ließ auch die Flugreise wenig Zeit zum Nachdenken über andere Dinge. So mußte uns denn im Januar 1973 ein zufällig auch in Moskau auf den Weiterflug wartender Journalist darauf aufmerksam machen, daß wir gerade dreißig Jahre nach dem Ende der Schlacht um Stalingrad zu dem Flughafen unterwegs waren, der damals fast bis zum bitteren Ende den Eingeschlossenen eine letzte Verbindung nach außen ermöglicht hatte.

In Wolgograd war nicht nur ein Besuch auf dem Mamai-Hügel und an der Ruine der damals heiß umkämpften Mühle Anlaß zur Erinnerung an diese blutige Schlacht, die die Wende im zweiten Weltkrieg einleitete. Auch in Kapustin Jar war die jüngere Geschichte noch gegenwärtig: Der ältere Teil des Militärstädtchens, durch hohen Zaun und Posten getrennt vom alten Kasachendorf, war mit seinen Häuschen im Siedlungsstil von deutschen Kriegsgefangenen gebaut worden, die hier in der unwirtlichen Steppe begannen, den heute weit ausgedehnten Schießplatz zu errichten. Von diesen Anfängen zeugt ein Denkmal mit einer dem A4 (V2) gleichenden Rakete an der Stelle, wo am 18. Oktober 1947 der erste Start einer solchen Großrakete in der Sowjetunion erfolgt war. Hier wie an den Gedenkstätten in Wolgograd mußte ich aber auch an die deutschen Soldaten denken, die ihr Leben oder zumindest ihre Gesundheit verloren, und an die kein Denkmal erinnert. Sie waren als Angreifer hierher gekommen, die wenigsten freiwillig, viele im guten Glauben an eine schlechte Sache. Was hätte ich getan, wie wäre es mir ergangen, wenn ich ein paar Jahre älter gewesen und dann sicher auch Soldat geworden wäre? Doch für solche differenzierenden Überlegungen konnte man bei unseren sowjetischen Kollegen und Betreuern damals nicht auf Verständnis hoffen. Zu frisch waren noch die Wunden des Krieges, und der Stolz auf den schwer erkämpften Sieg war noch ungebrochen.

Die Arbeitstage waren ausgefüllt mit den mechanischen und funktechnischen Anpassungen der von den beteiligten Instituten hergestellten Baugruppen, wobei Kontakte der mit der Sache befaßten Spezialisten zwischen den Treffen kaum möglich waren. Erprobt wurde von den Wissenschaftlern und Technikern aus Lindenberg zunächst eine auf 1,5 Meter Durchmesser aufblasbare Kugel aus extrem dünner (zwölf Mikrometer) Mylar-Folie, die sich nach dem Ausstoß aus einer Rakete des Typs M 100 in 95 Kilometern Höhe aufblies und dann langsam herabsank, wobei ihre Andrift als Wind interpretiert werden konnte, und die Sinkgeschwindigkeit die Berechnung der Luftdichte ermöglichte.

Besonders lange beschäftigte uns die Entwicklung und Erprobung der speziellen Radiosonde MRS 3000 und des dazugehörigen Fallschirms aus Mylar für den Einsatz auf der DART-Rakete. Die Sonde mußte zusammen mit dem Fallschirm in den zwar 1,4 Meter langen, aber mit 60 Millimeter Innendurchmesser sehr engen DART-Kopfteil passen. Dieser pfeilförmige Kopf löste sich bei Brennschluß der Rakete nach etwa acht Sekunden in fünf Kilometern Höhe von der Rakete und stieg dann infolge der hohen Anfangsgeschwindigkeit und der schlanken Form antriebslos bis zu 80 Kilometer hoch. Diese Gipfelhöhe erreichte er nach 130 Sekunden, und durch eine kleine Pulverladung wurde dort die Nutzlast, also die Radiosonde mit dem Fallschirm, ausgestoßen. Während die Sonde am Schirm niedersank, maß sie die Temperatur und telemetrierte die Daten zur Bodenstation, während die Radarortung die horizontale Andrift und damit die Winddaten in den betreffenden Höhen lieferte.

Damit alles so ablief, mußte eine Vielzahl von Funktionen reibungslos ineinandergreifen. Fehlfunktionen während des Fluges ließen sich schwer diagnostizieren, denn niemand war am Ort der Panne. Besondere Sorgen machte der Fallschirm, der sich nicht öffnete und dann infolge der hohen Fallgeschwindigkeit zerfetzte oder abriß. Ein nach dem Ausstoß aus dem DART sich selbst aufblasender ringförmiger Schlauch brachte schließlich Abhilfe, denn er hielt den Schirm wie einen Reifrock geöffnet. Dr. Gernandt hatte diese gute Idee. Dennoch verliefen die Erprobungen selten ohne Ausfälle: Mal trennte sich der DART nicht von der Rakete, dann wieder wurden die hochempfindlichen Temperaturmeßfühler – Thermistorperlen von 0,4 Millimetern Durchmesser an

30 Mikrometern starken Haltedrähten – kurz nach der Trennung des DART von der Rakete durch geheimnisvolle Kräfte zerstört, vermutlich von einer Schockwelle vor der dann stumpfen Frontfläche der Rakete, die bei Brennschluß immerhin vierfache Schallgeschwindigkeit hatte. Zum Mißerfolg des Raketenaufstiegs gehörte eine einzige solche Fehlfunktion, auf deren Ursache nur aus Indizien geschlossen werden konnte. Das sorgte dann für hitzige Debatten an langen Abenden.

Die strengen Sicherheitsbestimmungen auf dem Schießplatz hinderten uns allerdings daran, mal rasch noch ins Laboratorium für die Montage und Vor-Start-Prüfung zu fahren und die eine oder andere Variante auszuprobieren. Das verzögerte sicher das Aufdecken und Beheben von Fehlern, ließ uns aber auch Zeit für viele Gespräche mit den russischen Kollegen und den anderen Gästen aus Polen und Rumänien.

Das waren anregende und recht gemütliche Stunden im Hotel »Ujut«, was ja auf deutsch Gemütlichkeit heißt. Sie entschädigten uns auch für die mit den Sicherheitsbestimmungen verbundenen Unannehmlichkeiten. Sie begannen in den Heimatinstituten mit Überprüfungen durch die »zuständigen Organe«, die monatelang dauerten und damit manchmal über Projekte und Karrieren entscheiden konnten. War die Zustimmung erteilt, durfte man in Moskau im INTERKOSMOS-Büro der sowjetischen Akademie seine Reisegenehmigung ins Sperrgebiet persönlich abholen, einen kleinen Ausweis mit Lichtbild. Er wurde später nie von irgendjemandem angesehen oder kontrolliert, doch am Ende der Reise mußte man ihn wieder abgeben. Auch mit diesem Ausweis konnte man sich im Sperrgebiet ohnehin nicht frei bewegen, sondern mußte immer begleitet sein, anfangs von einem damit beauftragten Offizier; später durften das auch unsere zivilen Kollegen von der meteorologischen Raketensondierungsstation.

Dr. rer. nat. Peter Glöde, Jahrgang 1930, Direktor des Aerologischen Observatoriums Lindenberg des Meteorologischen Dienstes der DDR von 1969 bis 1990.

Claus Grote, Berlin
Zwischen Geheimniskrämerei und Weltniveau

Die Kosmosforschung in der DDR begann 1957 – noch relativ unorganisiert und bescheiden – mit Satellitenbeobachtungen und dem Bau der notwendigen einfachen Bodengeräte.

Mit der Gründung der Organisation INTERKOSMOS im Jahre 1967 in Moskau durch sieben Länder Osteuropas, die Mongolei und Kuba (später kam noch Vietnam hinzu) ergab sich die Möglichkeit, wissenschaftliche Experimente auf sowjetischen unbemannten Satelliten und Forschungsraketen und ab 1976 auch auf bemannten Raumstationen durchzuführen. Wegen der zum Teil negativen Erfahrungen mit Finanzierungsproblemen in internationalen Einrichtungen der sozialistischen Länder, so zum Beispiel im Vereinigten Institut für Kernforschung in Dubna, wurde für INTERKOSMOS eine Organisationsform besonderer Art geschaffen: Die UdSSR stellte kostenlos ihre Satelliten, ihre Start- und Bodenanlagen sowie vielfach auch die telemetrierten Meßdaten zur Verfügung, und jedes Teilnehmerland finanzierte nur die Experimente, die im eigenen Interesse lagen. Von jedem technischen Objekt, das im Kosmos erprobt werden beziehungsweise dort Experimente durchgeführt werden sollte, mußten mehrere Exemplare (Bau- und Prüfmuster, Doubles usw.) geliefert werden, so daß die UdSSR direkten Zugang zu den technologischen Erkenntnissen bei der Geräteentwicklung bekam, die durch die enormen Anforderungen hinsichtlich Gewicht und Stabilität bedeutsam sein konnten. Sie lieferte allerdings auch häufig besonders wichtige und durch die DDR-Industrie nicht produzierbare weltraumtaugliche Bauelemente für diese Geräte.

Die DDR hat von 1969 bis 1990 mehr als 150 bord- und mehrere hundert bodengebundene wissenschaftlich-technische Geräte entwickelt und produziert, und zwar für die Lösung von Problemen der Kosmischen Physik, der Fernerkundung der Erde, der

Kosmischen Meteorologie, der Kosmischen Nachrichtenverbindungen sowie der Kosmischen Biologie und Medizin. Institute der Akademie der Wissenschaften der DDR, der Hochschulen sowie Einrichtungen einiger Ministerien waren beteiligt.

Die Geräte stellten ausnahmslos hohes technisches Niveau dar. Nur geringfügig war zunächst die Beteiligung der DDR-Industrie. Das änderte sich erst mit der Entwicklung der Multispektralkamera MKF-6 durch den VEB Carl Zeiss Jena, die 1976 erstmals auf SOJUS 22 und später auf der bemannten Station SALUT 6 arbeitete und gestochen scharfe Bilder der Erdoberfläche lieferte, die natürlich nicht jedermann zugänglich waren, von denen aber einige zusammen mit der Kamera selbst für eine bis dahin beispiellose Propaganda der Ergebnisse der internationalen sozialistischen Forschungskooperation benutzt wurden.

Umfassender und wohl auch ehrlicher war die Resonanz, die der erste Kosmosstart eines Deutschen, Sigmund Jähn, im August 1978 fand. Die durch DDR-Wissenschaftler vorbereiteten Experimente, die der Kosmonaut während seines Fluges durchführte, waren zwar keine Sensationen, stellten in ihrer Gesamtheit jedoch eine neue Qualität der DDR-Kosmosforschung dar, zumal auch Sigmund Jähn sich nach dem Flug weiter mit der Auswertung seiner Tätigkeit im Kosmos befaßte und später mit den Ergebnissen eine beachtete Promotionsarbeit abschließen konnte.

Die Kosmosforschung und -technik gehörte zu den wenigen Gebieten wie Flugzeugbau, Schwermaschinenbau, Kerntechnik oder Spezialschiffbau, auf denen die UdSSR international Spitzenleistungen erzielte, wenn auch mit einem unverhältnismäßig hohen Aufwand, der sicherlich weniger volkswirtschaftlich als vielmehr militärisch gerechtfertigt war. Deshalb erschien die Möglichkeit an Experimenten im Kosmos teilzunehmen, für die am Export von Industrieprodukten interessierte DDR von hoher Bedeutung. Wenn auch die Rückwirkung von Erfahrungen der Kosmostechnik auf die Qualität – und damit auf die Exportchancen – industrieller Produkte in den Planungen immer besser aussah als in der Realität, so hat die strikte Orientierung auf Weltniveau letztlich unter anderem dazu geführt, daß viele Mitarbeiter und ganze Arbeitsrichtungen der Kosmosforschung und -technik den mit der Wende verbundenen wissenschaftlich-technischen Kahlschlag in den Neuen Bundesländern wesentlich besser überwunden haben als andere Bereiche.

Von Beginn an war die Kosmosforschung der DDR wegen ihrer perspektivischen volkswirtschaftlichen Nutzungsmöglichkeiten, vor allem aber wegen ihrer Rolle in der politisch-ideologischen Auseinandersetzung, geprägt durch materielle und finanzielle Unterstützung seitens Partei und Regierung einerseits, zum anderen aber auch durch umfassende Kontrolle und Einflußnahme der Sicherheitsorgane der DDR. Letzteres wurde durch die vom Ministerrat auf Grund der sowjetischen Forderungen erlassene »Innere Ordnung« erzwungen, die zum Beispiel für jeden in der Kosmosforschung Tätigen eine besondere zentrale Bestätigung notwendig machte. In der ersten Zeit wurde grundsätzlich jedes Dokument als VVS-ZZ (Vertrauliche Verschlußsache – Zentrale Zusammenarbeit) eingestuft, die konzeptionellen Ausarbeitungen meist als GVS-ZZ (Geheime Verschlußsache).

Damit war der Zugang zu entsprechenden Informationen a priori auf einen sehr engen Kreis beschränkt – was neben dem ohnehin gegenüber Neuerungen bestehenden Konservatismus in wichtigen Industriezweigen auch eine der Ursachen für die geringe Praxiswirksamkeit der DDR-Kosmosforschung war. Viele Beteiligte haben die strengen Bedingungen des Geheimnisschutzes akzeptiert, weil ihnen die Begründungen über eine besondere Anfälligkeit der kosmischen Experimente gegenüber Sabotage einleuchtend erschienen, einige vielleicht wegen ihrer dadurch bedingten Monopolstellung und dem Ausschluß kritischer Konkurrenten, die meisten sicher, um auf diesem seinerzeit modernsten Wissenschaftsgebiet überhaupt arbeiten zu können. Eine andere Wahl hatten die Betreffenden in dieser Hinsicht sowieso nicht.

Dem Aufschwung der Kosmosforschung nach der Gründung von INTERKOSMOS sowie nach den beachtlichen Schüben durch die MKF-6 und den Flug des DDR-Kosmonauten folgte eine Periode, in der Kosmosprojekte wegen der hohen Kosten und der zu geringen volkswirtschaftlichen Nutzung immer kritischer betrachtet wurden. Bereits 1974 hatte das Ministerium für Wissenschaft und

Technik, in dem in der Anfangszeit ein Staatssekretär als Vorsitzender des INTERKOSMOS-Koordinierungskomitees der DDR fungierte, die formelle Verantwortung für die Beteiligung am INTERKOSMOS-Programm an die Akademie abgeschoben (was möglicherweise auf sowjetischen Einfluß zurückzuführen ist), denn es gab zu wenige volkswirtschaftlich nachweisbare Ergebnisse.

1978 hatte die Tatsache, daß die DDR erst nach der CSSR und Polen einen Kosmonauten entsenden durfte, in der Parteiführung für Verstimmung gesorgt, vielleicht nicht ganz ohne Grund, da die DDR im Verhältnis zu den beiden genannten Ländern tatsächlich einen höheren Anteil an den INTERKOSMOS-Experimenten hatte, nach Einschätzung vieler Experten sowohl qualitativ als auch quantitativ. Die Multispektralkamera, aber auch Entwicklungen wie das Infrarot-Fourier-Spektrometer zur indirekten Bestimmung der Zusammensetzung der höheren Erdatmosphäre stellten wertvolle Beiträge der DDR dar, die allein zahlreiche Experimente der anderen Länder aufwogen.

11. Mai 1973: Claus Grote (zweiter v.r.) bei der Übernahme einer Probe Mondgestein in der UdSSR-Botschaft in Berlin

Diese vermeintliche Zurücksetzung der DDR veränderte die Situation. Zwar wurde das neue Gebäude des Akademieinstituts für Kosmosforschung noch fertiggestellt, aber ein immer größerer Teil der Mitarbeiter für direkte volkswirtschaftliche Entwicklungsaufgaben (zum Beispiel im Mikroelektronik-Programm) eingesetzt. Bemerkenswerte Arbeiten im VEB Carl Zeiss Jena wurden nicht im Rahmen des INTERKOSMOS-Programms, sondern direkt im Auftrag sowjetischer Institutionen durchgeführt, und damit natürlich gegen Bezahlung in Rubel, nicht eigenfinanziert durch die DDR.

Daß solche Entwicklungen überhaupt in Angriff genommen werden konnten, ist aber letztlich auch auf die frühzeitige und auf hohem Niveau stehende Beteiligung der betreffenden Mitarbeiter an den anspruchsvollen Kosmosaufgaben zurückzuführen. Unter diesen Bedingungen war eine langfristige strategische Konzeption der DDR für Kosmosforschung und -technik nicht durchzusetzen, obwohl dies vom Koordinierungskomitee wie auch von anderen Gremien angestrebt wurde und auch etliche Entwürfe mit unterschiedlichem Reifegrad vorlagen. Die Interessenlage war zu gegensätzlich, und die Position der Akademie als Träger von INTERKOSMOS zu schwach – und auch nicht einheitlich. So blieb es bei den regelmäßig verabschiedeten Fünfjahrplänen für die Kosmosforschung und -nutzung der DDR, die durch den Ministerrat bestätigt wurden – nach vorheriger Zustimmung vom SED-Politbüro oder Sekretariat des Zentralkomitees.

Wegen der Abhängigkeit der DDR-Kosmosforschung von der UdSSR-Boden- und Raumtechnik hätte eine solche DDR-Konzeption auch eine zuverlässige Kenntnis der sowjetischen Konzeption erfordert. Über die war aber wegen der militärstrategischen Bedeutung nichts von unseren Kooperationspartnern zu erfahren, und die konkreten Bekundungen von Interesse an bestimmten DDR-Entwicklungen ließen bestenfalls unverbindliche Vermutungen über zugrundeliegende Strategien zu. In dieser Frage war die DDR in keiner anderen Situation als andere RGW-Länder.

Aus heutiger Sicht muß eine Tendenz, auf deren konsequente Verfolgung alle Kosmosforscher damals sehr stolz waren, grundsätzlich als strategisch falsch bezeichnet werden: Es gehörte zu den ungeschriebenen, aber immer laut betonten Gesetzen der INTERKOSMOS-Kooperation, daß grundsätzlich nur Materialien und Geräte aus RGW-Ländern im Kosmos zum Einsatz kamen. Diese Abschottung war wegen des Embargos, das viele Details von Kosmosgeräten betraf, verständlich, bedeutete aber in der Praxis sowohl eine merkliche Erhöhung des Aufwands für jedes Gerät als auch – zumindest theoretisch – ein gewaltiges Hemmnis für die volkswirtschaftliche Nutzung: Jedes Detail, für die Kosmosforschung noch als Einzelstück gefertigt, hätte zur industriellen Nutzung technologisch umgesetzt und produziert werden müssen – eine in der DDR zuletzt fast unlösbare Aufgabe. Eine echte Arbeitsteilung als Gegenmaßnahme gegen die Embargopolitik der westlichen Industrieländer, in den Anfängen des RGW noch teilweise sehr zielstrebig verfolgt, hatte in den letzten Jahren immer weniger Realisierungschancen.

Es sei hervorgehoben, daß im Rahmen der INTERKOSMOS-Kooperation grundsätzlich die nichtmilitärische Forschung und Nutzung erfolgte. Irgendeinen Beitrag zu einem sowjetischen Pendant des US-amerikanischen SDI-Programms hat es nicht gegeben. Es ist jedoch nicht auszuschließen, daß in den letzten Jahren der DDR, als von den wissenschaftlichen Instituten ein »immaterieller Export« gegen harte Devisen verlangt wurde, ein solcher Beitrag an die Gegenseite erfolgte. Das Ardenne-Institut wurde in einer Beratung im Ministerium für Wissenschaft und Technik (die mit Kosmosforschung nichts zu tun hatte) der Akademie als Beispiel vorgehalten:

Das Know-how über die Duoplasmatron-Ionenquelle des Instituts war an die USA verscherbelt worden und hatte mehr als eine Million DM erbracht. Auf meinen Hinweis über einen möglichen Mißbrauch des Geräts für SDI(dort werden unter anderem hochenergetische Teilchenstrahlen gebraucht, für deren Erzeugung zunächst hochintensive Ionenquellen erforderlich sind) gab es keinerlei Reaktion; die Zahlungen in Dollar waren bereits das alles entscheidende Kriterium.

Bereits nach der teilweisen Lockerung der strikten Geheimhaltung in der INTERKOSMOS-Kooperation in den Jahren von Perestroika und Glasnost wurden die Auseinandersetzungen um die Kosmosforschung innerhalb der Akademie vor dem Hintergrund immer problematischer werdender Sparzwänge härter.

Trotzdem konnten noch einige wertvolle Arbeiten vorbereitet und durchgeführt werden. Genannt werden soll die Mitwirkung am Venus-Halley-Projekt und an den Mars-Sonden im PHOBOS-Projekt, auch wenn letztere dem menschlichen Versagen verantwortlicher Mitarbeiter im Kosmoszentrum zum Opfer fielen – Menetekel des sich abzeichnenden Niedergangs des realen Sozialismus?

Mit dem Wegfall der Ost-West-Konfrontation ist die vormals breite Unterstützung der Kosmosforschung in allen Ländern erheblich zurückgeschraubt worden. Daß bei den verbleibenden Aktivitäten, die auch die erfolgreiche Fortführung einiger im IKF begonnener Geräteentwicklungen durch das 1992 gegründete DLR-Institut für Weltraumsensorik in Berlin-Adlershof einschließen (zum Beispiel den Modularen Optoelektronischen Scanner MOS mit Einsätzen ab 21. März 1996 auf einem indischen Satelliten und ab 23. April 1996 im PRIRODA-Modul der MIR-Station, den Weitwinkel-Stereoscanner WAOSS mit Start auf der leider mißglückten Mission MARS-96), noch zahlreiche »INTERKOSMOS-Kader« mitwirken, gehört zu den Tatsachen, die mir als letztem Vorsitzenden des INTERKOSMOS-Koordinierungskomitees die Zeit nach der Wende erträglicher machen.

Prof. Dr rer. nat. habil. Claus Grote, Jahrgang 1927, ist Kernphysiker und war seit 1974 Ordentliches Mitglied der Akademie der Wissenschaften der DDR, seit 1972 ihr Generalsekretär und seit 1974 Vorsitzender des Nationalen Koordinierungskomitees INTERKOSMOS *(KOKO) der DDR.*

Karl Hecht, Berlin

»Beschaffen Sie mir eine russische Rakete...«

Die Starts von SPUTNIK 1 und von SPUTNIK 2 mit der legendären Hündin Laika weckten in mir den Wunsch, auch einmal ins All zu fliegen, auf jeden Fall aber Kosmosforschung zu betreiben. Damals befand ich mich in meiner Ausbildung zum Facharzt für Physiologie und hatte durch meine Beschäftigung mit der Pawlowschen Lehre von der höheren Nerventätigkeit unmittelbare Beziehungen zu den Experimenten mit Laika sowie Bjelka und Strelka, die als erste Lebewesen wieder zur Erde zurückkehrten. Wohlbehalten, denn ihre Nachkommen laufen noch heute auf dem Gelände des Instituts für Medikobiologische Probleme (IMBP), dem Zentrum der sowjetischen Raumfahrtmedizin und -biologie in Moskau als »heilige Wesen« gut gefüttert herum. Zu meinem großen Bedauern mußte ich noch mehr als ein Jahrzehnt warten, bis ich mich in die Weltraumforschung eintakten konnte. Es war eigentlich eine Serie von Ereignissen, die mich unmerklich an diese wissenschaftliche Tätigkeit heranführten, ohne daß es mir zuvor voll bewußt wurde:
- Anfang der sechziger Jahre entwickelte sich stürmisch die Chronologie, die Wissenschaft von der Zeitregulation, den biologischen Rhythmen, der sogenannten inneren Uhr der Lebewesen. Ab 1963 beschäftigte ich mich ebenfalls intensiv mit dieser jungen medizinisch-biologischen Fachdisziplin. 1967 reichte ich meine Habilitationsschrift zu dieser Problematik ein und stieß beim größten Teil der medizinischen Elite in der Charité auf Unverständnis und Widerstand. Das ging so weit, daß ein Sondergutachten eingeholt wurde, welches bestätigen sollte, ob ich mich auf dem Weg der realen oder der Paramedizin bewege. Ersteres wurde bestätigt, und ich konnte 1969 meine Habilitation abschließen.
- Der Raumflug der sowjetischen Kosmonauten Andrijan Nikolajew und Witali Sewastjanow mit SOJUS 9 im Jahre 1970 wurde

aus rein technischer Sicht so geplant, daß den beiden ein 22,5-Stunden-Tag aufgezwungen wurde. Dieser Verstoß gegen die Gesetze der inneren Uhr rächte sich. Vom sechsten Tag an verfielen beide Kosmonauten in einen Zustand der Müdigkeit, der ihre Tätigkeit so stark einschränkte, daß der Flug vier Tage früher als geplant beendet werden mußte.
- Ähnliche Erfahrungen machten die amerikanischen Astronauten bei ihren Mondflügen. James Irwin erlitt bei der Rückkehr zur Erde einen Herzinfarkt, weil er – wie später nachvollzogen wurde – als Abendtyp den schwersten Belastungen immer zu seinen empfindlichsten Zeiten des Tages ausgesetzt war. Die anderen beiden Astronauten waren Morgentypen und hatten somit andere Zeiten der Sensibilität.
- Als 1973 die turnusgemäße Beratung der ständigen INTERKOSMOS-Arbeitsgruppe Kosmische Biologie und Medizin in Berlin stattfand, baten mich Helmut Abel und Walter Malz vom Institut für Molekularbiologie der Akademie der Wissenschaften in Berlin-Buch, einen Vortrag über meine Forschungsergebnisse zu halten. Am Ende der Tagung war ich Leiter des INTERKOSMOS-Forschungsprojekts Chronobiologie, eine Funktion, die ich bis 1990 innehatte.

1976 begann ein großer Aufbruch unserer Forschungsarbeit auf dem Gebiet der Kosmischen Medizin und Biologie. Das verdankte ich in erster Linie Karl Seidel, damals Direktor der Nervenklinik, und Christian Thierfelder, Forschungsdirektor der Charité, sowie Christa Schmidt-Renner, Forschungsdirektorin der Humboldt-Universität, und Walter Grund, Leiter der Sektion Elektronik im Ministerium für Hoch- und Fachschulwesen. Auch meine jungen Mitarbeiter gingen mit großem Elan an die Lösung dieser Aufgaben. Besonders hervorgetan haben sich Hans-Ulrich Balzer, mit dem ich heute noch zusammenarbeite, Marianne Poppei, Lena Wachtel, Dietmar Sass, Thomas Schlegel, Ingo Fietze, Jürgen Drescher, André Dietrich, Konstantin Jewgenow und Betty Rose.

Keine Trennung zwischen Ost und West

Die Kunde von unserer Arbeit hatte sich bis in die USA herumgesprochen. Als 1975 in Halle an der Saale ein internationales Symposium über »Chronobiologie und Chronomedizin – die Zeit und das Leben« stattfand, bat mich in einer Konferenzpause der Mitbegründer und führendste Vertreter der Chronobiologie, Franz Halberg aus Minnesota, um ein Gespräch unter vier Augen. Ungeschminkt forderte er von mir: »Hecht, verschaffen Sie mir eine Rakete von den Russen. Wenn einer das kann, dann sind Sie das.« Ich befand mich in einem großen Konflikt. Einerseits überschätzte Halberg meinen Einfluß erheblich, andererseits war ich als Geheimnisträger verpflichtet, vor allem mit Leuten aus dem Westen nicht über meine Tätigkeit zu sprechen. Doch für lange Überlegungen blieb mir keine Zeit, denn er legte mir sein Projekt »Chronobiologische Gesetzmäßigkeiten in der Beziehung der Gravitation zwischen Erde und Mond« vor und bat mich, dieses wirklich hervorragende Forschungsprojekt meinen sowjetischen Kooperationspartnern zu übergeben. Dabei eröffnete er mir, daß es in den USA eine große Rangelei um die Plätze in der Raumfahrtforschung gebe, und daß er durch Intrigen vorläufig keine Chance habe, bei der NASA zum Zuge zu kommen. Ich empfahl ihm, den offiziellen Weg über die Verträge UdSSR-USA zu wählen. Das hatte er schon versucht, war aber auch auf dieser Strecke von seinen Landsleuten ausgebootet worden. Ich übergab seine Unterlagen Oleg Gasenko, dem damaligen Direktor des Instituts für Medikobiologische Probleme (IMBP) in Moskau und weltbekannten Raumfahrtmediziner. Er schätzte dieses Projekt als sehr wertvoll ein, aber zu dieser Zeit gab es andere Aufgaben zu lösen. Schade, Halberg war damals seiner Zeit um viele Jahre voraus. Er hat sein Projekt nie verwirklichen können.

1977 habe ich an Untersuchungen des Biosatelliten KOSMOS 936 teilgenommen. Im Biosatelliten KOSMOS 1129 erhielten wir ein eigenständiges Thema, bei dem es in den Untersuchungen an Ratten um den Wechsel von Schichtsystemen in der Schwerelosigkeit ging. Wenn später behauptet wurde, daß in der DDR aus Image-Gründen die Kosmosforschung viel Geld verschlinge, so belegt die Vorbereitung dieses Experiments das Gegenteil. Obgleich wir an der Charité gute Unterstützung erhielten, fehlte es dennoch erheblich an finanziellen und materiellen Zuwendungen aus dem großen Staatsfonds. Wir benötigten eine neue Apparatur. Eigenbau war gefragt. Dazu gab es vor Ort keine Kapazitäten. Also griffen wir zu einem bewährten Mittel, zum Neuerervertrag. Dietmar Sass setzte seine ganzen organisatorischen Fähigkeiten ein. Thomas Schlegel baute die entsprechende Elektronik. Drei Tage vor der Abfahrt nach Moskau war die Apparatur fertig. Der Transport wurde jedoch zur Odyssee. Alles mußte in zehn Kisten verpackt, vom Zoll streng kontrolliert und per Zug nach Moskau transportiert werden. Sass und Schlegel nahmen im Schlafwagen Platz, nachdem sie zuvor die Kisten im Gepäckwagen abgegeben hatten, mit der Vereinbarung, diese bei der Ankunft in Moskau wieder abzuholen. Aus unerklärlichen Gründen wurden die Kisten in Brest in einen Güterzug umgeladen. Die beiden Wissenschaftler machten verdutzte Gesichter, als sie die Kisten in Moskau nicht erhielten. Diese sollten beim Zoll auf dem Jaroslawler Bahnhof ankommen. Vier Tage waren noch Zeit bis zum Beginn der Voruntersuchungen. Drei Tage lang fuhren wir zum besagten Bahnhof, bis wir unsere Fracht endlich ausgehändigt bekamen. Wir trauten unseren Augen nicht: Die Kisten sahen aus, als ob sie ein Erdbeben überstanden hätten, und der Hauptteil der Apparatur war nur noch im Grundriß zu erkennen. Der Transport, obwohl als empfindlich gekennzeichnet, hatte arge Auswirkungen hinterlassen.

Da die Wissenschaftler aller beteiligten Länder – UdSSR, USA, Ungarn, Polen, Tschechoslowakei und Bulgarien – uns mit Material aushalfen, konnten unsere beiden technischen Wissenschaftler in einer Nachtarbeit die Apparatur so wiederherstellen, daß sie wieder funktionsfähig war, und die Arbeit damit pünktlich aufgenommen werden konnte. Nun folgten sechs Wochen Vorbereitung, knapp drei Wochen Flug (zu dieser Zeit waren wir in Berlin) und vier Wochen Nachuntersuchungen. Da dieses Experiment Schichtwechselprobleme untersuchte, waren wir manchmal 72 Stunden hintereinander im Labor und schliefen wenige Stunden auf zusammengerückten Stühlen.

Das Zusammenspiel der am Projekt beteiligten Länder verlief ausgezeichnet. Es gab keine Trennung zwischen Ost und West.

Ohne ein derartiges gutes Zusammenwirken wäre das Unternehmen auch nicht gelungen, denn 52 Forschungsaufgaben waren zu erfüllen.

Drohung mit dem »großen Bruder«

In den sowjetischen Medien wurde viel über dieses Projekt berichtet, und ich gab mehrere Interviews. In der DDR schwiegen die Medien. Das war für uns vor allem auch deshalb erstaunlich, weil zwischen Start und Landung des Biosatelliten der 7. Oktober, der Gründungstag der DDR, lag, der immer Anlaß zur Würdigung von Sonderleistungen gab. Nichts tat sich, obwohl die DDR zum ersten Mal bei einer solchen Mission aktiv vertreten war. Erst nach der Beendigung unserer Nachuntersuchungen erschien im ND ein Artikel auf der Wissenschaftsseite.

1985 wurde auf unsere Initiative hin der erste offizielle bilaterale Vertrag zwischen Instituten zweier INTERKOSMOS-Länder, dem IMBP Moskau und der Berliner Charité, abgeschlossen. Die Vereinbarung erwies sich als außerordentlich effektiv, obgleich es schwierig war, bei den sowjetischen Ministerien dieses Arbeitsprinzip durchzusetzen. Fünf Jahre verzögerte die sowjetische Bürokratie das Abkommen, was uns aber nicht daran hinderte, in dieser Zeit schon sehr gut zu kooperieren. Zwischen den Instituten entwickelte sich ein internationales Forscherkollektiv.

In der ständigen Arbeitsgruppe kosmische Biologie und Medizin herrschte stets ein familiäres Klima. Wenn es aber um die Erfüllung der Aufgaben ging, stand kritische Einstellung und Zuverlässigkeit im Vordergrund. Wurde eine Aufgabe nicht erfüllt, dann stand im Protokoll: Die Spezialisten, beispielsweise der DDR, haben ihre Aufgabe in dieser oder jener Frage nicht erfüllt. Das Protokoll ging auf dem Regierungsweg an das entsprechende Land, und das zuständige Ministerium mußte Stellung dazu nehmen. Derartige Protokolle waren in der DDR-Spitze sehr gefürchtet. Wir nutzten dies, unsere Ziele im Lande durchzusetzen, und wenn es Schwierigkeiten gab, drohten wir mit dem »großen Bruder«, und schon klappte es.

Im INTERKOSMOS-Programm und überhaupt in den Raumfahrtwissenschaften der sozialistischen Länder stand der Sowjetunion uneingeschränkter Führungsanspruch zu. Manchmal hatte das aber auch Machtmißbrauch zur Folge. Dieser bestand beispielsweise auf dem Beharren konservativer wissenschaftlicher Standpunkte und Konzeptionen einiger unserer sowjetischen Kollegen. Wir versuchten bei jeder der in ungefähr zweimonatlichen Abständen stattfindenden wissenschaftlichen Beratungen mit neuen Ideen, Vorschlägen und Konzeptionen aufzuwarten, die immer aus der irdischen Forschung entsprangen oder mit ihr korrelierend bearbeitet wurden. Neben chronobiologischen Problemen waren wir sehr stark mit psychophysiologischen Themen vertreten, welche die Auswahl der Kosmonauten betrafen. Wir prüften auch gemeinsam mit Peter Oehme an Mensch und Tier die Wirkung der Substanz »P« als Mittel zur Erhöhung der Resistenz gegen Streß und Raumfahrtkrankheit. Den Affen wurde dieses Präparat in der Vorbereitungsphase auf ihre Raumflüge verabreicht, um sie zu schonen. Die Substanz »P« zeitigte keine unerwünschten Nebenwirkungen wie Psychopharmaka. Anhand von Mikroelementen in Haaren wurde das Gestreßtsein zurückliegender Tage und Wochen bestimmt. Wir hatten sogar mit der letzten Stufe der klinischen Erprobung begonnen, die zu unserem großen Bedauern ein Opfer des Beitritts der DDR zur BRD wurde.

Ein weiterer Problemkreis war die Auswirkung der Schwerelosigkeit auf die Zahnhartsubstanz. Nicht zuletzt befaßten wir uns auch mit Untersuchungen der Reproduktion, beispielsweise mit dem Einfluß der Schwerelosigkeit von trächtigen Muttertieren auf ihre Nachkommen und mit der Befruchtungsmöglichkeit von Rattenpaaren. Die Untersuchungen zeigten, daß die Nachkommen von Muttertieren, die sich zwei bis drei Wochen im Weltraum befanden, keinen wesentlichen Veränderungen des Gesundheitszustandes bis ins Erwachsenenalter hatten, und daß die Befruchtung unter diesen Bedingungen keine Schwierigkeiten bereitete.

Eine unserer Stärken war die Geräteentwicklung. Hierzu zählten unter anderem:

- eine psychomotorische Apparatur für den Psychtest, die bei der Auswahl von Kosmonauten und langzeitigen Isolationsstudien eingesetzt wurde;
- ein Gerät zur Bestimmung der Schmerzschwelle bei Mensch und Tier;
- ein Gerät zur Messung der Gleichgewichtsfunktionen an Menschen und Affen;
- ein Miniaturtelemetriesystem zur Messung der Körpertemperatur bei Ratten;
- mehrere Variationen von sogenannten Streßtestern zur Messung der Belastung des vegetativen-emotionellen Regulationssystems.

Auf des Hechtes Geheiß

In der ersten Zeit unserer Zusammenarbeit mit dem IMBP Moskau wurden wir mit unseren neuen Ideen zunächst abgeblockt. Eine unsererseits vorgebrachte Beschwerde bei Oleg Gasenko änderte die Situation. Als nächstes kam aber erst eine heftige Streitphase, in deren Mittelpunkt der Konservatismus gegen neue Ideen stand. Nach mehrtägigen wissenschaftlichen Streitgesprächen hatte ich alle unsere Vorschläge durchgesetzt, und wir gingen zur dritten Phase unserer Zusammenarbeit über. Am Schluß der Beratung, die stets mit einer feierlichen Protokollunterzeichnung und gemütlichem Zusammensein abgeschlossen wurde, überreichte mir Wladimir Klimowizki ein kupfernes Bild mit dem Hecht aus dem russischen Märchen »Auf des Hechtes Geheiß« soll mein Wunsch erfüllt werden.

Danach wurden wir schon bei unserer Ankunft in Moskau gefragt: Was habt ihr für neue Ideen mitgebracht, die wir gemeinsam realisieren können? Die engen, freundschaftlichen Beziehungen, die wir pflegten, halten bis heute an. »Befohlene« deutsch-sowjetische Freundschaft haben wir nie kennengelernt.

In den Kreisen der DDR-Raumfahrtmedizin beschäftigten wir uns häufiger mit der Frage: Wann wird wieder ein DDR-Kosmonaut im Orbit weilen? Auch Sigmund Jähn begrüßte diese Idee.

Im Stillen trafen wir Vorbereitungen, und ich engagierte mich sehr stark für dieses Projekt, nicht zuletzt auch aus eigennützigen Gründen, denn ich hatte den Wunsch, als Forschungskosmonaut im Orbit zu arbeiten. Winfred Papenfuß, Direktor des Instituts für Luftfahrtmedizin in Königsbrück, hatte insgeheim Kandidaten bereit, damit er nicht überrascht wurde, wenn er einmal die Aufgabe erhalten sollte. Offensichtlich hatte er auch meinen Wunsch erahnt und lud mich zu einer mehrtägigen Flugzeugführer-Tauglichkeitsprüfung ein.

Am Montagmorgen reihte ich mich im Trainingsanzug in die Gruppe der künftigen Flugzeugführer und der alten Hasen, deren Gesundheitszustand überprüft werden sollte, ein. Als Fremdling wurde ich von den Jungen genauso beäugt wie von den Alten. Nach zwei Stunden holten mich meinen Kollegen von der Flugmedizin aus der Schlange heraus und führten mit mir intensivere Tests durch. Mit meiner guten Kondition als damals 60-jähriger kam ich gut über die Runden und hatte selbst mit dem gefürchteten Vestibulartest auf einem Drehstuhl zur Prüfung der Gleichgewichtsfunktionen keine Probleme.

Zwei Jahre später unterzog ich mich einem um einige Intensitäten stärkeren Kosmonautentest in Moskau. Der dazugehörige Drehstuhltest wurde gleichzeitig dazu genutzt, um die Substanz »P« als Mittel gegen die Raumfahrerkrankheit mit zu untersuchen. Waren in Königsbrück bei weitaus geringerer Belastung drei Minuten die Norm und fünf Minuten die Höchstbelastung, so waren es in Moskau sechs Minuten bis zur Norm und zwölf Minuten bis zur Höchstgrenze.

Bevor ich dran war, stellte sich noch ein auf dem Drehstuhl gut trainierter wissenschaftlicher Mitarbeiter des IMBP dem Test. Er bewältigte spielend zwölf Minuten ohne Belastungszeichen. Ich strebte natürlich ebenfalls diese Grenze an. Zehn und eine halbe Minute gestattete mir Dr. Kornilowa, schließlich mußte ich noch einen zweistündigen Nachttest durchstehen. Als ich mich aus dem Drehstuhl erhob, soll mein Gesicht die gleiche Farbe gehabt haben wie mein weißer Pullover. Mit Substanz »P« habe ich die Zwölf-Minuten-Grenze, weniger belastet als in der Voruntersuchung, erreicht.

Den Einsatz der Substanz »P« bei Kosmonauten im Orbit verhinderte jedoch das sowjetische Arzneimittelgesetz. Dieses hätte legal ausgesetzt werden können, wenn zwischen den Ministerien für Gesundheitswesen beider Länder ein Sondervertrag abgeschlossen worden wäre. Gemeinsam mit Peter Oehme und unterstützt von Konrad Rimkeit aus dem Ministerium für Gesundheitswesen der DDR bereiteten wir ein entsprechendes Schriftstück vor. Die Bürokratie der sowjetischen Behörden und schließlich die Wende beendeten erfolglos unsere Bemühungen. Mir blieb nur die Gewißheit, daß das Regulatorpeptid gegen die Raumfahrtkrankheit hilft, und daß ich alle Tests für eine Anwartschaft auf einen Arbeitsplatz im Orbit bestanden hatte.

Prof. Hecht (Mitte) bereitet mit seinen Mitarbeitern den Biosputnik KOSMOS 2229 *für den Start vor*

Schwierigkeiten mit der Obrigkeit

Ein besonderer Umstand brachte das Thema zweiter DDR-Kosmonaut schneller ins Gespräch, als ich ahnen konnte. Nach meinem Kosmonautentest in Moskau gingen natürlich die gemeinsamen Beratungen weiter. In diesem Rahmen wurde von Oleg Gasenko und seinem damaligen Stellvertreter Anatoli Grigorjew, der heute als Direktor des IMBP amtiert, die Frage eines künftigen Arztkosmonauten zur Diskussion gestellt. Dabei wurde auch die Möglichkeit erörtert, ob ein solcher auch aus der DDR kommen könnte. Da wir, wie bereits erwähnt, intern über dieses Thema gesprochen hatten, zeigte ich mich optimistisch und sagte zu, eine diesbezügliche Überprüfung zu veranlassen. Diese Formulierung wurde auch im gemeinsamen Protokoll aufgenommen.

Aus irgendeinem Grunde wurde dies von irgendeiner Institution der Sowjetunion als feste Zusage interpretiert. Somit hatte man nichts Eiligeres zu tun, als auf Regierungs- und Parteiebene der DDR den zweiten Kosmonauten zu bestätigen. Immerhin waren dafür seitens der DDR eine Million Mark zur Verfügung zu stellen. Sigmund Jähn war ohne diese teure Flugreisegebühr in den Kosmos geflogen. Diese Bestätigung war schneller in der Regierungsspitze der DDR in Berlin angekommen als ich per Flugzeug. In Berlin erwartete mich zu meiner großen Überraschung ein unvorhergesehener kritischer Empfang. Ich mußte eine Reihe Ministerien durchlaufen, beginnend beim Wissenschaftsministerium, über das Hochschul- und das Gesundheitsministerium bis zur Leitung der Akademie der Wissenschaften. Überall wurde ich beschuldigt, daß ich meine Kompetenzen erheblich überzogen hätte. Überall mußte ich mich rechtfertigen. Ich konnte nur die Protokollformulierung vorlegen, um den Irrtum zu belegen. Die massive Kritik dauerte aber dennoch mehr als eine Woche. Dann wurde nach Moskau mit bezug auf das Protokoll der Irrtum gemeldet. Diese Kritik hat mich nicht gestört, denn in schwierigen Situationen stand mir der große Bruder in Moskau bei, mit dem es sich der kleine Bruder, die DDR, nicht verderben wollte. Ich freute mich außerdem, daß ich bezüglich des Problems zweiter DDR-Kosmonaut viel in Bewegung gebracht hatte. Wie ich erfuhr, hat sich auch das Sekretariat des ZK der SED mit dem von mir verursachten Moskauer Irrtum beschäftigt. Wie ich weiter hörte, war der größte Widersacher gegen einen zweiten Kosmonauten Günter Mittag. Er lehnte es strikt ab, die eine Million Mark dafür der Sowjetunion zu zahlen. Auch Verteidigungsminister Heinz Hoffmann mischte sich ein. Ihm ging es gegen den Strich, daß statt eines Fliegers ein ziviler Doktor im Orbit arbeiten sollte.

Dennoch hat die ganze Aufregung etwas bezweckt: Der Ministerrat faßte einen Beschluß, demzufolge eine Arbeitsgruppe »Zweiter DDR-Kosmonaut« zu gründen war, die langfristig ein solches Programm vorbereiten sollte. In diese Arbeitsgruppe wurde auch ich berufen. Ich wurde mit viel Arbeit überhäuft, indem ich ein Forschungsprojekt nach dem anderen erarbeiten mußte, von denen aber keines realisiert wurde. »Wer nicht hören will, muß fühlen«, lautet eben das Sprichwort. Im Herbst 1989 hauchte die Arbeitsgruppe ihr Leben aus. Mein Wunschtraum in den Kosmos zu fliegen, war endgültig ausgeträumt. Auch ein zweiter DDR-Kosmonaut erreichte nicht mehr die Orbitalstation.

In der Raumfahrt war alles geheim, nicht nur bei INTERKOSMOS, sondern auch in der NASA und der ESA. In der DDR jedoch gab es spezifische Vorschriften. Ein bestätigter »INTERKOSMOS-Kader« war GVS- (Geheime Verschlußsache) und VVS- (Vertrauliche Verschlußsache) verpflichtet. Eigentlich durfte ich selbst nicht wissen, was ich wußte.

Diese Geheimniskrämerei hemmte erheblich unsere Arbeit. Hätte ich diese sehr ernst genommen, wären wir nie zum Arbeiten gekommen. In meinem Panzerschrank lagen manchmal bis zu einhundert VVS-Vorgänge. Wenn jemand das Zimmer betrat, mußte ich die Unterlagen, an denen ich gerade arbeitete, wegschließen. Ergebnisprotokolle und andere Unterlagen durfte ich nicht zu Beratungen mit nach Moskau nehmen. Um unsere Arbeitsfähigkeit zu sichern, habe ich es dennoch getan. Oft bin ich kreuz und quer mit einer Aktentasche voller VVS-Dokumente oder solchen, die es werden sollten, mit der Metro durch Moskau gefahren, wenn ich noch andere Kooperationspartner besuchte. Was blieb mir anderes übrig? Im Hotel durfte ich die Unterlagen nicht lassen, und zur Botschaft, wo ich sie hätte deponieren müssen, war es zu weit. Außerdem hatte sie längst geschlossen, wenn unsere Arbeit beendet war.

Es gab noch ein weiteres Problem in der Geheimhaltung. Die sowjetische Seite, jedenfalls unsere Kooperationspartner, hatte nur zwei Geheimhaltungsstufen: »Streng geheim« oder »frei zur Publikation«. In der DDR dagegen gab es fünf solcher Stufen, die nur über Jahre hinweg bis zum freien Umgang abgemildert wurden. So kam es bei der Freigabe von wissenschaftlichen Ergebnissen eines Raumfluges durch die sowjetische Seite zu Konflikten mit der DDR-Geheimhaltung. Wenn es genau nach den Paragraphen gegangen wäre, hätten gemeinsam mit sowjetischen Partnern dort bereits veröffentlichte wissenschaftliche Ergebnisse in der DDR erst nach drei bis fünf Jahren die Freigabe erlangt. Als ich meine vorgesetzten Dienststellen auf diesen Fakt hinwies, herrschte zunächst Hilflosigkeit. Nach einer Reihe von Beratungen auf der Ebene verschiedener Ministerien wurde schließlich folgendes entschieden:

»Für alle Geheimnisprobleme, die sich aus der mediko-biologischen Forschung ergeben, ist allein Professor Doktor Karl Hecht verantwortlich. Er hat verantwortungsbewußt nach eigenem Ermessen zu entscheiden.«

Damit wurde zwar meine Arbeit erleichtert, meine Verantwortung aber stark erhöht. Doch der Vorteil war größer als der Nachteil.

Ein Scheich wollte kaufen

Im Jahre 1987 wurde das 750-jährige Bestehen Berlins mit pompösen Feierlichkeiten begangen. In diesem Rahmen wurde auch eine Leistungsschau der DDR-Wissenschaft und -Technik in der Werner-Seelenbinder-Halle veranstaltet. Ich erhielt den Auftrag, die Leistungen der biologischen und medizinischen Kosmosforschung sowie die Wissenschaftskooperation zwischen der Charité und dem IMBP zu demonstrieren. Meiner Konzeption wurde bereits Anfang Februar 1987 offiziell zugestimmt. Sie sah Exponate unseres sowjetischen Partners sowie einen Besuch von Oleg

Gasenko als Ehrengast des Ministerrates vor. In Moskau fand das ein großes Echo. Dort wurden verschiedene Exponate ausgewählt, wie Nahrungsmittel der Kosmonauten, Lebenserhaltungssysteme für verschiedene Tierarten in Biosatelliten und die Apotheke einer Orbitalstation. Zwecks Abnahme der Exponate durch die hohe Kommission des Ministerrates unter Leitung des Staatssekretärs Klaus Stubenrauch stellten wir die Exponate in der Charité vor. Als der Staatssekretär an unseren Stand kam, fragte er: »Was wollen hier die Sowjets? Das ist eine rein nationale Ausstellung. Alles, was aus der Sowjetunion kommt, muß raus!« Wütend zeigte ich die Bestätigung meiner Konzeption mit seiner Unterschrift. Seine Antwort: »Im Großen Haus wurde anders entschieden.«

Gewöhnlich bin ich ein ausgeglichener, beherrschter Mensch. Aber in diesem Moment ließ ich alle Emotionen lautstark los. Der Staatssekretär war zunächst konsterniert und riet mir, mit der Abteilung Wissenschaft des ZK der SED zu sprechen. Sofort griff ich zum Hörer und polterte los, als sich der Leiter der Abteilung, Hannes Hörnig, meldete. Der wollte mich beruhigen, was ihm aber nicht gelang. Eine Stunde später saß ich allen Mitarbeitern der Abteilung gegenüber. Sie wollten mich überzeugen. Ich ließ sie überhaupt nicht zu Worte kommen und drohte mit einem diplomatischen Skandal. Daß ich dazu fähig bin, war nicht unbekannt. Hannes Hörnig riet mir, mich zu beruhigen und zehn Minuten zu warten; er wolle in die zweite Etage gehen und meinen Sonderfall beraten. Dort hatten die Politbüromitglieder ihre Sekretariate. Nach etwa einer halben Stunde kam er zurück und sagte: »Es wurde eine Sonderregelung getroffen. Euer Ausstellungsstand bleibt so, wie er konzipiert war.« Er informierte sofort den Staatssekretär. Ich begriff in dieser Situation, daß zwischen Berlin und Moskau Spannungen bestanden.

Als wir nun in der Werner-Seelenbinder-Halle unseren Platz zugewiesen bekamen, befanden wir uns in einer versteckten Ecke der Ausstellung, weit ab von der Protokollstrecke, auf der alle prominenten Besucher geführt wurden. Wir griffen deshalb zu einem Trick: Eines unserer Exponate war das Duplikat des von uns entwickelten Psychotests, der bei der Kosmonautenauswahl eingesetzt wurde. Wir boten jedem Besucher die Möglichkeit, sich testen zu lassen. Das Ergebnis seiner Leistung bekam er ausgedruckt in die Hand. Das hatte sich bald herumgesprochen. Infolgedessen war unser Stand stets belagert, und manche Besucher kamen nur deswegen. Auch sogenannte Protokollbesucher baten die Ausstellungsleitung, den Psychotest zu sehen. Außerdem hatten wir unsere erste Streßuhr vor Ort, mit der sich viele Besucher testen ließen. Wir waren erstaunt, als uns die Ausstellungsleitung mitteilte, daß unsere beiden Testapparate drei Wochen später auf der Leipziger Herbstmesse gezeigt werden sollten. Natürlich fiel der geplante Urlaub aus. Hans-Ullrich Balzer brachte beide Geräte auf Hochglanz und fuhr damit nach Leipzig.

Bereits am ersten Tag der Messe, an dem nur ausländische Gäste und DDR-Prominenz zugelassen waren, begeisterte sich ein reicher Scheich aus den Vereinigten Arabischen Emiraten an unserem Psychotest und dem Streßtester. Er wollte gleich fünf Psychtestmeßplätze und hundert Streßtester kaufen.

Am nächsten Tag kamen weitere Vertreter von arabischen Staaten und anderen Ländern, auch aus der BRD, und äußerten den gleichen Wunsch. Nun brach eine Panik bei der Messeleitung aus. Der Außenhandelsvertreter der Humboldt-Universität, Wilfried Neumann, wurde nach Berlin beordert, um mit mir bis zum nächsten Morgen die Messedokumente für diese Geräte zu erstellen. Leider wurde nichts aus dem großen Verkauf, denn wir hatten lediglich Labormuster.

Die Industrie der DDR war zu schwerfällig, um hier schnell umschalten zu können. Zu ihren Ehren muß aber festgehalten werden, daß uns zwei Jahre später die Konsumgüterabteilung des Kraftwerkes Jänschwalde 50 Labormuster einer Armbandstreßuhr anfertigte, die auch noch gegenwärtig von medizinischen Fachkollegen bewundert wird.

Diese Ereignisse öffneten uns die Augen für die Marktwirtschaft, denn wir hatten erkannt, daß wissenschaftliche Entwicklungen und Ergebnisse vermarktet werden können. Keiner jedoch ahnte damals, daß uns dieser Vorlauf schon zwei Jahre später, nach dem Beitritt der DDR zur BRD, dienlich sein könnte.

Endlich beim Start dabei

Wir hatten zwar schon an einigen Experimenten mit Biosatelliten teilgenommen, aber noch niemals waren wir beim Start dabei. Das traf auch für die Vertreter der NASA und der ESA zu. Die Mission des Biosatelliten KOSMOS 2229, auch BION 10 genannt, gestattete erstmals allen Wissenschaftlern, die an dem Forschungsprojekt beteiligt waren, die Präsenz am nördlichen Startort Plessezk bei Archangelsk. Dieses Ereignis vom 29. Dezember 1992 hatte für uns, den Rest der Charitégruppe, besondere Bedeutung: Wir durften den von uns neuentwickelten Streßtester Himem, ein regulationsdiagnostisches System zur Kontrolle von vegetativ-emotionellen Prozessen von Affen, einsetzen, ohne daß es vorher den langwierigen Apparatetest überstehen mußte. Das war einmalig in der Geschichte der Weltraumfahrt. Es ging alles gut, und wir erhielten saubere Meßdaten. Außerdem hatten wir DDR-Vergangenheit abzuarbeiten und waren die einzigen offiziellen Vertreter der Bundesrepublik Deutschland. Im Einigungsvertrag war nämlich festgelegt worden, daß dieses Projekt abzuschließen sei. Ein großer Teil der Vorbereitungen für diese Mission war schon zu DDR-Zeiten gelaufen und finanziert worden. Am Startort Plessezk schließlich entstand eine Gemeinschaft von Raumfahrtmedizinern und -biologen sowie von Technikern aus Rußland, den USA, aus den ESA-Ländern Italien, Holland, Frankreich und Deutschland.

Der Winterabend im Wald von Plessezk, dem Geburtsort des großen russischen Gelehrten Michail Lomonossow in der Nähe des Polarkreises, wurde zum Festplatz einer internationalen Gemeinschaft von Wissenschaftlern. Dann ging es in das warme Quartier, wo wir ausgelassen feierten. Hier trafen sich auch Raketenspezialisten und Militärs aus den USA und Rußland in freundschaftlicher Atmosphäre, die sich während der Kubakrise mit dem Finger am Knopf des Raketenstarters als Feinde gegenübergestanden hatten.

Die Medien der Bundesrepublik berichteten vom Start des Biosatelliten KOSMOS 2229. Dabei verbreiteten sie, daß deutsche Wissenschaftler an Affenexperimenten im Weltraum teilnahmen, für die gemäß der BRD-Gesetzgebung keine staatlichen Gelder zur

Verfügung gestellt werden durften. Das führte zu einer parlamentarischen Anfrage im Bundestag. Gleichzeitig protestierte die Tierschützer-Prominenz gegen diese Affenexperimente. Die Sachlage war aber ganz anders: Erstens wurden keine Gelder aus dem Staatshaushalt der BRD verwendet, sondern aus dem DDR-Fonds, wie es im Einigungsvertrag festgeschrieben war. Zweitens hatten wir keine Tierexperimente an Affen durchgeführt, sondern mit unserem Streßtester die vegetativ-emotionelle Belastung der Affen vor, während und nach dem zweiwöchigen Orbitalflug untersucht. Das entsprach im Grunde genommen dem Anliegen der Tierschützer, denn mit dieser Methode kann objektiv nachgewiesen werden, ob Tiere gequält werden oder nicht. Wir stellten bei diesen Untersuchungen fest, daß die Affen während des Raumfluges keinesfalls stärker belastet waren als beispielsweise Reitpferde, die über Hunderte von Kilometern in engen Autoanhängern zum nächsten Reitplatz gefahren werden.

Schon wenige Tage nach den Pressemeldungen besuchte uns eine große Delegation von prominenten Tierschützern, darunter auch die Tierschutzbeauftragte des Bundestages. Wir konnten unsere Gäste davon überzeugen, daß wir keine Tierquälerei begingen. Den Anlaß dieses Besuches nutzend, unterbreiteten wir den Vorschlag, unser Gerätesystem zum objektiven Nachweis von Tierquälerei in einem Forschungsprojekt zu erproben, um es später weitverbreitet im Interesse des Tierschutzes einzusetzen. Die Tierschützer, die einmütig zustimmten, nannten die Namen von Professoren, die sich für derartige Forschungsprojekte interessieren. Sie gaben uns die Zusage, daß wir von ihnen oder von den Wissenschaftlern hören würden. Bis zum heutigen Tag – es sind mehr als fünf Jahre vergangen – hat sich niemand gemeldet. Wir hätten uns gefreut, wenn die Tierschützer »zugebissen« hätten. Deshalb möchte ich an dieser Stelle unseren Vorschlag wiederholen.

Im Mai 1990 fand in Kosice, einer kleinen Universitätsstadt der Slowakei, die Jahresberatung der ständigen INTERKOSMOS-Arbeitsgruppe Kosmische Biologie und Medizin nach dem gewohnten Ritus statt. Während organisatorisch alles wie bisher ablief, herrschte bei den Teilnehmern eine gedämpfte Stimmung, wie man sie in früheren Jahren nie gekannt hatte. Warum? Die Zukunft war unklar. Es wurde lediglich festgelegt, daß die nächste Beratung in Leningrad stattfinden sollte. Um es vorwegzunehmen: Diese Beratung im Jahre 1991 besiegelte das Ende der INTERKOSMOS-Kooperation.

In Kosice war bereits klar, daß es im Jahre 1991 keine DDR mehr geben würde; ihr Beitritt zur BRD bereitete sich vor. Als Leiter der DDR-Delegation bekam ich von der Arbeitsgruppe als letzte Aufgabe den Auftrag, die Frage einer weiteren deutschen Beteiligung am INTERKOSMOS-Programm zu klären. Nach meiner Rückkehr beriet ich mich mit Winfried Papenfuß. Schon wenige Tage später fuhren wir beide gemeinsam mit Heike Kluck, die vom Institut für Kosmosforschung der Akademie der Wissenschaften der DDR für den Bereich Medizin und Biologie verantwortlich war, nach Bonn zur DARA, wo wir einen Termin vereinbart hatten. Wir wurden herzlich begrüßt und stellten fest, daß noch Vertreter anderer Arbeitsbereiche der DDR-Raumfahrtforschung eingeladen und anwesend waren. Unser medizinischer Partner war Jürgen Stegemann, den ich seit meiner Assistenzzeit kannte. Er war zu dieser Zeit Direktor des Sportmedizinischen Zentrums in Köln. Wir trafen uns früher auf internationalen Raumfahrttagungen und hatten ein gutes Verhältnis zueinander. Diese Beratung verlief in einer aufgeschlossenen Atmosphäre, und es fand ein echter wissenschaftlicher Austausch statt. Als Ergebnis dessen wurde zugesichert, unsere Arbeit zu unterstützen, so daß wir bestehende INTERKOSMOS-Vereinbarungen zu Ende führen könnten. Eine gesamtdeutsche Beteiligung wurde jedoch abgelehnt.

Wissenschaft im BILD-Zeitungs-Stil?

Schon wenige Tage später erhielten wir den Auftrag, Forschungsprojekte einzureichen. Dabei hatten wir zunächst formelle Probleme. Wie aus der papiersparenden DDR-Zeit gewohnt, fixierte ich den Text jedes Projektes einzeilig geschrieben auf drei Seiten. Nach wenigen Tagen bekam ich die Unterlagen mit der Belehrung zurück, daß so kein Antrag eingereicht werden könne. Ich wurde aufgeklärt, daß auf einer Seite in großer Schrift nur zwei bis drei Sätze zu stehen hatten. Auch viele Bilder und Diagramme wurden gewünscht. Ich war darüber erstaunt, daß die BILD-Zeitungs-Form auch in der Wissenschaft Eingang gefunden hatte. Noch mehr wunderte ich mich über den enormen Papierverbrauch. Jeder Projektantrag umfaßte etwa 60 Seiten. Wir reichten vier Forschungsprojekte ein. Diese mußten wir in Berlin einer Kommission vorstellen und vor dieser verteidigen. Während uns Karl Kirsch vom Physiologischen Institut der Freien Universität in Westberlin, führender Medizinvertreter der BRD in der ESA, kollegial half, waren andere Mitglieder dieser Kommission gehässig und hochnäsig und stellten uns Fragen, die gar nicht zur Thematik gehörten. Aber das haben wir gut überstanden; zwei Projekte wurden genehmigt. Das war eine gute Ausbeute, wie wir sie später nicht mehr erreicht haben.

Mit dem Medilab, einem medizinischen Laboratorium für die Raumstation MIR sollte die Zusammenarbeit mit dem Moskauer Partner weitergeführt werden. Bei dem Projekt »Einfluß des deltaschlafinduzierenden Peptids DSIP auf den Vestibularapparat des Menschen« ging es um ein ähnliches Regulationspeptid wie die Substanz »P«. Guido Schönberger aus Basel, der Entdecker des DSIP, der es auch klinisch erprobte, stellte uns die Testsubstanz zur Verfügung. Beide Projekte, für die uns die DARA ausreichende Finanzen zur Verfügung stellte, sollten über zwei Jahre laufen. Zuvor erhielten wir auf meinen Antrag über das Ministerium für Wissenschaft und Technik der DDR am letzten Tag seines Bestehens eine Forschungsförderung von 120.000 DM. Mit dieser Summe konnten wir gut weiterarbeiten. Die Bearbeitung der beiden Forschungsprojekte lief planmäßig an.

Ich selbst wurde am 31. August 1991 nach um zwei Jahre verlängerter Amtszeit emeritiert. Nach meinem Ausscheiden wurde das bisher von mir geleitete Institut für Pathologische Physiologie und auch das Schlafmedizinische Zentrum abgewickelt. Hans-Ulrich Balzer und Günter Rehberg wurden wenige Wochen vor Beendigung der DARA-Forschungsprojekte im Rahmen des Abwicklungsprozesses aus der Charité entlassen. Obwohl noch genügend Geld zur Verfügung stand, erhielten beide Wissenschaftler keine Möglichkeit, die Arbeit zu Ende zu führen. Der Wissenschaftssenator Professor Erhard, »Wissenschaftsdiktator« genannt, kehrte mit eisernem Besen alles aus, was seiner orthodoxen und anachronistischen Meinung nach nicht in die bundesrepublikanische Wissenschaftslandschaft paßte. Mit diesem Schnitt wurden 300.000 DM vergeudet und eine erfolgreiche Forschung auf dem Gebiet der Raumfahrtmedizin und -biologie an der traditionsreichen Charité beendet.

Weltraummediziner als Unternehmer

Hans-Ullrich Balzer und ich gründeten ein Institut für Streßforschung (I. S. F. Berlin), zunächst als Gesellschaft bürgerlichen Rechts und seit 1995 als GmbH. Auf diese Art und Weise sicherten wir eine gewisse Kontinuität in der medizinischen und biologischen Raumfahrtforschung. Natürlich können wir uns unter den Bedingungen der Selbstfinanzierung nicht voll dieser Aufgabe widmen. Dennoch ging es weiter. Auf Vorschlag von Karl Kirsch und unserer Kollegen vom IMBP wurde Balzer als Koordinator für Physiologie der Isolationsstudie »Hubes 94« eingesetzt, die von September 1994 bis Januar 1995 durchgeführt wurde. Die Studie lief unter Leitung der ESA in den Moskauer Spezialeinrichtungen. Dabei wurden unsere Geräte eingesetzt, die bereits 1992 im Biosatelliten KOSMOS 2229 installiert waren. Diese Isolationsstudie diente der Vorbereitung und Simulation des Weltraumfluges des deutschen Kosmonauten Thomas Reiter in der MIR-Station.

1996 wurden wir auch zur Biosatellitenmission BION 11 eingeladen, um wieder das Gestreßtsein der mitfliegenden Affen zu überprüfen. Aber wir taten noch mehr: Wir setzten einen von uns entwickelten regulationsdiagnostischen Streßentspannungs- und Leistungstest, der für die Tauglichkeitsprüfung von Menschen genutzt wurde, für die Affen-Kosmonauten ein. Es war uns damals möglich, nach objektiven Kriterien die belastungsschwachen Tiere auszusondern und die belastungsstarken in die Auswahl zu bringen. Eine solche Untersuchung hat es bisher in der Raumfahrtforschung noch nicht gegeben. Leider stand die Mission BION 11 unter keinem guten Stern: Nicht nur, daß ein Affe nach dem Flug während einer eigentlich überflüssigen Untersuchung in der Narkose starb, sondern es gingen durch einen technischen Fehler einer Mitarbeiterin des IMBP alle während des Fluges im Biosatelliten gewonnenen Daten unseres Systems verloren. Damit war auch das Schicksal der Biosatellitenmissionen besiegelt, BION II war die letzte dieser Art. Und dennoch ging es weiter. Im November 1997 fand in Huntsville/Alabama ein amerikanisch-russisches Symposium des wissenschaftlich-technischen Koordinierungsrates der beiden Weltraumbehörden NASA und RKA statt. Zu dieser Veranstaltung, die ganz im Zeichen der Internationalen Raumstation stand, erhielten wir eine Einladung zu einem Vortrag über unser telemedizinisches Projekt, die Dr. Balzer wahrnahm. Er war der einzige Westeuropäer, der mit seinem Vortrag das wissenschaftliche Programm bereicherte. Wir erhielten die Gelegenheit, unser Projekt für die Raumstation einzureichen. Ob es angenommen wird, entscheidet eine Kommission der NASA, der bereits über 500 Forschungsprojekte vorliegen. Wie auch die Entscheidung ausfallen mag: Wir werden weiter am Ball bleiben!

Prof. em. Dr. med. habil. Karl Hecht, Jahrgang 1924, Mitglied der Internationalen Astronautischen Akademie in Paris, der Akademie der Medizinischen Wissenschaften Rußlands in Moskau und der Internationalen Akademie der Wissenschaften in München – Generalsekretär der Osteuropäischen Region, von 1973 bis 1990 Leiter des Forschungsprojekts Chronobiologie in der ständigen INTERKOSMOS-*Arbeitsgruppe Kosmische Medizin und Biologie.*

Bernd Henze, Nürnberg
Vieles war dennoch möglich

Die SPUTNIKS und EXPLORER, Gagarin und Glenn, waren bereits ins All geflogen, Leonow stieg in den freien Raum aus und White bereitete sich darauf vor, als – altersbedingt – mein Interesse für die Raumfahrt begann. Noch als Schüler hatte ich die Idee, auch eigene Aktivitäten zu entwickeln. Ein kleiner Freundeskreis gründete im Frühjahr 1972 die Hobbyarbeitsgemeinschaft EURO in Magdeburg. EURO stand für Europäische Raumfahrt-Organisation und sollte sich zu einer europäischen Schülerarbeitsgemeinschaft entwickeln, eine für den DDR-Alltag naive und utopische Vision. Kleine Raketenexperimente bildeten den Schwerpunkt, Modellarbeiten mit Flugkörpern begannen.

Zum Testgelände wählten wir die großen Sandflächen an der Alten Elbe von Magdeburg. Schwierig waren die Probleme mit dem Antrieb. Da größere Mengen an Chemikalien weder über die Schule noch aus Drogerien oder Apotheken zu erhalten waren, mußten jeweils zum Jahresende größere Stückzahlen der damals sehr preiswerten Silvesterraketen gekauft werden. Die ersten Versuche mit gebündelten Treibsätzen waren nur teilweise erfolgreich, da ein gleichzeitiger Zündvorgang und Abbrand nicht immer stattfand. Bessere Ergebnisse erzielten daher selbstgefertigte Treibladungen, wobei der gelöste »Raketenbrei« mehrerer Ladungen, zu neuen und stärkeren Treibsätzen gestopft, erneut getrocknet und mit neuen Düsen versehen wurde. Andere Probleme zeigten sich mit der Stabilisierung unmittelbar nach dem Start.

Am 6. August 1972 konnte die als ALSEP 3 bezeichnete, über 80 Zentimeter lange Rakete erfolgreich starten und am Gipfelpunkt eine Kapsel abtrennen, die dann, ausgestattet mit einem fünf Meter langen Bremsband, taumelnd zurückkehrte. Zu den weiteren Versuchen zählten auch Experimente mit einer Zweistufenrakete, einer Fotorakete, einer kleinen Meßkapsel für die Erlangung von Beschleunigungswerten beim Aufstieg, konstruktive Überlegungen zum Bau eines Flüssigkeitsantriebs sowie einer Raketenschlitten-Teststrecke. Auf die damalige Idee, auch eine Maus als Passagier mitfliegen zu lassen, verzichteten wir jedoch wieder, da einige Fehlstarts die Raketen außerordentlich stark deformierten und »Raumfahrtopfer« nicht gewollt waren.

Diese Experimente fanden in den Jahren 1971 bis 1976 statt, nahezu unter Ausschluß der Öffentlichkeit, obwohl sich wiederholt Passanten in sicherer Entfernung interessiert versammelten. Ihre Routinefragen nach dem Antrieb umschrieben wir mit »hydropneumatisch mit Brennzündung«, denn über das Jahr gestartete Feststoffraketen waren natürlich verboten, und niemand hätte die Erlaubnis dazu erteilt. Erst später bildeten sich in der Gesellschaft für Sport und Technik einige Raketenmodellgruppen, die allerdings für uns wegen der paramilitärischen Ausrichtung der Organisation kein Thema waren. Zu dieser Zeit gründete ich auch eine Schülerarbeitsgemeinschaft, die sich nun wöchentlich traf. Ziel war es die Raketenbegeisterung auf eine größere Ebene zu stellen, obwohl ich in der achten Klasse, während einer Veranstaltung des Wehrkreiskommandos zur Werbung von Zeitsoldaten, mein Interesse auf die Raketentruppen gelenkt hatte, und zwar mit der Bemerkung, ob es nicht besser sei, die vorhandenen militärischen Großraketen für Weltraumflüge zu verwenden.

Als 1974 eine Schulausstellung bevorstand, auf der sich die einzelnen Arbeitsgemeinschaften präsentieren konnten, war dies ein Anlaß, unsere Raketenexperimente mit Modellen und Fotos – auch unter dem Namen EURO – vorzustellen. Die Ausstellung dauerte jedoch nur einen halben Tag, dann war sie geschlossen, und ich hatte einen Termin beim Direktor um zu erläutern, wie ich denn auf den Gedanken käme, eine europäische Schüler-Zusammenarbeit anzustreben. Um die Ergebnisse der Arbeitsgemeinschaft dennoch auf der »Messe der Meister von Morgen« zeigen zu dürfen, mußte EURO entfallen, aber auch sonstige Namen wie »United« für die Stammrakete, »United-Alpha« für die Zweistufenrakete, »United-Stratos« für die Höhenrakete oder »United-Photos« für die spätere Fotorakete, die sich von den sonst üblichen Namen wie »Roter Oktober« oder »Freundschaftsstafette« deutlich unterschieden. Der damals zuständige Vorsitzende des Bezirksfachausschusses für Astronomie und Raumfahrt, Oberlehrer

3. Juni 1973 an der Alten Elbe bei Magdeburg: Bernd Henze (rechts) und Uwe Meier bei den Startvorbereitungen für die Zweistufenrakete »United-Alpha«

Gerhard Eschenhagen, hielt uns einen Verstoß gegen das Potsdamer Abkommen vor. Die Diskussionen begannen und nahmen kein Ende. Als schließlich nach einem anderen Raketenversuch die Mitglieder unserer inzwischen in Hobbyarbeitsgemeinschaft Raketen-Team Magdeburg (RTM) umbenannten Gruppe einzeln zur Volkspolizei vorgeladen wurden – angeblich wegen eines Einbruchs in einer Bootshausanlage, gelegen auf dem Wege zu unserem Startplatz, wo wir mit unseren Kisten und Handwagen verdächtig erschienen – merkten wir bald, daß es nur darum ging, konkrete Verwarnungen auszusprechen um weitere Raketenversuche zu unterbinden.

Aus dem Raketen-Team Magdeburg wurde das Raumfahrt-Team Magdeburg und nun ein Weg beschritten, welcher die Kenntnisse über die Raumfahrt in der Öffentlichkeit erweitern, aber auch weitere Interessenten gewinnen helfen sollte. Über unsere Raketenversuche berichtete ich Anfang 1977 auf einer Jugendtagung in Leipzig. Interessenten aus allen Regionen der DDR meldeten sich, auch aus Weimar. So entstand der Kontakt zum Raumfahrtkreis ORBIT und dessen engsten Mitarbeitern Thomas Rimbakowsky, Wolfgang Fredrich und Dietmar Röttler, die im Frühjahr 1977 die erste Ausgabe ihres Raumfahrt-Mitteilungsblattes – ORBIT NR.1 – herausbrachten, welches ab Juli 1977 regelmäßig erschien. Kurz entschlossen vereinbarten wir, diese Publikation gemeinsam überregional aufzubauen.

Der Kontakt zwischen RTM und ORBIT brachte jedoch die Erkenntnis, daß der Aufbau einer periodischen Raumfahrtzeitschrift nur mit Unterstützung des Kulturbundes oder der Gesellschaft zur Verbreitung wissenschaftlicher Kenntnisse URANIA funktionieren konnte, da über diese Organisationen die erforderliche Druckgenehmigung und Kostenübernahme zu garantieren waren.

Doch erste Anfragen, gesellschaftliche Partner für ein solches Projekt zu finden, blieben erfolglos, weil derartige Vorhaben als »ungesetzlich und illegal« bezeichnet wurden. Die Schlüsselfiguren von RTM und ORBIT mußten deshalb selbst Leitungsfunktionen in thematisch geeigneten Fachgruppen übernehmen, um unser Ziel erreichen zu können.

»Raumfahrt informativ« – *eine Gratwanderung*

Die ersten Schritte einer Pressearbeit zur Raumfahrt in der Magdeburger Tageszeitung »Volksstimme«, die mich nun auch beruflich fixierte, festigten sehr bald auch meinen Kontakt zur URANIA. Bei Vorträgen war in der Regel eine freie inhaltliche Gestaltung möglich. Aber auch hier gab es Grenzen: Eine Woche nach dem Tode Wernher von Brauns im Juni 1977 hielt ich einen öffentlichen Vortrag an der Magdeburger Sternwarte mit dem Titel »Wernher von Braun – Ein Leben für die Raumfahrt«. Dieses Thema war jedoch in der DDR unerwünscht, oder wurde nur aus der Sicht des Autors Julius Mader sehr einseitig beleuchtet. Anders mein Vortrag, der wie üblich im Veranstaltungsbuch der Sternwarte eingetragen worden war. Wenige Tage später fehlte ein Seitenteil mit dieser Eintragung, da es der Vorsitzende des Bezirksfachausschusses Eschenhagen für unmöglich hielt, einen Gedenkvortrag für einen »faschistischen Kriegstreiber« zu halten. Im internen RTM-Kreis entstand darauf unter der Regie von Joachim Hoppe ein über vierzig Minuten langer Schmalfilm über das Leben Wernher von Brauns mit zahlreichen Trickaufnahmen; eingearbeitet auch der zwischenzeitlich erfolgte Kontakt zu Professor Hermann Oberth, doch ungeeignet für die Öffentlichkeit.

Anfang 1978 bot mir der URANIA-Kreisvorstand Magdeburg an, den Vorsitz einer neu zu gründenden Sektion Geo- und Astrowissenschaften sowie Raumfahrt zu übernehmen. Da der Start des ersten deutschen Raumfahrers aus der DDR abzusehen war, wurden die Aktivitäten im Raumfahrtbereich vordergründig betrieben, zugleich aber auch der Druck unseres Raumfahrtmitteilungsblattes, das nun als gemeinsames Produkt zwischen dem Kulturbund Neubrandenburg und den dortigen organisatorischen Fähigkeiten Uwe Schmalings sowie der URANIA Magdeburg entstand.

Mit dem Raumflug von Sigmund Jähn konnte in öffentlichen Veranstaltungen die gesamte Breite der Raumfahrtentwicklung, auch der NASA-Aktivitäten, unproblematisch dargestellt werden. Doch schon kurz nach Sigmund Jähns Start war das öffentliche Interesse wegen der überzogenen und heroisierenden Propaganda derart gesättigt, daß Raumfahrtvorträge nicht sonderlich beliebt waren. Dennoch gelang es über mehrere Tage hinweg eine öffentliche, allerdings nicht genehmigte URANIA-Befragung in Magdeburg durchzuführen: »Welche drei Personennamen fallen Ihnen im Zusammenhang mit der Eroberung des Weltraums ein?«, so eine der Fragen. Die Befragten, im Alter ab etwa 30 und aufwärts, beantworteten sie überwiegend mit Sigmund Jähn, Juri Gagarin und Wernher von Braun, gelegentlich aber auch mit Neil Armstrong.

Die Herausgabe unseres Raumfahrtblattes, welches sofort eine Breitenwirkung bei den Raumfahrtinteressierten der DDR erreichte, konnte allerdings nicht mehr ohne Mitsprache der Sektion Raumfahrt des Präsidiums der URANIA in Berlin, besonders durch den damaligen Sekretär, Diplom-Gesellschaftswissenschaftler Klaus Marquart, geschehen, der fortan ständiges Redaktionsmitglied war. Zu jeder Ausgabe fand nun in der Berliner Archenhold-Sternwarte eine Redaktionsberatung statt. Meine ständige Mitarbeit in der zentralen Sektion Raumfahrt des Präsidiums der URANIA hatte die Aufgabe, über die weitere Entwicklung unseres Informationsmaterials zu berichten, Vorschläge und Anregungen aufzugreifen. Sie brachte aber auch einen kausalen Einblick in die ideologisch geprägte Öffentlichkeitsarbeit zur Raumfahrt durch die Gesellschaft, die nun auch wir vertreten sollten. Durch einen guten persönlichen Kontakt zu den Druckereien konnte die offiziell genehmigte Auflage mit gutem Papierzuschuß und zusätzlichen Restpapieren aufgestockt werden. Sogenannte »Sonderausgaben« umgingen das zugewiesene Papierkontingent. Doch die zahlreichen Anfragen und Bestellwünsche konnten nicht gedeckt werden. Der damalige Vertreter der DDR im UNO-Weltraumausschuß, Professor Peter Bormann, berichtete 1982 vor diesem Gremium in New York auch über unsere Aktivitäten. Er bezeichnete den jährlichen Neubrandenburger »Tag der Raumfahrt« und unser Informationsblatt als »beredte Beispiele von Enthusiasmus und Engagement, aus eigener Kraft, mit bescheidenen Mitteln etwas Nützliches und Breitenwirksames zu schaffen, was im positivsten Sinne bewußtseinsbildend wirkt.«

Je erfolgreicher sich die Öffentlichkeitsarbeit zur Raumfahrt für den Kulturbund und für die URANIA entwickelte, desto besser klappten auch die Literaturzusendungen aus dem Westen. So entstand auch der Kontakt zu einem Raumfahrtinteressierten aus Köln, der über ein großes Informationsnetz verfügte. Nach einem kurzen Postkontakt folgten plötzlich regelmäßig Paketsendungen mit Literatur, ganzen Zeitungssammlungen, NASA- und ESA-Materialien – ein insgesamt ungewöhnlicher Zustand. Nun meldete sich ein Herr aus Berlin, der sich als Mitarbeiter des Militärverlages vorstellte, gern mit mir in Kontakt treten und sich dafür einsetzen wollte, die Postzustellungen aus dem Westen – soweit es ging – zu ermöglichen und unsere Arbeit zu unterstützen. Der Umstand der regelmäßigen Materialsendungen sollte jedoch insgesamt vertraulich sein. Andererseits wollte der URANIA-Bezirksvorstand über jeden Westkontakt informiert sein und Westmaterial vor der weiteren Nutzung einsehen. Die gesamte Entwicklung nahm allmählich eine Größenordnung an, die nicht mehr überschaubar war. Im Hintergrund vermuteten wir den DDR-Geheimdienst, da aus Berlin wiederholt der Wunsch geäußert wurde, die westdeutschen Kontaktpersonen zum Besuch der DDR zu bewegen, worauf ich jedoch nicht weiter einging.

Parteientausch und Stasi-Poker

Das Informationsblatt, das jeweils nur per Einzelgenehmigung gedruckt werden durfte, sollte über eine offizielle Lizenzerteilung den Status einer Zeitschrift erreichen, was den Abonnentenbezug ermöglicht hätte. Die gemeinsame Entscheidung für den Namen dieser Zeitschrift lautete »Raumfahrt informativ«, kurz Ri. Eine Mitarbeiterin der URANIA besuchte mich und teilte mir mit, daß die Lizenzerteilung auch auf die Verantwortung durch den eingesetzten Chefredakteur – also mich – erfolgen würde, was aber durch meine Mitarbeit in der Nationaldemokratischen Partei Deutschlands (NDPD), einer DDR-Blockpartei, gebremst sei. Sollte ich mich entschließen, die Partei zu wechseln und Mitglied der SED zu werden, dürfte es keine weiteren Probleme geben. Um das Projekt nicht weiter zu gefährden, folgte der Parteiwechsel, was im NDPD-Vorstand Empörung auslöste, den SED-Genossen jedoch nur ein Lächeln der Überlegenheit entlockte. Nachdem der

URANIA der »Vollzug« mitgeteilt worden war und die SED-Kandidatenzeit lief, konnten die Vorbereitungen zur Lizenzerteilung fortgeführt werden – doch wie weit sollte die Kompromißbereitschaft noch gehen?

Die nächste Entscheidung stand bereits bevor: An einem Nachmittag wurde ich gebeten, in das Büro meines Kaderchefs zu kommen, der sich dann aber verabschiedete. Zugegen waren zwei Herren, freundlich und anerkennend, die sich als Mitarbeiter der Staatssicherheit vorstellten und sich positiv darüber äußerten, daß mit dem Informationsblatt eine erfolgreiche Initiative entstanden war und es ihre Aufgabe sei, einen regelmäßigen Kontakt zum Chefredakteur zu halten, da eine solche Zeitschrift auch vom politischen Gegner mißbraucht werden könne, man aber geschult sei, solche Entwicklungen frühzeitig zu erkennen und somit auszuschließen, was dem Projekt einer Zeitschrift nur dienlich sein könne. Damit endete diese Unterhaltung, aber es war klar, daß eine Ablehnung auch das Ende der Herausgabe bedeutet hätte.

Andererseits war es unmöglich, eventuell andere Wege zu sondieren, da es sie in dieser Situation nicht mehr gab. Insofern lag die Lösung darin, das Spiel mitzuspielen, alle zukünftigen Taten und Gespräche aber stets mit dem eigenen Gewissen zu verantworten; das gemeinsame Projekt zu stärken, nicht aber zu gefährden. Die redaktionelle Überwachung, besonders der gesamten Außenkontakte, sollte offenbar vollständig sein. Jedoch konnte dieser Kontakt »nützlich« sein, um die Zeitschrift in unserem Sinne weiterzuentwickeln und Probleme im direkten Dialog zu entschärfen – so weit dies möglich war. Allmählich entstand aber ein sehr unsicheres Gefühl in bezug auf das, was noch gesagt werden konnte oder verschwiegen werden mußte, und inwieweit eine Einflußnahme des MfS bei den anderen Redaktionsmitgliedern stattfand.

Die Pressearbeit erwies sich durch meine berufliche Bindung bei der »Volksstimme« in Magdeburg als positiv und war für die oftmals schwierige Beschaffung westlicher Literatur in den Bibliotheken, besonders aber für die Nutzung dieser Literatur nicht nur im Lesesaal, sondern für die »dienstliche« Ausleihe und die damit verbundenen Repromöglichkeiten, wichtig. Doch Ende der siebziger Jahre, mit der Zuspitzung des Ost-West-Konflikts, insbesondere durch Afghanistan und durch den NATO-Doppelbeschluß, sowie durch die Proklamation der Strategischen Verteidigungsinitiative SDI zu Beginn der achtziger Jahre, schien eine sachliche Darstellung von Themen der westlichen Raumfahrt immer schwieriger zu werden

»Raumfahrt informativ« bildete in dieser schwierigen Zeit wahrlich eine kleine Insel in der DDR-Meinungsbildung zur internationalen Raumfahrt, ohne sich auch nur annähernd den gewünschten 60 Prozent Ost- und 40 Prozent Westthemen oder der dogmatischen SDI-Schwerpunktsetzung zu unterwerfen. Insgesamt sollte ein informatives, aktuelles, hintergründiges, enthusiastisches, aber auch kritisches Material hergestellt werden. Große Unterstützung erhielt die Redaktion durch den damaligen Präsidenten der Gesellschaft für Weltraumforschung und Raumfahrt der DDR, Professor Hans-Joachim Fischer, der unsere Arbeit bereitwillig förderte, aber auch durch unser Redaktionsmitglied Dr. Achim Zickler, der insbesondere die wissenschaftlich-technischen Beiträge der DDR zur Raumfahrt anschaulich dokumentieren sollte.

»Rote Themen« als Alibi

Die Themen von Ri wurden von den Mitarbeitern frei recherchiert. Schwerpunkte waren die aktuelle Berichterstattung, Einzelthemen, Jahrestage, die aus vielen Quellen entwickelten Typenblätter, Veranstaltungsauswertungen, aber auch die Abhandlung von sogenannten Tabuthemen, die wegen der redaktionellen Gratwanderung »häppchenweise« zu bearbeiten waren. Zu diesen Themen gehörten die Geheimnisse in der Geschichte der sowjetischen Raumfahrt, die aber durch östliche Quellen belegt werden mußten, obwohl uns die westlichen Informationen bekannt waren – so über sowjetische Pläne für den bemannten Mondflug, eine eigene Raumfährenentwicklung, die Raketenentwicklung auf der Grundlage des deutschen Aggregats 4, aber auch einzelne technische Konstruktionen, die durch Ri erstmals – für DDR-Leser – aufgeklärt werden sollten. Natürlich war diese Strategie nicht das Arbeitsprogramm, welches offen in der gesamten Redaktion vertreten und auch so umgesetzt werden konnte. Die offiziellen Vertreter des URANIA-Präsidiums und der Bezirkssektionen mußten auf den Berliner Redaktionsberatungen überzeugt werden, was in der Regel gelang, obwohl zwischen der redaktionellen – bewußt unvollständigen – Rohfassung und dem gedruckten Endprodukt erst das gewünschte Gesamtbild entstand. Teilweise erzeugte das jeweilige Endprodukt, besonders durch die nun zugefügten Abbildungen, Grafiken, Rubriken und Überschriften, ein gewisses Maß an Überraschung, Aufregung und auch ideologischer Ohnmacht. Wurde dabei deutlich, daß sich die Stimmungslage kritisch entwickelte, mußten in der nächsten Ausgabe sogenannte »Rote Themen« zur inhaltlichen Entspannung eingeschoben werden. Mit jeder Ausgabe von »Raumfahrt informativ« entstand die fatale Situation einer unbestimmten Resonanzwelle aller Beteiligten, oftmals aber auch mit heftigen Diskussionen wie im Oktober 1982, als aus Anlaß des 40. Jahrestages des Erststarts eines Aggregats 4 in Peenemünde ein Artikel samt Typenblatt erschien, dazu auf der Titelseite eine dreigeteilte Zeichnung mit jeweils einem aufsteigenden A4 von Peenemünde, dem amerikanischen White Sands und dem sowjetischen Kapustin Jar, einem hier dargestellten Tabuthema, das auf der Redaktionsberatung so keine Zustimmung erhalten hätte.

Die Mitglieder der Kernredaktion erfuhren zu dieser Zeit, daß auf verschiedenen politischen Ebenen, so auch im Zentralkomitee der SED, Ri ein Thema war. Die DDR-weiten Wünsche nach einem weiteren Ausbau der Auflage und einer redaktionellen Kontinuität, auch die Vorstellungen einer hauptamtlichen Anbindung, wurden im URANIA-Präsidium verneint, bremsten die bezirklichen Anstrengungen und schürten eine ideologische Unsicherheit in den Bezirksvorständen. Personell ausgemachte »Gegner« mußten nun in Einzelkontakten umgestimmt oder mit einer perspektivischen Konzeption zur Unterstützung gewonnen werden, was für uns organisatorisch und zeitlich zum Problem wurde. Die Funktionäre witterten offenbar eine überzogene Gefahr, daß die Redaktion und auch ich politisch labil oder westlich geprägt seien. Als Vorsitzender der URANIA-Sektion in Magdeburg erhielt ich nun von der SED-Stadtleitung die Aufforderung, einen Redebeitrag vor dem Sekretariat zu folgendem Thema vorzubereiten: »Wie gelang es der Sektion auf dem Gebiet der Raumfahrt das marxistisch-leninistische Weltbild und die Leistung der Sowjetunion für die friedliche Nutzung des Weltraums überzeugend darzustellen?«

Doch zu dieser Analyse kam es nicht mehr, weil eine Teilnahme am Kongreß der Internationalen Astronautischen Föderation (IAF) im für DDR-Bürger erreichbaren Budapest im Vordergrund stand. Eine offizielle Ri-Kongreßdelegierung hatte das URANIA-Präsidium verweigert, doch eine persönliche Einladung des Präsidenten der Ungarischen Astronautischen Gesellschaft, Professor Ivan Almar, der Ri seit einiger Zeit bezog, half weiter. Durch den in Budapest erfolgten direkten Kontakt mit der westdeutschen Hermann-Oberth-Gesellschaft und mit dem damals 89-jährigen Raumfahrtpionier persönlich erhielt ich Ende 1983 eine offizielle Einladung zum Raumfahrtkongreß nach Salzburg 1984. Aber das Reiseanliegen wurde im Magdeburger Volkspolizeikreisamt mit den Worten zurückgewiesen: »Wo kommen wir denn hin, wenn jeder DDR-Bürger nach Salzburg fahren will?«

Verbot – Zuchthaus – Freikauf

Im Frühjahr 1984 verdichteten sich die Informationen, daß das Erscheinen von Ri durch das Präsidium der URANIA nicht mehr weitergeführt werden solle. Für Freitag, den 13. April wurde in der Berliner Littenstraße eine Sonderberatung einberufen, geführt durch den URANIA-Vizepräsidenten Professor Lutz-Günter Fleischer. Er teilte seinen Beschluß mit, daß die Lizenz zur periodischen Herausgabe von »Raumfahrt informativ« in Übereinkunft mit dem Presseamt beim Vorsitzenden des Ministerrates zurückgezogen wird, da die Zeitschrift nicht die politischen Anforderungen der DDR erfülle. Als Chefredakteur wurde ich aufgefordert, dieser Weisung zu entsprechen. Auf Leseranfragen, so Professor Fleischer, sollte dergestalt geantwortet werden, daß »die Redaktion aufgrund der Fülle weltweiter Informationen zur Raumfahrt nicht in der

Lage sei, diese Aufgabe redaktionell weiter zu bewältigen«. Diese Forderung wies ich entschieden zurück und teilte mit, daß ich nicht bereit sei, Lügen zu verbreiten. Außerdem kündigte ich an, alle Möglichkeiten einzusetzen um Ri wiederzubeleben. Darauf verstärkte sich die Tonlage der Anwesenden, und mir wurde vorgehalten, mich mit meiner Haltung gegen Staat und Partei aufzulehnen, und daß ich dafür die Konsequenzen zu tragen hätte.

Für uns entstand eine ohnmächtige Situation, die deutlich machte, daß jetzt jeder für sich seine Entscheidungen treffen mußte. Obwohl ich nach der Zusammenkunft den MfS-Kontakt nutzte um zu klären, ob die Berliner Entscheidung tatsächlich endgültig sei oder es nicht doch andere Möglichkeiten einer erneuten Herausgabe gäbe, erhielt ich innerhalb der nächsten zwei Wochen die Mitteilung, daß es eine Ri-Neuauflage in der DDR nicht mehr geben würde. Eine Teilnahme an der letzten Redaktionsberatung wurde nutzlos. Die Wahrheit über das Ri-Verbot hätte die letzte Titelseite zieren müssen, doch dies wäre der offene politische Kampf gewesen. Statt dessen gab es den Aufmacher: »Lenin und die Raumfahrt«.

Auf der nachfolgenden Sitzung der Sektion Raumfahrt des Präsidiums der URANIA in Berlin sprachen die anwesenden Mitglieder von einer »Piratenaktion, einem Schlächterakt«, suchten nach möglichen Auswegen und kritisierten in heftiger Wortwahl die Einstellung von Ri, die jedoch vom anwesenden Sekretär Klaus Marquart verteidigt wurde, der mir – trotz zugesandter Einladung – die Teilnahme an der Sitzung zunächst sogar verweigern wollte. Einen letzten Versuch zur Wiederbelebung von Ri bildete dann ein sogenannter Initiativplan, den ich an die DDR-Raumfahrtprominenz, an Astronomielehrer, Planetarien und Sternwarten verschickte, mit breiter Resonanz und Zustimmung für eine DDR-Raumfahrtzeitschrift, so auch von Sigmund Jähn, aber ohne erkennbare dynamische Hilfestellung für eine Fortsetzung.

Da mit der so entstandenen Situation auch mein journalistisches Berufsziel und die politische Akzeptanz völlig in Frage gestellt waren, erfolgte nach reichlicher Überlegung der Austritt aus allen gesellschaftlichen Organisationen und die persönliche

Aktenzeichen: S 2o2
221-65

Rechtskräftig seit dem ~~28.7.27.~~

Urteil

Im Namen des Volkes!

In der Strafsache

gegen Bernd H e n z e ,
PKZ: 07o558 4 1228 o
wh. 3011 Magdeburg, Str. der DSF 1o4

UHA Magdeburg Neustadt

wegen ungesetzlicher Verbindungsaufnahme pp.

hat die Strafkammer des Kreisgerichts Magdeburg Nord
in der Hauptverhandlung am 1o. u. 14.o7. an der teilgenommen haben

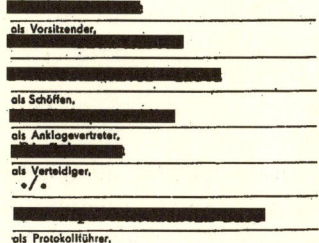

als Vorsitzender,

als Schöffen,

als Anklagevertreter,

als Verteidiger,
./.

als Protokollführer,

für Recht erkannt:

1. Der Angeklagte wird wegen ungesetzlicher Verbindungsaufnahme und wegen mehrfacher öffentlicher Herabwürdigung,
Vergehen gem. §§ 219 Abs. 2 Ziff. 1, 22o Abs. 2 StGB
zu einer Freiheitsstrafe von

    2 – zwei – Jahren und 5- fünf – Monaten

verurteilt.

2. Gem. § 56 StGB werden eingezogen:
   - 1 Schreibmaschine Typ UNIS tbm deluxe
   - 2 Durchschläge eines Schreibens an "RIAS Berlin,
     Kufsteiner Str. 69"

3. Die Auslagen des Verfahrens werden dem Angeklagten aufer-
legt.

Das Urteil gegen Bernd Henze wegen »Ungesetzlicher Verbindungsaufnahme pp.«: zwei Jahre und fünf Monate

Entscheidung auf Übersiedlung in die Bundesrepublik Deutschland. Mir diesem Antrag begann ein Spießrutenlauf: Aus »Kollege« wurde nun »Herr«, SED-Genossen beschimpften mich als »Arbeiterverräter«, der erste Ausreiseantrag wurde abgelehnt, neue folgten, der Personalausweis wurde eingezogen, wiederholte Umstimmungsgespräche und Vorladungen bei der Abteilung Inneres beim Rat der Stadt eskalierten – bis zum Tag X, als mich morgens nach dem Verlassen der Wohnung zwei Herren ansprachen: »Sind Sie Herr Henze?« – »Warum?«, fragte ich. Der Dienstausweis des einen klappte auf, begleitet von den Worten: »Ministerium für Staatssicherheit. Wir bitten Sie mitzukommen!«

Die Fahrt ging zur Magdeburger MfS-Untersuchungshaftanstalt, und nachdem die persönlichen Gegenstände in Verwahrung genommen worden waren, begann der Vernehmer seine erste Befragung, die über fünfzehn Stunden dauern sollte. Seine erste Frage: »Wollen Sie noch in die BRD?« beantwortete ich mit: »Wenn eine erneute Herausgabe von ›Raumfahrt informativ‹ möglich ist, dann nicht.« Der MfS-Offizier antwortete: »Das wird mit Sicherheit nicht passieren!« Nach dreieinhalb Monaten Untersuchungshaft folgte der Prozeß unter Ausschluß der Öffentlichkeit. Da es um die Motive der »Straftaten« ging, standen weniger der Ausreiseantrag, die ungesetzliche Verbindungsaufnahme – so wurden nun die Westkontakte bezeichnet – oder die Herabwürdigung der DDR im Mittelpunkt, sondern »Raumfahrt informativ«: »Wie konnten Sie es wagen, im positiven Sinne auch über die militärisch orientierte US-Raumfahrt zu berichten?«, fragte mich zum Beispiel der Prozeßvorsitzende Klose. Rechtfertigungen, die VIKING oder VOYAGER als positive Beispiele der US-Raumfahrt darstellten, halfen hier nicht, und der Verteidiger im Auftrage von Anwalt Wolfgang Vogel ermahnte mich, das Strafmaß durch weitere solche Bemerkungen nicht unnötig zu erhöhen.

»Im Namen des Volkes!« folgte das Urteil: Zwei Jahre und fünf Monate Freiheitsentzug. »Da ›Raumfahrt informativ‹ nicht den politischen Anforderungen der DDR gerecht wurde, wurde das Erscheinen dieser Zeitschrift ab April 1984 eingestellt...« hieß es in der schriftlichen Urteilsbegründung, die ich damals nur zu lesen, nicht aber ausgehändigt bekam – ich erhielt sie erst 1995 von der Gauck-Behörde. Zur Person hieß es im Urteil: »Er bezichtigte die DDR der unerträglichen Einschränkungen und Behinderungen von Grundfreiheiten der Menschheit und der Mißachtung demokratischer Grundrechte wie Presse- und Meinungsfreiheit. Die Einstellung des Erscheinens von ›Raumfahrt informativ‹ bezeichnete er als vorher einstudierte und abgestimmte Urteilsverkündung, die deutlich macht, wie klein, winzig und eng die in der Verfassung der DDR fixierten vielfältigen Möglichkeiten eines DDR-Bürgers sind, seine Fähigkeit ungehindert zu entfalten, die zwar in der DDR-Verfassung versprochen sind, in der Realität jedoch zur Utopie gehören…«. Meine Schreibmaschine wurde als »Tatwerkzeug« eingezogen, alles andere war ungewiß und stand unter einem bedrohlichen Motto, welches in großen Buchstaben im Magdeburger Gefängnishof angebracht war: »Was Sie nicht können, müssen Sie lernen. Wenn es Ihnen schwerfällt, werden wir Ihnen helfen. Aber wenn Sie nicht wollen, zwingen wir Sie!« Per Gefängniszug, dem sogenannten Grotewohlexpress, ohne Fenster und völlig überfüllt, ging es quer durch die DDR, ohne einen Anhaltspunkt vom Zielort zu besitzen. Nach fast eintägiger Fahrt landete ich im Zuchthaus Cottbus. Auf dem weißlich-blau gestreiften Oberhemd prangte die Häftlingsnummer 429. Das wahre Gesicht des Unrechts in der DDR offenbarte sich erst hier. Gefängniswärter, von den Häftlingen »Roter Terror« (Hubert Schulze, 1997 verurteilt) oder »Arafat« genannt, gaben sich alle Mühe, dieses Bild täglich aktionsreich zu untermauern. Bewaffnete Wächter in dunklen Uniformen standen auf den Wachtürmen, unweit der grellen Scheinwerfer und der geharkten »Verbotenen Zone«, vor Mauern, Stacheldraht und bissigen Hunden. Nach dreizehneinhalb Monaten politischer Haft ging es zur Abschiebeanstalt nach Karl-Marx-Stadt und zwei Wochen später per Reisebus nach Gießen.

Auch wenn mit erfolgtem Freikauf und Übersiedlung nach Westdeutschland das Kapitel DDR der Vergangenheit angehörte, war der »Fall Henze« für das MfS über Jahre hinweg keinesfalls beendet, wie sich erst im Frühjahr 1996 herausstellte, als das Landeskriminalamt München über das Oberth-Museum bei Nürnberg bundesweit endlich fündig wurde. Mein sofort erfolgter

Kontakt zum LKA ergab, daß in der Berliner Gauck-Behörde eine Karteikarte aufgetaucht sei, die den Vornamen »Bernd«, die Fachspezifik »Raumfahrt« und den Decknamen »Ariane« angab. Sicherlich eine andere Geschichte, aber ein Rätsel, was geworden wäre, wenn es den 9. November 1989 nicht gegeben hätte... Dennoch, die Popularisierung des friedlichen Raumfahrtgedankens und der Raumfahrtgeschichte, wahrheitsgetreu und objektiv, wird fortgesetzt, frei nach Ziolkowski: »Nichts ist zu Ende, alles ist nur ein Anfang, und ein Ende gibt es nicht!«

Bernd Henze, Jahrgang 1958, freier Publizist und Fotograf, Mitglied der Deutschen Gesellschaft für Luft- und Raumfahrt Lilienthal-Oberth e.V., im Internationalen Förderkreis für Raumfahrt Hermann Oberth – Wernher von Braun e.V. und im Hermann-Oberth-Museum e.V.

Gerhard Kowalski, Berlin

Wie ich ein Raumfahrt-Journalist wurde

Die weltweit verbreitete Ansicht, in der DDR sei alles, aber auch alles bis ins kleinste Detail »von oben« geplant und gelenkt gewesen, ist schlichtweg falsch. Gewiß, dies war das erklärte Ziel der Führung, die sich dogmatisch an den »demokratischen Zentralismus« klammerte. Doch es blieb ein Wunschtraum. In der Praxis war oft eher das Gegenteil der Fall: Gerade das nahezu manische Bemühen, alles planmäßig in den Griff und damit unter Kontrolle zu bekommen, scheiterte angesichts chronischer Mangelwirtschaft kläglich. Dadurch gelangte zwangsläufig die Kunst der Improvisation zu hoher Blüte.

Das galt hin und wieder auch für Journalisten, bei denen man sonst eigentlich nichts dem Zufall überließ. Wer sich einmal ein Bein gebrochen hat, konnte angesichts des latenten Personalmangels schon mal ad hoc zum Gesundheits-Redakteur ernannt werden. Mir ging es beispielsweise so, als man jemanden für den Auslandsposten in Polen suchte. Wer so einen Namen wie ich hatte, schien durchaus geeignet, in Warschau Korrespondent zu werden.

Nie wäre mir damals, Anfang der siebziger Jahre, in den Sinn gekommen, mich mit Fragen der Raumfahrt zu befassen, denn das kam fast Ketzerei gleich. Für die DDR-Führung, die ohnehin ein gestörtes Verhältnis zur Wissenschaft hatte, war das ein Gebiet, das in die Kompetenz der Militärs fiel und somit strengster Geheimhaltung unterlag. Der Bewegungsspielraum der wenigen Journalisten, die sich damit in den staatlichen Medien, zumal in der offiziellen Nachrichtenagentur beschäftigten, war denkbar gering. Und jene freien Journalisten, die sich solchen Fragen widmeten – wie Karl-Heinz Eyermann, Horst Hoffmann, Wilhelm Hempel und Heinz Mielke – galten erst recht als suspekt. Auch die DDR-Raumfahrt-Organisation, die Gesellschaft für Weltraumforschung und Raumfahrt (GWR), wurde, wie schon am Anfang dieses Buches eingehend beschrieben, eher als lästig empfunden. Sie war quasi mit staatlichem Bann belegt und fristete ein Schattendasein.

Das änderte sich erst etwas, als spruchreif wurde, daß ein DDR-Bürger als erster Deutscher ins All fliegen würde. Da wurde widerwillig überlegt, welcher Platz denn der Organisation bei dem großen Spektakel zugewiesen werden sollte. Sie wurde denn auch kurzfristig zur persona grata, durfte allerdings nur am Katzentisch Platz nehmen und verschwand wieder in der Versenkung, nachdem der Mohr – sprich Sigmund Jähn – seine Schuldigkeit getan hatte, indem er die DDR zur Raumfahrer-Nation machte. Später versuchten noch einige Unverzagte, die Raumfahrt-Thematik fortzusetzen und allgemein aufzubereiten. In engem Kreis befaßten wir uns unter anderem mit Fragen wie Ökonomie und Raumfahrt. Doch niemand schenkte dem so recht Gehör, so sehr auch versucht wurde, die Forschungsergebnisse für die gesamtstaatliche Planung kompatibel zu machen.

Als Laie bei SOJUS-APOLLO

Auch meine »Karriere« als Raumfahrt-Journalist war so ein typisches Zufallsprodukt, und das kam so: Im Juli 1975, in der Hoch-Zeit der friedlichen Koexistenz, beschlossen Amerikaner und Sowjets, ihre neue Partnerschaft auch mit einem shake hands im Kosmos zu besiegeln. Das geschah bei dem gemeinsamen Weltraumunternehmen, das unter dem Namen SOJUS-APOLLO-Test-Projekt (SATP) in die Geschichte eingegangen ist.

Die DDR-Führung, die damals noch voll auf Moskaus Kurs lag und sich unter Honecker als Vorreiterin der Entspannungspolitik sah, wünschte folgerichtig eine ausführliche Berichterstattung über das Ereignis. Von ADN wurde also aus Berlin eine Dr. Maria Laube, Wissenschaftsjournalistin, nach Moskau in Marsch gesetzt, um eine Woche lang minutiös das Geschehen auf der Umlaufbahn zu verfolgen. Sie hatte sich mit Hilfe der Dokumentation »Das SOJUS-APOLLO-Test-Projekt« von Horst Hoffmann und dessen persönlicher Informationen gründlich darauf vorbereitet. Als sie jedoch im

1997 in Baikonur: Gerhard Kowalski (links) mit *Kosmonaut Nummer Zwei German Titow*

internationalen Pressezentrum im Hotel »Intourist« an der Gorki-Straße die Hundertschaften von Fachjournalisten sah, die aus aller Welt angereist waren, versagten bei der zartbesaiteten Doktorin die Nerven. Sie bekam einen Weinkrampf und bat den Leiter des Moskauer ADN-Büros flehentlich, wieder nach Hause geschickt zu werden. Ein anderer mußte also den Termin übernehmen, und dieser andere war ich.

Ich habe damals aushilfsweise in Moskau gearbeitet, weil unser Chefkorrespondent durch einen schweren Autounfall außer Gefecht gesetzt war. Quasi von einer Minute auf die andere wurde ich ins kalte Weltraum-Wasser geschmissen und mußte sehen, wie ich mit dieser komplizierten Materie zurande kam, von der ich als »gelernter Außenpolitiker« nur eine vage Ahnung hatte. Mit mulmigem Gefühl fuhr ich ins Pressezentrum, setzte mich an die Bar und genehmigte mir erst einmal einen großen Wodka.

Und wie das Leben so spielt: Wenn die Not am größten ist, ist bekanntlich Gottes Hilfe am nächsten. Die lief mir in Gestalt von zwei der weiter vorn schon erwähnten »suspekten« freien Journalisten – einer davon ist der Autor dieses Buches – über den Weg. Sie stellten sich zu meiner großen Erleichterung als geduldige Konsultanten zur Verfügung. Mit ihrer mehr als großzügigen Unterstützung kam ich nicht nur gut über die Berichterstattungs-Runden. Mehr noch: Sie infizierten mich durch ihr umfassendes Wissen und ihre Begeisterung für den Rest meiner Tage mit dem Raumfahrt-Virus. «Schuld» daran waren natürlich auch die Sowjets selbst, denn zum ersten Mal sprangen sie bei dem Testprojekt über ihren eigenen Schatten und übertrugen den Start eines ihrer Raumschiffe – in diesem Fall SOJUS 19 – live aus Baikonur ins Pressezentrum und in alle Welt. Das war schlichtweg eine Sensation. Als meine Redaktion in Berlin davon erfuhr, bekam ich den Auftrag, den Start in aller Ausführlichkeit zu schildern.

So hatte ich keine andere Wahl, als mich mit allen Details des Starts und der Startvorbereitungen der Kosmonauten Alexej Leonow und Waleri Kubassow zu befassen – eine gute Übung, die meine beginnende Faszination für die Raumfahrt nur noch steigerte. Zudem standen – auch eine Premiere in der Geschichte der insgesamt bis dato noch sehr geheimnisumwobenen sowjetischen Kosmosforschung – im Pressezentrum führende Experten als Gesprächspartner zur Verfügung, die in vorher nie gekannter Offenheit die Systeme des Raumschiffs erläuterten. Besonders in Erinnerung ist mir Wladimir Syromjatnikow geblieben, der sich das geniale Kopplungsaggregat ausgedacht hatte, das letztendlich erst das Rendezvous mit dem APOLLO-Raumschiff möglich machte, das siebeneinhalb Stunden nach SOJUS 19 gestartet war.

Und noch eine Premiere bescherte uns der Flug. Zum ersten Mal wurden ausländische Journalisten zu einer kurzen Besichtigung ins Flugleitzentrum (FLZ) bei Moskau gelassen. Mit dem Bus ging es den Prospekt Mira entlang in Richtung Norden, vorbei am Rigaer Bahnhof und am Gelände der Volkswirtschaftsausstellung mit dem hochaufragenden Kosmonauten-Denkmal. Die Straße war mir durchaus geläufig, denn sie führte aus der Stadt und über den äußeren Autobahnring hinaus zum Kloster Sagorsk. Außerdem gehörte sie zu den wenigen Ausfallstraßen, die bis zu einem gewissen Punkt auch für Ausländer frei waren, die sich ansonsten strikt innerhalb des Autobahnrings aufzuhalten hatten. Etwa auf halbem Weg nach Sagorsk bog der Bus in dem Städtchen Kaliningrad (früher Podlipki, heute Koroljow und nicht zu verwechseln mit dem einstigen Königsberg in Ostpreußen) nach rechts ab und stand alsbald vor dem meterhohen Tor eines ockerfarbenen Klinkerbaus: das FLZ. Im Hauptsaal des Zentrums, der einem großen Kino mit Rang gleicht, bot sich ein faszinierendes Bild. Auf einer 200 Quadratmeter großen Projektionswand mit einer »aufgeklappten« Weltkarte konnte der Flug des SOJUS-Schiffes verfolgt werden, das sich als kleiner leuchtender Punkt auf einer Sinuskurve bewegte. Auf digitalen Leuchttafeln waren alle Flug- und Bahndaten abzulesen. Im »Parkett« saßen der Flugleiter und die für die einzelnen Systeme verantwortlichen Diensthabenden vor ihren Monitoren, verfolgten das Flugprogramm mit Hilfe dicker Handbücher und hielten Sprechkontakt zu den Kosmonauten. Auf der Besucherempore erregte noch ein Umstand meine Aufmerksamkeit: An den Wänden waren Tafeln mit den Fotos aller Kosmonauten, die bisher geflogen waren, und den Flugdaten angebracht – Informationen, die es bis dato so detailliert nicht gab. Da wenig Zeit blieb, die vielen Daten abzuschreiben, versuchte ich, sie heimlich abzufotografieren. Weil ich aber nicht wagte, den Blitz einzuschalten, wurden die Aufnahmen bei der herrschenden Dunkelheit leider nichts. Mein erster Versuch, »konspirativ« an Informationen über die sowjetische Raumfahrt zu kommen, war kläglich gescheitert. Da die DDR in das sowjetisch-amerikanische Raumflugprojekt nicht direkt involviert war, ließen die Mediengewaltigen im SED-Zentralkomitee den Journalisten in der Berichterstattung im wesentlichen freie Hand. Wir konnten uns also so richtig »austoben«. So beschrieben wir ausführlichst nicht nur Start, Landung und die Raumschiffe selbst, sondern vor allem auch das Kopplungsmanöver und die gegenseitigen Besuche der Astronauten und Kosmonauten in ihren Raumschiffen.

Daß es dabei bei den Sowjets etwas eng zuging, verschwiegen wir allerdings. In der SOJUS-Kapsel hatten gerade mal die beiden Kosmonauten mit angewinkelten Beinen Platz. Dagegen war das APOLLO-Raumschiff, das ja für einen Flug zum Mond konzipiert war, ein halber Ballsaal. Einem dezenten Wink aus der Zentrale folgend, nivellierten wir in unseren Berichten den Größenunterschied, der besonders am Modell, das im Pressezentrum stand, ins Auge stach. Um in den Berichten nicht mit unterschiedlichen

Zahlen zu operieren und somit schlafende Hunde zu wecken, einigten wir uns darauf, von jeweils zehn Kubikmetern Lebensraum zu sprechen. Daß dafür bei den Sowjets neben der Landekapsel auch noch die Orbital- und die Gerätesektion mitgerechnet werden mußten, nahmen wir als vertretbar hin.

Geduldete Falschmeldung: Kopplung über Gera

Für einige Aufregung in der DDR-Journalistengruppe sorgte der Korrespondent der Jugendzeitung »Junge Welt«, Dieter Wende. Der blendende Schreiber, dem allerdings immer wieder mal die Phantasie durchging, wollte »aus sicherer Quelle« und natürlich exklusiv erfahren haben, daß die Kopplung direkt über Gera stattgefunden habe. Alles Reden nutzte nichts, er schickte seinen Bericht per Fernschreiber nach Berlin, bekam aber aufgrund unseres Insistierens dann doch wohl »Bauchschmerzen«. Als dann die Sowjets auf einer Pressekonferenz mitteilten, der Kopplungsmechanismus sei bei Tempo 28.000 irgendwo »zwischen dem Golf von Biskaya und dem Kaukasus« eingerastet, korrigierte Wende seine Gera-Story. Doch wie es der Teufel will, blieb das Fernschreiben im Berliner Verlag in der Rohrpost stecken. Und so erschien die »Junge Welt« in Millionenauflage mit der Schlagzeile »Kopplung über Gera«. Direkte Folgen hatte die Falschmeldung nicht, sieht man einmal von ein paar tadelnden Worten der Kollegen ab. Und möglicherweise gefiel das Ganze sogar den DDR-Oberen. Damit kam schließlich jener Staat mit ins Spiel, der zu den drei weltweit größten Ländern gehörte, die mit dem Buchstaben »U« anfingen, wie damals republikweit gewitzelt wurde: U-SA, U-dSSR und U-nsere Deutsche Demokratische Republik.

Die Multispektakelkamera

Mit der journalistischen Freiheit war es aber schon ein Jahr später bei meinem nächsten großen Weltraumtermin – dem Flug von SOJUS 22 mit der Multispektralkamera MKF-6 aus dem VEB Carl

Zeiss Jena an Bord – vorbei. Das Unternehmen »Raduga« (Regenbogen), bei dem erstmals DDR-Technik an Bord eines sowjetischen Raumschiffes eingesetzt wurde, sollte den Bruderbund zwischen beiden Ländern, der damals noch durch keine ideologischen Zwistigkeiten belastet war, auch in kosmischer Höhe besiegeln. Der Flug wurde politisch entsprechend hochgehängt und wie eine Staatsaktion behandelt. Hinter vorgehaltener Hand wurde sogar behauptet, das SOJUS-APOLLO-Test-Projekt bleibe – wissenschaftlich – hinter ihm zurück. Das alles bedeutete zugleich, daß eine exakte ideologische Linie mit der entsprechenden »Argumentation« vorgegeben wurde, die strikt einzuhalten war und das politische Gerüst für die Berichterstattung zu sein hatte.

Zusammen mit meinen Kollegen vom »Neuen Deutschland« sowie von Rundfunk und Fernsehen wurde ich denn auch vergattert, »Raduga« als »Ausdruck der sich vertiefenden Zusammenarbeit DDR-UdSSR«, als bedeutenden Beitrag zur INTERKOSMOS-Kooperation und als Beispiel für die »Anwendung der Ergebnisse der wissenschaftlich-technischen Revolution zur Erfüllung der Parteitagsbeschlüsse« hochzujubeln. Aber es wird ja bekanntlich nichts so heiß gegessen, wie es gekocht wird. Die politischen Sprechblasen nahmen uns erfreulicherweise der Leiter der DDR-Regierungsdelegation, Politbüromitglied Günter Mittag, und die anderen Offiziellen ab, so daß wir uns im wesentlichen auf die Darstellung der wissenschaftlichen und volkswirtschaftlichen Aspekte des einwöchigen Fluges konzentrieren konnten, den wir im Flugleitzentrum miterleben durften. Die DDR-Konsultativgruppe, die den Sowjets in allen die Kamera betreffenden Fragen zur Seite stand, und die Journalisten hatten in getrennten Räumen außerhalb des Großen Saals Quartier bezogen. Und so berichteten wir Tag für Tag in aller Ausführlichkeit, daß die Wunderkamera aus Jena über dem und dem Teil der UdSSR, der DDR oder über anderen Regionen der Welt eingeschaltet wurde und soundsoviel Aufnahmen gemacht hatte.

Alles, was ich schrieb, mußte ich einem Professor Horst Fischer vorlegen – ein Vorgang, der mir damals relativ normal vorkam. Der Gedanke an irgendeine Zensur kam mir, ehrlich gesagt, dabei nicht. Schließlich gehörte es zu den Spielregeln, wichtige Materialien »vorzulegen«. Im Gegenteil. Ich war manchmal sogar froh, daß ein Fachmann meine Texte las.

Daß über der DDR relativ häufig angeblich kein Fotowetter herrschte, fiel uns und auch mir erst viel später auf. Dafür bekamen wir im Lauf der Zeit mit, daß das Verhältnis zwischen den Spezialisten aus Jena, wo die Kamera gebaut worden war, und der Akademie der Wissenschaften, vertreten durch das Berliner Institut für Elektronik, nicht das allerbeste war. Der Grund: Die Berliner, die mit Dr. Ralf Joachim den wissenschaftlichen Leiter des Experiments stellten, wollten oder sollten sich bei einem erfolgreichen Einsatz der MKF-6 den Ruhm an ihre Fahnen heften. Im Fall eines Fehlschlags, der glücklicherweise nicht eintrat, sollte Jena als Buhmann dastehen. An der Zahl und der Höhe der Orden, die nach dem erfolgreichen Unternehmen verteilt wurden, ließ sich mühelos ablesen, daß die Berliner »gewonnen« haben. Auch zwischen den Sowjets und der DDR trübte sich der Himmel zusehends. Denn Moskau und Berlin wußten natürlich von Beginn an, daß sich die Kamera nicht nur für wissenschaftliche und volkswirtschaftliche Zwecke hervorragend eignete. Kosmonauten sagten uns im vertraulichen Gespräch, daß man auf diese Weise den strategischen Vorsprung der USA im Bereich der Kosmosfotografie, der damals auf etwa zehn Jahre beziffert wurde, nahezu eingeholt habe. Die Rede war von acht Jahren. Doch das war für die Berichterstattung tabu.

In der Tat: Die »Multispektakel-Kamera«, wie die MKF-6 wegen des großen Propagandarummels im Volksmund genannt wurde, war damals das Feinste vom Feinen. Nicht zuletzt deshalb hatte die DDR gehofft, sie weltweit mit großem Gewinn vermarkten zu können. In der bereits erwähnten Argumentation träumte man denn von unbemannten Satelliten, in denen die Kamera die Erde umkreisen würde, um ihre Daten an ein ganzes Netz von Bodenstationen zur »zentralisierten und dezentralisierten« Auswertung zu schicken. Doch daraus wurde nichts, weil, wie wir inzwischen wissen, der »Große Bruder« eine ganz andere, nämlich strategische Verwendung für die Kamera hatte und fest seine Hand darauf hielt. Das ging zwar den DDR-Oberen bei aller Freundschaft nun doch entschieden zu weit, aber sie konnten letztendlich nicht wirksam dagegen angehen. So fügte man sich zähneknirschend. In den Tagen des SOJUS-22-Fluges ahnten wir allerdings noch nichts von den aufziehenden Verwicklungen. Wir verbreiteten fröhlich weiter, daß die MKF-6-Aufnahmen im Sinne der Schlußakte von Helsinki ausschließlich friedlichen Zwecken dienten. Alles andere wurde verdrängt, konkrete Fragen in dieser Richtung wurden bewußt ignoriert, weil ja bekanntlich nicht sein kann, was nicht sein darf. Und schließlich galt ja damals jede Atombombe, jede Rakete oder jedes Gewehr der sozialistischen Staaten als etwas Gutes, Friedenschaffendes, während der »Klassenfeind« damit nur Böses im Schilde führte.

Natürlich nutzte ich die Tage im Fluglehrzentrum auch, um meine Statistiken zu vervollkommnen. Es gelang mir nach und nach die bereits erwähnten Missionsdaten, die da aushingen, abzuschreiben. Verwenden konnte ich sie allerdings vorerst nicht. Denn für mich und meine Kollegen galt das ungeschriebene Gesetz, in der Berichterstattung nicht über das hinaus zu gehen, was die Sowjets bis dato veröffentlicht hatten. Auf diese Weise konnte man sicher sein, beim nächsten Weltraumereignis ohne Probleme wieder eine Akkreditierung zu bekommen. Und die ließ, wie sich bald zeigte, nicht lange auf sich warten. Nach dem »Raduga«-Unternehmen wurde es aufgrund der bereits erwähnten Umstände sehr schnell still um die MKF-6. Von ihr hörte man eigentlich nur, daß sie fortan zur Standardausrüstung der sowjetischen Raumstationen gehörte. Somit lebt die DDR, die längst untergegangen ist, mit diesem zwischenzeitlich modernisierten Gerät im Weltraumlabor MIR weiter.

Eine Stadt, die es auf keiner Landkarte gab

Bei meinem ersten Besuch 1978 habe ich nicht viel vom heutigen Baikonur gesehen. Denn die Wohnsiedlung des Kosmodroms war als sogenannte geschlossene Stadt absolut tabu. Wir durften nicht einmal den Namen des immerhin 80.000 Einwohner zählenden Ortes nennen, der auf keiner Landkarte verzeichnet war: Leninsk. Damals wurden wir im Bus auf dem schnellsten Weg vom

Flugplatz ins Gästehaus »Zentralnaja« (Zentral) am Platz Nr. 17 gebracht, der an der einen Seite von einem Kaufhaus und auf der anderen vom »Haus der Offiziere« mit der obligatorischen Lenin-Statue davor begrenzt wurde. Damit war auch gleichzeitig unser Bewegungsspielraum abgesteckt. Für die anderen Teile der Stadt, die ebenfalls mit Nummern bezeichnet wurden, hätte man eine Erlaubnis gebraucht. Kontakt mit den Einheimischen war nicht erwünscht. Außerdem hätte niemand gewagt, mit Ausländern zu sprechen, selbst wenn sie, wie wir, aus sozialistischen Ländern kamen. Da es aber sehr heiß war, durften wir wenigstens in Begleitung von zwei Bewachern im nahen Syr-Darja hinter dem Offiziersklub baden gehen. Bei den Fahrten zum Kosmonauten-Hotel und zum Startplatz, der rund 40 Kilometer von der Stadt entfernt ist, passierte unser Bus, wie ich heute weiß, auch mehrfach jene Denkmäler und Ehrenfriedhöfe, auf denen die mehr als 160 Opfer von Raketenunglücken beigesetzt sind. Doch damals machte uns niemand darauf aufmerksam, da die Katastrophen, die sich Anfang der 60er Jahre auf dem Kosmodrom ereignet haben, generell erst unter Gorbatschow publik gemacht werden durften.

Inzwischen ist Baikonur, wie Leninsk heute heißt, zwar immer noch eine geschlossene Stadt. Aber selbst westliche Touristen und Journalisten, die zu den Starts herkommen, können sich relativ frei bewegen. Doch was sie zu sehen bekommen, ist alles andere als erbaulich. Während auf dem Kosmodrom nach wie vor blitzblanke Raketen ins All geschossen werden, bietet die Wohnstadt ein Bild des Jammers. Hier gehen regelmäßig die Lichter aus, nicht selten versiegen die Wasserhähne, die Fernheizung spendet nur spärlich Wärme, und durch die eingeschlagenen Fenster leerstehender Wohnblöcke weht der Steppenwind.

Im Jahr drei seiner Existenz als russische Pacht-Exklave auf kasachischem Hoheitsgebiet lebt das einstige Heiligtum Moskaus von der bangen Hoffnung auf bessere Zeiten. »Was wir brauchen, ist Geld für ein Raumfahrtprogramm, dann starten wir Raketen wieder serienweise«, sagt der Administrator des aus Kosmodrom und Stadt bestehenden »Komplexes Baikonur«, Gennadi Dmitrijenko, ein Oberst, der der Sowjetunion heftig nachtrauert. »Die Jahre des Lebens im Sozialismus haben uns gelehrt, an die Zukunft zu glauben.« Mit Macht stemmt er sich deshalb dem Zerfall entgegen. Seit dem Untergang der UdSSR ist die Einwohnerzahl von Baikonur um 30.000 auf nun 52.000 geschrumpft. Spezialisten wanderten scharenweise in die Privatindustrie ab, weil beispielsweise das Prestigeprogramm mit dem Shuttle BURAN eingestellt wurde. Viele hatten es auch satt, für einen Hungerlohn zu arbeiten und darauf auch noch monatelang warten zu müssen. Selbst der Kommandant des Kosmodroms, General Alexej Schumilin, bekommt seinen Sold nicht pünktlich.

Dmitrijenko hat nach eigenen Aussagen »weder die Mittel noch die Möglichkeiten«, den Status der geschlossenen Stadt durchzusetzen. Deshalb wolle er auch die 25.000 Kasachen, die inzwischen illegal nach Baikonur geströmt sind, nicht »mit dem Säbel« vertreiben. Das kann er übrigens auch gar nicht. Denn Baikonur ist inzwischen auch eine geteilte Stadt. Hier gibt es alles doppelt – einmal russisch, einmal kasachisch: Währung, Polizei, Gerichte,

Baikonur heute: Der Pope kommt, der Papparazzo geht

Staatsanwaltschaft, Sicherheitsorgane... Einzige Ausnahme ist die Steuer. »Wir bekommen unser Geld von Moskau, zahlen aber paradoxerweise nach kasachischem Recht Steuern«, erbost sich der Oberst. Er setzt deshalb auch alles daran, sich soweit wie möglich von Kasachstan unabhängig zu machen. Doch die asiatische Republik verhandelt aus einer Position der Stärke. Sie weiß zu genau, daß Moskau Baikonur braucht, wenn es Weltraumgroßmacht bleiben will. Denn nur von hier sind derzeit bemannte Starts möglich. Moskau sucht zwar fieberhaft, sich durch den Bau eines neuen Kosmodroms im fernen Osten »störfrei« zu machen. Doch das ist sehr kostspielig und auch zeitaufwendig.

Dmitrijenko setzt bei der Stabilisierung der Stromversorgung auf die Zusammenarbeit mit Deutschland. Für die nähere Zukunft ist ein Dieselkraftwerk geplant, für dessen Errichtung der MAN-Konzern im Gespräch ist. Daneben investiert der Verwaltungschef wieder in die Instandsetzung der Wohnungen, wofür Moskau ihm 1997 zusätzlich umgerechnet knapp 60 Millionen Mark bewilligt hat. Er hofft so, in- und ausländische Investoren nach Baikonur zu locken, wo langsam »das Lächeln wieder einkehrt«.

Als einer der ersten ist der US-Konzern Motorola dem Ruf gefolgt. Er montiert demnächst in einem Clean-Raum im stillgelegten BURAN-Komplex Satelliten für ein globales Mobilfunk-System, die ein paar Kilometer weiter, mit russischen Raketen in den erdnahen Orbit gebracht werden sollen. Auch ein Hotel mit internationalem Standard ist geplant, so daß die Weltraumtouristen nicht mehr mit Kerzen, Taschenlampen und Trinkwasser im Gepäck anzurücken brauchen.

Gerhard Kowalski, Jahrgang 1942, Diplomdolmetscher für Französisch und Russisch, Diplomjournalist, seit 1966 Korrespondent der Nachrichtenagentur ADN.

Tasillo Römisch, Mittweida
Mittweida – eine Brücke ins All

Angefangen hatte alles 1969 mit der bemannten Mondlandung, war ich doch einer der Millionen Begeisterten. Aber die erreichbaren Informationen hierzulande waren spärlich. Die Zeitungen berichteten nur am Rande, und so sammelte ich alles, was ich bekommen konnte. Die Deutsche Astronautische Gesellschaft der DDR nahm mich 1971 als Mitglied mit der Nummer 207 auf.

Als dann ein Jahr später eine Jugendarbeitsgruppe Kosmos (JAGK) gebildet wurde, gehörte ich von Anfang an dazu. Dort war ich unter Gleichgesinnten. Wir trafen uns regelmäßig und gaben eine eigene Zeitung heraus, den »Kosmos-Kurier«, alles noch nicht gedruckt, sondern mit einfachen Mitteln vervielfältigt. Es wurde getauscht und gefachsimpelt, ohne hochwissenschaftlich werden zu müssen, denn die meisten waren ja noch Schüler oder Studenten. Auch die ansonsten kaum behandelte Problematik der außerirdischen Lebewesen haben wir schon 1973 in Form einer Arbeitsgruppe institutionalisiert. Aus eigener Tasche bezahlt, nahm ein Dutzend junger Leute sogar am IAF-Kongreß 1973 in Baku Teil. Bereits nach einigen der jährlich zwei bis vier Tagungen waren wir ein paar hundert Enthusiasten, schlecht zu kontrollieren durch die Oberen. Ein Anlaß zur zwangsweisen Auflösung fand sich schnell. Was wir mühsam, aber erfolgreich aufgebaut hatten, wurde wieder verboten, ein riesiges Potential jugendlicher Tatkraft einfach brachgelegt. Es herrschte Enttäuschung auf der ganzen Linie. Das eigentliche Herz der Organisation, der unermüdliche Bernhard Priesemuth, wurde sogar aus der DAG ausgeschlossen. Einige machten weiter in anderen gesellschaftlichen Organisationen, in der URANIA oder im Kulturbund beispielsweise. Ich blieb in der Gesellschaft, die dann »Gesellschaft für Weltraumforschung und Raumfahrt« (GWR) hieß. Als Fachbereichsleiter Information und Dokumentation wurde ich später sogar ins Präsidium gewählt. Bereits seit Anfang der siebziger Jahre, noch als Leistungssportler und später als Student, hielt ich etwa 700 Raumfahrt-Vorträge in der ganzen Republik. Dann wurde ein Koordinator für das Projekt »Raumfahrt-Abkürzungen« der Internationalen Astronautischen Akademie (IAA) gesucht, und ganz schnell hatte ich wieder eine neue Aufgabe – alles freiwillig und nebenbei. Als im Oktober 1990 die DDR zur BRD wurde, fand der Internationale Astronautische Kongreß in Dresden statt. Seitens der GWR war ich der Verantwortliche für den Messestand auf der Ausstellung. Mittlerweile hatte ich maßstabgerechte Modelle in Hülle und Fülle gebaut, und so wurden auch einige meiner Raketen und Raumschiffe gezeigt. Eine Keramikplakette wurde extra hergestellt, auf der »IAF 90 Dresden DDR« stand, das allerletzte Mal. Auf unseren Batches stand der Name und DDR. Aber am Tage der Eröffnung des Kongresses gab es nur noch die Bundesrepublik. Daran konnten sich viele nicht gleich gewöhnen. Also sah man eine Menge Leute gleich ganz ohne diese Schilder. Letztendlich war das eine schöne Zeit, vor allem, weil die meisten diese Arbeit ehrenamtlich leisteten. Doch dann die Wende. Alles löste sich irgendwie auf, auch der Arbeitsplatz, ja sogar der ganze Betrieb Textima, in dem ich elf Jahre lang gearbeitet hatte. Gar nicht einfach, wenn man plötzlich nicht mehr gebraucht wird. Also was tun? Beruf Diplomökonom (heute Diplom-Wirtschaftswissenschaftler) klingt zwar gut. Besser wär's, ich hätte Arbeit. Doch über gute und schlechte Zeiten hat mich immer die Raumfahrt begleitet. Es müßte doch genügend Leute geben, die dafür auch Geld ausgeben. Also wurde am 1. Mai 1990 beim Gewerbeamt Mittweida ein Unternehmen angemeldet, das »Raumfahrt-Service« heißen sollte. Aber es paßte in kein Schema. Verkauf oder Beratung? Oder ist es gar Handwerk, wenn Sie da Raketen produzieren wollen? Alles zusammen geht nicht, das gibt es nicht in unseren Bestimmungen. Schwierige Frage, eigentlich sollte es alles sein.

Aufnahme ins Guiness Book of Records

Dann kam die Lawine ins Rollen. Ein Haus mußte her, schließlich konnte ein internationales Unternehmen nicht ewig aus dem eigenen Wohnzimmer geleitet werden. Der Hof wurde überdacht. So entstand Deutschlands einziges privates Raumfahrtmuseum. Mittweida hat sogar Weltraum-Traditionen. Bernhard Schmidt, der komafreie Spiegelteleskope baute, hat 25 Jahre lang in Mittweida gelebt. Dann gibt es die Fachhochschule für Technik und Wirtschaft (FH), die auf meine Anregung hin alle zwei Jahre wissenschaftliche Tagungen auch zur Raumfahrt veranstaltet. Ganz früher wurden hier auch Teile der Regenertonne für die Großrakete A4/V2 gebaut. Als erstes mußten in dem Museum natürlich die selbstgebauten Raumfahrtmodelle ausgestellt werden, alle aus Holz gedrechselt, genauestens bemalt und alle im Maßstab 1:144. Schließlich waren sie ins Guiness Book of Records aufgenommen worden, und man konnte ja die Leute, die das mal sehen wollten, nicht immer ins Wohnzimmer führen. Dann die vielen Ausstellungsstücke, die sich im Laufe der Zeit angesammelt hatten. Das Museum hat zu einer Menge Popularität verholfen. Bis heute waren wir bestimmt 400-mal in den Zeitungen und 25-mal im Fernsehen.

Tasillo Römisch mit Besuchern in seinem Museum

Daß man von einem Museum nicht leben kann, war mir natürlich klar. Aber der Versandhandel von allem, was nur nach Raumfahrt aussieht, wurde natürlich auch aufgebaut. Bücher, Fotos, Videos, Kalender, CD-ROMs, Modelle, Autogramme, Belege, Aufkleber, Aufnäher, Poster, Astronautenoveralls, Raumfahrtnahrung, Space-Wein, Souvenirs aller Art...Doch auch das reichte nicht zum Leben. Es gibt nämlich gar nicht so viele Raumfahrtfans in Deutschland, wie ich dachte. Da es in der DDR das Unterrichtsfach Astronomie gab, kamen viele junge Menschen frühzeitig auch mit der Raumfahrt in Kontakt, aus denen später richtige Fans wurden. Im Westen Deutschlands aber muß man schon suchen, um junge Leute zu finden, die wissen, wer Hermann Oberth war oder wie der erste Mensch im Weltraum hieß. Wenn man dann gar noch nach dem ersten Deutschen im All fragt, kommt meist als Antwort: Ulf Merbold. Nichts gegen diesen sympathischen Astronauten, aber es stimmt eben nicht. Sigmund Jähn war fünf Jahre früher oben. Letztendlich: Das Potential für Tausende Kunden, die beim Raumfahrt-Service kaufen sollen, ist gar nicht da.

Doch warum sich verdrießen lassen? Jetzt haben wir das Museum, den Versandhandel und den Modellbau. Die Sache muß einfach internationalisiert werden, und die DASA und die NASA müssen doch Geld haben. Die DASA in Bremen war sogar froh, daß auch einer aus den Neuen Bundesländern an der Ausschreibung für die EURECA-Tischmodelle teilnahm. Mein erster großer Auftrag. Monatelang wird in der kleinen Werkstatt in Mittweida nur gebaut. Pünktlich erfolgt die Ablieferung. Dann das Euro-Spacecamp Transienne in Belgien. 50 Modelle im gleichen Maßstab brauchen die Kollegen. Kein Problem, wir sind ja Weltrekordler, wir haben natürlich alle Modelle. Noch später das Astronaut Office der ESA. Eine komplette MIR-Station, auch wenn es die da oben noch gar nicht komplett gibt? Selbstverständlich. Also ab nach Moskau. In den Chrunitschew-Werken stehen ja diese Modelle, aber zum Fotografieren braucht man gute Beziehungen. Haben wir. So wurden in Mittweida vermutlich die ersten Modelle kompletter MIR-Stationen außerhalb Rußlands gebaut.

Mit der NASA ist das nicht so einfach. Da muß man hin. Die erste USA-Reise dauerte vier Wochen. Fast alle NASA-Stätten habe ich besucht, viele Gespräche mit den Managern geführt, persönliche Freundschaften geknüpft. Das zahlt sich aus, und im Goddard Space Flight Center dürften heute auch die acht Saturn-Raketen zu sehen sein, die in der kleinen Werkstatt in der Rochlitzer Straße in Mittweida produziert worden sind.

Doch eine Sache geht am besten: Die Hardware, das heißt, alles, was mal »oben« war oder zumindest hätte fliegen können. Wie aber da ›rankommen? Erstens mal die Astronauten und Kosmonauten fragen. Charlie Duke, der Moonwalker, hilft genauso wie Anatoli Solowjow, der MIR-Kommandant. In Beverly Hills und New York gibt es Auktionshäuser, die sich auf so etwas spezialisiert haben. Da mußte ich einfach hin. Heute dürfte man in meinem Service das größte Angebot an solchen Space-Memorabilia finden. Und wem das noch nicht reicht, der kann sogar seine eigene Visitenkarte oder sein Foto mit zur MIR-Station schicken. Schön abgestempelt und zertifiziert kommt dann das gute Stück für Cash wieder zurück. Aber das Riesenangebot reicht noch nicht, um für zwei Leute das Heu einzufahren. So bauen wir den Service aus. Es gibt jedes Jahr Reisen zu Starts und zu den Zentren der

»Vermietbare« Astronautinnen

Raumfahrt. Die Medien greifen gern auf die enorme Fotosammlung von etwa 12.000 Stück zurück. Das beste aber sind die Ausstellungen. In Zwickau/Sachsen bestückten wir 500 Quadratmeter Fläche. Der Lohn waren 128.000 Besucher. Ausstellungen in Hamburg, Lübeck, Saarbrücken usw. folgten. Wenn der Veranstalter dann auch noch Raumfahrer braucht, ist er in Mittweida goldrichtig. Die Liste derer, die von hier aus schon zu Veranstaltungen vermittelt wurden, ist lang. An der berühmten Tür im Gästezimmer des Museums haben sich mehr als ein Dutzend Raumfahrer verewigt.

Wenn ich heute zurückschaue, sehe ich, daß das Handwerkszeug für meinen kleinen Betrieb, der Kunden in 27 Ländern der Erde hat und Kosmonauten zu seinen besten Freunden zählt, bereits in der DDR geschaffen wurde. Ohne die Unterstützung all derer, deren Namen ein ganzes Buch füllen würden, gäbe es das alles nicht. Ob das ein Verlust wäre, muß der geneigte Leser selbst entscheiden. Auf alle Fälle hat es der Raumfahrt ein wenig weiter geholfen. Mehr als eine Viertelmillion Menschen haben meine Vorträge oder Ausstellungen gesehen. Sicher kein Vergleich zur Wirkung einer Fernsehsendung. Doch ein wenig stolz darauf bin ich schon.

Im Fahrstuhl zur SOJUS-*Spitze*

Für mich ist es normal, dort Blumen niederzulegen, wo ich Menschen ehren möchte, die für die Raumfahrt ihr Leben gaben. Wenn ich also in Washington D. C. bin, nehme ich mir irgendwie die Zeit, zum Heldenfriedhof Arlington zu fahren, um die Challenger-Besatzung und die APOLLO-Astronauten zu ehren. In Baikonur legen wir immer zusammen Blumen am Obelisken für die Opfer der Nedelin-Katastrophe nieder. Das beeindruckte die russischen und kasachischen Begleiter so, daß ich seit meiner zweiten Reise immer wie ein VIP empfangen wurde und selbst außergewöhnliche Wünsche erfüllt werden. So kam es dazu, daß ich mit meiner Reisegruppe im Fahrstuhl zur Spitze der SOJUS-Rampe fahren konnte, als erster Ausländer überhaupt. Mit diesem Fahrstuhl fuhren alle Kosmonauten seit Juri Gagarin zu ihrem Raumschiff.

Geschichte pur, denn wir sind ja Freunde. Der deutsche Astronaut Reinhard Furrer verstarb leider bei einem Flugzeugabsturz auf einer Flugschau in Berlin. Ich habe ihn oft getroffen, und wir haben uns gegenseitig besucht. Man konnte ihm stundenlang zuhören. Einen solchen engagierten, vor Ideen sprühenden und für die Raumfahrt kämpfenden Mann trifft man selten. Als Professor Reinhard Furrer im Mai 1995 auf der SATERRA in Mittweida sprach, konnte er den überfüllten Hörsaal zum Toben bringen, oder aber man konnte eine Nadel fallen hören, wenn er es wollte. Er analysierte messerscharf und hakte unbarmherzig nach. Nachdem der Astronaut das Raumfahrt-Museum besichtigt hatte, schenkte er mir als Dank für die Arbeit seinen blauen Raumanzug, den er im Shuttle getragen hatte, so einfach, als wäre das ganz normal. Auf dem letzten offiziellen Bild von ihm, nur zwei Wochen vor seinem Absturz aufgenommen, hält er genau das MIR-Modell in der Hand, das ich für ihn gebaut habe.

Als ich 1995 offiziell von der NASA eingeladen wurde, beim Start des Space Shuttles Atlantis dabeizusein, der die erste Kopplung mit der MIR-Station ausführte, machte ich mit meinem Freund, dem Crew-Mitglied Anatoli Solowjow, aus, er solle mir beim Herauskommen der Astronauten aus dem Ankleidegebäude und Besteigen des Busses zur Startrampe im Kennedy Space Center ein »Daumen hoch« geben, wenn er mich sieht. Da aber Hunderte Bildjournalisten an den günstigsten Plätzen standen, kam ich nicht nach vorn, um von ihm gesehen zu werden. Ich erklärte den Journalisten, daß Anatoli mein Freund sei und ich deshalb nach vorn müsse. Keiner glaubte mir, bis sich einer erbarmte, mich unter seiner Kamera nach vorn zu lassen. Die Crew kam heraus, und Anatoli schaute sich überall um. Um von ihm gesehen zu werden, rief ich seinen Namen. Er antwortete mit »Daumen hoch« und »Hallo Tassi«, und bestieg den Bus. Doch an diesem Tag mußten die Astronauten wieder aus dem Shuttle aussteigen, weil das Wetter zu schlecht war. Als drei Tage später das Ganze wiederholt wurde, brauchte ich nicht mehr um einen vorderen Platz zu bitten. Man bot mir einen direkt an der Tür zum Bus an, denn jeder wollte jetzt das »Daumen-Bild« machen. Anatoli gab ihn zweimal. Genau dieses Foto konnte man am nächsten Tag in fast allen großen USA-Zeitungen finden. Es ist leicht zu beobachten, daß die meisten Menschen weniger der technische Aspekt der Raumfahrt interessiert als vielmehr die Frage, was die Astronauten da oben so machen, wie sie essen, trinken, sich waschen oder auf die Toilette gehen, und ob sie nicht – wie auch wir – kleine Schwächen haben. Deshalb sammelten wir in Mittweida gerade so etwas wie echte Speisen und Getränke, Hygieneartikel, Bekleidung usw. Dazu gehören auch Dinge, die nicht offiziell nach oben gelangten. Besonders die Kosmonauten sind erfinderisch, wenn es darum geht, etwas mehr Alkohol mitzunehmen, als erlaubt ist. Keinen Alkohol, aber trotzdem geschmuggelt hat der einzige Kosmonaut der DDR nur einen Gegenstand: einen Wimpel des Fußballclubs FC Carl Zeiss Jena. Diesen hat der Jenaer Initiator der Aktion nach der Mission wieder zurückerhalten und dem Museum angeboten. Da aber die Unterschriften der Kosmonauten darauf schon mächtig verblaßt waren, bat ich sie, ihre Autogramme erneut darauf zu setzen. Erstaunlich war, daß Waleri Bykowski seinen exakt wieder dorthin setzte, wo sie früher einmal war!

Unsere Souvenirs fliegen auf MIR

12. Februar 1997. Kopplung des Raumschiffes SOJUS TM-25 mit dem deutschen Kosmonauten Reinhold Ewald an die MIR-Station. Nachdem wir vom Start aus Baikonur zurückgekommen waren, erlebten wir das Manöver direkt im russischen Flugleitzentrum in Koroljow. Schon das ist sehr selten, denn nur geladene oder akkreditierte Gäste kommen dort hinein.

Aber es waren auch noch exakt 23 Raumfahrer anwesend, darunter die designierte erste Besatzung der Internationalen Raumstation. Absolut alle haben auf dem imposanten Poster unterschrieben, auf dem wir gern alle Kosmonauten haben wollten, die etwas mit diesem deutsch-russischen Flug zu tun hatten. Keiner hat sich gesperrt, im Gegenteil. Der Kommandant des Kosmonauten-Ausbildungszentrums »Juri Gagarin«, General Pjotr Klimuk, meinte, daß er fehlen würde, wo er doch auch dazugehörte. Sorry, natürlich, danke! Eine Frage noch: Dürfen wir wohl bitte morgen unserem Kosmonauten Sigmund Jähn zum 60. Geburtstag gratulieren? Ganz klar, da gehört ihr hin! Der Sigmund wird sich freuen, wenn jemand aus seiner Heimat kommt. Er hat sich auch gefreut, nur werden wir den Eindruck nicht los, daß wir dort die einzigen Deutschen waren. Schade, vor ein paar Jahren war das anders. Sigmund, für uns bist du nicht vergessen, wir halten zu dir! Wenn man einen Kosmonauten zum Freund hat, sollte er auch einmal etwas Persönliches ins Weltall mitnehmen und wieder zurückbringen. Anatoli Solowjow nahm mit dem Space Shuttle Atlantis einen deutschen Geldschein und den Umschlag des Raumfahrt-Service-Katalogs mit zur MIR-Station. Nach einer Flugstrecke von 60 Millionen Kilometern brachte er mit der SOJUS-Landekapsel aber nur den Geldschein wieder mit, ordentlich oben abgestempelt und zertifiziert. Den Katalog hatte er in der Hektik des Aufbruchs vergessen. Seitdem sagen wir, wenn wir die Station am Nachthimmel sehen, nicht mehr »dort fliegt die Station«, sondern »dort fliegt unser Katalog«- Anatoli hat versprochen, beim nächsten Flug danach zu schauen. Dann dürfte dieser Katalog der weitgeflogenste sein. Reif fürs Guiness Book?

Auf der Terrasse unseres Museumsdaches trifft sich die Welt. Der Groundcontroller von APOLLO 13, Veit Hanssen aus Houston, ist gerade mit seiner Familie da. Aber Waleri Bykowski und Alexander Viktorenko müssen jetzt vom Flugzeug aus Moskau abgeholt werden. Also bilden wir ein Empfangskomitee und fahren nach Dresden. Waleri freut sich riesig, daß er wieder mal in Deutschland ist. Später geht es nach Morgenröthe-Rautenkranz. Unterwegs ein nachdenkliches Lob: Tassi, als du uns gestern in Dresden abgeholt hast, dachte ich so bei mir, daß vor einigen Jahren noch der Flugplatz gesichert gewesen und ich winkend im offenen Wagen gefahren wäre. Dein Wagen ist aber auch nicht schlecht, und 200 Stundenkilometer wären wir damals nicht gefahren. Es ist auch sehr angenehm, von wirklichen Freunden empfangen zu werden.

Tasillo Römisch, Jahrgang 1950, Diplom-Wirtschaftswissenschaftler, Direktor des Raumfahrt Service International in Mittweida.

Hans-Dieter Naumann, Radeberg

Ionentriebwerk
»made in Ilmenau«

In der DDR entstand im Rahmen der Grundlagenforschung an Universitäten, Hochschulen, Akademieinstituten und auch entsprechenden Industrieforschungseinrichtungen so manches Kleinod raumfahrttechnischer Relevanz, das oft und meist unbeachtet und unbekannt blieb. Die Ursachen lagen auf der Hand: Zum einen erfolgten solche Arbeiten meist isoliert, ohne Umfeld und Folgewirkungen und waren sehr subjektiv an die Persönlichkeit des jeweiligen Forschers gebunden, zum anderen fehlte meist die Nutzbarkeit im eigenen Land.

Ein Beispiel ist die Entwicklung des wohl ersten deutschen Korpuskularantriebs – heute würde man von einem Ionentriebwerk sprechen – für Raketen am Institut für Angewandte Physik der damaligen Hochschule für Elektrotechnik Ilmenau durch den auch international bekannten und anerkannten Physiker Prof. Dr. phil. habil. Robert Döpel.

Der am 3. Dezember 1895 in Neustadt/Orla geborene Döpel begann seine wissenschaftliche Laufbahn nach Fronteinsatz im Ersten Weltkrieg bei Wilhelm Wien in München, wo er 1924 mit einer Arbeit über Kanalstrahlen promovierte. Sein weiterer Weg führte ihn über die damalige Hochburg der Physik, Göttingen, und über ein Privatlabor auf Schloß Planegg 1929 nach Würzburg zu Harms, wo er sich 1932 habilitierte und als Privatdozent wirkte. Während dieser Zeit wandte er sich völlig der Kernphysik zu. Hier zeigte sich auch sein starkes Interesse für astrophysikalische Fragen und Probleme, zum Beispiel für Kernprozesse im Sterninneren.

1938 folgte Döpel einem Ruf nach Leipzig als Professor für Strahlungsphysik. Es begann eine äußerst erfolgreiche Zeit gemeinsam mit seiner Frau und Mitarbeiterin Klara, die im April 1945 bei einem Luftangriff auf die Messestadt ums Leben kam. Döpel meldete sich nach Kriegsende aufgrund seiner linksintellektuellen

Einstellung freiwillig bei der sowjetischen Besatzungsmacht für einen Einsatz in der UdSSR. Als logische Folge wählte er bei seiner Rückkehr 1957 die DDR zur Heimat und folgte einem Ruf an die noch junge Hochschule für Elektrotechnik Ilmenau, wo er den Aufbau eines Instituts für Angewandte Physik übernahm.

Das freilich war eine Art Notbehelf und auf den verdienstvollen Wissenschaftler zugeschnitten, denn mit einem gut besetzten Institut für Physik war an sich der Bedarf an der Hochschule zunächst einmal gesättigt. Auch konnten Döpels Erwartungen hinsichtlich Ausstattung und Arbeitsmöglichkeiten kaum erfüllt werden. So wandte er sich wieder der Gasentladungsphysik und -elektronik zu. Es entstanden Arbeiten zu Ionenquellen und ihren Anwendungsmöglichkeiten, und in diesem Rahmen auch zur Anwendung als Ionenantrieb für Raumfahrtzwecke. Immerhin erfolgten diese Arbeiten Jahre bevor in den USA 1964 bis 1970 (SERT 1 und SERT 2) beziehungsweise in der UdSSR 1966 bis 1971 (Jantar = Bernstein) erste Freiflugversuche mit derartigen Antrieben unternommen wurden.

Döpels theoretische und experimentelle Arbeiten umfaßten nicht nur die Arbeitsquelle, sondern vor allem auch meßtechnische Fragen zur Erfassung experimenteller Leistungsdaten. Das experimentelle Ionentriebwerk wurde Ende der fünfziger Jahre im Großen Hörsaal des Physikalischen Institutes der Hochschule für Elektrotechnik Ilmenau öffentlich demonstriert; über seine Grundlagen und erste experimentelle Ergebnisse berichtete Döpel in der »Wissenschaftlichen Zeitschrift der Hochschule für Elektrotechnik Ilmenau«, Nummer 2/1960, unter dem Titel »Einleitende Versuche zur Frage des Korpuskularantriebs von Raketen«.

Die Entwicklung dieses experimentellen Triebwerkes erfolgte freilich weniger unter raumfahrttechnischen Zielstellungen. Vielmehr ging es Döpel dabei um die Demonstration praktischer Anwendungsmöglichkeiten der Plasmaphysik und plasmaphysikalischen Erkenntnisse. Bemerkenswert aber ist, daß hier auf der Basis einfachster Mittel und Gerätschaften eine beispielhafte wissenschaftliche Leistung zu einem technischen Detailproblem der Raumfahrt entstanden war, an das zu dieser Zeit kaum jemand gedacht hatte.

Ein Satellitenbeobachtungsgerät aus Jena

Im Oktober 1966 wurde im Geodätischen Institut Potsdam, der Akademie der Wissenschaften der DDR, das Satellitenbeobachtungsgerät SBG 420/500/780 in Betrieb genommen, das zu dieser Zeit neben den zwölf legendären Baker-Nunn-Kameras der USA zu den modernsten Erzeugnissen seiner Art gehörte und die Baker-Nunn in einigen Leistungsparametern sogar übertraf. Auf der Leipziger Frühjahrsmesse 1967 wurde sie erstmals auch als Exponat gezeigt und brachte nachfolgend ihren Schöpfern den Nationalpreis der DDR ein.

Die Geschichte dieses Geräts ist eng an Manfred Steinbach gebunden, der vielleicht sogar als sein geistiger Vater bezeichnet werden darf. Mitte der fünfziger Jahre wurde von Steinbach an der damaligen Hochschule für Elektrotechnik Ilmenau eine astronomische Arbeitsgemeinschaft gegründet, die sich der besonderen Förderung durch Professor Bischoff, Direktor des Instituts für Feingerätetechnik, erfreute. Auf einer Anhöhe in Unterpörlitz nahe Ilmenau entstand eine astronomische Beobachtungsstation, deren Instrumentarium durch Professor Bischoff bereitgestellt wurde. Nach dem Start von SPUTNIK I orientierte Steinbach diese Arbeitsgemeinschaft zunehmend auf Probleme der optischen Satellitenbeobachtung und organisierte 1958 für Mitglieder der AG ein einleitendes Seminar bei Dr. Güntzel-Linger in Potsdam. Es dürfte wohl in diesen Jahren kein unbedeutender Anteil des Studenten und späteren Assistenten von Professor Bischoff gewesen sein, daß die optische Satellitenbeobachtungstechnik als Forschungsrichtung an diesem Institut integriert wurde.

In der Folgezeit entstanden hier zahlreiche Beleg- und Diplomarbeiten, die sich diesem Thema gezielt widmeten, und Steinbachs Diplomarbeit »Satellitenfernrohr« war möglicherweise die erste an einer technischen Hochschule der DDR, die einer raumfahrttechnischen Problematik gewidmet war. Im Ergebnis dieser Arbeiten entstand die Konzeption des Satellitenbeobachtungsgerätes, das bis Mitte 1963 an der Hochschule entwickelt wurde. Von da an gab es einige Änderungen, weil die Fortführung der Fertigungsreife Aufgaben und Möglichkeiten einer Hochschule überforderten. Leitung und Finanzierung erfolgten fortan durch das Nationalkomitee für Geophysik und Geodäsie der DDR; Konstruktion und Bau wurden in den VEB Carl Zeiss Jena verlagert, wo dann auch die Fertigung erfolgte. Ein Teil der Ilmenauer Experten wechselte gleichzeitig in diesen Betrieb, während der Hochschule weiterhin Aufgaben der Grundlagenforschung zugedacht waren.

1966 wurde die erste Kamera ausgeliefert, die zu dieser Zeit genaueste Spezialkamera für die Satellitenbeobachtung, und sie ist noch heute, inzwischen mit Lasertechnik erweitert, in Potsdam im Einsatz. Die Meßgenauigkeit übertraf die der Baker-Nunn um etwa ein Drittel. Beim SBG handelte es sich um eine vierachsmontierte Schmidt-Kamera mit 788 Millimetern Brennweite, 420 Millimetern freier Öffnung und etwa zwölf Grad Gesichtsfeld. Der Durchmesser des Hauptspiegels betrug 530 Millimeter, der der Korrekturplatte 425 Millimeter. Das Teleskop hatte eine Gesamtlänge von 2,38 Metern und einen Tubusdurchmesser von 62 Zentimetern. Das Gesamtgerät war etwa vier Meter hoch und 3,5 Tonnen schwer.

Nach Angaben von Hans Beck, ehemaliger Leiter der Astro-Abteilung des VEB Carl Zeiss Jena, wurden von dem SBG mehr als zehn Geräte gefertigt, deren Einzelpreis bei etwa 500.000 Mark der DDR lag. Wohin sie geliefert und wo sie betrieben wurden, ist leider aus dem Zeiss-Archiv aus unbekannten Gründen nicht ersichtlich.

Diplomingenieur Hans-Dieter Naumann, Jahrgang 1936, Entwicklungsleiter der VVB Rundfunk und Fernsehen bis 1972, Chef der Leitstelle für wissenschaftlich-technische Information, ebenda, bis 1990.

Peter Stache, Berlin
Detektivarbeit und Stasiverdacht

Als mich der Autor dieses Buches bat, doch einmal einige markante Erinnerungen an meine Begegnung mit der »anderen« deutschen Raumfahrt niederzuschreiben, und das auf nur wenigen Seiten, brachte er mich damit in arge Verlegenheit. Was sind »markante Erinnerungen« aus vierzig Jahren Tätigkeit als Luft- und Raumfahrtjournalist? Ich bin sicher, Horst Hoffmann, der alte Fuchs, selbst populärer Publizist auf dieser Strecke und Bruder im Geiste, war sich dessen bewußt und auch dessen, daß er mich damit zum kritischen Überdenken von vier Jahrzehnten engagierten Lebens für die Raumfahrtpublizistik zwang...Nun gut, aus der Fülle des Erlebten kristallisierten sich einige markante Begebenheiten heraus, die in vielerlei Hinsicht bezeichnend für den jeweiligen Zeitpunkt und das Umfeld sind, in dem ich mich befand.

Meine erste Berührung mit der Raumfahrt hatte ich als junger Redakteur eines Lokalblattes in der Provinz. Damals war mir der Begriff »Raumfahrt« nur aus utopischen Romanen bekannt. Und so kam der Start des ersten künstlichen Erdsatelliten SPUTNIK 1 – anders als für meine späteren Berliner Freunde – ziemlich überraschend. Außerdem war das, was mein Arbeitsgebiet anbetraf, nicht mein Ressort, denn ich hatte mich laut Funktionsplan um die Berichterstattung über die Landwirtschaft zu kümmern, was mir als gelerntem Schwermaschinenbauschlosser durchaus nicht leicht fiel!

So blieb mir als »erblich Belastetem«, mein Vater war Jagdflieger im Ersten Weltkrieg, zunächst nichts als die Begeisterung für diesen neuen Zweig der Wissenschaft und Technik – bis ich Ende 1957 in Berlin eine Stelle bei der einzigen Luftfahrtzeitschrift der DDR annahm. Hier würde ich – so glaubte ich jedenfalls – eine Basis für die Verbreitung des Raumfahrtgedankens finden. Aber alles, was ich fand, war das offene Ohr meines Chefredakteurs Karl

Heinz Hardt, der allem Neuen aufgeschlossen gegenüberstand, nicht aber das Verständnis des Herausgebers. Was sollte die Raumfahrt in einer Zeitschrift jener Organisation, der Gesellschaft für Sport und Technik, deren Aufgabe in der Gewinnung von Nachwuchs für die Armee bestand? Das lenkte nur von der »Hauptaufgabe« ab.

Erst als man erkannte, oder besser: als die politische Führung dieser Organisation von »ganz oben« nachdrücklich darauf hingewiesen wurde, daß sich aus den Weltraumerfolgen der Sowjetunion trefflich politisches Kapital schlagen ließ, war dieses Themengebiet für sie gesellschaftsfähig. Natürlich wurde uns der Fahrplan, wie wir das journalistisch umzusetzen hatten, vorgegeben, und das von Politfunktionären, die von der Materie absolut nichts verstanden, denen sie sogar ein bißchen unheimlich war.

Peter Stache vor dem Raketenstartplatz Kourou in Französisch-Guyana

Von »Flügel der Heimat« zur Fliegerrevue«

Zu dieser Zeit lernte ich jene Männer kennen, die man mit Fug und Recht als die »Raumfahrtpublizisten der ersten Stunde« bezeichnen kann: Horst Hoffmann, Karl-Heinz Neumann, Herbert Pfaffe. In diesem Kreis erfahrener Fachleute – zumeist aus der Astronomie – war ich nicht nur der Jüngste, sondern auch der Unerfahrenste. Doch keiner von ihnen, die ich später als gute Freunde schätzen lernte, ließ mich das spüren. Ihnen verdanke ich – und das soll hier ausdrücklich gesagt sein – ein gut Teil dessen, auf dem ich aufbauen konnte.

Aber das erwies sich als nicht ganz einfach, waren doch der objektiven Berichterstattung ziemlich enge Grenzen gesetzt. So ging es natürlich nicht an, außer den Leistungen des »großen Bruders« auch die des »Klassenfeindes« sachlich darzustellen. Tat man es dennoch, geriet man ganz schnell in den Verdacht des »objektivistischen Denkens«. Was das eigentlich war, konnte mir niemand erklären. Natürlich fanden wir in der Redaktion zahlreiche Hintertürchen, um diesem Dilemma zu entschlüpfen. Dabei half mir mein Freund Herbert Pfaffe, seinerzeit wissenschaftlicher Sekretär der Deutschen Astronautischen Gesellschaft: Er veröffentlichte das außerhalb der redaktionellen Verantwortlichkeit laufende Mitteilungsblatt, ein Organ der Akademie der Wissenschaften, als Beilage in unserer Zeitschrift. Damit war eine objetive Raumfahrt-Berichterstattung möglich, an der kein »Einschätzer« Anstoß nehmen konnte. Es war also ein ausgesprochener Balanceakt zwischen dem Wohlwollen des nicht gerade als kompetent zu bezeichnenden Herausgebers und damit dem Weiterbestehen der Rubrik Raumfahrt in der Fliegerrevue sowie der Akzeptanz durch die äußerst kritischen und zumeist auch sachkundigen Leser.

Vom »Sachverstand« der für die GST-Presse zuständigen Funktionäre zeugt übrigens folgende Episode: Um die Werbewirksamkeit unserer nach sowjetischem Vorbild »Flügel der Heimat« betitelten Zeitschrift zu erhöhen, hatten wir uns den Titel »Aerosport« und als Zugfarbe Gelb ausgedacht, die zu jener Zeit, in den sechziger Jahren, aktuell war. Aber das mußte natürlich »von oben« abgesegnet werden. Das Argument »Werbewirksamkeit« zog als unpolitisch überhaupt nicht. Da hatte mein Chefredakteur einen nahezu genialen Einfall: Damals spielten die sogenannten »nationalen Traditionen« in der Agitation und Propaganda eine große Rolle. Also argumentierten wir, daß gelb schon immer die Traditionsfarbe der Flieger in Deutschland gewesen sei. Das zog – fortan erschienen wir in Gelb…

Mit zunehmendem Umfang des kosmischen Geschehens konnten die Veröffentlichungen in der Fliegerrevue allerdings das Informationsbedürfnis der Raumfahrtinteressierten nicht befriedigen. So entstanden die Projekte »Typenbuch der Raumflugkörper« und »Raumfahrt-Trägerraketen«. Erst beim Zusammenstellen des Materials und dessen Sichtung wurde mir bewußt, worauf ich mich bei diesen Vorhaben eingelassen hatte! Besonders beim Raketen-Typenbuch wurde das Dilemma deutlich: Die Beschreibung der US-Typen bot kaum Schwierigkeiten, von widersprüchlichen Angaben abgesehen; auch über die Baumuster der anderen Länder lagen ausreichende Informationen vor – mit einer Ausnahme: die Entwicklungen des Klassenbruders Sowjetunion! Was blieb: Detektivarbeit und endlose Rechnereien. Und das mit Erfolg: Nicht nur, daß die Überschlagsberechnungen und Abschätzungen Jahre später durch offizielle Angaben in fast allen Fällen bestätigt wurden, sondern sie fanden sogar Aufnahme in mehreren sowjetischen Buchveröffentlichungen – selbst der Akademie der Wissenschaften der UdSSR – natürlich ohne Quellenangabe.

Diese Recherchen blieben übrigens der Stasi nicht verborgen, in deren Blickfeld ich schon 1959 als der Spionage für den britischen Geheimdienst verdächtig geraten war (ich spreche englisch!). So heißt es in einem »Bericht über die durchgeführte konspirative Wohnungsdurchsuchung bei Stache, Peter…« vom 2. September 1986 (während meines Urlaubs!) in Band 2 meiner Akte auf Seite 119 unter anderem: »In der Wohnung, speziell im Arbeitszimmer, wurde umfangreiches Material…über sowjetische Raketen vorgefunden und dokumentiert.« Von der »Sachkenntnis« der Schnüffler zeugt der sich daran anschließende Satz: »Inwieweit dieses Material vertraulichen beziehungsweise geheimzuhaltenden Charakter besitzt, kann seitens unserer Diensteinheit nicht eingeschätzt werden.«

Paranoides Denken

Mit derlei profunder Vertrautheit mit der Materie, gepaart mit paranoidem Denken und krankhaftem Geheimhaltungswahn, wurde ich auch vor und nach dem Flug des ersten deutschen Kosmonauten, Sigmund Jähn, konfrontiert. Dank guter Verbindungen nach Moskau, speziell zu meinem Freund Mark Gallai, Testpilot und einer der Ausbilder Juri Gagarins, waren mir die Namen Sigmund Jähn und Eberhard Köllner als Raumfahrerkandidaten der DDR lange vor dem Start bekannt. Doch mich hätte der Teufel geholt, machte ich von diesem Wissen Gebrauch…

Geradezu grotesk gestaltete sich die »Anleitung zur Berichterstattung über den Flug des ersten Deutschen in den Weltraum«. In einer »Vorbesprechung« wurden vom Vorsitzenden des Presseamts beim Ministerrat der DDR, Kurt Blecha, an einen ausgewählten Kreis von Journalisten – welche Ehre, ich gehörte dazu! – Fragen verteilt, die diese dann in der internationalen Pressekonferenz zu stellen hatten. »Meine« Frage mag zwar dem Niveau derer entsprochen haben, die sie sich als originell ausgedacht hatten, doch als zu dieser Zeit nicht mehr ganz unbekannter Fachpublizist hätte ich mich damit vor meinen Lesern unsterblich blamiert: »Bestand nicht die Gefahr, daß die Weltraumrakete beim Start mit einem anderen Sputnik zusammenstößt?« Natürlich habe ich diese idiotische Frage nicht gestellt, sondern eine andere – und bekam dafür prompt Ärger. Meinem Chefredakteur Karl Heinz Hardt ist es zu danken, daß ich einigermaßen glimpflich aus der Affäre herauskam.

Wie groß das Interesse unserer Leser an der Raumfahrtthematik war, zeigt die Tatsache, daß allein meine Bücher Auflagen zwischen 20.000 und 25.000 Exemplaren je Titel erreichten, die »Fliegerrevue« lag gar bei über 70.000! So erwies sich bereits das erste »Typenbuch der Raumflugkörper«, zuerst 1962 als 96-seitige Broschüre, später ein in sechs weiteren, ständig aktualisierten Auflagen mit dreifachem Umfang erschienenes Buch, als durchschlagender Erfolg. Ein solcher war auch dem Titel »Raumfahrer von A bis Z« beschieden, der in zwei Ausgaben erschien, wenn dieses Buch auch den »Wachhabenden« in den zuständigen Stellen als suspekt erschien – standen doch zu jener Zeit (1988) 62 sowjetischen Kosmonauten 120 amerikanische Astronauten gegenüber! Doch ein Hinweis der verantwortlichen Verlagslektorin Hannelore Haelke auf die um ein Vielfaches höhere Gesamtflugzeit der Sowjets überzeugte, wenn auch widerstrebend, die für die Druckgenehmigung zuständige Politische Hauptverwaltung der NVA vom propagandistischen Wert des Buches, wie ich später erfuhr.

Das größte Wagnis

Das größte Wagnis war jedoch mein Buch »Sowjetische Raketen«, in dem zahlreiche für die DDR-Publizistik absolut unkonventionelle Passagen enthalten sind. Dazu gehören solche darüber, daß es bei der Raketenentwicklung und -erprobung auch in der Sowjetunion zahlreiche Fehlschläge gegeben hat. Diese sind belegt durch scheinbar belanglose Passagen in Briefen des Raumfahrt-Chefkon-strukteurs Sergej Koroljow an seine Frau, die ich mit offiziellen, aber nur ihn äußerst geringer Auflage erschienenen Veröffentlichungen der Akademie der Wissenschaften der UdSSR zu diesem Themenkomplex abglich.

Dem Mut der Verlagslektoren, sich gegenüber den Zensoren der Politischen Hauptverwaltung, der der Verlag unterstand, durchzusetzen, ist es zu danken, daß das 1987 erschienene Buch, trotz aller dem Geheimhaltungswahn der Sowjetunion geschuldeten Lückenhaftigkeit in bestimmten Teilen, von den Lesern als objektiv akzeptiert wurde. Und es spricht auch für die Lauterkeit des ersten deutschen Raumfahrers, dazu das Geleitwort geschrieben zu haben.

Natürlich mißfielen meine Erfolge als Raumfahrtpublizist manchem »Konkurrenten«, so unter anderem auch einem Luftfahrtjournalisten, der in meiner Stasiakte als IM »Henry« auftaucht, und der sich, zu DDR-Zeiten ein Intrigant und eifriger Apologet der absoluten sowjetischen Überlegenheit wider besseren Wissens, nach dem Ende der DDR als »Enthüllungsjournalist« über sowjetische Raumfahrtmißerfolge anbiederte.

Also – es war manchmal nicht ganz einfach, nach bestem Wissen und Gewissen den Raumfahrtgedanken objektiv und glaubwürdig verbreiten zu helfen. Aber wie heißt es so schön: Das Leben ist gefährlich, doch es übt kolossal. Ich möchte diese »Übungsstunden« um nichts in der Welt missen, denn die Leser haben davon profitiert. Und das lohnt alle Mühen und alles Ungemach.

Peter Stache, Jahrgang 1934, Raumfahrtpublizist seit 1957, Stellvertretender Chefredakteur der Fliegerrevue, Autor von Standardwerken wie »Typenbuch der Raumflugkörper«, »Raumfahrt-Trägerraketen«, Raumfahrer von A bis Z« und »Sowjetische Raketen«.

Quellennachweis

Akademie der Wissenschaften der DDR: 125 Jahre Akademie der Wissenschaften 1700 bis 1975; Presse-Informationen. Berlin, 1975.

Akademie der Wissenschaften der DDR: Experiment Raduga. Presse-Informationen. Berlin, 1976.

Akademie der Wissenschaften der DDR: Werkstoffwissenschaften und Weltraumforschung. Zentralinstitut für Werkstofforschung. Dresden, 1980.

Albrecht, Ulrich/Heinemann-Grüder, Andreas/Wellmann, Arend: Die Spezialisten – Deutsche Naturwissenschaftler und Techniker in der Sowjetunion nach 1945.
Dietz Verlag Berlin, 1992.

Albring, Werner: Gorodomlja – Deutsche Raketenforscher in Rußland. Luchterhand Literaturverlag Hamburg/Zürich, 1991.

Autorenkollektiv: Für den Fortschritt der Menschheit – Gemeinsamer Kosmosflug UdSSR-DDR. Verlag Zeit im Bild Dresden, 1978.

Autorenkollektiv: Weltraumforschung UdSSR-DDR. Dietz Verlag Berlin, 1979.

Autorenkollektiv: Gemeinsam auf der Erde und im All. Militärverlag der DDR Berlin, 1979.

Autorenkollektiv: Sojus 22 erforscht die Erde. Gemeinsame Ausgabe der Akademien der Wissenschaften der DDR und der UdSSR, Akademieverlag Berlin, 1980.

Autorenkollektiv: Faszination Weltraum. Fachbuchverlag Leipzig, 1985.

Autorenkollektiv: Aktuelle Probleme der Raumfahrt. Friedrich-Schiller-Universität Jena, 1985.

Autorenkollektiv: Weltraum – Kooperation statt Konfrontation. Staatsverlag der DDR Berlin, 1990.

Astronomie und Raumfahrt: Zweimonatszeitschrift, herausgegeben vom Kulturbund der DDR, Zentraler Fachausschuß Astronomie, und der Gesellschaft für Weltraumforschung und Raumfahrt der DDR, Jahrgänge 1961 ff.

Bar-Zohar, Michel: Die Jagd auf die deutschen Wissenschaftler. Verlag Ullstein Frankfurt/Main-Berlin-Zürich, 1970.

Barth, Hans: Hermann Oberth – Titan der Weltraumfahrt. Kriterion Verlag Bukarest, 1974.

Barth, Hans: Hermann Oberth – Leben-Werk-Wirkung. Uni Verlag Feucht, 1985.

Bekier, Erwin: In 90 Minuten um die Erde. Kinderbuchverlag Berlin, 1979.

Bergius, C.C.: Die Straße der Piloten. Wilhelm Heyne Verlag München, 1973.

Bornemann, Manfred: Geheimprojekt Mittelbau. Verlag Bernhard & Graefe Bonn, 1974.

Bode, Volkhard/Kaiser, Gerhard: Raketenspuren – Peenemünde 1936-1994. Chr. Links Verlag Berlin, 1995.

Bower, Tom: Verschwörung paper clip – NS-Wissenschaftler im Dienste der Siegermächte. List Verlag München, 1987.

Eisfeld, Rainer: Mondsüchtig – Wernher von Braun und die Geburt der Raumfahrt aus dem Geist der Barbarei. Rowohlt Verlag Reinbeck bei Hamburg, 1996.

Eyermann, Karl-Heinz/Kowalski, Gerhard: Raduga – Interkosmos – Der gemeinsame Weg ins All. Zentralvorstand der Gesellschaft für Deutsch-Sowjetische Freundschaft Berlin, 1977.

Fliegerrevue: Monatszeitschrift für Luft- und Raumfahrt, herausgegeben vom Zentralvorstand der Gesellschaft für Sport und Technik Berlin, Jahrgänge 1957 ff.

Ford, Brian: Die deutschen Geheimwaffen. Moewig Verlag München/Rastatt, 1981.

Freeman, Marsha: Hin zu neuen Welten – Die Geschichte der deutschen Raketenpioniere. Dr. Böttiger Verlags GmbH Wiesbaden, 1995.

Fritz, Alfred: Der Weltraumprofessor. Hermann Oberth – ein Leben für die Raumfahrt. Ennslin & Laiblin Verlag Reutlingen, 1969.

Gail, Otto W.: Der Schuß ins All – Ein Roman von morgen. Bergstadtverlag Breslau, 1925.

Gail, Otto W.: Mit Raketenkraft ins Weltenall – Vom Feuerwagen zum Raumschiff. Thienemanns Verlag Stuttgart, 1928.

Günzel, Karl Werner: Die fliegenden Flüssigkeitsraketen – Raketenpionier Klaus Riedel. Westerland Verlag KG Holzmünden, 1989.

Haase, Hans/Hecht, Karl/ Grigorjew, Anatoli: Ein Modell der Hypergravitation. Humboldt-Universität Berlin, 1990.

Hartl, Hans: Hermann Oberth – Vorkämpfer der Weltraumfahrt. Theodor Oppermann Verlag Hannover, 1958.

Hecht, Karl/Iljin, Jewgeni: Biosatelliten – Forschungsstätten für die kosmische und terrestrische Medizin. Humboldt-Universität Berlin, 1987.

Heym, Stefan: Das kosmische Zeitalter. Verlag Tribüne Berlin, 1959.

Hofstätter, Rudolf: Sowjet-Raumfahrt. Birkhäuser Verlag Basel-Boston-Berlin, 1989.

Hopferwieser, Walter: Kosmische Post. Eigenverlag Salzburg, 1993.

Huzel, Dieter: Von Peenemünde nach Canaveral. Vision Verlag Berlin, 1994.

Irving, David: Die Geheimwaffen des Dritten Reiches. Rowohlt Verlag Hamburg, 1968.

Jähn, Sigmund: Erlebnis Weltraum. Militärverlag der DDR Berlin, 1983.

Kade, Gerhard: Vom Nutzen des Sternenkriegs – Legenden und Wirklichkeit. Pahl-Rugenstein Verlag GmbH Köln, 1987.

Kaiser, Karl/Welck, Stephan Freiherr von: Weltraum und internationale Politik. Schriftenreihe des Forschungsinstituts der Deutschen Gesellschaft für Auswärtige Politik e.V. Bonn. R. Oldenbourg Verlag Münster, 1987.

Knuth, Robert: Richtungen und Projekte der Weltraumforschung in der ehemaligen DDR. Vortrag auf der Jahrestagung der Deutschen Gesellschaft für Luft- und Raumfahrt in Bremen, 1992.

Körner, Horst: Stärker als die Schwerkraft. Urania Verlag Leipzig/Jena, 1960.

Kokurew, Alexander: Mit dem Sputnik begann es. Verlag Neues Leben Berlin, 1976.

Lammert, Norbert (Hrsg.): Märkte, Mächte und Maschinen – Herausforderungen der deutschen Luft- und Raumfahrt. Bouvier Verlag Bonn, 1996.

Leibniz Sozietät,: Sitzungsberichte, 1993 ff.

Messerschmid, Ernst/Bertrand, Reinhold/Pohlemann, Frank: Raumstationen – Systeme und Nutzung. Springer Verlag Berlin-Heidelberg-New York, 1997.

Mielke, Heinz: Lexikon Raumfahrt – Weltraumforschung. Transpress VEB Verlag für Verkehrswesen Berlin, 1980.

Neufeld, Michael: Die Rakete und das Reich – Wernher von Braun, Peenemünde und der Beginn des Raketenzeitalters. Brandenburgisches Verlagshaus Berlin, 1997.

Rauschenbach, Boris: Über die Erde hinaus – Hermann Oberth Biographie. Dr. Böttiger Verlags GmbH Wiesbaden.

Reisig, Gerhard: Raketenforschung in Deutschland – Wie der Mensch das All eroberte. Edition Linser Münster, 1997.

See, Hans: Kapital-Verbrechen – Die Verwirtschaftung der Moral. Claasen Verlag GmbH Düsseldorf, 1990.

Sänger-Bredt, Irene: Entwicklungsgesetze der Raumfahrt – Mythos-Wunschbild-Wirklichkeit. Krauskopf-Flugwelt-Verlag Mainz, 1964.

Stache, Peter: Sowjetische Raketen. Militärverlag der DDR Berlin, 1987.

Tschertok, Boris: Raketen und Menschen. Elbe-Dnepr-Verlag Klitzschen, 1998.

Wittbrodt, H./Mielke, H./Narimanow, G./Saizew, J.: Weltraum und Erde. Transpress VEB Verlag für Verkehrswesen Berlin.
Band 1: Raumfahrt für die Erde, 1975.
Band 2: Forschungsfeld Weltraum, 1978.
Band 3: Planetenforschung mit Raumsonden, 1982.

Zimmer, Harro: Der rote Orbit – Glanz und Elend der russischen Raumfahrt. Franckh-Kosmos Verlag Stuttgart, 1996.

Personenregister

Abbas, Khwadscha Ahmad 225
Abbe, Ernst 179
Abel, Helmut 462
Aga Khan 354
Albrecht, Ulrich 170, 529
Albring, Werner 173, 176 f., 179, 529
Aldrin, Edwin 17, 90
Almar, Ivan 491
Apel, Erich 175, 177, 216
Archenhold, Friedrich 101, 148
Ardenne, Manfred von 13, 117, 171, 174, 211, 423, 425, 428
Aristoteles 141
Armstrong, Neil 17, 90, 486
Arzimowitsch, Lew 172
Assmann, Richard 143
Atkow, Oleg 311
Augstein, Rudolf 105
Ausborn, Werner 216
Axjonow, Wladimir 205, 268, 300, 368

Baade, Brunolf 278
Balzer, Hans-Ulrich 462, 474, 478 ff.
Barth, Hans 61, 530
Bar-Zohar, Michael 135, 137, 530
Baumann, Richard 79
Beck, Hans 521
Becker, Karl 93, 98
Bell, David 226
Bendrell, Edward 99
Berge, Klaus 396
Bergstädter 142
Bethe, Hans 281
Bewilogua, Ludwig 20
Bialaborski, Eustachy 344
Biermann, Wolfgang 265
Bischoff, Helmut 520
Blass, Hermann 177
Blecha, Kurt 348, 526
Boenisch, Peter 296
Böhme, Wolfgang 413
Bork, Peter 411
Bormann, Peter 232, 486
Bornemann, Manfred 167, 530
Bower, Tom 168, 530
Boyes, Hector 124
Brauchitsch, Manfred von 62
Braun, Magnus von 118
Braun, Wernher von 12, 26 f., 47, 53 f., 56 f., 60, 64, 78, 83, 94 f., 99, 105, 110, 116 ff., 130, 147, 149 f., 152 f., 156 f., 160, 162, 166 ff., 171, 227, 426 f., 485 f., 496, 530, 532
Brecht, Bertolt 427
Breunig, Gerhard 411
Brown, Harold 282
Brügel, Werner 149
Budnik, A. I. 177
Büdeler, Werner 16, 123, 215
Busse, Heinz 224
Busse, Liselotte 224

Carol II. 55
Carr, Gerald Paul 348
Carraciola, Rudolf 62

Carter, James 282
Cartsberg, Eberhard 294, 302
Castro, Fidel 226
Celsius, Anders 179
Cherwell, Lord 114
Chruschtschow, Nikita 192 f., 196, 204, 207
Churchill, Winston 114
Clifford, Clark 282
Coermann, Rolf 177
Conrad, Charles 41

Däniken, Erich von 138
Darwin, Charles 178
Debye, Peter 20
Debus, Kurt 168
de Maiziére, Lothar 374
Dersch, Karl 105
Deterding, Henry 72 f.
Dietrich, André 462
Dittmar, Heini 153
Dittrich, Joachim 224
Dmitrijenko, Gennadi 506 ff.
Dominik, Hans 16, 426
Dornberger, Walter 98, 102, 108, 111, 122, 124 f., 149 f., 152, 154 f., 157, 166 f., 169
Drescher, Jürgen 462
Drummond-Hay, Lady 95
Dryden, Hugh 226
Duke, Charles 513
Dulles, John Foster 194
Dunn, Peter 225
Duque, Pedro 303, 407
Dürr, Hans-Peter 354
Dyke, Venor van 203

Eberlein, Werner 209
Ehrenberg, Christian Gottfried 142
Eichler, Gerhard 350
Eichler, Horst 216
Einstein, Albert 19, 52, 101, 106, 111, 144, 148, 179 f., 205
Eisenhower, Dwight 115, 169, 192 ff., 203
Eisenhower, Susan 264, 354
Eisfeld, Rainer 53, 121, 126, 530
Endert, Hans 191
Engel, Rolf 83, 147, 169
Engel, Rudolf 17, 54
Erhard, Professor 479
Eschenbacher, August 143
Eschenhagen, Gerhard 484 f.
Esnault-Pélterie, Robert 35, 46, 146
Euler, Leonhard 179
Ewald, Reinhold 303, 405 ff., 439 f., 516
Eyermann, Karl-Heinz 298, 341, 497, 530

Faraday, Michael 179
Fellenberg, Arno 429 f., 439, 442
Felske, Dieter 232
Felske, Peter 419
Ferdinand II. 18
Feuerbacher, Berndt 385
Fietze, Ingo 462
Fischer, Hans-Joachim 194, 187 ff., 220, 243, 246, 250, 254 ff., 261, 266, 269, 271, 290, 361, 411, 489

Fischer, Horst 503
Fischer, Jochen 288
Fjodorow, Professor 446
Flade, Klaus-Dietrich 303, 405 f.
Fleischer, Lutz-Günter 491
Ford, Brian 530
Ford, Gerald 212, 282
Ford, Henry 94 ff.
Fourier, Joseph 258
Fredrich, Wolfgang 484
Fronsperger, Leonhart 141
Frick, Wilhelm 119
Friedrich II. 179
Fritsch, Willy 50
Fuglesang, Christer 303, 407
Furrer, Reinhard 419, 515

Gäbel, Friedrich 224
Gagarin, Juri 36, 89, 207, 209, 221 ff., 227 ff., 298, 313, 342, 403, 481, 486, 514
Gaidukow, Lew 162, 165, 170
Gail, Otto Willi 77, 101, 531
Galilei, Galileo 19
Gallai, Mark 526
Ganswindt, Hermann 21 ff., 143
Garpinski, Klaus 351
Gartmann, Heinz 44
Garwin, Richard 282
Gasenko, Oleg 316, 463, 467, 470, 473
Gauss, Karl Friedrich 142
Geggel, Heinz 294
Geissler, Christoph von 142
Gemsa, Torsten 345

Gernandt, Hartwig 360, 445, 447 f., 452
Gerssdorf, Baron von 26
Glöde, Peter 188, 360 f., 443, 453, 447
Goddard, Robert 20, 35, 37, 72, 81, 129, 513
Goebbels, Joseph 16, 58, 92, 123, 149, 159
Gonor, Leo 177
Gorbatschow, Michail 283, 352, 354, 358, 506
Gordon, Richard 41, 323
Göring, Hermann 92, 119, 123, 149
Görsch, Rainer 262
Gottmann, Günter 106 f.
Greffrath, Mathias 410
Gretschko, Georgi 205
Grigorjew, Anatoli 315, 470, 531
Grimmelshausen, Hans Jacob Christoffel von 141
Gringaus, Professor 244
Groener, Wilhelm 94
Grote, Claus 13, 294, 413, 454, 457, 460
Grotewohl, Otto 207
Grothmann, Werner 121
Gröttrup, Helmut 163 f., 165, 170 f., 172 ff., 177, 426
Grund, Walter 462
Gründer, Matthias 10, 13, 345, 347, 394
Guericke, Otto von 141
Güntzel-Linger, Dr. 520

Haas, Conrad 140
Haase, Hans 308 f., 410, 531
Haelke, Hannelore 527
Hagerty, US-Pressesprecher 194
Hahn, Otto 106, 111, 113, 179
Halberg, Franz 463
Hall, Asaph 335
Halley, Edmund 331
Hann, Fritz 57, 59
Hannes, Dieter 298, 341 f.
Hänsel, Erika 303
Hanssen, Veit 517
Hantzsche, Erhard 216
Harbou, Thea von 49
Hardt, Karl Heinz 523, 526
Harich, Wolfgang 207
Harris, Gordon 323
Hartl, Hans 57, 531
Hasek, Jaroslav 104
Hauptmann, Gerhart 140
Hatry 67
Hayasi, Katsuya 194
Hecht, Karl 13, 315, 317, 320, 410, 461, 467, 469, 472, 480, 531
Hegel, Georg Wilhelm Friedrich 179
Heidel, Manfred 300
Heine, Horst 311, 413
Heinemann-Gründer, Andreas 170
Heinisch, Kurt 101
Heinkel, Ernst 59, 64, 83, 151 f.
Heinzmann, Werner 359
Heisenberg, Werner 171, 179
Hempel, Wilhelm 16, 20, 341, 497

Hemzal, Karl 341
Henke, Otto 413
Henze, Bernd 345, 481, 483, 493 ff., 496,
Herder, Johann Gottfried von 179
Herf, Jeffrey 52
Hermaszewski, Miroslaw 293
Herrmann, Dieter B. 341, 413
Herrmann, Joachim 294
Hermann, Rudolf 110
Hertz, Gustav 171, 174
Hess, Victor Franz 144
Heß, Rudolf 119
Heylandt, Paul 65, 71 ff., 98
Heym, Stefan 343, 531
Hilbert, David 42
Himmler, Heinrich 14, 121 ff.
Hindenburg, Paul von 53
Hirsch, André 46, 99, 146
Hitler, Adolf 101, 105, 109, 111, 114 f., 119 f., 122 f., 148 f., 152, 154 ff., 167, 280
Hoch, Johannes 177
Hoefft, Franz von 76, 144 f.
Hoelzer, Helmut 110
Hoffmann, Horst 11, 13, 178, 188, 198, 296, 412, 425, 437, 471, 497 f., 522, 524
Hoffmeister, Cuno 180
Hohmann, Walter 48, 76 f., 145
Hollax, Eberhard 348
Hopferwieser, Walter 85 f., 89 f., 531
Hoppe, Joachim 485
Hoppe, Johannes 176, 202, 214, 217, 219, 230, 350

Hörnig, Hannes 473
Hückel 79, 82, 91
Hugenberg, Alfred 92
Humboldt, Alexander von 178
Humboldt, Wilhelm von 178
Hummel, Mathilde 45

Iljin, Jewgenij 315, 531
Irwin, James 462
Irving, David 114, 531
Isajew, Alexander 162
Iwantschenko, Alexander 304, 359, 367

Jaffke, Heinz 177
Jähn, Sigmund 11, 36 ff., 202, 211 f., 249, 251, 264, 267 f., 273, 290, 292 f., 295 ff., 307 ff., 351, 369, 379, 390, 400, 405 f., 412, 417, 536 f., 439, 455, 467, 470, 485 f., 492, 498, 512, 517, 526, 531
Jahne-Liersch, Sabine 216
Janka, Walter 207
Jegorow, Boris 424
Jewgenow, Konstantin 462
Joachim, Ralf 220, 264, 374, 385, 411, 504
Johnson, Lyndon B. 227
Junkers, Hugo 75, 78

Kade, Gerhard 411, 531
Kammler, Hans 114 f.
Kapp, Professor 101
Kappel, Helmut 405
Karman, Theodore von 48, 200
Katharina II. 179

Kautzleben, Heinz 184, 299, 385, 413
Kelvin, William Lord 179
Kempe, Volker 254, 261
Kennedy, John Fitzgerald 125, 203, 225 ff., 282 f.
Kennedy, Joseph Patrick 125
Kepler, Johannes 12, 15 ff., 141, 221, 335
Kessler, Claudia 395
Keydel, Wolfgang 385
Keyser von Eichstädt, Konrad 140
Kienle, Hans 179
Kindermann, Christian 142
Kirsch, Karl 478 f.
Klemm, Hans 88
Klimowizki, Wladimir 467
Klimuk, Pjotr 516
Klinker, Dr. 444
Klose, Richter 494
Kluck, Heike 477
Klumpp, August 143
Knuth, Robert 184, 232, 277, 532
Kopenhagen, Wilfried 345
Kohl, Helmut 212, 296, 375
Köllner, Eberhard 295, 303, 308, 526
Kopatz, Oswald 220
Kopernikus, Nikolaus 19, 140
Kornilowa, Dr. 468
Koroljow, Sergej 20, 117 f., 165, 168, 173, 177, 193, 196 f., 204 f., 207, 290, 309, 527
Kowaljonok, Wladimir 304, 369

Kowalski, Gerhard 298, 344, 412, 497, 499, 508, 530
Kowalski, Jochen 344
Krajewski, Stefan 46
Krämer, Peter 345
Kroll, Walter 376
Krüger, Paul 384
Krupp 175
Kubassow, Waleri 500
Kuchling, Horst 216
Kues, Nikolaus von 140
Kuhr, Friedrich 88
Kummerow, Heinrich 124
Kummerow, Ingeborg 124
Kunze, Harald 353
Kurzweg, Hermann 110

Laird, Malvinb 282
Lambrecht, Hermann 180, 214
Land, Inge 346
Lang, André 374
Lang, Fritz 49 ff.
Lang, Hermann 62
Langhoff, Norbert 254, 413
Laßwitz, Kurd 129
Laube, Maria 498
Lauter, Ernst-August 184, 208, 210
Lear, John 18
Ledeburg, Gisbert von 87 f.
Lehnert, Rolf 208
Leibniz, Gottfried Wilhelm 178, 410, 532
Leitner, Dr.-Ing. 130
Lenard, Philip 45
Leonow, Alexej 212 f., 481, 500
Lessing, Gotthold Ephraim 179
Ley, Willy 47, 50, 77, 93, 95 f., 146 f.
Lienemann, Helmut 345
Lilienthal, Otto 22, 55, 142
Linde, Hans 71, 220
List, Friedrich 60
List, Willy 60
Litfaß, Ernst 21 f.
Littrow, Joseph Johann von 142
Lomonossow, Michail 475
Lorenz, Hans 48
Löwe, Ludwig 92
Lübke, Heinrich 125
Lumumba, Patrice 222
Lüst, Reimar 374, 379
Luton, Jean-Marie 398, 417
Lyman, Theodore 244

Mader, Julius 485
Magnus, Kurt 163
Malenkow, Georgi 160
Malz, Walter 462
Manakow, Gennadi 90
Mandelschtam, Professor 244
Mann, Thomas 52
Marek, Karl-Heinz 388 f., 299, 390
Marquart, Klaus 486, 492
Massewitsch, Alla 200
Matthes, Franz 173, 177
Maul, Alfred Hermann Carl 31 ff., 143 f.
Maurus, Gerda 49 f.
May, Karl 128
McElroy, Neil 194
McGovern, George 203
McNamara, Robert 282 f.

McMillan 192
Meienburg, Dieter 443
Mennicken, Jan-Baldem 376, 398
Merbold, Ulf 290, 303, 405, 407, 439, 512
Meyer, Klaus 395, 405
Mielke, Heinz 15 f., 20, 191, 214,
228, 341 ff., 412
Miethke, Roland 411
Mikojan, Anastas 192
Mischin, Wassili 207
Mittag, Günter 175, 190, 471, 503
Mjasischtschew, Wladimir 132
Möbius, Wolfgang 350
Modrow, Hans 374 f.
Möhlmann, Diedrich 334, 337
Montesquieu, Charles Louis de 179
Müller, Karlheinz 265, 270
Müller, Rudolf 177
Murry, Ian 106

Nasser, Gamal Abd el- 135 ff.
Naumann, Hans-Dieter 341, 518, 521
Nebel, Rudolf 15, 50, 54, 82, 91 ff., 118, 147 f., 170, 426
Neheimer, Kurt 346
Neidhardt, Dr. 173
Nemiesz, Ernst 191
Neufeld, Michael 74, 78, 92 f., 110, 121 f., 126, 532
Neukum, Gerhard 378

Neumann, Karl-Heinz 16, 20, 198, 216, 298, 341, 347
Neumann, Wilfried 474
Nevermann, Ingo 445
Newton, Isaac 19
Nietzsche, Friedrich 26
Nihad, König 140
Nikolajew, Andrijan 127, 461
Nixon, Richard 203, 282
Nobel, Alfred 106
Nordung, Hermann 146

Oberth, Hermann 19, 23, 35 ff., 64, 70, 73, 76, 78, 82, 87, 91 ff., 116 f., 119, 144, 146 f., 152, 179, 424, 426, 485, 496, 512, 530 ff.
Oberth, Ilse 59
Oberth, Julius 40, 59
Ochel, Michael 412
Oertel, Dieter 330
Oleak, Hans 216
Opel, Fritz von 62 f., 65 ff., 145 f., 426
Ordway, Frederick 166
Otto, Edgar sen. 201
Otto, Edgar jun. 201, 216, 228, 350

Paetz 219
Papen, Franz von 99, 118
Papenfuß, Winfred 468, 477
Paulus, Generalfeldmarschall 426
Penzel, Professor 201
Petrow, Boris 179, 261
Petrow, Georgi 205

Pfaffe, Herbert 15 f., 20, 176, 191, 210, 214, 216, 220, 341, 344, 347, 363, 431, 524
Pieck, Wilhelm 207
Pieper, Landwirt 98
Pils, Wolfgang 169
Pirquet, Guido von 77, 145 ff., 424
Planck, Max 144, 179
Pobjedonoszow, Juri 177
Poggensee, Kurt 147
Pohl, Klaus 50
Pohlemann, Frank 532
Pohlus, Lehrer 433
Poljeschtschuk, Alexander 90
Poppei, Marianne 462
Porsche, Ferdinand 59
Powers, Francis G. 203
Prandtl, Ludwig 42, 44, 179
Priesemuth, Bernhard 345, 509
Putze, Oswald 164

Rasp, Fritz 50
Rausch, Gerhard 405
Rauschenbach, Boris 36, 117 f., 196, 204, 532
Reagan, Ronald 60, 126, 281 f., 352
Rechenberg, Bärbel 345
Rehberg, Günter 478
Reichardt, Hans 214
Reigber, Christoph 405
Reinhold, Wolfgang 213, 294
Reintanz, Gerhard 231
Reiter, Karl 143
Reiter, Thomas 303, 405, 407, 479

Remek, Vladimir 293 f.
Reuter, Ernst 101 f.
Richardson, Elliott 282
Richter, Brigitta 345
Riedel, Erich 105 f.
Riedel, Klaus 50, 54, 92 ff., 98, 119, 147 f., 531
Riedel, Walter 71, 73
Riem, Professor 46
Riesenhuber, Heinz 376, 380, 439
Rietz, Frank 33
Rimbakowsky, Thomas 484
Ritter, Franz 54
Rimkeit, Konrad 469
Röchling 59
Rohn, Patentanwalt 95
Rohrer, William 219
Rohrmann, Ludwig 143
Römisch, Tassilo 4, 7, 509, 517
Ronneburger, Hans 344
Rose, Betty 462
Roth-Oberth, Erna 38
Rötsch, Max 191
Röttler, Dietmar 484
Rudolph, Arthur 71, 74, 105, 125, 149, 153, 168
Ruhle, Ferdinand 173, 175, 214, 216, 219
Ruppe, Harry 47
Ruttmann, Bernd 341

Sacharow, Andrej 194
Sagdejew, Roald 264, 283, 354
Sänger, Eugen 108, 128 ff., 134 ff., 149 ff., 154, 169, 231
Sänger, Hartmut 133, 135 ff.

Sänger-Bredt, Irene 108, 128 ff., 134 ff., 154, 533
Sass, Dietmar 462, 464
Sawatzki, Albin 126
Schacht, Hjalmar 59
Schäfer, Ehrgott Friedrich 142
Schalck-Golodkowski, Alexander 186
Schawlow, Arthur 282
Scherschewsky, Alexander 50
Schiesser, Gerhard 345
Schildwach, Bernd 231
Schlegel, Hans Walter 303
Schlegel, Thomas 462, 464
Schlesinger, James 282
Schlicker, Waltraud 345
Schmaling, Uwe 345, 485
Schmelovsky, Karl-Heinz 189, 230, 244, 254, 261, 272, 445
Schmiedl, Friedrich 85 ff., 90, 145, 147, 149
Schmidlap, Johann 141
Schmidt, Adolf 219
Schmidt, Bernhard 511
Schmidt, Helmut 212
Schmidt, Theodor 173
Schmidt-Renner, Christa 462
Schmidt, Steffen 412
Schmitt, Erich 223 f.
Schneider, Wolfgang 394 f.
Schön, Stephan 411
Schönberger, Guido 478
Schreiner, Heinrich 145
Schrempp, Jürgen 382
Schröder, Reinhard 75
Schulze, Hans-Peter 345
Schulze, Hubert 495

Schumann, Erich 119
Schumilin, Alexej 507
Schütz, Andreas 11, 13, 394
Schwarz, Berthold 106
Schwarzschild, Karl 185, 275
Schweitzer, Albert 192
See, Hans 205, 532
Seebohm, Hans-Christoph 215
Seidel, Karl 462
Serow, Generaloberst 133
Sewastjanow, Witali 127, 461
Shelton, Roy 204
Shepard, Alan 205
Sides, Admiral 194
Sidey, Hugh 226
Siebert, Lothar 156
Siefarth, Dr. 440
Siemens, Werner von 71, 94 f., 102, 142
Silcock, Byron 225
Smith, Stephen 89
Solms, Reinhart von 141
Solowjow, Anatoli 513, 515, 517
Sommer, Richard 15
Sommerfeld, Arnold 42
Spankuch, Dietrich 413
Speer, Albert 59, 123, 125, 154, 159
Staats, Dr. 38
Stache, Peter 219, 298, 341, 344 ff., 363, 431, 437, 522 f., 525, 528, 533
Stalin, Josif 133, 162, 168, 193, 199, 280, 291
Stamer, Fritz 68, 146
Stark-Gestettenbauer, Gustl 50
Starkenstein, Professor 41

Steenbeck, Max 171, 174
Stegemann, Jürgen 477
Stein, Freiherr von 26
Steinbach, Manfred 520
Steinberg, Elan 166
Steinhoff, Ernst 110, 163, 152
Sternfeld, Ari 344
Stiller, Heinz 185, 276 f., 301, 325, 354, 413
Stoewer, Heinz 376, 383
Straßmann, Fritz 113
Strauß, Franz-Josef 137
Stroux, Johannes 178
Stubenrauch, Klaus 473
Stuck, Hans 62
Stuhlinger, Ernst 166
Syromjatnikow, Wladimir 500

Teller, Edward 354
Tereschkowa, Walentina 207, 209, 228, 268, 412, 430
Thiel, Walter 56, 110
Thierfelder, Christian 462
Thießen, Peter-Adolf 171, 174
Tiling, Richard 88
Tiling, Reinhold 87 f., 148
Titow, German 28, 207, 219, 221, 310, 348, 351, 430, 499
Titow, Tamara 207
Tokajew, Sergej 133
Trauptmann, Jochen 412
Treder, Hans-Jürgen 186, 277, 413
Tschertok, Boris 162, 533
Twain, Mark 21
Tzonis, Konstantin 219

Ulbricht, Walter 175, 207, 210 f., 228, 343
Ulinski, Franz Abdon von 146
Umpfenbach, Joachim 177
Urbschat, Hans-Georg 343

Valier, Max 64 ff., 76, 145, 147
Verne, Jules 39, 101
Viktorenko, Alexander 517
Vogel, Wolfgang 494
Voigt, Karsten 345
Volkhardt, Kurt 145
Voltaire, eigentlich François Marie Arouet 179

Wachtel, Lena 462
Wagner, Richard 140
Wallenstein, Albrecht 18
Wallisfurth, Rainer Maria 203
Walter, Hellmuth 150 f.
Wangenheim, Gustav von 50
Warsitz, Erich 150
Wäsch, Reinhard 333
Webb, James 226
Weisskopf, Victor 282
Wellmann, Arend 171, 529
Welsh, Edward 227
Wempe, Johann 180
Wende, Dieter 502
Wereschtschin, Wladlen 252
Wieland, Schmied 140
Wien, Wilhelm 518
Wiesner, Jerome 225 f., 282
Wild, Wolfgang 376, 382, 398
Willmann, Lothar 341
Winkler, Johannes 20, 75 ff., 91, 97, 145, 147

Wittbrodt, Hans 184, 533
Wittenstein, Carla 385
Woeltge, Herbert 294
Wolf, Max 45
Wolf, Waldemar 174 f., 177
Wosnjuk, Iwan Wassiljewitsch 247
Wright, Orville 26, 55
Wright, Wilbur 26, 55
Würzbach, Peter 280

Young, Hugo 225

Zander, Friedrich 72, 117
Zanssen, Gerhard 56
Zanssen, Leo 83
Zeppelin, Ferdinand von 25, 143
Zickler, Achim 266, 268, 383 f., 489
Ziegert, Karin 301
Zimmer, Harro 210, 280, 340, 533
Zimmermann, Leopold 220
Zimmermann, Gerhard 272
Ziolkowski, Konstantin 19, 24, 35 ff., 50, 117, 195 f., 343, 424, 496
Zweig, Stefan 224
Zwerina, Rudolf 147
Zwinger, Theodor 17